21世纪高等学校教材

运筹学

（第3版）

主　编　牛映武
副主编　郭　鹏

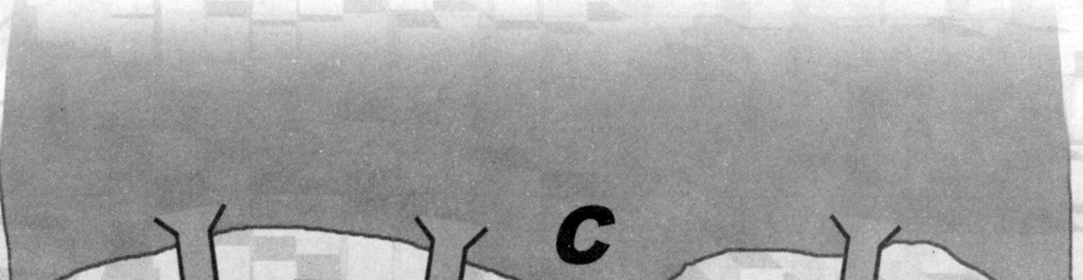

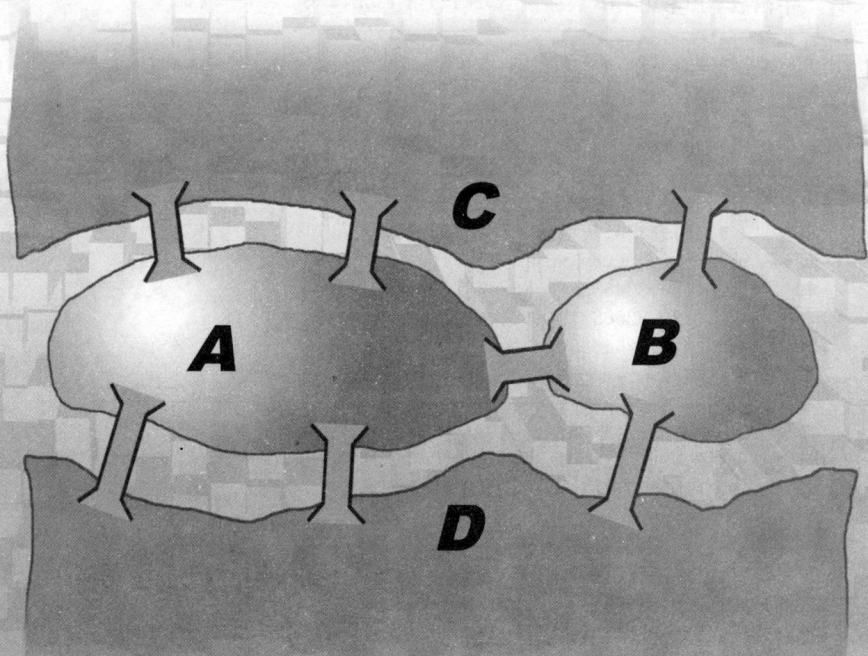

西安交通大学出版社
XI'AN JIAOTONG UNIVERSITY PRESS

内容简介

本书系统地介绍了运筹学的主要内容，包括线性规划、目标规划、整数规划、动态规划、图与网络分析（含网络计划技术）、存贮论、排队论、决策论（含多目标决策、层次分析法和数据包络分析法）、对策论（含冲突分析）和非线性规划。附录介绍了 Win QSB 软件的使用方法。本书重点介绍了运筹学各分支的基本原理、基本方法及其应用。注重实用性，注重理论联系实际，具有一定的深广度。每章末有小结，展示了各分支的发展趋势。

本书可作为高等学校经济管理类各专业和其它专业本科生和研究生的教材或参考书，亦可供广大工程技术人员、管理人员自学参考。

图书在版编目(CIP)数据

运筹学/牛映武主编. —3 版. —西安：西安交通大学出版社，2013.11(2017.7 重印)
ISBN 978-7-5605-4401-4

Ⅰ.①运... Ⅱ.①牛... Ⅲ.①运筹学 Ⅳ.①O22

中国版本图书馆 CIP 数据核字(2012)第 120575 号

书　　名 运筹学(第 3 版)
主　　编 牛映武
责任编辑 叶　涛

出版发行 西安交通大学出版社
(西安市兴庆南路 10 号　邮政编码 710049)
网　　址 http://www.xjtupress.com
电　　话 (029)82668357　82667874(发行中心)
(029)82668315(总编办)
传　　真 (029)82668280
印　　刷 陕西丰源印务有限公司

开　　本 787mm×1092mm　1/16　**印张** 31.25　**字数** 713 千字
版次印次 2013 年 11 月第 3 版　2017 年 7 月第 3 次印刷
书　　号 ISBN 978-7-5605-4401-4
定　　价 46.00 元

读者购书、书店添货、如发现印装质量问题，请与本社发行中心联系、调换。
订购热线：(029)82665248　(029)82665249
投稿热线：(029)82664954　(029)82668293
读者信箱：jdlgy@yahoo.cn

第3版前言

运筹学是20世纪40年代发展起来的一门新兴学科，同时又是一门具有很强应用背景的应用学科。运筹学与我国经济建设确实有着密切的关系，它是构建完善的社会主义市场经济体制、实现管理现代化不可或缺的工具。时过境迁，但运筹学广泛应用的前景依然广阔、依然光明。

作者撰写本书的宗旨以及本书的特点，我们已经在第1、2版的前言中做了交代，这里不再重复。需要指出的是，为了使本书适用性更强、更广泛，亦即能够更好地满足不同专业、不同教学层次的需要，我们从内容结构安排上力求紧凑，各章之间具有一定的相对独立性，从而为使用本书的读者和教师留出了足够的空间，他们可以根据自己的实际需要选择或舍弃书中的某些章节内容，有必要时也可以补充某些内容以满足其特殊需要。

遵循已述宗旨，本书第1版自1994年出版问世后，迄今已近二十年；第2版自2006年出版后，至今也有七年之久。本书第2版，作者本着"创新"的理念，对第1版进行了较大篇幅、较大程度的修订。近二十年来，在同行专家和广大读者的热情关怀和支持下，本书得到广泛的认同，普遍反映良好。先后被全国众多兄弟院校选作为管理学院(或管理类各专业)本科生和研究生的教材或参考书，也被一些兄弟院校工程技术类专业选作为教材。借此机会，作者谨向同行专家和广大读者表示由衷的感谢。

二十年时光，联想翩翩。我国科学技术事业的迅猛发展和进步，经济建设事业取得的惊人业绩和现代化管理水平的不断提高，以及我国综合国力的提高，这些都是举世瞩目的。我国作为新兴经济体之重要一员也开始在世界经济发展中发挥着越来越大的作用。特别是近二十年来，我国航天科技事业更是突飞猛进、蓬勃发展，令世人震撼，也令每个国人为之骄傲。这其中运筹学也发挥了重要作用。基于此，我们对第2版进行了修订。修订总原则是保持原特点、基本结构不变，具体在以下两方面做了重要修订。

(1)改正各章中的差错。适当修改个别部分，全书编写的格调保持基本一致。

(2)第8章§8.6应用实例分析中更换一个实例；§8.7应用实例中补充一个实例。这两个实例是在郭鹏教授近几年承担并完成的国家自然科学基金和国家科技重大专项科研项目基础上，由他本人提炼而成。这两个实例涉及到国防科研和军事运筹学的范畴，将其写入教材之目的在于为从事军事运筹学的读者和研究人员提供一点思路，同时亦对运筹学的应用范畴做一点拓展和延伸。

最后指出，本书前七章属于运筹学Ⅰ的内容，供本科生选读；而后三章属于运筹学Ⅱ的内容，供研究生选读。各校可根据教学计划中的学时数和具体情况安排。

参加本次修订工作的人员和分工如下：牛映武（前言、绪论、第1、3、4、5、7、8及第10章），郭鹏（第2.6及第9章，并为第8章提供了两个应用实例）。本书由牛映武教授担任主编，负责全书的的统稿定稿；郭鹏教授（博士、西北工业大学管理学院博士生导师）担任副主编。

在本书第3版出版之际，作者诚挚地感谢第2版四位作者过去付出的努力和辛勤劳动，特别是杨文鹏同志和李湘露同志出色地完成了分工负责的编写任务。

感谢西安交通大学出版社对本书出版给予的大力支持和帮助。

限于我们的水平，书中错误或不妥之处仍在所难免，恳请读者批评指正。

作者　谨识

2013年9月5日

第 2 版前言

运筹学是 20 世纪 40 年代发展起来的一门新兴学科，同时它又是一门具有很强应用背景的应用学科。就我们国家而言，运筹学与我国经济建设有着密不可分的关系；同样，要构建完善的社会主义市场经济体制的今天，运筹学又是实现管理现代化必不可少的工具。

本书是针对经济管理类各专业和部分工程技术类专业大学本科的特点和要求编写的教材，同时也力求兼顾相关专业研究生的教学需要。我们在编写中，注重实用性，注重理论联系实际。一方面加强对经济意义和实际背景的描述；另一方面注意对读者的启发性和实际能力的训练培养。在论述模式上，各章节均以实际问题为背景，引出相关概念及基本理论，并建立模型，进而运用各种直观手段说明求解方法的基本思想，尽量避免冗长的定理证明。本书结合例题演示求解过程，尽可能地对计算结果给予有实际意义的解释(包括经济意义和实际背景)，有人称这种论述模式为问题导向型。为了适应不同行业、不同教学层次的需要，从内容结构安排上力求紧凑，各章之间的顺序安排上打破了运筹学本身固有的结构关系，各章之间具有一定的相对独立性(线性规划是运筹学各分支的基础，它是研讨运筹学其它各分支的“必经之路”)。基本理论和基本概念的阐述力求准确到位。全书论述表达力求深入浅出，通俗易懂。尽量做到科学性、系统性、实用性与可读性完美有机地结合。

遵循以上的宗旨，本书第 1 版 1994 年出版问世后，深得广大读者的厚爱。十年来在同行专家和广大读者的热情关怀和支持下，本书得到广泛的认同，普遍反映良好。先后被复旦大学、西安交通大学、西北工业大学等众多兄弟院校选作为管理学院(或管理类各专业)本科生和研究生的教材或参考书，也被一些兄弟院校的工程技术类专业选作为教材。本书第 1 版，1998 年被作者所在学校评为优秀教材一等奖，1999 年被西安交通大学出版社评为优秀教材奖。借此机会，作者谨向同行专家和广大读者表示由衷的感谢。

现在，我们早已步入了 21 世纪。此时此刻，人们会问：新世纪的特征是什么呢？对于这一问题，人们可能会有不同的认识和见解。笔者认为：新世纪的核心特征应该是“创新”。当然“创新”二字它的内涵是很深很广的，几句话也未必能说得清楚，笔者也不想在此花费更多的笔墨展开研讨。不管怎么说，新世纪、新时代要求每个教育工作者必须为新世纪、新时代肩负起培养一代新人的重任。基于此，我们肩负一种时代的精神、时代的责任，决定应广大读者和出版社的要求，对本书第 1 版进行仔细认真的修订。这就是我们修订本书的出发点和动机，也是我们本书的总的指导思想。

为了使第 2 版较第 1 版有更多符合新时代要求的创新，我们具体地在以下几个方面做了重要修订。

(1) 将第 1 版的前三章合并为一章，统称为“线性规划”，这样更能符合优化全书结构的修订宗旨。删去了第 1 版的第 12 章模拟论。

(2) 第 2 版的第 3 章、第 5 章和第 7 章较第 1 版书相应的章节基本上是重新编写的，新编写的部分约占这三章内容 2/3 以上的篇幅，在第 5 章中增写了“网络计划技术”一节。第 6 章中增写了“客户服务中心”、“医院的排队模型”和“货船泊位分析”的应用举例分析。第 8 章 § 8.5 中增写了多目标最优化问题的评价函数法。在 § 8.7 中增写了“数据包络分析法”一节，这一节及 § 8.6 的应用实例分析是作者等承担一项部级的重点软科学研究项目中实际做过的。第 9 章增写了非零和对策、纳什均衡和冲突分析的基本内容介绍。

(3) 增写了第 10 章非线性规划。主要素材是以参考文献[5]中作者原来编写过的教材为蓝本。学习了有关兄弟院校教材及国内外非线性规划的研究动态后，加以去粗取精，舍弃相对较陈旧的算法，代之以公认的好算法。为了更好地配合各章的教学，提高学生解决实际问题的能力，我们在附录中编写了“Win QSB 解题示例”，重点介绍了这一比较成熟的教学软件的使用方法，利用这一软件，我们通常遇到的大部分运筹学模型(包括非线性规划中的二次规划)都可以得到解决。

在此顺便指出，本书的前七章内容属于通常运筹学Ⅰ的内容，供本科生选读，本书后三章内容可作为运筹学Ⅱ的内容，供研究生选读。各校可根据教学计划中的学时数和具体情况安排。

参加修订工作的同志和各章编写的分工如下：牛映武(前言、绪论、第 4、8 及第 10 章)，杨文鹏(第 3、5、7 章及附录)，郭鹏(第 2、6 及第 9 章。杨娅芳同志协助作者在部分内容和文字整理上做了一些工作)，李湘露(第 1 章)。

本书由牛映武教授担任主编，负责全书的统稿定稿工作，杨文鹏教授、郭鹏教授(博士)、李湘露教授(博士)担任副主编，杨文鹏同志协助主编完成部分统稿工作。

在本书第 2 版出版之际，作者真诚地感谢第 1 版各位作者过去付出的努力和辛勤劳动，特别是我的恩师、天津大学的李维铮教授担任主审，还有复旦大学的龚益鸣教授、北京大学的张立昂教授。在本书第 2 版出版的过程中，得到西安交通大学出版社和责任编辑叶涛副编审等的大力支持和帮助，借此机会谨向他们表示诚挚的谢意。

限于我们的水平，书中不妥与错误之处在所难免，恳切希望广大读者及同行专家批评指正。

牛映武

2005 年 10 月 10 日

第1版序

运筹学是近40年来发展起来的一门新兴学科。它是实现管理现代化和进行科学决策的有力工具。

运筹学的应用非常广泛，它不仅在经济管理中有着重要的应用，而且在科学技术和工程中都有很多应用，因此，这门学科的确是很重要的。应用运筹学方法去处理问题，其特点是首先通过对实际问题的分析，建立模型(数学模型或模拟模型)，然后对模型求解，从而得到全局上最合理的解答，提供决策者参考。

本书较已出版的同类书有几个明显的特点。一是注重理论联系实际，注重实用性，克服了运筹数学的某些片面性。书中给出的算法很实用，计算框图和计算步骤清晰简明。二是覆盖面广，除非线性规划部分未写进书中外，其它各主要分支的内容均已包括进去，而且还介绍了一些有应用价值的新方法。三是在内容结构和篇幅上比较紧凑，基本理论和基本概念的阐述准确，尽量避免了冗长的定理证明。例题和习题的选配得当，启发性较好。

相信这本书出版后，一定会在经济管理和其它专业的教学科研工作中发挥出它应有的作用。

游兆永

1993年2月

第1版前言

运筹学是近40年来发展起来的一门新兴学科。它用定量分析方法为管理决策提供科学依据,因此,它是实现管理现代化必不可少的工具。在社会主义市场经济体制下,如何有效地研究市场,进行科学决策与民主决策尤为重要,在这方面运筹学将起着重要的作用。此外,在工程技术设计、军事科学等各个方面,也将发挥其积极作用。总之,我国的四个现代化离不开运筹学,同时运筹学在我国的发展,亦以四个现代化为依托和背景。

本书最初是在总结各院校多年来教学改革经验的基础上,作为纺织高等院校的统编教材,由原纺织部教育司组织有关院校教师集体编写的。印成讲义后,经各院校普遍使用多次,反复征求使用者意见,进行认真修改定稿的。出版前作者又根据形势的变化,除少数参编者有局部调整外,还对部分内容进行了改编。书中只保留了少量结合纺织行业的例子,但这些丝毫不影响运筹学方法的广泛应用。

本书在编写中,注重实用性,注重理论联系实际。一方面加强了对经济意义和实际背景的描述;另一方面注意对学生实际能力的培养,我们选配了足够数量的、启发性较好的例题和习题,以开拓思路。在选材上,系统性强,覆盖面广。除省略了非线性规划部分外,运筹学其它主要分支的内容均已包括在内;还对实际应用中具有重要价值的新理论和新方法作了应有的介绍,如多目标决策、层次分析法及模拟技术等,可以适应不同行业、不同教学层次的需要。因此,本书适应性强。在某些章节也包含了作者在科研、教学工作中的研究成果和心得体会。

参加本书编写的同志有:牛映武(绪论、第7、10章以及第1、4章的部分内容),龚益鸣(第5、12章),陶德滋(第1章),张立昂、单洪中(第6、11章),顾闰观(第4章)、关嘉峪(第2章),郭大宁、周力(第8章),张成现(第9章),李湘露(第3章)。由牛映武担任主编,龚益鸣、陶德滋担任副主编。

本书由天津市运筹学会名誉理事长、天津大学管理学院李维铮教授担任主审,中国纺织大学管理学院宋福根副教授参加了审稿。审稿人极其认真地审阅了书稿,并提出许多宝贵的改进意见。陕西省工业与应用数学学会理事长、计算数学与应用数学研究所所长、西安交通大学游兆永教授十分关心本书的出版,还专门为本书撰写了序言。原纺织部教育司和纺织管理工程专业教育委员会也曾为本书的出版给予了支持。在此,谨向以上同志表示诚挚的感谢。

由于编者水平有限,错误缺点在所难免,恳请读者批评指正。

编　者

1994年元月

目　　录

绪 论

“运筹于帷幄之中,决胜于千里之外”,这是《史记·后汉书》上记载的一句著名的话。1957年我国科学界就把研究有关运用、筹划与管理等经济活动的学科正式定名为“运筹学”。运筹学的英文是“Operational Research”或“Operations Research”,学术界常缩写为“OR”。

为了使读者先对运筹学的概况及其研究问题的特征等有一粗浅的了解,我们在此做一概略性的介绍。

§0.1 运筹学的产生与发展

自人类社会诞生以来,人们都一直在经历着运用和筹划的决策过程。而运筹学的一些朴素思想可以追溯到很早以前。历史上曾记载着很多巧妙的运筹事例。例如,广为人知的我国战国时期齐王和大臣田忌赛马的故事:在谋士孙膑的策划下,田忌竟以逊色于齐王马匹的劣势取得比赛的胜利,赢得千金。又如,北宋真宗年间,皇城失火,皇宫被毁,朝廷决定重建皇宫,当时亟待解决“取土”、“外地材料的储运”和“处理瓦砾”三项任务,在修建皇宫负责人丁渭的精心策划下,巧妙地解决了上述三项任务。三国时期的运筹大师诸葛亮,更是众所周知的风云人物。在国外,人们常推崇阿基米德为运筹学的先驱人物,因为他筹划有方,在保卫叙拉古、抵抗罗马帝国的侵略中做出了突出贡献。

但是,运筹学作为一个科学名词出现,并形成为一门独立的、具有特色的学科,则是20世纪30年代末以后。运筹学的早期工作应该属于苏联著名数学家、在列宁格勒大学任教的Л. В. Канторвич,他在解决工业生产组织与计划问题时,就已经提出了线性规划的模型(他1939年著有《生产组织与计划中的数学方法》,1959年中科院力学研究所运筹室译),但当时并未受到重视。以后,由于第二次世界大战期间军事上的需要及战后经济的发展,它才逐渐产生和发展起来。当时英美等国为了对付德国的侵略,发明制造了包括雷达在内的一些新式武器。但是,武器的有效使用却落后于武器的制造,因而,武器的有效使用成了当务之急。因此,“运用研究”(Operational Research)就成为亟待解决的新课题。于是,英国首先在空军部门成立了防空运筹小组,其成员中包括数学家、物理学家、天文学家、生理学家和军事专家多人,任务是探讨如何抵御敌人的空袭和潜艇。以后在美国等国军队中也成立了一些专门小组,开展了护航舰队保护商船等与战争有关的许多战术性问题的研究。这些运筹小组大量出色的工作,不仅为盟国在军事上重挫纳粹德国做出了重大贡献,也为运筹学的发展积累了丰富的材料。二次世界大战后,一些运筹专家把研究的重点转向了民用问题,转向了国民经济的恢复和发展,即开始着手研究战略性问题(包括军事战略问题),其中以美国的兰德公司(RAND)最为著名。从20世纪40年代后半期开始,一些科学家致力于研究运筹学的基础理论,寻找各种分析解决经济管理问题的新方法,从而使得运筹学有了飞快的发展,产生了许多新的分支。如数学规划(线性规划、非线性规划、整数规划、目标规划、动态规划、随机规划等)、图论与网络、排队论(随机服务系统理论)、存贮论、对策论、决策论、模拟论、维修更新理论、可靠性和质量管理等。在1947年前,为运筹学的发展做出了重要贡献的代表人物主要有排队论的先驱者丹麦工程师A. K. Erlang于1917年在研究哥本哈根电话通讯系统时,提出了排队论的一些著名公式。1915年F. W. Harris推导得出存贮论中的经济批量公式。1924年W. Shewhart给出了第一张质量控制图。1931年W. Leontief设计出了第一张投入产出表。1944年Von. Neumann和O. Morgenstern合著的《对策论与经济行为》一书成为对策论的奠基作,并已隐约地指出对策论与线性规划对偶理论的紧密联系。而线性规划及其单纯形法则是由美国数学家丹茨格(G. B. Dantzig)于1947年发表的研究成果。

总之,从以上运筹学的产生与发展简史可见,运筹学的发展过程可以划分为三个阶段:第一阶段是1946年以前,属于运筹学萌芽和早期研究时期,主要用于军事。第二阶段是1947年至20世纪60年代上半期,属于运筹学形成和发展时期,运筹学主要用于工厂企业管理,并进行了许多基础性研究,理论上逐渐趋于成熟。这个阶段的主要成果包括第10章中提到的1951年Kuhn-Tucker定理的提出,它成为非线性规划领域中最重要的理论成果之一;20世纪60年代提出来的变尺度法(DFP),共轭梯度法(FR)等很多公认的好算法都是这个时期提出来的;包括1954年网络流理论的建立,1955年创立随机规划,1958年创立整数规划及割平面法,1960年Dantzig-Wolfe建立大型线性规划问题的分解算法等等。第三阶段是从20世纪60年代下半期开始,这一时期也可以叫做现代运筹学时期,其主要特征是,研究的系统由小到大,并逐渐和系统分析相结合、和未来学相结合、和社会学相结合。

在我国,运筹学的研究与应用虽然起步较晚,20世纪50年代中期才由钱学森、许国志教授等人由西方引入我国,之后运筹学的发展还是相当迅速的。我国运筹学的应用是在1957年始于建筑业和纺织业。在理论联系实际的思想指导下,1958年在交通运输、工农业生产等方面都得到应用,产生了独具风格的“图上作业法”。在纺织行业用排队论方法解决细纱车间的劳动组织,最优折布等问题。在解决邮递员合理投递路线时,管梅谷教授在1962年首先提出了这一问题的解法,被国外誉为“中国邮路问题”。1970年前后在著名数学家华罗庚教授的直接指导下,在全国范围内推广统筹方法和优选法,并取得了卓著的成效。也促使一大批数学家加入到运筹学的研究队伍中来,并在运筹学的研究领域内取得了很大成绩,在很多分支领域内跟上了当时的国际水平。近年来,一批有远见的运筹学工作者也在老一辈科学家的带领下茁壮成长。

从国际上建立运筹学学术组织的情况看,最早建立运筹学会的国家是英国(1948年),其次是美国(1952年)、法国(1956年)、日本和印度(1957年)等。1959年,英、美、法三国发起成立了国际运筹学联合会(IFORS),以后各国运筹学会纷纷加入该组织。我国是1982年正式加入该会的,以后又加入了成立于1985年的亚太运筹学协会(APORS)。多年来国际运筹学学术活动非常活跃,并出版学术刊物,促进着运筹学的不断发展。

§0.2　运筹学的研究对象、特点,运筹学的模型

0.2.1　运筹学的研究对象与特点

什么是运筹学?至今尚没有一个统一而且确切的定义。《辞海》中给运筹学做的解释是:"20世纪40年代开始形成的一门学科,主要研究经济活动与军事活动中能用数量来表达的有关运用、筹划与管理等方面的问题。它根据问题的要求,通过数学分析的运算,作出综合性的合理安排,以达到较经济、较有效地使用人力、物力。近年来,它在理论与应用方面都有较大的发展。运筹学的分支有规划论、对策论、排队论及质量控制等。"权威人士C. W. Churchman认为,运筹学是"把科学的方法、技术和工具应用到一个系统的各种管理问题上,为掌管系统的人们提供最佳的解决问题的办法"。P. M. Morse和G. E. Kimball曾给运筹学下的定义是:"为决策机构在对其控制下业务活动进行决策时,提供以数量化为基础的科学方法"。上述两种定义都强调了科学方法的重要性。也有人认为:"运筹学是一门应用科学,它广泛运用现有的科学技术知识和数学方法,解决实际中提出的专门问题,为决策者选择最优决策提供定量依据。"这一定义表明运筹学具有多学科交叉的特点。不管怎样定义运筹学,但可以肯定地说,运筹学是一门跨学科的应用科学。

那么,运筹学的研究对象与特点又是什么呢?可以认为,运筹学研究的对象是经济、军事及科学技术等活动中(事实上,它们之间往往是密切相关的)能用数量关系来描述的有关运用、筹划与管理等方面的问题。当然我们这里是着重于经济活动方面的问题以及解决这些问题的原理和方法作为研究对象的。而运筹学研究问题的特点表现为:(1)综合性。透过各种错综复杂的数量关系,抓住主要矛盾,通过对问题的深入分析,建立合适的模型(数学模型或模拟模型),运用各种方法求得问题的最优解(或较优解,或满意解),从而得到合理的工作方案。这就是通常所说的综合优化的规律,它是系统工程的主要理论基础。(2)跨学科性。为了应用运筹学有效地解决问题,必须强调多学科、多部门和多人员的密切合作,强调互相渗透、独立工作(即尊重科学,尊重客观规律)的原则。这一点从运筹学的发展历史和对运筹学定义的讨论中不难理解。(3)实用性。这里有两层含义,一是说运筹学的研究对象都有着实际背景;二是说研究所得到的结果是"可执行"的,是符合实际的。所以在运筹学的有些分支领域里还要对所得的最优解进行灵敏度分析等。

0.2.2　运筹学的模型

运筹学在解决大量实际问题过程中已经形成了自己的工作程序,它包括:

(1) 提出和形成问题。即通过对实际问题的调查研究,弄清问题的目标,可能的约束,问题的可控变量(决策变量属于可控变量)以及有关参数,搜集有关资料。

(2) 建立模型。即把问题中的可控变量、参数和目标与约束之间的关系用一定的模型表示出来。

(3) 求解模型。用各种手段对模型求解,包括对复杂模型用计算机进行求解(精度要求可由决策者提出)。

(4) 检验模型并评价模型的解。包括检查求解步骤和程序有无错误,检查解是否反映现实问题。如果是由于模型本身不合理,则需要考虑重新建模的问题。

(5) 应用模型的解。对实际部门讲清解的用法,在实际中实施应用,并在实施中发现问题,进行修改。

运筹学模型是研究者对客观现实经过抽象后用文字、图表、符号、关系式以及实体模样描述所认识到的客观对象。从现有的情况看,模型有三种基本形式:①形象模型;②模拟模型;③符号或数学模型。目前用得最多的是符号或数学模型,运筹学中已有不少这类模型,如线性规划模型、非线性规划模型、网络模型、投入产出模型、排队模型、存贮模型、决策和对策模型等。除投入产出模型外,其它我们将在本书有关章节中介绍。模拟模型是通过各种实验设计,搜集资料,并对资料进行统计推理的一套方法。它用计算机语言、图像显示、或专门的模拟语言来实现"仿真",适用于那些不能用数学模型和数学方法求解的复杂问题。模拟模型本书不再介绍,有兴趣者可参阅有关文献。总之,构造一个良好的模型是运筹学研究和解决问题的基础,而构造模型是一种创造性劳动,成功的模型可以说是科学与艺术的结晶。

从以上的叙述,读者或许已经领悟到一些运筹学应用的广泛性以及这门学科的重要性。事实上,多年来国内外研究的实践表明,运筹学应用的领域是非常广阔的。比如,在市场销售方面,美国杜邦公司在 20 世纪 50 年代起就非常重视将运筹学用于研究广告工作、产品定价和新产品的引入,通用电气公司(GE)还对某些市场进行了模拟研究。又如,将库存理论与计算机的物资管理信息系统相结合是目前研究的新动向,美国的西电公司已经在这方面取得了显著的成效。在我国如前面已经述及的线性规划、统筹方法在生产计划的制定与实施,排队论在矿山、港口、电信和计算机设计,图论在线路布置和计算机设计等方面,都取得了不少成果。限于篇幅,这里就不再详述了。我们深信,运筹学今后必将在我国的科学技术现代化和管理现代化进程中发挥出巨大的作用。

§0.3 运筹学的未来展望

运筹学发展到 20 世纪 70 年代已经形成一系列强有力的分支,数学描述已经达到相当完善的程度。比如,线性规划单纯形算法计算复杂性的讨论,曾引起了一时的轰动。一般认为单纯形方法求解线性规划问题是相当有效的,被认为是多项式时间的算法。但是 1972 年美国学者 Klee 与 Minty 发表了一个出乎人们意料之外的例子,说明了单纯形法的时间复杂性是指数阶的,这激起了人们强烈的兴趣。后来经过青年学者 Borgwardt 等人的工作,说明单纯形法的平均运算次数是多项式级的,这场争论才算结束。然而探讨线性规划多项式时间算法的热潮却展开了,第一个这样的算法(通常称为椭球法)被前苏联青年数学家哈奇扬(Л. Г. Фачиян)于 1979 年提出来,1984 年美国学者 Karmarkar 提出了另一个多项式时间的算法。这两种多项式时间算法理论上价值很大,但实际应用上仍不能代替单纯形法。以上事实说明理论研究达到的灼热程度,虽然这本身并不是坏事,但却使得一些人忘记了运筹学的原有特色,背离了多学科的交叉联系和解决实际问题的研究方向。

如前所述,运筹学作为一门新兴学科、一门处于发展时期的学科,在理论研究和应用研究的诸多方面,无论就广度和深度来说都有着无限广阔的前景。现在的问题是,运筹学今后究竟应该朝哪个方向发展？这是运筹学界普遍关心的问题，但往往又是“仁者见仁，智者见智”。国外某些专家、学者和权威人士也都在不同场合、不同时间畅谈过自己的看法，也曾引起过争论。但笔者认为，争论是好事，并非坏事，推陈才能出新嘛！笔者在此只想谈几点粗浅的看法，借以抛砖引玉。

(1) 运筹学的理论研究将会得到进一步系统地、深入地发展。数学规划是20世纪40年代末才出现的，经过近二十年的发展，到20世纪60年代末、70年代初，它已形成了运筹学(也是应用数学)的一个重要分支，各种方法和各种理论纷纷出现，呈现出一种蓬勃发展的景像。俗话说“分久必合，合久必分”，这就是说能否走上统一的途径，用一种或几种方法和理论把现存的事实统一在某几个系统之下进行研究(比如非线性规划多么需要统一在几个系统之下)。现代优化算法(如遗传算法、模拟退火、人工神经网络及其学习算法等)势必会为非线性规划新算法的创建开辟新的途径，能否找到像凸规划、二次规划等更多的共性类的东西。

(2) 运筹学跨学科的特点必将进一步延伸和发展。运筹学与系统分析及系统工程、运筹学与计算机科学及信息系统、运筹学与经济混沌理论等的结合与交融是必然的，这是由于所研究问题的复杂化、大系统化所导致的。

(3) 运筹学沿原有的各学科分支继续向前发展。规划论中从研究单目标规划到研究多目标规划这是对事件深入研究的自然延伸。但对多目标规划理论(包括算法)和应用的研究依然需要进一步拓展。1978年美国著名运筹学家A. Charnes，W. W. Cooper等人最先提出来的数据包络分析法(DEA)是一个纯客观的多目标决策的方法(我们将在第8章中做较详细的介绍)，它的理论研究和应用研究的前景还十分广阔，等等。

(4) 一些非数学的方法和理论将引入运筹学，这是因为面临的问题大多涉及技术、经济、社会、心理等综合因素的研究，这种问题往往是非结构性的复杂问题(如研究世界性的问题、研究国家政策等)，运用通常的、精巧的数学方法很难解决问题，比如第8章要介绍的层次分析法(AHP)就是属于这种情况。

(5) 解决问题的过程将变为决策者和分析者共同参与、发挥其创造性的过程。从而，人机对话交互式算法、决策支持系统必将更好地发展。

(6) 数学软件的研发与运筹学的发展之间仍然存在着较大的差距。美国Math Works公司开发的MATLAB软件，它优良的数值计算能力和数据可视化能力，很快在数学软件中脱颖而出，使人们为之一惊。由加拿大Waterloo大学开发的通用数学软件Maple提供了2000多个数学函数，在数值计算和数据可视化也有较强的能力。用这些软件及LINGO软件解非线性规划中的二次规划自然没有困难，但对非线性规划中各种复杂的目标函数和约束条件，有效软件的研发仍然是摆在科学家们面前的一项长期、艰巨的任务。

综上所述，我们可以说运筹学发展的前景是光明的，道路是曲折的。

第 1 章　线性规划

线性规划(Linear Programming,简记为 LP)是运筹学发展较早的重要分支,具有成熟而完善的理论、简单统一的解法和极其广泛的应用。

作为全书的基础,本章主要介绍线性规划的基本概念、基本原理,单纯形求解方法;对偶理论,灵敏度分析;运输问题及其表上作业法等。

§1.1　线性规划问题的数学模型

1.1.1　线性规划问题的实例

为了说明线性规划问题数学模型的建立过程及模型的特点,首先讨论以下实例。

例 1-1　(生产计划问题)某企业计划生产甲、乙两种产品,这两种产品均需在 A、B、C 三种不同设备上加工。每单位产品所耗用的设备工时、单位产品利润及各设备在某计划期内的工时限额如表 1-1。试问应如何安排生产计划,才能使企业获得最大利润。

表 1-1

单位产品耗工时(h)　产品 / 设备	甲	乙	工时限额(h)
A	1	1	6
B	1	2	8
C	0	2	6
单位利润(百元 / 件)	3	4	

现在建立这个问题的数学模型。设 x_1,x_2 分别为计划期内甲、乙两种产品的产量(件),它们是由决策部门加以确定的,称为**决策变量**,其取值均为非负的;z 为计划期内这两种产品的总利润,称为**目标函数**。该问题追求的目标是获利最大。

据表 1-1 易知,目标函数

$$z = 3x_1 + 4x_2$$

x_1,x_2 受到工时限额的约束,即

$$\begin{aligned} x_1 + x_2 &\leqslant 6 \\ x_1 + 2x_2 &\leqslant 8 \\ 2x_2 &\leqslant 6 \end{aligned}$$

以上三个不等式的左端均为关于决策变量 x_1，x_2 的函数，因此称之为**函数约束**。

同时，甲、乙产品的产量为非负的，亦即应有

$$x_1 \geqslant 0,\ x_2 \geqslant 0$$

称之为**非负约束**。

函数约束与非负约束统称为**约束条件**。

综上，该问题的数学模型为

$$\max z = 3x_1 + 4x_2$$

$$\text{s. t.} \begin{cases} x_1 + x_2 \leqslant 6 \\ x_1 + 2x_2 \leqslant 8 \\ 2x_2 \leqslant 6 \\ x_1, x_2 \geqslant 0 \end{cases}$$

其中，"s. t." 为"subject to"(受约束于) 的缩写。

例 1-2　(下料问题) 长度为 1 m 的圆钢料多根，欲截成 40，30，20 cm 长的棒料分别为 20，45，50 根，问如何下料最省？

该问题的目标为，按三种规格棒料根数的要求下料，使得所用圆钢数最少。

首先，将一根长 1 m 的圆钢截成长度分别为 40 cm，30 cm 和 20 cm 三种规格的棒料，有 8 种比较经济的下料方案，其结果如表 1-2 所示。

表 1-2

棒长 /cm \ 方法	Ⅰ	Ⅱ	Ⅲ	Ⅳ	Ⅴ	Ⅵ	Ⅶ	Ⅷ	最少根数
40	2	1	1	1	0	0	0	0	20
30	0	2	1	0	3	2	1	0	45
20	1	0	1	3	0	2	3	5	50
余料长 /cm	0	0	10	0	10	0	10	0	

其次，设 $x_j (j = 1,2,\cdots,8)$ 表示第 j 种方案所使用的圆钢根数，则该问题的数学模型为

$$\min z = \sum_{j=1}^{8} x_j$$

$$\text{s. t.} \begin{cases} 2x_1 + x_2 + x_3 + x_4 \geqslant 20 \\ 2x_2 + x_3 + 3x_5 + 2x_6 + x_7 \geqslant 45 \\ x_1 + x_3 + 3x_4 + 2x_6 + 3x_7 + 5x_8 \geqslant 50 \\ x_j \geqslant 0, \text{整数} (j = 1,2,\cdots,8) \end{cases}$$

例 1-3　(运输问题) 某连锁经营公司，下设四个连锁店 B_1，B_2，B_3，B_4。公司本着连锁经营中统一进货、配货、统一定价的原则，对商品实行统一管理。设各连锁店所经营的某种商品有三个生产地 A_1，A_2，A_3，每月产量分别为 5，2，3 t；四个连锁店 B_1，B_2，B_3，B_4 每月需求量分别为 3，2，3，2 t。各产地至各连锁店的该商品的单位运价如表 1-3，试问该公司应如何安排运输，使总运费最少？

表 1-3 (单位:百元/t)

单位运价 连锁店 产地	B_1	B_2	B_3	B_4	供应量/t
A_1	3	7	6	4	5
A_2	2	4	3	2	2
A_3	4	3	8	5	3
需求量/t	3	2	3	2	10

设由 $A_i(i=1,2,3)$ 运往 $B_j(j=1,2,3,4)$ 的该种商品为 $x_{ij}(t)$。注意到商品的总产量与总需求量均为 10 t,因此,该问题的数学模型为

$$\min z = \sum_{j=1}^{4}\sum_{i=1}^{3} c_{ij}x_{ij}$$

$$\text{s.t.}\begin{cases}\sum\limits_{j=1}^{4}x_{1j}=5,\ \sum\limits_{j=1}^{4}x_{2j}=2,\ \sum\limits_{j=1}^{4}x_{3j}=3\\ \sum\limits_{i=1}^{3}x_{i1}=3,\ \sum\limits_{i=1}^{3}x_{i2}=2,\ \sum\limits_{i=1}^{3}x_{i3}=3,\ \sum\limits_{i=1}^{3}x_{i4}=2\\ x_{ij}\geqslant 0\quad i=1,2,3;j=1,2,3,4\end{cases}$$

其中,c_{ij} 为该商品由 A_i 运至 B_j 的单位运价,如表 1-3 所示。

例 1-4 (营养问题)根据对 77 种食物所含的 9 种营养素:热量(糖与脂肪)、蛋白质、钙、铁、维生素 A、维生素 B_1、维生素 B_2、草酸与维生素 C 的成分及食物的市场价格调查,按照医生所提出的对每个人每天所需的最低营养要求,可得下面表格(表 1-4)。

表 1-4

每千克食物所含营养成分数量 / 食物 / 营养成分	食物				每天的最低需求量
	甲	乙	丙	丁	
维生素 A(国际单位)	1000	1500	1750	3250	4000
维生素 B(毫克)	0.6	0.27	0.68	0.3	1
维生素 C(毫克)	17.5	7.5	0	30	30
单价(元/千克)	0.8	0.5	0.9	1.5	

问怎样采购食物才能在保证最低营养要求的前提下花费最省?

设甲、乙、丙、丁每天的采购量分别为 x_1,x_2,x_3,x_4(千克),该问题的数学模型为

$$\min z = 0.8x_1+0.5x_2+0.9x_3+1.5x_4$$

$$\text{s.t.}\begin{cases}1000x_1+1500x_2+1750x_3+3250x_4\geqslant 4000\\ 0.6x_1+0.27x_2+0.68x_3+0.3x_4\geqslant 1\\ 17.5x_1+7.5x_2+30x_4\geqslant 30\\ x_1,x_2,x_3,x_4\geqslant 0\end{cases}$$

上述四个问题的实际背景不尽相同，但它们的数学模型却有着共同的特征：

(1) 约束条件是决策变量(通常为非负)的线性不等式或等式；

(2) 目标函数是决策变量的线性函数。按问题的不同，而要求目标函数实现最大化或最小化。

1.1.2　线性规划问题的标准型

实际问题的线性规划模型有许多不同的形式，但不同形式之间可以相互转化。为了便于研究，我们规定其中的一种叫标准型，其有以下三种形式。

(1) 一般式

$$\max(\text{或} \min)\ z = \sum_{j=1}^{n} c_j x_j$$

$$\text{s.t.} \begin{cases} \sum_{j=1}^{n} a_{ij} x_j = b_i & (i = 1,2,\cdots,m) \\ x_j \geqslant 0 & (j = 1,2,\cdots,n) \end{cases}$$

除特别指明外，假定 $b_i \geqslant 0 (i = 1,2,\cdots,m)$。令

$$\boldsymbol{A} = \begin{bmatrix} a_{11} & a_{12} & \cdots & a_{1n} \\ a_{21} & a_{22} & \cdots & a_{2n} \\ \vdots & \vdots & & \vdots \\ a_{m1} & a_{m2} & \cdots & a_{mn} \end{bmatrix} \quad \boldsymbol{b} = \begin{bmatrix} b_1 \\ b_2 \\ \vdots \\ b_m \end{bmatrix} \quad \boldsymbol{C} = (c_1, c_2, \cdots, c_n)$$

$$\boldsymbol{X} = \begin{bmatrix} x_1 \\ x_2 \\ \vdots \\ x_n \end{bmatrix} \quad \boldsymbol{0} = \begin{bmatrix} 0 \\ 0 \\ \vdots \\ 0 \end{bmatrix} \quad \boldsymbol{P}_j = \begin{bmatrix} a_{1j} \\ a_{2j} \\ \vdots \\ a_{mj} \end{bmatrix} \quad (j = 1,2,\cdots,n)$$

(2) 矩阵式

$$\max(\text{或} \min)\ z = \boldsymbol{CX}$$

$$\text{s.t.} \begin{cases} \boldsymbol{AX} = \boldsymbol{b} \\ \boldsymbol{X} \geqslant \boldsymbol{0} \end{cases}$$

(3) 向量式

$$\max(\text{或} \min)\ z = \boldsymbol{CX}$$

$$\text{s.t.} \begin{cases} \sum_{j=1}^{n} \boldsymbol{P}_j x_j = \boldsymbol{b} \\ x_j \geqslant 0\ (j = 1,2,\cdots,n) \end{cases}$$

上述表达式中，c_j 称为**价值系数**，$\boldsymbol{C}$ 称为**价值向量**，a_{ij} 称为**技术系数**，由 a_{ij} 构成的矩阵 $\boldsymbol{A}$ 称为**约束系数矩阵**，b_i 称为**资源系数**，$\boldsymbol{b}$ 称为**资源向量**。

以下讨论如何将任一模型转化成标准型的问题。

(1) 决策变量的非负约束

若 $x_j \leqslant 0$，只需令 $x_j' = -x_j$，则 $x_j' \geqslant 0$。若 x_j 无符号限制，则令 $x_j = x_j' - x_j''$，其中 x_j'，$x_j'' \geqslant 0$。

(2) 右端常数的转换

若某 $b_i < 0$,用“-1”乘该约束的两端。

(3) 约束条件的转换

当第 i 个约束条件 $b_i \geqslant 0$ 成立,且约束为“$\leqslant$”形式时,则在不等式左端加一非负变量,将不等式约束化成等式约束;而当约束为“$\geqslant$”形式时,则在不等式左端减去一非负变量,化为等式。新增非负变量称为**松弛变量**(slack variable)。

例 1-5 将下列模型化成标准型

$$\min z = x_1 - x_2 + 4x_3$$

$$\text{s. t.} \begin{cases} 3x_2 - 4x_3 \geqslant -9 \\ -x_1 + x_2 \geqslant 6 \\ 5x_2 + 2x_3 \leqslant 16 \\ x_1 \leqslant 0, x_2 \geqslant 0, x_3 \text{ 无符号限制} \end{cases}$$

解 令 $x_1' = -x_1, x_1' \geqslant 0$, $x_3 = x_3' - x_3'', x_3', x_3'' \geqslant 0$

将第一个约束条件两端乘“-1”并加上松弛变量 x_4,第二个约束减松弛变量 x_5,第三个约束加上松弛变量 x_6,代入整理后得

$$\min z = -x_1' - x_2 + 4x_3' - 4x_3''$$

$$\text{s. t.} \begin{cases} -3x_2 + 4x_3' - 4x_3'' + x_4 = 9 \\ x_1' + x_2 - x_5 = 6 \\ 5x_2 + 2x_3' - 2x_3'' + x_6 = 16 \\ x_1', x_2, x_3', x_3'', x_4, x_5, x_6 \geqslant 0 \end{cases}$$

应注意,目标函数中松弛变量的价值系数均为零。

特别地,若在标准型的系数矩阵 $\boldsymbol{A}_{m\times n}$ $(m < n)$ 中出现 m 阶子单位阵,则称其为典型式。易知,本例即为典型式。以后讨论中,将以典型式为基础。

§1.2 线性规划问题的基本性质

1.2.1 线性规划的图解法

当只有两个决策变量时,可以用图解法求解。图解法简单直观,有助于领会线性规划的基本性质及一般求解方法的基本思想。下面举例说明图解法的基本步骤。

例 1-6 用图解法求解例 1-1。

$$\max z = 3x_1 + 4x_2$$

$$\text{s. t.} \begin{cases} x_1 + x_2 \leqslant 6 \\ x_1 + 2x_2 \leqslant 8 \\ 2x_2 \leqslant 6 \\ x_1, x_2 \geqslant 0 \end{cases}$$

解 (1) **可行域图形的确定**。LP 模型所有约束条件构成的公共部分,称为**可行域图形**。因为 $x_1, x_2 \geqslant 0$,可行域在第一象限。第一个约束条件 $x_1 + x_2 \leqslant 6$ 表示半平面,此半平面是

以直线 $x_1 + x_2 = 6$ 为边界的在其左下方第一象限部分(见图 1-1 中单箭头线所示)。类似地，可求出其余约束条件表示的半平面部分(见图 1-1)。图中的凸多边形 $OABCD$ 即为该例的可行域图形。

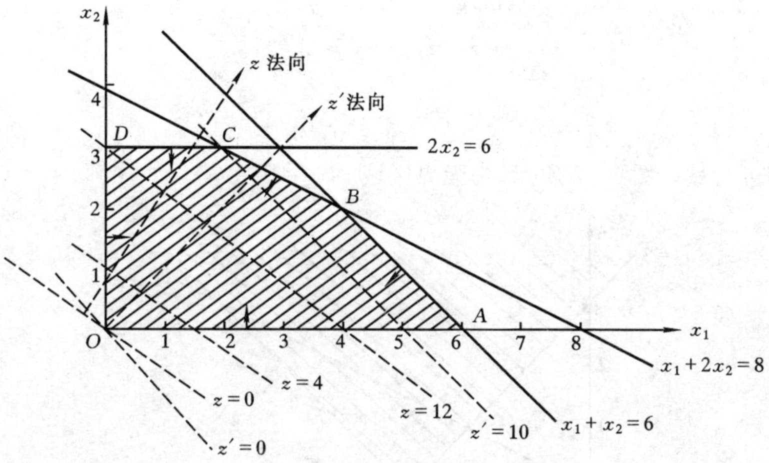

图 1-1

凸多边形(包括其边界)上的每一点，都是本例 LP 模型的一个**可行解**。因此凸多边形区域 $OABCD$ 是该 LP 模型的可行解的集合，称为**可行域**，可行域中使目标函数达到最大(或最小)的点为**最优点**，最优点对应的坐标即为 LP 的**最优解**，相应的函数值称为**最优值**。

(2) **目标函数的等值线与最优点的确定**。考虑本例的目标函数

$$z = 3x_1 + 4x_2$$

它代表以 z 为参数，$-3/4$ 为斜率的一簇平行线。

由小到大给 z 赋值，如令 $z = 0, 4, 12$ 等可得到一组平行线(见图1-1)，而位于同一直线上的点，具有相同的目标函数值，因而称其为**等值线**。垂直于这组平行线画一直线，取 z 值沿此直线递增的方向，即为直线簇 $z = 3x_1 + 4x_2$ 的法线方向(如图 1-1)，其为 z 值增加最快的方向(亦称梯度方向)。

沿法线方向平行移动直线 $z = 3x_1 + 4x_2$，当移动到 B 点时，z 值在可行域上达到最大，从而 B 为最优点。求出 B 点坐标，解

$$\begin{cases} x_1 + 2x_2 = 8 \\ x_1 + \ \ x_2 = 6 \end{cases}$$

得 $x_1^* = 4, x_2^* = 2$，最优值为 $z_{\max} = 20$。

故本例的最优生产方案是：日产甲产品 4 件，乙产品 2 件，每天可得最大利润 20 百元。

例 1-7　求

$$\max z' = 2x_1 + 2x_2$$

$$\text{s. t.} \begin{cases} x_1 + x_2 \leqslant 6 \\ x_1 + 2x_2 \leqslant 8 \\ 2x_2 \leqslant 6 \\ x_1, x_2 \geqslant 0 \end{cases}$$

解　本例的约束条件与例 1-6 完全相同，因此该 LP 的可行域亦为图 1-1 中凸多边形

$OABCD$。分别令 $z'=0,10$，画出目标函数等值线及其法线方向，沿法线方向平行移动目标函数的等值线，可知线段 AB 上的点均为最优解。可将 $A(6,0)$ 或 $B(4,2)$ 的坐标值代入目标函数得到 $z^*=12$。本例属于多重最优解的情形。

例 1-8 求

$$\max z = 2x_1 + x_2$$
$$\text{s.t.}\begin{cases} x_1 + x_2 \geqslant 3 \\ x_1 - x_2 \leqslant 3 \\ x_1 \geqslant 0,\ x_2 \geqslant 0 \end{cases}$$

解 本例可行域如图 1-2 所示，为无界区域。

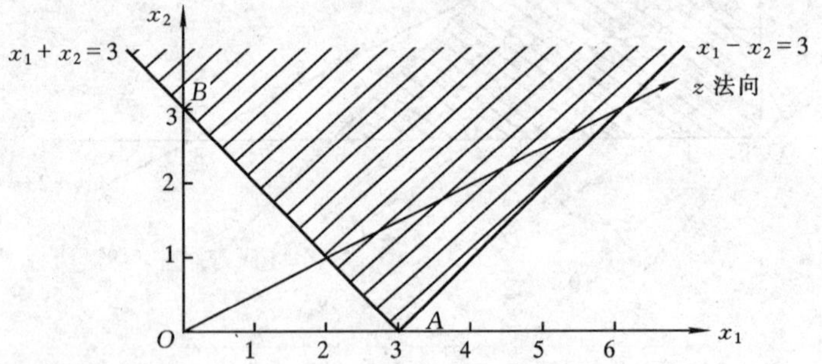

图 1-2

等值线可沿法线方向无穷平移，始终与可行域有交点。因此该问题的目标函数值 $z\to\infty$，称为**无有限最优解或无界解**。若实际问题出现这种结果，一般可判断为其数学模型中遗漏了某些必要的约束。若本例改求 $\min z$，则 B 点为最优解。

例 1-9 求

$$\max z = 2x_1 + x_2$$
$$\text{s.t.}\begin{cases} -x_1 + x_2 \leqslant 1 \\ -4x_1 + 3x_2 \geqslant 4 \\ x_1, x_2 \geqslant 0 \end{cases}$$

解 本例两个函数约束在第一象限没有公共部分，所以无可行解，自然无最优解。

综上可知，LP 求解结果有四种可能：唯一最优解，无穷多最优解，无界解和无可行解。

虽然图解法只适用于两个决策变量的情形，但却对线性规划解的性质给出清晰的几何解释：可行域如果存在，则是一个凸多边形（可能无界）；最优解如果存在可以在可行域的某个顶点上得到。若在两个顶点上都得到最优解，则这两点所连线段上所有点都是最优解。这一结论可以推广到一般情形。

1.2.2 线性规划问题的基与解

为了说明线性规划问题解的基本性质，首先引入一些有关解的基本概念。考虑标准型 LP 问题

$$\max(\text{或}\ \min) z = \boldsymbol{CX} \qquad (1-1)$$
$$\text{s.t.}\begin{cases} \boldsymbol{AX} = \boldsymbol{b} & (1-2) \\ \boldsymbol{X} \geqslant \boldsymbol{0} & (1-3) \end{cases}$$

设 $\boldsymbol{A}$ 是 $m\times n$ 阶矩阵，$m<n$，且 $\boldsymbol{A}$ 的秩为 m。

可行解：满足上述约束条件(1-2)、(1-3)的向量 $\boldsymbol{X}$ 称为**可行解**(feasible solution)。

最优解：满足式(1-1)的可行解称为**最优解**(optimal solution)。

基：$\boldsymbol{A}$ 中任何一组 m 个线性无关的列向量构成的子矩阵 $\boldsymbol{B}$，称为该问题的一个**基**(basis)，即 $\boldsymbol{B}$ 为 $\boldsymbol{A}$ 的 $m \times m$ 阶非奇异子矩阵。

基向量：基 $\boldsymbol{B}$ 中的一列即为 $\boldsymbol{B}$ 的一个**基向量**。基 $\boldsymbol{B}$ 中共有 m 个基向量。

非基向量：矩阵 $\boldsymbol{A}$ 中基 $\boldsymbol{B}$ 之外的一列即为 $\boldsymbol{B}$ 的一个非基向量。$\boldsymbol{A}$ 中共有 $n-m$ 个非基向量。

基变量：与基 $\boldsymbol{B}$ 的基向量相应的变量称为 $\boldsymbol{B}$ 的**基变量**，基变量共有 m 个。

非基变量：与基 $\boldsymbol{B}$ 的非基向量相应的变量称为 $\boldsymbol{B}$ 的**非基变量**，非基变量共有 $n-m$ 个。

基本解：对于基 $\boldsymbol{B}$，令所有非基变量为零，求得满足式(1-2)的解，称为 $\boldsymbol{B}$ 对应的**基本解**(basic solution)。

基本可行解：满足式(1-3)的基本解称为**基本可行解**，其对应的基称为**可行基**。

基本最优解：满足式(1-1)的基本可行解称为**基本最优解**，其对应的基称为**最优基**。

退化的基本解：若基本解中有基变量为零者，则称之为**退化的基本解**。类似地，有退化的基本可行解和退化的基本最优解。

例如，将例 1-1 化为标准型，得到

$$\max z_1 = 3x_1 + 4x_2$$

$$\text{s.t.} \begin{cases} x_1 + x_2 + x_3 = 6 \\ x_1 + 2x_2 + x_4 = 8 \\ 2x_2 + x_5 = 6 \\ x_j \geqslant 0,\ j = 1,2,\cdots,5 \end{cases}$$

其中 $\boldsymbol{P}_1 = \begin{pmatrix}1\\1\\0\end{pmatrix}$，$\boldsymbol{P}_2 = \begin{pmatrix}1\\2\\2\end{pmatrix}$，$\boldsymbol{P}_3 = \begin{pmatrix}1\\0\\0\end{pmatrix}$，$\boldsymbol{P}_4 = \begin{pmatrix}0\\1\\0\end{pmatrix}$，$\boldsymbol{P}_5 = \begin{pmatrix}0\\0\\1\end{pmatrix}$.

易验证，除 $[\boldsymbol{P}_1 \quad \boldsymbol{P}_3 \quad \boldsymbol{P}_4]$ 外，其余任取 3 列均线性无关，可以组成 9 个基。若取

$\boldsymbol{B}_1 = [\boldsymbol{P}_3 \quad \boldsymbol{P}_4 \quad \boldsymbol{P}_5) = \begin{pmatrix}1&0&0\\0&1&0\\0&0&1\end{pmatrix}$，则 x_3, x_4, x_5 为基变量，x_1, x_2 为非基变量，令 x_1, x_2 为零，求得 $x_3 = 6, x_4 = 8, x_5 = 6$，对应的基本解为

$$\boldsymbol{X}^{(1)} = (0,0,6,8,6)^{\mathrm{T}} \geqslant \boldsymbol{0}$$

所以它是基本可行解，$\boldsymbol{B}_1$ 是可行基。若取

$$\boldsymbol{B}_2 = [\boldsymbol{P}_2 \quad \boldsymbol{P}_4 \quad \boldsymbol{P}_5] = \begin{pmatrix}1&0&0\\2&1&0\\2&0&1\end{pmatrix},$$

则 x_2, x_4, x_5 为基变量，x_1, x_3 为非基变量。相应的基本解为

$$\boldsymbol{X}^{(2)} = (0,6,0,-4,-6)^{\mathrm{T}}$$

显然 $\boldsymbol{X}^{(2)}$ 不是基本可行解，$\boldsymbol{B}_2$ 也非可行基。其它基所对应的基本解，可以类似地求出。

1.2.3 几何意义上的几个基本概念

首先，回顾 n 维空间中任意两点间的线段的表示。

图 1-3 中，$\boldsymbol{X}^{(1)}$、$\boldsymbol{X}^{(2)}$ 为 n 维空间中的两个点，$\boldsymbol{X}$ 是以 $\boldsymbol{X}^{(1)}$、$\boldsymbol{X}^{(2)}$ 为端点的线段上的点，则向量 $\boldsymbol{X}^{(2)}-\boldsymbol{X}$ 与 $\boldsymbol{X}^{(2)}-\boldsymbol{X}^{(1)}$ 方向相同，长度之比为 $\alpha:1(0\leqslant\alpha\leqslant1)$。因此，

$$\boldsymbol{X}^{(2)}-\boldsymbol{X}=\alpha(\boldsymbol{X}^{(2)}-\boldsymbol{X}^{(1)})\quad(0\leqslant\alpha\leqslant1)$$

从而，以 $\boldsymbol{X}^{(1)}$、$\boldsymbol{X}^{(2)}$ 为端点的线段上的 $\boldsymbol{X}$ 可表示为

$$\boldsymbol{X}=\alpha\boldsymbol{X}^{(1)}+(1-\alpha)\boldsymbol{X}^{(2)}\quad\alpha\in[0,1]$$

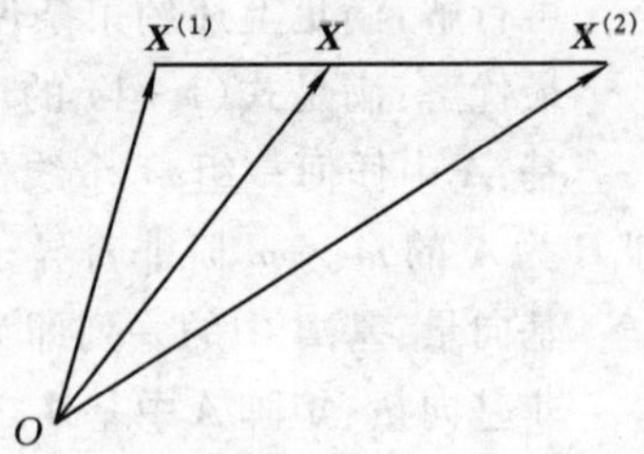

图 1-3

下面给出有关凸性的几个基本概念：

凸集：设 S 是 n 维空间的一个点集，若任意两点 $\boldsymbol{X}^{(1)},\boldsymbol{X}^{(2)}\in S$ 的所连线段上的一切点 $\alpha\boldsymbol{X}^{(1)}+(1-\alpha)\boldsymbol{X}^{(2)}\in S\ (0\leqslant\alpha\leqslant1)$，则称 S 为**凸集**(convex set)。

比如一个点、一个线段、平面上的凸多边形、圆形域、三维空间的椭球体等都是凸集，而环形域则为非凸集。

凸组合：设 $\boldsymbol{X}^{(1)},\boldsymbol{X}^{(2)},\cdots,\boldsymbol{X}^{(k)}$ 为 n 维空间中的 k 个点。则 $\boldsymbol{X}=\mu_1\boldsymbol{X}^{(1)}+\mu_2\boldsymbol{X}^{(2)}+\cdots+\mu_k\boldsymbol{X}^{(k)}$ $(0\leqslant\mu_i\leqslant1;\ i=1,2,\cdots,k;$ 且 $\sum_{i=1}^{k}\mu_i=1)$ 称为 $\boldsymbol{X}^{(1)},\boldsymbol{X}^{(2)},\cdots,\boldsymbol{X}^{(k)}$ 的**凸组合**(convex combination)。

凸组合为两点连线上点的表达式之推广。

极点：S 是凸集，$\boldsymbol{X}\in S$，若 $\boldsymbol{X}$ 不能用 S 中相异两点 $\boldsymbol{X}^{(1)},\boldsymbol{X}^{(2)}$ 线性表示为

$$\boldsymbol{X}=\alpha\boldsymbol{X}^{(1)}+(1-\alpha)\boldsymbol{X}^{(2)},\ \alpha\in(0,1)$$

则称 $\boldsymbol{X}$ 为 S 的**极点**(extreme point)或**顶点**。即极点不能成为 S 上任何线段的内点。比如平面凸多边形的顶点，圆域的圆周上的点均为极点。

1.2.4 线性规划问题的基本定理

定理 1-1 线性规划问题的可行域 S 是凸集。

证明 我们只需证明：S 上以任意两点 $\boldsymbol{X}^{(1)},\boldsymbol{X}^{(2)}$ 为端点的线段全部属于 S。

任给 $\boldsymbol{X}^{(1)},\boldsymbol{X}^{(2)}\in S$，即

$$\boldsymbol{A}\boldsymbol{X}^{(i)}=\boldsymbol{b},\ \boldsymbol{X}^{(i)}\geqslant\boldsymbol{0},\ (i=1,2)$$

对于任意给定的 $\alpha\in[0,1]$，令

$$\begin{aligned}\boldsymbol{X}&=\alpha\boldsymbol{X}^{(1)}+(1-\alpha)\boldsymbol{X}^{(2)}\\ \boldsymbol{A}\boldsymbol{X}&=\alpha\boldsymbol{A}\boldsymbol{X}^{(1)}+(1-\alpha)\boldsymbol{A}\boldsymbol{X}^{(2)}\\ &=\alpha\boldsymbol{b}+(1-\alpha)\boldsymbol{b}=\boldsymbol{b}\end{aligned}$$

且 $\boldsymbol{X}\geqslant\boldsymbol{0}$，所以 $\boldsymbol{X}$ 也是可行解，即 $\boldsymbol{X}\in S$。证毕。

引理 1-1 $\boldsymbol{X}$ 为线性规划问题可行域 S 上极点的充要条件是 $\boldsymbol{X}$ 的正分量对应的系数列向量线性无关。(证明从略)

定理 1-2 $\boldsymbol{X}$ 是可行域 S 上极点的充要条件是它为基本可行解。(证明从略)

如例 1-1 的标准型 LP 问题有五个基本可行解，它们也是其可行域的五个极点，如表 1-5 所示。读者易验证表中标准型的五个极点均为基本可行解。

表 1-5

基本可行解	极点
$(0,0,6,8,6)^T$	$O(0,0)$
$(6,0,0,2,6)^T$	$A(6,0)$
$(4,2,0,0,2)^T$	$B(4,2)$
$(2,3,1,0,0)^T$	$C(2,3)$
$(0,3,3,2,0)^T$	$D(0,3)$

在退化的情形，也有可能一个极点对应于多个基本可行解。

例 1-10　某一 LP 问题的约束条件为

$$\begin{cases} x_1 + \ x_2 \leqslant 1 \\ x_1 + 2x_2 \leqslant 2 \\ x_1, x_2 \geqslant 0 \end{cases} \tag{1-4}$$

将式(1-4)化成标准型

$$\begin{cases} x_1 + \ x_2 + x_3 = 1 \\ x_1 + 2x_2 + x_4 = 2 \\ x_j \geqslant 0 \quad (j = 1,2,3,4) \end{cases} \tag{1-5}$$

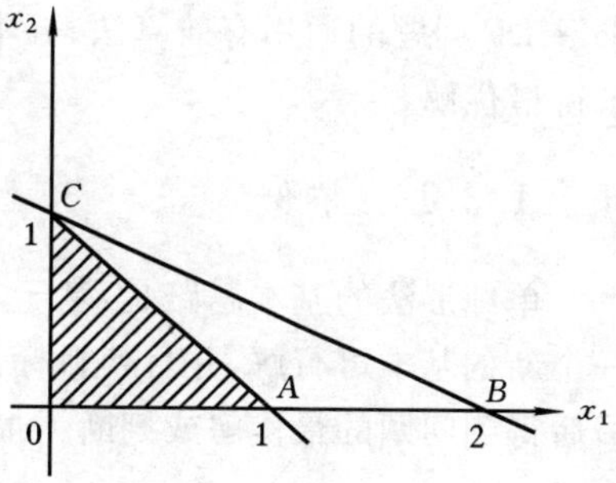

图 1-4

矩阵 $\boldsymbol{A}$ 的列向量为

$$\boldsymbol{P}_1 = \begin{pmatrix}1\\1\end{pmatrix}, \boldsymbol{P}_2 = \begin{pmatrix}1\\2\end{pmatrix}, \boldsymbol{P}_3 = \begin{pmatrix}1\\0\end{pmatrix}, \boldsymbol{P}_4 = \begin{pmatrix}0\\1\end{pmatrix}$$

由于它们两两线性无关，所以有 $C_4^2 = 6$ 个基和 6 个基本解，易验证其中 5 个为基本可行解。极点与基本可行解的对应如表 1-6。

表 1-6

可行基	基本可行解	极点
$\boldsymbol{B}_1 = [\boldsymbol{P}_1 \quad \boldsymbol{P}_2]$	$\boldsymbol{X}^{(1)} = (0,1,0,0)^T$	$C(0,1)$
$\boldsymbol{B}_2 = [\boldsymbol{P}_1 \quad \boldsymbol{P}_4]$	$\boldsymbol{X}^{(2)} = (1,0,0,1)^T$	$A(1,0)$
$\boldsymbol{B}_3 = [\boldsymbol{P}_2 \quad \boldsymbol{P}_3]$	$\boldsymbol{X}^{(3)} = (0,1,0,0)^T$	$C(0,1)$
$\boldsymbol{B}_4 = [\boldsymbol{P}_2 \quad \boldsymbol{P}_4]$	$\boldsymbol{X}^{(4)} = (0,1,0,0)^T$	$C(0,1)$
$\boldsymbol{B}_5 = [\boldsymbol{P}_3 \quad \boldsymbol{P}_4]$	$\boldsymbol{X}^{(5)} = (0,0,1,2)^T$	$O(0,0)$

$\boldsymbol{X}^{(1)}, \boldsymbol{X}^{(3)}, \boldsymbol{X}^{(4)}$ 由于取基互异，尽管取值相同，仍表示三个不同的基本可行解(退化的)，均对应于极点 C。

定理 1-3　线性规划问题的任一可行解均可表示为基本可行解的凸组合。(证明从略)

定理 1-4　如果线性规划问题有有限最优解，则其最优值一定可以在可行域的极点上达到。(证明从略)

从上述性质可得出以下结论：LP 问题的可行域是凸集；若 LP 问题有最优解，则必定可在其可行域的某个极点得到。而 LP 问题必定存在有限个基本可行解(至多 C_n^m 个)，因此，求解一个 LP 问题，只需在有限个基本可行解中寻求最优解。这就保证了可以在有限的步骤内求得最优解。

上述思想启发人们应用完全枚举法求出最优解，即找出所有基本可行解，并计算各自的目标函数值，通过比较求得最优解。然而，当 m,n 较大时，完全枚举法将不好用，需要难以想象的长时间计算。因此，需要研究更强有力的解法。

§1.3 单纯形方法的基本思想

单纯形法(Simplex Method)是著名的美国运筹学家 G. B. Dantzig 于 1947 年首创的一种求解 LP 问题的通用有效算法。五十多年来的计算实践表明，单纯形法只需很少迭代次数就能求得最优解。

1.3.1 举例

单纯形法的基本思路是：基于 LP 问题的标准型，从可行域中某个基本可行解，转换到另一个新的基本可行解，并且使目标函数值较前有所改善(至少保持)。经过若干次这样的转换，最后得到问题的最优解或判断无最优解。现在通过举例来说明其思路。为方便起见，先讨论典型式。

以例 1-1 来讨论它的求解。该例的标准型(典型式)为

$$\max z = 3x_1 + 4x_2 \qquad ⓪ \qquad (1-6)$$

$$\text{s.t.} \begin{cases} x_1 + x_2 + x_3 = 6 & ① \\ x_1 + 2x_2 + x_4 = 8 & ② \\ 2x_2 + x_5 = 6 & ③ \\ x_j \geqslant 0 \quad j = 1,\cdots,5 \end{cases} \qquad (1-7)$$

系数矩阵为

$$\boldsymbol{A} = \begin{pmatrix} 1 & 1 & 1 & 0 & 0 \\ 1 & 2 & 0 & 1 & 0 \\ 0 & 2 & 0 & 0 & 1 \end{pmatrix} = [\boldsymbol{P}_1 \quad \boldsymbol{P}_2 \quad \boldsymbol{P}_3 \quad \boldsymbol{P}_4 \quad \boldsymbol{P}_5]$$

显然 $\boldsymbol{B}_0 = [\boldsymbol{P}_3 \quad \boldsymbol{P}_4 \quad \boldsymbol{P}_5]$ 构成一个基，x_3, x_4, x_5 为基变量，为求得 $\boldsymbol{B}_0$ 所对应的基本可行解，将式(1-7) 转化为用非基变量表示基变量的形式，并代入目标函数。

$$\begin{cases} x_3 = 6 - x_1 - x_2 \\ x_4 = 8 - x_1 - 2x_2 \\ x_5 = 6 - 2x_2 \end{cases} \qquad (1-8)$$

$$z = 0 + 3x_1 + 4x_2 \qquad (1-9)$$

令非基变量 $x_1 = x_2 = 0$，则得到一个基本可行解

$$\boldsymbol{X}^{(0)} = (0,0,6,8,6)^{\mathrm{T}}$$

这个基本可行解的经济意义为：企业没安排生产甲、乙产品，设备未被利用，所以企业的收益为 0。下面以它为始点，逐次施行基本可行解的转换，因此称 $\boldsymbol{X}^{(0)}$ 为初始基本可行解，简称初始解。

应特别注意的是，$\boldsymbol{B}_0$ 为一个 m 阶单位阵，并且目标函数式中所有基变量的系数全为 0，这

是单纯形法求解必需的，所有转换到的基本可行解所对应的基都必须化成单位阵，并且目标函数的表达式只含非基变量，以利于最优解的判定。

由式(1-9)可以看到，非基变量 x_1，x_2 的系数都是正数，若将非基变量 x_1，x_2 变换为基变量，目标函数值就可以增大。从经济意义上讲，只要安排生产甲或乙产品，企业的收益就可以增加。因此我们指出当目标函数表达式中基变量系数全为0时，非基变量的系数可以作为检验当前的基本可行解(现为 $\boldsymbol{X}^{(0)}$)是否最优的一个标志，称之为**检验数**。只要在(1-9)的表达式中有正系数的非基变量，就需要把非基变量与基变量对换。一般选择正检验数中最大的那个非基变量(现为 x_2)为换入(入基)变量，这是因为检验数的意义就是当非基变量由0增加到1时相应的目标函数的改变量。基变量的个数是确定的，当确定一个变量入基时，还要确定哪一个基变量要成为换出(出基)变量，由基变量变为非基变量。

因 x_1 仍为非基变量，即 $x_1=0$，由式(1-8)得到

$$\begin{cases} x_3 = 6 - x_2 \geqslant 0 \\ x_4 = 8 - 2x_2 \geqslant 0 \\ x_5 = 6 - 2x_2 \geqslant 0 \end{cases} \tag{1-10}$$

由此可见，必须选择

$$x_2 = \min\left\{\frac{6}{1},\frac{8}{2},\frac{6}{2}\right\} = 3$$

才能使式(1-10)成立。因当 $x_2=3$ 时，基变量 $x_5=0$，即 x_5 出基，同时保证其余基变量 $x_3, x_4 \geqslant 0$，即保证下面转换得到的解仍为一个基本可行解。

为了求得以 x_3，x_4，x_2 为基变量的一个新的基本可行解并使其为典型式，以便检验它是否最优，须对方程组(1-7)进行一番初等行变换。其主要目的是让入基变量 x_2 的系数列向量变换为单位向量，同时让式(1-9)中 x_2 的系数由4变换为0。具体变换方法是：以此值的最小者6/2的分母2为主元，其所在方程为主元行，x_2 列的系数列向量为主元列。对方程组(1-7)进行下述初等行变换：

(1) 以主元2除主元行，将 x_2 的系数化为1；

(2) 利用初等行变换，将主元列(除主元外)都化为0。

当前，即以2除③的各系数，并记得到的方程为③′，然后①′=①−1×③′，②′=②−2×③′，再以③′所得 x_2 的表达式代入式(1-9)得

$$\max z = 12 + 3x_1 - 2x_5 \quad ⓪'$$

$$\text{s.t.}\begin{cases} x_1 + x_3 - \frac{1}{2}x_5 = 3 & ①' \\ x_1 + x_4 - x_5 = 2 & ②' \\ x_2 + \frac{1}{2}x_5 = 3 & ③' \\ x_j \geqslant 0, \quad j = 1,\cdots,5 \end{cases} \tag{1-11}$$

在式(1-11)中，x_3，x_4，x_2 的系数列向量构成为

$$\begin{pmatrix} 1 & 0 & 0 \\ 0 & 1 & 0 \\ 0 & 0 & 1 \end{pmatrix}$$

显然为基。令非基变量 $x_1 = x_5 = 0$，由式(1-11)易得新基本可行解为

$$X^{(1)} = (0,3,3,2,0)^{\mathrm{T}}$$

以 $X^{(1)}$ 为基本可行解的等价方程式(1-11)显然满足典型式,且基变量取值恰为右端常数项。其目标函数值为12,恰为目标函数表达式中的常数,由 ⓪′ 可知,x_1 的检验数仍为正数,所以 $X^{(1)}$ 非最优,但其目标函数值已较 $X^{(0)}$ 增大。

上述基本可行解转换的过程,称为单纯形法的**换基迭代**。由于 $X^{(1)}$ 非最优,所以须按前述方法继续换基迭代,且只须依据方程组(1-11)。

首先确定入基变量。由于 ⓪′ 中只有一个正检验数,因此确定 x_1 入基,同时 x_1 的系数列向量即为主元列。

其次确定出基变量。只须以主元列中的正数为分母,以相应的右端常数为分子求最小比值。

$$\min\left\{\frac{3}{1},\frac{2}{1}\right\} = 2$$

确定出基变量为 x_4,同时主元为1,主元行为方程式 ②′。依据主元对式(1-11)进行一次换基迭代运算,得

$$\max z = 18 - 3x_4 + x_5 \qquad ⓪''$$

$$\text{s.t.}\begin{cases} x_3 - x_4 + \frac{1}{2}x_5 = 1 & ①'' \\ x_1 + x_4 - x_5 = 2 & ②'' \\ x_2 + \frac{1}{2}x_5 = 3 & ③'' \\ x_j \geqslant 0 \quad j = 1,2,\cdots,5 \end{cases} \qquad (1-12)$$

于是,又得到一个基本可行解

$$X^{(2)} = (2,3,1,0,0)^{\mathrm{T}}$$

及其目标函数值 $z = 18$。

由 ⓪″ 可知此时 x_5 的检验数仍为正数,即 $X^{(2)}$ 亦非最优,选取 x_5 入基,其对应的列为主元列,并通过计算

$$\min\left\{1/\frac{1}{2},3/\frac{1}{2}\right\} = 2$$

确定 x_3 出基,主元行为 ①″,主元为$\frac{1}{2}$。

进行再一次换基迭代得到

$$\max z = 20 - 2x_3 - x_4 \qquad ⓪'''$$

$$\text{s.t.}\begin{cases} 2x_3 - 2x_4 + x_5 = 2 & ①''' \\ x_1 + 2x_3 - x_4 = 4 & ②''' \\ x_2 - x_3 + x_4 = 2 & ③''' \\ x_j \geqslant 0 \quad j = 1,2,\cdots,5 \end{cases}$$

令非基变量 $x_3,x_4 = 0$,得到基本可行解

$$X^{(3)} = (4,2,0,0,2)^{\mathrm{T}}$$

其相应的目标函数值 $z = 20$。

再由 ⓪‴,检验数均非正,表明目标函数值不能继续增大,就可以断定 $X^{(3)}$ 即为最优基本

可行解。

这同图解法结果一致。

通过上例,我们得到了单纯形法求解线性规划的基本思路。

1.3.2　最优性检验及解的判别准则

从上述讨论中,每次基本可行解的获得均需将其对应的基化为单位阵,同时使基变量在目标函数中的系数为 0,才能进行最优性检验。下面我们讨论一般情形下,单位阵的转化,检验数的表达式及最优性检验的判别准则。

考虑

$$\max z = \boldsymbol{CX} \tag{1-13a}$$

$$\text{s.t.}\begin{cases}\boldsymbol{AX} = \boldsymbol{b} & (1-13\text{b})\\ \boldsymbol{X} \geqslant \boldsymbol{0} & (1-13\text{c})\end{cases}$$

设 $\boldsymbol{B}$ 为基,相应的基变量向量和非基变量向量分别用 $\boldsymbol{X_B}$ 和 $\boldsymbol{X_N}$ 表示,价值向量 $\boldsymbol{C}$ 相应地分成 $\boldsymbol{C_B}$,$\boldsymbol{C_N}$ 两部分,系数矩阵 $\boldsymbol{A}$ 同样也分成 $\boldsymbol{B}$ 和 $\boldsymbol{N}$ 两部分。即

$$\boldsymbol{A} = [\boldsymbol{B}\quad \boldsymbol{N}],\ \boldsymbol{X} = \begin{pmatrix}\boldsymbol{X_B}\\ \boldsymbol{X_N}\end{pmatrix},\ \boldsymbol{C} = [\boldsymbol{C_B}\quad \boldsymbol{C_N}]$$

于是式(1-13)写成

$$[\boldsymbol{B}\quad \boldsymbol{N}]\begin{pmatrix}\boldsymbol{X_B}\\ \boldsymbol{X_N}\end{pmatrix} = \boldsymbol{b}$$

即

$$\boldsymbol{BX_B} + \boldsymbol{NX_N} = \boldsymbol{b}$$

用 $\boldsymbol{B}^{-1}$ 左乘上式两端,整理后得

$$\boldsymbol{X_B} + \boldsymbol{B}^{-1}\boldsymbol{NX_N} = \boldsymbol{B}^{-1}\boldsymbol{b} \tag{1-14}$$

又

$$z = [\boldsymbol{C_B}\quad \boldsymbol{C_N}]\begin{pmatrix}\boldsymbol{X_B}\\ \boldsymbol{X_N}\end{pmatrix}$$

$$= \boldsymbol{C_B X_B} + \boldsymbol{C_N X_N} \tag{1-15}$$

将式(1-14)代入式(1-15)得

$$z = \boldsymbol{C_B B}^{-1}\boldsymbol{b} + (\boldsymbol{C_N} - \boldsymbol{C_B B}^{-1}\boldsymbol{N})\boldsymbol{X_N} \tag{1-16}$$

式(1-14)即为将基转化为单位阵的矩阵表达式,而式(1-16)中,所有基变量的系数均为 0。

为便于计算,将式(1-14)、式(1-16)表述为分量形式,这里不妨假设前 m 列为 $\boldsymbol{B}$ 的基向量:

$$x_i = b'_i - \sum_{j=m+1}^{n} a'_{ij}x_j \quad (i = 1,2,\cdots,m) \tag{1-17}$$

$$z = \sum_{i=1}^{m} c_i b'_i + \sum_{j=m+1}^{n}(c_j - \sum_{i=1}^{m} c_i a'_{ij})x_j \tag{1-18}$$

其中 b'_i,a'_{ij} 是由 $\boldsymbol{b}' = \boldsymbol{B}^{-1}\boldsymbol{b}$,$\boldsymbol{N}' = \boldsymbol{B}^{-1}\boldsymbol{N}$ 取其分量得到的。

令 $z_0 = \sum_{i=1}^{m} c_i b'_i$,$z_j = \sum_{i=1}^{m} c_i a'_{ij}$,$j = m+1,\cdots,n$

于是

$$z = z_0 + \sum_{j=m+1}^{n}(c_j - z_j)x_j$$

再令 $\sigma_j = c_j - z_j (j = m+1, \cdots, n)$,

则

$$z = z_0 + \sum_{j=m+1}^{n} \sigma_j x_j \tag{1-19}$$

σ_j 即为非基变量 x_j 的检验数。

下面叙述关于解的几个判别准则。

(1) 最优解的判别准则　若 $\boldsymbol{X}^{(0)} = (b'_1, b'_2, \cdots, b'_m, 0, \cdots, 0)^{\mathrm{T}}$ 为对应于基 $\boldsymbol{B}$ 的一个基本可行解,且对于一切 $j = m+1, \cdots, n$ 有 $\sigma_j \leqslant 0$(称为**最优性条件**),则 $\boldsymbol{X}^{(0)}$ 为最优解。这一结论的正确性,由式(1-19)容易看出。通常称 σ_j 为**检验数**(test number)。由式(1-19)可见,当某个非基变量 x_j 增加一个单位(其它非变量保持不变)时,目标函数 z 将增加 σ_j 个单位,所以称 σ_j 为非基变量 x_j 的**相对收益系数**。

(2) 多重最优解判别准则　若 $\boldsymbol{X}^{(0)} = (b'_1, b'_2, \cdots, b'_m, 0, \cdots, 0)^{\mathrm{T}}$ 为一基本可行解,对于一切 $j = m+1, \cdots, n$ 有 $\sigma_j \leqslant 0$,且又存在某个非基变量的检验数 $\sigma_{m+k} = 0$,则线性规划问题有多重最优解。

事实上,只需将非基变量 x_{m+k} 换入基变量中,便可找到一个新的基本可行解 $\boldsymbol{X}^{(1)}$。因 $\sigma_{m+k} = 0$,由式(1-19)知 $z = z_0$,即 $\boldsymbol{X}^{(1)}$ 也是最优解。由 1.2.1 的讨论可知 $\boldsymbol{X}^{(0)}$,$\boldsymbol{X}^{(1)}$ 连线上的所有点都是最优解。

(3) 无最优解判别准则　若 $\boldsymbol{X}^{(0)} = (b'_1, b'_2, \cdots, b'_m, 0, \cdots, 0)^{\mathrm{T}}$ 为一基本可行解,至少有一个 $\sigma_{m+k} > 0$,并且对 $i = 1, 2, \cdots, m$ 均有 $a'_{i,m+k} \leqslant 0$,那么线性规划问题无最优解(或称具有无界解)。

证　构造新的解 $\boldsymbol{X}^{(1)}$,它的分量为

$$\begin{cases} x_i^{(1)} = b'_i - \lambda a'_{i,m+k} \quad (\lambda > 0) \\ x_{m+k}^{(1)} = \lambda \\ x_j^{(1)} = 0, \quad j = m+1, \cdots, n \text{ 且 } j \neq m+k \end{cases}$$

因 $a'_{i,m+k} \leqslant 0$,所以对任意的 $\lambda > 0$,$\boldsymbol{X}^{(1)}$ 都是可行解,把 $\boldsymbol{X}^{(1)}$ 代入目标函数中得

$$z = z_0 + \lambda \sigma_{m+k}$$

由于 $\sigma_{m+k} > 0$,故当 $\lambda \to +\infty$ 时,$z \to +\infty$,即该问题的目标函数无界。

最后指出,以上讨论都是针对式(1-13a)～(1-13c)最大化问题标准型进行的。如果问题是求目标函数最小化时,一种处理的办法是将 $\min z$ 转换为考虑 $\max(-z)$,以上三条关于解的判别准则对 $\max(-z)$ 问题是适用的。另一种办法是直接考虑最小化问题,但须注意上述第一、第二条准则中的最优性条件应改为 $\sigma_j \geqslant 0 (j = m+1, \cdots, n)$;第三条准则中,应将 $\sigma_{m+k} > 0$ 改为 $\sigma_{m+k} < 0$ 即可。

§1.4　单纯形法的计算过程

1.4.1　单纯形表

在以上讨论的基础上,为了便于单纯形法的计算、判断和检验,人们设计了一种迭代表格,兼有增广矩阵的简明性和便于检验的优点,称为单纯形表。

从前面式(1-14)及(1-16)可见,计算中的关键是以下四个部分:$\boldsymbol{B}^{-1}\boldsymbol{b}$,$\boldsymbol{B}^{-1}\boldsymbol{N}$,$\boldsymbol{C}_B\boldsymbol{B}^{-1}\boldsymbol{b}$ 及

$C_N - C_B B^{-1} N$

设基 $\boldsymbol{B}$ 为

$$\boldsymbol{B} = [\boldsymbol{P}_1 \quad \boldsymbol{P}_2 \quad \cdots \quad \boldsymbol{P}_m] = \begin{bmatrix} 1 & 0 & \cdots & 0 \\ 0 & 1 & \cdots & 0 \\ \vdots & \vdots & & \vdots \\ 0 & 0 & \cdots & 1 \end{bmatrix}$$

表 1-7 是 LP 的关于 $\boldsymbol{B}$ 的单纯形表(初始单纯形表),由此进行迭代,每迭代一次就得到一个新单纯形表,其基本结构与表 1-7 完全相同,仅有数字与某些字符发生改变。

表 1-7

c_j		c_1	c_2	$\cdots$	c_m	c_{m+1}	c_{m+2}	$\cdots$	c_n	$\boldsymbol{b}$
$\boldsymbol{C_B}$	$\boldsymbol{X_B}$	x_1	x_2	$\cdots$	x_m	x_{m+1}	x_{m+2}	$\cdots$	x_n	
c_1	x_1	1	0	$\cdots$	0	$a_{1,m+1}$	$a_{1,m+2}$	$\cdots$	a_{1n}	b_1
c_2	x_2	0	1	$\cdots$	0	$a_{2,m+1}$	$a_{2,m+2}$	$\cdots$	a_{2n}	b_2
$\vdots$	$\vdots$	$\vdots$	$\vdots$		$\vdots$	$\vdots$	$\vdots$		$\vdots$	$\vdots$
c_m	x_m	0	0	$\cdots$	1	$a_{m,m+1}$	$a_{m,m+2}$	$\cdots$	a_{mn}	b_m
σ_j		0	0	$\cdots$	0	$c_{m+1} - \sum_{i=1}^{m} c_i a'_{i,m+1}$	$c_{m+2} - \sum_{i=1}^{m} c_i a_{i,m+2}$	$\cdots$	$c_n - \sum_{i=1}^{m} c_i a_{in}$	$-\sum_{i=1}^{m} c_i b_i$

表中,$\boldsymbol{X_B}$ 列中填入基变量;$\boldsymbol{C_B}$ 列中填入基变量的价值系数;$\boldsymbol{b}$ 列中填入约束方程组右端常数;c_j 行中填入全部变量的价值系数;最后一行称为检验数行,对应各非基变量 x_j 的检验数是

$$\sigma_j = c_j - \sum_{i=1}^{m} c_i a_{ij}, \ j = m+1, \cdots, n$$

基变量的检验数是零;以及 $-\sum_{i=1}^{m} c_i b_i = -z = -\boldsymbol{C}_B \boldsymbol{B}^{-1} \boldsymbol{b}$。

例 1-11　写出以线性规划问题的初始单纯形表:

$$\max z = 10x_1 + 3x_2 + 4x_3$$

$$\text{s. t.} \begin{cases} 3x_1 + 6x_2 + 2x_3 \leqslant 19 \\ 9x_1 + 3x_2 + x_3 \leqslant 9 \\ x_j \geqslant 0 \quad (j = 1,2,3) \end{cases}$$

解　引入松弛变量 x_4, x_5,化成标准型

$$\max z = 10x_1 + 3x_2 + 4x_3$$

$$\text{s. t.} \begin{cases} 3x_1 + 6x_2 + 2x_3 + x_4 = 19 \\ 9x_1 + 3x_2 + x_3 + x_5 = 9 \\ x_j \geqslant 0 \quad (j = 1,2,\cdots,5) \end{cases}$$

以 x_4, x_5 对应的系数列向量 $\boldsymbol{P}_4, \boldsymbol{P}_5$ 构成一单位矩阵,故取基 $\boldsymbol{B} = [\boldsymbol{P}_4 \quad \boldsymbol{P}_5]$。计算非基变量 x_1, x_2, x_3 的检验数:

$$\boldsymbol{C_N} - \boldsymbol{C_B}\boldsymbol{B}^{-1}\boldsymbol{N} = \boldsymbol{C_N} = (10,3,4) \quad (\boldsymbol{C_B} = (0,0))$$

即 $$\sigma_1 = 10, \sigma_2 = 3, \sigma_3 = 4, z_0 = \boldsymbol{C_B B^{-1} b} = 0$$

我们得到对应于初始可行基 $\boldsymbol{B}$ 的单纯形表如下：

表 1-8

c_j		10	3	4	0	0	$\boldsymbol{b}$
$\boldsymbol{C_B}$	$\boldsymbol{X_B}$	x_1	x_2	x_3	x_4	x_5	
0	x_4	3	6	2	1	0	19
0	x_5	(9)	3	1	0	1	9
σ_j		10	3	4	0	0	0

初始基本可行解为 $\boldsymbol{X}^{(0)} = (0,0,0,10,9)^{\mathrm{T}}$。

1.4.2 单纯形法的计算步骤

(1) 找出初始可行基，给出初始基本可行解，建立初始单纯形表。

(2) 检验各非基变量 x_j 的检验数 $\sigma_j = c_j - \sum_{i=1}^{m} c_i a_{ij}$，对最大化问题，若 $\sigma_j \leqslant 0, j = m+1, \cdots, n$（对最小化问题，若 $\sigma_j \geqslant 0, j = m+1, \cdots, n$），则已得到最优解，停止计算；否则，转入下一步。

(3) 在最大化问题中，对 $\sigma_j > 0$（在最小化问题中，对 $\sigma_j < 0$），$j = m+1, \cdots, n$ 中，若有某个 σ_k 对应 x_k 的系数列向量 $\boldsymbol{P}_k \leqslant \boldsymbol{0}$（显然 $m+1 \leqslant k \leqslant n$），则问题无最优解，停止计算；否则，转入下一步。

(4) 根据 $\max\limits_j(\sigma_j > 0) = \sigma_k$（对最小化问题按 $\min\limits_j(\sigma_j < 0) = \sigma_k$），确定 x_k 为入基变量，按最小比值判定法计算

$$\theta = \min_i \left(\frac{b_i}{a_{ik}} \mid a_{ik} > 0 \right) = \frac{b_l}{a_{lk}}$$

确定 x_l 为出基变量。转入下一步。

(5) 以 a_{lk} 为主元进行迭代运算（或称旋转运算），把 x_k 对应的系数列向量

$$\boldsymbol{P}_k = \begin{bmatrix} a_{1k} \\ a_{2k} \\ \vdots \\ a_{lk} \\ \vdots \\ a_{mk} \end{bmatrix} \xrightarrow{\text{（变换为）}} \begin{bmatrix} 0 \\ 0 \\ \vdots \\ 1 \\ \vdots \\ 0 \end{bmatrix} \leftarrow \text{第 } l \text{ 行}$$

并将 $\boldsymbol{X_B}$ 列中 x_l 换为 x_k 得到新的单纯形表。返回(2)。

例 1-12 用单纯形法求解例 1-1。

解 由 1.3.1，本例的初始单位可行基存在，$\boldsymbol{B}_0 = [\boldsymbol{P}_3 \quad \boldsymbol{P}_4 \quad \boldsymbol{P}_5]$，可得初始单纯形表，并经换基迭代计算如表 1-9 所示。

表 1 - 9

c_j		3	4	0	0	0	b
C_B	X_B	x_1	x_2	x_3	x_4	x_5	
0	x_3	1	1	1	0	0	6
0	x_4	1	2	0	1	0	8
0	x_5	0	(2)	0	0	1	6
σ_j		3	4	0	0	0	0
0	x_3	1	0	1	0	$-\frac{1}{2}$	3
0	x_4	(1)	0	0	1	-1	2
4	x_2	0	1	0	0	$\frac{1}{2}$	3
σ_j		3	0	0	0	-2	-12
0	x_3	0	0	1	-1	$(\frac{1}{2})$	1
3	x_1	1	0	0	1	-1	2
4	x_2	0	1	0	0	$\frac{1}{2}$	3
σ_j		0	0	0	-3	1	-18
0	x_5	0	0	2	-2	1	2
3	x_1	1	0	2	-1	0	4
4	x_2	0	1	-1	1	0	2
σ_j		0	0	-2	-1	0	-20

注：括号中对应的基变量要出基，非基变量要入基。

最终表中，检验数已满足最优性条件，从而得到最优解 $\boldsymbol{X}^* = (4,2,0,0,2)^{\mathrm{T}}$，及最大值 $z_{\max} = 20$。

例 1 - 13　用单纯形法求解下述 LP 问题：

$$\max z = 3x_1 + 2x_2$$

$$\text{s.t.} \begin{cases} -2x_1 + x_2 \leqslant 2 \\ x_1 - 3x_2 \leqslant 3 \\ x_1 \geqslant 0, x_2 \geqslant 0 \end{cases}$$

解　化标准型如下：

$$\max z = 3x_1 + 2x_2$$

$$\text{s.t.} \begin{cases} -2x_1 + x_2 + x_3 = 2 \\ x_1 - 3x_2 + x_4 = 3 \\ x_j \geqslant 0 \quad j = 1,2,3,4 \end{cases}$$

易知 $\boldsymbol{B}_0 = [\boldsymbol{P}_3 \quad \boldsymbol{P}_4]$ 为初始单位可行基，建立初始单纯形表并迭代(见表 1 - 10)。

表 1-10

c_j		3	2	0	0	$\boldsymbol{b}$
$\boldsymbol{C_B}$	$\boldsymbol{X_B}$	x_1	x_2	x_3	x_4	
0	x_3	-2	1	1	0	2
0	x_4	(1)	-3	0	1	3
σ_j		3	2	0	0	0
0	x_3	0	-5	1	2	8
3	x_1	1	-3	0	1	3
σ_j		0	11	0	-3	-9

最末一张表中，存在 $\sigma_2 = 11 > 0$，而其对应的列向量 $\boldsymbol{P}'_2 = (-5, -3)^{\mathrm{T}} < (0,0)^{\mathrm{T}}$，故该 LP 问题为无界解。

例 1-14 考虑以下 LP 问题

$$\min z = x_1 - 2x_2$$
$$\text{s.t.} \begin{cases} x_1 + x_2 \leqslant 3 \\ x_1 \leqslant 2 \\ -3x_1 + 2x_2 \leqslant 1 \\ x_1, x_2 \geqslant 0 \end{cases}$$

试：(1) 求解 LP 问题；(2) 指出最优基是什么？并在最优表中找出最优基的逆矩阵。

表 1-11

c_j		1	-2	0	0	0	$\boldsymbol{b}$
$\boldsymbol{C_B}$	$\boldsymbol{X_B}$	x_1	x_2	x_3	x_4	x_5	
0	x_3	1	1	1	0	0	3
0	x_4	1	0	0	1	0	2
0	x_5	-3	(2)	0	0	1	1
σ_j		1	-2	0	0	0	0
0	x_3	$(\frac{5}{2})$	0	1	0	$-\frac{1}{2}$	$\frac{5}{2}$
0	x_4	1	0	0	1	0	2
-2	x_2	$-\frac{3}{2}$	1	0	0	$\frac{1}{2}$	$\frac{1}{2}$
σ_j		-2	0	0	0	1	1
1	x_1	1	0	$\frac{2}{5}$	0	$-\frac{1}{5}$	1
0	x_4	0	0	$-\frac{2}{5}$	1	$\frac{1}{5}$	1
-2	x_2	0	1	$\frac{3}{5}$	0	$\frac{1}{5}$	2
σ_j		0	0	$\frac{4}{5}$	0	$\frac{3}{5}$	3

解 将其化成标准型如下：

$$\min z = x_1 - 2x_2$$

$$\text{s.t.} \begin{cases} x_1 + x_2 + x_3 & = 3 \\ x_1 \quad + x_4 & = 2 \\ -3x_1 + 2x_2 \quad + x_5 & = 1 \\ x_j \geqslant 0 \quad (j = 1,2,\cdots,5) \end{cases}$$

(1) 选取 $\boldsymbol{B}_1 = [\boldsymbol{P}_3 \quad \boldsymbol{P}_4 \quad \boldsymbol{P}_5]$ 为初始可行基，得初始单纯形表及迭代过程如下：
最优解为：$\boldsymbol{X}^* = (1,2,0,1,0)^{\mathrm{T}}$，最优值为：$z_{\min} = -3$

(2) 最优基 $\boldsymbol{B}_3 = [\boldsymbol{P}_1 \quad \boldsymbol{P}_4 \quad \boldsymbol{P}_2] = \begin{bmatrix} 1 & 0 & 1 \\ 1 & 1 & 0 \\ -3 & 0 & 2 \end{bmatrix}$

根据单纯形表的结构，其逆矩阵可从最优表中寻找。事实上，它可由初始表单位矩阵所在列对应得出，即

$$\boldsymbol{B}_3^{-1} = \begin{bmatrix} \frac{2}{5} & 0 & -\frac{1}{5} \\ -\frac{2}{5} & 1 & \frac{1}{5} \\ \frac{3}{5} & 0 & \frac{1}{5} \end{bmatrix}$$

§1.5　人工变量法

在前面有关单纯形法的讨论中，所求的线性规划问题必须为典型式，即具有单位矩阵作为初始可行基，但一般的线性规划问题却不一定具备这一特征，并且约束方程的典型式也往往不易得到。特别是对那些系数矩阵 $\boldsymbol{A}$ 为降秩矩阵或本身并无可行解的线性规划问题，根本无法采用初等行变换来找出满足上述特征的初始可行基。对这些问题的复杂形式的判断和解决，正是本节所要讨论的内容。

考虑标准型的 LP 问题

$$\max z = c_1 x_1 + c_2 x_2 + \cdots + c_n x_n$$

$$\text{s.t.} \begin{cases} a_{11}x_1 + a_{12}x_2 + \cdots + a_{1n}x_n = b_1 \\ a_{21}x_1 + a_{22}x_2 + \cdots + a_{2n}x_n = b_2 \\ \qquad \vdots \\ a_{m1}x_1 + a_{m2}x_2 + \cdots + a_{mn}x_n = b_m \\ x_j \geqslant 0 \quad j = 1,2,\cdots,n \end{cases} \tag{1-20}$$

分别强行给每个约束方程加入一个非负变量 $y_1, y_2, \cdots, y_m$，得到

$$\text{s.t.} \begin{cases} a_{11}x_1 + a_{12}x_2 + \cdots + a_{1n}x_n + y_1 & = b_1 \\ a_{21}x_1 + a_{22}x_2 + \cdots + a_{2n}x_n \quad + y_2 & = b_2 \\ \qquad \vdots \\ a_{m1}x_1 + a_{m2}x_2 + \cdots + a_{mn}x_n \quad + y_m & = b_m \\ x_j \geqslant 0, y_i \geqslant 0;\ j = 1,2,\cdots,n;\ i = 1,2,\cdots,m \end{cases} \tag{1-21}$$

式(1-21)为典型式。以 $y_1, y_2, \cdots, y_m$ 为基变量，可以得到式(1-21)的一个初始基本可行解：

$$X^{(0)} = (\underbrace{0, \cdots, 0}_{n个}, b_1, b_2, \cdots, b_m)^{\mathrm{T}}$$

$X^{(0)}$ 完全是人为地加入 m 个变量 $y_1, \cdots, y_m$ 而得到的，因此 $y_1, y_2, \cdots, y_m$ 称之为**人工变量**(artificial variable)。

显然，$X^{(0)}$ 不是式(1-20)的基本可行解。但是，若通过对单纯形法的换基迭代，能够将全部的人工变量都变为非基变量，这时得到的 $X^{(k)}$ 不仅是式(1-21)的可行解，而且其前 n 个分量构成的向量恰为式(1-20)的一个基本可行解。反之，若通过换基迭代不能使全部的人工变量变成非基变量，则可判断出 LP 问题式(1-20)无可行解。上述思想的实施，有赖于对式(1-21)的目标函数的设立。本节介绍两种处理方法：大 M 法与两阶段法。

1.5.1 大 M 法

大 M 法要求在原问题式(1-20)的目标函数中添加所有人工变量，并令其价值系数为 $-M$(M 为充分大的正数)，由此构造辅助线性规划为：

$$\max z = c_1x_1 + c_2x_2 + \cdots + c_nx_n - My_1 - My_2 - \cdots - My_m$$

约束条件为式(1-21)。

该辅助线性规划为典型式，可用前述单纯形法求解。由于目标函数为求最大值，而人工变量的价值系数为无穷小，因此迭代趋向于将人工变量变换为非基变量，一旦某人工变量出基，则不要再入基，此后的计算可不再考虑该人工变量。

以下分析辅助线性规划问题的求解结果及相应的原问题的情形。

(1) 辅助规划问题有最优解 X^*。若 X^* 的基变量不含有非零人工变量，则 X^* 的前 n 个分量构成原问题的最优基本解；否则，原问题无可行解。

(2) 辅助规划问题有无界解。若最终单纯形表中基变量不含非零人工变量，则原问题为无界解；否则，原问题无可行解。

当原问题为求最小值时，则人工变量在目标函数中的系数令其为 M 即可。

下面举例加以具体说明。

例 1-15 求解

$$\min z = -3x_1 + x_2 + x_3$$

$$\text{s.t.} \begin{cases} x_1 - 2x_2 + x_3 \leqslant 11 \\ -4x_1 + x_2 + 2x_3 \geqslant 3 \\ -2x_1 + x_3 = 1 \\ x_j \geqslant 0 \quad j = 1,2,3 \end{cases}$$

解 先将约束方程化成标准型

$$\begin{cases} x_1 - 2x_2 + x_3 + x_4 = 11 \\ -4x_1 + x_2 + 2x_3 - x_5 = 3 \\ -2x_1 + x_3 = 1 \\ x_j \geqslant 0 \quad j = 1,2,\cdots,5 \end{cases}$$

因为标准型中，x_4 的系数列向量为单位向量，因此只需在第二、三个约束方程中分别加入

人工变量 y_1, y_2，原问题化为

$$\min z = -3x_1 + x_2 + x_3 + My_1 + My_2$$

$$\text{s. t.} \begin{cases} x_1 - 2x_2 + x_3 + x_4 = 11 \\ -4x_1 + x_2 + 2x_3 - x_5 + y_1 = 3 \\ -2x_1 + x_3 + y_2 = 1 \\ x_j \geqslant 0 \quad (j = 1, \cdots, 5),\ y_1, y_2 \geqslant 0 \end{cases}$$

用单纯形法进行计算，其过程见表 1 - 12。从最优表得知最优解 $\boldsymbol{X}^* = (4,1,9,0,0)^{\mathrm{T}}$，最优值为 $z_{\min} = -2$。

表 1 - 12

c_j		-3	1	1	0	0	M	M	$\boldsymbol{b}$
$\boldsymbol{C_B}$	$\boldsymbol{X_B}$	x_1	x_2	x_3	x_4	x_5	y_1	y_2	
0	x_4	1	-2	1	1	0	0	0	11
M	y_1	-4	1	2	0	-1	1	0	3
M	y_2	-2	0	(1)	0	0	0	1	1
σ_j		$-3+6M$	$1-M$	$1-3M$	0	M	0	0	$-4M$
0	x_4	3	-2	0	1	0	0		10
M	y_1	0	(1)	0	0	-1	1		1
1	x_3	-2	0	1	0	0	0		1
σ_j		-1	$1-M$	0	0	M	0		$-M-1$
0	x_4	(3)	0	0	1	-2			12
1	x_2	0	1	0	0	-1			1
1	x_3	-2	0	1	0	0			1
σ_j		-1	0	0	0	1			-2
-3	x_1	1	0	0	$\frac{1}{3}$	$-\frac{2}{3}$			4
1	x_2	0	1	0	0	-1			1
1	x_3	0	0	1	$\frac{2}{3}$	$-\frac{4}{3}$			9
σ_j		0	0	0	$\frac{1}{3}$	$\frac{1}{3}$			2

例 1 - 16　用大 M 法求解

$$\max z = 3x_1 + 2x_2$$

$$\text{s. t.} \begin{cases} 2x_1 + x_2 \leqslant 2 \\ 3x_1 + 4x_2 \geqslant 12 \\ x_1, x_2 \geqslant 0 \end{cases}$$

解　原问题化为

$$\max z = 3x_1 + 2x_2 - My$$

$$\text{s. t.} \begin{cases} 2x_1 + x_2 + x_3 = 2 \\ 3x_1 + 4x_2 - x_4 + y = 12 \\ x_j \geqslant 0 \quad (j = 1,2,3,4);\ y \geqslant 0 \end{cases}$$

用单纯形法计算过程列于表 1-13 中。

表 1-13

c_j		3	2	0	0	$-M$	b
C_B	X_B	x_1	x_2	x_3	x_4	y	
0	x_3	2	(1)	1	0	0	2
$-M$	y	3	4	0	-1	1	12
σ_j		$3+3M$	$2+4M$	0	$-M$	0	$12M$
2	x_2	2	1	1	0	0	2
$-M$	y	-5	0	-4	-1	1	4
σ_j		$-1-5M$	0	$-2-4M$	$-M$	0	$-4+4M$

检验数符合最优性要求，但基变量中有非零人工变量 $y=4$，所以原问题无可行解。

1.5.2 两阶段法

大 M 法存在这样的缺点：由于规定 M 是一个任意大的正常数，所以在计算机上求解线性规划问题时，常常会因为计算机舍入误差的影响或字长的限制，造成计算上的错误。因此我们介绍另一种处理人工变量的两阶段法，这种方法是目前常用的解法，即使手算两阶段法也是很有效的。

第一阶段，判断原 LP 问题是否存在可行解。若存在，则给出原问题一个初始基本可行解。

具体方法是求解以下辅助问题

$$\min w = y_1 + y_2 + \cdots + y_m$$

约束条件为式(1-21)。

因为目标函数 $w \geqslant 0$，在可行域上显然有下界 $w=0$，故辅助问题必有最优解。从初始单位可行基出发，用单纯形法解之，最终单纯形表的情形及处理如下：

(1) 若 $w^* > 0$，则原问题无可行解，停止计算；

(2) 若 $w^* = 0$，且人工变量都不是基变量，则对应的最优解为原问题的基本可行解，则转入第二阶段求解原问题；

(3) 若 $w^* = 0$，但最优表中基变量含人工变量(取值为0)，其对应行的前 n 个系数 a'_{ij} ($j=1,2,\cdots,n$) 全为 0，这说明原问题的该约束方程是多余的，删去该人工变量所在行和列，类似情况全都这样删去相应行、列；

(4) 若 $w^* = 0$，且最优表中基变量含人工变量(取值为 0)，其对应行的前 n 个系数中有 $a'_{lk} \neq 0 (k \leqslant n)$，则以 a'_{lk} 为主元进行一次换基运算，可使该人工变量退出基。类似可将这类人工变量全部变为非基变量。转入第二阶段。

第二阶段，求解原问题。

具体方法为，建立原问题的初始单纯形表：

(1) 删去人工变量所在列；

(2) 将目标函数系数换为原问题目标函数系数；

(3) 重新计算检验数取代原检验数行。

从它开始用单纯形法继续迭代，直至结束。

例 1-17　用两阶段法求解例 1-15。

解　引入辅助问题

$$\min \quad w = y_1 + y_2$$

$$\text{s.t.}\begin{cases} x_1 - 2x_2 + x_3 + x_4 = 11 \\ -4x_1 + x_2 + 2x_3 - x_5 + y_1 = 3 \\ -2x_1 + x_3 + y_2 = 1 \\ x_j \geqslant 0 \quad (j = 1,\cdots,5),\ y_1, y_2 \geqslant 0 \end{cases}$$

利用单纯形法求解辅助问题的过程，见表 1-14。

表 1-14

c_j		0	0	0	0	0	1	1	$\boldsymbol{b}$
$\boldsymbol{C_B}$	$\boldsymbol{X_B}$	x_1	x_2	x_3	x_4	x_5	y_1	y_2	
0	x_4	1	−2	1	1	0	0	0	11
1	y_1	−4	1	2	0	−1	1	0	3
1	y_2	−2	0	(1)	0	0	0	1	1
σ_j		6	−1	−3	0	1	0	0	−4
0	x_4	3	−2	0	1	0	0	−1	10
1	y_1	0	(1)	0	0	−1	1	−2	1
0	x_3	−2	0	1	0	0	0	1	−1
σ_j		0	−1	0	0	1	0	2	1
0	x_4	3	0	0	1	−2	2	−5	12
0	x_2	0	1	0	0	−1	1	−2	1
0	x_3	−2	0	1	0	0	0	1	1
σ_j		0	0	0	0	0	1	1	0

在最优表中，基变量已无人工变量。消去第一阶段最终计算表中人工变量所在列，并将目标函数系数换成 LP 问题相应系数，进行第二阶段的单纯形法迭代，计算过程列于表 1-15 中。

表 1-15

c_j		−3	1	1	0	0	$\boldsymbol{b}$
$\boldsymbol{C_B}$	$\boldsymbol{X_B}$	x_1	x_2	x_3	x_4	x_5	
0	x_4	(3)	0	0	1	−2	12
1	x_2	0	1	0	0	−1	1
1	x_3	−2	0	1	0	0	1
σ_j		−1	0	0	0	1	−2
−3	x_1	1	0	0	$\frac{1}{3}$	$-\frac{2}{3}$	4
1	x_2	0	1	0	0	−1	1
1	x_3	0	0	1	$\frac{2}{3}$	$-\frac{4}{3}$	9
σ_j		0	0	0	$\frac{1}{3}$	$\frac{1}{3}$	2

得到与例 1-15 相同的结果。

例 1-18 求解 LP 问题

$$\min z = 4x_1 + 3x_3$$

$$\text{s.t.}\begin{cases}\frac{1}{2}x_1 + x_2 + \frac{1}{2}x_3 - \frac{2}{3}x_4 = 2 \\ \frac{3}{2}x_1 + \frac{3}{4}x_3 = 3 \\ 3x_1 - 6x_2 + 4x_4 = 0 \\ x_j \geqslant 0 \quad (j = 1,2,3,4)\end{cases}$$

解 引入辅助问题

$$\min w = y_1 + y_2 + y_3$$

$$\text{s.t.}\begin{cases}\frac{1}{2}x_1 + x_2 + \frac{1}{2}x_3 - \frac{2}{3}x_4 + y_1 = 2 \\ \frac{3}{2}x_1 + \frac{3}{4}x_3 + y_2 = 3 \\ 3x_1 - 6x_2 + 4x_4 + y_3 = 0 \\ x_j \geqslant 0 \quad (j = 1,2,3);\ y_i \geqslant 0 \quad (i = 1,2,3)\end{cases}$$

用单纯形法解辅助问题的计算过程见表 1-16。

表 1-16

c_j		0	0	0	0	1	1	1	**b**
C_B	X_B	x_1	x_2	x_3	x_4	y_1	y_2	y_3	
1	y_1	1/2	1	1/2	−2/3	1	0	0	2
1	y_2	3/2	0	3/4	0	0	1	0	3
1	y_3	(3)	−6	0	4	0	0	1	0
σ_j		−5	5	−5/4	−10/3	0	0	0	−5
1	y_1	0	(2)	1/2	−4/3	1	0	−1/6	2
1	y_2	0	3	3/4	−2	0	1	−1/2	3
0	x_1	1	−2	0	4/3	0	0	1/3	0
σ_j		0	−5	−5/4	10/3	0	0	5/3	−5
0	x_2	0	1	1/4	−2/3	1/2	0	−1/12	1
1	y_2	0	0	0	0	−3/2	1	−1/4	0
0	x_1	1	0	1/2	0	1	0	1/6	2
σ_j		0	0	0	0	5/2	0	5/4	0

由表 1-16 的最终计算表可见，基变量中含有人工变量 y_2，最优值 $\min w = 0$。从 y_2 所在行的约束方程得到：x_j 的系数全部为零，即对于原 LP 问题，该方程与第一、三方程线性相关，应划去该多余方程。于是从表 1-16 中划去 y_2 所在行及 y_1, y_2, y_3 所在列，得原 LP 问题的一个可

行基 $\boldsymbol{B}=[\boldsymbol{P}_2 \quad \boldsymbol{P}_1]$，其对应的单纯形表见表 1－17。

表 1－17

c_j		4	0	3	0	$\boldsymbol{b}$
$\boldsymbol{C_B}$	$\boldsymbol{X_B}$	x_1	x_2	x_3	x_4	
0	x_2	0	1	1/4	－2/3	1
4	x_1	1	0	1/2	0	2
σ_j		0	0	1	0	－8

表中检验数已非负，得最优解为 $\boldsymbol{X}^*=(2,1,0,0)^{\mathrm{T}}$，最优值 $z_{\min}=8$。

例 1－19　解 LP 问题

$$\min z=4x_1+3x_2$$

$$\text{s. t.}\begin{cases}\dfrac{1}{2}x_1+x_2+\dfrac{1}{2}x_3-\dfrac{2}{3}x_4=2\\ \dfrac{3}{2}x_1-\dfrac{1}{2}x_3=3\\ 3x_1-6x_2+4x_4=0\\ x_j\geqslant 0\quad(j=1,2,3,4)\end{cases}$$

解　引进辅助问题

$$\min w=y_1+y_2+y_3$$

$$\begin{cases}\dfrac{1}{2}x_1+x_2+\dfrac{1}{2}x_3-\dfrac{2}{3}x_4+y_1=2\\ \dfrac{3}{2}x_1-\dfrac{1}{2}x_3+y_2=3\\ 3x_1-6x_2+4x_4+y_3=0\\ x_j\geqslant 0\quad(j=1,2,3,4);\ y_i\geqslant 0\quad(i=1,2,3)\end{cases}$$

取基 $\boldsymbol{B}_1=[\boldsymbol{P}_5 \quad \boldsymbol{P}_6 \quad \boldsymbol{P}_7]$，$y_1,y_2,y_3$ 为基变量，用单纯形法解辅助问题的计算过程见表 1－18。在最终表中检验数已满足最优性条件，对应的目标值 $w=0$，且基变量中含有取零值的人工变量 y_2，从最终的计算表中可以得出方程

$$y_2=\frac{3}{2}y_1+\frac{1}{4}y_3+\frac{5}{4}x_3$$

即

$$x_3=\frac{4}{5}y_2-\frac{6}{5}y_1-\frac{1}{5}y_3$$

亦即，x_3 可由 y_1,y_2,y_3 线性表示。于是 x_3 应入基，而 y_2 应出基，以 $a_{23}=-\dfrac{5}{4}$ 为主元（注意，这与通常单纯形法中主元必须是正数有所不同）换基迭代，可得对应于新基 $\boldsymbol{B}_4=[\boldsymbol{P}_2 \quad \boldsymbol{P}_3 \quad \boldsymbol{P}_1]$ 的单纯形表（见表 1－19）。

表 1-18

c_j		0	0	0	0	1	1	1	$\boldsymbol{b}$
C_B	X_B	x_1	x_2	x_3	x_4	y_1	y_2	y_3	
1	y_1	$\frac{1}{2}$	1	$\frac{1}{2}$	$-\frac{2}{3}$	1	0	0	2
1	y_2	$\frac{3}{2}$	0	$-\frac{1}{2}$	0	0	1	0	3
1	y_3	(3)	-6	0	4	0	0	1	0
σ_j		-5	5	0	$-\frac{10}{3}$	0	0	0	-5
1	y_1	0	(2)	$\frac{1}{2}$	$-\frac{4}{3}$	1	0	$-\frac{1}{6}$	2
1	y_2	0	3	$-\frac{1}{2}$	-2	0	1	$-\frac{1}{2}$	3
0	x_1	1	-2	0	$\frac{4}{3}$	0	0	$-\frac{1}{3}$	0
σ_j		0	-5	0	$\frac{10}{3}$	0	0	$\frac{5}{3}$	-5
0	x_2	0	1	$\frac{1}{4}$	$-\frac{2}{3}$	$\frac{1}{2}$	0	$-\frac{1}{12}$	1
1	y_2	0	0	$(-\frac{5}{4})$	0	$-\frac{3}{2}$	1	$-\frac{1}{4}$	0
0	x_1	1	0	$\frac{1}{2}$	0	1	0	$\frac{1}{6}$	2
σ_j		0	0	$\frac{5}{4}$	0	$\frac{5}{2}$	0	$\frac{5}{4}$	0

表 1-19

c_j		0	0	0	0	1	1	1	$\boldsymbol{b}$
C_B	X_B	x_1	x_2	x_3	x_4	y_1	y_2	y_3	
0	x_2	0	1	0	$-\frac{2}{3}$	$\frac{1}{5}$	$\frac{1}{5}$	$-\frac{2}{15}$	1
0	x_3	0	0	1	0	$\frac{6}{5}$	$-\frac{4}{5}$	$\frac{1}{5}$	0
0	x_1	1	0	0	0	$\frac{2}{5}$	$\frac{2}{5}$	$\frac{1}{15}$	2
σ_j		0	0	0	0	1	1	1	0

划去表 1-19 中人工变量所在列，并把原 LP 问题的目标函数系数写在相应的 c_j 行，这时 $\boldsymbol{B}=[\boldsymbol{P}_2 \quad \boldsymbol{P}_3 \quad \boldsymbol{P}_1]$ 为原问题的初始可行基，对应的单纯形表见表 1-20。

表 1-20

c_j		4	3	0	0	$\boldsymbol{b}$
C_B	X_B	x_1	x_2	x_3	x_4	
3	x_2	0	1	0	$-2/3$	1
0	x_3	0	0	1	0	0
4	x_1	1	0	0	0	2
σ_j		0	0	0	2	-11

由表 1－20 得原 LP 问题的最优解为 $\boldsymbol{X}^* = (2,1,0,0)^{\mathrm{T}}$，最优值为 $z_{\min} = 11$。

例 1－20　用两阶段求解例 1－16。

解　辅助问题为

$$\min w = y$$
$$\text{s.t.}\begin{cases} 2x_1 + x_2 + x_3 = 2 \\ 3x_1 + 4x_2 - x_4 + y = 12 \\ x_j \geqslant 0 \quad j = 1,2,3,4;\ y \geqslant 0 \end{cases}$$

用单纯形法解之(见表 1－21)。

表 1－21

c_j		0	0	0	0	1	$\boldsymbol{b}$
$\boldsymbol{C_B}$	$\boldsymbol{X_B}$	x_1	x_2	x_3	x_4	y	
0	x_3	2	(1)	1	0	0	2
1	y	3	4	0	-1	1	12
σ_j		-3	-4	0	1	0	12
0	x_2	2	1	1	0	0	2
1	y	-5	0	-4	-1	1	4
σ_j		5	0	4	1	0	4

在最优表中，人工变量 $y = 4$ 为基变量，因此原问题无可行解。

最后，我们还需对退化的情形加以说明。当基本可行解退化时，可能会引起换基迭代陷入死循环，即数次迭代后，目标函数值不改变，又回到某个已到达过的基本可行解。为避免这种情况的发生，在换基迭代过程中采用如下的 Bland 规则：

选择入基变量时，若取最大值 $\max\{\sigma_j \mid \sigma_j > 0\}$ 的变量不唯一，则取下标小者对应的变量入基；而选择出基变量，亦取达到最小比值 $\min\{\frac{b_i}{a_{li}} \mid a_{il} > 0\}$ 中下标最小者对应的变量出基。

Bland 规则保证了迭代中不会出现循环。

§1.6　对偶问题及对偶关系

前面的讨论解决了一般线性规划问题的求解，今后将对线性规划问题进行进一步的深入研究。

每个线性规划问题，都存在另一个线性规划问题与之密切相关，它们分别为原问题和对偶问题，以下进行具体讨论。

1.6.1　经济管理问题实例

例 1－21　讨论例 1－1。

在例 1－1 中，我们建立了求甲、乙两种产品的产量实现最大利润的线性规划模型：

$$\max z = 3x_1 + 4x_2$$

$$\text{s. t.} \begin{cases} x_1 + x_2 \leqslant 6 \\ x_1 + 2x_2 \leqslant 8 \\ 2x_2 \leqslant 6 \\ x_1, x_2 \geqslant 0 \end{cases}$$

现在从另一个角度考虑这个问题。现代企业面临许多体制改革和资产重组问题。假设某企业的决策者欲停止生产甲、乙产品，而将设备 A、B、C 租赁出去，该企业如何确定单位设备工时的租赁费？

下面来研究这个问题。设该企业租赁设备 A、B、C 的单位工时租赁费分别为 y_1, y_2, y_3（百元）。

由于原拟用于生产单位产品甲的 A、B、C 的工时分别为 1，1，0 个单位，创造 3 百元利润，所以租赁各设备上述数量的工时所得到的租赁费起码应不少于 3 百元，于是有

$$y_1 + y_2 \geqslant 3$$

与此类似，将原拟用于生产单位产品乙的一个 A 工时，2 个 B 工时和 2 个 C 工时实行租赁，所得到的租赁费不少于 4 百元，即有

$$y_1 + 2y_2 + 2y_3 \geqslant 4$$

将原拟用于生产甲、乙产品的三种设备的全部工时租赁后可获全部租赁收入为

$$w = 6y_1 + 8y_2 + 6y_3$$

固然 w 越大越好，但也不能要求目标为 $\max w$，因为这势必导致 $w \to \infty$，这样是无法将设备租赁出去的。故而所求的是和自己生产甲、乙产品的最优情况效果相比的租价，即满足约束的最低租价。

则上述结果归纳出与例 1-1 相应的另一个 LP 模型：

$$\min w = 6y_1 + 8y_2 + 6y_3$$

$$\text{s. t.} \begin{cases} y_1 + y_2 \geqslant 3 \\ y_1 + 2y_2 + 2y_3 \geqslant 4 \\ y_i \geqslant 0 \quad i = 1,2,3 \end{cases}$$

我们将上述 LP 模型称为例 1-1 的对偶问题。

1.6.2 对偶问题的定义

设有 LP 问题

$$\max z = c_1x_1 + c_2x_2 + \cdots + c_nx_n$$

$$\text{s. t.} \begin{cases} a_{11}x_1 + a_{12}x_2 + \cdots + a_{1n}x_n \leqslant b_1 \\ a_{21}x_1 + a_{22}x_2 + \cdots + a_{2n}x_n \leqslant b_2 \\ \vdots \\ a_{m1}x_1 + a_{m2}x_2 + \cdots + a_{mn}x_n \leqslant b_m \\ x_j \geqslant 0 \quad j = 1,2,\cdots,n \end{cases}$$

其对偶问题定义为

$$\min w = b_1 y_1 + b_2 y_2 + \cdots + b_m y_m$$

$$\text{s. t.} \begin{cases} a_{11} y_1 + a_{21} y_2 + \cdots + a_{m1} y_m \geqslant c_1 \\ a_{12} y_1 + a_{22} y_2 + \cdots + a_{m2} y_m \geqslant c_2 \\ \qquad\vdots \\ a_{1n} y_1 + a_{2n} y_2 + \cdots + a_{mn} y_m \geqslant c_n \\ y_i \geqslant 0 \quad i = 1, 2, \cdots, m \end{cases}$$

为简单起见，常将原问题记作 LP；将其对偶问题记作 DP(dual problem)。原问题与其对偶问题形式上的关系可由表 1－22 直观地表示。

表 1－22　　原问题 →

对偶问题 ↓

max \ min	x_1	x_2	$\cdots$	x_n	
y_1	a_{11}	a_{12}	$\cdots$	a_{1n}	b_1
y_2	a_{21}	a_{22}	$\cdots$	a_{2n}	b_2
$\vdots$	$\vdots$	$\vdots$		$\vdots$	$\leqslant$
y_m	a_{m1}	a_{m2}	$\cdots$	a_{mn}	b_m
			$\geqslant$		
	c_1	c_2	$\cdots$	c_n	

按行看，对应于以 $x_1, x_2, \cdots, x_n$ 为决策变量，目标为最大化，以 $c_1, c_2, \cdots, c_n$ 为目标函数系数的原问题；按列看，则是以 $y_1, y_2, \cdots, y_m$ 为决策变量，目标为最小化，以 $b_1, b_2, \cdots, b_m$ 为目标函数系数的对偶问题。而实际上，原问题与对偶问题是对称的，这点将在后面讨论。

线性规划(LP) 及其对偶问题(DP) 的矩阵形式为：

$$(\text{LP})\ \max z = \boldsymbol{CX} \qquad \text{s. t.} \begin{cases} \boldsymbol{AX} \leqslant \boldsymbol{b} \\ \boldsymbol{X} \geqslant \boldsymbol{0} \end{cases}$$

$$(\text{DP})\ \min w = \boldsymbol{Yb} \qquad \text{s. t.} \begin{cases} \boldsymbol{YA} \geqslant \boldsymbol{C} \\ \boldsymbol{Y} \geqslant \boldsymbol{0} \end{cases}$$

其中 $\boldsymbol{A}$ 是 $m \times n$ 矩阵，$\boldsymbol{X} = (x_1, x_2, \cdots, x_n)^{\mathrm{T}}$，$\boldsymbol{C} = (c_1, c_2, \cdots, c_n)$，$\boldsymbol{Y} = (y_1, y_2, \cdots, y_m)$，$\boldsymbol{b} = (b_1, b_2, \cdots, b_m)^{\mathrm{T}}$.

例 1－22　写出下面线性规划的对偶问题

$$\max z = 2x_1 + 3x_2$$

$$\text{s. t.} \begin{cases} 2x_1 + 2x_2 \leqslant 12 \\ x_1 + 2x_2 \leqslant 8 \\ 4x_1 \leqslant 16 \\ 4x_2 \leqslant 12 \\ x_1, x_2 \geqslant 0 \end{cases}$$

解　这个线性规划的对偶表为

表 1－23

max \ min	x_1	x_2		
y_1	2	2		12
y_2	1	2	$\leqslant$	8
y_3	4	0		16
y_4	0	4		12
	$\geqslant$			
	2	3		

其对偶规划为

$$\min w = 12y_1 + 8y_2 + 16y_3 + 12y_4$$

$$\text{s.t.} \begin{cases} 2y_1 + y_2 + 4y_3 \geqslant 2 \\ 2y_1 + 2y_2 + 4y_4 \geqslant 3 \\ y_1, y_2, y_3, y_4 \geqslant 0 \end{cases}$$

由对偶问题的定义以及上面的例子可以看出，由原问题构造其对偶问题的一般规则是：

(1) 若原问题是求目标函数最大，约束条件统一成“$\leqslant$”，则其对偶问题是求目标函数最小，其约束条件统一成“$\geqslant$”。

(2) 原问题中与 b_i 相应的每个约束条件，对应着对偶问题的一个变量 $y_i(i=1,\cdots,m)$。

(3) 原问题的一个变量 x_j，对应着对偶问题的一个约束条件

$$a_{1j}y_1 + a_{2j}y_2 + \cdots + a_{mj}y_m \geqslant c_j。$$

1.6.3 对偶关系

(1) 对称形式的对偶

由定义给出的一对对偶问题，称为对称形式的对偶。

$$(\mathrm{LP}_1)\ \max z = \boldsymbol{CX} \qquad \text{s.t.} \begin{cases} \boldsymbol{AX} \leqslant \boldsymbol{b} \\ \boldsymbol{X} \geqslant \boldsymbol{0} \end{cases}$$

$$(\mathrm{DP}_1)\ \min w = \boldsymbol{Yb} \qquad \text{s.t.} \begin{cases} \boldsymbol{YA} \geqslant \boldsymbol{C} \\ \boldsymbol{Y} \geqslant \boldsymbol{0} \end{cases}$$

(2) 标准型的对偶

若原问题为标准型形式，即

$$(\mathrm{LP}_2)\ \max z = \boldsymbol{CX} \qquad \text{s.t.} \begin{cases} \boldsymbol{AX} = \boldsymbol{b} \\ \boldsymbol{X} \geqslant \boldsymbol{0} \end{cases}$$

则其对偶问题为

$$(\mathrm{DP}_2)\ \min w = \boldsymbol{Yb} \qquad \text{s.t.} \begin{cases} \boldsymbol{YA} \geqslant \boldsymbol{C} \\ \boldsymbol{Y}\ \text{为自由变量向量} \end{cases}$$

下面举例给出推导。

例 1－23 试写出下述 LP 问题的对偶问题

$$\max z = 3x_1 - x_2 - 2x_3$$

$$\text{s. t.}\begin{cases}3x_1 + 2x_2 - 3x_3 = 6\\ x_1 - 2x_2 + x_3 = 4\\ x_j \geqslant 0 \quad j = 1,2,3\end{cases}$$

解　上述每一个等式约束等价于两个不等式约束，即

$$\max z = 3x_1 - x_2 - 2x_3$$

$$\text{s. t.}\begin{cases}3x_1 + 2x_2 - 3x_3 \leqslant 6\\ -3x_1 - 2x_2 + 3x_3 \leqslant -6\\ x_1 - 2x_2 + x_3 \leqslant 4\\ -x_1 + 2x_2 - x_3 \leqslant -4\\ x_j \geqslant 0 \quad j = 1,2,3\end{cases}$$

其对偶问题为：

$$\min w = 6y_1' - 6y_1'' + 4y_2' - 4y_2''$$

$$\text{s. t.}\begin{cases}3y_1' - 3y_1'' + y_2' - y_2'' \geqslant 3\\ 2y_1' - 2y_1'' - 2y_2' + 2y_2'' \geqslant -1\\ -3y_1' + 3y_1'' + y_2' - y_2'' \geqslant -2\\ y_1', y_1'', y_2', y_2'' \geqslant 0\end{cases}$$

令 $y_1 = y_1' - y_1''$，$y_2 = y_2' - y_2''$，对偶问题化为：

$$\min w = 6y_1 + 4y_2$$

$$\text{s. t.}\begin{cases}3y_1 + y_2 \geqslant 3\\ 2y_1 - 2y_2 \geqslant -1\\ -3y_1 + y_2 \geqslant -2\end{cases}$$

仿此，不难得到一般的证明。类似地，读者可以自证：**当原问题的某个变量为自由变量时，对应着的对偶问题的约束条件为等式约束。**

综上所述，我们将线性规划问题与对偶问题在数学模型上的对应关系，归纳为表 1-24。

表 1-24

原问题（或对偶问题）	对偶问题（或原问题）
目标函数 $\max z$	目标函数 $\min w$
n 个变量	n 个约束
变量 $\geqslant 0$	约束 $\geqslant$
变量 $\leqslant 0$	约束 $\leqslant$
自由变量	约束 $=$
m 个约束	m 个变量
约束 $\leqslant$	变量 $\geqslant 0$
约束 $\geqslant$	变量 $\leqslant 0$
约束 $=$	自由变量
约束条件的限定向量	目标函数的价值向量
目标函数的价值向量	约束条件的限定向量

根据表 1-24 的对应关系，可以由原问题的模型，直接写出对偶问题的模型，十分方便。

例 1-24 写出下面线性规划问题的对偶问题。

$$\max z = 3x_1 - 6x_2 + 5x_3 + 4x_4$$

$$\text{s.t.} \begin{cases} x_1 + 2x_2 - 3x_3 - x_4 = -5 \\ 3x_1 - x_2 + x_3 - 7x_4 \geqslant 14 \\ -4x_1 - 5x_2 + 3x_3 + 2x_4 \leqslant 3 \\ x_1, x_2 \geqslant 0; x_3, x_4 \text{ 自由变量} \end{cases}$$

解 根据表 1-24,对偶问题为

$$\min w = -5y_1 + 14y_2 + 3y_3$$

$$\text{s.t.} \begin{cases} y_1 + 3y_2 - 4y_3 \geqslant 3 \\ 2y_1 - y_2 + 3y_3 \geqslant -6 \\ -3y_1 + y_2 + 3y_3 = 5 \\ -y_1 - 7y_2 + 2y_3 = 3 \\ y_2 \leqslant 0, y_3 \geqslant 0, y_1 \text{ 自由变量} \end{cases}$$

§1.7 对偶理论

对偶理论是从原问题与对偶问题的依存关系中深刻揭示双方的特征,进而更深入地研究线性规划的理论。

1.7.1 对偶问题的基本性质和基本定理

原问题与对偶问题之间存在以下简单的关系。

定理 1-5 (对称性定理) 对偶问题的对偶是原问题。

证明 设对于对称形式的(LP) 和(DP)。问题(DP) 可以改写成

$$\max -w = -\boldsymbol{Yb}$$

$$\text{s.t.} \begin{cases} -\boldsymbol{YA} \leqslant -\boldsymbol{C} \\ \boldsymbol{Y} \geqslant \boldsymbol{0} \end{cases}$$

将其视为新定义的原问题,则其对偶问题为

$$\min -z = -\boldsymbol{CX}$$

$$\text{s.t.} \begin{cases} -\boldsymbol{AX} \geqslant -\boldsymbol{b} \\ \boldsymbol{X} \geqslant \boldsymbol{0} \end{cases}$$

亦即

$$\max z = \boldsymbol{CX}$$

$$\text{s.t.} \begin{cases} \boldsymbol{AX} \leqslant \boldsymbol{b} \\ \boldsymbol{X} \geqslant \boldsymbol{0} \end{cases}$$

此即问题(LP)。对于非对称形式,也可仿此证明。

由此可知,原问题与对偶问题互为对偶问题。对于原问题与对偶问题的基本性质,还有更为深入的结果。

现仍考虑例 1-1。原问题(LP) 与对偶问题(DP) 分别为

(LP) $\max z = 3x_1 + 4x_2$

$$\text{s.t.}\begin{cases} x_1 + x_2 \leqslant 6 \\ x_1 + 2x_2 \leqslant 8 \\ 2x_2 \leqslant 6 \\ x_1, x_2 \geqslant 0 \end{cases}$$

(DP) $\min w = 6y_1 + 8y_2 + 6y_3$

$$\text{s.t.}\begin{cases} y_1 + y_2 \geqslant 3 \\ y_1 + 2y_2 + 2y_3 \geqslant 4 \\ y_1, y_2, y_3 \geqslant 0 \end{cases}$$

设$(x_1, x_2)^T$与(y_1, y_2, y_3)分别是(LP)和(DP)的可行解。直观地从经济意义上看，该企业若不生产产品甲、乙，而使设备租赁所得收益$6y_1 + 8y_2 + 6y_3$不小于使用这些设备生产甲、乙所得收益$3x_1 + 4x_2$，即

$$6y_1 + 8y_2 + 6y_3 \geqslant 3x_1 + 4x_2$$

对于一般情形，是否也存在这一结果呢？以下我们对于对称形式的原问题与对偶问题进行讨论。

定理 1-6(弱对偶定理)　若$\boldsymbol{X}^{(0)}, \boldsymbol{Y}^{(0)}$分别是原问题(LP)及其对偶问题(DP)的可行解，则它们的目标函数总有

$$\boldsymbol{CX}^{(0)} \leqslant \boldsymbol{Y}^{(0)}\boldsymbol{b}$$

证明　由于$\boldsymbol{X}^{(0)}$为(LP)的可行解，则有$\boldsymbol{AX}^{(0)} \leqslant \boldsymbol{b}$，两边左乘$\boldsymbol{Y}^{(0)} \geqslant \boldsymbol{0}$得

$$\boldsymbol{Y}^{(0)}\boldsymbol{AX}^{(0)} \leqslant \boldsymbol{Y}^{(0)}\boldsymbol{b}$$

类似地，$\boldsymbol{Y}^{(0)}\boldsymbol{A} \geqslant \boldsymbol{C}$两边右乘$\boldsymbol{X}^{(0)} \geqslant \boldsymbol{0}$得

$$\boldsymbol{Y}^{(0)}\boldsymbol{AX}^{(0)} \geqslant \boldsymbol{CX}^{(0)}$$

故

$$\boldsymbol{CX}^{(0)} \leqslant \boldsymbol{Y}^{(0)}\boldsymbol{b}$$

由定理 1-6，原问题任一可行解的目标函数值为对偶问题目标函数值的下界；反之，对偶问题任一可行解的目标函数值则为原问题目标函数的上界。

定理 1-7(最优性定理)　若$\boldsymbol{X}^{(0)}, \boldsymbol{Y}^{(0)}$分别是原问题(LP)与对偶问题(DP)的可行解，且有$\boldsymbol{CX}^{(0)} = \boldsymbol{Y}^{(0)}\boldsymbol{b}$，则$\boldsymbol{X}^{(0)}$与$\boldsymbol{Y}^{(0)}$分别是原问题(LP)和对偶问题(DP)的最优解。

证明　设$\boldsymbol{X}$为(LP)的任意可行解，由定理 1-6

$$\boldsymbol{CX} \leqslant \boldsymbol{Y}^{(0)}\boldsymbol{b}$$

而$\boldsymbol{Y}^{(0)}\boldsymbol{b} = \boldsymbol{CX}^{(0)}$，故有

$$\boldsymbol{CX} \leqslant \boldsymbol{CX}^{(0)}$$

因此$\boldsymbol{X}^{(0)}$是(LP)的最优解。同理可证$\boldsymbol{Y}^{(0)}$是(DP)的最优解。

定理 1-8(强对偶定理)　若原问题(LP)有最优解，则其对偶问题(DP)也有最优解，且它们的目标函数值相等。

证明　设$\boldsymbol{X}^*$是(LP)的基本最优解，对应的最优基为$\boldsymbol{B}$，则检验数必满足$\boldsymbol{C} - \boldsymbol{C_B B}^{-1}\boldsymbol{A} \leqslant \boldsymbol{0}$。令$\boldsymbol{Y}^* = \boldsymbol{C_B B}^{-1}$，则有

$$\boldsymbol{Y}^*\boldsymbol{A} \geqslant \boldsymbol{C}$$

即$\boldsymbol{Y}^*$是(DP)的可行解。且$\boldsymbol{X}^*, \boldsymbol{Y}^*$的目标函数值有

$$\boldsymbol{CX}^* = \boldsymbol{C_B B}^{-1}\boldsymbol{b} = \boldsymbol{Y}^*\boldsymbol{b}$$

由定理 1-7 即知，$\boldsymbol{X}^*, \boldsymbol{Y}^*$分别为(LP)与(DP)的最优解。

由定理 1-8 的构造性证明，我们马上可以得到

推论　若用单纯形法求解(LP)得到的最优解是$\boldsymbol{X}^*$，相应的最优基为$\boldsymbol{B}$，则$\boldsymbol{Y}^* = \boldsymbol{C_B B}^{-1}$为其对偶问题的最优解。

定理 1－9(兼容性定理)　原问题的检验数对应对偶问题的一个基本解。

证明　设$\boldsymbol{B}$是原问题的任意一个可行基，令$\boldsymbol{A}=[\boldsymbol{B}\quad \boldsymbol{N}]$则对偶问题的约束条件$\boldsymbol{YA}\geqslant\boldsymbol{C}$，可化为

$$\begin{cases}\boldsymbol{Y}(\boldsymbol{B},\boldsymbol{N})\geqslant\boldsymbol{C}\\ \boldsymbol{Y}\geqslant\boldsymbol{0}\end{cases}$$

或

$$\begin{cases}\boldsymbol{YB}-\boldsymbol{Y}_{s_1}=\boldsymbol{C}_B\\ \boldsymbol{YN}-\boldsymbol{Y}_{s_2}=\boldsymbol{C}_N\\ \boldsymbol{Y},\boldsymbol{Y}_{s_1},\boldsymbol{Y}_{s_2}\geqslant\boldsymbol{0}\end{cases} \tag{1-22}$$

其中$\boldsymbol{Y}_{s_1}$和$\boldsymbol{Y}_{s_2}$分别是对应于$\boldsymbol{X}_B$和$\boldsymbol{X}_N$的对偶问题的松弛向量。

对于基$\boldsymbol{B}$所对应的基本可行解$\boldsymbol{X}=[\boldsymbol{X}_B\quad \boldsymbol{0}]^{\mathrm{T}}$其相应的检验数为

$$\boldsymbol{\sigma}=(\boldsymbol{0},\boldsymbol{C}_N-\boldsymbol{C}_B\boldsymbol{B}^{-1}\boldsymbol{N},-\boldsymbol{C}_B\boldsymbol{B}^{-1})$$

令$\boldsymbol{Y}_{s_1}=\boldsymbol{0},\boldsymbol{Y}_{s_2}=-(\boldsymbol{C}_N-\boldsymbol{C}_B\boldsymbol{B}^{-1}\boldsymbol{N}),\boldsymbol{Y}=\boldsymbol{C}_B\boldsymbol{B}^{-1}$，易证它们满足式(1－22)，从而为对偶问题的可行解。证毕。

对于例 1－1，原问题的各基本可行解及检验数所对应的对偶问题的基本解见下表。

表 1－25

(LP)	(DP)
基本可行解	基本解
$(0,0,6,8,6)^{\mathrm{T}}$	$(0,0,0,-3,-4)$
$(0,3,3,2,0)^{\mathrm{T}}$	$(0,0,2,-3,0)$
$(2,3,1,0,0)^{\mathrm{T}}$	$(0,3,-1,0,0)$
$(6,0,0,2,3)^{\mathrm{T}}$	$(-3,0,0,0,1)$
$\boldsymbol{X}^*=(2,4,0,0,2)^{\mathrm{T}}$	$\boldsymbol{Y}^*=(2,1,0,0,0)$

其中，$\boldsymbol{X}^*$，$\boldsymbol{Y}^*$分别为(LP)与(DP)的最优解。

定理 1－10(互补松弛定理)　原问题及其对偶问题的可行解$\boldsymbol{X}^{(0)}$和$\boldsymbol{Y}^{(0)}$是最优解的充要条件是

$$\boldsymbol{Y}^{(0)}\boldsymbol{X}_s^{(0)}=0$$

$$\boldsymbol{Y}_s^{(0)}\boldsymbol{X}^{(0)}=0$$

其中$\boldsymbol{X}_s^{(0)}$与$\boldsymbol{Y}_s^{(0)}$分别是原问题与对偶问题的松弛向量。(证明从略)

定理 1－10 在对称形式下的意义为：可行解$\boldsymbol{X}^{(0)}$与$\boldsymbol{Y}^{(0)}$分别为最优解的充要条件是，对所有i,j

(1) 若$x_j^{(0)}>0$，则对偶问题的第j个约束有$\boldsymbol{Y}^{(0)}\boldsymbol{P}_j=c_j$为等式。

(2) 若对偶问题的第j个约束为严格不等式，即$\boldsymbol{Y}^{(0)}\boldsymbol{P}_j>c_j$，则必有$x_j^{(0)}=0$。

(3) 若$y_i^{(0)}>0$，则原问题的第i个约束为等式，即$\boldsymbol{A}_iX^{(0)}=b_i$。

(4) 若原问题的第i个约束为严格不等式，即$\boldsymbol{A}_iX^{(0)}<b_i$，则必有$y_i^{(0)}=0$。

其中$\boldsymbol{P}_j$是$\boldsymbol{A}$的第j列，$\boldsymbol{A}_i$是$\boldsymbol{A}$的第i行。

非对称形式的意义可类似得出。

互补松弛定理阐明了原问题及其对偶问题最优解各分量之间的关系，当已知一对互为对偶问题之一的最优解时，可利用该定理求出另一个问题的最优解。

例 1-25　已知 LP 问题为

$$\max z = x_1 + 2x_2 + 3x_3 + 4x_4$$
$$\text{s. t.} \begin{cases} x_1 + 2x_2 + 2x_3 + 3x_4 \leqslant 20 \\ 2x_1 + x_2 + 3x_3 + 2x_4 \leqslant 20 \\ x_j \geqslant 0 \quad (j = 1,2,3,4) \end{cases}$$

其对偶问题的最优解为 $y_1^* = 1.2, y_2^* = 0.2, w_{\min} = 28$。试用互补松弛定理确定 LP 问题的最优解。

解　先写出 LP 问题的对偶问题为

$$\min w = 20y_1 + 20y_2$$
$$\text{s. t.} \begin{cases} y_1 + 2y_2 \geqslant 1 & (1) \\ 2y_1 + y_2 \geqslant 2 & (2) \\ 2y_1 + 3y_2 \geqslant 3 & (3) \\ 3y_1 + 2y_2 \geqslant 4 & (4) \\ y_1, y_2 \geqslant 0 \end{cases}$$

将 y_1^*, y_2^* 的值代入约束条件，得(1)，(2) 为严格不等式；由互补松弛性推知，$x_1^* = x_2^* = 0$。因 $y_1^*, y_2^* > 0$，故原问题的两个约束条件应取等式，故有

$$\begin{cases} 2x_3^* + 3x_4^* = 20 \\ 3x_3^* + 2x_4^* = 20 \end{cases}$$

解得 $x_3^* = x_4^* = 4$。故原问题的最优解为 $\boldsymbol{X}^* = (0,0,4,4)^{\mathrm{T}}$，最优值为 $z_{\max} = 28$。

1.7.2　对偶问题的经济意义

在例 1-21 中，y_1, y_2, y_3 反映了 A、B、C 的一种价格：

(1) 该厂不用它们生产甲、乙产品，而将设备按台时租赁，由此得到的收益不小于用它们生产甲、乙产品而得到的收益。

(2) 在保障(1) 的前提下，使租赁方付出的总租赁费最低。

由此我们看到 y_i 是企业根据本企业的具体生产过程，为使设备投入实现最大利润而得到的一种估计价格，这种估计是针对具体企业具体产品以及具体生产工艺而存在的一种特殊价格，通常称为**影子价格**(shadow price)。

如果原问题线性规划的最优基是 $\boldsymbol{B}$，由定理 1-8 对偶问题的最优解可表示为

$$\boldsymbol{Y}^* = \boldsymbol{C_B B}^{-1} = (y_1^*, y_2^*, \cdots, y_m^*)$$

$\boldsymbol{Y}^*$ 称为**影子价格向量**。

由于 $z^* = \boldsymbol{C_B B}^{-1}\boldsymbol{b} = \boldsymbol{Y}^*\boldsymbol{b} = y_1^* b_1 + y_2^* b_2 + \cdots + y_m^* b_m$

求 z^* 对 b_i 的偏导数

$$\frac{\partial z^*}{\partial b_i} = y_i^* \quad i = 1,2,\cdots,m$$

表示 b_i 的单位改变量引起最优值的改变量为 y_i^*。因此 y_i^* 可以理解为第 i 种生产资源增加一个

单位(在最优性条件不变的情况下),企业最大利润所增加的数额,故而 y_i^* 超过资源 i 的市场价格,则说明扩大该资源的使用对企业有利;如果资源的影子价格低于市场价格,则减少对该资源的使用,甚至考虑出售(或设备租赁)对企业有利。

应当说明,由于线性规划问题的经济背景不同,其"影子价格"的具体经济意义也有所不同。

§1.8 对偶单纯形法

1.8.1 对偶单纯形法的基本思想

由 1.7.2 定理 1-9 可知,单纯形法各换基迭代的单纯形表同时给出了原问题的基本可行解和对偶问题的基本解。单纯形法是始终保持原问题基本解的可行性(即 $\boldsymbol{B}^{-1}\boldsymbol{b} \geqslant \boldsymbol{0}$),通过迭代,使对偶基本解从不可行变为可行(即 $\boldsymbol{C} - \boldsymbol{C}_B\boldsymbol{B}^{-1}\boldsymbol{A} \leqslant \boldsymbol{0}$)。根据定理 1-7,原问题与对偶问题同时求得最优解。

我们换一个角度考虑:若始终保持对偶基本解的可行性(即保持原问题检验数的向量 $\boldsymbol{\sigma} = \boldsymbol{C} - \boldsymbol{C}_B\boldsymbol{B}^{-1}\boldsymbol{A} \leqslant \boldsymbol{0}$),通过迭代,让原问题的基本解由不可行变为可行($\boldsymbol{B}^{-1}\boldsymbol{b} \geqslant \boldsymbol{0}$),则同样可以获得原问题与对偶问题的最优解。这就是对偶单纯形法的思想。其中满足 $\boldsymbol{C}-\boldsymbol{C}_B\boldsymbol{B}^{-1}\boldsymbol{A} \leqslant \boldsymbol{0}$ 的 $\boldsymbol{B}$ 称为**对偶可行基**。

1.8.2 对偶单纯形法的计算步骤

对偶单纯形法(dual siplex method) 的计算步骤如下:

(1) 将 LP 问题标准化,列出初始单纯形表。检查 $\boldsymbol{b}$ 列的数字均非负,检验数均非正,则已得最优解,停止计算。若 $\boldsymbol{b}$ 列存在负分量,且检验数非正,则转到(2)。

(2) 确定出基变量

按 $\min\limits_i\{(\boldsymbol{B}^{-1}\boldsymbol{b})_i \mid (\boldsymbol{B}^{-1}\boldsymbol{b})_i < 0\} = (\boldsymbol{B}^{-1}\boldsymbol{b})_l$,则对应的基变量 x_l 为出基变量,x_l 所在的行为主元行。

(3) 确定入基变量

对主元行检查。若所有 $a_{lj} \geqslant 0$,则无可行解,停止计算。若存在 $a_{lj} < 0(i = 1,2,\cdots,n)$,计算

$$\theta = \min_j\left\{\frac{\sigma_j}{a_{lj}} \mid a_{lj} < 0\right\} = \min_j\left\{\frac{c_j - z_i}{a_{lj}} \mid a_{lj} < 0\right\} = \frac{c_k - z_k}{a_{lk}}$$

由对应的非基变量 x_k 为入基变量,x_k 所在列为主元列。

(4) 以 a_{lk} 为主元,按单纯形法进行换基迭代。返回(1),重复计算,直至求出最优解或判定无解。

下面举例说明这种算法。

例 1-26 用对偶单纯法求解下述 LP 问题

$$\max z = -2x_1 - 3x_2$$

$$\text{s.t.}\begin{cases} 2x_1 + x_2 \geqslant 4 \\ x_1 + 3x_2 \geqslant 6 \\ x_1 + x_2 \geqslant 3 \\ x_1, x_2, x_3 \geqslant 0 \end{cases}$$

解　化为标准型

$$\max z = -2x_1 - 3x_2$$

$$\text{s.t.}\begin{cases} 2x_1 + x_2 - x_3 = 4 \\ x_1 + 3x_2 - x_4 = 6 \\ x_1 + x_2 - x_5 = 3 \\ x_1, \cdots, x_5 \geqslant 0 \end{cases}$$

即

$$\max z = -2x_1 - 3x_2$$

$$\text{s.t.}\begin{cases} -2x_1 - x_2 + x_3 = -4 \\ -x_1 - 3x_2 + x_4 = -6 \\ -x_1 - x_2 + x_5 = -3 \\ x_1, \cdots, x_5 \geqslant 0 \end{cases}$$

列出初始单形表换基迭代如表 1-26。

表 1-26

		-2	-3	0	0	0	
C_B	X_B	x_1	x_2	x_3	x_4	x_5	b
0	x_3	-2	-1	1	0	0	-4
0	x_4	-1	(-3)	0	1	0	-6
0	x_5	-1	-1	0	0	1	-3
	σ_j	-2	-3	0	0	0	0
0	x_3	$(-\frac{5}{3})$	0	1	$-\frac{1}{3}$	0	-2
-3	x_2	$\frac{1}{3}$	1	0	$-\frac{1}{3}$	0	2
0	x_5	$-\frac{2}{3}$	0	0	$-\frac{1}{3}$	1	-1
	σ_j	-1	0	0	-1	0	6
-2	x_1	1	0	$-\frac{3}{5}$	$\frac{1}{5}$	0	$\frac{6}{5}$
-3	x_2	0	1	$\frac{1}{5}$	$-\frac{2}{5}$	0	$\frac{8}{5}$
0	x_5	0	0	$(-\frac{2}{5})$	$-\frac{1}{5}$	1	$-\frac{1}{5}$
	σ_j	0	0	$-\frac{3}{5}$	$-\frac{4}{5}$	0	$\frac{36}{5}$
-2	x_1	1	0	0	$\frac{1}{2}$	$-\frac{3}{2}$	$\frac{3}{2}$
-3	x_2	0	1	0	$-\frac{1}{2}$	$\frac{1}{2}$	$\frac{3}{2}$
0	x_3	0	0	1	$\frac{1}{2}$	$-\frac{5}{2}$	$\frac{1}{2}$
	σ_j	0	0	0	$-\frac{1}{2}$	$-\frac{3}{2}$	$\frac{15}{2}$

由最终表，最优解 $\boldsymbol{X}^* = \left(\frac{3}{2},\frac{3}{2},\frac{1}{2},0,0\right)^{\mathrm{T}}$，$z_{\max} = -\frac{15}{2}$。

例 1-27

$$\min z=2x_1+4x_2$$
$$\text{s.t.}\begin{cases}x_1+x_2\geqslant 3\\ x_1+2x_2\leqslant 2\\ x_1,x_2\geqslant 0\end{cases}$$

解 标准化后，经变换

$$\max(-z)=-2x_1-4x_2$$
$$\text{s.t.}\begin{cases}-x_1-x_2+x_3=-3\\ x_1+2x_2+x_4=2\\ x_1,\cdots,x_4\geqslant 0\end{cases}$$

表 1-27

		-2	-4	0	0	
C_B	X_B	x_1	x_2	x_3	x_4	b
0	x_3	(-1)	-1	1	0	-3
0	x_4	1	2	0	1	2
	σ_j	-2	-4	0	0	0
-2	x_1	1	1	-1	0	3
0	x_4	0	1	1	1	-1
	σ_j	0	-1	-2	0	6

表 1-27 中 $b_2=-1$，而 $a_{2j}\geqslant 0$，第 2 个方程为矛盾方程，线性规划问题无可行解。

综上可见，对偶单纯形法有以下优点：

(1) 当线性规划问题初始解是非可行解，但检验数满足最优性条件时，适宜运用对偶单纯形法，这时可以避免加入人工变量，从而减少了计算工作量。当然如果没有现成的对偶可行基时，仍需利用人工变量法。

(2) 当变量多于约束条件，对这样的线性规划问题用对偶单纯形法计算可以减少计算工作量。而对变量较少，约束条件很多的线性规划问题，可以先将它变换成对偶基，然后用对偶单纯形法解之。

(3) 在灵敏度分析中，有时需要用对偶单纯形法，可使问题的处理简化。对偶单纯形法作为原始单纯形法的一种补充，结合起来使用，使单纯形方法应用的范围更加广泛。

§1.9 灵敏度分析

前面所讨论的线性规划问题及其求解，是在模型参数 a_{ij}，b_i，c_j 为已知常数的基础上进行的。实际问题中，这些常数值往往是一些预测或估计的数字，具有一定误差，并且随着市场条件和企业内部情况的变化而变动。如价值系数 c_j 往往随市场价格等因素而波动；技术系数 a_{ij} 随工艺技术条件而改变；资源数量 b_i 也随经济效益而及时调整。这样自然会提出疑问：这些数据变化时，对已求得最优基(解)会产生怎样的影响？或者，这些数据在什么范围内变动时，已求得的最优基保持不变？本节讨论的灵敏度分析(sensitivity analysis)就是研究这些问题。

灵敏度分析是在已求得 LP 的最优基(解)的基础上展开的，因此，要充分利用已知数据及最优单纯形表中的数据。以下详细分析 a_{ij}(技术系数)，b_i(资源系数)，c_j(价值系数)的变动对最优单纯形表的影响。

设基 $\boldsymbol{B}^*$ 是已给线性规划的最优基，则最优单纯形表为

表 1-28

		c_1 c_2 $\cdots$ c_n	
		x_1 x_2 $\cdots$ x_n	
$\boldsymbol{C}_{B^*}$	$\boldsymbol{X}_{B^*}$	$\boldsymbol{B}^{*-1}\boldsymbol{A}$	$\boldsymbol{B}^{*-1}\boldsymbol{b}$
σ_j		$\boldsymbol{C}-\boldsymbol{C}_B\boldsymbol{B}^{*-1}\boldsymbol{A}$	

其中

$$\boldsymbol{C}-\boldsymbol{C}_{B^*}\boldsymbol{B}^{*-1}\boldsymbol{A}\leqslant \boldsymbol{0}$$
$$\boldsymbol{B}^{*-1}\boldsymbol{b}\geqslant \boldsymbol{0}$$

由表 1-28 不难看出(若不考虑最优值)，b_i 的改变仅可能引起 $\boldsymbol{B}^{*-1}\boldsymbol{b}$ 的改变；c_j 的改变仅可能引起 $\boldsymbol{C}-\boldsymbol{C}_{B^*}\boldsymbol{B}^{*-1}\boldsymbol{A}$ 的改变；a_{ij} 的改变仅可能引起 $\boldsymbol{C}-\boldsymbol{C}_{B^*}\boldsymbol{B}^{*-1}\boldsymbol{A}$ 的改变。当然，b_i，c_j，a_{ij} 的改变都可能导致最优值 $\boldsymbol{C}_{B^*}\boldsymbol{B}^{*-1}\boldsymbol{b}$ 的改变。

1.9.1　目标函数价值系数 c_j 的变化分析

c_j 的改变仅影响到检验数 $\boldsymbol{C}-\boldsymbol{C}_B\boldsymbol{B}^{-1}\boldsymbol{A}$ 及最优值 $\boldsymbol{C}_B\boldsymbol{B}^{-1}\boldsymbol{b}$，下面我们就 c_j 是基变量和非基变量的情况分别进行讨论。

为讨论方便，将约束条件的系数矩阵 $\boldsymbol{A}$ 写作

$$\boldsymbol{A}=[\boldsymbol{P}_1\quad \boldsymbol{P}_2\quad \cdots\quad \boldsymbol{P}_n]$$

则检验数为

$$\boldsymbol{C}-\boldsymbol{C}_B\boldsymbol{B}^{-1}\boldsymbol{A}=(\sigma_1,\sigma_2,\cdots,\sigma_n)$$

或 $\sigma_j=c_j-\boldsymbol{C}_B\boldsymbol{B}^{-1}\boldsymbol{P}_j,j=1,2,\cdots n$　(1-23)

1. 非基变量的系数 c_j 的改变

设最优基是 $\boldsymbol{B}$，非基变量的系数 c_j 有改变量 Δc_j，记

$$\bar{c}_j=c_j+\Delta c_j$$

由式(1-23)看出，c_j 的改变仅影响到检验数 σ_j，使 σ_j 变成

$$\begin{aligned}\bar{\sigma}_j&=\bar{c}_j-\boldsymbol{C}_B\boldsymbol{B}^{-1}\boldsymbol{P}_j=(c_j+\Delta c_j)-\boldsymbol{C}_B\boldsymbol{B}^{-1}\boldsymbol{P}_j\\&=\sigma_j+\Delta c_j\end{aligned}\qquad(1-24)$$

为使最优性条件满足，应使检验数 $\bar{\sigma}_j\leqslant 0$，由式(1-24)可解得

$$\Delta c_j\leqslant -\sigma_j\qquad(1-25)$$

例 1-28　某工作在计划期内要安排 A_1,A_2,A_3 三种产品，已知生产一件产品所需消耗的 D，E 两种原材料的数量(单位：kg)以及单位产品的利润如表 1-29 所示。

表 1-29

单位消耗(kg) 产品 / 原料	A_1	A_2	A_3	资源限量(kg)
D	1	1	1	12
E	1	2	2	20
单位利润(元/件)	5	8	6	

问应如何安排生产计划使工厂获利最多?

我们设 x_i 为 A_i 的产量($i=1,2,3$),该问题的 LP 模型

$$\max z = 5x_1 + 8x_2 + 6x_3$$

$$\text{s.t.}\begin{cases} x_1 + x_2 + x_3 \leqslant 12 \\ x_1 + 2x_2 + 2x_3 \leqslant 20 \\ x_1, x_2, x_3 \geqslant 0 \end{cases}$$

求解该问题得到最优表为表 1-30。

表 1-30

	c_j	5	8	6	0	0	$\boldsymbol{b}$
$\boldsymbol{C_B}$	$\boldsymbol{X_B}$	x_1	x_2	x_3	x_4	x_5	
5	x_1	1	0	0	2	-1	4
8	x_2	0	1	1	-1	1	8
	σ_j	0	0	-2	-2	-3	-84

若第 3 种产品的价格发生变化,那么 Δc_3 在什么范围内变化时,问题的最优解不变?

解 由于 x_3 为非基变量,c_3 的改变仅会影响检验数 $\sigma_3=-2$,由式(1-25)得

$$\Delta c_3 \leqslant -\sigma_3 = 2$$

2. 基变量系数 c_k 的改变

由于 c_k 是向量 $\boldsymbol{C_B}$ 的一个分量,所以当 c_k 有改变 Δc_k 时,可能使最优表中多个非基变量的检验数 σ_j 都受到影响。设其中任一个非基变量 x_j 的检验数变为

$$\begin{aligned}\bar{\sigma}_j &= c_j - (\boldsymbol{C_B} + \Delta\boldsymbol{C_B})\boldsymbol{B}^{-1}\boldsymbol{P}_j \\ &= (c_j - \boldsymbol{C_B}\boldsymbol{B}^{-1}\boldsymbol{P}_j) - \Delta\boldsymbol{C_B}\boldsymbol{B}^{-1}\boldsymbol{P}_j \\ &= \sigma_j - \Delta\boldsymbol{C_B}\boldsymbol{B}^{-1}\boldsymbol{P}_j \qquad (1-26)\end{aligned}$$

其中 $\boldsymbol{P}_j$ 是最优表中的第 j 列系数列向量。由第 1 章 §1.4 的讨论知,$\boldsymbol{C_B}$ 中各元素的排列顺序应使最优表的矩阵 $\boldsymbol{B}^{-1}\boldsymbol{A}$ 中基变量所对应的矩阵构成单位矩阵。所以,如果 c_k(或 x_k)对应的最优表中的列向量为

$$\begin{bmatrix} 0 \\ \vdots \\ 0 \\ 1 \\ 0 \\ \vdots \\ 0 \end{bmatrix} \leftarrow \text{第 } s \text{ 行}$$

则 c_k 在 $\boldsymbol{C_B}$ 中位于第 s 个元素的位置。这样 c_k 的改变而引起 $\boldsymbol{C_B}$ 的改变 $\Delta \boldsymbol{C_B}$ 为

$$\Delta \boldsymbol{C_B} = (0, \cdots, 0, \underset{\substack{\uparrow \\ \text{第 } s \text{ 个}}}{\Delta c_k}, 0, \cdots, 0)$$

这样，式(1-26) 可改写为

$$\bar{\sigma}_j = \sigma_j - \Delta c_k \bar{\alpha}_{sj}, \quad j = 1, 2, \cdots, n$$

其中 $\bar{\alpha}_{sj}$ 是最优表中第 s 行第 j 列的元素(在最优表中，基变量 x_k 对应的列 $\boldsymbol{B}^{-1}\boldsymbol{P}_k$ 里"1"位于第 s 行)。

为使最优性条件满足，令 $\bar{\sigma}_j \leqslant 0$，解之

① 当 $\bar{\alpha}_{sj} > 0$ 时

$$\Delta c_k \geqslant \sigma_j / \bar{\alpha}_{sj}$$

② 当 $\bar{\alpha}_{sj} < 0$ 时

$$\Delta c_k \leqslant \sigma_j / \bar{\alpha}_{sj}$$

综合 ①、②，则得 Δc_k 的变化范围应为

$$\max_j \{\sigma_j / \bar{\alpha}_{sj} \mid \bar{\alpha}_{sj} > 0, j \text{ 为非基变量下标}\} \leqslant \Delta c_k \leqslant \min_j \{\sigma_j / \bar{\alpha}_{sj} \mid \bar{\alpha}_{sj} < 0, j \text{ 为非基变量下标}\}$$

在实际计算中，如果基变量的系数 c_k 有改变量 Δc_k，则使最优基不变的 Δc_k 的范围求法是：

① 确定最优表中 c_k 对应的系数矩阵的第 k 列中，"1" 所在的行数，不妨设其为第 s 行；

② 以最优表中系数矩阵的第 s 行的正元素 $\bar{\alpha}_{sj}$(不包括 x_k 所在列的数 1) 去除 σ_j，其最大者为 Δc_k 变化范围的下界；

③ 以最优表中系数矩阵的第 s 行的负元素 $\bar{\alpha}_{sj}$ 去除 σ_j，其最小者为 Δc_k 变化范围的上界。

在例 1-28 中，基变量 x_1 的系数 $c_1 = 5$ 有改变 Δc_1，则最优基不变的 Δc_1 的范围可由最优表(表 1-30) 中 x_1 所在的第一行及检验数得：

$$\max\left\{\frac{-2}{2}\right\} \leqslant \Delta c_1 \leqslant \min\left\{\frac{-3}{-1}\right\}$$

即

$$-1 \leqslant \Delta c_1 \leqslant 3$$

当 c_j 的变化超出上述范围，则以最优表为基础，用单纯形法继续求解。

1.9.2　约束条件中资源系数 b_k 的变化分析

如果 b_k 有改变 Δb_k，它只影响到最优表中的 $\boldsymbol{B}^{-1}\boldsymbol{b}$ 及最优值 $\boldsymbol{C_B}\boldsymbol{B}^{-1}\boldsymbol{b}$。

设

$$B^{-1}=\begin{bmatrix}\beta_{11} & \cdots & \beta_{1m}\\ \vdots & & \vdots\\ \beta_{m1} & \cdots & \beta_{mm}\end{bmatrix},\ \boldsymbol{b}=\begin{bmatrix}b_1\\ \vdots\\ b_m\end{bmatrix},\ \Delta\boldsymbol{b}=\begin{bmatrix}0\\ \vdots\\ 0\\ \Delta b_k\\ 0\\ \vdots\\ 0\end{bmatrix}$$

则

$$B^{-1}\boldsymbol{b}=\begin{bmatrix}\sum_{j=1}^{m}\beta_{1j}b_j\\ \vdots\\ \sum_{j=1}^{m}\beta_{mj}b_j\end{bmatrix}=\begin{bmatrix}\bar{b}_1\\ \vdots\\ \bar{b}_m\end{bmatrix}$$

于是

$$B^{-1}(\boldsymbol{b}+\Delta\boldsymbol{b})=\begin{bmatrix}\bar{b}_1\\ \vdots\\ \bar{b}_m\end{bmatrix}+\begin{bmatrix}\beta_{1k}\Delta b_k\\ \vdots\\ \beta_{mk}\Delta b_k\end{bmatrix}$$

为使 $\boldsymbol{B}$ 的最优基地位不变，应使

$$\bar{b}_i+\beta_{ik}\Delta b_k\geqslant 0,\ i=1,\cdots,m$$

成立。解此不等式组

① 当 $\beta_{ik}>0$ 时

$$\Delta b_k\geqslant -\bar{b}_i/\beta_{ik}$$

② 当 $\beta_{ik}<0$ 时

$$\Delta b_k\leqslant -\bar{b}_i/\beta_{ik}$$

综合 ①、②，则有

$$\max_i\{-\bar{b}_i/\beta_{ik}\mid\beta_{ik}>0,i=1,\cdots,m\}\leqslant\Delta b_k\leqslant\min_i\{-\bar{b}_i/\beta_{ik}\mid\beta_{ik}<0,i=1,\cdots,m\}$$

一般地，如果 b_k 有改变 Δb_k，为使矩阵 $\boldsymbol{B}$ 的最优基地位不变，Δb_k 的变化范围的求法是：

(1) 由初始表和最优表找到 B^{-1}；

(2) 由 B^{-1} 的第 k 列的正元素去除 $-\bar{b}_i$，商的最大者为范围的下限；

(3) 由 B^{-1} 第 k 列的负元素去除 $-\bar{b}_i$，商的最小者为范围的上限。

例如，例 1-28 中的 $b_1=12$ 有改变 Δb_1，为使最优基地位不变，Δb_1 的范围如下得出

$$B^{-1}=\begin{pmatrix}2 & -1\\ -1 & 1\end{pmatrix}$$

由 B^{-1} 的第 1 列及右端常数项得

$$\max\left\{-\frac{4}{2}\right\}\leqslant\Delta b_1\leqslant\min\left\{-\frac{8}{-1}\right\}$$

即

$$-2\leqslant\Delta b_1\leqslant 8$$

若 b_i 的变化超出了所允许的范围，此时检验数不变，应用对偶单纯形法继续求解。

如 $\Delta b_1 = 9$，最优表的变化及其新的最优解如表 1 - 31 所示。

表 1 - 31

		5	8	6	0	0	
C_B	X_B	x_1	x_2	x_3	x_4	x_5	b
5	x_1	1	0	0	2	−1	22
8	x_2	0	1	1	−1	1	−1
σ_j		0	0	−2	−2	−3	−102
5	x_1	1	2	2	0	1	20
0	x_4	0	−1	−1	1	−1	1
σ_j		0	−2	−4	0	−5	−100

1.9.3 技术系数 a_{ij} 的变化分析

企业里设备、工艺、技术和管理等方面的改进和提高，都可能引起实际问题的资源消耗量的改变，这些改变反映到线性规划模型中就是技术系数 a_{ij} 的改变。这种灵敏度分析比较复杂，我们只讨论几种情况。

1. 非基变量 x_j 的系数列向量 $\boldsymbol{P}_j$ 的改变

设列向量 $\boldsymbol{P}_j$ 有改变量 $\Delta\boldsymbol{P}_j$，即

$$\bar{\boldsymbol{P}}_j = \boldsymbol{P}_j + \Delta\boldsymbol{P}_j$$

$\boldsymbol{P}_j$ 的改变将影响到检验数的改变，即

$$\bar{\sigma}_j = c_j - \boldsymbol{C_B}\boldsymbol{B}^{-1}\bar{\boldsymbol{P}}_j = c_j - \boldsymbol{C_B}\boldsymbol{B}^{-1}(\boldsymbol{P}_j + \Delta\boldsymbol{P}_j) = \sigma_j - \boldsymbol{C_B}\boldsymbol{B}^{-1}\Delta\boldsymbol{P}_j$$

要使最优基 $\boldsymbol{B}$ 的地位不变，应有

$$\sigma_j - \boldsymbol{C_B}\boldsymbol{B}^{-1}\Delta\boldsymbol{P}_j \leqslant 0$$

或

$$\boldsymbol{C_B}\boldsymbol{B}^{-1}\Delta\boldsymbol{P}_j \geqslant \sigma_j \tag{1-27}$$

在实际计算中，如果 $\boldsymbol{P}_j$ 有改变量 $\Delta\boldsymbol{P}_j$，可先由初始表和最优表找到 $\boldsymbol{B}^{-1}$，然后将 $\Delta\boldsymbol{P}_j$ 代入式(1 - 27) 试算，如果式(1 - 27) 成立，则最优基 $\boldsymbol{B}$ 的地位不变，否则将 x_j 对应的列换成 $\bar{\boldsymbol{P}}_j$，继续进行迭代，找出新的最优解。

2. 基变量 x_j 的系数列 $\boldsymbol{P}_j$ 的改变

这种情况由于基 $\boldsymbol{B}$ 受到 $\boldsymbol{P}_j$ 改变的影响，因而影响到单纯形表的每一列，一般要重新迭代求解，读者不妨自已验证这一点。

3. 增加新的变量 x_j

生产上开发新产品，反映到线性规划模型中就相当于增加新的变量 x_j，并把新增加变量看成基变量。我们通过举例来说明。

例如，例 1 - 28 中，除 A_1，A_2，A_3 外，还有一种新产品 A_4 已研制成功。已知产品 A_4 每件需消耗 D，E 原材料各为 3，2kg；每件可获利 10 元。问该厂是否应生产该产品？

设新产品的产量为 x_3'（件），其技术系数向量 $\boldsymbol{P}_3' = (3,2)^{\mathrm{T}}$ 由表 1 - 30

$$\sigma_3' = c_3' - \boldsymbol{C_B B^{-1} P_3'} = 10 - (5,8)\begin{pmatrix} 2 & -1 \\ -1 & 1 \end{pmatrix}\begin{pmatrix} 3 \\ 2 \end{pmatrix} = -2$$

故该厂不应生产该产品。

4. 增加新的约束条件

生产上增加工序，反映在 LP 模型中就相当于增加新的约束条件，这种情形下的灵敏度分析，一般可先将已求出的最优解代入新增加的约束条件，如果满足该约束条件，则最优解不改变；否则需将新增加的约束条件加到原先得到的最优单纯形表中调整求解。

如例 1-28 中，由于企业流动资金等其他因素的限制，使产品的生产用煤受到限制。计划期内煤的总量为 10(单位)，而 A_1，A_2，A_3 单位产品耗煤量分别为 2，1，3(单位)，问最优方案如何变化？

显然，增加新约束为

$$2x_1 + x_2 + 3x_2 \leqslant 10$$

已求得的最优解代入得 $16 > 10$，因此最优解(基) 发生改变。添加松弛变量后化为：

$$2x_1 + x_2 + 3x_2 + x_6 = 10$$

将其添入单纯形表中，整理化为单纯形表(表 1-32)。

表 1-32

		5	8	6	0	0	0	**b**
		x_1	x_2	x_3	x_4	x_5	x_6	
5	x_1	1	0	0	2	−1	0	4
8	x_2	0	1	1	1	1	0	8
0	x_6	2	1	3	0	0	1	10
		0	0	−2	−2	−3	0	−84
5	x_1	1	0	0	2	−1	0	4
8	x_2	0	1	1	−1	1	0	8
0	x_6	0	0	2	(−3)	1	1	−6
		0	0	−2	−2	−3	0	−84

表 1-32 中对应的基本解不可行，但检验数保持非正，读者可利用对偶单纯形法继续求解。

§1.10 运输问题

本节讨论一类重要的线性规划问题 —— 运输问题。从直观意义上看，这类问题是求解某种物资从若干个产地运至若干个销地的最小运输费用及最优方案。各产地、销地的供、需量作为已知前提。

虽然在理论上，单纯形法是所有线性规划问题普遍有效的解法，但是根据运输问题数学模型本身的特点，人们提供了一种更为简便的求解方法 —— 表上作业法。

1.10.1　运输问题的数学模型

在§1.1中，我们已经介绍了运输问题的一个特例，对一般运输问题的描述如下：

某物资有 m 个产地 $A_i, i=1,2,\cdots,m$，产量分别为 a_i 个单位；有 n 个销地 B_j，销量分别为 b_j 个单位，$j=1,2,\cdots,n$（假设 $\sum_{i=1}^{m} a_i = \sum_{j=1}^{n} b_j$）；$A_i$ 与 B_j 之间的单位运价为 c_{ij}。问应如何安排运输方案，使得总运费最少？

设由 A_i 运往 B_j 的物资为 x_{ij} 个单位（$i=1,2,\cdots,m; j=1,2,\cdots,n$）

由于 $\sum_{i=1}^{m} a_i = \sum_{j=1}^{n} b_j$，所以，由 A_i 运往各销地的物资总量，应该等于 A_i 的产量，即

$$\sum_{j=1}^{n} x_{ij} = a_i \quad (i=1,2,\cdots,m)$$

同时，各产地运往销地 B_j 的物资总量，应该等于 B_j 的需求量，即

$$\sum_{i=1}^{m} x_{ij} = b_j \quad (j=1,2,\cdots,n)$$

此问题归结为求解以下数学模型：

$$\min f = \sum_{j=1}^{n} \sum_{i=1}^{m} c_{ij} x_{ij}$$

$$\text{s.t.} \begin{cases} \sum_{j=1}^{n} x_{ij} = a_i & (i=1,2,\cdots,m) \\ \sum_{i=1}^{m} x_{ij} = b_j & (j=1,2,\cdots,n) \\ x_{ij} \geqslant 0 & (i=1,2,\cdots,m; j=1,2,\cdots,n) \end{cases} \tag{1-28}$$

上述问题中的假设条件 $\sum_{i=1}^{m} a_i = \sum_{j=1}^{n} b_j$ 称为产销平衡条件。若没有这一限制，当产大于销 $\sum_{i=1}^{m} a_i > \sum_{j=1}^{n} b_j$（或销大于产 $\sum_{i=1}^{m} a_i < \sum_{j=1}^{n} b_j$）时，这一问题的数学模型变成为

$$\min f = \sum_{i=1}^{m} \sum_{j=1}^{n} c_{ij} x_{ij}$$

$$\text{s.t.} \begin{cases} \sum_{j=1}^{n} x_{ij} \leqslant (\text{或} =) a_i & (i=1,2,\cdots,m) \\ \sum_{i=1}^{m} x_{ij} = (\text{或} \leqslant) b_j & (j=1,2,\cdots,n) \\ x_{ij} \geqslant 0 & (i=1,2,\cdots,m; j=1,2,\cdots,n) \end{cases} \tag{1-29}$$

物资调运问题，是一类特殊的线性规划问题，其它一些实际问题，如任务分配问题、生产规划问题等也可以归结为类似的数学形式。由于它们最早起源于物资调运问题，因此，对具有式(1-29)形式的线性规划问题，统称为运输问题。若满足产销平衡条件，称该问题为平衡运输问题，否则称为不平衡运输问题。

下面给出几个可化为运输问题的实例。

例 1－29 某纺织机械厂安排今后四个月的布机生产计划。第一至第四个月合同签订数分别为：420 台、430 台、450 台、460 台。已知这些月份的最高生产台数分别为 460 台、425 台、450 台、440 台，每台布机在四个月的生产成本分别为 3 200 元/台、3 195 元/台、3 205 元/台、3 200 元/台，每台布机的月存贮费为 10 元。试安排这四个月的生产计划，完成签订的合同数，使总生产成本与存贮费用之和最少？

将此问题转化成运输问题的模型，首先研究"产地"、"销地"的确定。尽管没有实际的货物从产地运往销地，但存在一个类似的、按月生产货物的分配及订购问题。将第 i 月份合同数视为销地（$i,j=1,2,3,4$），并将第 i 月份每台布机生产成本与存贮到第 j 月的存贮费之和作为产地 i 到销地 j 的单位运价，做出下面的运价表（见表 1－33）。

表 1－33

产地 \ 销地	第 1 月需求	第 2 月需求	第 3 月需求	第 4 月需求	产量
第 1 月生产	3 200	3 210	3 220	3 230	460
第 2 月生产	M	3 195	3 205	3 215	425
第 3 月生产	M	M	3 205	3 215	450
第 4 月生产	M	M	M	3 200	440
需求量	420	430	450	460	1775 \ 1760

因后月的生产不可能满足前月的需要，表中以 M（M 为任意大的正数）表示不可能的运输。原生产计划问题转化为产销不平衡的运输问题。

例 1－30 某校为加强学术讨论的气氛以激发学生的学习兴趣，决定举办电子技术、企业管理、机械制造和服装设计四个学术讲座。时间安排在每周的星期一至星期五的下午，每个讲座每周举行一次，并且每个下午不能多于一个讲座。经调查得知，每个下午不能出席某一讲座的学生数如下表，现在要安排讲座的日程，使不能出席听讲的学生数最少。

表 1－34

时间 \ 讲座	电子技术	企业管理	机械制造	服装设计
星期一	50	40	60	20
星期二	20	30	20	40
星期三	40	60	10	40
星期四	30	20	30	30
星期五	60	10	20	20

我们将每日下午表示"产地"，记为 $A_i(i=1,2,\cdots,5)$；而讲座表示"销地"，记为 $B_j(j=1,2,3,4)$。设

$$x_{ij}=\begin{cases}0, & A_i \text{ 下午不举行 } B_j \text{ 讲座}\\ 1, & A_i \text{ 下午举行 } B_j \text{ 讲座}\end{cases}$$

则每个产地的供应量 a_i 及每个销地的需求量 b_j 均为 1，第 i 下午举行第 j 个讲座所不能出席的人数即为运输费用 c_{ij}，此问题的数学模型为

$$\min f = \sum_{i=1}^{5}\sum_{j=1}^{4} c_{ij}x_{ij}$$

$$\text{s. t.} \begin{cases} \sum_{j=1}^{4} x_{ij} \leqslant 1 \\ \sum_{i=1}^{5} x_{ij} = 1 \\ x_{ij} = 0,1 \end{cases} \tag{1-30}$$

这个问题的表达是运输问题的特殊形式，也称为分配问题。

还有其它一些实际问题，也可以通过相应的转化归结为运输问题的数学模型，这里不再一一叙述。

运输问题作为线性规划问题，当然可以用单纯形法求解，但是它的特点提供了一种更加简便的方法，对于规模不太大的问题，可以在表上进行，通常称为表上作业法。实际计算时，我们对给定的运输问题，将其运输数量表、运价表统一成下列形式：将运价填入对应格子的右上角，并加上标记“ ∟”，运输数量填入对应格子的中间，而格子的左下角备用（见表 1 - 35）。

表 1 - 35

产地 \ 销地	B_1	B_2	…	B_n	供应量
A_1	x_{11} c_{11}	x_{12} c_{12}	…	x_{1n} c_{1n}	a_1
A_2	x_{21} c_{21}	x_{22} c_{22}	…	x_{2n} c_{2n}	a_2
⋮	⋮	⋮		⋮	⋮
A_m	x_{m1} c_{m1}	x_{m2} c_{m2}	…	x_{mn} c_{mn}	a_m
需求量	b_1	b_2	…	b_n	

1.10.2 运输问题基变量的特征

我们以平衡运输问题为基础进行研究。首先分析运输问题的特点，侧重于“基”及“基变量”的特征。

将式（1 - 28）化为矩阵形式

$$\min f = \boldsymbol{CX}$$

$$\text{s. t.} \begin{cases} \boldsymbol{AX} = \boldsymbol{b} \\ \boldsymbol{X} \geqslant \boldsymbol{0} \end{cases} \tag{1-31}$$

其中，$\boldsymbol{C} = (c_{11}, c_{12}, \cdots, c_{1n}, \cdots, c_{m1}, c_{m2}, \cdots, c_{mn})$，$\boldsymbol{b} = (a_1, a_2, \cdots, a_m, b_1, b_2, \cdots, b_n)^{\mathrm{T}}$，$\boldsymbol{X} =$

$(x_{11},x_{12},\cdots,x_{1n},\cdots,x_{m1},x_{m2},\cdots,x_{mn})^{\mathrm{T}}$，系数矩阵 $\boldsymbol{A}$ 为 $m+n$ 行、$m\times n$ 列的矩阵，它是由元素“0”和“1”组成的稀疏矩阵。

$$\boldsymbol{A}=\begin{bmatrix}
1 & 1 & \cdots & 1 & & & & & & & & \\
& & & & 1 & 1 & \cdots & 1 & & & & \\
& & & & & & & & \ddots & & & \\
& & & & & & & & 1 & 1 & \cdots & 1 \\
1 & & & & 1 & & & & 1 & & & \\
& 1 & & & & 1 & & & & 1 & & \\
& & \ddots & & & & \ddots & & & & \ddots & \\
& & & 1 & & & & 1 & & & & 1
\end{bmatrix}$$

记系数矩阵 $\boldsymbol{A}$ 中 x_{ij} 对应的列向量为 $\boldsymbol{P}_{ij}\,(i=1,2,\cdots,m;j=1,2,\cdots,n)$，$\boldsymbol{P}_{ij}$ 中除第 i 个和第 $m+j$ 个分量为 1 外，其余分量全部为 0。由此特征，很容易求出 $\boldsymbol{A}$ 的秩 $r(\boldsymbol{A})$。

一般地，若 $m,n\geqslant 2$，则有 $m+n\leqslant mn$，于是 $r(\boldsymbol{A})\leqslant m+n$。由于矩阵 $\boldsymbol{A}$ 及其增广矩阵 $\bar{\boldsymbol{A}}$（$\bar{\boldsymbol{A}}$ 是由 $\boldsymbol{A}$ 增添 $\boldsymbol{b}$ 列构成的）的前 m 行之和恰好等于后 n 行之和，所以 $\boldsymbol{A}$ 与 $\bar{\boldsymbol{A}}$ 的 $m+n$ 行是线性相关的；另一方面，可在 $\boldsymbol{A}$ 及 $\bar{\boldsymbol{A}}$ 中找出一个 $m+n-1$ 阶的非奇异子方阵（比如取出 $m+n-1$ 列：$\boldsymbol{P}_{11},\boldsymbol{P}_{21},\cdots,\boldsymbol{P}_{m1},\boldsymbol{P}_{m2},\cdots,\boldsymbol{P}_{mn}$，并划去第 m 行），故 $r(\boldsymbol{A})=r(\bar{\boldsymbol{A}})=m+n-1$。

如此一来，我们得到运输问题的任一基本解都有 $m+n-1$ 个基变量。约束方程中有一个是多余的，按照习惯应将其删去，但为讨论方便，不需这样做，只要记住就行了。

为研究基变量的特征，下面引入关于变量组的闭回路概念，它在表上作业法中是一个很重要的概念。

在运输表中，变量排成一个矩阵 $\boldsymbol{M}$，设 S 是 $\boldsymbol{M}$ 中某些变量 x_{ij} 组成的集合，我们将其中每个变量用顶点代替，同行或同列的变量用线段连接起来，便得到一个由水平和垂直线组成的图形，若此图中含有封闭图形，则称此变量组 S 含有闭回路（注意封闭图形不一定是矩形）。封闭图形拐角上的顶点称为闭回路的拐角点。

例如，以 $m=3,n=4$ 的运输问题为例，变量组 $\{x_{11},x_{31},x_{32},x_{13}\}$ 和变量组 $\{x_{11},x_{13},x_{33},x_{34},x_{24},x_{21}\}$，均含有闭回路，分别见表 1-36，表 1-37。

表 1-36

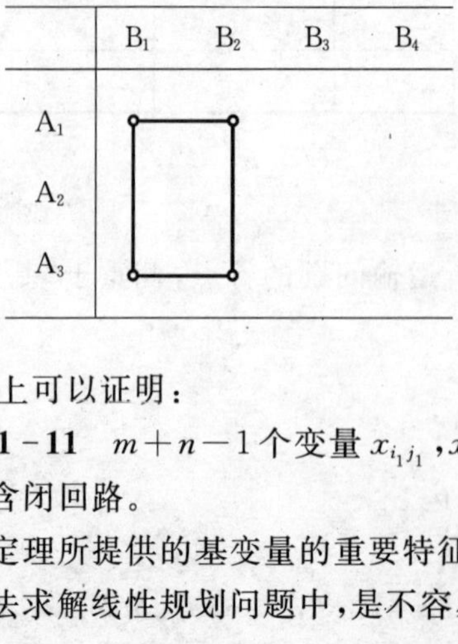

表 1-37

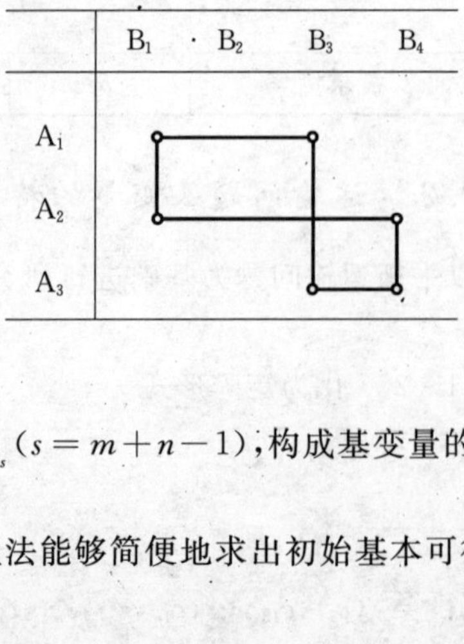

理论上可以证明：

定理 1-11 $m+n-1$ 个变量 $x_{i_1j_1},x_{i_2j_2},\cdots,x_{i_sj_s}\,(s=m+n-1)$，构成基变量的充要条件是它不包含闭回路。

利用定理所提供的基变量的重要特征，表上作业法能够简便地求出初始基本可行解，而这在单纯形法求解线性规划问题中，是不容易办到的。

1.10.3　表上作业法

下面结合具体例子介绍运输问题的表上作业法。

例 1－31　用表上作业法求解 §1.1 中例 1－3。

1.10.3.1　用最小元素法求初始调运方案

所谓最小元素法，就是根据运费少的优先供应的原则安排运输量。其具体步骤如下(首先画出一张运输表，表中 x_{ij} 的位置暂时空着，待求出后填入)：

(1) 在运价中选取最小的元素。此例中，$\min\{c_{ij}\}=2$，可取 $c_{21}=2$(或 $c_{24}=2$)，应将 A_2 的物资首先运往 B_1，由 A_2，B_1 的供需量知 $x_{21}=2$，填入表中。A_2 物资已全部发出，划去第 2 行运价及其供应量，B_1 的需求量尚缺 1 t。

(2) 在未被划去的运价中，选取最小元素 $c_{11}=3$(或 $c_{32}=3$)，由 A_1，B_1 的供需量知 $x_{11}=1$ 填入表中。B_1 的需求已满足，划去第 1 列的运价及其需求量，A_1 的供应量留下 4 t。

继续上述步骤，直至 A_1，A_2，A_3 的供应量全部分配给 B_1，B_2，B_3，B_4 为止。此时，运输表中运价元素已全部划完，我们得到一个初始调运方案，见表 3－12。相应的总运费为

$$f=1\times3+2\times6+2\times4+2\times2+2\times3+1\times8=41(\text{元})。$$

表 1－38　运输表

产地＼销地	B_1	B_2	B_3	B_4	供应量	
A_1	3 1	7 	6 2	4 2	~~5~~ ~~4~~ ~~2~~	⑤
A_2	2 2	4 	3 	2 	~~2~~	①
A_3	4 	3 2	8 1	5 	~~3~~ ~~1~~	⑥
需求量	~~3~~　②	~~2~~　③	~~3~~　⑥	~~2~~　④		

注：表中圈内数字表示顺序

用最小元素法求初始调运方案时，作如下规定：

① 在运输表中的某个格子填入数字后，必须且只须划去一行或一列运价(即使行和列的供需同时满足，也只能划去一行或一列)，直至运价元素全部划完。

② 当确定在运输表的某个格子中填入数字时，如果所在行和列都已满足(即相应的供需量均为零)，则必须在此格内填入 0，然后划去一行或一列运价，并将此格与其它有数字的格子同等看待。

③ 在运输表中，若只剩下一行(或一列) 运价未被划去，且在运输表中此行(或列) 的某个空格填入数字后，使此行(列) 与某列(行) 同时满足，这时应划去列(行) 的运价。

上述规定保证了用最小元素法求得的初始方案中，填数字的格子数恰好为 $m+n-1$ 个。理论上可以证明，这 $m+n-1$ 个格子对应的变量组不含有闭回路，构成一组基变量。因此，由最小元素法求得的初始调运方案是基本可行解。

任何一个平衡运输问题，都可以用最小元素法求得初始调运方案作为基本可行解，而且运输问题目标函数值非负，所以平衡运输问题必有最优解。但是，应该指出，用最小元素法求得的

初始调运方案，一般来说并不是最优的。下面介绍表上作业法的最优性检验及方案的调整方法。

1.10.3.2　最优方案的判别及方案调整

回顾单纯形法的求解步骤，我们知道，对于求最小值的线性规划问题，检查基本可行解是否最优，就是看其非基变量对应的检验数是否全部非负。利用运输问题及其基本可行解的特点，我们可以简便地求出检验数，完成最优性判别及方案调整。

(1) 闭回路法

仍用例子说明。例 1－3 中用最小元素法求得的初始调运方案列于表 1－38 中，基变量为 $x_{11}, x_{13}, x_{14}, x_{21}, x_{32}, x_{33}$；非基变量为 $x_{12}, x_{22}, x_{23}, x_{24}, x_{31}, x_{34}$。于是，目标函数

$$f = 41 + b_{12} \times x_{12} + b_{22} \times x_{22} + b_{23} \times x_{23} + b_{24} \times x_{24} + b_{31} \times x_{31} + b_{34} \times x_{34}$$

其中，b_{ij} 为相应于非基变量 x_{ij} 的检验数。

现在从任一空格出发，考虑改变初始调运方案。不妨选择 x_{12}。一方面，由目标函数的表达式可知，当 x_{12} 增加一个单位，运费增加量为 b_{12} 个单位；另一方面，由运输表可以看到，当 x_{12} 增加 1 时，为了保持新的平衡，x_{32} 必须减少 1，x_{33} 必须增加 1，x_{13} 必须减少 1，见表 1－39。相应地，运费增加量为 $c_{12} - c_{32} + c_{33} - c_{13}$，因此有

$$b_{12} = c_{12} + c_{33} - c_{32} - c_{13}$$

表 1－39　运输表

产地＼销地	B_1	B_2	B_3	B_4	供应量
A_1	1 [3]	[7]	2 [6]	2 [4]	5
A_2	2 [2]	[4]	[3]	[2]	2
A_3	[4]	2 [3]	1 [8]	[5]	3
需求量	3	2	3	2	10

表 1－39 中，变量组 $\{x_{12}, x_{32}, x_{33}, x_{13}\}$ 形成一个闭回路，具有性质：闭回路的拐角点，除 x_{12} 为空格，其它均为数字格（即基变量格），称此闭回路为 x_{12} 对应的闭回路。

我们可以证明，任意一个空格，都可以做出唯一的一条具有上述性质的闭回路。事实上，我们知道，$m+n-1$ 个基变量是不含有闭回路的，增加一个非基变量后形成新的变量组必含有唯一的一条闭回路，此闭回路即为所求。

实际计算中，对于任意一个空格，我们采用下述方法：从此空格出发，沿水平或垂直方向前进，遇到一个适当的数字格时，则按与前进方向垂直的方向转向前进，这样继续前进和转向，经若干次后，必回到原来出发的空格。如此，得到空格对应的闭回路。

例如表 1－38 的调运方案中，非基变量 x_{34}，x_{22}，对应的闭回路分别是：$x_{34} \to x_{14} \to x_{13} \to x_{33} \to x_{34}$ 和 $x_{22} \to x_{32} \to x_{33} \to x_{13} \to x_{11} \to x_{21} \to x_{22}$，见表 1－40。

对任意非基变量 x_{ij}，做出其对应的闭回路，我们把从空格出发的第偶数次拐角点上的运价和减去第奇数次拐角点上的运价和所得之差，称为此空格的检验数，记作 λ_{ij}。在利用表上作业法计算中，将其写在相应空格的左下方，加标记“┐”。例 1－31 的初始调运方案中，各空格的检验数，亦见表 1－40。

表 1-40　运输表

产地＼销地	B_1	B_2	B_3	B_4	供应量
A_1	$\boxed{3}$ 1	$\boxed{7}$ $\boxed{6}$	$\boxed{6}$ 2	$\boxed{4}$ 2	5
A_2	$\boxed{2}$ 2	$\boxed{4}$ $\boxed{4}$	$\boxed{3}$ $\boxed{-2}$	$\boxed{2}$ $\boxed{-1}$	2
A_3	$\boxed{4}$ $\boxed{-1}$	$\boxed{3}$ 2	$\boxed{8}$ 1	$\boxed{5}$ $\boxed{-1}$	3
需求量	3	2	3	2	10

λ_{ij} 等于非基变量 x_{ij} 增加一个单位时运输费用的增量。因此，当全部空格检验数非负时，调运方案即为最优方案；若存在负检验数，我们则调整方案，降低运输费用。

首先，选取负检验数中绝对值最大的空格所对应的非基变量，使之进入基中，并确定其可能增大的数值(称为调整量)。由于它的增加，为保持平衡，应将其对应的闭回路上的奇数次、偶数次拐角点上的数值做相应的减增；同时，要使改变后拐角点上其中一个基变量为零，成为非基变量，而拐角点上其它数值仍保持非负。因此，调整量应该等于奇数次拐角点数值的最小值。然后在其对应的闭回路上做如下调整：奇数次拐角点、偶数次拐角点分别减去和加上调整量，其它变量的值不做变动。这样便得到新的调运方案，其运费增量等于对应空格的检验数与调整量之积。

对新调运方案继续检验、调整，重复若干次，一定能够求出最优方案。

调整方案时需注意保证填数字格的数目为 $m+n-1$，每次调整，使原方案的一个空格填上数字，而此空格对应的闭回路上有且仅有一个奇数次拐角点变为空格。若同时有两个或两个以上的奇数次拐角点后数值为零，一般地，将运输表中左边最上方的零值拐角点化为空格，其它零值的拐角点应填数字零(仍为基变量)。

下面用表上作业法求出例 1-31 的最优方案。

由表 1-40 知，λ_{23} 为绝对值最大的负检验数，做出其对应的闭回路，见表 1-41。

表 1-41　运输表

产地＼销地	B_1	B_2	B_3	B_4	供应量
A_1	$\boxed{3}$ 1^{+2}	$\boxed{7}$ $\boxed{6}$	$\boxed{6}$ 2^{-2}	$\boxed{4}$ 2	5
A_2	$\boxed{2}$ 2^{-2}	$\boxed{4}$ $\boxed{4}$	$\boxed{3}$ $+2$ $\boxed{-2}$	$\boxed{2}$ $\boxed{-1}$	2
A_3	$\boxed{4}$ $\boxed{-1}$	$\boxed{3}$ 2	$\boxed{8}$ 1	$\boxed{5}$ $\boxed{-1}$	3
需求量	3	2	3	2	10

调整量为：$\min\{2,2\}=2$，调整后得新的调运方案，见表 1-42。做出各空格的闭回路，求出检验数，填入表 1-42 中。

因存在负检验数，可选取 $\lambda_{31}=-1$，对 x_{31} 的空格做出闭回路，调整得新调运方案，见表 1-43。做出各空格的闭回路，求出检验数填入表中。

表 1-42 运输表

产地＼销地	B_1	B_2	B_3	B_4	供应量
A_1	[3] 3^{-1}	[7] (6)	[6] 0^{+1}	[4] 2	5
A_2	[2] (2)	[4] (6)	[3] 2	[2] (1)	2
A_3	[4] $+1$ (−1)	[3] 2	[8] 1^{-1}	[5] (−1)	3
需求量	3	2	3	2	10

表 1-43 运输表

产地＼销地	B_1	B_2	B_3	B_4	供应量
A_1	[3] 2	[7]	[6] 1	[4] 2	5
A_2	[2] (2)	[4] (5)	[3] 2	[2]	2
A_3	[4] 1	[3] 2	[8] (1)	[5] (0)	3
需求量	3	2	3	2	10

表中所有检验数 $\lambda_{ij} \geqslant 0$，此方案为最优方案，其运输费用为

$$f = 2\times 3 + 1\times 6 + 2\times 4 + 2\times 3 + 1\times 4 + 2\times 3 = 36(\text{元})$$

由上述讨论及例子可以看到，表上作业法计算中，用闭回路方法进行最优性判别，需要对每个空格做出其对应的闭回路，计算出检验数。当运输问题中 m,n 很大时，这是相当繁琐的。下面我们介绍另外一种求检验数的方法。

(2) 位势法

位势法亦称为乘数法，它与 §1.7 的对偶理论有着紧密的联系。我们先从理论上加以说明，然后介绍具体的计算方法。

仍从例 1-31 讲起。其对偶变量可设为 $u_1,u_2,u_3,u_4,v_1,v_2,v_3,v_4$，对偶问题为

$$\max w = \sum_{i=1}^{3} a_i u_i + \sum_{j=1}^{4} b_j v_j$$
$$\text{s.t.}\begin{cases} u_i + v_j \leqslant c_{ij} \quad (i=1,2,3;j=1,2,3,4) \\ u_i, v_j \text{ 为任意实数} \end{cases} \tag{1-32}$$

对偶问题约束条件具有特殊结构，每个约束条件只有一个 u 变量和一个 v 并且每个约束条件中 u 和 v 的下标恰好构成 c 元素的下标。因此，对于一般的运输问题，设 u_i 和 v_j 是对应于第 i 个产地和第 j 个销地的对偶变量，对偶问题为

$$\max w = \sum_{i=1}^{m} a_i u_i + \sum_{j=1}^{n} b_j v_j$$
$$\text{s.t.}\begin{cases} u_i + v_j \leqslant c_{ij} \quad (i=1,2,\cdots,m;j=1,2,\cdots,n) \\ u_i, v_j \text{ 为任意实数} \end{cases} \tag{1-33}$$

由对偶理论的互补松弛定理可知，若 $\{x_{ij}^*\}$ 与 $\{u_i^*, v_j^*\}$ 分别为原问题和对偶问题的可行解

$(i=1,2,\cdots,m;j=1,2,\cdots,n)$，它们同为最优解的充分必要条件是对一切 i 和 j，有

$$x_{ij}^{*}(u_i^{*}+v_j^{*}-c_{ij})=0 \tag{1-34}$$

对于原问题的任一基本可行解 $\{x_{ij}^{*}\}$ 当 x_{ij}^{*} 为非基变量时，式(1-34)显然成立；当 x_{ij}^{*} 为基变量时，可令

$$u_i^{*}+v_i^{*}=c_{ij} \tag{1-35}$$

式(1-34)亦恒成立。

原问题任意一个基本可行解所对应的式(1-35)给出了 $m+n$ 个变量的 $m+n-1$ 个方程式，由于其系数矩阵为原问题系数矩阵 A 中基变量对应的列向量的转置矩阵，其秩及增广矩阵的秩为 $m+n-1$，从而式(1-35)恒有解。我们称所得的解 u_i^{*}，v_j^{*} 分别对应调运方案的第 i 行的"行位势"和第 j 列的"列位势"，而称 $u_i^{*}+v_j^{*}$ 为变量 x_{ij}^{*} 的位势（u_i^{*}，v_j^{*} 也称为单纯形乘数）。

现在需检验，由式(1-35)求出的 u_i^{*}，v_j^{*} 是否满足式(1-33)，即检验非基变量 x_{ij}^{*} 是否有

$$c_{ij}-(u_i^{*}+v_j^{*})\geqslant 0$$

读者不难证明：$c_{ij}-(u_i^{*}+v_j^{*})=\lambda_{ij}$　　(1-36)

下面以例1-31为例说明位势法求检验数的具体步骤。对例1-31中的初始调运方案（见表1-38），求各空格的检验数。

首先将 u_1,u_2,u_3 和 v_1,v_2,v_3,v_4 分别写在运输表对应的行、列上，而不必将方程组式(1-35)写出来，只要记着使表中数字格的运价等于对应的行位势与列位势之和即可。因为 u_1,u_2,u_3 和 v_1,v_2,v_3,v_4 中有一个自由变量，故可先取定一个数。一般取各行（列）中，运输量填数字最多的行（列）对应的 u_i 为零。表1-44中，第一行数字格最多，故令 $u_1=0$，由此可得 $v_1=3$，$v_3=6$，$v_4=4$。由 $v_1=3$ 得 $u_2=-1$；由 $v_2=6$ 得 $u_3=2$；最后由 $u_3=2$ 得 $v_2=1$。将 u_i，v_j 的值写在运输表的各行、列上，然后按式(1-36)求出空格的检验数，并填入空格的左下角。

与表1-40比较，位势法与闭回路法求得的检验数完全相同。

用位势法求得检验数后，对方案的最优性判别及调整，与闭回路法完全相同，不再重复。

表1-44　运输表

		$v_1=3$	$v_2=1$	$v_3=6$	$v_4=4$	
产地＼销地		B_1	B_2	B_3	B_4	供应量
$u_1=0$	A_1	$\boxed{3}$ 1	$\boxed{7}$ $\boxed{6}$	$\boxed{6}$ 2	$\boxed{4}$ 2	5
$u_2=-1$	A_2	$\boxed{2}$ 2	$\boxed{4}$ $\boxed{4}$	$\boxed{3}$ $\boxed{-2}$	$\boxed{2}$ $\boxed{-1}$	2
$u_3=2$	A_3	$\boxed{4}$ $\boxed{-1}$	$\boxed{3}$ 2	$\boxed{8}$ 1	$\boxed{5}$ $\boxed{-1}$	3
需求量		3	2	3	2	10

1.10.4　产销不平衡的运输问题

以上我们讨论的是产销平衡运输问题（即满足 $\sum\limits_{i=1}^{m}a_i=\sum\limits_{j=1}^{n}b_j$），而在实际中所遇到的往往

是产销不平衡的运输问题。为了用表上作业法求解，我们需要把它化为产销平衡的运输问题。

产大于销时，最简单的方法就是考虑将多余的物资就地贮存。设产地 A_i 的贮存量为 $x_{i,n+1}(i=1,2,\cdots,m)$，同时设虚拟销地 B_{n+1}，其需求量为

$$b_{n+1}=\sum_{i=1}^{m}a_i-\sum_{j=1}^{n}b_j$$

A_i 至 B_{n+1} 的单位运费 $c_{i,n+1}$ 为物资贮存的单位成本。如此，m 个产地，n 个销地的不平衡运输问题，转化为 m 个产地，$n+1$ 个销地的平衡运输问题。

销大于产的情形可以虚设产地(短缺)来类似解决。

下面看一个实例。

例 1-32 表 1-45 给出了三个产地及四个销地的某物资供需量及产、销地的单位运价，试求出运费最少的运输方案。

表 1-45 运价表

单位运价(元/t) 销地 / 产地	B_1	B_2	B_3	B_4	供应量(t)
A_1	3	2	4	5	20
A_2	7	5	2	1	10
A_3	9	6	3	5	15
需求量(t)	5	10	15	5	

解 由表 1-45 可知，总供应量为 45t，总需求量为 35t，故此问题为产大于销的运输问题。我们虚设一个销地 B_5(即贮存)，其需求量(即贮存量)为 $45-35=10(\text{t})$，已知条件中未给出物资的存贮费用，因此，各产地到 B_5 的单位运价视为：$c_{i5}=0(i=1,2,3)$。建立运输表，并用最小元素法求得初始方案(贮存列的运价，放在最后考虑)，见表 1-46。

表 1-46

销地 / 产地	B_1	B_2	B_3	B_4	B_5(贮存)	供应量
A_1	5 [3]	10 [2]	[4]	[5]	5 [0]	20
A_2	[7]	[5]	5 [2]	5 [1]	[0]	10
A_3	[9]	[6]	10 [3]	[5]	5 [0]	15
需求量	5	10	15	5	10	45

经检验知这就是最优方案。总运费为

$$f=5\times3+10\times2+5\times1+10\times3=80(\text{元})$$

计算时应注意：

① 添加虚拟销地后，原 $m+n-1$ 个基变量变为 $m+n$ 个基变量，注意数字格数目的变化。

② 若贮存费用不全为零，求初始调运方案时，贮存列的运价不再放到最后考虑，应与其它列同等看待。

③ 最优性判别及方案调整时，应包括贮存列的空格。

对于销大于产的情形，也有类似的规定，这里不再重复。

最后，我们讨论将运输问题的数学模型应用于"转运"问题。

所谓"转运"问题，即物资不是从产地直接运到销地，而是在到达最后的销地之前，物资要经过其它产地和销地（或其它纯粹的转运点）。有些情形下，这种运输形式可能更为合算。对这类问题不能直接用运输问题的数学模型处理，但经过修改后，仍可采用同样的方法解决。下面介绍转运问题的一个实例。

例 1-33　考虑表 1-47 给出的由两个产地分别运送某种物资至三个销地的问题：

表 1-47　运输表

产地＼销地	B_1	B_2	B_3	供应量
A_1	10	20	30	100
A_2	20	50	40	200
需求量	100	100	100	

假定每个产地和每个销地都可作为转运点。产地及销地间的单位运价见表 1-48，表 1-49。

表 1-48

	A_1	A_2
A_1	0	30
A_2	30	0

表 1-49

	B_1	B_2	B_3
B_1	0	40	10
B_2	40	0	20
B_3	10	20	0

现要在允许转运的情况下，求总运费最小的调运方案。

解　因为每个产地或销地都可作为转运点，所以这五处既可作为产地，又可作为销地，于是，可将原问题扩展为五个产地、五个销地的运输问题。由于任意一点均可作为转运点，全部物资均可在任意一点集中；另一方面运费最少时，不可能有物资来回倒运的现象，所以每点的转运量应该等于原问题中的总供应量（需求量）300，同时考虑原来产地、销地的供需量，当两个产地仍为产地时，供应量应改为 $100+300$，$200+300$；当三个销地仍为销地时，需求量应改为 $100+300$，$100+300$，$100+300$。

这样，可给出扩大了的运输问题，如表 1-50 所示，这是一个平衡运输问题，可采用表上作业法求解。

表 1-50

产地＼销地	A_1	A_2	B_1	B_2	B_3	供应量
A_1	0	30	10	20	30	400
A_2	30	0	20	50	40	500
B_1	10	20	0	40	10	300
B_2	20	50	40	0	20	300
B_3	30	40	10	20	0	300
需求量	300	300	400	400	400	

§1.11 应用举例

应用线性规划方法解决实际问题，其首要的、关键的一步，就是建立能揭示实际问题本质内容的线性规划数学模型。

一般地说，建立线性规划问题的数学模型应该包括以下几个步骤：

(1) 分析问题。应先搞清实际问题的背景，抓住主要矛盾，明确该问题所要实现的目标与受到的限制。为了建模方便，可以将已知的条件列成表格形式。

(2) 将决策中关键的量设为未知变量 —— 决策变量，并注意到这些决策变量一般都受到非负的约束，然后将问题的限制条件表示成决策变量的线性等式或不等式。这些限制条件连同决策变量的非负约束，统称为问题的约束条件。

(3) 明确所求目标是最大值还是最小值，将其表示成决策变量的线性函数 —— 目标函数。

以上步骤完成后，即完成了建模的工作。以下的工作自然应该是求解模型(复杂的、规模较大的模型应在计算机上解算)，并对模型及其解进行检验和评价(包括将所得结果推荐给决策者)。

下面我们举例来说明线性规划在经济管理等方面的应用。

例 1-34 (配料问题) 某染化料厂要用C,P,H三种原料混合配制出A,B,D三种不同规格的产品。原料C,P,H每天的最大供应量分别为100,100,60kg；每千克单价分别为65,25,35元。产品A要求原料C含量不少于50%，含原料P不超过25%；产品B含C不得少于25%，含P不超过50%；产品D的原料配比没有限制；产品A,B含原料H的数量没有限制要求。产品A,B,D每千克的单价分别为50,35,25元。问应如何安排生产，使得利润为最大？

解 现将题中所给条件列成表 1-51。

表 1-51

规格要求＼产品 原料	A	B	D	每天原料限量(kg)	原料单价(元 /kg)
C	≥50%	≥25%	—	100	65
P	≤25%	≤50%	—	100	25
H	—	—	—	60	35
产品单价(元 /kg)	50	35	25		

所谓安排生产计划,包括每天安排三种产品的产量及每种产品所用原料的配比。为此,设 A_C, A_P, A_H 分别表示产品 A(同时 A 亦表示产品 A 的产量) 中三种原料的成分,其它类推。根据表 1-51 有

$$A_C \geqslant \frac{1}{2}A,\ A_P \leqslant \frac{1}{4}A,\ B_C \geqslant \frac{1}{4}B,\ B_P \leqslant \frac{1}{2}B \tag{1-37}$$

但

$$\begin{cases} A_C + A_P + A_H = A \\ B_C + B_P + B_H = B \end{cases} \tag{1-38}$$

将式(1-37) 逐个代入式(1-38) 中并整理得到

$$-\frac{1}{2}A_C + \frac{1}{2}A_P + \frac{1}{2}A_H \leqslant 0$$

$$-\frac{1}{4}A_C + \frac{3}{4}A_P - \frac{1}{4}A_H \leqslant 0$$

$$-\frac{3}{4}B_C + \frac{1}{4}B_P + \frac{1}{4}B_H \leqslant 0$$

$$-\frac{1}{2}B_C + \frac{1}{2}B_P - \frac{1}{2}B_H \leqslant 0$$

又有

$$A_C + B_C + D_C \leqslant 100$$
$$A_P + B_P + D_P \leqslant 100$$
$$A_H + B_H + D_H \leqslant 60$$

易见,产品的销售额为

$$50(A_C + A_P + A_H) + 35(B_C + B_P + B_H) + 25(D_C + D_P + D_H)$$

原料的费用(原料成本) 为

$$65(A_C + B_C + D_C) + 25(A_P + B_P + D_P) + 35(A_H + B_H + D_H)$$

为书写方便,将 $A_C, A_P, A_H, B_C, B_P, B_H, D_C, D_P, D_H$ 依次用 $x_1, x_2, \cdots, x_9$ 表示。

问题追求的目标是利润最大,即销售额减去原材料费用(忽略其它成本) 为最大。于是目标函数为

$$z = 50(x_1 + x_2 + x_3) + 35(x_4 + x_5 + x_6) + 25(x_7 + x_8 + x_9)$$
$$- 65(x_1 + x_4 + x_7) - 25(x_2 + x_5 + x_8) - 35(x_3 + x_6 + x_9)$$

最后得到线性规划问题的数学模型

$$\max z = -15x_1 + 25x_2 + 15x_3 - 30x_4 + 10x_5 - 40x_7 - 10x_9$$

$$\text{s.t.}\begin{cases} -x_1 + x_2 + x_3 \leqslant 0 \\ -x_1 + 3x_2 - x_3 \leqslant 0 \\ -3x_4 + x_5 + x_6 \leqslant 0 \\ -x_4 + x_5 - x_6 \leqslant 0 \\ x_1 + x_4 + x_7 \leqslant 100 \\ x_2 + x_5 + x_8 \leqslant 100 \\ x_3 + x_6 + x_9 \leqslant 60 \\ x_j \geqslant 0 \quad (j = 1,2,\cdots,9) \end{cases}$$

计算结果如表 1-52 所示。

表 1-52

Decision Variable	Solution Value	Unit Cost or Profit c(i)	Total Contribution	Reduced Cost	Basis Status	Allowable Min. c(i)	Allowable Max. c(i)
X1	100.0000	−15.0000	−1,500.0000	0	basic	−20.0000	M
X2	50.0000	25.0000	1,250.0000	0	basic	15.0000	M
X3	50.0000	15.0000	750.0000	0	basic	5.0000	25.0000
X4	0	−30.0000	0	−5.0000	at bound	−M	−25.0000
X5	0	10.0000	0	0	basic	0	11.6667
X6	0	0	0	−10.0000	at bound	−M	10.0000
X7	0	−40.0000	0	−45.0000	at bound	−M	5.0000
X8	0	0	0	0	at bound	−M	0
X9	0	−10.0000	0	−10.0000	at bound	−M	0
Objective	Function	(Max.) =	500.0000	(Note:	Alternate	Solution	Exists!!)
Constraint	Left Hand Side	Direction	Right Hand Side	Slack or Surplus	Shadow Price	Allowable Min. RHS	Allowable Max. RHS
C1	0	<=	0	0	17.5000	−66.6667	66.6667
C2	0	<=	0	0	2.5000	−200.0000	200.0000
C3	0	<=	0	0	10.0000	0	0
C4	0	<=	0	0	0	0	M
C5	100.0000	<=	100.0000	0	5.0000	0	200.0000
C6	50.0000	<=	100.0000	50.0000	0	50.0000	M
C7	50.0000	<=	60.0000	10.0000	0	50.0000	M

计算结果显示：每天只生产 200 kg 产品 A，分别需用原料 C 为 100 kg，原料 P 为 50 kg，原料 H 为 50 kg，每天获利 500 元。

例 1－35　某种产品由三种不同零件各一个组成。每种零件均可由四个部门各自生产，但生产效率和能力限制各不相同。表 1－53 中给出每个部门的能力限制和每个部门生产每一种零件的生产效率。现在要确定各部门生产每一种零件的工作时数，使完成产品的件数最多。试建立该问题的数学模型。

表 1－53

部门	能力限制(h)	生产效率(件 /h)		
		零件 1	零件 2	零件 3
1	100	10	15	5
2	150	15	10	5
3	80	20	5	10
4	200	10	15	20

解　设 x_{ij} 为第 i 个部门加工第 j 种零件的小时数，y 为产品件数，c_{ij} 为相应的生产效率。所以

$$y = \min\left\{ \sum_{i=1}^{4} c_{i1} x_{i1}, \sum_{i=1}^{4} c_{i2} x_{i2}, \sum_{i=1}^{4} c_{i3} x_{i3} \right\}$$

即产品件数 y 应该是三种零件数目中的最小者。显然

$$\sum_{i=1}^{4} c_{ij} x_{ij} \geqslant y \quad (j = 1,2,3)$$

考虑到资源约束和非负约束，并将目标函数化为线性函数后，得到以下线性规划模型

$$\max z = y$$

$$\text{s.t.} \begin{cases} 10x_{11} + 15x_{21} + 20x_{31} + 10x_{41} - y \geqslant 0 \\ 15x_{12} + 10x_{22} + 5x_{32} + 15x_{42} - y \geqslant 0 \\ 5x_{13} + 5x_{23} + 10x_{33} + 20x_{43} - y \geqslant 0 \\ x_{11} + x_{12} + x_{13} \leqslant 100 \\ x_{21} + x_{22} + x_{23} \leqslant 150 \\ x_{31} + x_{32} + x_{33} \leqslant 80 \\ x_{41} + x_{42} + x_{43} \leqslant 200 \\ y \geqslant 0, x_{ij} \geqslant 0 \quad (i = 1,2,3,4; j = 1,2,3) \end{cases}$$

计算结果如表 1－54。

表 1-54

Decision Variable	Solution Value	Unit Cost or Profit c(j)	Total Contribution	Reduced Cost	Basis Status	Allowable Min. c(j)	Allowable Max. c(j)
X11	0	0	0	−3.4483	at bound	−M	3.4483
X12	100.0000	0	0	0	basic	−3.4483	M
X13	0	0	0	−4.6552	at bound	−M	4.6552
X21	88.2759	0	0	0	basic	−3.8462	2.0588
X22	61.7241	0	0	0	basic	−2.0588	3.8462
X23	0	0	0	−2.5862	at bound	−M	2.5862
X31	80.0000	0	0	0	basic	−2.4138	M
X32	0	0	0	−3.4483	at bound	−M	3.4483
X33	0	0	0	−2.4138	at bound	−M	2.4138
X41	0	0	0	−3.4483	at bound	−M	3.4483
X42	53.7931	0	0	0	basic	−4.1667	3.8889
X43	146.2069	0	0	0	basic	−3.8889	9.0000
y	2,924.1380	1.0000	2,924.1380	0	basic	0	M
Objective	Function	(Max.) =	2,924.1380				
Constraint	Left Hand Side	Direction	Right Hand Side	Slack or Surplus	Shadow Price	Allowable Min. RHS	Allowable Max. RHS
C1	0	>=	0	0	−0.2759	−1,828.5710	1,278.5710
C2	0	>=	0	0	−0.4138	−2,237.5000	3,200.0000
C3	0	>=	0	0	−0.3103	−2,983.3330	1,560.0000
C4	100.0000	<=	100.0000	0	6.2069	0	249.1667
C5	150.0000	<=	150.0000	0	4.1379	64.7619	410.0000
C6	80.0000	<=	80.0000	0	5.5172	16.0714	171.4286
C7	200.0000	<=	200.0000	0	6.2069	122.0000	349.1667

例 1-36 某厂生产三种产品Ⅰ,Ⅱ,Ⅲ。每种产品要经过A,B两道工序加工。设该厂有两种规格的设备能完成A工序,它们以A_1,A_2表示;有三种规格的设备能完成B工序,它们以B_1,B_2,B_3表示。产品Ⅰ可在A,B任何一种规格设备上加工;产品Ⅱ可在任何规格的A设备上加工,但完成B工序时,只能在B_1设备上加工;产品Ⅲ只能在A_2与B_2设备上加工。假定产品Ⅰ的销售量不超过800单位,已知三种产品在各设备上加工时,单件产品耗用的工时数、原材料费、产品销售价格、各种设备有效台时以及满负荷操作时设备使用费如表1-55。要求安排最优的生产计划,使该厂利润最大。

表 1-55

设备	产品			设备有效台时	满负荷时的设备使用费(元)
	Ⅰ	Ⅱ	Ⅲ		
A_1	5	10	—	6 000	300
A_2	7	9	12	10 000	320
B_1	6	8	—	4 000	250
B_2	4	—	11	7 000	783
B_3	7	—	—	4 000	200
原材料(元／件)	0.25	0.35	0.50		
单价(元／件)	1.25	2.00	2.80		

解　产品Ⅰ可以采用以下六种不同设备组合方式进行加工：(A_1,B_1)，(A_1,B_2)，(A_1,B_3)，(A_2,B_1)，(A_2,B_2)，并以 $x_1,x_2,\cdots,x_6$ 分别表示产品Ⅰ用这六种方式加工的数量。产品Ⅱ可用以下两种设备组合方式加工：(A_1,B_1)，(A_2,B_1)，并以 x_7,x_8 表示其加工的数量。产品Ⅲ只能用一种设备组合加工：(A_2,B_2)，以 x_9 表示加工的数量。

用各种设备组合生产的产品，其利润各不相同。比如，设备组合(A_1,B_1)生产的产品Ⅰ，以设备 A_1 每加工一件产品Ⅰ的成本为$\dfrac{5}{6\ 000}\times 300=0.25$；设备 B_1 每加工一件产品Ⅰ的成本为$\dfrac{6}{4\ 000}\times 250=0.375$，而一件产品Ⅰ的原料费为0.25。因此用$(A_1,B_1)$加工方式生产一件产品Ⅰ的成本为0.875元，而产品Ⅰ的销售价格为1.25元，于是有单位利润 $1.25-0.875=0.375$元。同理可算出其它组合方式生产的单位产品利润。并设 z 表示三种产品的总利润，得到问题的线性规划模型为

$$\max z=0.375x_1+0.300x_2+0.400x_3+0.400x_4+0.325x_5+0.425x_6+0.650x_7+0.861x_8+0.672x_9$$

$$\text{s.t.}\begin{cases}5x_1+5x_2+5x_3+10x_7\leqslant 6\ 000\\ 7x_4+7x_5+7x_6+9x_8+12x_9\leqslant 10\ 000\\ 6x_1+6x_4+8x_7+8x_8\leqslant 4\ 000\\ 4x_2+4x_5+11x_9\leqslant 7\ 000\\ 7x_3+7x_6\leqslant 4\ 000\\ x_1+x_2+x_3+x_4+x_5+x_6=800\\ x_j\geqslant 0\quad(j=1,2,\cdots,9)\end{cases}$$

用单纯形法计算的结果示为表 1-56。

表 1-56

Decision Variable	Solution Value	Unit Cost or Profit c(i)	Total Contribution	Reduced Cost	Basis Status	Allowable Min. c(i)	Allowable Max. c(i)
X1	0	0.3750	0	−0.2704	at bound	−M	0.6454
X2	228.5714	0.3000	68.5714	0	basic	0.1609	0.5421
X3	571.4286	0.4000	228.5714	0	basic	0.2609	M
X4	0	0.4000	0	−0.4096	at bound	−M	0.8096
X5	0	0.3250	0	−0.1391	at bound	−M	0.4641
X6	0	0.4250	0	−0.1391	at bound	−M	0.5641
X7	126.5512	0.6500	82.2583	0	basic	0.3570	0.8289
X8	373.4488	0.8610	321.5394	0	basic	0.6821	1.1540
X9	553.2468	0.6720	371.7818	0	basic	0.2813	1.1063
Objective	Function	(Max.) =	1,072.7220				
Constraint	Left Hand Side	Direction	Right Hand Side	Slack or Surplus	Shadow Price	Allowable Min. RHS	Allowable Max. RHS
C1	5,265.5120	<=	6,000.0000	734.4877	0	5,265.5120	M
C2	10,000.0000	<=	10,000.0000	0	0.0234	9,338.9610	11,138.9600
C3	4,000.0000	<=	4,000.0000	0	0.0812	2,987.5900	4,587.5900
C4	7,000.0000	<=	7,000.0000	0	0.0355	5,955.9520	7,605.9520
C5	4,000.0000	<=	4,000.0000	0	0.0346	2,172.9170	5,060.4170
C6	800.0000	<=	800.0000	0	0.1579	571.4286	1,061.0120

§1.12 本章小结

本章较详尽地介绍了线性规划的基本内容。主要包括以下几个方面：线性规划的原理与方法，线性规划的对偶理论与灵敏度分析，线性规划的特例运输问题及表上作业法。前面已经述及线性规划是运筹学的一个重要分支，在生产实践和科学实验中都有着极为广泛的应用，同时也是学习运筹学其它分支内容的重要基础。因此希望读者正确理解和掌握线性规划的基本概念与理论，熟练运用求解方法。

有关线性规划的原理与方法的研究，从几何与理论上探讨了可行解与最优解的存在性、可行解集与最优解集的结构以及最优性判定准则，进而建立了单纯形方法。读者应结合几何与经济意义，在深刻理解单纯形表结构的基础上，通过实际解题训练，正确熟练地掌握单纯形法求解的全过程。单纯形法的计算框图见图 1-5。

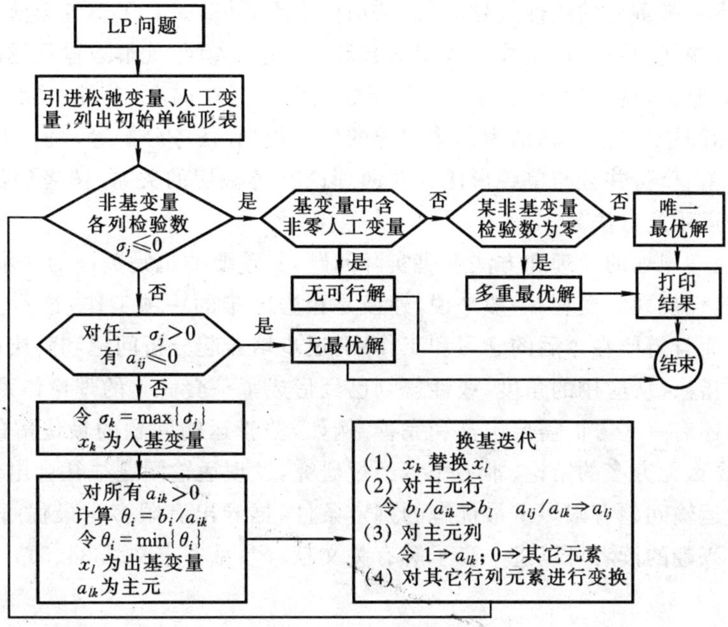

图 1－5

框图(图 1-5)是就最大化问题给出的。对于最小化问题不难化为最大化问题,也可以直接考虑最小化问题,但须注意最优性条件为非基变量的检验数 $\sigma_j \geqslant 0$,其它有关入基变量的选择作相应变化。

在单纯形法求解中还应注意退化的情形。当出现退化时,可能出现计算过程的循环,而永远得不到最优解。我们介绍了避免循环的 Bland 规则,一定能避免出现循环。值得一提的是,退化不一定产生循环,真正产生循环的例子极为罕见,因此讨论循环的避免更重要是在其理论上的意义。

线性规划的对偶理论,不仅从形式上给出一种相关关系,而且从内涵本质上揭示了深层次的规律,同时,作为一个直接效果发展并形成了对偶单纯形方法。读者应结合对偶问题的经济意义,深刻理解和掌握对偶问题的基本概念与基本定理,熟练运用对偶单纯形法,并注意与单纯形方法加以区别。单纯形法是在保持基的可行性的前提下,通过逐步换基迭代,使得满足最优性条件求出最优解,或判定无最优解;对偶单纯形法却是在保持对偶可行性的条件下,通过换基迭代,一旦满足解的可行性即得最优解,或判定无可行解。

线性规划的灵敏度分析是在最优单纯形表的基础上,考察某些系数(它是实际问题中某些条件的变化在模型中的反映)的变化对最优解的影响及范围。从最优表对应的基 $\boldsymbol{B}^*$,找出 $\boldsymbol{B}^{*-1}$ 进行准备工作。灵敏度分析的步骤可以归纳为:

1. 修正最优单纯形表以反映某些参数的变化。

2. 考察上述修正后最优解的变化:可行性与最优性有无变化。

3. 将修正后的最优表化为单纯形表的形式,并以此作为初始单纯形表选择单纯形法或对偶单纯形法继续求解。

作为具有重要实用价值的分析方法,读者应熟练掌握灵敏度分析。

运输问题是一类重要的线性规划问题，从历史上看，并非是有了单纯形法才去研究运输问题的，相反地，运输问题可以说是线性规划的起源。20世纪40年代解运输问题的迭代方法实质上是单纯形法的雏形，随后的“位势法”更是巧妙地引进了对偶解（单纯形乘数）的概念。作为解决一大类实际问题（包括可归结为运输问题的生产规划、任务分配等）的求解方法——表上作业法，不仅简单直观，并且与单纯形法和对偶理论有着密切的关系。读者须深刻领会其中奥妙，熟练掌握和运用此方法。

如何运用线性规划的原理和方法解决实际问题，其重要的也是关键的一步，就是如何将实际问题归结为线性规划的模型。一般来说，建模是相当困难的一项工作，这不仅需要各方面有关知识的积累，而且需要在今后的学习和工作中，逐步培养起分析问题和解决问题的能力。

最后，需要指出，从应用的角度，线性规划已经形成了一套完整的理论体系。但就理论本身而言，线性规划还有一些方面需要丰富和完善。例如，关于运输问题的最优解的个数一般教材给出要么唯一要么无穷多的结论。本书作者经过研究，发现运输问题往往会出现有限多重解的情况，并得到了运输问题有限多重最优解的判定条件，推导出有限多重最优解个数上限、下限的计算公式。有兴趣的读者可以进一步了解有关文献。（参见书末文献34、35）

习题 1

1.1 某企业生产3种产品甲、乙、丙，产品所需的主要原料有A、B两种，原料A每单位分别可生产产品甲、乙、丙底座12、18、16个；产品甲、乙、丙每个需要原料B分别为13kg、8kg、10kg，设备生产用时分别为10.5、12.5、8台时，每个产品的利润分别为1 450元、1 650元、1 300元。按月计划，可提供的原料A为20单位，原料B为350kg，设备月正常的工作时间为3 000台时，建立实现总利润最高的数学模型。

1.2 某钢筋车间制作一批钢筋（直径相同），长度为3m的90根；长度为4m的60根。已知所用的下料钢筋每根长度为10m。问怎样下料最省？建立此问题的线性规划模型。

1.3 某商店要制定明年第一季度某种商品的进货和销售计划。已知该店的仓库容量最多可储存该种商品500件，而今年年底有200件存货。该店在每月月初进货一次。已知各个月份进货和销售该种商品的单价如下表所示：

1.3题表

月份	1	2	3
进货单价(元)	8	6	9
销售单价(元)	9	8	10

现在要确定每个月应进货和销售多少件，才能使总利润最大，把这个问题表达成一个线性规划模型。

1.4 把以下线性规划问题化为标准形式：

(1) $\min z = -3x_1 + 5x_2 + 8x_3 - 7x_4$

$$\text{s.t.}\begin{cases}2x_1-3x_2+5x_3+6x_4\leqslant 28\\4x_1+2x_2+3x_3-9x_4\geqslant 39\\\quad\quad 6x_2+2x_3+3x_4\leqslant -58\\x_1,x_3,x_4\geqslant 0\end{cases}$$

(2)　$\max z = x_1 - 2x_2 + x_3$

$$\text{s.t.}\begin{cases}x_1+x_2+x_3\leqslant 12\\2x_1+x_2-x_3\geqslant 6\\-x_1+3x_2=9\\x_1,x_2,x_3\geqslant 0\end{cases}$$

(3)　$\min z = -2x_1 - x_2 + 3x_3 - 5x_4$

$$\text{s.t.}\begin{cases}x_1+2x_2+4x_3-x_4\geqslant 6\\2x_1+3x_2-x_3+x_4=12\\x_1+x_3+x_4\leqslant 4\\x_1,x_2,x_4\geqslant 0\end{cases}$$

(4)　$\max z = x_1 + 3x_2 + 4x_3$

$$\text{s.t.}\begin{cases}3x_1+2x_2\leqslant 13\\x_2+3x_3\leqslant 17\\2x_1+x_2+x_3=13\\x_1,x_3\geqslant 0\end{cases}$$

1.5　某工厂拥有 A、B、C 三种类型的设备，生产甲、乙两种产品。每件产品在生产中需要占用的设备机时数、每件产品可以获得的利润以及三种设备可利用的时数如下表所示：

1.5 题表

	产品甲	产品乙	
设备 A	3	2	65
设备 B	2	1	40
设备 C	0	3	75
利润(元 / 件)	1 500	2 500	

问题：工厂应如何安排生产可获得最大的总利润?用图解法求解。

1.6　用图解法求解以下线性规划问题

(1)　$\max z = x_1 + 3x_2$

$$\text{s.t.}\begin{cases}x_1+x_2\leqslant 10\\-2x_1+2x_2\leqslant 12\\x_1\leqslant 7\\x_1,x_2\geqslant 0\end{cases}$$

(2)　$\min z = x_1 - 3x_2$

$$\text{s.t.}\begin{cases}2x_1-x_2\leqslant 4\\ x_1+x_2\geqslant 3\\ x_2\leqslant 5\\ x_1\leqslant 4\\ x_1,x_2\geqslant 0\end{cases}$$

(3) $\max z = x_1 + x_2$

$$\text{s.t.}\begin{cases}x_1-x_2\leqslant 1\\ -3x_1+2x_2\leqslant 6\\ x_1,x_2\geqslant 0\end{cases}$$

(4) $\max z = 3x_1 + 2x_2$

$$\text{s.t.}\begin{cases}2x_1+x_2\leqslant 2\\ 3x_1+4x_2\geqslant 12\\ x_1,x_2\geqslant 0\end{cases}$$

1.7 在以下问题中,列出所有的基,指出其中的可行基、基本可行解以及最优解。

$\max z = 2x_1 + x_2 - x_3$

$$\text{s.t.}\begin{cases}x_1+x_2+2x_3\leqslant 6\\ x_1+4x_2-x_3\leqslant 4\\ x_1,x_2,x_3\geqslant 0\end{cases}$$

1.8 下表是某求最大化线性规划问题计算得到单纯形表。表中无人工变量,a_1,a_2,a_3,d,c_1,c_2 为待定常数,$x_j\geqslant 0,j=1,2,\cdots,6$。试说明这些常数分别取何值时,以下结论成立:

(1) 表中解为唯一最优解;

(2) 表中解为最优解,但存在无穷多最优解;

(3) 该线性规划问题具有无界解;

(4) 表中解非最优,为对解进行改进,换入变量为 x_1,换出变量为 x_6。

1.8 题表

基	x_1	x_2	x_3	x_4	x_5	x_6	b
x_1	4	a_1	1	0	a_2	0	d
x_4	-1	-3	0	1	-1	0	2
x_6	a_3	-5	0	0	-4	1	3
	c_1	c_2	0	0	-3	0	

1.9 将下列线性规划问题变换成标准型,并列出初始单纯形表。

(1) $\min z = -3x_1 + 4x_2 - 2x_3 + 5x_4$

$$\text{s.t.}\begin{cases}4x_1-x_2+2x_3-x_4=-2 & (1)\\ x_1+x_2+3x_3-x_4\leqslant 14 & (2)\\ -2x_1+3x_2-x_3+2x_4\geqslant 2 & (3)\\ x_1,x_2,x_3\geqslant 0,x_4\text{ 无约束}\end{cases}$$

(2)　$\max s = z_k / p_k$

$$\text{s.t.}\begin{cases} z_k = \sum_{i=1}^{n}\sum_{k=1}^{m} a_{ik}x_{ik} \\ \sum_{k=1}^{m} -x_{ik} = -1 \ (i=1,2,\cdots,n) \\ x_{ij} \geqslant 0 \quad (i=1,2,\cdots,n;k=1,2,\cdots,m) \end{cases}$$

1.10　用单纯形表求解以下线性规划问题

(1)　$\max z = x_1 - 2x_2 + x_3$

$$\text{s.t.}\begin{cases} x_1 + x_2 + x_3 \leqslant 12 \\ 2x_1 + x_2 - x_3 \leqslant 6 \\ -x_1 + 3x_2 \leqslant 9 \\ x_1, x_2, x_3 \geqslant 0 \end{cases}$$

(2)　$\min z = -2x_1 - x_2 + 3x_3 - 5x_4$

$$\text{s.t.}\begin{cases} x_1 + 2x_2 + 4x_3 - x_4 \leqslant 6 \\ 2x_1 + 3x_2 - x_3 + x_4 \leqslant 12 \\ x_1 + x_3 + x_4 \leqslant 4 \\ x_1, x_2, x_3, x_4 \geqslant 0 \end{cases}$$

1.11　一个有 3 个"$\leqslant$"型约束条件和两个变量 x_1, x_2 的最大化线性规划问题的最优表如下所示：

1.11 题表

X_B	x_1	x_2	s_1	s_2	s_3	b
s_1	0	0	1	1	−1	2
x_2	0	1	0	1	0	6
x_1	1	0	0	−1	1	2
σ_j	0	0	0	−3	−2	1

s_1, s_2, s_3 是松弛变量。应用三种不同的方法求出目标函数 z 的值。

1.12　用大 M 法和两阶段法求解以下线性规划问题

(1)　$\max z = x_1 + 3x_2 + 4x_3$

$$\text{s.t.}\begin{cases} 3x_1 + 2x_2 \leqslant 13 \\ x_2 + 3x_3 \leqslant 17 \\ 2x_1 + x_2 + x_3 = 13 \\ x_1, x_2, x_3 \geqslant 0 \end{cases}$$

(2)　$\max z = 2x_1 - x_2 + x_3$

$$\text{s.t.}\begin{cases} x_1 + x_2 - 2x_3 \leqslant 8 \\ 4x_1 - x_2 + x_3 \leqslant 2 \\ 2x_1 + 3x_2 - x_3 \geqslant 4 \\ x_1, x_2, x_3 \geqslant 0 \end{cases}$$

1.13 分别用单纯法中的大 M 法和两阶段法求解下述线性规划问题，并指出属哪一类解：

$$\min z = 2x_1 + 3x_2 + x_3$$

$$\text{s. t.}\begin{cases} x_1 + 4x_2 + 2x_3 \geqslant 8 \\ 3x_1 + 2x_2 \geqslant 6 \\ x_1, x_2, x_3 \geqslant 0 \end{cases}$$

1.14 某饲养场饲养动物，设每头动物每天至少需要 700g 蛋白质、30g 矿物质、100mg 维生素。现有五种饲料可供选用，各种饲料每千克营养成分含量及单价如下表所示：

1.14 题表

饲料	蛋白质(g)	矿物质(g)	维生素(mg)	价格(元 /kg)
1	3	1	0.5	0.2
2	2	0.5	1.0	0.7
3	1	0.2	0.2	0.4
4	6	2	2	0.3
5	12	0.5	0.8	0.8

要求确定既满足动物生长的营养要求，又使费用最省的选择饲料的方案。

1.15 某工厂生产 Ⅰ、Ⅱ、Ⅲ、Ⅳ 四种产品，产品 Ⅰ 需依次经过 A、B 两种机器加工，产品 Ⅱ 需依次经过 A、C 两种机器加工，产品 Ⅲ 需依次经过 B、C 两种机器加工，产品 Ⅳ 需依次经过 A、B 机器加工。有关数据如表所示，请为该厂制定一个最优生产计划。

1.15 题表

产品	机器生产率(件 /h)			原料成本(元)	产品价格(元)
	A	B	C		
Ⅰ	10	20		16	65
Ⅱ	20		10	25	80
Ⅲ		10	15	12	50
Ⅳ	20	10		18	70
机器成本(元 /h)	200	150	225		
每周可用小时数	150	120	70		

1.16 写出以下问题的对偶问题

(1) $\min z = 2x_1 + 3x_2 + 5x_3 + 6x_4$

$$\text{s. t.}\begin{cases} x_1 + 2x_2 + 3x_3 + x_4 \geqslant 2 \\ -2x_1 - x_2 - x_3 + 3x_4 \leqslant -3 \\ x_1, x_2, x_3, x_4 \geqslant 0 \end{cases}$$

(2) $\min z = 2x_1 + 3x_2 - 5x_3$

$$\text{s. t.}\begin{cases}x_1+x_2-x_3+x_4\geqslant 5\\2x_1+x_3\leqslant 4\\x_2+x_3+x_4=6\\x_1\leqslant 0,x_2\geqslant 0,x_3\geqslant 0,x_4\text{ 无符号限制}\end{cases}$$

(3)　$\min z=2x_1+2x_2+4x_3$

$$\text{s. t.}\begin{cases}2x_1+3x_2+5x_3\geqslant 2\\3x_1+x_2+7x_3\leqslant 3\\x_1+4x_2+6x_3\leqslant 5\\x_1,x_2,x_3\geqslant 0\end{cases}$$

1.17　已知如下线性规划问题

$\max z=6x_1-2x_2+10x_3$

$$\text{s. t.}\begin{cases}x_2+2x_3\leqslant 5\\3x_1-x_2+x_3\leqslant 10\\x_1,x_2,x_3\geqslant 0\end{cases}$$

其最优单纯形表如下：

1.17 题表

c_j		6	−2	10	0	0	$\boldsymbol{b}$
$\boldsymbol{C_B}$	$\boldsymbol{X_B}$	x_1	x_2	x_3	x_4	x_5	
10	x_3	0	1/2	1	1/2	0	5/2
6	x_1	1	−1/2	0	−1/6	1/3	5/2
σ_j		0	−4	0	−4	−2	40

(1) 写出原始问题的最优解、最优值、最优基 B 及其逆 B^{-1}。

(2) 写出原始问题的对偶问题，并从上表中直接求出对偶问题的最优解。

1.18　求下列问题的对偶问题

(1)　$\max f(x)=2x_1+5x_2+3x_3$

$$\text{s. t.}\begin{cases}3x_1-6x_2\geqslant -30\\6x_1+12x_2+3x_3=75\\x_1\geqslant 0,x_2\geqslant 0,x_3\geqslant 0\end{cases}$$

(2)　$\min f(x)=-2x_1+x_2-4x_3+3x_4$

$$\text{s. t.}\begin{cases}x_1+x_2+3x_3+2x_4\geqslant 10\\x_1+x_2+3x_3+2x_4\leqslant 40\\x_1-x_2+x_4\geqslant 10\\2x_1+x_2\leqslant 20\\x_1+2x_2+x_3+2x_4=20\\x_2,x_3,x_4\geqslant 0,x_1\text{ 无限制}\end{cases}$$

1.19　用对偶单纯形法求解以下问题

(1)　$\min z=4x_1+6x_2+18x_3$

$$\text{s.t.}\begin{cases}x_1 \quad +3x_3\geqslant 3\\ x_2+2x_3\geqslant 5\\ x_1,x_2,x_3\geqslant 0\end{cases}$$

(2) $\min z=10x_1+6x_2$

$$\text{s.t.}\begin{cases}x_1+x_2\geqslant 2\\ 2x_1-x_2\geqslant 6\\ x_1,x_2\geqslant 0\end{cases}$$

1.20 考虑下列问题：

$\max f(x)=2x_1+4x_2$

$$\text{s.t.}\begin{cases}x_1-x_2\leqslant 1\\ x_1\geqslant 0,x_2\geqslant 0\end{cases}$$

(1) 建立此问题的对偶问题，然后以观察法求出其最优解。

(2) 使用主对偶原理及对偶问题的最优解求出原问题的最优解目标函数值。

(3) 假设原问题中 x_1 的系数为 c_1（c_1 可为任意实数）。当 c_1 为何值时，此对偶问题无可行解？对这些值而言，原问题的解有什么意义？

1.21 考虑下列线性规划：

$\max z=-5x_1+5x_2+13x_3$

$$\text{s.t.}\begin{cases}-x_1+x_2+3x_3\leqslant 20\\ 12x_1+4x_2+10x_3\leqslant 90\\ x_1,x_2,x_3\geqslant 0\end{cases}$$

最优单纯形表如下：

1.21 题表

c_j		-5	5	13	0	0	$\boldsymbol{b}$
$\boldsymbol{C_B}$	$\boldsymbol{X_B}$	x_1	x_2	x_3	x_4	x_5	
5	x_2	-1	1	3	1	0	20
0	x_5	16	0	-2	-4	1	10
σ_j		0	0	-2	-5	0	100

(1) 写出此线性规划的最优解、最优基 $\boldsymbol{B}$ 和它的逆 $\boldsymbol{B}^{-1}$；

(2) 求此线性规划的对偶问题的最优解；

(3) 试求 c_2 在什么范围内，此线性规划的最优解不变；

(4) 若 b_1 由 20 变为 45，最优解及最优值是什么？

1.22 已知以下线性规划问题

$\max z=2x_1+x_2-x_3$

$$\text{s.t.}\begin{cases}x_1+2x_2+x_3\leqslant 8\\ -x_1+x_2-2x_3\leqslant 4\\ x_1,x_2,x_3\geqslant 0\end{cases}$$

及其最优单纯形表如下：

1.22 题表

c_j		2	1	−1	0	0	b
C_B	X_B	x_1	x_2	x_3	x_4	x_5	
2	x_1	1	2	1	1	0	8
0	x_6	0	3	−1	1	1	12
σ_j		0	−3	−3	−2	0	16

(1) 求使最优基保持不变的 $c_2 = 1$ 的变化范围。如果 c_2 从 1 变成 5，最优基是否变化，如果变化，求出新的最优基和最优解。

(2) 对 $c_1 = 2$ 进行灵敏度分析，求出 c_1 由 2 变为 4 时的最优基和最优解。

(3) 对第二个约束中的右端项 $b_2 = 4$ 进行灵敏度分析，求出 b_2 从 4 变为 1 时新的最优基和最优解。

(4) 增加一个新的变量 x_6，它在目标函数中的系数 $c_6 = 4$，在约束条件中的系数向量为 $A_6 = \begin{bmatrix}1\\2\end{bmatrix}$，求新的最优基和最优解。

(5) 增加一个新的约束 $x_2 + x_3 \geqslant 2$，求新的最优基和最优解。

1.23　某工厂用甲、乙、丙三种原料生产 A、B、C、D 四种产品，每种产品消耗原料定额以及三种原料的数量如下表所示：

1.23 题表

产品	A	B	C	D	原料数量(t)
对原料甲的消耗(吨／万件)	3	2	1	4	2 400
对原料乙的消耗(吨／万件)	2	—	2	3	3 200
对原料丙的消耗(吨／万件)	1	3	—	2	1 800
单位产品的利润(万元／万件)	25	12	14	15	

(1) 求使总利润最大的生产计划和按最优生产计划生产时三种原料的耗用量和剩余量。

(2) 求四种产品的利润在什么范围内变化，最优生产计划不会变化。

(3) 求三种原料的影子价格。

(4) 在最优生产计划下，哪一种原料更为紧缺？如果甲原料增加 120 吨，这时紧缺程度是否有变化？

1.24　有一全部约束条件都是“$\leqslant$”的最大化问题，它的最优表如下：

1.24 题表

X_B	x_1	x_2	x_3	x_4	x_5	b
x_3	0	1	1/2	−1/2	0	2
x_1	1	0	−1/8	3/8	0	3/2
x_5	0	0	1	−2	0	4
σ_j	0	0	−1/4	−1/4	1	

其中 x_1，x_2 是决策变量，x_3，x_4，x_5 是松弛变量。

(1) 在保持最优解既不变的情况下，若要把一个约束条件的右端项扩大，应扩大哪一个？为什么？最后扩大多少？求出新的目标函数值；

(2) 设 c_1, c_2 是目标函数中 x_1, x_2 的系数，求出使最优基变量保持最优性的比值 c_1/c_2 的范围。

1.25 求解下列产销平衡的运输问题，下表中列出的为产地到销地之间的运价。

(1) 用最小元素法求初始基本可行解；

(2) 由上面所得的初始方案出发，应用表上作业法求最优方案。

1.25 题表

产地 \ 销地	甲	乙	丙	丁	产量
1	10	5	6	7	25
2	8	2	7	6	25
3	9	3	4	8	50
销量	15	20	30	35	100

1.26 用表上作业法求下列产销平衡的运输问题的最优解：(表上数字为产地到 W 销地的运价，M 为任意大的正数，表示不可能有运输通道)

(1) **1.26 题表 1**

产地 \ 销地	甲	乙	丙	丁	产量
1	7	9	5	2	17
2	3	5	8	6	15
3	4	3	10	4	23
销量	10	15	20	10	55

(2) **1.26 题表 2**

销地 \ 产地	甲	乙	丙	丁	戊	销量
1	7	2	1	6	7	20
2	4	6	7	M	6	20
3	5	7	M	3	7	10
4	8	8	6	2	6	15
产量	10	15	12	10	18	65

1.27 求解下表所示的运输问题

1.27 题表

	B_1	B_2	B_3	a_i
A_1	5	9	2	15
A_2	3	1	7	18
A_3	6	2	8	17
b_j	18	12	16	

1.28　用表上作业法求下列产销不平衡的运输问题的最优解:(表上数字为产地到销地的里程,M 为任意大的正数,表示不可能有运输通道)。

(1)　**1.28 题表 1**

产地 / 销地	甲	乙	丙	丁	戊	销量
1	10	4	10	7	5	80
2	7	M	4	4	7	40
3	8	5	12	6	8	60
产量	50	40	30	60	20	

(2)　**1.28 题表 2**

产地 / 销地	甲	乙	丙	丁	戊	销量
1	7	3	9	4	11	30
2	4	2	5	6	10	24
3	6	8	12	2	5	36
产量	12	18	21	14	15	

1.29　某农民承包了 5 块土地共 206 亩,打算种植小麦、玉米和蔬菜三种农作物,各种农作物的计划播种面积(亩)以及每块土地种植各种不同的农作物的亩产数量(公斤)见下表,试问怎样安排种植计划可使总产量达到最高?

1.29 题表

土地块别 / 作物种类	甲	乙	丙	丁	戊	计划播种面积
1	500	600	650	1050	800	86
2	850	800	700	900	950	70
3	1000	950	850	550	700	50
土地亩数	36	48	44	32	46	

提示:为了把问题化为求最小的问题,可用一个足够大的数(如 1200)减去每一个亩产量,得到新的求最小的运输表,再进行计算。得到求解的结果后,再通过逆运算得到原问题的解。(想一想为什么?)

1.30 用最小元素法确定出下列运输问题作业表中的一组初始基本可行解，并求出(1)，(2)，(3) 的最优解。

(1)

1.30 题表 1

产地＼销地	B_1	B_2	B_3	B_4	产量
A_1	3	2	7	6	50
A_2	7	5	2	3	60
A_3	2	5	4	5	25
销量	60	40	20	15	

(2)

1.30 题表 2

产地＼销地	B_1	B_2	B_3	B_4	产量
A_1	18	14	17	12	100
A_2	5	8	13	15	100
A_3	17	7	12	9	150
销量	50	70	60	80	

(3)

1.30 题表 3

产地＼销地	B_1	B_2	B_3	B_4	产量
A_1	5	5	9	12	40
A_2	11	8	13	13	30
A_3	15	18	16	20	30
销量	5	15	35	50	

(4)

1.30 题表 4

产地＼销地	B_1	B_2	B_3	B_4	B_5	产量
A_1	10	20	5	9	10	9
A_2	2	10	8	30	6	4
A_3	1	20	7	10	4	8
销量	3	5	4	6	3	

1.31 下表给出了三个产地及四个销地的某物资供需量及产、销地的单位运价，试求出运费最少的运输方案。

1.31 题表

	B_1	B_2	B_3	B_4	B_5
A_1	3	2	4	5	20
A_2	7	5	2	1	10
A_3	9	6	3	5	15
需求量(地)	5	10	15	5	

1.32　考虑下述运输问题并求解：

1.32 题表

	B_1	B_2	B_3	B_4	产量
A_1	4	8	7	5	7
A_2	3	5	4	3	3
A_3	5	4	9	6	6
销量	4	4	3	3	

1.33　某公司经营的一种产品拥有四个客户，由公司所辖三个工厂生产，每月产量分别为 3000，5000，4000 件。该公司已承诺下月出售 4000 件给客户 1，出售 3000 件给客户 2 以及至少 1000 件给客户 3。客户 3 与 4 都想尽可能多购剩下的件数。已知各厂运销一件产品给客户可得到的净利润如下表所示。问该公司应如何拟定运销方案，才能在履行诺言的前提下获利最多？

1.33 题表

	1	2	3	4
1	65	63	62	64
2	68	67	65	62
3	63	60	59	60

1.34　某公司下属的 3 个分厂 A_1，A_2，A_3 生产质量相同的工艺品，要运输到 B_1，B_2，B_3，B_4 4 个销售点，分厂产量、销售点销量、单位物品的运费数据如下：

1.33 题表

	B_1	B_2	B_3	B_4	产量 a_i
A_1	30	11	23	19	37
A_2	15	19	22	18	34
A_3	27	24	10	15	29
销量 b_j	23	16	35	26	

求最优运输方案。

第 2 章　目标规划

在第 1 章中，我们已经详细地讨论了运筹学中研究最早、发展最成熟、应用也最广泛的一个重要分支 —— 线性规划。但由于现代经济管理的迅速发展，提出了许多复杂的、亟待人们去深入研究和解决的实际决策问题，同时也明显地暴露出传统线性规划的局限性，仅仅依赖传统线性规划已无法解决如此复杂的决策问题。于是，多目标决策问题新的研究领域便应运而生，其中以多目标线性规划(multiobjective linear programming) 问题最引人注目。而在多目标线性规划问题的研究中，又以目标规划(goal programming) 研究得较为完善和成熟，这种方法是美国著名运筹学家 A. Charnes 和 W. W. Cooper 于 1961 年最先提出来的，之后得到广泛重视和迅速发展。与传统方法不同，它强调了系统性，即目标规划方法在于寻找一个“尽可能”满足所有目标的解，而不是绝对满足这些目标的值。

本章扼要地介绍目标规划问题的提出，目标规划的模型及其求解方法，目标规划的灵活度分析及应用举例，重点是目标规划的模型及其求解方法。

§2.1　多目标线性规划问题

在生产活动、经济活动、科学实验和工程设计中，经常面临着一些需要决策的问题。当只考虑一个主要目标时，线性规划就是处理单目标优化行之有效的方法。但在现实生活中，一般评价某个决策的优劣，往往要同时考虑很多个目标，而这些目标之间又常常是不协调的，甚至是相互矛盾的。这就是多目标决策所面临的问题，而其中又以多目标线性规划较为普遍，更受到人们的重视。工业生产布局中确定新工业基地地址时，除了考虑运输费用、造价、燃料费、产品需求量等经济指标外，还要考虑污染及其它社会因素等。由于因素多、问题复杂，有时使决策者很难轻易做出判断；又由于同时要对许多互不相容的各个目标进行优化和分析，因而用传统的线性规划方法很难解决问题。目标规划方法是多目标决策分析中的有效工具之一，也是解决多目标线性规划问题一种比较成熟的方法。

为了具体说明目标规划与线性规划在处理问题方法上的区别，先通过例子来介绍目标规划的有关概念及数学模型。

例 2-1　某企业生产两种产品，受到原材料供应和设备工时的限制。在单件利润等有关数据已知的条件下，要求制定一个获利最大的生产计划。具体数据见表 2-1。

表 2-1

产品	Ⅰ	Ⅱ	拥有量
原材料(kg/件)	2	1	11
设备工时(h/件)	1	2	10
利润(元/件)	8	10	

设产品Ⅰ和Ⅱ的产量分别为 x_1 和 x_2，当用线性规划来描述和解决这个问题时，其数学模型为

$$\max z = 8x_1 + 10x_2$$
$$\text{s.t.} \begin{cases} 2x_1 + x_2 \leqslant 11 \\ x_1 + 2x_2 \leqslant 10 \\ x_1, x_2 \geqslant 0 \end{cases}$$

如果进一步考虑外部环境(市场)对企业的影响，情况会是什么样呢?如：

(1) 根据市场需求预测，产品 1 的销量下降，故考虑目标 $x_1 \leqslant x_2$。

(2) 尽可能的充分利用设备台时，但不希望加班(10 小时为目标值)。

(3) 尽可能达到并超过计划利润指标 56 元(目标值 56 元)。

这样在考虑产品生产方案时，便成为多目标决策问题。目标规划方法是解决这类决策问题的方法之一。下面引入与建立目标规划数学模型有关的概念。

2.1.1　目标偏差变量的引入

为了圆满地解决实际问题中遇到的目标相互矛盾的优化问题，我们需要引入目标偏差变量的概念。

一方面，我们可以对每一个优化目标预先给定一个理想的目标值(即预定值，或期望值)，然后把目标实际可能达到的值与预定值之间的偏差作为目标的偏差变量，从而将对目标求极值的问题转化为对目标偏差变量求极值的问题来处理。同时，我们还可以把原来优化系统中的任何一个约束条件也视为一个优化目标；反之，我们也可以把目标函数看作一个约束，即**目标约束**。这样一来，原来优化系统的约束条件与目标函数的地位就完全等同了。通常把必须严格满足的约束条件，称为绝对约束，也称**硬约束**，如线性规划问题的所有约束条件都是硬约束。相应地，目标规划特有的目标约束就是**软约束**。

目标偏差变量可分为“超过”与“不足”两种情形。超过量(positive deviation)以 d^+ 表示，不足量(negative deviation)以 d^- 表示。当 $d^+ = d^- = 0$ 时，表示目标函数优化结果与预定值之间无偏差量，恰好达成；当 $d^+ > 0$ 时，表示目标函数优化结果有超过量，实际达成值要比预定值大；反之，当 $d^- > 0$ 时，表示目标函数优化结果有不足量，实际达成值达不到预定值。所以，d^+，d^- 又分别称为正、负偏差变量。

2.1.2　多目标线性规划演变为目标规划

通过对实际问题的分析，可以建立多目标线性规划的数学模型，这样的模型通常也称为基础模型。基础模型建立后，通过分别对目标函数和约束条件引入偏差变量，建立我们所不希望

出现的偏差变量的新的目标函数——**达成函数**(achievement function),然后对达成函数取最小,从而得到目标规划的数学模型。

下面我们通过一个实例分析。说明如何由线性规划模型演变得到目标规划模型。

例 2-2 例 2-1 的决策者,首先考虑 ① 产品 Ⅰ 的产量不大于产品 Ⅱ 的产量;其次考虑 ② 充分利用设备台时,但不加班;最后考虑 ③ 利润额不小于 56 元,共三个目标。

解

目标函数	期望值	不等式方向/等式	目标约束	新目标
①$x_1 - x_2$	0	$\leqslant$	$x_1 - x_2 + d_1^- - d_1^+ = 0$	d_1^+
②$x_1 + 2x_2$	10	$=$	$x_1 + 2x_2 + d_2^- - d_2^+ = 10$	d_2^-, d_2^+
③$8x_1 + 10x_2$	56	$\geqslant$	$8x_1 + 10x_2 + d_3^- - d_3^+ = 56$	d_3^-

$$\min z = P_1 d_1^+ + P_2(d_2^- + d_2^+) + P_3 d_3^-$$

$$\text{s.t.}\begin{cases} x_1 - x_2 + d_1^- - d_1^+ = 0 \\ x_1 + 2x_2 + d_2^- - d_2^+ = 10 \\ 8x_1 + 10x_2 + d_3^- - d_3^+ = 56 \\ 2x_1 + x_2 \leqslant 11 \\ x_1, x_2, d_i^-, d_i^+ \geqslant 0 \quad i = 1,2,3 \end{cases}$$

例 2-3 某公司决定投入 1 000 万元作为新产品开发基金来开发 A,B,C 三种新产品,经预测估计,开发 A,B,C 三种新产品的投资利润率分别为 5%,7%,10%,由于新产品开发有一定风险,公司研究后确定了下列优先顺序目标:

第一,A 产品至少投资 300 万元;

第二,为分散投资风险,任何一种新产品的开发投资不超过开发基金总额的 35%;

第三,应至少留有 10% 的开发基金,以备急用;

第四,使总的投资利润最大。

求满足以上条件的投资方案。

解 用 x_1, x_2, x_3 分别代表对 A,B,C 的投资数,不考虑各目标,可知最大利润为 90 万元,此时所有基金全部投资于 C 产品,建立目标规划模型如下

$$\min z = P_1 d_1^- + P_2(d_2^+ + d_3^+ + d_4^+) + P_3 d_5^+ + P_4 d_6^-$$

$$\text{s.t.}\begin{cases} x_1 + d_1^- - d_1^+ = 300 \\ x_1 + d_2^- - d_2^+ = 350 \\ x_2 + d_3^- - d_3^+ = 350 \\ x_3 + d_4^- - d_4^+ = 350 \\ x_1 + x_2 + x_3 + d_5^- - d_5^+ = 900 \\ 0.05x_1 + 0.07x_2 + 0.1x_3 + d_6^- - d_6^+ = 90 \\ x_1, x_2, x_3, d_i^-, d_i^+ \geqslant 0, i = 1,2,\cdots,6 \end{cases} \tag{2-1}$$

该目标规划计算结果为 $x_1 = 300, x_2 = 250, x_3 = 350, d_2^- = 50, d_3^- = 100, d_6^- = 22.5$,其余 $d_i^{\pm} = 0$。由此可见,A 产品的投资是 300 万,B 产品的投资是 250 万,C 产品的投资是 350 万,才能使总的投资利润最大。

§2.2　目标规划模型及其求解方法

在例 2-2 的目标规划式 ③ 中，目标约束条件是 $8x_1 + 10x_2 + d_3^- - d_3^+ = 56$。一般形式是 $g(x) + d^- - d^+ = E$，其中 $g(x)$ 是决策变量的线性函数，E 是目标的预定值。在式(2-1) 中，达成函数含有两个目标偏差变量，表示为 $\min f = d^- - d^+$。其实，在不同的含义情况下，两个目标偏差变量可以通过三种组合形式表示在达成函数中(见表 2-2)。

表 2-2

形式	含义
$\min f = d^-$	不关心超过量 d^+ 的大小，要求不足量 d^- 越小越好。最优值是 $d^- = 0$，这时，目标的约束成为 $g(x) - d^+ = E$，即 $g(x) \geqslant E$，意味着要求 $g(x)$ 最好超过 E
$\min f = d^+$	与 $\min f = d^-$ 相反，要求 $g(x)$ 最好不要超过 E
$\min f = d^- + d^+$	不足量 d^- 与超过量 d^+ 之和越小越好，最优值是 $d^+ = d^- = 0$，即 $g(x) = E$，意味着要求 $g(x)$ 尽量接近 E

以上三种形式都是(单) 目标规划中达成函数的形式。然而，一般情况下遇到的系统规划等实际问题，都属于多目标规划，这时的目标有总目标与子目标之分，总目标是系统的整体目标，而子目标是配合整体目标的各个下属“部门”的工作目标。而目标的约束条件的形态是相同的：$g_i(x) + d_i^- - d_i^+ = e_i (i = 1, 2, \cdots, m)$，$m$ 个目标就有 m 个目标约束条件。那么，用什么方法来反映目标的轻重缓急呢？我们可以通过不同的达成函数的形式来表示。

2.2.1　加权法

表示轻重缓急的方法，最简单的就是采用加权法。例如 $\min f = 0.4d_1^+ + 0.6d_2^+$，其中的0.4 与 0.6 就是 d_1^+ 与 d_2^+ 各自的权重因子。需要注意，加权法要求问题的所求目标用统一的单位来度量，于是各个目标分别乘以权重因子后就可以相加在一起，从而将多目标模型转化为单目标模型，随即采用传统的线性规划求解方法解之。虽然加权法具有简单、适用于上机运算的优点，然而它也存在缺点，即决策者常常难以对问题的所有目标都用统一的单位来度量，难以对所有目标都找到和确定合理的权重因子作为系数。例如，在一个公路建设的多目标规划中，想找到合理的权重把公路建设的最低成本这一目标与最少交通伤亡事故目标联系起来，看来是不可能的，因为我们找不到一次交通事故相当于多少成本的权重系数。为了克服这一困难，我们采用优先级法。

2.2.2　优先级法

优先级(preemptive priority order) 法就是按目标的轻重缓急，将各目标分成不同的优先等级，对于上一级中的目标要优先予以优化，当它们已无法继续改进时，才转而考虑下一级中各目标的优化，而且下一级的优化以不使比它高的各优先级的情况变坏为前提。这一思想方法是 Ijiri 于 1965 年最先提出来的。比如在上述的公路建设问题中，安全是头等大事，应把安全目标放在第一优先级，而把成本目标放在第二优先级，即只有在安全目标的前提下，才能考虑降低公路建设的成本问题。根据这样的思路，在建立目标规划的数学模型时，应当注意以下两个问题。

1. 优先级次序问题

为了确定各目标优先等级的次序，我们引入优先等级因子 $P_j(j=1,2,\cdots,s)$，它们之间永远有下列关系

$$P_1 \gg P_2 \gg \cdots \gg P_j \gg P_{j+1} \gg \cdots \gg P_s \tag{2-2}$$

这就表明，即使有任意大的数 M 与 P_{j+1} 相乘，仍然是 $P_j \gg P_{j+1}$。假定目标函数由 m 个目标构成，并且假设每个目标定义两个偏差变量，这样就有 $2m$ 个偏差变量。然后根据每个偏差变量的重要程度(即每个目标的重要程度)进行分类评级，将若干个重要程度相仿的目标列入同一个优先等级，假设被评定为 s 个优先级。按照式(2-2)规定的优先级因子之间的大小关系，在不同的优先级别里的各项目标的偏差不能互相抵消、补偿，只有在同一优先级别下的各目标偏差才可以互相抵消、补偿。在多目标规划的求解时，必须注意从最高优先级(即 P_1 级)开始，逐次地降低，直到完成多个目标的考虑。

2. 在同一优先级内仍然可以引入权重因子(系数)

为了在同一优先级内区别不同目标的轻重缓急，我们又可以用不同的权重系数相乘。例如，有以下达成函数

$$\min f = P_1(d_3^- + d_3^-) + P_2 d_4^- + P_3(0.4d_1^+ + 0.6d_2^+)$$

其中优先因子(即优先级次序系数)应有

$$P_1 \gg P_2 \gg P_3$$

在第一优先级中，包括两个偏差变量 d_3^- 和 d_3^+，它们有相同的权重系数；在第二优先级中，只有一个偏差变量 d_4^-；在第三优先级中，包括两个偏差变量 d_1^+ 和 d_2^+，它们的权重系数分别为 0.4 和 0.6。

通过 §2.1 的例子，我们可以得到目标规划模型的一般形式

$$\min z = \sum_{l=1}^{L} P_l \sum_{k=1}^{K} (\omega_{lk}^- d_k^- + \omega_{lk}^+ d_k^+)$$

$$\text{s. t.} \begin{cases} \sum\limits_{j=1}^{n} a_j X_j + d_k^- - d_k^+ = g_k \quad k = 1,\cdots,K \\ \sum\limits_{j=1}^{n} a_{ij} X_j \leqslant (=,\geqslant) b_i, \quad i = 1,\cdots,m \\ X_j \geqslant \mathbf{0}, \quad j = 1,\cdots,n \\ d_k^-, d_k^+ \geqslant 0, \quad k = 1,\cdots,K \end{cases}$$

其中，$\omega_{lk}^- \geqslant 0$ 是 p_l 级目标中 d_k^- 的权系数，$\omega_{lk}^+ \geqslant 0$ 是 P_l 级目标中 d_k^+ 的权系数。

建立一个实际问题的目标规划模型的步骤如下：

(1) 建立多目标线性规划模型

① 假设决策变量 —— 决策者可以控制的变量。

② 建立各约束条件(约束方程或不等式)。

③ 建立各有关的目标函数。

(2) 将多目标线性规划模型转化为目标规划模型

① 对每个目标确定适当的预定值(或期望值)。

② 对每个目标引进正、负偏差变量,建立目标约束方程,并将其并入约束条件中去。

③ 若约束条件中有相互矛盾的方程,对它们同样引入正、负偏差变量,在以后的求解过程中,不需要再引入松弛变量或人工变量。

④ 建立达成函数。确定各目标的优先等级。对最重要的目标,必须严格实现的目标及无法再增加的资源约束(即硬约束),均应列入 P_1 优先级;其余目标按其重要程度,分别列入以下各优先等级。同一优先级中的各个目标,一般应有相同的度量单位,以便确定它们之间的权系数。但第一优先级可以例外。

2.2.3　目标规划的图解法

传统的线性规划的图解法,是从诸个极点中选择一个使目标函数值取得最大(或最小)的极点。而目标规划的图解法,则是按照优先级的次序取得一个解的区域,并且逐步将解区域缩小到一个点。若在可行区域内首先找到一个使 P_1 级各目标均满足的区域 R_1,然后再在 R_1 中寻找一个使 P_2 级各目标均满足的区域 R_2(显然 $R_1 \supseteq R_2$),如此继续下去,直到找到一个区域 $R_s(R_1 \supseteq R_2 \supseteq \cdots \supseteq R_s)$,满足 P_s 级的各目标,这个 R_s 即为我们的解。我们称 R_j 为第 j 级的解空间。若某一个 $R_j(1 \leqslant j \leqslant s)$ 已缩小到一个点,则计算应终止,这一点即为最优解。它只能满足 $P_1, P_2, \cdots, P_j$ 级目标,而无法进一步改善以满足 $P_{j+1}, \cdots, P_s$ 各级目标。现在将目标规划图解法的计算步骤阐述如下:

① 根据决策变量(不能多于两个)给出所有目标与约束条件(包括其它硬约束在内)的直线图形、偏差变量,以移动直线的方法考虑之。

② 确定第一优先级 P_1 级各目标的解空间 R_1。

③ 转到下一个优先级 P_j 各目标,确定它的最佳解空间 R_j。这里"最佳"的含义是指这个解空间不允许降低已得到的较高级别目标的达成值,并满足 $R_{j-1} \supseteq R_j (j = 2, 3, \cdots, s)$。

④ 在求解过程中,若解空间 R_j 已缩小为一点,则结束求解过程,因为此时已没有进一步改进的可能。

⑤ 重复第 ③ 步和第 ④ 步的过程,直到解空间缩小为一点,或者所有 s 个优先级都已搜索过,求解过程也告结束。

现在通过例子讨论图解法。

例 2-4　某电视机厂装配黑白和彩色两种电视机,每装配一台电视机需占用装配线 1 小时,装配线每周计划开动 40 小时。预计市场每周彩色电视机的销售量为 24 台,每台可获利 80 元;黑白电视机的销售量是 30 台,每台可获利 40 元,该厂确定的目标为:

第一优先级:充分利用装配线每周计划开动 40 小时;

第一优先级:允许装配线加班,但加班时间每周尽量不超过 10 小时;

第三优先级:装配电视机的数量尽量满足市场需要。因彩色电视机的利润高,取其权系数为 2。

试建立这问题的目标规划模型,并求解黑白和彩色电视机的产量。

解 设 x_1,x_2 分别表示彩色和黑白电视机的产量这个问题的目标规划模型为

$$\min z = P_1 d_1^- + P_2 d_2^+ + P_3(2d_3^- + d_4^-)$$

$$\text{s.t.}\begin{cases} x_1 + x_2 + d_1^- - d_1^+ = 40 \\ x_1 + x_2 + d_2^- - d_2^+ = 50 \\ x_1 + d_3^- - d_3^+ = 24 \\ x_2 + d_4^- - d_4^+ = 30 \\ x_1, x_2, d_i^-, d_i^+ \geqslant 0, i = 1,2,3,4 \end{cases}$$

用图解法求解,见图 2-1:

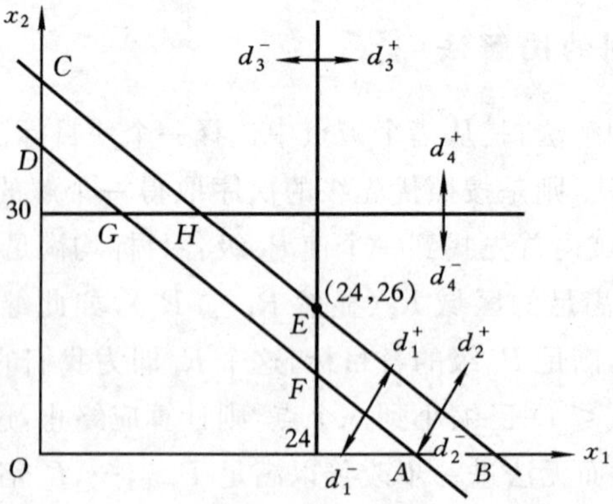

图 2-1

从图中可以看到,在考虑 P_1,P_2 的目标实现后,x_1,x_2 的取值范围为 $ABCD$,考虑 P_3 的目标要求时,因 d_3^- 的权系数大于 d_4^-,故先取 $d_3^- = 0$;这时 x_1,x_2 的取值范围为 $ABEF$。在 $ABEF$ 中只有 E 点使 d_4^- 取值最小。故取 E 点为满意解。其坐标为(24,26),即该厂应装配彩色电视机 24 台,黑白电视机 26 台。

2.2.4 目标规划的基本概念

通过图解法,一方面了解了目标规划与传统线性规划之间的某些差异,另一方面也加深了对目标规划有关概念和思路的理解。现将目标规划的几个重要概念加以概括,凡是与线性规划相同的概念,这里不再重复,读者不难通过类比线性规划得到。

(1) **线性目标规划**。线性目标规划将理想的目标和约束进行统一化处理,它是有 n 个决策变量和 $2m$ 个偏差变量组成的 m 个线性函数。

(2) **可行解**。任何一组非负的决策变量和偏差变量组成一个可行解。这与传统线性规划可行解的概念是不同的,后者的可行解要求满足每一个约束条件。目标规划的可行解空间(简称解空间)与传统线性规划的可行域概念是不同的。对于目标规划,无可行解的情况一般是不会发生的。

(3) **可接受解与不可接受解**。可接受解就是所有硬约束都满足的可行解,也就是第一优先

级完全达到的解，这样的解也称为**有效解**(effective solution)或**非劣解**。**不可接受解**(unimplementable solution)是指没有满足第一优先级的解，但它是最接近可接受解的一个解，因为我们放松有关的硬约束或目标的期望值，就可以得到一个可接受解。

(4) **达成函数**。目标规划的达成函数表示各个目标的满足程度(实际上是尚未满足的程度)。

(5) **最优解**。对于线性目标规划，所谓最优解是指达成函数取最小的可行解，对目标规划问题最优解应该是指满意解。

(6) **多重最优解**(alternative optimal solution)。若线性目标规划的解空间不只一个点，则该问题有一个最优解集。而且，倘若给出的解空间是一个区域，则在这个区域内或边界线上的任意一点都是最优解。

(7) **无界解**(unbound solution)。由于每一个理想目标与期望值相联系，因此线性目标规划问题不可能无界。

2.2.5　目标规划的序贯式算法

线性目标规划最早的解法是序贯式算法，其主要思路是序贯地求解一系列的传统线性规划模型，即根据优先级别，把目标规划模型分解几个为单目标模型，依次求解。现在通过例题来阐述序贯式算法的解题步骤。

例 2-5　某工厂专门生产杯子。最近，该厂接收了 13000 个保温杯与磁化杯的订货，对方在订货中对保温杯和磁化杯的数量没有要求，但要求订货合同必须在一个星期内完成，在一个星期内交货。根据该厂的生产能力，一个星期内可利用的生产时间为 20000 min，可利用的包装时间为 36000 min。完成一个保温杯需生产时间 2 min，包装时间为 2 min；完成一个磁化杯需生产时间 1 min，包装时间 3 min。每个保温杯售价 15 元，成本是 7 元；每个磁化杯售价 20 元，成本是 14 元(即每个保温杯与非保温杯的净利润为 8 元和 6 元)。该厂厂长想使获得利润最大，他用一个线性规划来求解。设 x_1, x_2 分别表示保温杯与磁化杯的个数，线性规划模型为

$$\max z = 8x_1 + 6x_2$$

$$\text{s.t.}\begin{cases} 2x_1 + x_2 \leqslant 20\,000 \\ 2x_1 + 3x_2 \leqslant 36\,000 \\ x_1 + x_2 = 13\,000 \\ x_1, x_2 \geqslant 0 \end{cases}$$

用单纯形法解之，得最优解：$x_1^* = 7\,000, x_2^* = 6\,000, \max z = 92\,000$(元)，即一周内生产保温杯 7 000 个，磁化杯 6 000 个，可获得利润 92 000 元，而此时的总销售额仅为 $15x_1 + 20x_2 = 225\,000$ 元。

例 2-6　现在仍是上例的杯子厂。现在该厂接受定货增加为 16 000 个杯子。由于完成订货是必须的，所以将订货排在第一优先级，并且不要有不足量，也不要有超过量，以免加重负担。其次，满意的销售额增加为 275 000 元，排在第二优先级，并且要求不足量尽量小。再次，可利用的生产时间和包装时间就现在情况仍是例 2-5 中的条件；为了完成订货，上述时间可以有所增加，但超过量应尽量小，排在第三优先级，考虑到增加生产时间要比增加包装时间困难一

些，我们分别乘以权重系数0.6和0.4。其它，完成保温杯与磁化杯所需的生产时间和包装时间以及两种杯子的售价仍如例2-5。

用序贯式算法解：

$$\min f = P_1(d_3^- + d_3^+) + P_2 d_4^- + P_3(0.6d_2^+ + 0.4d_1^+)$$

$$\text{s.t.}\begin{cases}2x_1 + x_2 + d_1^- - d_1^+ = 20\ 000\\2x_1 + 3x_2 + d_2^- - d_2^+ = 36\ 000\\x_1 + x_2 + d_3^- - d_3^+ = 16\ 000\\15x_1 + 20x_2 + d_4^- - d_4^+ = 275\ 000\\x_1, x_2, d_i^-, d_i^+ \geqslant 0 (i = 1,2,3,4)\end{cases}$$

首先列出对应于第一优先级的模型

$$\min f_1 = d_3^- + d_3^+$$

$$\text{s.t.}\begin{cases}x_1 + x_2 + d_3^- - d_3^+ = 16\ 000\\x_1, x_2, d_3^-, d_3^+ \geqslant 0\end{cases}$$

解得 $f_1^* = d_3^- + d_3^+ = 0$，于是 $d_3^- = d_3^+ = 0$

现在转到对应于第二优先级的单目标规划模型

$$\min f_2 = d_4^-$$

$$\text{s.t.}\begin{cases}x_1 + x_2 + d_3^- - d_3^+ = 16\ 000\\15x_1 + 20x_2 + d_4^- - d_4^+ = 275\ 000\\x_1, x_2, d_3^-, d_3^+, d_4^-, d_4^+ \geqslant 0\end{cases}$$

也可以简化为

$$\min f_2 = d_4^-$$

$$\text{s.t.}\begin{cases}x_1 + x_2 = 16\ 000\\15x_1 + 20x_2 + d_4^- - d_4^+ = 275\ 000\\x_1, x_2, d_4^-, d_4^+ \geqslant 0\end{cases}$$

解上列规划，得 $f_2^* = d_4^- = 0$

最后转到对应于第三优先级的单目标规划模型

$$\min f_3 = 0.6d_2^+ + 0.4d_1^+$$

$$\text{s.t.}\begin{cases}2x_1 + x_2 + d_1^- - d_1^+ = 20\ 000\\2x_1 + 3x_2 + d_2^- - d_2^+ = 36\ 000\\x_1 + x_2 + d_3^- - d_3^+ = 16\ 000\\15x_1 + 20x_2 + d_4^- - d_4^+ = 275\ 000\\x_1, x_2, d_1^-, d_1^+, d_2^-, d_2^+, d_4^+ \geqslant 0\end{cases}$$

解上列规划得：$x_1 = 9\ 000, x_2 = 7\ 000, d_2^+ = 3\ 000, d_1^+ = 5\ 000, d_1^- = d_2^- = d_4^- = 0$

序贯式算法最显著的特点是只需要处理比较熟悉的单目标规划。当使用序贯式算法时，若 f_1 取正值，即没有完全满足第一优先级，如前所述，这样得到的解是不可接受解。借助于灵敏度分析可以知道，为了得到一个可接受解，哪一个硬约束必须松弛多少。

2.2.6　目标规划的多阶段算法

多阶段算法是已经熟知的两阶段算法的引伸和精炼，多阶段算法也因此而得名，我们通过例子来阐述多阶段算法。

例 2-7　用多阶段算法解例 2-6。

现在先给出目标规划模型的初始单纯形表。

表 2-3

c_j			0	0	0	$0.4P_3$	0	$0.6P_3$	P_1	P_1	P_2	0
C_B	X_B \ x_j	b	x_1	x_2	d_1^-	d_1^+	d_2^-	d_2^+	d_3^-	d_3^+	d_4^-	d_4^+
0	d_1^-	20 000	2	1	1	−1	0	0	0	0	0	0
0	d_2^-	36 000	2	(3)	0	0	1	−1	0	0	0	0
P_1	d_3^-	16 000	1	1	0	0	0	0	1	−1	0	0
P_2	d_4^-	275 000	15	20	0	0	0	0	0	0	1	−1
$z_j - c_j$	P_1	16 000	1	1	0	0	0	0	0	−2	0	0
	P_2	275 000	15	20	0	0	0	0	0	0	0	−1
	P_3	0	0	0	0	−0.4	0	0.6	0	0	0	0
				↑								

单纯形表检验数是这样计算的：

$z_1 - c_1 = (0,0,P_1,P_2)(2,2,1,15)^{\mathrm{T}} - 0 = P_1 + 15P_2 + 0P_3$ 是大的正值；

$z_2 - c_2 = (0,0,P_1,P_2)(1,3,1,20)^{\mathrm{T}} - 0 = P_1 + 20P_2 + 0P_3$ 是大的正值；

$z_3 - c_3 = (0,0,P_1,P_2)(1,0,0,0)^{\mathrm{T}} - 0 = 0P_1 + 0P_2 + 0P_3$ 为零，是基变量对应的；

⋮

$z_{10} - c_{10} = (0,0,P_1,P_2)(0,0,0,-1)^{\mathrm{T}} - 0 = 0P_1 - P_2 + 0P_3$ 是负值。

因此，确定 x_2 为换入（入基）变量，并用箭头号“↑”在该检验数下面标出。再根据 θ 规则确定换出（出基）变量，由于

$$\theta = \min\left\{\frac{20\,000}{1}, \frac{36\,000}{3}, \frac{16\,000}{1}, \frac{275\,000}{20}\right\} = \frac{36\,000}{3}$$

故 d_2^- 为换出变量。主元素用圆括号在表中标出。进行换基迭代，第一、二、三、四轮迭代结果分别列入表 2-4 至表 2-7 中。

表 2-4

c_j			0	0	0	$0.4P_3$	0	$0.6P_3$	P_1	P_1	P_2	0
C_B	X_B \ x_j	b	x_1	x_2	d_1^-	d_1^+	d_2^-	d_2^+	d_3^-	d_3^+	d_4^-	d_4^+
0	d_1^-	8 000	4/3	0	1	−1	−1/3	1/3	0	0	0	0
0	x_2	12 000	2/3	1	0	0	1/3	−1/3	0	0	0	0
P_1	d_3^-	4 000	1/3	0	0	0	−1/3	1/3	1	−1	0	0
P_2	d_4^-	35 000	15	20	0	0	−20/3	(20/3)	0	0	1	1
z_j-c_j	P_1	4 000	1/3	0	0	0	−1/3	1/3	0	−2	0	0
	P_2	35 000	5/3	0	0	0	−20/3	20/3	0	0	0	−1
	P_3	0	0	0	0	−0.4	0	−0.6	0	0	0	0
								↑				

表 2-5

c_j			0	0	0	$0.4P_3$	0	$0.6P_3$	P_1	P_1	P_2	0
C_B	X_B \ x_j	b	x_1	x_2	d_1^-	d_1^+	d_2^-	d_2^+	d_3^-	d_3^+	d_4^-	d_4^+
0	d_1^-	6 250	(5/4)	0	1	−1	0	0	0	0	−1/20	1/20
0	x_2	13 750	3/4	1	0	0	0	0	0	0	1/20	−1/20
P_1	d_3^-	2 250	1/4	0	0	0	0	0	1	−1	−1/20	1/20
$0.6P_3$	d_2^+	5 250	1/4	0	0	0	0	0	0	0	3/20	−3/20
z_j-c_j	P_1	2 250	1/4	0	0	0	0	0	0	−2	−1/20	1/20
	P_2	0	0	0	0	0	−0.6	0	0	0	−1	0
	P_3	3 150	0.15	0	0	−0.4	0	0	0	0	0.09	−0.09
			↑									

表 2-6

c_j			0	0	0	$0.4P_3$	0	$0.6P_3$	P_1	P_1	P_2	0
C_B	X_B \ x_j	b	x_1	x_2	d_1^-	d_1^+	d_2^-	d_2^+	d_3^-	d_3^+	d_4^-	d_4^+
0	x_1	5 000	1	0	4/5	−4/5	0	0	0	0	−1/25	1/25
0	x_2	10 000	0	1	−3/5	3/5	0	0	0	0	2/25	−2/25
P_1	d_3^-	1 000	0	0	−1/5	(1/5)	0	0	1	−1	−1/25	1/25
$-0.6P_3$	d_2^+	4 000	0	0	−1/5	1/5	−1	1	0	0	4/25	−4/25
z_j-c_j	P_1	1 000	0	0	−1/5	1/5	0	0	0	−2	−1/25	1/25
	P_2	0	0	0	0	0	0	0	0	0	−1	0
	P_3	2 400	0	0	−0.12	−0.28	−0.6	0	0	0	0.096	−0.096
						↑						

表 2-7

c_j			0	0	0	$0.4P_3$	0	$0.6P_3$	P_1	P_1	P_2	0
C_B	X_B \ x_i	b	x_1	x_2	d_1^-	d_1^+	d_2^-	d_2^+	d_3^-	d_3^+	d_4^-	d_4^+
0	x_1	9 000	1	0	0	0	0	0	4	-4	$-1/5$	1/5
0	x_2	7 000	0	0	0	0	0	0	-3	3	1/5	$-1/5$
$0.4P_1$	d_1^+	5 000	0	0	-1	1	0	0	5	-5	$-1/5$	1/5
$0.6P_3$	d_2^+	3 000	0	0	0	0	-1	1	-1	1	1/5	$-1/5$
z_j-c_j	P_1	0	0	0	$-1/5$	0	0	0	-1	-1	0	0
	P_2	0	0	0	0	0	0	0	0	0	-1	0
	P_3	3 800	0	0	-0.12	-0.4	0	-0.6	1.4	-1.4	0.04	-0.04

表 2-7 是最终表。至此，P_1，P_2 级检验数全部非正（注意到 $P_1 \gg P_2 \gg P_3$），计算终止。结果为：$x_1 = 9\,000$，$x_2 = 7\,000$，$d_1^+ = 5\,000$，$d_2^+ = 3\,000$，$d_1^- = d_2^- = d_3^- = d_4^- = d_4^+ = 0$。与序贯式算法结果相同，仍是 P_1，P_2 优先级得到满足，而 P_3 级未得到满足。

我们首先注意到，用多级段算法（即改进的目标规划单纯形法）求解目标规划问题时，是将优先级因子 P_i 作为特殊的正常数对待的（并满足 $P_1 \gg P_2 \gg \cdots \gg P_s$）。在计算机上用上述算法解目标规划时，可以直接应用线性规划的单纯形程序，只需对诸“权系数”P_i 规定一个适当大小的数，使 $P_1 \gg P_2 \gg \cdots \gg P_s$ 近似成立。例如可选取 $P_1 = 10\,000$，$P_2 = 100$，$P_3 = 1$ 等。

其次，在计算单纯表的检验数时，是根据下式来计算的

$$\sigma_j = z_j - c_j = \boldsymbol{C}_b \boldsymbol{B}^{-1} P_j - c_j$$

并以 $\sigma_j \leqslant 0$ 作为最优性条件。

第三，在换基迭代时，首先从最高优先级 P_1 级考虑起，逐次降低优先级别，在不破坏较高优先级达成值的条件下，再考虑较低优先级得到满足。例如在表 2-3 中 P_1 级检验数行中变量 x_1，x_2 的检验数均为“1”，而 P_2 级检验数行中以上变量的检验数分别是“15”和“20”，故确定 x_2 为入基变量。又如在表 2-6 中，P_1，P_2 级检验数行均已经非正，而在 P_3 检验数行中 d_3^- 的正检验数“1.4”最大，但 d_3^- 相应的 P_1，P_2 检验数分别为“-1”和“0”，若再以 d_3^- 为入基变量换基迭代，必然会破坏 P_1，P_2 级已达成的最小值“0”，故计算到此终止。计算结果表明，P_1，P_2 优先级完全得到满足，而 P_3 级达成值为“3 800”，达到理想目标值 3 800。

第四，在计算中可以采取所谓“列消去”法则减少计算工作量，比如当 P_1 检验数行各检验数已无正值（即 P_1 级目标已达最小值）时，可将 P_1 行中有负检验数的整个列从单纯形表中消去，类似地对 P_2，P_3 等也可以采用相同的“列消去”法则。

§2.3 目标规划的灵敏度分析

2.3.1 对偶目标规划

对于传统的线性规划问题，当原始问题的约束条件数目多于决策变量的数目时，应将原始问题转化为对偶问题来求解，这样可以减少计算工作量。但对目标规划问题情况就不同了。由

于目标规划原始问题的变量个数很多(决策变量和偏差变量),因此转化为相应的对偶问题后,必然增加约束条件的个数,从而增加了计算的困难程度,所以也就失去了将原始问题转化为对偶问题求解的必要性了。理论上为了揭示目标规划原始问题与它的对偶问题之间的内在联系,有时仍需要研究对偶目标规划。读者不难仿效线性规划的有关内容进行讨论。

2.3.2 目标规划的对偶单纯形法

对偶单纯形法我们已在前面章节进行了讨论,现在只要记住 $P_1 \gg P_2 \gg P_3 \gg \cdots$,也可以用于目标规划。

假设有单纯形表(见表 2-8),其中检验数行满足最优性条件:

表 2-8

c_j			0	0	0	P_1	0	P_1	P_2	0	0	P_3
C_B	X_B \ x_j	b	x_1	x_2	d_1^-	d_1^+	d_2^-	d_2^+	d_3^-	d_3^+	d_4^-	d_4^+
0	x_2	−2	0	1	1	−1	(−1)	1	0	0	0	0
0	x_1	12	1	0	0	0	1	−1	0	0	0	0
P_2	d_3^-	2	0	0	−3	3	−2	2	1	−1	0	0
0	d_4^-	2	0	0	−1	1	0	0	0	0	1	−1
	P_1	0	0	0	0	−1	0	−1	0	0	0	0
$z_j - c_j$	P_2	2	0	0	−3	3	−2	2	0	−1	0	0
	P_3	0	0	0	0	0	0	0	0	0	0	−1

根据解法,首先注意到常数列只有一个负数,从而确定 x_2 为换出变量,再根据最小比法则,计算出

$$\theta = \min\left\{\frac{-P_1 + 3P_2}{-1}, \frac{-2P_2}{-1}\right\} = 2P_2$$

因此,确定 d_2^- 是换入变量。换基迭代,得最终表如表 2-9。

表 2-9

c_j			0	0	0	P_1	0	P_1	P_2	0	0	P_3
C_B	X_B \ x_j	b	x_1	x_2	d_1^-	d_1^+	d_2^-	d_2^+	d_3^-	d_3^+	d_4^-	d_4^+
0	x_2	2	0	−1	−1	1	1	−1	0	0	0	0
0	x_1	10	1	1	1	−1	0	0	0	0	0	0
P_2	d_3^-	6	0	−2	−5	5	0	0	1	−1	0	0
0	d_4^-	0	0	0	−1	1	0	0	0	0	0	−1
	P_1	0	0	0	0	−1	0	−1	0	0	0	0
$z_j - c_j$	P_2	6	0	−2	−5	5	0	0	0	−1	0	0
	P_3	0	0	0	0	0	0	0	0	0	0	−1

在实际中，同时满足最优性条件和不可行性的情况较少，因此对偶单纯形法使用得较少，但在灵敏度分析中却很有用。

2.3.3　目标规划的灵敏度分析

灵敏度分析在整个决策过程中是最重要的一环。线性规划中所介绍的灵敏度分析方法同样适用于目标规划，而且目标规划的灵敏度分析更具重要意义。

目标规划的灵敏度分析所讨论的内容有以下几种情形：

(1) 约束条件(包括目标约束和其它硬约束)右端常数(包括各目标的期望值和资源限量)的变化。

(2) 达成函数中偏差变量的优先等级及权系数的变化。

(3) 约束条件中各变量系数的变化。

(4) 加入新的变量(决策变量或偏差变量)。

(5) 加入新的约束条件。

由此可见，目标规划灵敏度分析要讨论的内容比线性规划更复杂一些。

下面我们通过例子讨论其中的几种情况，余下的由读者自已思考。

例 2-8　研究例 2-6 的目标规划模型

$$\min f = P_1(d_3^- + d_3^+) + P_2 d_4^- + P_3(0.6d_2^- + 0.4d_1^+)$$

$$\text{s.t.}\begin{cases} 2x_1 + x_2 + d_1^- - d_1^+ = 20\,000 \\ 2x_1 + 3x_2 + d_2^- - d_2^+ = 36\,000 \\ x_1 + x_2 + d_3^- - d_3^+ = 16\,000 \\ 15x_1 + 20x_2 + d_4^- - d_4^+ = 275\,000 \\ x_1, x_2, d_i^-, d_i^+ \geqslant 0 \quad i = 1,2,3,4 \end{cases}$$

它的最终表为表 2-10。

表 2-10

c_j			0	0	0	$0.4P_3$	0	$0.6P_3$	P_1	P_1	P_2	0
C_B	X_B \ x_j	b	x_1	x_2	d_1^-	d_1^+	d_2^-	d_2^+	d_3^-	d_3^+	d_4^-	d_4^+
0	x_1	9 000	1	0	0	0	0	0	4	−4	−1/5	1/5
0	x_2	7 000	0	1	0	0	0	0	−3	3	1/5	−1/5
$0.4P_3$	d_1^+	5 000	0	0	−1	1	0	0	5	−5	−1/5	1/5
$0.6P_3$	d_2^+	3 000	0	0	0	0	−1	1	−1	1	1/5	−1/5
$z_j - c_j$	P_1	0	0	0	0	0	0	0	−1	−1	0	0
	P_2	0	0	0	0	0	0	0	0	0	−1	0
	P_3	3 800	0	0	−0.4	0	−0.6	0	1.4	−1.4	0.04	−0.04

从表 2-10，不难得到基阵的逆阵

$$B^{-1}=\begin{bmatrix}0 & 0 & 4 & -\frac{1}{5}\\ 0 & 0 & -3 & \frac{1}{5}\\ -1 & 0 & 5 & -\frac{1}{5}\\ 0 & -1 & -1 & \frac{1}{5}\end{bmatrix}$$

1. 非基变量的优先级或权系数的变化

假如第二优先级 d_4^- 的权系数由 1 变为 0，即排除第二优先级目标（厂方认为不必考虑总销额这一目标）。由表 2-10，d_4^- 的检验数变为

$$(0,0,0.4P_3,0.6P_3)\left(-\frac{1}{5},\frac{1}{5},-\frac{1}{5},\frac{1}{5}\right)^{\mathrm{T}}-0.0P_2=0.04P_3>0$$

从而，表 2-11 不再是最优表了。为了重新达到最优，必须以 d_4^- 为换入变量，以 d_2^+ 为换出变量，继续进行迭代。迭代的过程由读者自己完成。

2. 基变量的优先级或权系数的变化

假如第三优先级 d_2^+ 的权系数减少了 Δc 的变化，得出下表（见表 2-11）。

表 2-11

c_j		b	0	0	0	$0.4P_3$	0	$0.6P_3-\Delta c$	P_1	P_1	P_2	0
C_B	X_B \ x_j		x_1	x_2	d_1^-	d_1^+	d_2^-	d_2^+	d_3^-	d_3^+	d_4^-	d_4^+
0	x_1	9 000	1	0	0	0	0	0	4	−4	−1/5	1/5
0	x_2	7 000	0	1	0	0	0	0	−3	3	1/5	−1/5
$0.4P_3$	d_1^+	5 000	0	0	−1	1	0	0	5	−5	−1/5	1/5
$0.6P_3-\Delta c$	d_2^+	3 000	0	0	0	0	−1	1	−1	1	1/5	−1/5
z_j-c_j	P_1		0	0	0	0	0	0	−1	−1	0	0
	P_2		0	0	0	0	0	0	0	0	−1	0
	P_3		0	0	−0.4	0	$-0.6+\frac{\Delta c}{P_3}$	0	$1.4+\frac{\Delta c}{P_3}$	$-1.4-\frac{\Delta c}{P_3}$	$0.04-\frac{\Delta c}{5P_3}$	$-0.04+\frac{\Delta c}{5P_3}$

从表 2-11 可以看出，当 $\Delta c\leqslant 0.2P_3$ 时，最优解保持不变；当 $\Delta c>0.2P_3$ 时，该表不再是最优表。为此必须以 d_4^+ 为换入变量，以 d_1^+ 为换出变量，继续进行迭代。迭代过程由读者自己完成。

3. 约束条件右端常数的变化

假定例子中完成的合同数减少了 Δb，于是有

$$
\boldsymbol{B}^{-1}\boldsymbol{b}=\begin{bmatrix}0 & 0 & 4 & -\frac{1}{5}\\ 0 & 0 & -3 & \frac{1}{5}\\ -1 & 0 & 5 & -\frac{1}{5}\\ 0 & -1 & -1 & \frac{1}{5}\end{bmatrix}\begin{bmatrix}20\ 000\\ 36\ 000\\ 16\ 000-\Delta b\\ 275\ 000\end{bmatrix}=\begin{bmatrix}9\ 000-4\Delta b\\ 7\ 000+3\Delta b\\ 5\ 000-5\Delta b\\ 3\ 000+\Delta b\end{bmatrix}
$$

从以上结果不难看出，当 $\Delta b\leqslant 1\ 000$ 时（即合同数 $16\ 000-\Delta b\geqslant 15\ 000$），最优解保持不变；当 $\Delta b>1\ 000$ 时，由于 $5\ 000-5\Delta b<0$，即可行性受到破坏，但最优性仍保持不变，因此可以采用对偶单纯形法进行迭代，直到获得可行解。迭代过程也由读者完成。

4. 约束条件系数矩阵中某一系数 a_{ij} 的变化

假定例子中非基变量 d_4^+ 的系数增加了 Δa，于是有

$$
\begin{bmatrix}0 & 0 & 4 & -\frac{1}{5}\\ 0 & 0 & -3 & \frac{1}{5}\\ -1 & 0 & 5 & -\frac{1}{5}\\ 0 & -1 & -1 & \frac{1}{5}\end{bmatrix}\begin{bmatrix}0\\ 0\\ 0\\ -1+\Delta a\end{bmatrix}=\begin{bmatrix}-\frac{1}{5}(-1+\Delta a)\\ \frac{1}{5}(-1+\Delta a)\\ -\frac{1}{5}(-1+\Delta a)\\ \frac{1}{5}(-1+\Delta a)\end{bmatrix}
$$

最终表如下（见表 2-12）。

表 2-12

c_j			0	0	0	$0.4P_3$	0	$0.6P_3$	P_1	P_1	P_2	0
C_B	X_B \ x_j	b	x_1	x_2	d_1^-	d_1^+	d_2^-	d_2^+	d_3^-	d_3^+	d_4^-	d_4^+
0	x_1	9 000	1	0	0	0	0	0	4	−4	−1/5	−1/5(Δa−1)
0	x_2	7 000	0	1	0	0	0	0	−3	3	1/5	1/5(Δa−1)
$0.4P_3$	d_1^+	5 000	0	0	−1	1	0	0	5	−5	−1/5	−1/5(Δa−1)
$0.6P_3$	d_2^+	3 000	0	0	0	0	−1	1	−1	1	−1/5	1/5(Δa−1)
z_j-c_j	P_1	0	0	0	0	0	0	0	−1	−1	0	0
	P_2	0	0	0	0	0	0	0	0	0	−1	0
	P_3	3 800	0	0	−0.4	0	−0.6	0	1.4	−1.4	0.04	0.04(Δa−1)

从表 2-12 可以看出，当 $\Delta a\leqslant 1$ 时，检验数 $0.04(-1+\Delta a)$ 仍保持非负，因此最优解不变；当 $\Delta a>1$ 时，检验数成为正数，表 2-12 不再是最优表，需继续迭代。

对于基变量系数变化的分析，读者可联系前面的内容自己进行。

§2.4 应用举例

目标规划在实际中有着广泛的应用，它可以解决线性规划无法解决的多目标决策的一些问题，例如，生产计划、财务计划、劳动计划、市场研究、农业规划、工程设计方案、各种配比方、水电水利资源的利用、行业调整、产品结构调整、生产布局、多种运输方式的合理分工和调配，等等。

下面通过举例，说明目标规划应用的基本思想方法。

例 2-9 已知有三个产地给四个销地供应某种产品，产销地之间的供需量和单位运价见表 2-13。有关部门在研究调运方案时依次考虑以下七项目标，并规定其相应的优先等级如下：

P_1——B_1 是重点保护单位，必须全部满足其需要；

P_2——A_3 向 B_1 提供的产量不少于 100 个单位；

P_3—— 每个销地的供应量不少于其需要量的 80%；

P_4—— 所制定的调运方案的总运费不超过最小运费调运方案的 10%；

P_5—— 因路段的问题，应尽量避免安排 A_2 的产品运往 B_4；

P_6—— 给 B_1 和 B_3 的供应率要相同；

P_7—— 力求总运费最省。

试求满意的调运方案。

表 2-13 单位：元 / 百件

产地 \ 销地	B_1	B_2	B_3	B_4	产量(百件)
A_1	5	2	6	7	300
A_2	3	5	4	6	200
A_3	4	5	2	3	400
销量(百件)	200	100	450	250	900 / 1 000

解 用表上作业法求得最小运费的调运方案，见表 2-14。这时，最小运费为 2 950 元。

表 2-14 单位：元 / 百件

产地 \ 销地	B_1	B_2	B_3	B_4	产量(百件)
A_1	200	100			300
A_2	0		200		200
A_3			250	150	400
虚设点				100	100
销量(百件)	200	100	450	250	1 000 / 1 000

现在，再根据提出的各项目标的要求建立目标规划模型。

设 x_{ij} 为 A_i 产地运往 B_j 销地的调运量（$i = 1,2,3; j = 1,2,3,4$）。

供应约束

$$x_{11} + x_{12} + x_{13} + x_{14} \leqslant 300$$
$$x_{21} + x_{22} + x_{23} + x_{24} \leqslant 200$$
$$x_{31} + x_{32} + x_{33} + x_{34} \leqslant 400$$

需求约束

$$x_{11} + x_{21} + x_{31} + d_1^- - d_1^+ = 200$$
$$x_{12} + x_{22} + x_{32} + d_2^- - d_2^+ = 100$$
$$x_{13} + x_{23} + x_{33} + d_3^- - d_3^+ = 450$$
$$x_{14} + x_{24} + x_{34} + d_4^- - d_4^+ = 250$$

A_3 向 B_1 提供的产品不少于 100，即 $x_{31} + d_5^- - d_5^+ = 100$

每个销地的供应量不小于需要量的 80%，即

$$x_{11} + x_{21} + x_{31} + d_6^- - d_6^+ = 200 \times 0.8$$
$$x_{12} + x_{22} + x_{32} + d_7^- - d_7^+ = 100 \times 0.8$$
$$x_{13} + x_{23} + x_{33} + d_8^- - d_8^+ = 450 \times 0.8$$
$$x_{14} + x_{24} + x_{34} + d_9^- - d_9^+ = 250 \times 0.8$$

调运方案的总运费不超过最小运费调运方案的 10%

即

$$\sum_{i=1}^{3}\sum_{j=1}^{4} c_{ij}x_{ij} + d_{10}^- - d_{10}^+ = 2\,950(1 + 0.1)$$

因路段问题，尽量避免安排将 A_2 的产品运往 B_4，即

$$x_{24} + d_{11}^- - d_{11}^+ = 0$$

给 B_1 和 B_3 的供应率要相同，即

$$(x_{11} + x_{21} + x_{31}) - \frac{200}{450}(x_{13} + x_{23} + x_{33}) + d_{12}^- - d_{12}^+ = 0$$

力求总运费最省，即

$$\sum_{i=1}^{3}\sum_{j=1}^{4} c_{ij}x_{ij} + d_{13}^- - d_{13}^+ = 2\,950$$

达成函数为

$$\begin{aligned}\min f = {} & P_1 d_4^- + P_2 d_5^- + P_3(d_6^- + d_7^- + d_8^- + d_9^-) \\ & + P_4 d_{10}^+ + P_5 d_{11}^+ + P_6(d_{12}^- + d_{12}^+) + P_7 d_{13}^+\end{aligned}$$

采用目标规划的多阶段算法，得到满意的调运方案，见表 2-15。总运费为 3 360 元。

由表 2-15，读者不难检查七项目标达成的情况（留给读者自己完成）。

表 2-15

产地＼销地	B_1	B_2	B_3	B_4	产量(百件)
A_1		100		200	300
A_2	90		110		200
A_3	100		250	50	400
虚设点	10		90		100
销量(百件)	200	100	450	250	1 000 ＼ 1 000

例 2-10 (优选产品计划方案)

对一个工厂来说,编制生产计划(年度计划、季度计划)是一项十分重要而又复杂的工作。这不仅由于产品品种的繁多,而且在编制计划时还必须考虑内部和外部条件因素,其中包括市场需求预测、国家下达的部分指令性生产任务(产量、产值、利润、产品品种等)、原材料和能源的供应情况以及企业的发展方向等,还包括企业内部各种设备的生产能力、开工时间、设备利用率和运转率、生产准备工作能力以及按各产品品种搭配的综合生产能力等众多因素。以往采用手工编制计划,不仅周期长,而且很难满足多方面的目标要求得到一个最佳的计划方案。现在我们可以采用目标规划方法和电子计算机系统地安排生产经营计划,选择最优的计划方案。下面通过一个实际例子,来说明目标规划方法在优选 产品计划方案中的应用。

设某纺织厂现有布机台数和一定数量可供利用的纱锭及其它资源,不同机器安排生产不同的产品时,可获得不同的利润、产值及布、纱产品。由于种种原因,对大多数产品的产量都有一定的限制范围。现假定有 28 种产品,其中 21 种产品根据机器台数安排生产,7 种产品以纱锭数安排生产。根据市场和二级指示要求,对利润、产值、产量以及分品种限制的生产台数,都有一个预定的目标值。现要求制定一个尽量完成各项指标要求的生产计划方案。

具体目标要求:

(1) 利润 3 500 万元 / 年,要求超额完成;

(2) 产值 17 500 万元 / 年,要求超额完成;

(3) 棉纱 24 000 t/ 年,要求超额完成;

(4) 棉布 113 000 km/ 年,要求超额完成;

(5) 用纱量 105 160 锭 / 年,不得超过。

根据上述目标要求和工厂的决策方针,提出按以下五级优先顺序考虑编制计划。

以下有 35 种目标,不再一一列出。

(1) P_1:满足对布机设备、纱锭数、维尼龙原料、中长纤维售纱、中长纤维产量以及分品种开台数的限制要求。

(2) P_2:完成 35 000 千元的利润指标,力争超额。

(3) P_3:完成 175 000 千元的产值指标,力争超额。

(4) P_4:完成 113 000 km 的棉布产量要求,力争超额。

(5) P_5:完成 240 000 kt 的棉纱产量指标,力争超额。

现在来建立目标规划的数学模型。

(1) 确定决策变量

把布品种的开车台数和售纱的锭数作为决策变量 $x_j(j=1,2,\cdots,28)$，其中 $x_1\sim x_{21}$ 单位为台，$x_{22}\sim x_{28}$ 单位为锭。

(2) 日标约束条件

利润约束

$$\sum_{j=1}^{28}a_1x_j+d_1^- - d_1^+ = \text{利润目标(35 000 000 元)}$$

其中 a_{1j} 为每台(锭) 的单位利润。

产值约束

$$\sum_{j=1}^{28}a_{2j}x_j+d_2^- - d_2^+ = \text{产值目标(175 000 000 元)}$$

其中 a_{2j} 为各品种布(纱) 单台布机(锭子) 在一个生产周期(年) 内的产值，或称为第 j 种产品的产值率。

用纱量约束

$$\sum_{j=1}^{28}a_3x_j+d_3^- - d_3^+ = \text{纱产量(24 000 000 kg)}$$

其中 a_{3j} 为各种品种布单台布机在一个生产周期(年) 内的用纱量或外售纱每个纱锭的产量。

布产量约束

$$\sum_{j=1}^{28}a_4x_j+d_4^- - d_4^+ = \text{纱布量(113 000 000 m)}$$

其中 a_{4j} 为各品种布在一个生产周期(年) 内的单台布机产量。

用锭约束

$$\sum_{j=22}^{28}a_{5j}x_j+d_5^- - d_5^+ = \text{总锭数(105 160 锭)}$$

其中 a_{5j} 为各品种布每开一台布机所需保证的纱锭数。

布机台数约束

$$\sum_{j=1}^{21}x_j+d_6^- - d_6^+ = \text{布机总台数(3 176 台)}$$

原料限制约束

$$\sum_{j=1}^{21}a_{7j}x_j+d_7^- - d_7^+ = \text{2 600 000 kg(原料限制量)}$$

其中 a_{7j} 为一个生产周期(年) 内第 j 种布开单台机所需的原料(维尼龙原料)。

中长布产量约束

$$\sum_{j=1}^{21}a_{8j}x_j+d_8^- - d_8^+ = \text{11 000 000 m(中长纤维布产量限额)}$$

其中 a_{8j} 为一个生产周期(年) 内中长布单台布机产量。

售纱要求约束

$$\sum_{j=22}^{28}a_{9j}x_j+d_9^- - d_9^+ = \text{300 000 kg(要求售纱量限额)}$$

其中 a_{9j} 为在一个周期(年) 内要售纱每个锭子的产量。

以下还有 31 项各品种产量约束，在此从略。

(3) 达成函数

$$\min f = P_1(d_5^+ + d_6^+ + d_7^+ + d_8^+ + d_9^+ + \cdots + d_{38}^- + d_{38}^+) + P_2 d_1^- + P_3 d_2^- + P_4 d_4^- + P_5 d_3^-$$

(4) 计算机求解并打印结果

利润的目标要求超过 3 500 万元，实际达成值为 3 634 万元。总产值目标要求为 17 500 万元，实际达成值为 17 852 万元。棉布产量目标要求 11 3 000 km，实际达成值为 1 213 000 km。纱产量目标要求 24 000 t，实际达成值为 24 000 t。其它如布机设备、纱锭数、原料等，均按目标要求实现。

(5) 程序使用情况

上述计划编制目标规划模型，共 40 个目标(实际 38 个目标，另有两个预留目标)，108 个变量(28 个决策变量，80 个偏差变量)，5 个优先级，根据多阶段算法用 WinQSB 软件实现。

在相同条件下，将计算机优选计划方案和手工编制计划做了对比(见表 2 - 16)，利润比人工编的计划方案增高 253 万元。

表 2 - 16

主要指标完成情况对比

目标内容	目标要求	计算机计算	超过目标值	人工计算	优选方案超过手工方案之值
利润(万元)	3 500	3 634	+134	3 381	+253
产值(万元)	17 500	17 852	+352	17 353	+399
纱产量(t)	24 000	24 000	0	24 048	−48
棉布产量(km)	113 000	121 300	+8 300	113 620	+7 680

§2.5　本章小结

本章针对线性规划目标单一的局限性，提出了目标规划的方法。目标规划是线性规划的应用拓展，是解决实际问题的一种方法。与传统的方法不同，它强调了系统性，其目的在于寻找一个“尽可能”满足所有目标的解，而不是绝对满足这些目标的值。

目标规划有着极大的灵活性，表现在它可以模拟系统的约束和目标优先等级变化的种种模型，为管理决策提供众多的信息。解决目标规划问题首先要根据目标的重要性，分清主次先后、轻重缓急，引入偏差变量，将目标按等级转化为目标约束，最终形成可用线性规划方法解决的问题，一般地，目标规划可用于以下三种类型的决策分析：

(1) 为了达到一组预定目标，它能决定系统投入的需要量；

(2) 对于已给定的有限资源，它能决定计划目标所能达到的程度；

(3) 在变化的系统输入和目标体系下，它能提供最满意的解。

值得注意的是，目标规划也有其局限性，即在已知约束条件下和给定了优先等级顺序的条件下才能给出系统的满意解。此外，对于原目标函数必须附加目标值限制才能组成系统的目标约束，这常常是模型构造过程中的人为控制。目前，目标规划的研究领域已经在不断扩大，比如整数目标规划，目标规划的网络最优化，随机目标规划等方面已经吸引了不少研究者的探索和研究，相信这些具有生命力的运筹学方法必将快速发展。

习题 2

2.1　用图解法解下面的目标规划模型：

$$\min f = P_1 d_1^+ + P_2 d_2^- + P_3 d_3^-$$

$$\text{s.t.} \begin{cases} x_1 + x_2 + d_1^- - d_1^- = 10 \\ 2x_1 + x_2 + d_2^- - d_2^+ = 26 \\ -x_1 + 2x_2 + d_3^- - d_3^+ = 6 \\ x_1, x_2, d_i^-, d_i^+ \geqslant 0 (i = 1,2,3) \end{cases}$$

2.2　用序贯式方法解下列目标规划模型：

$$\min f = P_1(d_1^- + d_2^- + d_3^+) + P_2 d_4^+ + P_3 d_5^-$$

$$\text{s.t.} \begin{cases} x_1 + x_2 + d_1^- - d_1^+ = 30 \\ x_3 + x_4 + d_2^- - d_2^+ = 30 \\ 3x_1 + 2x_2 + d_3^- - d_3^+ = 120 \\ 3x_2 + 2x_4 + d_4^- - d_4^+ = 20 \\ 10x_1 + 9x_2 + 8x_3 + 7x_4 + d_5^- - d_5^+ = 800 \\ x_j, d_i^-, d_i^+ \geqslant 0 (i = 1,2,\cdots,5) \end{cases}$$

2.3　用多阶段方法解下列目标规划模型：

$$\min f = P_1 d_1^- + P_2 d_4^+ + P_3(6d_2^- + 5d_3^-) + P_4 d_1^+$$

$$\text{s.t.} \begin{cases} x_1 + x_2 + d_1^- - d_1^+ = 90 \\ x_1 + d_2^- - d_2^+ = 70 \\ x_2 + d_3^- - d_3^+ = 50 \\ x_1 + x_2 + d_4^- - d_4^+ = 100 \\ x_1, x_2, d_i^-, d_i^+ \geqslant 0 (i = 1,2,3,4) \end{cases}$$

2.4　写出下列目标规划模型的对偶形式：

$$\min f = P_1 d_1^- + 5P_3 d_2^- + 3P_3 d_3^- + P_4 d_1^+ + P_2 d_4^+$$

$$\text{s.t.} \begin{cases} x_1 + x_2 + d_1^- - d_1^+ = 80 \\ x_1 + d_2^- - d_2^+ = 70 \\ x_2 + d_3^- - d_3^+ = 45 \\ d_1^+ + d_4^- - d_4^+ = 10 \\ x_1, x_2, d_i^-, d_i^+ \geqslant 0 (i = 1,2,3,4) \end{cases}$$

2.5 在第 4 题中，若增加约束条件

$$x_1 + 2x_2 + d_1^- - d_1^+ \leqslant 90$$

试进行灵敏度分析。

2.6 已知有四个产地三个销地的运输问题。有关供需数量及单位运费如下表所示：

2.6 题表

单位运费(元) 销地 / 产地	B_1	B_2	B_3	供应量(kg)
A_1	5	8	3	10
A_2	7	4	5	4
A_3	2	6	9	4
A_4	4	6	6	12
需求量(kg)	12	14	14	30 / 40

经营决策的目标以及优先等级如下：

P_1：所有产地的产量必须全部运出。

P_1：每个销地至少得到它需求量的 50%。

P_2：必须满足销地 B_1 的全部需求量。

P_2：由于客观原因，要尽量减少 A_2 调运到 B_2 的货物量。

P_3：使总的运输费用最少。

试确定上述各目标的最优调运方案。

第 3 章　整数规划

在前两章介绍的线性规划模型中，决策变量一般取非负连续值。但许多实际问题要求变量取整数值，例如机器的台数，建立的工厂数，聘用的职工人数等。把决策变量必须取整数值的规划问题叫整数规划(integer programming)。整数规划又可分为线性和非线性两类。本章主要讨论整数线性规划(integer linear programming，简记为 ILP) 的解法和应用。

§3.1　整数规划问题

3.1.1　模型及整数规划的实例

例 3-1(生产计划问题)　某厂在一个计划期内拟生产甲、乙两种大型设备。该厂有充分的生产能力来加工制造这两种设备的全部零件，所需原材料和能源基本上能满足供应，只有 A、B 两种生产原料的供应受到严格限制。可供原料总量、每台设备所需原料的数量及利润如表 3-1 所示。问该厂安排生产甲、乙设备各多少台，才能使利润达到最大？

表 3-1

设备	A(t)	B(kg)	利润(万元 / 台)
甲	1	5	5
乙	1	9	8
原料限量	6	45	

解　设 x_1, x_2 分别为该厂计划期内生产甲、乙设备的台数，z 为生产这两种设备可获得的总利润。x_1, x_2 都必须是非负整数，根据题意，该生产计划问题的数学模型为

$$\max z = 5x_1 + 8x_2$$

$$\text{s. t.} \begin{cases} x_1 + x_2 \leqslant 6 \\ 5x_1 + 9x_2 \leqslant 45 \\ x_1, x_2 \geqslant 0 \\ x_1, x_2 \text{ 为整数} \end{cases}$$

显然，若暂不考虑“x_1, x_2 取整数”这一条件，则上述模型就是线性规划模型。因此我们称上述模型为整数线性规划，而将去掉整数约束条件后得到的线性规划称为原整数规划的松弛问题(relaxational problem)。为了叙述方便起见，我们今后就将整数线性规划简称为整数规划。

整数规划模型的一般形式为

$$\max(\text{或}\ \min)z = \sum_{j=1}^{n} c_j x_j \tag{3-1}$$

$$\text{s.t.}\begin{cases}\sum_{j=1}^{n} a_{ij}x_j \leqslant (\text{或} \geqslant,\text{或} =) b_i, i = 1,2,\cdots,m & (3-2)\\ x_j \geqslant 0, j = 1,2,\cdots,n & (3-3)\\ x_j\ \text{部分或全部取整数}, j = 1,2,\cdots,n & (3-4)\end{cases}$$

这里,当变量全部取整数时,模型为纯整数规划(pureinteger linear programming,简记为PIP);当部分变量取整数时,模型为混合整数规划(mixed integer linear programming,简记为MIP);当变量只取0或1两个值时,模型为0-1规划(binary integer linear programming,简记为BIP)。类似地,还有0-1混合规划等。

例3-2(人员安排问题) 某服务部门各时段需要的服务人数如表3-2所示。服务员连续工作8小时为一班。现要求安排服务员的工作时间,使该服务部门服务员总数最少。

表3-2

时段	始末时间	最少服务员数目
1	8:00～10:00	10
2	10:00～12:00	8
3	12:00～14:00	9
4	14:00～16:00	11
5	16:00～18:00	13
6	18:00～20:00	8
7	20:00～22:00	5
8	22:00～24:00	3

解 设x_j表示在时段j开始上班的服务员数。由于每2小时为一个时段,故在时段j开始上班的服务员在时段$j+3$结束时下班。这样,决策变量只需考虑$x_1,x_2,\cdots,x_5$。问题的数学模型为

$$\min z = \sum_{j=1}^{5} x_j$$

$$\text{s.t.}\begin{cases} x_1 \geqslant 10\\ x_1 + x_2 \geqslant 8\\ x_1 + x_2 + x_3 \geqslant 9\\ x_1 + x_2 + x_3 + x_4 \geqslant 11\\ x_2 + x_3 + x_4 + x_5 \geqslant 13\\ x_3 + x_4 + x_5 \geqslant 8\\ x_4 + x_5 \geqslant 5\\ x_5 \geqslant 3\\ x_j \geqslant 0, j = 1,2,\cdots,5\\ x_j\ \text{为整数}, j = 1,2,\cdots,5\end{cases}$$

例3-3(固定费用问题) 某服装厂可生产三种服装,生产不同类型的服装要租用不同的

设备，设备租金和其他经济数据见表 3－3。假定市场需求不成问题，服装厂每月可用人工工时 2 000 小时，该厂如何安排生产可使每月的利润最大？

表 3－3

序号	服装种类	设备租金（元）	生产成本（元／件）	销售价格（元／件）	人工工时（h/件）	设备工时（h/件）	设备可用工时(h)
1	西服	5 000	280	400	5	3	300
2	衬衫	2 000	30	40	1	0.5	480
3	羽绒服	3 000	200	300	4	2	600

解　题目中的设备租金属于生产过程的固定费用，当某种产品生产时，相应的费用就会发生。若不生产，不租用设备，自然也就无需付费。因此，该问题的决策变量应有两类：反映生产品种的变量和反映生产数量的变量。

设 $y_j(j=1,2,3)$ 表示是否要生产第 j 类服装，

$$y_j=\begin{cases}1, & \text{生产第 } j \text{ 类服装}\\ 0, & \text{不生产第 } j \text{ 类服装}\end{cases}$$

又设 $x_j(j=1,2,3)$ 表示第 j 种服装的生产数量，问题的模型为

$$\max z=120x_1+10x_2+100x_3-5\,000y_1-2\,000y_2-3\,000y_3$$

$$\text{s.t.}\begin{cases}5x_1+x_2+4x_3\leqslant 2\,000\\ 3x_1\leqslant 300y_1\\ 0.5x_2\leqslant 480y_2\\ 2x_3\leqslant 600y_3\\ x_j\geqslant 0 \text{ 为整数}, j=1,2,3\\ y_j=0 \text{ 或 } 1, j=1,2,3\end{cases}$$

这里，目标函数的前 3 项是销售利润，后 3 项是设备的租赁费。第 1 个约束条件是人工工时约束，后 3 个约束条件既反映各设备工时的限制，也反映租赁设备(y_j)与生产(x_j)之间的逻辑关系。若 $x_j>0$，则 $y_j=1$，相应的租金在目标函数中减去；若 $x_j=0$，则 y_j 无论取 0 还是取 1 都满足约束条件，但 $y_j=1$ 不利于目标函数的最大化，因而在选优的过程中必须有 $y_j=0$。

例 3－4（工厂选址问题）　工厂 A_1 和 A_2 生产某种物资。由于该种物资供不应求，需要再建一家工厂，相应的建厂方案有 A_3 和 A_4 两个。这种物资的需求地有 B_1，B_2，B_3，B_4 共四个。各厂生产能力、各地年需求量、各厂至各地的单位物资运费见表 3－4。

表 3－4　　单位：千元 /kt

	B_1	B_2	B_3	B_4	生产能力(kg/年)
A_1	2	9	3	4	400
A_2	8	3	5	7	600
A_3	7	6	1	2	200
A_4	4	5	2	5	200
需求量(kt/年)	350	400	300	150	

工厂 A_3 或 A_4 开工后，每年的生产费用估计分别为 1 200 千元或 1 500 千元。现要决定应该

建 A_3 还是 A_4，才能使今后每年的总费用（运输费和生产费）最少？

解 与例 3-3 的建模方法类似，先引入 0-1 变量

$$y=\begin{cases}1, & \text{建工厂 } A_3 \text{ 时，}\\ 0, & \text{建工厂 } A_4 \text{ 时。}\end{cases}$$

再设 x_{ij} 表示由 A_i 运往 B_j 的物资数量（$i=1,2,3,4;j=1,2,3,4$），z 表示总费用，得数学模型为

$$\min z=\sum_{i=1}^{4}\sum_{j=1}^{4}c_{ij}x_{ij}+1\,200y+1\,500(1-y)$$

$$\text{s. t.}\begin{cases}x_{11}+x_{21}+x_{31}+x_{41}=350\\ x_{12}+x_{22}+x_{32}+x_{42}=400\\ x_{13}+x_{23}+x_{33}+x_{43}=300\\ x_{14}+x_{24}+x_{34}+x_{44}=150\\ x_{11}+x_{12}+x_{13}+x_{14}=400\\ x_{21}+x_{22}+x_{23}+x_{24}=600\\ x_{31}+x_{32}+x_{33}+x_{34}=200y\\ x_{41}+x_{42}+x_{43}+x_{44}=200(1-y)\\ x_{ij}\geqslant 0,i,j=1,2,3,4\\ y=0 \text{ 或 } 1\end{cases}$$

上述模型中，目标函数由两部分组成，使用连加号（其中 c_{ij} 是 A_i 到 B_j 的单位运价）部分是运费，后两项是建 A_3 或建 A_4 后的生产费用。含 0-1 变量 y 的两个约束条件反映了 y 与 x_{3j} 或 x_{4j} 的关系。当 $x_{3j}=0(j=1,2,3,4)$ 时，$y=0$；反之，当 $y=0$ 时，由于 $x_{ij}\geqslant 0$，可知 $x_{3j}=0$ $(j=1,2,3,4)$，这种情况下后一个约束起作用（建 A_4）。而当 $y=1$ 时，$x_{4j}=0$，$(j=1,2,3,4)$，前一个约束起作用（建 A_3）。由此可见，使用 0-1 变量 y，把相互排斥的两个建厂方案统一在一个模型中，给求解问题带来了方便。

3.1.2 解的特点

我们考虑例 3-1。图 3-1 所示的整数点是整数规划的可行解，记可行解集为 D，阴影部分凸多边形 $OABC$ 是其松弛问题的可行域，记为 $\overline{D}$。显然 $D\subset\overline{D}$，即整数规划的可行解集是其松弛问题可行域的子集。松弛问题的最优解 $x_1^*=\frac{9}{4},x_2^*=\frac{15}{4},z^*=96$，不符合整数要求，因此它不可能是原整数规划的最优解，将 x_1^*,x_2^* 采用“舍入”和“截尾”两种方法取整之后得到 4 个整数：$B_1(2,3)$，$B_2(3,3)$，$B_3(2,4)$，$B_4(3,4)$。其中 B_3 超出了原料 B 的供应限量，B_4 既超出了原料 B 的限制，又超出了原料 A

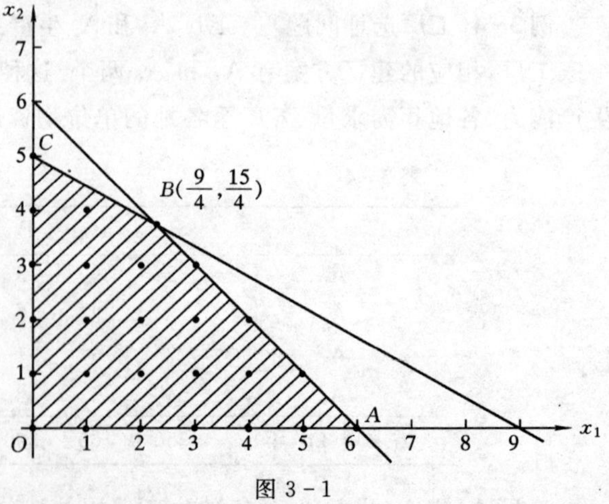

图 3-1

的限制，都不是可行解(这两点都在图中阴影之外)。B_1，B_2 满足约束条件，是可行解，但它们不是最优解，因为 C(0,5) 对应的目标值 $z=40$，比 B_1，B_2 的目标值($z_1=34$，$z_2=39$) 大。

由此可见，将松弛问题最优解简单取整之后，一般得不到原整数规划的最优解，甚至不能保证是可行解。

若松弛问题的可行域 $\overline{D}$ 是有界的，则原整数规划的可行解集 D 应是有限点集。在问题规模不太大的情况下可以考虑用穷举法求解整数规划。如例 3－1，将 25 个可行解的目标值都计算出来，逐一比较，找出最优解。但对大型问题，穷举法并不是有效方法。有时，即便使用计算机，也无法在人们可接受的时间内找到最优解。近几十年来，经过艰苦的努力，人们已经研究出了许多算法。本章将介绍的割平面法和分枝定界法就是应用较多且比较有效的方法。从原理看，这些方法是基于整数规划与其松弛问题的关系的。

设 $z=\boldsymbol{CX}$ 为目标函数，由于 $D\subset\overline{D}$，我们有

$$\max_{X\in D}\boldsymbol{CX}\leqslant\max_{X\in\overline{D}}\boldsymbol{CX} \tag{3-5}$$

$$\min_{X\in D}\boldsymbol{CX}\geqslant\min_{X\in\overline{D}}\boldsymbol{CX} \tag{3-6}$$

假定 $\overline{\boldsymbol{X}}^*$ 是最大化松弛问题的最优解且是整数，对任意的 $\boldsymbol{X}\in D$，由式(3－5) 知

$$\boldsymbol{CX}\leqslant\boldsymbol{C}\overline{\boldsymbol{X}}^* \tag{3-7}$$

类似地，对于最小化问题，当 $\overline{\boldsymbol{X}}^*$ 是整数最优解时，根据式(3－6)，可得

$$\boldsymbol{CX}\geqslant\boldsymbol{C}\overline{\boldsymbol{X}}^*\quad\forall\boldsymbol{X}\in D \tag{3-8}$$

上述讨论表明，整数规划的最优解“不优于”其松弛问题的最优解；当松弛问题的最优解是整数时，该解就是整数规划的最优解；当松弛问题无可行解时，整数规划也无可行解，此外，当松弛问题无界时，整数规划可能无界，也可能无解。

§3.2　割平面法

割平面法(cutting plane algorithm) 有多种类型，它们的基本思想是相同的。我们只介绍 R. E. Gomory 于 1958 年提出的纯整数割平面法。

假设约束条件的变量系数和常数项全为整数。先求解整数规划(ILP) 的松弛问题(记为 LP)。若松弛问题的最优解是整数，根据 3.1.2 节的讨论，该最优解就是整数规划的最优解，否则，添加一个新的约束条件到 LP 中去而得 LP_1，称新的约束条件为割平面。割平面要“割”去 LP 问题的非整数最优解和一部分非整数可行解。显然 LP_1 的可行域比 LP 的可行域小，但原整数规划的可行解仍然包含在可行域内，没有被割去。然后再求解 LP_1，这样不断地切割下去，整数可行解会处于可行域极点的位置从而有机会成为整数规划的最优解。下面通过例题来介绍割平面法的原理和步骤。

例 3－5　用割平面法求解整数规划问题

$$\max z=x_1+x_2 \tag{3-9}$$

$$\text{s.t.}\begin{cases}-x_1+x_2\leqslant 1\\ 3x_1+x_2\leqslant 4 & (3-10)\\ x_1,x_2\geqslant 0\\ x_1,x_2\text{ 取整数} & (3-11)\end{cases}$$

解 (1) 求解松弛问题 LP。先将其标准化：

$$\max z = x_1 + x_2$$

$$\text{s.t.}\begin{cases} -x_1 + x_2 + x_3 = 1 \\ 3x_1 + x_2 + x_4 = 4 \\ x_j \geqslant 0, j = 1,2,3,4 \end{cases} \tag{3-12}$$

用单纯形法求得最优解见表 3-5。

表 3-5

	c_j	1	1	0	0	
C_B	X_B	x_1	x_2	x_3	x_4	b
1	x_2	0	1	$\frac{3}{4}$	$\frac{1}{4}$	$\frac{7}{4}$
1	x_1	1	0	$-\frac{1}{4}$	$\frac{1}{4}$	$\frac{3}{4}$
	σ_j	0	0	$-\frac{1}{2}$	$-\frac{1}{2}$	$-\frac{5}{2}$

最优解为 $X^* = \left(\frac{3}{4}, \frac{7}{4}\right)^{\mathrm{T}}$，不是整数解。需引入一个割平面切去 X^*，但又不切去任何整数可行解。

(2) 构造割平面方程。从表 3-5 中任选一个不满足整数条件的基变量所在行，譬如 $x_1 = \frac{3}{4}$ 所在的第 2 行，写出对应的约束方程

$$x_1 - \frac{1}{4}x_3 + \frac{1}{4}x_4 = \frac{3}{4} \tag{3-13}$$

将式(3-13) 左端非基变量的系数和右端常数拆分成一个整数和一个非负真分数之和

$$x_1 + \left(-1 + \frac{3}{4}\right)x_3 + \left(0 + \frac{1}{4}\right)x_4 = 0 + \frac{3}{4} \tag{3-14}$$

把上式系数为真分数的各项移到等式的右端，将整数移到左端，得

$$x_1 - x_3 + 0x_4 - 0 = \frac{3}{4} - \frac{3}{4}x_3 - \frac{1}{4}x_4 \tag{3-15}$$

因为 x_1, x_2 为整数，约束条件(3-12) 各系数及右端常数为整数。所以，x_3, x_4 也为整数，从而式(3-15) 等号左边为整数，右边自然为整数。又 $x_3 \geqslant 0, x_4 \geqslant 0$，故

$$\frac{3}{4} - \frac{3}{4}x_3 - \frac{1}{4}x_4 \leqslant \frac{3}{4}$$

得

$$\frac{3}{4} - \frac{3}{4}x_3 - \frac{1}{4}x_4 \leqslant 0 \tag{3-16}$$

为了避免引入人工变量，将式(3-16) 改写成

$$-\frac{3}{4}x_3 - \frac{1}{4}x_4 \leqslant -\frac{3}{4} \tag{3-17}$$

加入松弛变量 $x_5\,(x_5 \geqslant 0)$ 化为等式约束：

$$-\frac{3}{4}x_3 - \frac{1}{4}x_4 + x_5 = -\frac{3}{4} \tag{3-18}$$

式(3-17) 是割平面约束条件，式(3-18) 为割平面方程。将式(3-18) 添加到 LP 的约束条件

中,得

(LP$_1$)
$$\max z = x_1 + x_2$$
$$\text{s. t.} \begin{cases} -x_1+x_2+x_3 = 1 \\ 3x_1+x_2+x_4 = 4 \\ -\dfrac{3}{4}x_3-\dfrac{1}{4}x_4+x_5=-\dfrac{3}{4} \\ x_j \geqslant 0, j=1,2,\cdots,5 \end{cases}$$

(3) 用单纯形法求解 LP$_1$。实际上,只须将式(3-18)加到表 3-5 中作为第 3 行。x_5 为基变量,其检验数为零。原变量的检验数和目标值均保持不变,见表 3-6。

表 3-6

c_j		1	1	0	0	0	$\boldsymbol{b}$
$\boldsymbol{C_B}$	$\boldsymbol{X_B}$	x_1	x_2	x_3	x_4	x_5	
1	x_2	0	1	$\frac{3}{4}$	$\frac{1}{4}$	0	$\frac{7}{4}$
1	x_1	1	0	$-\frac{1}{4}$	$\frac{1}{4}$	0	$\frac{3}{4}$
0	x_5	0	0	$(-\frac{3}{4})$	$-\frac{1}{4}$	1	$-\frac{3}{4}$
σ_j		0	0	$-\frac{1}{2}$	$-\frac{1}{2}$	0	$-\frac{5}{2}$

这里可用对偶单纯形法。令 x_5 为出基变量,又

$$\theta = \min\left\{\frac{-\frac{1}{2}}{-\frac{3}{4}}, \frac{-\frac{1}{2}}{-\frac{1}{4}}\right\} = \frac{2}{3}$$

因此 x_3 为进基变量。迭代结果见表 3-7。

表 3-7

c_j		1	1	0	0	0	$\boldsymbol{b}$
$\boldsymbol{C_B}$	$\boldsymbol{X_B}$	x_1	x_2	x_3	x_4	x_5	
1	x_2	0	1	0	0	1	1
1	x_1	1	0	0	$\frac{1}{3}$	$-\frac{1}{3}$	1
0	x_3	0	0	1	$\frac{1}{3}$	$-\frac{4}{3}$	1
σ_j		0	0	0	$-\frac{1}{3}$	$-\frac{2}{3}$	-2

表中 x_1,x_2 为整数值,我们已经得到了原整数规划的最优解,$\boldsymbol{X}^* = (1,1)^{\mathrm{T}}$,$z^* = 2$。

为了揭示"切割"的几何意义,我们将割平面约束(3-17)用原整数规划的决策变量 x_1,x_2 来表示。从表 3-5 中的两行得约束方程

$$\begin{cases} x_2+\dfrac{3}{4}x_3+\dfrac{1}{4}x_4=\dfrac{7}{4} \\ x_1-\dfrac{1}{4}x_3+\dfrac{1}{4}x_4=\dfrac{3}{4} \end{cases}$$

解出 x_3, x_4：

$$\begin{cases} x_3 = 1 + x_1 - x_2 \\ x_4 = 4 - 3x_1 - x_2 \end{cases}$$

代入式(3-17)，得

$$-\frac{3}{4}(1 + x_1 - x_2) - \frac{1}{4}(4 - 3x_1 - x_2) \leqslant -\frac{3}{4}$$

即
$$x_2 \leqslant 1 \tag{3-19}$$

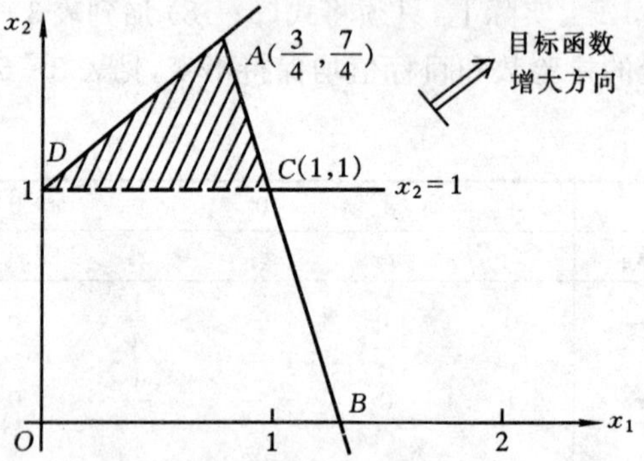

图 3-2

这便是割平面约束的等价形式。切割情况见图3-2。图中凸多边形 $OBAD$ 为LP的可行域，点 A 为其最优解。加入式(3-17)以后，可行域缩小为凸多边形 $OBCD$，等于说用 $x_2 = 1$ 切掉了 ΔADC(图中阴影部分)。整数点 C 处于极点位置。当我们再沿目标函数的梯度方向平移等值线时，最优点恰好在点 C 上。

一般情况下，任选松弛问题最优表中非整数变量 x_r，根据 x_r 所在行写出约束方程

$$x_r + \sum_{j \in T} a'_{ij} x_j = b'_r \tag{3-20}$$

其中 T 为非基变量下标集合，构造割平面约束

$$-\sum_{j \in T} \{a'_{ij}\} x_j \leqslant -\{b'_r\} \tag{3-21}$$

其中 $\{a'_{ij}\}$，$\{b'_r\}$ 分别为 a'_{ij} 和 b'_r 的非负真分数(纯小数)部分。对于任意实数 $x \neq 0$，可将其分解为不超过 x 的整数$[x]$与非负真分数$\{x\}$之和：$x = [x] + \{x\}$。例如 $-\frac{3}{4} = -1 + \frac{1}{4}$，$5.25 = 5 + 0.25$。

将式(3-21)加松弛变量 x_s 化为等式(割平面方程)：

$$-\sum_{j \in T} \{a'_{ij}\} x_j + x_s = -\{b'_r\} \tag{3-22}$$

在具体计算时，可直接利用式(3-22)。

例 3-6 解整数规划

$$\max z = 3x_1 + 2x_2$$
$$\text{s. t.} \begin{cases} 2x_1 + 3x_2 \leqslant 14 \\ 2x_1 + x_2 \leqslant 9 \\ x_1, x_2 \geqslant 0 \\ x_1, x_2 \text{ 为整数} \end{cases}$$

解　用单纯形法解松弛问题,最优解如表 3-8。

表 3-8

c_j		3	2	0	0	$\boldsymbol{b}$
$\boldsymbol{C_B}$	$\boldsymbol{X_B}$	x_1	x_2	x_3	x_4	
2	x_2	0	1	$\frac{1}{2}$	$-\frac{1}{2}$	$\frac{5}{2}$
3	x_1	1	0	$-\frac{1}{4}$	$\frac{3}{4}$	$\frac{13}{4}$
σ_j		0	0	$-\frac{1}{4}$	$-\frac{5}{4}$	$-\frac{59}{4}$

最优解非整数,选 $x_2 = \frac{5}{2}$ 所在第 1 行构造割平面约束。注意,$\frac{1}{2} = 0 + \frac{1}{2}$,$-\frac{1}{2} = -1 + \frac{1}{2}$,$\frac{5}{2} = 2 + \frac{1}{2}$,得割平面约束

$$-\frac{1}{2}x_3 - \frac{1}{2}x_4 \leqslant -\frac{1}{2} \tag{3-23}$$

在式(3-23)中引入松弛变量 x_5,加到表 3-8 作为第 3 行,得

表 3-9

c_j		3	2	0	0	0	$\boldsymbol{b}$
$\boldsymbol{C_B}$	$\boldsymbol{X_B}$	x_1	x_2	x_3	x_4	x_5	
2	x_2	0	1	$\frac{1}{2}$	$-\frac{1}{2}$	0	$\frac{5}{2}$
3	x_1	1	0	$-\frac{1}{4}$	$\frac{3}{4}$	0	$\frac{13}{4}$
0	x_5	0	0	$-\frac{1}{2}$	$(-\frac{1}{2})$	1	$-\frac{1}{2}$
σ_j		0	0	$-\frac{1}{4}$	$-\frac{5}{4}$	0	$-\frac{59}{4}$

用对偶单纯形法,以 $a'_{33} = -\frac{1}{2}$ 为主元迭代得

表 3-10

c_j		3	2	0	0	0	$\boldsymbol{b}$
$\boldsymbol{C_B}$	$\boldsymbol{X_B}$	x_1	x_2	x_3	x_4	x_5	
2	x_2	0	1	0	-1	1	2
3	x_1	1	0	0	1	$-\frac{1}{2}$	$\frac{7}{2}$
0	x_3	0	0	1	1	-2	1
σ_j		0	0	0	-1	$-\frac{1}{2}$	$-\frac{29}{2}$

第 2 行 $x_1 = \frac{7}{2}$ 不是整数，用第 2 行构造割平面约束：

$$-\frac{1}{2}x_5 \leqslant -\frac{1}{2} \tag{3-24}$$

引入松弛变量 x_6 加到表 3-10 中继续迭代。

表 3-11

c_j		3	2	0	0	0	0	**b**
C_B	X_B	x_1	x_2	x_3	x_4	x_5	x_6	
2	x_2	0	1	0	−1	1	0	2
3	x_1	1	0	0	1	$-\frac{1}{2}$	0	$\frac{7}{2}$
0	x_3	0	0	1	1	−2	0	1
0	x_6	0	0	0	0	$(-\frac{1}{2})$	1	$-\frac{1}{2}$
σ_j		0	0	0	−1	$-\frac{1}{2}$	0	$-\frac{29}{2}$
2	x_2	0	1	0	−1	0	2	1
3	x_1	1	0	0	1	0	−1	4
0	x_3	0	0	1	1	0	−4	3
0	x_5	0	0	0	0	1	−2	1
σ_j		0	0	0	−1	0	−1	−14

最优解为 $\boldsymbol{X}^* = (4,1,3,0,1,0)^{\mathrm{T}}, z^* = 14, x_1^* = 4, x_2^* = 1$ 为原整数规划的最优解。

利用表 3-8 可将约束(3-23) 转化为等价形式：$x_1 + x_2 \leqslant \frac{11}{2}$。利用表 3-10 的前两行可将约束(3-24) 转化为等价结束：$x_1 + x_2 \leqslant 5$。

在使用对偶单纯形法的过程中，迭代以后，发现某个割平面约束中的松弛变量 x_s 再次成为基变量，则可从表中删去 x_s 所在行和列，以减小工作量。

§3.3 分枝定界法

分枝定界法(branch and bound method) 是 20 世纪 60 年代初 Land Doig 和 Dakin 等人提出的。由于该方法灵活且便于用计算机求解，目前已成为解整数规划的重要方法之一。分枝的意思是将整数规划的松弛问题分别添加两个不同的约束条件分成两个线性规划问题，称其为子问题。子问题的可行域包含了原整数规划的全部可行解，舍弃了一部分非整数的可行解(其中包括松弛问题非整数的最优解)。分枝过后，某些整数点有可能处于可行域的边界上，从而有机会成为子问题的最优解。一般情况下，子问题还需再分枝。分枝的进程须与所谓“定界”相结合。把某一子问题的整数最优解对应的目标值作为界限，只考虑最优值比界限“好”的分枝，剔除最优值比界限“差”的分枝。界限是变化的，常用“好”的界限替代“差”的界限。使用定界这一手段，可以提高搜索效率，减少计算量。

下面通过例题介绍分枝定界法的主要思路和步骤。

例 3-7　用分枝定界法求解整数规划问题

(ILP)
$$\max z = 4x_1 + 3x_2$$
$$\text{s. t.} \begin{cases} 3x_1 + 4x_2 \leqslant 12 \\ 4x_1 + 2x_2 \leqslant 9 \\ x_1, x_2 \geqslant 0 \\ x_1, x_2 \text{ 为整数} \end{cases}$$

解　(1) 求解松弛问题 LP，得最优解为 $x_1 = \frac{6}{5}$，$x_2 = \frac{21}{10}$，最优值 $z_0 = \frac{111}{10}$。图 3-3 中阴影部分 S 为 LP 的可行域，点 A 是最优解。

(2) 分枝。因 LP 的最优解 x_1，x_2 均非整数，任取其中一个，譬如 x_1，进行分枝。与 $x_1 = \frac{6}{5}$ 最靠近的两个整数为 1 和 2，故构造两个约束条件

$$x_1 \leqslant 1 \quad \text{和} \quad x_1 \geqslant 2$$

分别并入 LP 中得

(LP_1)
$$\max z = 4x_1 + 3x_2$$
$$\text{s. t.} \begin{cases} 3x_1 + 4x_2 \leqslant 12 \\ 4x_1 + 2x_2 \leqslant 9 \\ x_1 \leqslant 1 \\ x_1, x_2 \geqslant 0 \end{cases}$$

(LP_2)
$$\max z = 4x_1 + 3x_2$$
$$\text{s. t.} \begin{cases} 3x_1 + 4x_2 \leqslant 12 \\ 4x_1 + 2x_2 \leqslant 9 \\ x_1 \geqslant 2 \\ x_1, x_2 \geqslant 0 \end{cases}$$

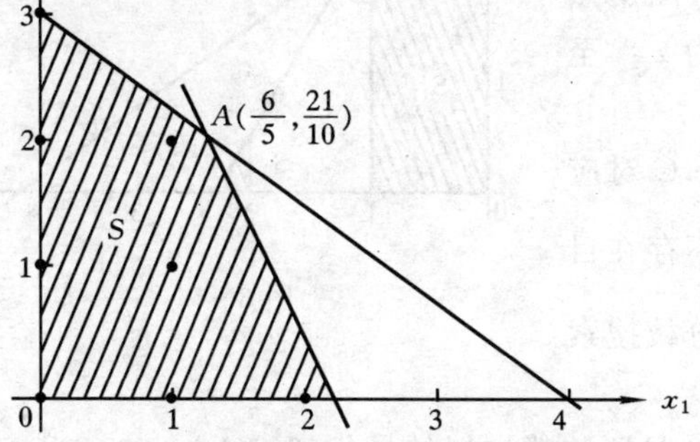

图 3-3

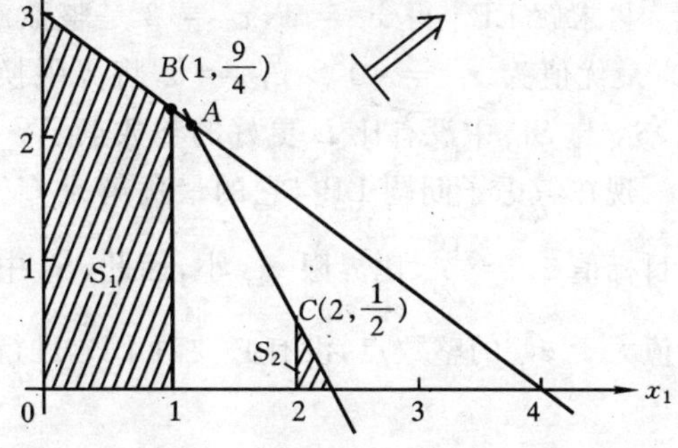

图 3-4

两个子问题的可行域(见图 3-4)分别记为 S_1 和 S_2，$S_1 \cup S_2$ 包含了 ILP 的全部整数解，点 A 被排除在外。

(3) 求解两个子问题。LP_1 的最优解为 $x_1 = 1$，$x_2 = \frac{9}{4}$，$z_1 = \frac{43}{4}$。LP_2 的最优解为 $x_1 = 2$，

$x_2=\dfrac{1}{2}, z_2=\dfrac{19}{2}$,见图 3-4 的 B 点和 C 点。因为两个最优解不是整数解,还要再分枝。

(4) 再分枝。比较两个目标值:$z_1=\dfrac{43}{4}>z_2=\dfrac{19}{2}$,最好的整数解很有可能在 S_1 中,所以优先对 LP_1 进行分枝。选非整数坐标 $x_2=\dfrac{9}{4}$,与 $\dfrac{9}{4}$ 最靠近的两个整数为 2 和 3,故将

$$x_2\leqslant 2 \quad 和 \quad x_2\geqslant 3$$

分别添加到 LP_1,得

(LP_{11})

$$\max z=4x_1+3x_2$$
$$\text{s. t.}\begin{cases}3x_1+4x_2\leqslant 12\\4x_1+2x_2\leqslant 9\\x_1\leqslant 1\\x_2\leqslant 2\\x_1,x_2\geqslant 0\end{cases}$$

(LP_{12})

$$\max z=4x_1+3x_2$$
$$\text{s. t.}\begin{cases}3x_1+4x_2\leqslant 12\\4x_1+2x_2\leqslant 9\\x_1\leqslant 1\\x_2\geqslant 3\\x_1,x_2\geqslant 0\end{cases}$$

LP_{11} 与 LP_{12} 的可行域分别记为 S_{11} 和 S_{12}(见图 3-5),S_{12} 只包含一个点 $E(0,3)$,自然 $x_1=0, x_2=3$ 就是 LP_{12} 的最优解了,最优值 $z_{12}=9$。由于 E 是整数点,故 $z_{12}=9$ 可作为整数规划目标值的一个界限(在这里是下界,如果是最小化问题,则是上界)。

再求解 LP_{11} 得 $x_1=1, x_2=2$ 是整数解(图中点 D),最优值为 $z_{11}=10>z_{12}=9$,将界限换为 z_{11}。至此,S_{11} 与 S_{12} 中没有比 D 更好的整数点了。

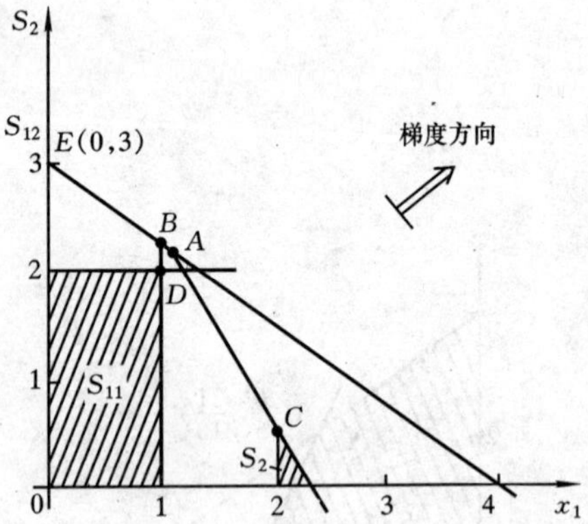

图 3-5

现在考虑子问题 LP_2,它的最优解是 C 点,C 对应的目标值 $z_2=\dfrac{19}{2}$,比界限 z_{11} 小,因此,S_2 中不存在目标值大于 z_{11} 的整数点,没有必要对 LP_2 进行分枝搜索了。

全部分枝都查清了,最后一个界限对应的解是原整数规划的最优解:$\boldsymbol{X}^*=(1,2)^{\mathrm{T}}, z^*=10$。上述分枝过程可用图 3-6 表示。

分枝定界法也可解混合整数规划。如在例 3-7 中只要求 x_1 为整数时,$x_1=1, x_2=\dfrac{9}{4}$ 就是最优解;如果只要求 x_2 为整数,那么先利用 x_2 对 LP 进行分枝,比较两个子问题的最优目标值可确定最优解。

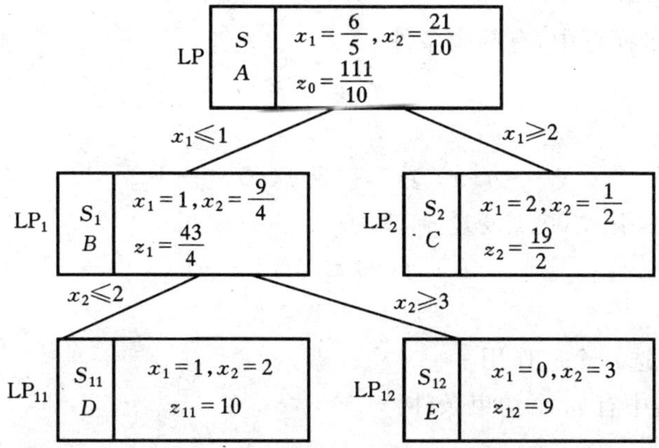

图 3－6

§3.4　0－1 变量与 0－1 规划

3.4.1　0－1 变量及其应用

0－1 变量，也称二进制变量(binary variable) 是整数变量应用中最活跃的部分。使用 0－1 变量可以把许多相互矛盾的、或者满足一定逻辑关系的因素放在一个模型中统一研究，帮助回答管理中出现的“是”与“否”等决策问题。0－1 变量的一般表示式为

$$y_j=\begin{cases}1, & \text{第 } j \text{ 个决策因素选择为“是”}\\ 0, & \text{第 } j \text{ 个决策因素选择为“否”}\end{cases}$$

或者

$$y_j=\begin{cases}1, & \text{第 } j \text{ 个决策因素选择为“否”}\\ 0, & \text{第 } j \text{ 个决策因素选择为“是”}\end{cases}$$

本章例 3－3 和例 3－4 曾经使用过 0－1 变量。下面我们再介绍一些 0－1 变量的用法。

(1) 矛盾约束的处理

有时，我们会遇到相互矛盾的约束，而决策结果只能两者取其一。例如，约束条件

$$f(x)\geqslant 5 \tag{3-25}$$

和

$$f(x)\leqslant 0 \tag{3-26}$$

是矛盾的、相互排斥的。将它们放在一个模型中，必然导致无解。引入 0－1 变量

$$y=\begin{cases}1, & \text{当 } f(x)\geqslant 5 \text{ 时}\\ 0, & \text{当 } f(x)\leqslant 0 \text{ 时}\end{cases}$$

和一个充分大的正数 M，构造新的约束

$$5-f(x)\leqslant M(1-y) \tag{3-27}$$

$$f(x)\leqslant My \tag{3-28}$$

把上两式放入模型可以解决这个矛盾。当 $y=1$ 时，式(3－27) 与(3－25) 相同。由于 M 的值充分大，对任何 x，式(3－28) 都成立，因此它是一个不起作用的约束。当 $y=0$ 时，式(3－28) 起作

用，式(3-27)不起作用。

例 3-8 某决策模型中，有约束条件

$$|f(x)| \geqslant 1 \tag{3-29}$$

可用一对约束来代替：

$$f(x) \geqslant 1 \quad \text{或} \ f(x) \leqslant -1$$

但它们是相互矛盾的，引入 0-1 变量 y，改为

$$1-f(x) \leqslant M(1-y)$$
$$f(x)+1 \leqslant My$$

(2) m 个约束中选 k 个起作用

设线性规划模型中有 m 个约束条件：

$$\sum_{j=1}^{n} a_{ij}x_j \leqslant b_i, i=1,2,\cdots,m \tag{3-30}$$

希望其中 k 个($k \leqslant m$)起作用。定义

$$y_i = \begin{cases} 1, & \text{当第 } i \text{ 个约束不起作用时} \\ 0, & \text{当第 } i \text{ 个约束起作用时} \end{cases} \quad i=1,2,\cdots,m$$

使用

$$\begin{cases} \sum_{j=1}^{n} a_{ij}x_j \leqslant b_i + My_i, i=1,2,\cdots,m & (3-31) \\ \sum_{i=1}^{m} y_i = m-k & (3-32) \end{cases}$$

代替式(3-30)就可达到目的。若 m 个约束中至少有 k 个起作用，则将式(3-32)换为 $\sum_{i=1}^{m} y_i \leqslant m-k$。

例 3-9(工件排序问题) 用四台机床加工三种产品。各产品的机床加工顺序以及产品 i 在机床 j 上的工时 a_{ij} 见图 3-7。

产品 1	机床 1 (a_{11}) →	机床 3 (a_{13}) →	机床 4 (a_{14})
产品 2	机床 1 (a_{21}) →	机床 2 (a_{22}) →	机床 4 (a_{24})
产品 3		机床 2 (a_{32}) →	机床 3 (a_{33})

图 3-7

由于某种原因，加工产品 2 的总时间不得超过 d。现要求确定产品在各机床上的加工顺序，使完成全部产品的加工时间最短。

解 设 x_{ij} 表示产品 i 在机床 j 上开始加工的时间($i=1,2,3;j=1,2,3,4$)。有下面几类约束需要考虑：

(i) 同一种产品的加工顺序约束。

对于同一种产品，在下一台机床上加工的开始时间不得早于在上一台机床上加工的结束时间，故应有

$$\text{产品 }1\begin{cases}x_{11}+a_{11}\leqslant x_{13}\\x_{13}+a_{13}\leqslant x_{14}\end{cases}\tag{3-33}$$

$$\text{产品 }2\begin{cases}x_{21}+a_{21}\leqslant x_{22}\\x_{22}+a_{22}\leqslant x_{24}\end{cases}\tag{3-34}$$

$$\text{产品 }3\quad x_{32}+a_{32}\leqslant x_{33}\tag{3-35}$$

(ii) 每台机床加工顺序的约束。

若一台机床对一件产品的加工还没结束，则不能开始另一件产品的加工。譬如说机床 1，它可以加工产品 1，也可以加工产品 2，两个产品，哪个在先，哪个在后都可以，但两种先后顺序必取其一。其他三台机床情况类似。为了容纳两种相互排斥的约束条件，对于机床 j，引入 0 - 1 变量

$$y_j=\begin{cases}0, & \text{先加工某种产品}\\1, & \text{先加工另一种产品}\end{cases}\quad j=1,2,3,4$$

那么，每台机床上加工产品的顺序可用下列四组约束条件来保证：

$$\text{机床 }1\begin{cases}x_{11}+a_{11}\leqslant x_{21}+My_1\\x_{21}+a_{21}\leqslant x_{11}+M(1-y_1)\end{cases}\tag{3-36}$$

$$\text{机床 }2\begin{cases}x_{22}+a_{22}\leqslant x_{32}+My_2\\x_{33}+a_{33}\leqslant x_{22}+M(1-y_2)\end{cases}\tag{3-37}$$

$$\text{机床 }3\begin{cases}x_{13}+a_{13}\leqslant x_{33}+My_3\\x_{33}+a_{33}\leqslant x_{13}+M(1-y_3)\end{cases}\tag{3-38}$$

$$\text{机床 }4\begin{cases}x_{14}+a_{14}\leqslant x_{24}+My_4\\x_{24}+a_{24}\leqslant x_{14}+M(1-y_4)\end{cases}\tag{3-39}$$

其中 M 是一个足够大的正数。

各 y_j 的意义是明显的。如当 $y_1=0$ 时，表示机床 1 先加工产品 1 后加工产品 2；当 $y_1=1$ 时，表示机床 1 先加工产品 2，后加工产品 1。y_2,y_3,y_4 意义类似。

(iii) 产品 2 的加工总时间约束。

产品 2 的开始加工时间是 x_{21}，结束时间是 $x_{24}+a_{24}$，故有

$$x_{24}+a_{24}-x_{21}\leqslant d\tag{3-40}$$

最后考虑目标函数。设全部产品加工完毕的时间为 w，由于有三种产品，它们结束的时间分别为 $x_{14}+a_{14}, x_{24}+a_{24}, x_{33}+a_{33}$，$w$ 应是这三个结束时间之中最大者：

$$w=\max\{x_{14}+a_{14}, x_{24}+a_{24}, x_{33}+a_{33}\}$$

将它改成线性目标函数(附带约束条件)：

$$\min z=w$$

$$\begin{cases}w\geqslant x_{14}+a_{14}\\w\geqslant x_{24}+a_{24}\\w\geqslant x_{33}+a_{33}\end{cases}\tag{3-41}$$

将上述目标函数、约束条件(3 - 33) ～ (3 - 41) 和 $x_{ij}\geqslant 0, i=1,2,3; j=1,2,3,4; y_j=0$ 或 $1, j=1,2,3,4$ 写在一起为该问题的数学模型。

(3) 满足一定逻辑关系的决策问题

比较常见的逻辑关系为：若第一个因素确定，则第二因素必须确定；反之，第二个因素确定

时，第一个因素可以确定，也可以不确定。换句话说，第一个因素的确定以第二因素的确定为前提。用 y_j 表示第 j 个因素确定与否的 0－1 变量：

$$y_j = \begin{cases} 1, & \text{确定第 } j \text{ 个因素} \\ 0, & \text{不确定第 } j \text{ 个因素} \end{cases} \quad j = 1,2$$

则
$$y_1 \leqslant y_2 \tag{3-42}$$

若决策因素是约束条件，$f(x) < 0$ 为第一个约束条件，$g(x) \leqslant 0$ 为第二个约束条件，引入 0－1 变量 y 完成这一逻辑关系：

$$\begin{cases} f(x) \geqslant M(y-1) & (3-43) \\ g(x) \leqslant My & (3-44) \end{cases}$$

显然，如果 $f(x) < 0$，则 $y = 0$，所以 $g(x) \leqslant 0$ 成立；若 $g(x) \leqslant 0$ 成立，则 $y = 1$，或 $y = 0$。若 $y = 1$，则 $f(x) \geqslant 0$；若 $y = 0$，式(3－43)是个不起作用的约束，可能有 $f(x) < 0$，也可能有 $f(x) \geqslant 0$。

例 3－10（投资选择问题） 某投资公司有 n 个拟选择的投资项目，其中项目 j 所需投资额为 a_j，期望收益为 c_j，$j = 1,2,\cdots,n$。项目之间有下述联系：(i) 项目 1,2 和 3 中至少选两项；(ii) 若选项目 4，则必选项目 5，反之则不一定；(iii) 项目 6 与项目 7 要么同时选中，要么同时不被选中。该公司总共筹集资金为 B 万元，问怎样选择项目，才使收益最大？

解 引入 0－1 变量 x_j，$j = 1,2,\cdots,n$

$$x_j = \begin{cases} 1, & \text{当项目 } j \text{ 被选中时} \\ 0, & \text{当项目 } j \text{ 不被选中时} \end{cases}$$

该问题的数学模型为

$$\max z = \sum_{j=1}^{n} c_j x_j$$

$$\text{s.t.} \begin{cases} \sum_{j=1}^{n} a_j x_j \leqslant B \\ x_1 + x_2 + x_3 \geqslant 2 \\ x_4 \leqslant x_5 \\ x_6 = x_7 \\ x_j = 0 \text{ 或 } 1, j = 1,2,\cdots,n \end{cases}$$

(4) 目标函数线性化处理

对于一些分段定义的目标函数，用 0－1 变量使其线性化。例如，

$$\min z = f_1(x_1) + f_2(x_2)$$

其中
$$f_1(x_1) = \begin{cases} k_1 + c_1 x_1, & x_1 > 0 \\ 0, & x_1 = 0 \end{cases}$$

$$f_2(x_2) = \begin{cases} k_2 + c_2 x_2, & x_2 > 0 \\ 0, & x_2 = 0 \end{cases}$$

这里，$k_1, k_2 > 0$，c_1, c_2 均为常数，引入

$$y_i = \begin{cases} 1, & x_i > 0 \\ 0, & x_i = 0 \end{cases} \quad i = 1,2$$

则目标函数可表示为

$$\min z = c_1x_1 + c_2x_2 + k_1y_1 + k_2y_2 \tag{3-45}$$

并附带约束条件

$$x_1 \leqslant My_1 \quad 和 \quad x_2 \leqslant My_2$$

若求最大化，用

$$\max z = c_1x_1 + c_2x_2 - k_1y_1 - k_2y_2$$

取代式(3-45)。例 3-3 的固定费用问题属于这种情形。

3.4.2 0-1 规划的解法

这里介绍求解小规模 0-1 规划的一种方法。先列出 n 个变量取 0 或 1 所得的 2^n 个全部的变量组合，从中找出一个可行解，计算对应的目标值并作为阈值，由此产生一个过滤条件(filtering constraint)。对于其他不满足过滤条件(即目标函数与阈值相比较差)的变量组合，就不必验证其可行性。如果发现更好的可行解，则可根据它更新过滤条件。这是一种隐枚举法(implicit enumeration method)。虽然它需要将 2^n 个变量组合一一列出，但不需要一一判断可行性，甚至将一部分可行解也过滤掉了，或者它们被隐含了，隐枚举故此得名。

在具体计算时，只要发现某一变量组合不满足一约束条件，则无须检查是否符合其他约束条件，可直接将其过滤掉。

例 3-11 求解 0-1 规划

$$\max z = 3x_1 - x_2 + 4x_3$$

$$\text{s.t.} \begin{cases} x_1 + 3x_2 - 2x_3 \leqslant 4 & (1) \\ x_1 + 4x_2 + x_3 \leqslant 4 & (2) \\ 2x_2 + x_3 \leqslant 6 & (3) \\ x_1 + x_2 \leqslant 1 & (4) \\ x_j = 0 \text{ 或 } 1, j = 1,2,3 \end{cases}$$

解 求解过程见表 3-12。

表 3-12

(x_1,x_2,x_3)	z 值	约束条件 (1)	(2)	(3)	(4)	过滤条件
(0,0,0)	0	√	√	√	√	$z \geqslant 0$
(0,0,1)	4	√	√	√	√	$z \geqslant 4$
(0,1,0)	−1					
(0,1,1)	3					
(1,0,0)	3					
(1,0,1)	7	√	√	√	√	$z \geqslant 7$
(1,1,0)	2					
(1,1,1)	6					

最优解 $(x_1,x_2,x_3)^T = (1,0,1)^T, z^* = 7$

例 3-12 求解 0-1 规划

$$\min z = 3x_1 + 7x_2 - x_3 + x_4$$

$$\text{s.t.}\begin{cases}2x_1 - x_2 + x_3 - x_4 \geqslant 1\\ x_1 - x_2 + 6x_3 + 4x_4 \geqslant 8\\ 5x_1 + 3x_2 + x_4 \geqslant 5\\ x_j = 0 \text{ 或 } 1, j = 1,2,3,4\end{cases}$$

采用例 3-11 那样的算法，共需作 36 次运算。我们按目标函数中各变量系数的大小顺序重新排列，使最优解有较早出现的可能。将模型改写为

$$\min z = 7x_2 + 3x_1 + x_4 - x_3$$

$$\text{s.t.}\begin{cases}-x_2 + 2x_1 - x_4 + x_3 \geqslant 1 & (1)\\ -x_2 + x_1 + 4x_4 + 6x_3 \geqslant 8 & (2)\\ 3x_2 + 5x_1 + x_4 \geqslant 5 & (3)\\ x_2, x_1, x_4, x_3 = 0 \text{ 或 } 1\end{cases}$$

计算过程见表 3-13。

表 3-13

(x_2,x_1,x_4,x_3)	z 值	约束条件 (1)	(2)	(3)	过滤条件
(0,0,0,0)	0	×			
(0,0,0,1)	−1	√	×		
(0,0,1,0)	1	×			
(0,0,1,1)	0	×			
(0,1,0,0)	3	√	×		
(0,1,0,1)	2	√	×		
(0,1,1,0)	4	√	×		
(0,1,1,1)	3	√	√	√	$z \leqslant 3$
(1,0,0,0)	7				
(1,0,0,1)	6				
(1,0,1,0)	8				
(1,0,1,1)	7				
(1,1,0,0)	10				
(1,1,0,1)	9				
(1,1,1,0)	11				
(1,1,1,1)	10				

最优解 $(x_2,x_1,x_4,x_3)^{\mathrm{T}} = (0,1,1,1)^{\mathrm{T}}$，即 $(x_1,x_2,x_3,x_4)^{\mathrm{T}} = (1,0,1,1)^{\mathrm{T}}$，$z^* = 3$。经统计，共作了 30 次运算。

如果是最大化问题，则将变量按其在目标函数中系数的大小由小到大排列。

§3.5　指派问题

指派问题(assignment problem)又称分配问题,它是研究如何给 n 个人(或单位)分配 n 项工作,使完成全部工作所消耗的总资源(时间或费用)最少。

3.5.1　指派问题的模型

例 3-13　设有 B_1,B_2,B_3,B_4 四项任务,分配给 A_1,A_2,A_3,A_4 四个人去完成,每人完成一项工作,每项工作只能由一个人去完成。由于各人的技术专长及工作经验不同,完成工作所需要的费用也不相同。表 3-14 给出了每个人完成各项工作的费用。问安排哪个人去完成哪项任务可使总费用最少?

表 3-14

人员	工作任务			
	B_1	B_2	B_3	B_4
A_1	10	9	7	8
A_2	5	8	7	7
A_3	5	4	6	5
A_4	2	3	4	5

解　设 $x_{ij}(i,j=1,2,3,4)$ 表示 A_i 是否完成任务 B_j,

$$x_{ij}=\begin{cases}1, & \text{当安排 } A_i \text{ 完成 } B_j \text{ 时}\\ 0, & \text{当不安排 } A_i \text{ 完成 } B_j \text{ 时}\end{cases}$$

四项任务完成的费用为

$$z=10x_{11}+9x_{12}+7x_{13}+8x_{14}+5x_{21}+\cdots+5x_{44}$$

因为人员 $A_i(i=1,2,3,4)$ 必须且仅须完成一项工作,所以有

$$\sum_{j=1}^{4}x_{ij}=1,\ i=1,2,3,4$$

又工作 $B_j(j=1,2,3,4)$ 只能由一人完成,有

$$\sum_{i=1}^{4}x_{ij}=1,\ j=1,2,3,4$$

该问题的数学模型为

$$\min z=10x_{11}+9x_{12}+7x_{13}+8x_{14}+5x_{21}+\cdots+5x_{44}$$

$$\text{s.t.}\begin{cases}\displaystyle\sum_{j=1}^{4}x_{ij}=1,i=1,2,3,4\\ \displaystyle\sum_{i=1}^{4}x_{ij}=1,j=1,2,3,4\\ x_{ij}=0\text{ 或 }1,i,j=1,2,3,4\end{cases}$$

用 $c_{ij}(i,j=1,2,3,4)$ 表示 A_i 完成 B_j 的费用,写成矩阵形式:

$$C=(c_{ij})=\begin{bmatrix}c_{11}&c_{12}&c_{13}&c_{14}\\c_{21}&c_{22}&c_{23}&c_{24}\\c_{31}&c_{32}&c_{33}&c_{34}\\c_{41}&c_{42}&c_{43}&c_{44}\end{bmatrix}=\begin{bmatrix}10&9&7&8\\5&8&7&7\\5&4&6&5\\2&3&4&5\end{bmatrix}$$

称矩阵 C 为费用矩阵(可以根据 c_{ij} 的具体含义取不同的名称，如效益矩阵，成本矩阵，时间矩阵等)。可行解 x_{ij} 也可写成矩阵

$$X=(x_{ij})=\begin{bmatrix}x_{11}&x_{12}&x_{13}&x_{14}\\x_{21}&x_{22}&x_{23}&x_{24}\\x_{31}&x_{32}&x_{33}&x_{34}\\x_{41}&x_{42}&x_{43}&x_{44}\end{bmatrix}$$

由约束条件知，可行解矩阵 X 的每一行每一列只有一个元素为 1。因此一个不同行不同列元素为 1，其余元素为 0 的矩阵 X 对应着指派问题的一个可行解。该问题共有 4! 个可行解，也就有 4! 个安排工作的方案。如可行解

$$X=\begin{bmatrix}0&1&0&0\\1&0&0&0\\0&0&1&0\\0&0&0&1\end{bmatrix}$$

对应的方案为：A_1 完成 B_2，A_2 完成 B_1，A_3 与 A_4 分别完成 B_3，B_4。所需费用可从费用矩阵 C 中查找与矩阵 X 的元素 1 对应的 c_{ij} 并求和：

$$z=c_{12}+c_{21}+c_{33}+c_{44}=9+5+6+5=25$$

一般地，假设给 n 个人分配 n 项工作，每人完成一项工作，每项工作由一人完成，第 i 人完成第 j 项工作的费用为 $c_{ij}\geqslant 0(i,j=1,2,\cdots,n)$，则完成 n 项工作总费用最少的方案由下述模型确定：

$$\min z=\sum_{i=1}^{n}\sum_{j=1}^{n}c_{ij}x_{ij}\ (c_{ij}\geqslant 0)$$

$$\text{s. t.}\ \begin{cases}\sum\limits_{j=1}^{n}x_{ij}=1, i=1,2,\cdots,n\\\sum\limits_{i=1}^{n}x_{ij}=1, j=1,2,\cdots,n\\x_{ij}=0\text{ 或 }1, i,j=1,2,\cdots,n\end{cases}$$

其中

$$x_{ij}=\begin{cases}1, & \text{第 } i \text{ 人完成第 } j \text{ 项工作}\\0, & \text{第 } i \text{ 人不完成第 } j \text{ 项工作}\end{cases}$$

上述模型被称为指派问题模型的标准形式。容易理解，标准模型由其费用矩阵 C 唯一确定。

3.5.2 匈牙利解法

指派问题是一个 0-1 规划问题，又是特殊的运输问题。它的约束矩阵的秩为 $2n-1$，基可行解中共有 $2n-1$ 个基变量，但其中只有 n 个取 1，其余 $n-1$ 个取值为零。可以针对这个特殊性质，设

计更为简便的解法。较简便有效的一个解法是美国数学家 W. Knhn 于 1955 年给出的，由于他的解法运用了匈牙利数学家 D. König 关于矩阵零元素的一个定理，因此被称为匈牙利解法。

匈牙利解法以费用矩阵的下述性质为基础。

从费用矩阵 $\boldsymbol{C}$ 的第 k 行(或第 k 列)各元素减去一个常数 a，得到一个新矩阵 $\boldsymbol{C}'$，则 $\boldsymbol{C}'$ 所确定的指派问题与原指派问题有相同的最优解。

事实上，设 $\boldsymbol{C}=(c_{ij})_{n\times n}$，从 $\boldsymbol{C}$ 的第 k 行各元素减去 a，得到矩阵 $\boldsymbol{C}'$ 的各元素为

$$c'_{ij}=\begin{cases}c_{ij} & i\neq k\\ c_{ij}-a & i=k\end{cases}$$

由 $\boldsymbol{C}'$ 确定的指派问题的目标值

$$\begin{aligned}z'&=\sum_{i=1}^{n}\sum_{j=1}^{n}c'_{ij}x_{ij}=\sum_{\substack{i=1\\ i\neq k}}^{n}\sum_{j=1}^{n}c_{ij}x_{ij}+\sum_{j=1}^{n}(c_{kj}-a)x_{kj}\\ &=\sum_{\substack{i=1\\ i\neq k}}^{n}\sum_{j=1}^{n}c_{ij}x_{ij}+\sum_{j=1}^{n}c_{kj}x_{kj}-a\sum_{j=1}^{n}x_{kj}=\sum_{i=1}^{n}\sum_{j=1}^{n}c_{ij}x_{ij}-a\end{aligned}$$

即

$$z'=z-a$$

而费用矩阵的改变并不影响指派问题的约束条件。两个问题的目标值相差一个常数，因此有相同的最优解。

我们称 $\boldsymbol{C}'$ 为缩减费用矩阵。根据上述性质，可以将求 $\boldsymbol{C}$ 对应的指派问题转化为求解 $\boldsymbol{C}'$ 对应的指派问题。这个过程可重复进行，通过不断缩减费用矩阵，使其产生尽可能多的零元素。如果最后得到的费用矩阵全部元素非负，并且不同行不同列都有零元素，那么，令与这些零元素对应的 $x_{ij}=1$，其余 $x_{ij}=0$ 即为最优解。

我们通过求解例 3－13 说明匈牙利方法的步骤。

步骤一：缩减费用矩阵，使各行各列尽可能地出现零。从矩阵 $\boldsymbol{C}$ 的各行分别减去其最小元素 7,5,4,2，然后第 4 列减去 1，过程如下：

$$\begin{bmatrix}10 & 9 & 7 & 8\\ 5 & 8 & 7 & 7\\ 5 & 4 & 6 & 5\\ 2 & 3 & 4 & 5\end{bmatrix}\begin{matrix}-7\\ -5\\ -4\\ -2\end{matrix}\rightarrow\begin{bmatrix}3 & 2 & 0 & 1\\ 0 & 3 & 2 & 2\\ 1 & 0 & 2 & 1\\ 0 & 1 & 2 & 3\end{bmatrix}\rightarrow\begin{bmatrix}3 & 2 & 0 & 0\\ 0 & 3 & 2 & 1\\ 1 & 0 & 2 & 0\\ 0 & 1 & 2 & 2\end{bmatrix}$$

$$-1$$

上一步最后得到的矩阵中共有 6 个零元素，但有的处在同一行和同一列。我们需要得到一组不同行不同列的零元素(称为独立零元素)。

步骤二：用最少数目的直线覆盖所有零元素。这里"覆盖"的意思是指用水平的或垂直的直线划去零元素所在的行或列。上述矩阵每行每列都有零元素。四条直水平或垂直的直线可全部覆盖，但也可用三条直线覆盖：

$$\begin{bmatrix}3 & 2 & 0 & 0\\ 0 & 3 & 2 & 1\\ 1 & 0 & 2 & 0\\ 0 & 1 & 2 & 2\end{bmatrix}$$

三条是最少的直线数。说明矩阵最多有 3 个独立零元素(覆盖方阵内所有零元素的最少直线

数，等于独立零元素的最多个数)。因为我们最终需要 4 个独立零元素，所以还要继续缩减费用矩阵，在上述没被覆盖的第 2 行、第 4 行各减去 1(减去没被覆盖的元素之中最小的)，然后第 1 列加 1(将全部元素变为非负数)，得

$$\begin{bmatrix} 3 & 2 & 0 & 0 \\ 0 & 3 & 2 & 1 \\ 1 & 0 & 2 & 0 \\ 0 & 1 & 2 & 2 \end{bmatrix}\begin{matrix} \\ -1 \\ \\ -1 \end{matrix} \to \underset{+1}{\begin{bmatrix} 3 & 2 & 0 & 0 \\ -1 & 2 & 1 & 0 \\ 1 & 0 & 2 & 0 \\ -1 & 0 & 1 & 1 \end{bmatrix}} \to \begin{bmatrix} 4 & 2 & 0 & 0 \\ 0 & 2 & 1 & 0 \\ 2 & 0 & 2 & 0 \\ 0 & 0 & 1 & 1 \end{bmatrix}$$

对上述右边矩阵用直线覆盖，最少的直线数为 4。

步骤三：找出独立零元素。一般从零元素最少的行或列开始，每确定一个零元素(叫圈零，用 ⓪ 表示)，同时划去同行同列的其他零元素(用 ∅ 表示)，上述矩阵圈零的结果为

$$\begin{bmatrix} 4 & 2 & ⓪ & \varnothing \\ ⓪ & 2 & 1 & \varnothing \\ 2 & \varnothing & 2 & ⓪ \\ \varnothing & ⓪ & 1 & 1 \end{bmatrix}$$

将矩阵圈零的位置换为 1，其余位置全换为零元素，得最优解矩阵：

$$\boldsymbol{X}^* = \begin{bmatrix} 0 & 0 & 1 & 0 \\ 1 & 0 & 0 & 0 \\ 0 & 0 & 0 & 1 \\ 0 & 1 & 0 & 0 \end{bmatrix}$$

最优的指派方案为，让 A_1 完成 B_3，A_2 完成 B_1，A_3 完成 B_4，A_4 完成 B_2。最小总费用 $z^* = c_{13} + c_{21} + c_{34} + c_{42} = 7 + 5 + 5 + 3 = 20$。

3.5.3 非标准指派问题

非标准指派问题一般化作标准形式求解。

(1) 最大化指派问题

如将例 3-13 中 c_{ij} 的意义改为 A_i 完成 B_j 产生的效益，求总效益最大的分配方案就属于这类问题。

一般地，最大化指派问题的目标函数为

$$\max z = \sum_{i=1}^{n}\sum_{j=1}^{n} c_{ij}x_{ij}$$

约束条件与标准形式相同。矩阵 $\boldsymbol{C} = (c_{ij})_{n\times n}$ 改称为效益矩阵，令

$$c'_{ij} = M - c_{ij}$$

其中 $M = \max\limits_{1\leqslant i,j\leqslant n}\{c_{ij}\}$，则

$$\begin{aligned} z &= \sum_{i=1}^{n}\sum_{j=1}^{n} c_{ij}x_{ij} = \sum_{i=1}^{n}\sum_{j=1}^{n}(M - c'_{ij})x_{ij} \\ &= M\sum_{i=1}^{n}\sum_{j=1}^{n} x_{ij} - \sum_{i=1}^{n}\sum_{j=1}^{n} c'_{ij}x_{ij} \\ &= Mn - z' \end{aligned}$$

即
$$z' = Mn - z$$
这里 Mn 是常数，$\max z$ 与 $\min z'$ 同解。所以，可转而求解由矩阵 $\boldsymbol{C}' = (c'_{ij})_{n\times n}$ 确定的标准形式指派问题。

(2) 人数和工作数不相等的指派问题

像处理不平衡运输问题那样，根据情况，或者虚设人，或者虚设工作任务。虚设人完成工作的费用以及任何人完成虚设工作的费用取零(理解为这些费用实际不会发生)。这样一来，便可将人数和工作数不相等的指派问题转化为标准形式的指派问题。

(3) 一个人可做几件事和某人不能做某事的指派问题

若某人可做几件事，则可将该人化做相同的几个"人"来接受指派，这几个"人"做同一件事的费用当然都一样。

若某事一定不能由某人来做，则可将相应的费用取作足够大的数 M。

例 3-14　分配甲、乙、丙、丁四个人 A、B、C、D、E 五项任务，每个人完成各项任务的时间如表 3-15 所示。由于任务数多于人数，故考虑任务 E 必须完成，其他四项中可任选三项完成。试分别确定最优分配方案，使完成任务的总时间最少。

表 3-15　　单位：h

人员	任务				
	A	B	C	D	E
甲	25	29	31	42	37
乙	39	38	36	20	33
丙	34	27	28	40	32
丁	24	42	36	23	45

解　由于任务多于人数，所以需要虚设一人，取名为戊。又因为工作 E 必须完成，故一定不能由戊去完成 E，相应的时间取充分大的 M，戊完成其他任务的时间为零。用匈牙利解法求解过程如下：

$$\begin{bmatrix} 25 & 29 & 31 & 42 & 37 \\ 39 & 38 & 36 & 20 & 33 \\ 34 & 27 & 28 & 40 & 32 \\ 24 & 42 & 36 & 23 & 45 \\ 0 & 0 & 0 & 0 & M \end{bmatrix} \begin{matrix} -25 \\ -20 \\ -27 \\ -23 \\ \\ \end{matrix} \rightarrow \begin{bmatrix} 0 & 4 & 6 & 17 & 7 \\ 19 & 18 & 16 & 0 & 8 \\ 7 & 0 & 1 & 13 & 0 \\ 1 & 19 & 13 & 0 & 17 \\ 0 & 0 & 0 & 0 & M \end{bmatrix} \begin{matrix} -4 \\ -4 \\ \\ -4 \\ \\ \end{matrix} \rightarrow$$
$$\qquad\qquad -5 \qquad\qquad +4 \qquad +4$$

$$\begin{bmatrix} 0 & 0 & 2 & 17 & 3 \\ 19 & 14 & 12 & 0 & 4 \\ 11 & 0 & 1 & 17 & 0 \\ 1 & 15 & 9 & 0 & 3 \\ 4 & 0 & 0 & 4 & M \end{bmatrix} \begin{matrix} \\ -1 \\ \\ -1 \\ \\ \end{matrix} \rightarrow \begin{bmatrix} 0 & 0 & 2 & 18 & 3 \\ 18 & 13 & 11 & 0 & 3 \\ 11 & 0 & 1 & 18 & 0 \\ 0 & 14 & 8 & 0 & 2 \\ 4 & 0 & 0 & 5 & M \end{bmatrix}$$
$$\qquad\qquad +1$$

$$\rightarrow \begin{bmatrix} \varnothing & ⓪ & 2 & 18 & 3 \\ 18 & 13 & 11 & ⓪ & 3 \\ 11 & \varnothing & 1 & 18 & ⓪ \\ ⓪ & 14 & 8 & \varnothing & 2 \\ 4 & \varnothing & ⓪ & 5 & M \end{bmatrix} \quad X^* = \begin{bmatrix} 0 & 1 & 0 & 0 & 0 \\ 0 & 0 & 0 & 1 & 0 \\ 0 & 0 & 0 & 0 & 1 \\ 1 & 0 & 0 & 0 & 0 \\ 0 & 0 & 1 & 0 & 0 \end{bmatrix}$$

即最优的分配方案为甲完成B,乙完成D,丙完成E,丁完成A,放弃C。最少时间为$z = c_{12} + c_{24} + c_{35} + c_{41} + c_{53} = 29 + 20 + 32 + 24 + 0 = 105$(h)。

§3.6 本章小结

整数规划是运筹学的一个重要分支。整数线性规划与线性规划有着密不可分的关系,它的一些基本算法的设计都是以相应的线性规划的最优解为出发点的。本章重点讨论了求解一般整数线性规划的割平面法和分枝定界法。割平面法是通过生成一系列的平面割掉非整数部分来得到最优解。可以根据割平面的不同构造方法将割平面法分成原始割平面法、对偶整数割平面法及混合割平面法等。我们介绍的 Gomory 割平面算法在理论上是重要的,是整数规划的核心内容之一。割平面法的缺点是收敛较慢,若能和其他方法(如分枝定界法)配合使用,效果会好一些。

分枝定界法是一种隐枚举法。它使用灵活,便于计算机编程,既可用来求解纯整数规划,也可用来解混合整数规划,所以目前被认为是求解整数线性规划最成功的算法之一。分枝定界法的另一优点是在解题过程中能不断提供越来越好的可行解,这在大型问题的近似算法中很有意义。

应用是本章的一个重点。整数规划的理论和算法正是围绕许多应用问题展开研究和逐步发展起来的。除了本章介绍的几个例子之外,还有一些非常著名的问题如背包问题、旅行售货员问题等。读者在学习这一章时,应注意建模方面的训练,能够把实际问题转化为整数规划的模型,是解决问题的重要环节,必须多多练习,逐培养这方面的能力。

习题 3

3.1 某地准备投资D元建民用住宅。可以建住宅的地段有n处:$A_1, A_2, \cdots, A_n$,在A_j处,每幢住宅的造价为d_j,最多可造a_j幢。应当在哪几处建住宅,分别建几幢,才能使住宅总数最多?

3.2 要在长度为l的一根圆钢上截取不同长度的零件毛坯,毛坯长度有n种,分别为$a_j(j = 1,2,\cdots,n)$。每种毛坯应当各截取多少根,才能使圆钢残料最少?如果要求毛坯的总根数最多,应当怎样截取毛坯?

3.3 假定装到某一货船上的货物有五种,各种货物的单位重量w_i和单位体积v_i以及它们相应的价值r_i如表所示。船的最大载重量和体积分别是$W = 112$ t 和$V = 109$ m^3,现要确定怎样装运各种货物才能使装运的价值最大。试建立该问题的数学模型。

3.3 题表

货物编号	W_i/t	V_i/m^3	r_i/ 万元
1	5	1	4
2	8	8	7
3	3	6	6
4	2	5	5
5	7	4	4

3.4　考虑资金分配问题。在今后 3 年内有 5 项工程考虑施工，每项工程的期望收入和年度费用(千元)如表所示。假定每一项已经批准的工程要在整个 3 年内完成，目标是要选出使总收入达到最大的那些工程。试把这个问题表示成一个 0-1 规划模型。

3.4 题表

工程编号	费用(千元)			收入(千元)
	第 1 年	第 2 年	第 3 年	
1	5	1	8	20
2	4	7	10	40
3	3	9	2	20
4	7	4	1	15
5	8	6	10	30
可用基金限额(千元)	25	25	25	

3.5　某钻井队要从以下 10 个可供选择的井位中确定 5 个钻井探油，使总的钻探费用为最小，若 10 个井位的代号为 $S_1,S_2,\cdots,S_{10}$，相应的钻探费用为 $c_1,c_2,\cdots,c_{10}$，并且井位选择上要满足下列限制条件：

(1) 或选 S_1 和 S_7，或选 S_8；

(2) 选择了 S_3 或 S_4 就不能选 S_5，反过来也一样；

(3) 在 S_5,S_6,S_7,S_8 中最多只能选两个。

试建此问题的整数规划模型。

3.6　用割平面法解下列整数规划：

(1)　$\max z = x_1 + x_2$

$$\text{s.t.}\begin{cases}2x_1 + x_2 \leqslant 6\\4x_1 + 5x_2 \leqslant 20\\x_1,x_2 \geqslant 0 \text{ 取整数}\end{cases}$$

(2)　$\min z = 4x_1 + 5x_2$

$$\text{s.t.}\begin{cases}3x_1 + 2x_2 \geqslant 7\\x_1 + 4x_2 \geqslant 5\\3x_1 + x_2 \geqslant 2\\x_1,x_2 \geqslant 0 \text{ 取整数}\end{cases}$$

3.7 用分枝定界法解下列整数规划：

(1) $\max z = x_1 + x_2$

$$\text{s.t.}\begin{cases} x_1 + \frac{9}{14}x_2 \leqslant \frac{51}{14} \\ -2x_1 + x_2 \leqslant \frac{1}{3} \\ x_1, x_2 \geqslant 0 \text{ 取整数} \end{cases}$$

(2) $\max z = 2x_1 + 3x_2$

$$\text{s.t.}\begin{cases} -x_1 + x_2 \leqslant 2 \\ 47x_1 + 8x_2 \leqslant 188 \\ 3x_1 + 2x_2 \leqslant 19 \\ x_1, x_2 \geqslant 0 \text{ 取整数} \end{cases}$$

(3) $\min z = x_1 + 4x_2$

$$\text{s.t.}\begin{cases} 2x_1 + x_2 \leqslant 8 \\ x_1 + 2x_2 \geqslant 6 \\ x_1, x_2 \geqslant 0 \text{ 取整数} \end{cases}$$

3.8 试用 0-1 变量将下列各题分别表示成一般性约束条件：

(1) $x_1 + x_2 \leqslant 2$ 或 $2x_1 + 3x_2 \geqslant 8$；

(2) 变量 x_3 只能取 0,5,9,12；

(3) 若 $x_2 \leqslant 4$ 则 $x_5 \geqslant 0$，否则 $x_5 \leqslant 3$；

(4) 以下 4 个约束条件至少满足 2 个：

$$\begin{cases} x_6 + x_7 \leqslant 2 \\ x_6 \leqslant 1 \\ x_7 \leqslant 5 \\ x_6 + x_7 \geqslant 3 \end{cases}$$

3.9 有三种资源可用来生产三种产品。资源量、产品单位利润和资源单耗量见表。由于不同产品的生产组织不同，因而涉及不同的固定费用（见表）。现要求制定一个生产计划，使总收益最大。

3.9 题表 单位：t

资源	产品 I	产品 Ⅱ	产品 Ⅲ	资源量
A	2	4	8	500
B	2	3	4	300
C	1	2	3	100
单件利润(千元)	4	5	6	
固定费用(元)	100	150	200	

3.10　求下列 0－1 规划：

（1）$\max z = 3x_1 - 2x_2 + 5x_3$

$$\text{s.t.} \begin{cases} x_1 + 2x_2 - x_3 \leqslant 2 \\ x_1 + 4x_2 + x_3 \leqslant 4 \\ x_1 + x_2 \leqslant 3 \\ 4x_2 + x_3 \leqslant 6 \\ x_j = 0 \text{ 或 } 1, j = 1,2,3 \end{cases}$$

（2）$\min z = 5x_1 + 7x_2 + 10x_3 + 3x_4 + x_5$

$$\text{s.t.} \begin{cases} x_1 - 3x_2 + 5x_3 + x_4 - 4x_5 \geqslant 2 \\ -2x_1 + 6x_2 - 3x_3 - 2x_4 + 2x_5 \geqslant 0 \\ -2x_2 + 2x_3 - x_4 - x_5 \geqslant 1 \\ x_j = 0 \text{ 或 } 1, j = 1,2,3,4,5 \end{cases}$$

3.11　解具有下列费用矩阵的指派问题

（1）$\begin{bmatrix} 8 & 4 & 2 & 6 & 1 \\ 0 & 9 & 5 & 5 & 4 \\ 3 & 8 & 9 & 2 & 6 \\ 4 & 3 & 1 & 0 & 3 \\ 9 & 5 & 8 & 9 & 5 \end{bmatrix}$

（2）$\begin{bmatrix} 10 & 11 & 4 & 2 & 8 \\ 7 & 11 & 10 & 14 & 12 \\ 5 & 6 & 9 & 12 & 14 \\ 13 & 15 & 11 & 10 & 7 \end{bmatrix}$

3.12　某工厂有 4 个工人 A_1, A_2, A_3, A_4，分别均能操作 B_1, B_2, B_3, B_4 四台车床中的一台，每小时的产值如表。求产值最大的分配方案。

3.12 题表

工人	车床 B_1	车床 B_2	车床 B_3	车床 B_4
A_1	10	9	8	7
A_2	3	4	5	6
A_3	2	1	1	2
A_4	4	3	5	6

第 4 章　动态规划

某些问题的决策过程可以划分为几个相互联系的阶段，每个阶段都有若干种方案可供选择，而决策的任务就是在每个阶段选择一个适当的方案，从而使整个过程取得最优效果。动态规划就是这样一种解决多阶段决策问题的运筹学方法。

本章首先通过最短路问题的分析，阐述动态规划的基本思想方法，然后较详细地讨论动态规划的基本原理、模型的建立及求解方法，最后通过例子介绍动态规划方法的实际应用。

1951 年美国数学家 R. E. Bellman 在一类多阶段决策问题的研究中，首先提出了解决这类问题的"最优性原理"(principle of optimality)，并在研究了许多实际问题的基础上提出了动态规划(dynamic programming) 的新方法。由于 Bellman 本人及以后许多人的研究，使动态规划的理论和方法逐渐趋于成熟。现在，动态规划已广泛应用于工程技术、工业生产、军事及经济管理等各个部门，并取得了显著的效果，近年来，又广泛应用到最优控制方面。许多复杂的问题(特别是离散系统的优化问题)，采用动态规划方法比其它方法更为有效，成为解决这类问题的一个非常有用的工具。

这里我们指出，多阶段决策问题(多阶段决策过程) 按照时间参数的取值和决策过程的转移性质，可以将决策过程概括地分为离散确定型、离散随机型、连续确定型和连续随机型四种基本决策过程。限于篇幅，在这一章里，我们只在 4.4.1 节例 4－7 中讨论了随机型决策问题的一个简单例子，其余均为确定型决策问题。

§ 4.1　多阶段决策问题

例 4－1　(最短路问题)

假设从 A 地到 E 地要铺设一条输油管道(图 4－1)，中间需经过三个中间站。第一个中间站可以从 $\{B_1, B_2, B_3\}$ 中任选一个；第二个中间站可以从 $\{C_1, C_2, C_3, C_4\}$ 中任选一个；第三个中间站可以从 $\{D_1, D_2\}$ 中任选一个。由于地理条件等原因，某些地区之间不能直接铺设相通的管道。图 4－1 中有向线段旁的数字为相应管道的铺设费用。现需求出一条总费用最小的管道路线。

这是一个所谓最短路问题(shortest path problem)，关于它的含义及其算法，我们将在下一章里再做详尽地讨论。

这一问题，若用穷举法，即把所有从 A 到 E 可能的每一条路线的费用都计算出来，然后比较找出其中的最小者，可以得到一条总费用最小的管道铺设路线，但共需计算 16 条不同的路线。当这种图形比较复杂、即有向线段的段数很多时，用穷举法求最优路线的工作量将会十分

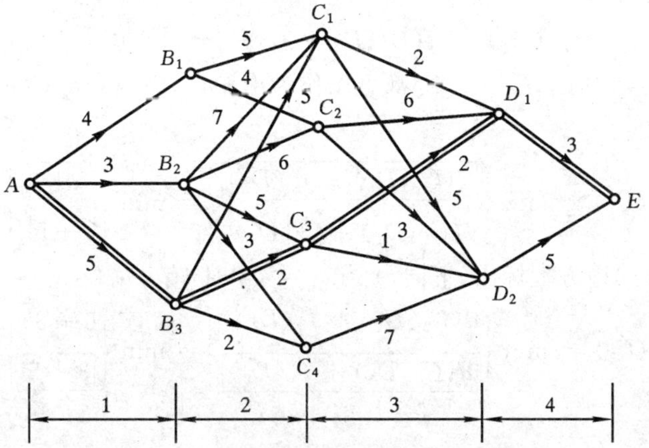

图 4 - 1

庞大，而且在每条路线的计算中包含着许多重复性计算。由此可见，我们需要寻求更好的算法，而动态规划就是这样一种比较有效的方法。

现在以这一问题为实例，来阐述动态规划的基本思想。

这一问题的多阶段性是十分明显的，我们只需将从起点 A 到第一中间站 $B_i\ (i=1,2,3)$ 的管道铺设作为第一阶段，从 B_i 到第二中间站 $C_j\ (j=1,2,3,4)$ 的管道铺设作为第二阶段，从 C_j 到第三中间站 $D_k\ (k=1,2)$ 的管道铺设作为第三阶段，从 D_k 到终点 E 的管道铺设作为第四阶段。每铺完一阶段的管道后，都面临着选择下一阶段到达站的问题，直到最后到达终点 E 为止。从而该问题便成为一个四阶段的决策过程。

若令 s_k 表示第 k 阶段管道的起点(称作第 k 阶段的状态变量)；$d(x,y)$ 表示顶点 x 到顶点 y 的有向线段上的数字(通常称作有向边之权，在不同的实际问题中具有不同的实际含义)；$f_k(s_k)$ 表示从顶点 s_k 到终点 E 的最短路线长度(即表示从顶点 s_k 到终点 E 的最小管道铺设费用)，例如，$f_1(A)$ 表示从起点 A 到终点 E 的最短路之长度。

最短路问题有这样的特性：如果最短路线在第 k 站通过点 P_k，则由点 P_k 出发到达终点的这条路线，对于从点 P_k 出发到达终点的所有可能选择的不同路线而言，必定也是最短路线。此特性是不难理解的，读者也可以用反证法证明之(留给读者思考)。这就启发我们得到用动态规划方法寻求最短路线的基本思想方法是：从最后一阶段开始，用由后向前逐步递推的方法，求出各点到终点 E 的最短路线，从而最后求得从 A 到 E 的最短路线。如图 4 - 2 所示。

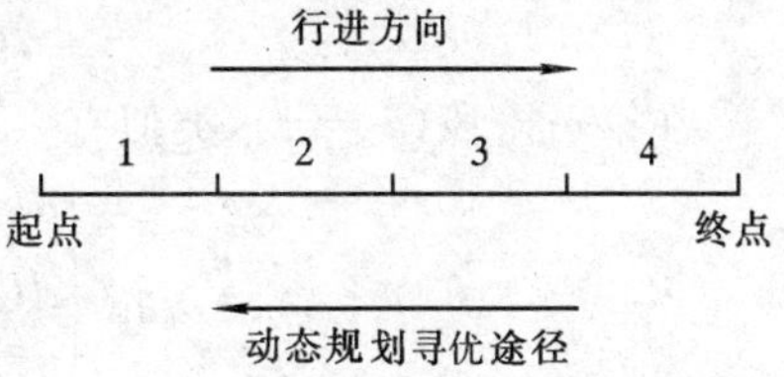

图 4 - 2

下面是具体的求解过程。

先假想还有一个第五阶段，那么第五阶段的起点自然为 E，于是

$$s_5 = E \qquad f_5(E) = 0$$

在第四阶段($k=4$)，D_1，D_2 都可以作为出发点，但终点都只有一种选择，即只能取 E。当 $s_4 = D_1$ 时，有

$$f_4(D_1) = d(D_1,E) + f_5(E) = 3 + 0 = 3$$

当 $s_4 = D_2$ 时，有

$$f_4(D_2) = d(D_2,E) + f_5(E) = 5 + 0 = 5$$

在第三阶段($k = 3$)，C_1, C_2, C_3, C_4 都可以作为出发点。而当 $s_3 = C_1$ 时，到达点可以有两种选择：D_1 或 D_2。于是

$$f_3(C_1) = \min\left\{\begin{array}{l}\boxed{d(C_1,D_1) + f_4(D_1)} \\ d(C_1,D_2) + f_4(D_2)\end{array}\right\} = \min\left\{\begin{array}{l}\boxed{2+3} \\ 5+5\end{array}\right\} = 5$$

(取最小值的算式用方框标出，下同。) 当 $s_3 = C_2$ 时，有

$$f_3(C_2) = \min\left\{\begin{array}{l}d(C_2,D_1) + f_4(D_1) \\ \boxed{d(C_2,D_2) + f_4(D_2)}\end{array}\right\} = \min\left\{\begin{array}{l}6+3 \\ \boxed{3+5}\end{array}\right\} = 8$$

当 $s_3 = C_3$ 时，有

$$f_3(C_3) = \min\left\{\begin{array}{l}\boxed{d(C_3,D_1) + f_4(D_1)} \\ d(C_3,D_2) + f_4(D_2)\end{array}\right\} = \min\left\{\begin{array}{l}\boxed{2+3} \\ 1+5\end{array}\right\} = 5$$

当 $s_3 = C_4$ 时，到达点只能取 D_2。于是

$$f_3(C_4) = d(C_4,D_2) + f_4(D_2) = 7 + 5 = 12$$

在第二阶段($k = 2$)，类似地有

$$f_2(B_1) = \min\left\{\begin{array}{l}\boxed{d(B_1,C_1) + f_3(C_1)} \\ d(B_1,C_2) + f_3(C_2)\end{array}\right\} = \min\left\{\begin{array}{l}\boxed{5+5} \\ 4+8\end{array}\right\} = 10$$

$$f_2(B_2) = \min\left\{\begin{array}{l}d(B_2,C_1) + f_3(C_1) \\ d(B_2,C_2) + f_3(C_2) \\ \boxed{d(B_2,C_3) + f_3(C_3)} \\ d(B_2,C_4) + f_3(C_4)\end{array}\right\} = \min\left\{\begin{array}{l}7+5 \\ 6+8 \\ \boxed{5+5} \\ 3+12\end{array}\right\} = 10$$

$$f_2(B_3) = \min\left\{\begin{array}{l}d(B_3,C_1) + f_3(C_1) \\ \boxed{d(B_3,C_3) + f_3(C_3)} \\ d(B_3,C_4) + f_3(C_4)\end{array}\right\} = \min\left\{\begin{array}{l}5+5 \\ \boxed{2+5} \\ 2+12\end{array}\right\} = 7$$

在第一阶段($k = 1$)，类似有

$$f_1(A) = \min\left\{\begin{array}{l}d(A,B_1) + f_2(B_1) \\ d(A,B_2) + f_2(B_2) \\ \boxed{d(A,B_3) + f_2(B_3)}\end{array}\right\} = \min\left\{\begin{array}{l}4+10 \\ 3+10 \\ \boxed{5+7}\end{array}\right\} = 12$$

这样，我们便得知铺设管道的最小费用为 12，而具体路线可以采取"顺序追踪法"(即按计算的顺序反推之) 来确定，即

$$f_1(A) = d(A,B_3) + f_2(B_3)$$
$$f_2(B_3) = d(B_3,C_3) + f_3(C_3)$$
$$f_3(C_3) = d(C_3,D_1) + f_4(D_1)$$
$$f_4(D_1) = d(D_1,E) + f_5(E)$$

故所求的最短路线为 $A \to B_3 \to C_3 \to D_1 \to E$(在图 4-1 中用双线标出)。

在下一章中，我们会指出什么样的最短路问题可以用动态规划方法来解决。

事实上，凡是多阶段决策问题都可以用动态规划方法来解决。所谓多阶段决策问题，是指这样一类随时间顺序或空间位置的变化而变化的活动过程(此即**动态**的含义)。鉴于这类问题的特殊性，可以将整个过程按照时间或空间顺序划分为若干个相互联系的阶段，在它的每个阶段都需要作出决策，并且一个阶段的决策确定以后，常常会影响下一阶段的决策，从而影响整个活动过程。各个阶段所确定的决策就构成一个决策序列，通常称为一个**策略**(policy)。由于每一阶段可供选择的决策往往不止一个，因而就形成许多策略供我们选择。而我们的目的是选择一个最优策略，使整个过程达到最佳效果。换言之，每个阶段的最优选择不能只孤立地考虑本阶段活动所取得的效果，而必须把整个过程的各个阶段联系起来统筹考虑，从而形成一个多阶段决策过程(multistage decision process)。

这就是说，在多阶段决策过程中，除状态变量 s 外，还应存在着一种"控制" 变量 x，x 是由决策者根据系统的状态 s 来确定，从而它是状态变量 s 的函数 $x(s)$，称为**决策变量**(decision variable)或决策函数。即多阶段决策过程就是通过各个阶段的决策来控制过程的发展演变的。而状态的一系列变化是通过状态的转移关系 T 来实现的，显然 $T = T(s,x)$。如果 $s_1, s_2, \cdots$，是系统的一系列状态点，则系统状态的转移过程可以表示为

$$\left.\begin{aligned} s_2 &= T_1(s_1, x_1) \\ s_3 &= T_2(s_2, x_2) \\ &\vdots \\ s_{n+1} &= T_n(s_n, x_n) \end{aligned}\right\} \tag{4-1}$$

它的示意图如图 4-3。

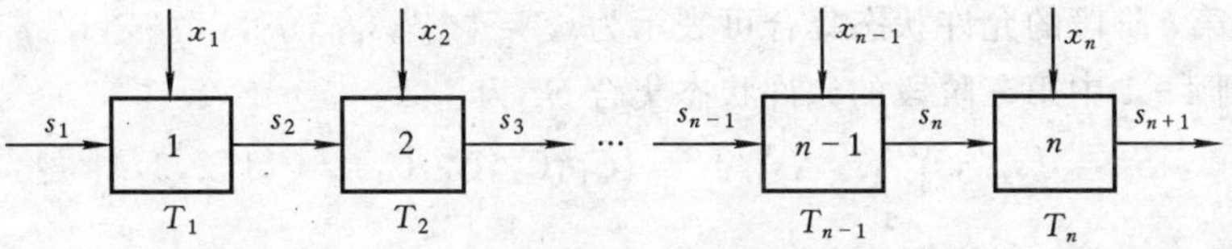

图 4-3

一般地说，系统在某个阶段的状态转移，既与本阶段的状态和决策有关，还可能与系统过去经历的状态和决策有关，因此问题的求解就变得很复杂。而适合于动态规划方法求解的，仅是一类特殊的多阶段决策问题，即具有所谓无后效性的多阶段决策过程。

无后效性又称为马尔科夫性(Markouian property)。**无后效性是指系统从某个阶段往后的发展演变，完全由系统本阶段所处的状态及决策所决定，与系统以前的状态及决策无关。**换言之，过去的经历只能通过当前的状态去影响它。未来的发展，即当前的状态就是过程往后发展的初始条件。而事实上，系统以前的状态与决策已经通过当前的状态反映出来。在此需要指出，以后我们讨论的多阶段决策过程都是指具有无后效性的过程，不再特别声明。

动态规划在一定条件下，也可以解决一些与时间无关的"静态" 最优化问题，只要人为地赋予"时段" 的概念，就能将静态问题变成为一个多阶段决策问题，这就是所谓静态问题的动态处理。总之，**动态规划是研究多阶段决策过程的最优化方法。**实践中，属于多阶段决策的问题是很多的。

§4.2 动态规划的基本概念和最优性原理

4.2.1 动态规划的基本概念

为了今后讨论问题方便起见,现在介绍动态规划的几个主要概念。

1. 阶段(stage,或称级)

对于一个给定的多阶段决策过程,可以根据问题的特点,把整个过程划分为若干个相互联系的阶段。通常用 k 表示阶段的序号(k 也称为阶段变量),并按时间或空间顺序依次编号。

2. 状态(state)

状态表示系统某阶段的出发位置或状况、特征,它既是某阶段过程演变的起点,又是前一阶段某种决策的结果。通常一个阶段包含有若干个状态。例如,例4-1中第一阶段有一个状态,即 A 点;第二个阶段有三个状态,即点 B_1,B_2 和 B_3;等等。

描述状态的变量,称为**状态变量**,常用 s_k 表示第 k 阶段的状态变量。每一阶段所有状态的集合,称为**允许状态集合**,它是关于状态的约束条件,并用相应于该阶段状态变量的大写字母来表示允许状态集合。

状态变量可以是一个数或一组数。有时,虽然状态变量本身并非数,但可以人为地赋予数,只要将第 k 阶段所有状态编上号码 $1,2,\cdots,i,\cdots$,并令 $s_k^{(i)}=i$,于是 $s_k^{(i)}$ 就表示第 k 阶段的第 i 个状态.这样,第 k 阶段的允许状态集合可表示为 $s_k=\{s_k^{(1)},s_k^{(2)},\cdots,s_k^{(i)},\cdots,s_k^{(r)}\}=\{1,2,\cdots,i,\cdots,r\}$。例如,例 4-1 中第三阶段的允许状态集合 S_3 为

$$S_3=\{s_3^{(1)},s_3^{(2)},s_s^{(3)},s_3^{(4)}\}=\{C_1,C_2,C_3,C_4\}=\{1,2,3,4\}$$

3. 决策(decision)

决策就是当某阶段的状态给定后,从该状态演变到下一阶段某种状态的选择。

描述决策的变量称为**决策变量**,常用 x_k 表示第 k 阶段的决策变量。它显然是状态变量 s_k 的函数,$x_k=x_k(s_k)$,即 $x_k(s_k)$ 表示第 k 阶段系统处于 s_k 状态时的决策选择。它的取值决定着系统下一阶段处于哪一个状态,它可以是一个数或一组数。

在实际问题中,决策变量的取值往往被限制在某一范围内,我们称此范围为**允许决策集合**,它是决策的约束条件,常用 $D_k(s_k)$ 表示第 k 阶段系统处于 s_k 状态时的允许决策集合,显然

$$x_k(s_k)\in D_k(s_k)$$

例如,例 4-1 中第二阶段若从 B_2 出发,则允许决策集合是 $D_2(B_2)=D_2(s_2^{(2)})=\{C_1,C_2,C_3,C_4\}$;当选择的点是 C_3 时,则 $x_2(B_2)=x_2(s_2^{(2)})=C_3\in D_2(s_2^{(2)})$。

初学者容易将状态变量与决策变量混淆,应注意区分。

由于从初始阶段开始到最终阶段,每一个阶段均有一决策,从而由各阶段的决策形成一决策序列,我们称此决策序列为系统的一个**策略**(policy)。使系统达到最优效果的策略,称为**最优策略**(optimal policy)。对于 n 个阶段的决策过程,由第一阶段的某一状态(比如 s_1)出发,做出的决策序列 $x_1,x_2,\cdots,x_n$ 而形成的策略(即**全过程策略**)记为 $P_{1,n}$,即

$$P_{1,n}(s_1)=\{x_1(s_1),x_2(s_2),\cdots,x_n(s_n)\}。$$

在 n 阶段决策过程中，从第 k 阶段到系统终点的过程，称为 k **后部子过程**，简称 k **子过程**。对于 k 后部子过程相应的决策序列，称为 k **后部子过程策略**，简称**子策略**，记为 $P_{k,n}$，即

$$P_{k,n}(s_k) = \{x_k(s_k), x_{k+1}(s_{k+1}), \cdots, x_n(s_n)\}。$$

4. 状态转移方程(state transfer equation)

系统在阶段 k 处于状态 s_k，进行决策 $x_k(s_k)$ 的结果，必须使得系统由阶段 k 的初始状态 s_k 转移到阶段 $k+1$ 的状态 s_{k+1}（即阶段 k 的终止状态）。多阶段决策过程的发展演变就是这样通过阶段状态的相继转移完成的。

对于具有无后效性的多阶段决策过程，系统由阶段 k 到阶段 $k+1$ 的状态转移方程是

$$s_{k+1} = T_k(s_k, x_k(s_k)) \tag{4-2}$$

式(4-2)反映了系统状态转移的递推规律，它是根据问题的特性及阶段 k 的状态 s_k 与阶段 $k+1$ 的状态 s_{k+1} 提供的信息确定的。例如，例 4-1 中易知状态转移方程为 $s_{k+1} = x_k$。以后我们将会看到，这是建立动态规划数学模型的难点之一。

5. 阶段效应与最优指标函数

在阶段 k 状态为 s_k，当决策变量 x_k 取得某个值（或方案）后，就得到一个反映这个局部措施效应的数量指标 $r_k(s_k, x_k)$，称为 k 阶段的**效应函数**（也称阶段指标函数）。对于无后效性的多阶段决策过程，阶段效应函数完全由本阶段的状态和决策所决定，第 k 阶段的效应函数 $r_k = r_k(s_k, x_k)$。在不同的问题中，效应（函数）可以是利润、成本、距离、产品的产量或资源的消耗量等等。例如，例 4-1 中，k 阶段的效应 $r_k(s_k, x_k)$ 就是有向边的权 $d_k(s_k, x_k)$。

第 k 阶段的状态 s_k，当采取最优子策略($x_k, x_{k+1}, \cdots, x_n$)后，从阶段 k 到阶段 n 可获得的总效应，称为**最优指标函数**，记为 $f_k(s_k)$。通常，$f_k(s_k)$ 可写成下列形式

$$f_k(s_k) = \underset{D_k(s_k)}{\mathrm{opt}}\{r_k(s_k, x_k) \odot r_{k+1}(s_{k+1}, x_{k+1}) \odot \cdots \odot r_n(s_n, x_n)\}$$

其中，运算符号 $\odot$ 表示某种运算，可以是加、乘或其它运算。符号 opt 是英文 optimization 的缩写，可根据问题的性质取 max 或 min。

4.2.2　最优性原理

在例 4-1 中，我们已经找到 $A \to B_3 \to C_3 \to D_1 \to E$ 是从 A 到 E 的最短路线，则 $C_3 \to D_1 \to E$ 必然是由 C_3 出发到 E 的所有可能选择的不同路线中的最短路线。日常生活中也有这样的事例。这些看来似乎很简单的事实，却蕴含着一个普遍的道理。

事实上，前面已经说过，在多阶段决策过程中，在确定阶段 k 的最优决策时，我们不应该只考虑本阶段效应的最优，而必须考虑本阶段及其所有后部子过程的整体最优，亦即必须考虑全过程的最优策略。现在的问题是，如果已经得到全过程的最优策略，那么，子过程的策略又如何呢?R. Bellman 在深入研究的基础上，提出了著名的解决多阶段决策问题的最优性原理。

最优性原理："作为整个过程的最优策略具有这样的性质：无论过去的状态和决策如何，相对于前面决策所形成的状态而言，余下的决策序列必然构成最优子策略。"最优性原理的含义是十分明确的，即最优策略的任一个后部子策略也是相对于前面状态的最优策略。这一原理是动态规划方法的核心。利用它采用递推方法解多阶段决策问题时，各状态前面的状态和决策，对其后面的子问题来说，只不过相当于初始条件而已，并不影响后面的最优决策。

上述结论的正确性，通常是用反证法证明的，这里略而不证。

§4.3 动态规划模型及求解方法

4.3.1 动态规划的数学模型

1. 动态规划的函数方程

设在阶段 k 的状态 s_k，执行了选定的决策 x_k 后，由式(4-2)，状态变为 $s_{k+1}=T_k(s_k,x_k)$。这时，k 后部子过程变为 $k+1$ 后部子过程。根据最优性原理，对 $k+1$ 后部子过程采取最优性策略后，则 k 后部子过程的最优指标函数为

$$\begin{aligned} f_k(s_k) &= \operatorname*{opt}_{x_k\in D_k(s_k)}\{r_k(s_k,x_k)\odot f_{k+1}(s_{k+1})\} \\ &= \operatorname*{opt}_{x_k\in D_k(s_k)}\{r_k(s_k,x_k)\odot f_{k+1}(T_k(s_k,x_k))\} \\ & k=n,n-1,\cdots,1 \end{aligned} \tag{4-3}$$

另有下列条件成立： $f_{n+1}(s_{n+1})=0$ 或 1。 (4-4)

式(4-4)通常称为边界条件，它是指过程结束(或过程开始)时的状况。

在式(4-4)中，当运算符号 $\odot$ 取加法运算时，取 $f_{n+1}(s_{n+1})=0$；当 $\odot$ 取乘法运算时，取 $f_{n+1}(s_{n+1})=1$。

式(4-3)和式(4-4)一起称为动态规划的**基本函数方程**，简称动态规划的基本方程。它们也称为递归方程，因为最优指标函数 $f_k(s_k)$ 与 $f_{k+1}(s_{k+1})$ 之间的关系是递推关系。

2. 建立动态规划模型的步骤

用动态规划方法解决实际问题，需要根据题意建立动态规划的数学模型，这是非常重要的一步，也是比较困难的一步。

建立动态规划数学模型，一般包括以下几个步骤。

(1) 划分阶段

划分阶段是多阶段决策过程描述某一实际问题的首要一环。在根据实际问题的性质识别出问题的多阶段特性后，就需按照时间或空间的顺序，将过程划分为若干个相互联系的阶段，以便有效地求解。

这里需指出的是，在实际问题中阶段划分的多少应根据问题的特点，求解精度和计算机速度等多方面因素综合考虑。由此可见，对于一个多阶段决策过程，如何划分阶段存在一个技巧问题，这一点需要经验的积累。

(2) 确定状态变量及其取值范围

选择状态变量的原则是，使它既能描述过程演变的状态，又要满足无后效性的要求，而且状态变量的维数要尽量少。一般地，状态变量的选择总是从限制系统运筹的条件中，或从问题的约束条件中去寻找。

如果所选的变量不具有无后效性，就不能作为状态变量来构成模型，这时可以适当地改变状态变量的规定方法，以实现无后效性的要求。例如，研究物体在外力作用下空间运动的轨迹问题，如果只选择坐标位置 (x_k,y_k,z_k) 作为状态变量，即使知道了外力的大小和方向，也无法确定物体在下时刻的位置，只有把位置 (x_k,y_k,z_k) 和速度 $(\dot{x}_k,\dot{y}_k,\dot{z}_k)$ 都作为状态变量，才能确

定物体下一时刻的位置，同时又满足无后效性的要求。

确定了状态变量后，还要进一步明确状态变量在各阶段的取值范围，即确定允许状态集合。

(3) 确定决策变量及其取值范围

决策是决策者给予系统的一种信息，通过它来控制过程的演变。前面已经述及，决策变量是状态的函数，即 $x_k = x_k(s_k)$。当 k 阶段的决策变量确定以后，一方面它将影响本阶段的效应，另一方面它将影响下一阶段的初始状态，从而影响第 $k+1$ 阶段到最终状态的最优指标函数。因此，选择什么样的决策变量，常常是由系统最优化的目的所决定。

当决策变量选定后，同时要给出决策变量的取值范围，即给出允许决策集合。

(4) 建立状态转移方程

如果给定第 k 阶段状态变量 s_k 的值，当该阶段的决策变量 x_k 一经确定，第 $k+1$ 阶段的状态变量 s_{k+1} 的值也就完全确定。因此，为了描述过程的演变规律，状态转移方程 $s_{k+1} = T_k(s_k, x_k)$ 必须具有递推关系。

(5) 确定阶段效应和最优指标函数，建立动态规划的函数方程

阶段效应函数 $r_k(s_k, x_k)$ 根据问题的性质，可以是收益函数(比如利润、产品的产量等)，也可以是损失函数(比如成本、资源的消耗等)。

第 k 阶段的最优指标函数 $f_k(s_k)$ 是指从 k 阶段到 n 阶段获得的总效应，要求 $f_k(s_k)$ 是按阶段单调的(单调增或单调减)。

最后，建立式(4-3)及式(4-4)的函数基本方程。

以上五个步骤全部完成后，即完成了动态规划数学模型的建立。当然，读者要完全掌握动态规划建模的方法与技巧，并不是轻而易举的，读者需学完本章的全部内容后，通过不断实践，不断总结经验，才能领会得比较深刻。

4.3.2　动态规划的求解方法

在实际问题中，最常见的最优指标函数形式，一种是加法型的，另一种是乘法型的。从而，动态规划递推形式的基本方程分别为

$$\begin{cases} f_k(s_k) = \underset{x_k \in D_k(s_k)}{\text{opt}} [r_k(s_k, x_k) + f_{k+1}(s_{k+1})], k = n, n-1, \cdots, 1 \\ f_{n+1}(s_{n+1}) = 0 \end{cases} \tag{4-5}$$

及

$$\begin{cases} f_k(s_k) = \underset{x_k \in D_k(s_k)}{\text{opt}} [r_k(s_k, x_k) \cdot f_{k+1}(s_{k+1})], k = n, n-1, \cdots, 1 \\ f_{n+1}(s_{n+1}) = 1 \end{cases} \tag{4-6}$$

我们看到，用递推基本方程式(4-5)(或式(4-6))及状态转移方程式(4-2)求解动态规划的过程，是由 $k = n$ 递推至 $k = 1$。这种由后向前逐步递推的方法(backward induction method)，称为**逆序解法**。当求出全过程的最优策略时，即得到原来问题的最优解。逆序解法是一般常用的方法。有些问题也可以采用由前向后逐步递推的方法(forward induction method)，即**顺序解法**。这时状态转移方程和基本方程(加法型的)分别为

$$s_{k-1} = T_k(s_k, x_k), \quad k = 1, 2, \cdots, n \tag{4-7}$$

$$\begin{cases} f_k(s_k) = \underset{x_k \in D_k(s_k)}{\text{opt}} \left[r_k(s_k, x_k) + f_{k-1}(s_{k-1}) \right], \quad k = 1,2,\cdots,n \\ f_0(s_0) = 0 \end{cases} \tag{4-8}$$

与最优指标函数是乘法形式对应的基本方程,读者也不难写出。

既可用逆序解法求解,又可用顺序解法求解的多阶段决策过程,称为可逆过程,比如最短路问题就是一个可逆过程。我们主要讨论逆序解法,而顺序解法类同。下面我们通过举例来讲述动态规划建模及求解的全过程。

例 4-2 (投资分配问题)

假设国家拨款和地方自筹共六百万元的资金供某工业部门四个老企业进行技术改造之用,各企业技术改造后所得到的利润与投资额大小的关系如表 4-1 所示。

表 4-1

投资额(百万元) \ 工厂利润(万元)	工厂 Ⅰ	工厂 Ⅱ	工厂 Ⅲ	工厂 Ⅳ
0	0	0	0	0
1	40	40	50	50
2	100	80	120	80
3	130	100	170	100
4	160	110	200	120
5	170	120	220	130
6	170	130	230	140

要求确定各工厂的投资数量,使得这些工厂接受后,该部门为国家提供的总利润达到最大。

这类问题就是所谓“资源分配”问题,即将一定数量的一种或若干种资源(例如人力、资金、设备、材料、时间等),合理分配给若干个使用者(或生产活动),使资源投放后总效果最优。

假定有一种资源,其数量为 a,现需将它分配给 n 个使用者,而使总收益最大。若分配给第 i 个使用者的数量为 $x_i(i=1,2,\cdots,n)$,且由此产生的收益为 $g_i(x_i)$,$g_i(x_i)$ 自然应该是 x_i 的非递减函数。于是该问题的数学模型是

$$\begin{cases} \max \sum_{i=1}^{n} g_i(x_i) \\ \sum_{i=1}^{n} x_i = a \\ x_i \geqslant 0, i = 1,2,\cdots,n \end{cases} \tag{4-9}$$

这是一种资源的分配问题,称为一维分配问题。

解 式(4-9)是一个静态的线性或非线性规划问题。但由于这类问题的特性,我们可以将它看作是一个多阶段决策问题,并利用动态规划方法求解。

现在来建立它的动态规划数学模型,并进行求解。

把资金分配给前 k 个工厂的过程作为第 k 个阶段($k=1,2,3,4$),这样就将过程划分为相互联系的四个阶段。

设状态变量 s_k 为分配给第 k 个工厂到第 n 个工厂的资金总额，即 k 阶段初所拥有的资金额，显然 $0 \leqslant s_k \leqslant a$（这里 $a = 600$ 万元，此不等式即允许状态集合）。决策变量 x_k 为分配给第 k 个工厂的资金额，自然 $0 \leqslant x_k \leqslant s_k$（即允许决策集合）。

状态转移方程为

$$\begin{cases} s_{k+1} = s_k - x_k \quad k = 4,3,2,1 \\ s_1 = a; s_5 = 0\text{（将全部资金分配完）} \end{cases}$$

阶段收益函数 $g_k(s_k, x_k)$ 为第 k 个工厂接受 x_k 资金后所得的利润。最优指标函数 $f_k(s_k)$ 就是将资金 s_k 分配给第 k 个工厂到第 n 个工厂后所获得的总利润。从而有动态规划的基本方程

$$\begin{cases} f_k(s_k) = \max\limits_{0 \leqslant x_k \leqslant s_k} [g_k(s_k, x_k) + f_{k+1}(s_{k+1})] \\ \qquad\quad = \max\limits_{0 \leqslant x_k \leqslant s_k} [g_k(s_k, x_k) + f_{k+1}(s_k - x_k)] \quad k = 4,3,2,1 \\ f_5(s_5) = 0\text{（或等价地有 } f_4(s_4) = g_4(s_4)\text{）} \end{cases}$$

为了计算简单，我们以投资额百万元为分配单位。这样，状态变量与决策变量的取值就是离散的非负整数 0,1,2,…,6；也因此，计算结果用表格形式显示较为简便。

现在用逆序方法求解。

当 $k = 4$ 时，$s_4 = 0,1,2,\cdots,6$；$x_4 = 0,1,2,\cdots,6$。

最大利润值为

$$f_4(s_4) = \max_{x_4}[g_4(s_4, x_4)]$$

数值计算列于表 4－2 中。

表 4－2

s_4 \ x_4	$g_4(x_4)$							$f_4(s_4)$	x_4^*
	0	1	2	3	4	5	6		
0	0							0	0
1		50						50	1
2			80					80	2
3				100				100	3
4					120			120	4
5						130		130	5
6							140	140	6

表中 x_4^* 表示使 $f_4(s_4)$ 为最大时的最优决策。

当 $k = 3$ 时，$s_3 = 0,1,2,\cdots,6$。即把 s_3 的资金额分配给第 3 个工厂和第 4 个工厂的情形。计算结果列于表 4－3 中。

表 4-3

s_3 \ x_3	$g_3(x_3)+f_4(s_3-x_3)$ 0	1	2	3	4	5	6	$f_3(s_3)$	x_3^*
0	0							0	0
1	0+50	50+0						50	0,1
2	0+80	50+50	120+0					120	2
3	0+100	50+80	120+50	170+0				170	2,3
4	0+120	50+100	120+80	170+50	200+0			220	3
5	0+130	50+120	120+100	170+80	200+50	220+0		250	3,4
6	0+140	50+130	120+120	170+100	200+80	220+50	230+0	280	4

当 $k=2$ 时，$s_2=0,1,2,\cdots,6$。这就是把 s_2 的资金额分配给第 2,3,4 个工厂的情形。计算结果列于表 4-4 中。

表 4-4

s_2 \ x_2	$g_2(x_2)+f_3(s_2-x_2)$ 0	1	2	3	4	5	6	$f_2(s_2)$	x_2^*
0	0							0	0
1	0+50	40+0						50	0
2	0+120	40+50	80+0					120	0
3	0+170	40+120	80+50	100+0				170	0
4	0+220	40+170	80+120	100+50	110+0			220	0
5	0+250	40+220	80+170	100+120	110+50	120+0		260	1
6	0+280	40+250	80+220	100+170	110+120	120+50	130+0	300	2

当 $k=1$ 时，只有 $s_1=6$ 的情况。即把 s_1 的资金额分配给第 1 到第 4 个工厂的情形。此时，最大利润值为

$$f_1(6)=\max_{x_1}[g_1(6,x_1)+f_2(6-x_1)]$$

其中 $x_1=0,1,2,\cdots,6$。数值计算列于表 4-5 中。

表 4-5

s_1 \ x_1	$g_1(x_1)+f_2(6-x_1)$ 0	1	2	3	4	5	6	$f_1(6)$	x_1^*
6	0+300	40+260	100+220	130+170	160+120	170+50	170+0	320	2

从表 4-5 看出，最大利润值 $f_1(s_1)=320$。

然后，按表 4-5，表 4-4，表 4-3 及表 4-2 的顺序递推，从而求得最优策略是 $x_1^*=2$，$x_2^*=0$，$x_3^*=3$，$x_4^*=1$。这样我们就得到整个问题的最优解，即分配给第一工厂 200 万元的

资金，第三个工厂300万元的资金，第四个工厂100万元的资金，第二个工厂不进行投资。投资600万元以后，该部门为国家提供的总利润为每年320万元。

在应用动态规划方法处理这类静态规划问题时，一般总是把资源分配给一个或几个使用者的过程作为一个阶段；把原规划问题中的变量 x_k 作为决策变量，把累积的量或随递推过程演变的量作为状态变量。

例4-3 用动态规划方法解下列连续变量的非线性规划问题

$$\max f(x) = x_1 x_2 x_3$$

$$\begin{cases} x_1 + x_2 + x_3 \leqslant a \\ x_j \geqslant 0 \ (j = 1,2,3) \end{cases} \tag{4-10}$$

解 用动态规划方法解这一多变量的非线性规划问题，首先需要"人为地"赋予"时段"的概念，从而将问题转化为一个多阶段决策过程。即第 k 阶段决定 x_k 的取值($k = 1,2,3$)，于是，问题转化为三阶段决策过程。现在的关键是如何找出各个后部子过程之间的递推(嵌套)关系。Bellman称之为"不变嵌入"原理，它的意思是说，从一个过程的开始到终结，每一个子过程的寻优可以嵌入一个后部子过程的最优化结果。只有做到了这点，才能保证寻优过程具有递推性。

现在讨论式(4-10)的动态规划模型及其求解。

选递推过程中累积的量作为状态变量 y_k，选 x_k 为决策变量，则各阶段的状态及允许决策集合如下：

$$\begin{cases} y_1 = a & D_1(y_1) = \{x_1 \mid 0 \leqslant x_1 \leqslant y_1\} \\ y_2 = y_1 - x_1 & D_2(y_2) = \{x_2 \mid 0 \leqslant x_2 \leqslant y_2\} \\ y_3 = y_2 - x_2 & D_3(y_3) = \{x_3 \mid 0 \leqslant x_3 \leqslant y_3\} \end{cases}$$

状态转移方程为

$$y_{k+1} = T_k(y_k, x_k) = y_k - x_k \quad k = 3,2,1$$

由于此例是三阶段决策过程，故可假想存在第四个阶段，而 $y_4 = 0$。于是，得到动态规划的基本方程

$$\begin{cases} f_k(y_k) = \max\limits_{x_k \in D_k(y_k)} [x_k \cdot f_{k+1}(y_{k+1})] \qquad k = 3,2,1 \\ f_4(y_4) = 1 \end{cases}$$

现采用逆序法求解。

当 $k = 3$ 时，

$$f_3(y_3) = \max_{x_3 \in D_3(y_3)} [x_3 \cdot f_4(y_4)] = \max_{0 \leqslant x_3 \leqslant y_3} [x_3 \cdot 1] = y_3$$

$$x_3^* = y_3$$

当 $k = 2$ 时，

$$\begin{aligned} f_2(y_2) &= \max_{x_2 \in D_2(y_2)} [x_2 \cdot f_3(y_3)] = \max_{0 \leqslant x_2 \leqslant y_2} [x_2 \cdot y_3] \\ &= \max_{0 \leqslant x_2 \leqslant y_2} [x_2(y_2 - x_2)] \end{aligned}$$

这是一个非线性规划问题，其中 y_2 为一待定参数。我们采用经典的解析法求出极值点。令

$$\frac{\mathrm{d}[x_2(y_2 - x_2)]}{\mathrm{d}x_2} = y_2 - 2x_2 = 0$$

得驻点 $x_2 = y_2/2$，且为极大值点（读者容易求得$\frac{d^2[\cdot]}{dx^2} < 0$）。

故有

$$f_2(y_2) = \max_{0 \leqslant x_2 \leqslant y_2} [x_2(y_2 - x_2)] = \frac{y_2^2}{4}$$

从而

$$x_2^* = \frac{y_2}{2}$$

当 $k = 1$ 时

$$f_1(y_1) = \max_{x_1 \in D_1(y_1)} [x_1 \cdot f_2(y_2)] = \max_{0 \leqslant x_1 \leqslant y_1} \left[x_1 \cdot \frac{y_2^2}{4}\right]$$
$$= \max_{0 \leqslant x_1 \leqslant y_1} \left[x_1 \cdot \frac{(y_1 - x_1)^2}{4}\right]$$

同样采用经典法，求得驻点 $x_1 = y_1/3$，且为极大值点（y_1 为待定参数）。

故

$$f_1(y_1) = \max_{0 \leqslant x_1 \leqslant y_1} \left[x_1 \cdot \frac{(y_1 - x_1)^2}{4}\right] = \frac{1}{27} y_1^3$$

$$x_1^* = y_1/3$$

所以，整个过程的最优策略为

$$x_1^* = \frac{y_1}{3} = \frac{1}{3}a$$

$$x_2^* = \frac{y_2}{2} = y_1 - \frac{x_1}{2} = \frac{1}{3}a$$

$$x_3^* = y_3 = y_2 - x_2 = \frac{1}{3}a$$

最优指标函数

$$f_1(y_1) = \frac{1}{27}a^3$$

一般地，若考虑的动态规划的基本方程是

$$\begin{cases} f_k(s_k) = \underset{x_k \in D_k(s_k)}{\text{opt}} [g_k(s_k, x_k) \odot f_{k+1}(s_{k+1})], \ k = n, n-1, \cdots, 1 \\ f_{n+1}(s_{n+1}) = 0 \text{ 或 } 1 \end{cases}$$

当 $g_i(x_i)$ 是线性函数或凸函数（非线性规划中研究的比较深入的一类函数）时，则不难求得最优指标函数 $f_k(s_k)$ 的表达式，而求解各个子过程的最优子策略，数学上容易处理。但当 $g_i(x_i)$ 不具备上述特性时，要求出 $f_k(s_k)$ 的解析表达式会遇到较大的困难。然而，我们可以采用数值解法，即将连续变量离散化，然后用分段列举法求解。

不失一般性，考虑连续变量的一维分配问题

$$\begin{cases} \max[g_1(x_1) + g_2(x_2) + \cdots + g_n(x_n)] \\ x_1 + x_2 + \cdots + x_n = a \\ x_j \geqslant 0 \quad (j = \overline{1,n}) \end{cases}$$

具体作法是：

(1) 根据问题的精度要求及计算机的运算能力对区间$[0,a]$进行分割。分割的数目$m=\frac{a}{\Delta}$,其中Δ是小区间的长度;各分割点是$0,\Delta,2\Delta,\cdots,m\Delta(=a)$。

(2) 规定状态变量s_k及决策变量x_k,它们只在离散点$0,\Delta,2\Delta,\cdots,m\Delta$上取值。相应的最优指标函数$f_k(s_k)$也只在这些离散的分割点处取值。于是,状态转移方程是

$$\begin{cases}s_{k+1}=s_k-x_k\\ s_1=a\end{cases}$$

动态规划的基本方程为

$$\begin{cases}f_k(s_k)=\max\limits_{0\leqslant x_k\leqslant s_k}[g_k(s_k,x_k)+f_{k+1}(s_{k+1})]\\ \qquad\quad=\max\limits_{p=0,1,2,\cdots,q}[g_k(s_k,p\Delta)+f_{k+1}(s_k-p\Delta)]\quad k=n,n-1,\cdots,1\\ f_n(s_n)=g_n(s_n)\ (\text{或}\ f_{n+1}(s_{n+1})=0)\end{cases}$$

其中,$s_k=q\Delta$是第k阶段开始时拥有的资源限量。

(3) 按照逆序求解原则,逐步递推求出问题的各个后部子过程的最优解,直至求得整个过程的最优解(包括最优策略和最优指标函数值)。具体地说,可以在$s_k=0,\Delta,2\Delta,\cdots,m\Delta$上计算出$f_n(s_n)$,然后逐次求得$f_{n-1}(s_{n-1}),\cdots,f_1(s_1)$。最后再往回倒推求出最优决策,即从$f_1(a)$ $(a=m\Delta)$中求出最优决策x_1^*,从$f_2(a-x_1^*)$中求出x_2^*,…,从$f_k(a-x_1^*-x_2^*-\cdots-x_{k-1}^*)$中求出$x_k^*$,…,直至最后求出$x_n^*$。而$x_1^*,x_2^*,\cdots,x_n^*$即为所求的最优策略,$f_1(a)$为最优指标函数值。

下面用离散化方法解下列连续变量的非线性规划问题。

例 4-4

$$\begin{cases}\max f(x)=x_1x_2x_3\\ x_1+x_2+x_3\leqslant 3\\ x_j\geqslant 0\ (j=1,2,3)\end{cases}$$

解　取小区间长度$\Delta=0.5$,于是,区间分割数目$m=6$。按变量x_1,x_2,x_3取值的顺序将问题转化为三阶段决策过程。选择原问题中的变量x_k为决策变量,选递推过程中累积的量作为状态变量s_k。允许决策集合为

$$D_k(s_k)=\{x_k\mid 0\leqslant x_k\leqslant s_k\},\ k=1,2,3$$

于是,当$k\geqslant 2$时,状态变量s_k的取值点为

$$\begin{cases}s_k=0,0.5,1.0,1.5,2.0,2.5,3.0\\ s_1=3.0\end{cases}$$

x_k均只在分割点上取值。

状态转移方程为

$$\begin{cases}s_{k+1}=s_k-x_k\quad k=3,2,1\\ s_4=0\end{cases}$$

动态规划的基本方程为

$$\begin{cases}f_k(s_k)=\max\limits_{x_k\in D_k(s_k)}[x_k\cdot f_{k+1}(s_{k+1})]\quad k=3,2,1\\ f_4(s_4)=1\end{cases}$$

这里，阶段效应函数 $r_k(s_k, x_k) = x_k$。

采用分段列举法，并用逆序解法求解。由于状态变量 s_k 及决策变量 x_k 的取值点较多，故计算结果以表格形式给出较为清晰。

当 $k=3$ 时，$f_3(s_3) = \max_{x_3}[x_3 \cdot f_4(s_4)] = \max_{x_3}[x_3]$，数值计算列于表 4-6 中。

表 4-6

s_3 \ x_3	$r_3(s_3,x_3)=x_3$							$f_3(s_3)$	x_3^*
	0	0.5	1.0	1.5	2.0	2.5	3.0		
0	0							0	0
0.5		0.5						0.5	0.5
1.0			1.0					1.0	1.0
1.5				1.5				1.5	1.5
2.0					2.0			2.0	2.0
2.5						2.5		2.5	2.5
3.0							3.0	3.0	3.0

当 $k=2$ 时，$f_2(s_2) = \max_{x_2}[x_2 \cdot f_3(s_2 - x_2)]$

数值计算列于表 4-7 中。

表 4-7

s_2 \ x_2	$x_2 \cdot f_3(s_2-x_2)$							$f_2(s_2)$	x_2^*
	0	0.5	1.0	1.5	2.0	2.5	3.0		
0	0							0	0
0.5	0	0.5×0						0	0,0.5
1.0	0	0.5×0.5	1.0×0					0.25	0.5
1.5	0	0.5×1.0	1.0×0.5	1.5×0				0.50	0.5,1.0
2.0	0	0.5×1.5	1.0×1.0	1.5×0.5	2.0×0			1.00	1.0
2.5	0	0.5×2.0	1.0×1.5	1.5×1.0	2.0×0.5	2.5×0		1.50	1.0,1.5
3.0	0	0.5×2.5	1.0×2.0	1.5×1.5	2.0×1.0	2.5×0.5	3.0×0	2.25	1.5

当 $k=1$ 时，$s_1 = 3.0$，$f_1(3) = \max_{x_1}[x_1 \cdot f_2(3 - x_1)]$

计算结果列于表 4-8 中。

表 4-8

s_1 \ x_1	$r_1 \cdot f_2(3-x_1)$							$f_1(3)$	x_1^*
	0	0.5	1.0	1.5	2.0	2.5	3.0		
3.0	0	0.5×1.5	1.0×1.0	1.5×0.5	2.0×0.25	2.5×0	3.0×0	1.0	1.0

最后得到问题的最优策略：$x_1^* = 1.0$，$x_2^* = 1.0$，$x_3^* = 1.0$，相应的各阶段的初始状态为 $s_1 = 3$，$s_2 = 2$，$s_3 = 1$，全过程的最优指标函数为 $f_1(s_1) = 1$。

§4.4　动态规划的应用

本章一开始已经指出，动态规划的应用是很广泛的。本节我们将通过几个动态规划应用的典型实例分析，进一步讲述动态规划方法。

4.4.1　生产经营问题

在实际生产经营活动中经常遇到这样的问题：一方面大批量生产可以降低生产成本，但若超过市场需求会造成产品积压，从而增加库存费用；另一方面小批量生产可以减少库存费用，但往往由于开工不足，难以收到规模经济的效果，造成生产成本的增加。因此，要保证企业生产经营活动的正常进行，并取得良好的经济效益，必须合理安排生产计划。这就是所谓生产-库存问题，即在生产成本、库存费用和各时期市场需求已知的条件下，生产部门如何确定各时期的产量，使计划期内的费用总和最小的问题。同样，销售部门要考虑在库存量一定的条件下，如何确定合理的进货量与销售量，使销售部门能获得最大利润。这就是库存-销售问题，或称采购-销售问题。此外，在生产经营活动中还常遇到采购计划的制定问题。当采购价格是一随机变量时，相应的多阶段决策问题与前面所讨论过的确定型多阶段决策问题不同，即它的状态转移不能完全确定，而是按照某种已知的概率分布取值的。因此，在安排采购计划时，就存在一个限期采购的决策问题，用动态规划方法也可以解决这种随机型的多阶段决策问题。下面我们通过几个实例分析来解决这些问题。

例 4-5　(生产-库存问题)

设某机械制造厂根据预测得知，今年四个季度中市场对该厂某种新型机器的需求量分别为 d_k 台（$k = 1,2,3,4$）；而该厂第 k 季度生产这一产品的能力为 b_k 台（$k = 1,2,3,4$），每季度生产这种产品的固定成本为 K 万元（不生产时，有 $K = 0$），每台产品的追加成本（消耗费用）为 C 万元。本季度的产品如销售不出，则需运到仓库存储，每季度每台的库存费用为 H 万元，仓库能够存储这种产品的最大数量为 E 台。试问：该厂应如何安排四个季度的生产，在保证满足市场需求的前提下，使生产和存储的总费最小。假定仓库年初和年末的库存量都必须为零。

解　若每个季度作为一个阶段，这一问题就是一个四阶段决策问题。

令状态变量 s_k 表示第 k 季度初仓库的库存量；决策变量 x_k 表示第 k 季度生产的台数；$r_k(s_k, x_k)$ 表示第 k 季度的生产和存储费。于是

$$r_k(s_k, x_k) = \begin{cases} H \cdot s_k & x_k = 0 \\ K + Cx_k + Hs_k & x_k > 0 \end{cases}$$

$f_k(s_k)$ 表示第 k 季度初在库存量为 s_k 的条件下，为保证市场需求，从第 k 季度至本年末生产和存储这种产品的最小费用。

令

$$E_k = \begin{cases} 0 & k = 0; \\ E & k = 1,2,3,4 \end{cases}$$

于是，得到状态转移方程

$$s_{k+1} = s_k + x_k - d_k, \quad k = 4,3,2,1$$

及基本方程

$$\begin{cases} f_k(s_k) = \min\limits_{x_k \in D_k(s_k)} \{r_k(s_k, x_k) + f_{k+1}(s_{k+1})\}, \ k = 4,3,2,1 \\ f_5(s_5) = 0 \end{cases}$$

其中，$D_k(s_k)$ 是允许决策集合。

注意到，这里

$$s_1 = 0, \ s_5 = 0, \ 0 \leqslant s_k \leqslant E \ (k = 2,3,4)$$

当 $s_k \geqslant d_k$ 时，x_k 可以是零；当 $s_k < d_k$ 时，至少应生产 $d_k - s_k$；由于该厂在第 k 季度的生产能力为 b_k，故 $x_k \leqslant b_k$；而第 k 季度末（即下一季度初）的库存量 $s_k + x_k - d_k$ 应不超过下一季度的库存能力 E_{k+1}，即

$$s_k + x_k - d_k \leqslant E_{k+1}$$

亦即

$$x_k \leqslant E_{k+1} - s_k + d_k$$

综上，故有

$$D_k(s_k) = \{x_k \mid \max[0, d_k - s_k] \leqslant x_k \leqslant \min[b_k, E_{k+1} - s_k + d_k]\}$$

且由状态转移方程可知，当 $D_{k+1}(s_{k+1}) = \phi$（记号 ϕ 表示集合 $D_{k+1}(s_{k+1})$ 是空集，$k < 4$）时，

$$x_k \neq s_{k+1} - s_k + d_k$$

现在给出问题中有关数据资料如表 4-9。

表 4-9

季度	需求量	生产能力	生产费用		库存费用 H	仓库最大
k	d_k(台)	b_k(台)	固定成本 K(万元)	追加成本 C(万元/台)	(万元/台·季度)	容量 E(台)
1	2	6	3	1	0.5	3
2	3	4				
3	4	5				
4	2	4				

先求出各阶段的允许状态集合及允许决策集合：

$$D_1(s_1) = D_1(0) = \{2,3,4,5\}$$

其它允许状态集合及允许决策集合列于表 4-10 中。

表 4-10

s_2	0	1	2	3
$D_2(s_2)$	{3,4}	{2,3,4}	{1,2,3,4}	{0,1,2,3}
s_3	0	1	2	3
$D_3(s_3)$	{4,5}	{3,4,5}	{2,3,4}	{1,2,3}
s_4	0	1	2	3
$D_4(s_4)$	{2}	{1}	{0}	ϕ

现在用逆序解法求解。

当 $k=4$ 时，$f_4(s_4)=\min\limits_{x_4\in D_4(s_4)}\{r_4(s_4,x_4)+f_5(s_5)\}=\min\limits_{x_4\in D_4(s_4)}\{r_4(s_4,x_4)\}$

计算结果列于表 4-11 中。

表 4-11

状态 s_4（期初库存）	决策 x_4（可能生产量）	本期费用 $r_4(s_4,x_4)$			总费用 r_4+f_5
		生产费用 $3+1\cdot x_4$	库存费 $0.5\times s_4$	合计	
0	2*	5	0	5.0	5.0*
1	1*	4	0.5	4.5	4.5*
2	0*	0	1.0	1.0	1.0*

当 $k=3$ 时

$$f_3(s_3)=\min_{x_3\in D_3(s_3)}\{r_3(s_3,x_3)+f_4(s_4)\}$$
$$=\min_{x_3\in D_3(s_3)}\{r_3(s_3,x_3)+f_4(s_3+x_3-4)\}$$

计算结果列于表 4-12 中。

表 4-12

状态 s_3	决策 x_3	本期费用 $r_3(s_3,x_3)$			期末库存 $s_4=s_3+x_3-4$	以后各期最小费用 $f_4(s_4)$	总费用 r_3+f_4
		生产费 $3+1\cdot x_3$	库存费 $0.5\times s_3$	合计			
0	4*	7	0	7.0	0	5.0	12.0*
	5	8	0	8.0	1	4.5	12.5
1	3	6	0.5	6.5	0	5.0	11.5
	4	7	0.5	7.5	1	4.5	12.0
	5*	8	0.5	8.5	2	1.0	9.5*
2	2	5	1.0	6.0	0	5.0	11.0
	3	6	1.0	7.0	1	4.5	11.5
	4*	7	1.0	8.0	2	1.0	9.0*
3	1	4	1.5	5.5	0	5.0	10.5
	2	5	1.5	6.5	1	4.5	11.0
	3*	6	1.5	7.5	2	1.0	8.5*

当 $k=2$ 时，

$$f_2(s_2)=\min_{x_2\in D_2(s_2)}\{r_2(s_2,x_2)+f_3(s_3)\}$$
$$=\min_{x_2\in D_2(s_2)}\{r_2(s_2,x_2)+f_3(s_2+x_2-3)\}$$

计算结果列于表 4 - 13 中。

表 4 - 13

状态 s_2	决策 x_2	$r_2(s_2,x_2)$			期末库存 $s_3=s_2+x_2-3$	以后各期最小费用 $f_3(s_3)$	总费用 r_2+f_3
		生产费 $3+1\cdot x_2$	库存费 $0.5\times s_2$	合计			
0	3	6	0	6.0	0	12.0	18.0
	4*	7	0	7.0	1	9.5	16.5*
1	2	5	0.5	5.5	0	12.0	17.5
	3*	6	0.5	6.5	1	9.5	16.0*
	4	7	0.5	7.5	2	9.0	16.5
2	1	4	1.0	5.0	0	12.0	17.0
	2*	5	1.0	6.0	1	9.5	15.5*
	3	6	1.0	7.0	2	9.0	16.0
	4	7	1.0	8.0	3	8.5	16.5
3	0*	0	1.5	1.5	0	12.0	13.5*
	1	4	1.5	5.5	1	9.5	15.0
	2	5	1.5	6.5	2	9.0	15.5
	3	6	1.5	7.5	3	8.5	16.0

当 $k=1$ 时，

$$f_1(s_1)=\min_{x_1\in D_1(s_1)}\{r_1(s_1,x_1)+f_2(s_2)\}$$
$$=\min_{x_1\in D_1(s_1)}\{r_1(s_1,x_1)+f_2(x_1-2)\}\quad(\text{注意}:s_1=0)$$

计算结果列于表 4 - 14 中。

表 4 - 14

状态 s_1	决策 x_1	$r_1(s_1,x_1)$			期末库存 $s_2=x_1-2$	以后各期最小费用 $f_2(s_2)$	总费用 r_1+f_2
		生产费 $3+1\cdot x_1$	库存费 $0.5\times s_1$	合计			
0	2*	5	0	5	0	16.5	21.5*
	3	6	0	6	1	16.0	22.0
	4	7	0	7	2	15.5	22.5
	5*	8	0	8	3	13.5	21.5*

为求出各时期(季度)的最优生产量，可根据各时期的计算表(即表 4 - 11，表 4 - 12，表 4 - 13 及表 4 - 14)反推之，可以得到该问题的两个最优策略方案。

方案 Ⅰ：$x_1^* = 2, x_2^* = 4, x_3^* = 5, x_4^* = 0$。即第一季度的期初库存为 0 台，最优生产量为 2 台，期末库存为 0 台；第二季度的期初库存为 0 台，最优生产量为 4 台，期末库存为 1 台；第三季度的期初库存为 1 台，最优生产量为 5 台，期末库存为 2 台；第四季度的期初库存为 2 台，最优生产量为 0 台，期末库存为 0 台。

方案 Ⅱ：$x_1^* = 5, x_2^* = 0, x_3^* = 4, x_4^* = 2$。即第一季度的期初库存为 0 台，最优生产量为 5 台，期末库存为 3 台；第二季度的期初库存为 3 台，最优生产量为 0 台，期末库存为 0 台；第三季度期的初库存为 0 台，最优生产量为 4 台，期末库存为 0 台；第四季度的期初库存为 0 台，最优生产量为 2 台，期末库存为 0 台。最小总费用均为 21.5 万元。

例 4-6　(库存-销售问题)

设有一家外贸公司计划在 1 月至 4 月份从事某种商品的经营。已知它的仓库最多可存储 1 000 件这种商品，该公司开业时有存货 500 件，并根据预测知道，该种商品 1 月至 4 月的进价和售价如表 4-15 所示。

表 4-15

月份	1	2	3	4
进价 c(百元 / 件)	10	9	11	15
售价 p(百元 / 件)	12	9	13	17

问如何安排进货量和销售量，使该公司获得最大利润。(假设四月底库存为零。)

解　若将 1 月至 4 月份的购销安排作为阶段 $k(k = 1,2,3,4)$，那么，该问题就是一个四阶段决策问题。

选择第 k 月初公司的存货量作为状态变量 s_k，第 k 月的销售量和进货量分别作为决策变量 u_k 和 v_k。不难看出，这一问题的每一阶段都有两个决策变量；而且在应用动态规划方法把整个问题分解为若干个子问题后，对每个子问题需应用线性规划解法求解。

状态转移方程是

$$s_{k+1} = s_k + v_k - u_k \quad k = 1,2,3,4$$

而

$$0 \leqslant u_k \leqslant s_k,\ 0 \leqslant v_k \leqslant 1\,000 - (s_k - u_k) \quad k = 1,2,3,4$$

由已知，$s_1 = 500$；假想有第五阶段，$s_5 = 0$。

动态规划基本方程为

$$\begin{cases} f_k(s_k) = \max\limits_{u_k, v_k}\{(p_k u_k - c_k v_k) + f_{k+1}(s_{k+1})\} \\ \qquad\quad = \max\limits_{u_k, v_k}\{(p_k u_k - c_k v_k) + f_{k+1}(s_k + v_k - u_k)\} \\ \qquad\qquad\qquad k = 4,3,2,1 \\ f_5(s_5) = 0 \end{cases}$$

其中，阶段收益函数为 $r_k(s_k; u_k, v_k) = p_k u_k - c_k v_k$

现在采用逆序法求解。

当 $k = 4$ 时，有

$$\begin{aligned} f_4(s_4) &= \max_{u_4, v_4}\{p_4 u_4 - c_4 v_4 + f_5(s_5)\} \\ &= \max_{u_4, v_4}\{17u_4 - 15v_4\} \end{aligned}$$

这里，约束条件（允许决策集合）为

$$0 \leqslant u_4 \leqslant s_4 \text{（销售量不得超过存货量）}$$

$$0 \leqslant v_4 \leqslant 1\,000 - (s_4 - u_4) \text{（进货量不得大于最大可能存储量）}$$

显然，为使 $17u_4 - 15v_4$ 在约束条件下取得最大值，应取最大的 u_4 和最小的 v_4，即该阶段的最优策略是

$$u_4^* = s_4,\ v_4^* = 0$$

此时，$f_4(s_4) = 17s_4$（s_4 看作待定参数）。

当 $k = 3$ 时，即考虑 3，4 两个月份，有

$$\begin{aligned} f_3(s_3) &= \max_{u_3, v_3}\{(p_3 u_3 - c_3 v_3) + f_4(s_4)\} \\ &= \max_{u_3, v_3}\{13u_3 - 11v_3 + 17(s_3 + v_3 - u_3)\} \\ &= \max_{u_3, v_3}\{-4u_3 + 6v_3 + 17s_3\} \end{aligned}$$

约束条件为

$$0 \leqslant u_3 \leqslant s_3$$

$$0 \leqslant v_3 \leqslant 1\,000 - (s_3 - u_3)$$

为了求出使 $-4u_3 + 6v_3 + 17s_3$ 达到最大的 u_3^*，v_3^*，须解以下线性规划问题

$$\max z = -4u_3 + 6v_3$$

$$\text{s. t.} \begin{cases} u_3 \leqslant s_3 \\ -u_3 + v_3 \leqslant 1\,000 - s_3 \\ u_3 \geqslant 0, v_3 \geqslant 0 \end{cases}$$

现在用图解法求解。先在 $u-v$ 平面上画出由 $u_3 = 0$，$u_3 = s_3$，$v_3 = 0$，$-u_3 + v_3 = 1\,000 - s_3$ 四条直线围成的可行域，其中 s_3 看作参数（见图 4-4）。

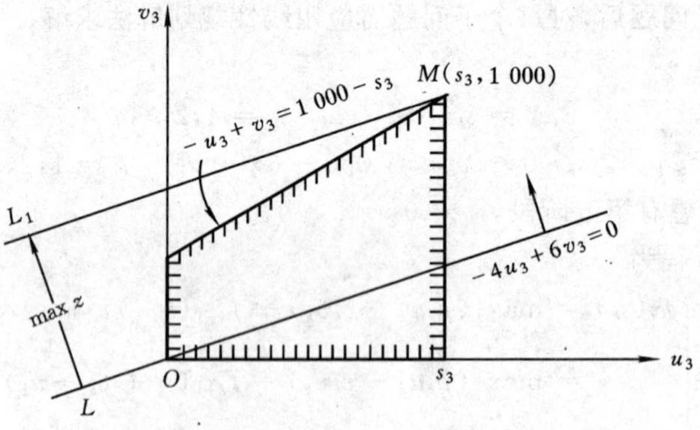

图 4-4

由图 4-4 不难得到，在点 $M(s_3, 1\,000)$，函数 z 取得最大值。因此

$$u_3^* = s_3,\quad v_3^* = 1\,000$$

此时，$f_3(s_3) = -4s_3 + 6\,000 + 17s_3 = 6\,000 + 13s_3$

当 $k = 2$ 时，即考虑 2 至 4 月三个月份。这时

$$f_2(s_2) = \max_{u_2, v_2}\{p_2 u_2 - c_2 v_2 + f_3(s_3)\}$$

$$= \max_{u_2, v_2}\{9u_2 - 9v_2 + 6\ 000 + 13s_3\}$$
$$= \max_{u_2, v_2}\{-4u_2 + 4v_2 + 13s_2 + 6\ 000\}$$

约束条件为

$$0 \leqslant u_2 \leqslant s_2$$
$$0 \leqslant v_2 \leqslant 1\ 000 - (s_2 - u_2)$$

与 $k = 3$ 时情形类似，解以下线性规划问题

$$\max z = -4u_2 + 4v_2$$
$$\text{s.t.} \begin{cases} u_2 \leqslant s_2 \\ -u_2 + v_2 \leqslant 1\ 000 - s_2 \\ u_2 \geqslant 0, v_2 \geqslant 0 \end{cases}$$

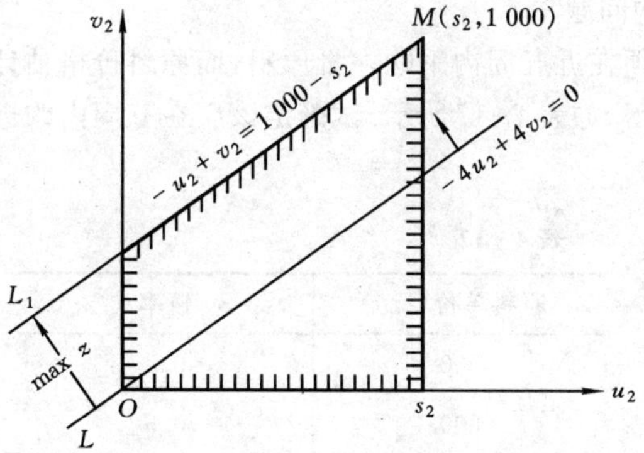

图 4-5

用图解法(见图 4-5)，不难求出上面线性规划问题的最优解。但由于目标函数的等值线平行于可行域的约束边界线，自然 L_1 上任一点都是线性规划的最优解，比如取

$$u_2^* = s_2, \quad v_2^* = 1\ 000$$

于是 $f_2(s_2) = -4s_2 + 4\ 000 + 13s_2 + 6\ 000 = 9s_2 + 10\ 000$

当 $k = 1$ 时，即考虑 1 至 4 月四个月份。

这时 $$f_1(s_1) = \max_{u_1, v_1}\{p_1u_1 - c_1v_1 + f_2(s_2)\}$$
$$= \max_{u_1, v_1}\{12u_1 - 10v_2 + 9s_2 + 10\ 000\}$$
$$= \max_{u_1, v_1}\{3u_1 - v_1 + 9s_1 + 10\ 000\}$$

(将状态方程代入，整理得到)

约束条件为

$$0 \leqslant u_1 \leqslant s_1, \quad 0 \leqslant v_1 \leqslant 1\ 000 - (s_1 - u_1)$$

为使线性函数 $3u_1 - v_1 + 9s_1 + 10\ 000$ 取得最大值，显然应取

$$u_1^* = s_1, \quad v_1^* = 0$$

此时

$$f_1(s_1) = 12s_1 + 10\ 000$$
$$= 16\ 000\ (\text{百元}) \quad (\text{将 } s_1 = 500 \text{ 代入得到})$$
$$= 160\ (\text{万元})$$

这就是该公司获得的最大利润值。

最后得到该问题的最优策略,列于表 4-16 中。

表 4-16

月份	进货量 v_k(件)	销售量 u_k(件)	月初存货量(件)
1	0	500	500
2	1 000	0	0
3	1 000	1 000	1 000
4	0	1 000	1 000

例 4-7 (限期采购问题)

某厂生产上要求必须在近五周内采购一批原料,而原料价格估计在未来五周内会有波动,其浮动价格和概率已测得,如表4-17所示。试确定该厂在五周内购进这批原料的最优策略,使采购价格的期望值最小。

表 4-17

原料单价(元)	概率
500	0.3
600	0.3
700	0.4

解 这里价格是一个随机变量,它是按某种已知的概率分布取值的。我们在 4.4.1 节一开始已经指出,动态规划方法也可以解决这种随机型问题。

首先,将采购期限五周分为5个阶段,即阶段变量 $k=1,2,3,4,5$。状态变量 s_k 表示第k周的原料实际价格。决策变量 x_k,当 $x_k=1$,表示第 k 周决定采购;当 $x_k=0$,表示第 k 决定等待(即不采购)。用 S_{kE} 表示第k周决定等待,而在以后采取最优决策时采购价格的期望值。最优指标函数 $f_k(s_k)$ 表示第k周实际价格为s_k时,从第k周至第5周采取最优决策所花费的最小期望价格。因而可有逆序递推关系式为

$$\begin{cases} f_k(s_k)=\min\{s_k, S_{kE}\} & s_k\in D_k \quad k=4,3,2,1 \qquad (4-11) \\ f_5(s_5)=s_5 & s_5\in D_5 \qquad (4-12) \end{cases}$$

其中,$D_k=\{500,600,700\} \quad k=1,2,3,4,5$

由 S_{kE} 和 $f_k(s_k)$ 的定义可知:

$$S_{kE}=Ef_{k+1}(s_{k+1})=0.3f_{k+1}(500)+0.3f_{k+1}(600)+0.4f_{k+1}(700) \qquad (4-13)$$

并得出最优决策为

$$x_k=\begin{cases} 1(\text{采购}) & \text{当 } f_k(s_k)=s_k \\ 0(\text{等待}) & \text{当 } f_k(s_k)=S_{kE} \end{cases} \qquad (4-14)$$

从最后一周开始,逐步向前递推计算。

$k=5$ 时,因 $f_5(s_5)=s_5, s_5\in D_5$,故有

$$f_5(500)=500,\ f_5(600)=600,\ f_5(700)=700$$

即在第五周时，若所需的原料尚未买入，则无论市场价格如何，都必须采购，不能再等。

$k=4$ 时，由式(4－13)得

$$S_{4E}=0.3f_5(500)+0.3f_5(600)+0.4f_5(700)$$
$$=0.3\times500+0.3\times600+0.4\times700=610$$

所以，由式(4－11)、式(4－14)知

$$f_4(s_4)=\min_{s_4\in D_4}\{s_4,S_{4E}\}=\min_{s_4\in D_4}\{s_4,610\}$$
$$=\begin{cases}500 & \text{当 } s_4=500 \quad x_4^*=1(\text{采购})\\ 600 & \text{当 } s_4=600 \quad x_4^*=1(\text{采购})\\ 610 & \text{当 } s_4=700 \quad x_4^*=0(\text{等待})\end{cases}$$

当 $k=3$ 时，$S_{3E}=0.3f_4(500)+0.3f_4(600)+0.4f_4(700)$　(由式(4－13))

$$=0.3\times500+0.3\times600+0.4\times610=574$$

故　$$f_3(s_3)=\min_{s_3\in D_3}\{s_3,S_{3E}\}=\min\{s_3,574\}$$
$$=\begin{cases}500 & \text{当 } s_3=500 \quad x_3^*=1\\ 574 & \text{当 } s_3=600 \text{ 或 } 700 \quad x_3^*=0\end{cases}$$

当 $k=2$ 时，同理

$$f_2(s_2)=\min\{s_2,S_{2E}\}=\min\{s_2,551.8\}$$
$$=\begin{cases}500 & \text{当 } s_2=500 \quad x_2^*=1\\ 551.8 & \text{当 } s_2=600 \text{ 或 } 700 \quad x_2^*=0\end{cases}$$

当 $k=1$ 时

$$f_1(s_1)=\min\{s_1,S_{1E}\}=\min\{s_1,536.26\}$$
$$=\begin{cases}500 & \text{当 } s_1=500 \quad x_1^*=1\\ 536.26 & \text{当 } s_1=600 \text{ 或 } 700 \quad x_1^*=0\end{cases}$$

所以，最优采购策略为：若第一、第二、第三周原料价格为 500 元时，则立即采购，否则在以后的几周内再采购。若第四周价格为 500 或 600 元时，则立即采购，否则等第五周再采购。而第五周时，无论什么价格都要采购。

按照以上最优策略进行采购时，价格(单价)的数学期望值为

$$f_1(s_1)=0.3f_1(500)+0.3f_1(600)+0.4f_1(700)$$
$$=0.3\times500+0.3\times536.26+0.4\times536.26$$
$$=525.382\approx525$$

4.4.2　可靠性问题

所谓可靠性(度)是指系统、产品和某种设备的零部件等，在规定的条件下能正常工作的概率，它是工程技术设计和管理中经常要研究的问题。例如某种仪器由 N 个部件串联构成，只要其中一个部件发生故障，整个仪器的工作系统便不能正常工作。为了提高系统工作的可靠性，一种办法是可以在每个部件上装有主要元件的相同性能的备用件，并且设计了备用元件的自动投入装置。自然，备用元件越多，系统工作的可靠性就越大；但备用件多了，整个系统的成本、重量、体积均会相应加大，有时工作精度也会降低。因此，在成本、重量、体积等限制条件下，

应如何选择各部件的备用元件数，使得整个系统的可靠性最大。这就提出了一个最优化的问题。

设部件 $i(i=1,2,\cdots,N)$ 上装有 z_i 个备用元件，部件 i 正常工作的概率记为 $p_i(z_i)$；从而，整个系统工作的可靠性就是 N 个部件正常工作概率的连乘积，即

$$P=\prod_{i=1}^{N}p_i(z_i)$$

又设部件 i 的一个备用元件的费用为 c_i，重量为 w_i；而总费用的限额为 C，总重量的限制为 W。

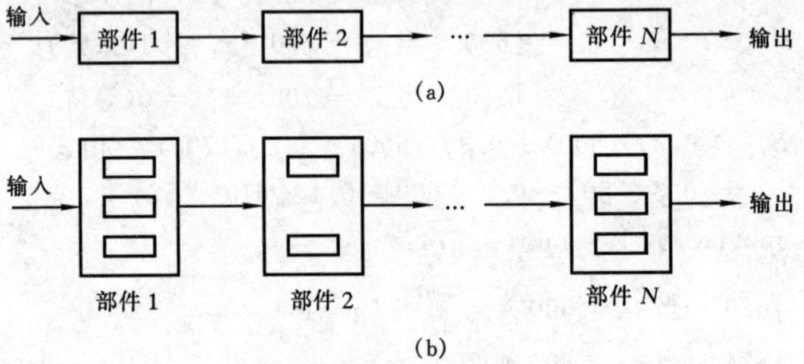

图 4-6

因此，我们所考虑的最优化问题的静态规划模型为

$$\max P=\prod_{i=1}^{N}p_i(z_i)$$

$$\text{s. t.}\begin{cases}\sum_{i=1}^{N}c_iz_i\leqslant C\\ \sum_{i=1}^{N}w_iz_i\leqslant W\\ z_i\geqslant 0,\text{且为整数}\end{cases}\tag{4-15}$$

式(4-15)是一个非线性整数规划问题(注意目标函数是 z_i 的非线性函数)。它的求解是比较复杂的，倘若采用动态规划方法求解则较为容易。

现在我们来构造式(4-15)的动态规划模型。

我们将这个问题划分为 N 个阶段：第一阶段是确定部件 1 的备用元件；第二阶段是确定部件 2 的备用元件；依次类推。现采用顺序解法求解。

由于有两个约束条件，故需选择二维状态变量 (x_k,y_k)。x_k 为由第一个到第 k 个部件容许使用的总费用；y_k 为由第一个到第 k 个部件容许具有的总重量。

选择决策变量 z_k 为部件 k 上装有备用元件数，它是一维的。

状态转移方程为

$$\begin{cases}x_{k-1}=x_k-c_kz_k\\ y_{k-1}=y_k-w_kz_k\end{cases}\quad k=1,2,\cdots,N\tag{4-16}$$

这里可令 $x_0=0,y_0=0$

允许决策集合为

$$D_k(x_k,y_k)=\left\{z_k\mid 0\leqslant z_k\leqslant\min\left(\left[\frac{x_k}{c_k}\right],\left[\frac{y_k}{w_k}\right]\right)\right\}\tag{4-17}$$

其中[ ] 是取整数符号，是由于 z_k 为非负整数决定的。

由此可得仪器整机可靠性的动态规划基本方程为

$$\begin{cases} f_k(x_k,y_k) = \max\limits_{z_k \in D_k(x_k,y_k)} \{p_k(z_h) \cdot f_{k\ 1}(x_{k-1},y_{k-1})\} \\ \qquad\qquad\quad = \max\limits_{z_k \in D_k(x_k,y_k)} \{p_k(z_k) \cdot f_{k-1}(x_k - c_k z_k; y_k - w_k z_k)\} \quad k = \overline{1,N} \\ f_0(x_0,y_0) = 1 \end{cases} \tag{4-18}$$

这里 $p_i(z_i)$ 是 z_i 的单调增函数，且 $p_i(z_i) \leqslant 1$。(式(4-16)，式(4-18)的得到，可参见式(4-7)，式(4-8))

例 4-8　某电气设备由三个部件串联组成。为提高该种设备在指定工作条件下正常工作的可靠性，需在每个部件上安装一个、两个或三个主要元件的相同备用件。假设对部件 $i(i=1,2,3)$ 配备 j 个备用件后的可靠性 R_{ij} 和所需费用 c_{ij} 均已知，如表 4-18 所示。问在用于安装备用元件的总费用限额为 1 千元的条件下，如何配备各部件的备用元件数，方能使该种设备在指定工作条件下的可靠性最大。

表 4-18

备用元件个数 / 费用及可靠性 / 部件 i	$j=1$		$j=2$		$j=3$	
	c_{i1}(百元)	R_{i1}	c_{i2}(百元)	R_{i2}	c_{i3}(百元)	R_{i3}
1	2	0.92	4	0.94	5	0.96
2	3	0.75	5	0.94	6	0.98
3	1	0.80	2	0.95	3	0.99

解　本问题的静态规划模型读者不难写出。现在建立它的动态规划模型。

这是一个三阶段决策问题(划分阶段的方法这里不再赘述)。它是一个较上述情形(式(4-15)、式(4-16)、式(4-17)及式(4-18))简单的问题，它只具有一维的状态变量和决策变量。我们采用顺序法求解。

设状态变量 s_k 为第一个部件到第 k 个部件容许使用的总费用($k=1,2,3$)；决策变量 x_k 为第 k 个部件配备的备用元件数($k=1,2,3$)。

状态转移方程为

$$\begin{cases} s_{k-1} = s_k - c_{k,x_k} \quad k = 1,2,3 \\ s_0 = 0 \end{cases}$$

整机可靠性的动态规划基本方程为

$$\begin{cases} f_k(s_k) = \max\limits_{x_k \in D_k(s_k)} \{R_k(x_k) \cdot f_{k-1}(s_{k-1})\} \\ \qquad\quad = \max\limits_{x_k \in D_k(s_k)} \{R_{k,x_k} \cdot f_{k-1}(s_k - c_{k,x_k})\} \quad k = 1,2,3 \\ f_0(s_0) = 1 \end{cases}$$

为了计算简便，先对各阶段的状态变量的可能取值做出分析。按题意，每个部件至少必须安装一个备用元件。而配备的 i 部件备用件的最小费用为 $\min\{c_{ij}, j=1,2,3\}$，故 s_k 必须满足下面的不等式：

$$\sum_{i=1}^{k}\min\{c_{ij} \mid j=1,2,3\} \leqslant s_k \leqslant 10-\sum_{i=1}^{N-k}\min\{c_{k+i,j} \mid j=1,2,3\} \quad (\text{这里 } N=3)$$

从而有

$$2 \leqslant s_1 \leqslant 6,\quad 5 \leqslant s_2 \leqslant 9,\quad 6 \leqslant s_3 \leqslant 10。$$

从状态转移方程，还可以得到下列关系式：

$$\sum_{i=1}^{k-1}\min\{c_{ij} \mid j=1,2,3\} \leqslant s_{k-1} = s_k - c_{k,x_k}$$

当 $k=1$ 时，上述不等式中左端值为零，而 $s_0=0$，不等式仍成立；故有

$$D_k(s_k)=\{x_k \mid \sum_{i=1}^{k-1}\min[c_{ij} \mid j=1,2,3] \leqslant s_k - c_{k,x_k}\}$$①

因此，各状态的取值及相应的允许决策集合由表 4-19 列出。

表 4-19

s_1	2	3	4	5	6
$D_1(s_1)$	{1}	{1}	{1,2}	{1,2,3}	{1,2,3}
s_2	5	6	7	8	9
$D_2(s_2)$	{1}	{1}	{1,2}	{1,2,3}	{1,2,3}
s_3	6	7	8	9	10
$D_3(s_3)$	{1}	{1,2}	{1,2,3}	{1,2,3}	{1,2,3}

当 $k=1$ 时，$c_{11}=2, c_{12}=4, c_{13}=5, R_{11}=0.92, R_{12}=0.94, R_{13}=0.96$，这时

$$f_1(s_1)=\max_{x_1\in D_1(s_1)}\{R_{1,x_1}\cdot f_0(s_0)\}=\max_{x_1\in D_1(s_1)}\{R_{1,x_1}\}$$

计算结果列于表 4-20 中。

表 4-20

状态 s_1	决策 x_1	前阶段状态 s_0	R_{1,x_1}	前阶段 $f_0(s_0)$	$R_{1,x_1}\cdot f_0$	$f_1(s_1)$
2	1*	0	0.92	1	0.92	0.92*
3	1*	0	0.92	1	0.92	0.92*
4	1	0	0.92	1	0.92	
	2*	0	0.94	1	0.94	0.94*
5	1	0	0.92	1	0.92	
	2	0	0.94	1	0.94	
	3*	0	0.96	1	0.96	0.96*
6	1	0	0.92	1	0.92	
	2	0	0.94	1	0.94	
	3*	0	0.96	1	0.96	0.96*

① 此关系式若感费解，也可直接分析得到表 4-19。

当 $k=2$ 时，$c_{21}=3, c_{22}=5, c_{23}=6, R_{21}=0.75, R_{22}=0.94, R_{23}=0.98$，这时

$$f_2(s_2)=\max_{x_2\in D_2(s_2)}\{R_{2,x_2}\cdot f_1(s_1)\}$$

计算结果列于表 4-21 中。

表 4-21

状态 s_2	决策 x_2	前阶段状态 s_1	R_{2,x_2}	前阶段 $f_1(s_1)$	$R_{2,x_2}\cdot f_1(s_1)$	$f_2(s_2)$
5	1*	2	0.75	0.92	0.690	0.690*
6	1*	3	0.75	0.92	0.690	0.690*
7	1	4	0.75	0.94	0.705	
	2*	2	0.94	0.92	0.865	0.865*
8	1	5	0.75	0.96	0.720	
	2	3	0.94	0.92	0.865	
	3*	2	0.98	0.92	0.902	0.902*
9	1	6	0.75	0.96	0.720	
	2	4	0.94	0.94	0.884	
	3*	3	0.98	0.92	0.902	0.902*

当 $k=3$ 时，$c_{31}=1, c_{32}=2, c_{33}=3, R_{31}=0.80, R_{32}=0.95, R_{33}=0.99$，这时

$$f_3(s_3)=\max_{x_3}\{R_{3,x_3}\cdot f_2(s_2)\}$$

计算结果列于表 4-22 中。

表 4-22

状态 s_3	决策 x_3	前阶段决策 s_2	R_{3,x_3}	前阶段 $f_2(s_2)$	$R_{3,x_3}\cdot f_2(s_2)$	$f_3(s_3)$
6	1*	5	0.80	0.690	0.552	0.552*
7	1	6	0.80	0.690	0.552	
	2*	5	0.95	0.690	0.656	0.656*
8	1*	7	0.80	0.865	0.692	0.692*
	2	6	0.95	0.690	0.656	
	3	5	0.99	0.690	0.683	
9	1	8	0.80	0.902	0.722	
	2*	7	0.95	0.865	0.822	0.822*
	3	6	0.99	0.690	0.683	
10	1	9	0.80	0.902	0.722	
	2*	8	0.95	0.902	0.857	0.857*
	3*	7	0.99	0.865	0.856	0.856*

然后，按计算表 4-20，表 4-21，表 4-22 的顺序反推之，可以得到使整机的可靠性最大的

最优策略为：$x_3^* = 2, x_2^* = 3, x_1^* = 1$，即应为部件1配备1个备用元件，为部件2配备3个备用元件，为部件3配备2个备用元件，这时该种电气设备的可靠性为0.857，配备备用元件共耗费1千元。这里需要指出，从表4-22的计算结果不难看出，0.856与0.857是很接近的，可以认为它们是相等的，所以也应予以考虑。事实上，也可以得到另一个最优策略：$x_3^* = 3, x_2^* = 2, x_1^* = 1$，配备备用元件共耗费亦为1千元。

4.4.3 二维分配问题

在§4.3例4-2中，我们已经研究了一维的资源分配问题，现在来研究二维的资源分析问题。

一般地，二维资源分配问题的提法是：设有总数分别为a和b的两种资源，需要分配给n个使用者(或n项生产活动)，而使总收益最大。若分配给第i个使用者的两种资源的数量分别为$x_i, y_i (i=\overline{1,n})$，且由此产生的收益为$g_i(x_i, y_i)$，$g_i(x_i, y_i)$自然应该是$(x_i, y_i)$的非递减函数。于是，该问题的数学模型是

$$\begin{cases} \max \sum_{i=1}^{n} g_i(x_i, y_i) \\ \sum_{i=1}^{n} x_i = a \\ \sum_{i=1}^{n} y_i = b \\ x_i \geqslant 0, y_i \geqslant 0 \ (i=\overline{1,n}) \end{cases} \tag{4-19}$$

用动态规划方法来解式(4-19)，其阶段的划分方法与一维分配问题相同，但状态变量和决策变量都是二维的。

令状态变量为(s_k, t_k)，其中s_k, t_k分别表示分配给第k个到第n个使用者两种资源的总数量；决策变量为(x_k, y_k)，其中x_k, y_k分别表示分配给第k个使用者两种资源的数量。$g_k(x_k, y_k)$为第k阶段收益函数。$f_k(s_k, t_k)$为以数量分别为s_k, t_k两种资源分配给第k个到第n个使用者可获得的最大收益。

于是，状态转移方程为

$$\begin{cases} s_{k+1} = s_k - x_k \\ t_{k+1} = t_k - y_k \end{cases} \quad k = n, n-1, \cdots, 1 \tag{4-20}$$

及

$$\begin{cases} s_1 = a, \ s_{n+1} = 0 \\ t_1 = b, \ t_{n+1} = 0 \end{cases}$$

动态规划的基本方程为

$$\begin{cases} f_k(s_k, t_k) = \max\limits_{(x_k, y_k) \in D_k(s_k, t_k)} \{g_k(x_k, y_k) + f_{k+1}(s_{k+1}, t_{k+1})\} \\ f_{n+1}(s_{n+1}, t_{n+1}) = 0 \qquad k = n, n-1, \cdots, 1 \end{cases} \tag{4-21}$$

状态变量与决策变量维数的增加，导致了计算的复杂性。类似于一维分配问题，适于用动态规划方法求解的问题，主要是状态变量为离散的情形。对于连续情形，一般总是先进行离散化处理，求其数值解。离散化的方法很多，比如疏密格子法、逐次逼近法、拉格朗日乘数法等，我

们重点介绍拉格朗日(Lagrange) 乘数法。

通常利用计算机解二维分配时，所需的内存量和计算量都较一维问题大大增加了。因此，对于更高维的分配问题，常因需要的内存量过大成为计算的主要障碍。拉格朗日乘数法可用来降低维数，即用增加计算量的代价换取内存量的减少。

对于二维分配问题(4－19)，我们考虑下面的动态规划问题

$$\begin{cases}\max\left[\sum_{k=1}^{n} g_k(x_k,y_k)-\lambda\sum_{k=1}^{n} y_k\right]\\ \sum_{k=1}^{n} x_k=a\\ 0\leqslant x_k\leqslant a,\text{整数},k=\overline{1,n}\\ 0\leqslant y_k\leqslant b,\text{整数},k=\overline{1,n}\end{cases}\tag{4-22}$$

其中 λ 为一个固定的参数。

这是一个一维的问题。这里，由于 λ 是参数，因此式(4－22) 的最优解 $\bar{x}_k$ 是参数 λ 的函数，相应的 $\bar{y}_k$ 也是 λ 的函数，即 $\bar{x}_k=\bar{x}_k(\lambda)$，$\bar{y}_k=\bar{y}_k(\lambda)$ 为其解。如果 $\sum_{k=1}^{n}\bar{y}_k(\lambda)=b$，理论上可以证明 $\{\bar{x}_k,\bar{y}_k\}(k=1,2,\cdots,n)$ 为原问题的最优解。当然，问题(4－22) 的解可能不唯一，不妨假设有 m 个最优解：

$$x_1^{(i)}(\lambda),\cdots,x_n^{(i)}(\lambda),y_1^{(i)}(\lambda),\cdots,y_n^{(i)}(\lambda),(i=1,2,\cdots,m)$$

令

$$F(\lambda)=\min_i\sum_{k=1}^{n} y_k^{(i)}(\lambda)\quad i=1,2,\cdots,m$$

$$G(\lambda)=\max_i\sum_{k=1}^{n} y_k^{(i)}(\lambda)\quad i=1,2,\cdots,m$$

可能出现下面几种情形：

若有某一个 i，使 $\sum_{k=1}^{n} y_k^{(i)}(\lambda)=b$，则问题(4－19) 已得解；

若 $F(\lambda)>b$，则增大 λ 值，重解式(4－22)；

若 $G(\lambda)<b$，则减少 λ 值，重解式(4－22)；

若 $F(\lambda)<b<G(\lambda)$，且对所有的 i 均有 $\sum_{k=1}^{n} y_k^{(i)}(\lambda)\neq b$，则算法不适用，停止迭代。

当算法因不适用而终止时，我们考虑将拉格朗日乘数用于约束条件 $\sum_{k=1}^{n} x_k=a$ 上，即考察下面的动态规划问题：

$$\begin{cases}\max\left[\sum_{k=1}^{n} g_k(x_k,y_k)-\lambda\sum_{k=1}^{n} x_k\right]\\ \sum_{k=1}^{n} y_k=b\\ 0\leqslant x_k\leqslant a,\text{整数},k=1,2,\cdots,n\\ 0\leqslant y_k\leqslant b,\text{整数},k=1,2,\cdots,n\end{cases}$$

下面通过例子来说明这种算法。

例 4-9 用拉格朗日乘数法解下列二维分析问题：

$$\begin{cases}\max\left[g_1(x_1,y_1)+g_2(x_2,y_2)\right]\\ x_1+x_2=3\\ y_1+y_2=3\\ 0\leqslant x_i\leqslant 3,\text{整数},i=1,2\\ 0\leqslant y_i\leqslant 3,\text{整数},i=1,2\end{cases}\tag{4-23}$$

其中 $g_1(x_1,y_1)$ 和 $g_2(x_2,y_2)$ 由表 4-23 给出。

表 4-23

$g_1(x_1,y_1)$					$g_2(x_2,y_2)$				
x_1 \ y_1	0	1	2	3	x_2 \ y_2	0	1	2	3
0	0	2	4	6	0	0	3	5	8
1	1	4	6	7	1	2	5	7	9
2	4	6	8	9	2	4	7	9	11
3	6	8	10	11	3	6	9	11	13

解 先将问题化成以下一维分配问题：

$$\begin{cases}\max\left[g_1(x_1,y_1)+g_2(x_2,y_2)-\lambda(y_1+y_2)\right]\\ x_1+x_2=3\\ y_1+y_2=3\\ 0\leqslant x_i\leqslant 3,\text{整数},i=1,2\\ 0\leqslant y_i\leqslant 3,\text{整数},i=1,2\end{cases}\tag{4-24}$$

然后应用动态规划方法求解。为此，令 $n=2$(即划分为两个阶段)。

状态变量 s_k 表示分配给第 k 个到第 n 个项目第一种资源的总数量。

决策变量 (x_k,y_k)，x_k,y_k 分别表示分配给第 k 个项目的第一、二种资源的数量。

阶段收益函数为 $g_k(s_k;x_k,y_k)=g_k(x_k,y_k)-\lambda y_k$。

最优指标函数 $f_k(s_k)$ 为将 s_k 数量的第一种资源分配给第 k 个到第 n 个项目时可获得的最大收益。

于是，有下面的状态转移方程和基本方程：

$$\begin{cases}s_{k+1}=s_k-x_k \quad k=2,1\\ s_1=3,s_3=0\end{cases}\tag{4-25}$$

$$\begin{cases}f_k(s_k)=\max\limits_{(x_k,y_k)\in D_k(s_k)}\{g_k(x_k,y_k)-\lambda y_k+f_{k+1}(s_{k+1})\} \quad k=2,1\\ f_3(s_3)=0\end{cases}\tag{4-26}$$

又由式(4-25)、式(4-24)而知

$$D_2(S_2)=\{(x_2,y_2)\mid 0\leqslant x_2\leqslant 3,0\leqslant y_2\leqslant 3,\text{且为整数}\}$$
$$=\{(s_2,0),(s_2,1),(s_2,2),(s_2,3)\}$$
$$D_1(S_1)=\{(x_1,y_1)\mid 0\leqslant x_1\leqslant s_1,0\leqslant y_1\leqslant 3,\text{且为整数}\}$$

先取参数 $\lambda=0$ 解之。

当 $k=2$ 时，由式(4-26)，

$$f_2(s_2)=\max_{(x_2,y_2)\in D_2(s_2)}\{g_2(x_2,y_2)-\lambda y_2\}$$
$$=\max_{(x_2,y_2)\in D_2(s_2)}\{g_2(x_2,y_2)\}$$
$$=\max\{g_2(s_2,y_2)\mid y_2=0,1,2,3\}$$

从而

$$f_2(0)=\max\{g_2(0,y_2)\mid y_2=0,1,2,3\}=g_2(0,3)=8^*$$
$$f_2(1)=\max\{g_2(1,y_2)\mid y_2=0,1,2,3\}=g_2(1,3)=9^*$$
$$f_2(2)=\max\{g_2(2,y_2)\mid y_2=0,1,2,3\}=g_2(2,3)=11^*$$
$$f_2(3)=\max\{g_2(3,y_2)\mid y_2=0,1,2,3\}=g_2(3,3)=13^*$$

当 $k=1$ 时，

$$f_1(s_1)=\max_{(x_1,y_1)\in D_1(s_1)}\{g_1(x_1,y_1)-\lambda y_1+f_2(s_2)\}$$
$$=\max_{(x_1,y_1)\in D_1(s_1)}\{g_1(x_1,y_1)+f_2(3-x_1)\}$$

计算结果列于表 4-24 中。

表 4-24

$g_1(x_1,y_1)-\lambda y_1$ \ $f_2(3-x_1)$	$y_1=0$	$y_1=1$	$y_1=2$	$y_1=3^*$	$f_1(s_1)$
$x_1=0^*$	0 / 13	2 / 13	4 / 13	6 / 13*	19*
$x_1=1$	1 / 11	4 / 11	6 / 11	7 / 11	
$x_1=2$	4 / 9	6 / 9	8 / 9	9 / 9	
$x_1=3^*$	6 / 8	8 / 8	10 / 8	11 / 8*	19*

我们感兴趣的是 $f_1(s_1)=f_1(3)=19$。最优解共有两个：

$$x_1^{(1)}(\lambda)=3,x_2^{(1)}(\lambda)=0,y_1^{(1)}(\lambda)=3,y_2^{(1)}(\lambda)=3$$
$$x_1^{(2)}(\lambda)=0,x_2^{(2)}(\lambda)=3,y_1^{(2)}(\lambda)=3,y_2^{(2)}(\lambda)=3$$

这时，算得 $F(\lambda)=G(\lambda)=6>b=3$，故应增大 λ 的值。

取 $\lambda=3$ 解之。

当 $k=2$ 时，

$$f_2(s_2)=\max_{(x_2,y_2)\in D_2(s_2)}\{g_2(x_2,y_2)-\lambda y_2\}$$
$$=\max\{g_2(s_2,y_2)-3y_2\mid y_2=0,1,2,3\}$$

从而

$$f_2(0)=\max\{g_2(0,y_2)-3y_2\mid y_2=0,1,2,3\}$$
$$=\max\{0-0,3-3,5-6,8-9\}=0^*$$

$$f_2(1) = \max\{g_2(1,y_2) - 3y_2 \mid y_2 = 0,1,2,3\}$$
$$= \max\{\mathbf{2-0,5-3},7-6,9-9\} = 2^*$$
$$f_2(2) = \max\{g_2(2,y_2) - 3y_2 \mid y_2 = 0,1,2,3\}$$
$$= \max\{\mathbf{4-0,7-3},9-6,11-9\} = 4^*$$
$$f_2(3) = \max\{g_2(3,y_2) - 3y_2 \mid y_2 = 0,1,2,3\}$$
$$= \max\{\mathbf{6-0,9-3},11-6,13-9\} = 6^*$$

当 $k=1$ 时，

$$f_1(1) = \max_{(x_1,y_1)\in D_1(s_1)} \{g_1(x_1,y_1) - 3y_1 + f_2(3-x_1)\}$$

计算结果列于表 4-25 中。

表 4-25

$g_1(x_1,y_1)-\lambda y_1$ \ $f_2(3-x_1)$	$y_1=0^*$	$y_1=1$	$y_1=2$	$y_1=3$	$f_1(s_1)$
$x_1=0^*$	0 | 6^*	−1 | 6	−2 | 6	−3 | 6	6^*
$x_1=1$	1 | 4	1 | 4	0 | 4	−2 | 4	
$x_1=2^*$	4 | 2^*	3 | 2	2 | 2	0 | 2	6^*
$x_1=3^*$	6 | 0^*	5 | 0	4 | 0	2 | 0	6^*

我们感兴趣的是 $f_1(s_1) = f_1(3) = 6$,最优解共有 6 个：

$$x_1^{(1)}(\lambda)=0,\ x_2^{(1)}(\lambda)=3,\ y_1^{(1)}(\lambda)=0,\ y_2^{(1)}(\lambda)=0;$$
$$x_1^{(2)}(\lambda)=0,\ x_2^{(2)}(\lambda)=3,\ y_1^{(2)}(\lambda)=0,\ y_2^{(2)}(\lambda)=1;$$
$$x_1^{(3)}(\lambda)=2,\ x_2^{(3)}(\lambda)=1,\ y_1^{(3)}(\lambda)=0,\ y_2^{(3)}(\lambda)=0;$$
$$x_1^{(4)}(\lambda)=2,\ x_2^{(4)}(\lambda)=1,\ y_1^{(4)}(\lambda)=0,\ y_2^{(4)}(\lambda)=1;$$
$$x_1^{(5)}(\lambda)=3,\ x_2^{(5)}(\lambda)=0,\ y_1^{(5)}(\lambda)=0,\ y_2^{(5)}(\lambda)=0;$$
$$x_1^{(6)}(\lambda)=3,\ x_2^{(6)}(\lambda)=0,\ y_1^{(6)}(\lambda)=0,\ y_2^{(6)}(\lambda)=1$$

这时算得 $F(\lambda)=0, G(\lambda)=1<b=3$。故应减小 λ 的值。

取 $\lambda=2$ 解之。

当 $k=2$ 时，

$$f_2(s_2) = \max_{(x_2,y_2)\in D_2(s_2)} \{g_2(x_2,y_2) - \lambda y_2\}$$
$$= \max\{g_2(s_2,y_2) - 2y_2 \mid y_2 = 0,1,2,3\}$$

从而

$$f_2(0) = \max\{g_2(0,y_2) - 2y_2 \mid y_2 = 0,1,2,3\}$$
$$= \max\{0-0,3-2,5-4,\mathbf{8-6}\} = 2^*$$

$$f_2(1) = \max\{g_2(1,y_2) - 2y_2 \mid y_2 = 0,1,2,3\}$$
$$= \max\{2-0, 5-2, \mathbf{7-4}, \mathbf{9-6}\} = 3^*$$
$$f_2(2) = \max\{g_2(2,y_2) - 2y_2 \mid y_2 = 0,1,2,3\}$$
$$= \max\{4-0, \mathbf{7-2}, \mathbf{9-4}, \mathbf{11-6}\} = 5^*$$
$$f_2(3) = \max\{g_2(3,y_2) - 2y_2 \mid y_2 = 0,1,2,3\}$$
$$= \max\{6-0, \mathbf{9-2}, \mathbf{11-4}, \mathbf{13-6}\} = 7^*$$

当 $k=1$ 时

$$f_1(s_1) = \max_{(x_1,y_1)\in D_1(s_1)} \{g_1(x_1,y_1) - 2y_2 + f_2(3-x_1)\}$$

计算结果列于表 4－26 中。

表 4－26

$g_1(x_1,y_1)-\lambda y_1$ / $f_2(3-x_1)$	$y_1=0^*$	$y_1=1$	$y_1=2^*$	$y_1=3$	$f_1(s_1)$
$x_1=0$	0 / 7	0 / 7	0 / 7	0 / 7	
$x_1=1$	1 / 5	2 / 5	2 / 5	1 / 5	
$x_1=2$	4 / 3	4 / 3	4 / 3	3 / 3	
$x_1=3^*$	6 / 2^*	6 / 2^*	6 / 2^*	5 / 2^*	8^*

我们感兴趣的是 $f_1(s_1) = f_1(3) = 8$，最优解共有 3 个：

$$x_1^{(1)}(\lambda) = 3,\ x_2^{(1)}(\lambda) = 0,\ y_1^{(1)}(\lambda) = 0,\ y_2^{(1)}(\lambda) = 3;$$
$$x_1^{(2)}(\lambda) = 3,\ x_2^{(2)}(\lambda) = 0,\ y_1^{(2)}(\lambda) = 1,\ y_2^{(2)}(\lambda) = 3;$$
$$x_1^{(3)}(\lambda) = 3,\ x_2^{(3)}(\lambda) = 0,\ y_1^{(3)}(\lambda) = 2,\ y_2^{(3)}(\lambda) = 3$$

这时，算得 $F(\lambda) = 3 = b, G(\lambda) = 5$

而且
$$y_1^{(1)}(\lambda) + y_2^{(1)}(\lambda) = 3 = b$$
故
$$x_1^* = 3,\ x_2^* = 0,\ y_1^* = 0,\ y_2^* = 3$$
是二维分配问题式(4－23)的最优解。其最优值为

$$g_1(3,0) + g_2(0,3) = 6 + 8 = 14$$

拉格朗日乘数法同样可推广到高维分配问题的情形，这里不再讨论了。

4.4.4　背包问题

这是运筹学中一个著名的问题。它的一般提法是：一名旅游者携带背包去登山，已知他所能承受的背包重量限制为 a 公斤，现有 n 件物品供他选择装入背包，第 i 种物品的单件重量为 a_i 公斤，其价值 c_i（可以用表示该物品对登山重要性的数量指标反映）是携带物品数量 x_i 的函数 $c_i(x_i)(i=\overline{1,n})$，问旅游者应如何选择携带各种物品的件数，使其总价值最大？这类问题在

海运、空运及人造卫星内物品的装载等领域中都有重要应用，通称为最优装载问题；还可以用于解决机床加工中的零件最优加工、下料问题等。可见，背包问题有着广泛的实际背景。

设 x_i 为第 i 种物品装入的件数，则背包问题可归结为如下形式的整数规划模型

$$\max z = \sum_{i=1}^{n} c_i(x_i) \tag{4-27a}$$

$$\begin{cases} \sum_{i=1}^{n} a_i x_i \leqslant a & (4-27b) \\ x_i \geqslant 0, \text{且为整数} (i = \overline{1,n}) & (4-27c) \end{cases}$$

在式(4-27c)中，如果 x_i 只取值0或1，则以上模型又称为0-1背包问题。下面我们用顺序解法的式(4-7)、式(4-8)来建立动态规划的模型并求解。

将可装入的 n 个物品划分为 n 个阶段，即阶段变量 k 依次为 $k = 1,2,\cdots,n$。

状态变量 s_{k+1} 表示在第 k 阶段开始时，背包中允许装入前 k 种物品的总重量。

决策变量 x_k 表示装入第 k 种物品的件数。

状态转移方程为

$$s_k = s_{k+1} - a_k x_k$$

允许决策集合为

$$D_k(s_{k+1}) = \left\{ x_k \mid 0 \leqslant x_k \leqslant \left[\frac{s_{k+1}}{a_k}\right], x_k \text{ 为整数} \right\}$$

其中，$\left[\frac{s_{k+1}}{a_k}\right]$表示不超过 s_{k+1}/a_k 的最大整数。

最优指标函数 $f_k(s_{k+1})$ 表示在背包中允许装入物品的总重量不超过 s_{k+1} 公斤，背包中允许装入第1种到第 k 种物品的最大使用价值。

于是，可得到动态规划的顺序递推方程为

$$\begin{cases} f_k(s_{k+1}) = \max\limits_{x_k = 0,1,\cdots,} \{c_k(x_k) + f_{k+1}(s_{k+1} - a_k x_k)\} \quad k = 1,2,\cdots,n \\ f_0(s_1) = 0 \end{cases} \tag{4-28}$$

用顺序动态规划方法逐步计算出 $f_1(s_2), f_2(s_3), \cdots, f_n(s_{n+1})$ 及相应的决策函数 $x_1(s_2)$，$x_2(s_3), \cdots, x_n(s_{n+1})$，最后得到的 $f_n(a)$ 即为所求的最大价值，而相应的最优策略则由反推计算得出。

例 4-10 有一辆最大载货量为10t的卡车，用以装载3种货物，每种货物的单位重量及相应的单位价值如表4-27所示。问应如何装载可使总价值最大？

表 4-27

货物编号 i	1	2	3
单位重量 /t	3	4	5
单位价值 c_i	4	5	6

设 x_i 表示第 i 种货物装载的件数($i = 1,2,3$)，则问题的数学模型为

$$\max z = 4x_1 + 5x_2 + 6x_3$$

$$\begin{cases} 3x_1 + 4x_2 + 5x_3 \leqslant 10 \\ x_i \geqslant 0 \text{ 且为整数} (i = 1,2,3) \end{cases}$$

解法一

可按前述方式建立的动态规划模型(4-28)式等来求解。由于决策变量取离散值，所以可用列表法求解。

当 $k=1$ 时，$f_1(s_2)=\max\limits_{\substack{0\leqslant 3x_1\leqslant s_2\\ x_1\text{为整数}}}\{4x_1\}$　或

$$f_1(s_2)=\max_{\substack{0\leqslant x_1\leqslant s_2/3\\ x_1\text{为整数}}}\{4x_1\}=4[s_2/3]$$

计算结果列于表 4-28。

表 4-28

s_2	0	1	2	3	4	5	6	7	8	9	10
$f_1(s_2)$	0	0	0	4	4	4	8	8	8	12	12
x_1^*	0	0	0	1	1	1	2	2	2	3	3

当 $k=2$ 时，$f_2(s_3)=\max\limits_{\substack{0\leqslant x_2\leqslant s_3/4\\ x_2\text{为整数}}}\{5x_2+f_1(s_3-4x_2)\}$

计算结果列于表 4-29。

表 4-29

s_3	0	1	2	3	4		5		6		7		8			9			10		
x_2	0	0	0	0	0	1	0	1	0	1	0	1	0	1	2	0	1	2	0	1	2
c_2+f_1	0	0	0	4	4	5	4	5	8	5	8	9	8	9	10	12	9	10	12	13	10
$f_2(s_3)$	0	0	0	4		5		5	8			9			10	12				13	
x_2^*	0	0	0	0		1		1	0			1			2	0				1	

当 $k=3$ 时　$f_3(10)=\max\limits_{\substack{0\leqslant x_3\leqslant 2\\ x_3\text{为整数}}}\{6x_3+f_2(10-5x_3)\}$

$$=\max_{x_3=0,1,2}\{6x_3+f_2(10-5x_3)\}$$

$$=\max\{f_2(10),6+f_2(5),12+f_2(0)\}$$

$$=\max\{13,6+5,12+0\}=13$$

此时，$x_3^*=0$，逆推可得最优策略为

$$x_1^*=2,\ x_2^*=1,\ x_3^*=0$$

最大价值为 13。

解法二

由于问题最终是要求 $f_3(10)$。而

$$f_3(10)=\max_{\substack{3x_1+4x_2+5x_3\leqslant 10\\ x_i\geqslant 0,\text{整数},i=1,2,3}}\{4x_1+5x_2+6x_3\}$$

$$=\max_{\substack{3x_1+4x_2\leqslant 10-5x_3\\ x_i\geqslant 0,\text{整数},i=1,2,3}}\{4x_1+5x_2+6x_3\}$$

$$=\max_{\substack{10-5x_3\geqslant 0\\ x_3\geqslant 0,\text{整数}}}\{6x_3+\max_{\substack{3x_1+4x_2\leqslant 10-5x_3\\ x_i\geqslant 0,\text{整数},i=1,2}}[4x_1+5x_2]\}$$

$$=\max_{x_3=0,1,2}\{6x_3+f_2(10-5x_3)\}$$

$$= \max\{0 + f_2(10), 6 + f_2(5), 12 + f_2(0)\}$$

由此可见,要计算 $f_3(10)$,须先算出 $f_2(10)$,$f_2(5)$,$f_2(0)$,而

$$\begin{aligned} f_2(10) &= \max_{\substack{3x_1+4x_2\leqslant 10 \\ x_1,x_2\geqslant 0,\text{整数}}} \{4x_1 + 5x_2\} \\ &= \max_{\substack{3x_1\leqslant 10-4x_2 \\ x_1,x_2\geqslant 0,\text{整数}}} \{4x_1 + 5x_2\} \\ &= \max_{\substack{10-4x_2\geqslant 0 \\ x_2\geqslant 0,\text{整数}}} \{5x_2 + \max_{\substack{3x_1\leqslant 10-4x_2 \\ x_1\geqslant 0,\text{整数}}} [4x_1]\} \\ &= \max_{x_2=0,1,2} \{5x_2 + f_1(10 - 4x_2)\} \\ &= \max\{f_1(10), 5 + f_1(6), 10 + f_1(2)\} \end{aligned}$$

同理,

$$\begin{aligned} f_2(5) &= \max_{\substack{3x_1+4x_2\leqslant 5 \\ x_1,x_2\geqslant 0,\text{整数}}} \{4x_1 + 5x_2\} \\ &= \max_{x_2=0,1}\{5x_2 + f_1(5 - 4x_2)\} = \max\{f_1(5), 5 + f_1(1)\} \\ f_2(0) &= \max_{\substack{3x_1+4x_2\leqslant 0 \\ x_1,x_2\geqslant 0,\text{整数}}} \{4x_1 + 5x_2\} \\ &= \max_{x_2=0}\{5x_2 + f_1(0 - 4x_2)\} = f_1(0) \end{aligned}$$

为了计算 $f_2(10)$,$f_2(5)$,$f_2(0)$,需要先计算 $f_1(10)$,$f_1(6)$,$f_1(5)$,$f_1(2)$,$f_1(1)$,$f_1(0)$。

由于
$$f_1(s_2) = \max_{\substack{0\leqslant 3x_1\leqslant s_2 \\ x_1\text{为整数}}} \{4x_1\} = 4[s_2/3]$$

所以,
$$\begin{aligned} &f_1(10) = 12 \quad (x_1 = 3),\ f_1(6) = 8 \quad (x_1 = 2) \\ &f_1(5) = 4 \quad (x_1 = 1),\ f_1(2) = 0 \quad (x_1 = 0) \\ &f_1(1) = 0 \quad (x_1 = 0),\ f_1(0) = 0 \quad (x_1 = 0) \end{aligned}$$

从而,
$$\begin{aligned} f_2(10) &= \max\{f_1(10), 5 + f_1(6), 10 + f_1(2)\} \\ &= \max\{12, 5 + 8, 10 + 0\} = 13 \quad (x_1 = 2, x_2 = 1) \\ f_2(5) &= \max\{f_1(5), 5 + f_1(1)\} \\ &= \max\{4, 5 + 0\} = 5 \quad (x_1 = 0, x_2 = 1) \\ f_2(0) &= f_1(0) = 0 \qquad (x_1 = 0, x_2 = 0) \end{aligned}$$

最后有
$$\begin{aligned} f_3(10) &= \max\{f_2(10), 6 + f_2(5), 12 + f_2(0)\} \\ &= \max\{13, 6 + 5, 12 + 0\} \\ &= 13 \qquad (x_1^* = 2, x_2^* = 1, x_3^* = 0) \end{aligned}$$

最优方案与解法一完全相同。

上面例 4-10 中,我们只考虑了背包重量的限制,即所谓"一维背包问题"。如果还增加背包体积的限制为 b,并假设第 i 种物品每件的体积为 v_i 立方米,问应如何装背包使得总价值最大。这就是"二维背包问题"(即有两个约束条件的背包问题),它的数学模型为

$$\max z = \sum_{i=1}^{n} c_i(x_i)$$

$$\begin{cases} \sum_{i=1}^{n} w_i x_i \leqslant a \\ \sum_{i=1}^{n} v_i x_i \leqslant b \\ x_i \geqslant 0 \text{ 且为整数}(i = \overline{1,n}) \end{cases}$$

用动态规划方法求解，其思想方法与一维背包问题完全类似，只是这时的状态变量是两个，决策变量仍是一个。请读者联系以下实例（例 4－11）用动态规划方法建模并求解。

例 4－11　现有一辆载货量 $w=5\text{t}$，最大装载体积 $v=8\text{m}^3$ 的卡车，该车可携带三种货物，已知每种货物各 8 件，其它有关资料如表 4－30 所示，求装载货物使其价值最大的方案。

表 4－30

货物品种 i	单件货物重量 w_i(t)	单件货物体积 $v_i(\text{m}^3)$	单件货物价值 c_i(万元)
1	1	2	30
2	3	4	75
3	2	3	60

4.4.5　设备更新问题

在工业和交通运输等企业中，经常遇到设备（含机器、仪器等）更新改造的问题。一方面，由于使用年限的增加，设备必然要发生损坏和老化，从而影响设备的工作精度及产品的质量，要继续维持正常生产，就得花费较大的维修费用，会影响到企业的经济效益；另一方面，若购置新设备，虽然会花费一笔较大的投资，但效益往往相当可观。因此，如何权衡利弊，制定一个设备更新的最优策略，就是摆在我们面前的一项重要任务。采用动态规划方法在一定程度上可以解决这类问题，并为决策者科学决策提供参考依据。

设 t 表示设备已使用过的年限，即它的机龄（役龄）；

$r(t)$ 表示机龄为 t 的一台设备运行一年带来的收入额；

$u(t)$ 表示机龄为 t 的一台设备每年所需的维修费；

$c(t)$ 表示卖掉一台机龄为 t 的旧设备所得的折价费；

p 表示购置一台新设备的费用，一般地，它是更新周期 T 的函数：$p=p(T)$。为简单直见，这里不考虑货币现值的折扣率，即假设折扣率为 1。显然，$r(t)$ 和 $c(t)$ 随 t 的增大而减少，$u(t)$ 则随 t 的增大而增加。

假定有一台机龄为 t 的设备，若继续使用一年，则这一年的纯收入为

$$g_k(t)=r(t)-u(t)$$

若将它卖掉而买一台新的，则这一年的纯收入为

$$g_R(t)=r(0)-u(0)-p+c(t)$$

在决定更新策略时，不能只考虑一年的费用，而必须要考虑一个时期的总费用。现在我们考虑到今后第 n 年为止（n 表示更新计划的年限），并令 $f(t)$ 表示一台已使用了 t 年的旧设备在更新期间的总收益，则有

$$f(t)=r(t)-u(t)+f(t+1)$$

这里 $f(t+1)$ 表示已使用了 $t+1$ 年的设备，继续使用到第 n 年的总收益。

从而，更新决策可根据下面的关系进行计算：

$$f(t)=\max\begin{cases}R:r(0)-u(0)-p+c(t)+f(1)\\K:r(t)-u(t)+f(t+1)\end{cases}$$

其中，$f(1)$ 表示已使用一年的设备继续使用至第 n 年的总收益。这里 R 是 Replacement 的缩

写，K 是 Keep 的缩写。

为了应用动态规划方法，需将设备更新问题表示成多阶段决策过程。最优指标函数 $f_k(t)$ 表示已使用了 t 年的设备，从第 k 年继续使用至第 n 年的总收益。

于是，动态规划的基本方程为

$$\begin{cases} f_k(t) = \max\begin{Bmatrix} R: r_k(0) - u_k(0) - p + c_k(t) + f_{k+1}(1) \\ K: r_k(t) - u_k(t) + f_{k+1}(t+1) \end{Bmatrix} \quad k = n, n-1, \cdots, 1 \\ f_{n+1}(t) = 0 \quad (边界条件) \end{cases}$$

例 4-12 根据预测资料已得到表 4-31 的各种有关数据。现假定 $n=5$（到 1990 年为止），试作出五年内各年的设备更新策略。

表 4-31

产品年代	机龄 t	收入额（千元）$r(t)$	维修费（千元）$u(t)$	新设备购置费（千元）p	旧设备折旧费（千元）$c(t)$
1986 年前	1	18	8	50	20
	2	16	8		15
	3	16	9		10
	4	14	9		5
	5	14	10		2
1986 年	0	22	6	50	30
	1	21	6		25
	2	20	8		20
	3	18	8		15
	4	16	10		10
1987 年	0	27	5	52	31
	1	25	6		26
	2	24	8		21
	3	22	9		15
1988 年	0	29	5	52	33
	1	26	5		28
	2	24	6		20
1989 年	0	30	4	55	35
	1	28	5		30
1990 年	0	32	4	60	40

解 $f_6(t) = 0$，现采用逆序解法解之。

(1) 1990 年（$k=5$）：

$$f_5(1) = \max\begin{Bmatrix} R: r_5(0) - u_5(0) - p + c_5(1) + f_6(1) \\ K: r_5(1) - u_5(1) + f_6(2) \end{Bmatrix}$$

$$= \max\begin{Bmatrix} R: 32 - 4 - 60 + 30 + 0 = -2 \\ K: 28 - 5 + 0 = 23 \end{Bmatrix} = 23$$

即在 1990 年机龄为 1 的设备，继续使用不更新。

$$f_5(2)=\max\begin{Bmatrix}R:r_5(0)-u_5(0)-p+c_5(2)+f_6(2)\\K:r_5(2)-u_5(2)+f_6(3)\end{Bmatrix}$$

$$=\max\begin{Bmatrix}R:32-4-60+20+0=-12\\K:24-6+0=18\end{Bmatrix}=18$$

即在 1990 年机龄为 2 的设备，继续使用不更新。

$$f_5(3)=\max\begin{Bmatrix}R:r_5(0)-u_5(0)-p+c_5(3)+f_6(1)\\K:r_5(3)-u_5(3)+f_6(4)\end{Bmatrix}$$

$$=\max\begin{Bmatrix}R:32-4-60+15+0=-17\\K:22-9+0=13\end{Bmatrix}=13$$

继续使用不更新。

$$f_5(4)=\max\begin{Bmatrix}R:32-4-60+10+0=-22\\K:16-10+0=6\end{Bmatrix}=6$$

继续使用不更新。

$$f_5(5)=\max\begin{Bmatrix}R:32-4-60+2+0=-30\\K:14-10+0=4\end{Bmatrix}=4$$

继续使用不更新。

(2) 1989 年($k=4$)：

$$f_4(1)=\max\begin{Bmatrix}R:r_4(0)-u_4(0)-p+c_4(1)+f_5(1)\\K:r_4(1)-u_4(1)+f_5(2)\end{Bmatrix}$$

$$=\max\begin{Bmatrix}R:30-4-55+28+23=22\\K:26-5+18=39\end{Bmatrix}=39$$

即 1989 年机龄为 1 的设备不更新。

$$f_4(2)=\max\begin{Bmatrix}R:r_4(0)-u_4(0)-p+c_4(2)+f_5(1)\\K:r_4(2)-u_4(2)+f_5(3)\end{Bmatrix}$$

$$=\max\begin{Bmatrix}R:30-4-55+21+23=15\\K:24-8+13=29\end{Bmatrix}=29$$

继续使用不更新。

$$f_4(3)=\max\begin{Bmatrix}R:r_4(0)-u_4(0)-p+c_4(3)+f_5(1)\\K:r_4(3)-u_4(3)+f_5(4)\end{Bmatrix}$$

$$=\max\begin{Bmatrix}R:30-4-55+15+23=9\\K:18-8+6=16\end{Bmatrix}=16$$

继续使用不更新。

$$f_4(4)=\max\begin{Bmatrix}R:r_4(0)-u_4(0)-p+c_4(4)+f_5(1)\\K:r_4(4)-u_4(4)+f_5(5)\end{Bmatrix}$$

$$=\max\begin{Bmatrix}R:30-4-55+5+23=-1\\K:14-9+4=9\end{Bmatrix}=9$$

继续使用不更新。

(3) 1988 年($k=3$)：

$$f_3(1)=\max\begin{Bmatrix}R:r_3(0)-u_3(0)-p+c_3(1)+f_4(1)\\K:r_3(1)-u_3(1)+f_4(2)\end{Bmatrix}$$

$$=\max\begin{Bmatrix}R:29-5-52+26+39=37\\K:25-6+29=48\end{Bmatrix}=48$$

即 1988 年机龄为 1 的设备不更新。

$$f_3(2)=\max\begin{Bmatrix}R:r_3(0)-u_3(0)-p+c_3(2)+f_4(1)\\K:r_3(2)-u_3(2)+f_4(3)\end{Bmatrix}$$

$$=\max\begin{Bmatrix}R:29-5-52+20+39=31\\K:20-8+16=28\end{Bmatrix}=31$$

即 1988 年更新当时机龄为 2 的设备。

$$f_3(3)=\max\begin{Bmatrix}R:r_3(0)-u_3(0)-p+c_3(3)+f_4(1)\\K:r_3(3)-u_3(3)+f_4(4)\end{Bmatrix}$$

$$=\max\begin{Bmatrix}R:29-5-52+10+39=21\\K:16-9+9=16\end{Bmatrix}=21$$

即 1988 年更新当时机龄为 3 的设备。

(4) 1987 年($k=2$)：

$$f_2(1)=\max\begin{Bmatrix}R:r_2(0)-u_2(0)-p+c_2(1)+f_3(1)\\K:r_2(1)-u_2(1)+f_3(2)\end{Bmatrix}$$

$$=\max\begin{Bmatrix}R:27-5-52+25+48=43\\K:21-6+31=46\end{Bmatrix}=46$$

继续使用不更新。

$$f_2(2)=\max\begin{Bmatrix}R:r_2(0)-u_2(0)-p+c_2(2)+f_3(1)\\K:r_2(2)-u_2(2)+f_3(3)\end{Bmatrix}$$

$$=\max\begin{Bmatrix}R:27-5-52+15+48=33\\K:16-8+21=29\end{Bmatrix}=33$$

即 1987 年更新当时机龄为 2 的设备。

(5) 1986 年($k=1$)：

$$f_1(1)=\max\begin{Bmatrix}R:r_1(0)-u_1(0)-p+c_1(1)+f_2(1)\\K:r_1(1)-u_1(1)+f_2(2)\end{Bmatrix}$$

$$=\max\begin{Bmatrix}R:22-6-50+20+46=32\\K:18-8+33=43\end{Bmatrix}=43$$

继续使用不更新。

综上计算结果可知，1990 年和 1989 年不更新，1988 年更新 1986 年及 1985 年买进的设备，1987 年更新 1985 年买进的设备，这就是应采取的更新策略。

§4.5 本章小结

动态规划作为解决多阶段决策问题的一种有效方法，我们在这一章里进行了较为详细的讨论。

一般地说，任何实际问题只要满足无后效性的要求，并且可以划分为若干个相互联系的阶段，使整个决策过程分解为若干个相互联系的子过程，而每个子过程的寻优可以"嵌入"一个后部子过程最优化的结果，从而使整个寻优过程具有递推性。凡是这样的多阶段决策问题都可以用动态规划方法来解决。

我们已经清楚地看到，动态规划是解决许多复杂问题，特别是离散性优化问题的一个非常有用的工具；对于某些连续性优化问题，虽然也可以综合运用其它数学技巧加以解决，但一般来说，连续性问题需要进行离散化处理，求出其满足精度要求的数值解。对于某些"静态"规划问题，比如线性整数规划和非线性整数规划，虽然不具有时间因素的特性，但可以"人为地赋予时段"的概念，将它转化为一个动态的问题，这就是所谓静态问题的动态处理；而且我们亦看到，采用动态规划方法解决这类问题，往往比其它方法更为有效。然而，读者不要形成一个错觉，以为动态规划方法是解决任何问题的"灵丹妙药"。读者需要根据问题本身的特点和方法的适用范围及对象，恰当地选择一种较好的运筹学方法来解决提出的问题。比如，一般的线性规划问题，仍应首先考虑单纯形法这一通用的方法。

在运用动态规划方法解决多阶段决策问题时，关键的一步，也是困难的一步，就是根据题意建立动态规划的数学模型。它包括了前面提到的五个步骤，只有这五个步骤全部完成后，即完成了动态规划数学模型的建模工作。对模型进行求解，可以采用逆序解法或顺序解法，通常多采用前者，因为这样可以得到符合我们需要的更多信息。

尽管动态规划方法的应用是相当广泛的，但我们必须指出，动态规划也存在着两个主要的弱点：一是利用最优性原理得出函数方程后，目前尚没有一种统一的处理办法，必须根据问题的性质使用其它数学技巧加以解决，即使采用计算机计算，也需要根据问题的类型编制适用的计算程序上机解算。也正因为如此，本章我们没有给出统一的计算机计算框图。二是所谓"维数障碍"，即当问题中的变量个数（维数）太大时，有的问题虽然可用动态规划方法来描述，但由于计算机内存容量和计算速度的限制而无法解决。近年来发展起来的微分动态规划方法，为克服动态规划的维数"灾难"向前迈进了一步，有兴趣的读者可参阅本书末的参考文献[12]。

本章一开始，我们就多阶段决策过程概括地分为四种基本决策过程。我们虽在例4-7中介绍了一个随机型问题，但本章列举的一些典型问题中大多数都是确定型的。动态规划方法在最优控制方面的应用已经超出了本书的范围，我们自然没有述及。应该指出，动态规划方法在随机型决策问题中的研究和讨论，多以马尔科夫过程作为理论基础的。比如，赖炎连教授等译的[美]*R. A* 霍华特著的《动态规划与马尔柯夫过程》（上海科学技术出版社，1963年）就是以马氏过程作为模型、以动态规划的迭代方法作为手段来阐述实际计算可能性的。十多年前，中国科学院应用数学研究所董泽清研究员，在揭示马尔科夫决策规划的基本理论、各种模型及其应用方面做了许多有益的开创性工作，有兴趣的读者可参阅参考文献[26]。

习题 4

4.1　有一艘远洋货轮计划在 A 港装货后驶往 F 港，中途需靠港加燃料、淡水四次，而从 A 港到 F 港的全部可能的航运路线及每两港之间的距离（见图中所标的数字，单位：百海里）如图所示。试用动态规划方法求出最合理停港口的方案,以使航程最短。

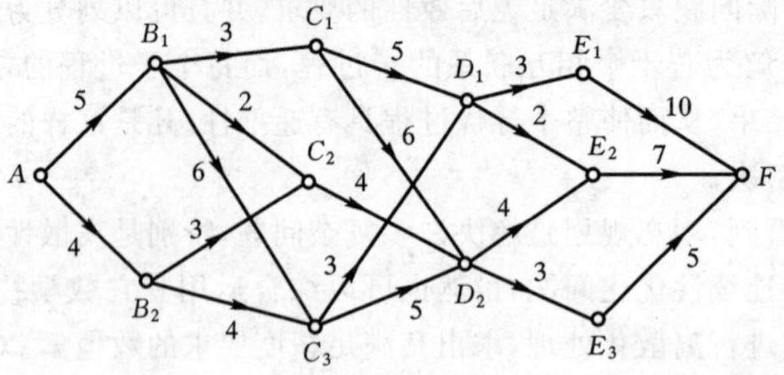

4.1 题图

4.2 设某工厂自国外进口一部精密机器,由机器制造厂至出口港有三个港口可供选择,而进口港又有三个供选择,进口后可经由两个城市到达目的地,其间的运输费用如图中数字所示(单位:百元),试求总运费最低廉的路线(用动态规划方法求解)。

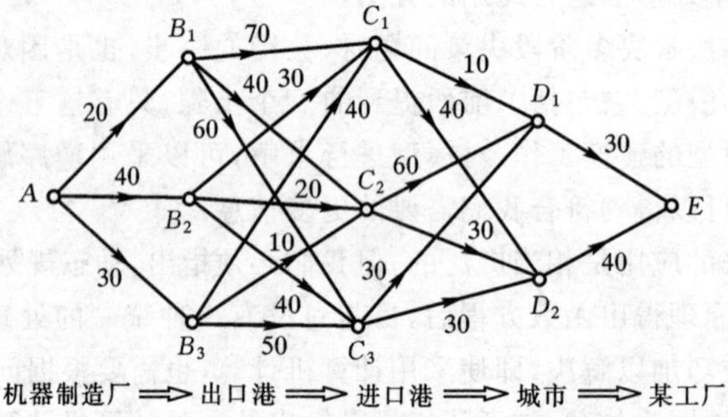

4.2 题图

4.3 某人外出旅游,需将五个物品装入背包,但背包重量有限制,总重量 W 不得超过 13 kg。物品重量及其价值的关系如表中所示。试问如何装入这些物品,使背包的总价值最大?

4.3 题表

物品	重量 /kg	价值 / 元
A	7	9
B	5	4
C	4	3
D	3	2
E	1	0.5

4.4 用动态规划方法求解下列问题:

(1) $\min z = x_1^2 + x_2^2 + x_3^2 + x_4^2$

$$\text{s.t.}\begin{cases} x_1 + x_2 + x_3 + x_4 \geqslant 10 \\ x_j \geqslant 0,\text{且为整数}(j = 1,2,3,4) \end{cases}$$

(2)　$\max f = x_1x_2x_3x_4$

$$\text{s. t.} \begin{cases} 2x_1 + 3x_2 + x_3 + 2x_4 = 11 \\ x_j \text{ 为非负整数}(j = 1,2,3,4) \end{cases}$$

4.5　某种工业产品需经过 A、B、C 三道工序，其合格率分别为 0.70，0.60，0.80，假设各工序的合格率相互独立，从而产(成)品的合格率为 $0.70 \times 0.60 \times 0.80 = 0.336$。为了提高产品的合格率，现准备以限额为 5 万元的投资，考虑在三道工序中采取如表中所示的各种提高产品质量的措施，这些措施的投资金额和采取措施后各工序预期的合格率均列在表中。问应采取哪种描述，才能使产(成)品的合格率达到最大？

4.5 题表

措施项目		① 维持原状	② 调整轴承	③ 加装自停装置	④ 调换轴承并加装自停装置
投资金额		0	每工序 1 万元	第工序 2 万元	每工序 3 万元
工序的	A	0.70	0.80	0.90	0.95
预期	B	0.60	0.70	0.80	0.90
合格率	C	0.80	0.90	0.90	0.94

4.6　某住宅建筑公司拟建甲、乙、丙三类住宅出售。已知甲类住宅楼每栋耗资 100 万元，售价 200 万元；乙类住宅楼每栋耗资 60 万元，售价 110 万元；丙类住宅楼每耗资 30 万元，售价 70 万元。由于市政当局的限制，建造每类住宅楼不得多于三栋，该公司共有可利用的资金 350 万元。问应如何拟定建造计划，方能使该公司的售房收入最大？

4.7　某有限公司有 5 台新设备，将有选择地分配配合给下属的三个工厂，所得的收益如表中所示。问该公司应如何分配设备，可使总收益最大？

4.7 题表　　单位：千元

新设备台数	工厂		
	Ⅰ	Ⅱ	Ⅲ
0	0	0	0
1	3	5	4
2	7	10	6
3	9	11	11
4	12	11	12
5	13	11	12

4.8　设有两种资源，第一种资源有 a 单位，第二种资源有 b 单位，拟计划将这两种资源分配给 N 个部门。第一种资源 x_i 单位、第二种资源 y_i 单位分配给部门 i 所得利润记为 $r_i(x_i, y_i)$。现设 $a = 3, b = 3, N = 3$，其利润 $r_i(x_i, y_i)$ 列于下表中，应如何分配这两种资源，使总利润最大？

4.8 题表

x_i \ y_i	$r_1(x_1,y_1)$				$r_2(x_2,y_2)$				$r_3(x_3,y_3)$			
	0	1	2	3	0	1	2	3	0	1	2	3
0	0	1	3	6	0	2	4	6	0	3	5	8
1	4	5	6	7	1	4	6	7	2	5	7	9
2	5	6	7	8	4	5	8	9	4	7	9	11
3	6	7	8	9	6	8	10	11	6	9	11	13

4.9 某制造厂根据合同，要在1至4月份的每月底供应零件各为40，50，60，80件。该厂1月份并无存货，至4月末亦不准备留存。已知每批的生产准备费用为100元；若当月生产的零件交运不出去，需要仓库存贮，存贮费用为2元/件月。该厂每月的最大生产能力为100件。问应如何安排生产，才能使费用总和为最小？

4.10 某针织品公司计划在今后四个月内经营一种高级成衣。根据预测该种商品在5至8月份的每套进价和售价如表中所示。已知库存能力为600套，5月初有存货200套，并假定销售是在月初进行，至8月末全部售完。试对这四个月的购销做出安排，使总的利润最大。

4.10 题表 单位：元/套

月份	5	6	7	8
进价	40	38	40	42
售价	45	42	39	44

4.11 设某种机器可以在高、低两种不同负荷下生产。若机器在高负荷下生产，则产品的年产量a和投入生产的机器数量x的关系为$a=8x$，机器的年折损率$\beta=0.3$；若机器在低负荷下生产，则产品年产量b和投入生产的机器数量x的关系为$b=5x$，机器的年折损率$\alpha=0.1$。设开始时有完好机器1 000台，要求制定一个四年计划，每年年初分配完好机器在不同负荷下工作，使四年产品总产量达到最大。

4.12 某工厂在一年内进行了A，B，C三种新产品的试制。估计年内这三种新产品研制不成功的概率分别为0.40，0.60，0.80。厂领导为了促进三种新产品的研制，决定拨2万元追加研制费。假定这些追加研制费(以万元为单位)分配给不同新产品研制时，估计不成功的概率分别为表中所示。试问应如何分配这笔追加研制费，使这三种新产品都没有研制成功的概率最小。

4.12 题表

研制费 \ 新产品	不成功概率		
	A	B	C
0	0.40	0.60	0.80
1	0.20	0.40	0.50
2	0.15	0.20	0.30

4.13 一名学生要从四个系中挑选10门选修课程。他必须从每个系中至少选一门课，他的目的是把10门课分到四个系中，使得他在四个领域中的“知识”最多。由于他对课程内容的

理解力和课程的内容的重复，他认为如果在某一个系所选的课程超过一定数目时，他的知识就不能显著地增加。为此，他采用 100 分作为衡量他的学习能力，并以此作为在每个系选修课程的依据。经过详细调查分析得到表中各数据。试确定这名学生选修课程的最优方案。

4.13 题表

系别 \ 分数 \ 课程	1	2	3	4	5	6	7	8	9	10
Ⅰ	25	50	60	80	100	100	100	100	100	100
Ⅱ	20	70	90	100	100	100	100	100	100	100
Ⅲ	40	60	80	100	100	100	100	100	100	100
Ⅳ	10	20	90	40	50	60	70	80	90	100

4.14　设有一个由四个部件串联组成的系统。为提高系统的可靠性，考虑在每个部件上并联 1 个、2 个或 3 个同类元件。每个部件 $i(i=1,2,3,4)$ 配备 j 个并联元件$(j=1,2,3)$后的可靠性 R_{ij} 和成本 c_{ij}（单位：百元），由下表给出。假设该系统的总成本允许为 15 千元。试问如何确定各部件设备元件的数目，使该系统的可靠性最大？

4.14 题表

j	$i=1$		$i=2$		$i=3$		$i=4$	
	R_{1j}	c_{1j}	R_{2j}	c_{2j}	R_{3j}	c_{3j}	R_{4j}	c_{4j}
1	0.70	4	0.60	2	0.90	3	0.80	3
2	0.75	5	0.80	4	—	—	0.82	5
3	0.85	7	—	—	—	—	—	—

4.15　某工厂使用一种关键设备，每年年初设备科需对该设备的更新与否作出决策。现已知在五年内购置该种新设备的费用和各年内设备维修费如表中所示。试制定五年内的设备更新计划，使总的支付费用最少。

4.15 题表　　单位：千元 / 台

第 i 年初	1	2	3	4	5
购置费用	11	11	12	12	13
第 i 年	1	2	3	4	5
维修费用	5	6	8	11	18

第 5 章　图与网络分析

图与网络理论是运筹学的重要分枝。由于它对实际问题的描述直观明了，容易理解和掌握，因而在许多领域有着广泛的应用。本章首先介绍图与网络的基本概念，然后讨论最小生成树、最短路、最大流及最小费用最大流问题，最后简要介绍网络计划技术。

§5.1　图的基本概念

5.1.1　图

在人们所从事的各种生产实践及日常生活中，会遇到各式各样的图，例如铁路、公路、航空交通图，城市地下水、油、气管道图，有线或无线通信网络图等。这些图不管其名称和内容如何，都有一个共同之处，就是表达某些对象(如车站、机场、油气站等)之间的某种关系(如有无直达铁路或航线，有无输油气管道相连等)。除去这些具体名称和含义，保留它们的共同点，便形成了所谓图的概念。

图(graph)是由若干个点及点与点之间的连线组成，点称为图的**顶点**(vertex)或**结点**(node)，连线称为图的**边**(edge)。通常，用 $V=\{v_1,v_2,\cdots,v_n\}$ 表示图的全体顶点组成的集合，用 $E=\{e_1,e_2,\cdots,e_n\}$ 表示全体边的集合，用 $G=(V,E)$ 表示图。

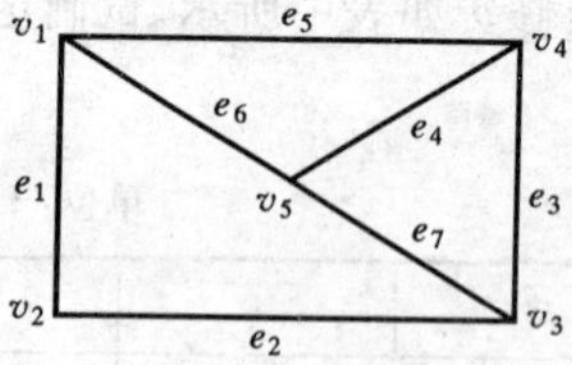

图 5-1

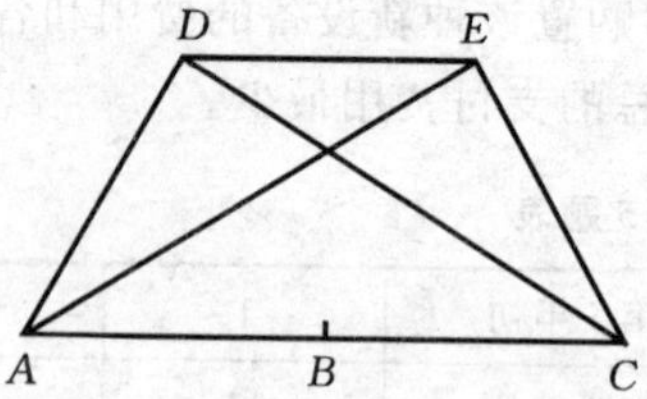

图 5-2

图 5-1 有 5 个顶点，7 条边。若顶点表示城市，则边可以表示两个城市之间有一条铁路(或航线)；若顶点表示人，则边可以表示两个人相互认识，等等。

需要指出，我们所研究的图是用来反映对象(或事物)之间的某种关系的，它与几何学所研究的图不相同。这种图的顶点的准确位置，边的长短、曲直都无关紧要，重要的是顶点与边的连接关系。在适当编码之后，若两个图顶点与边的连接关系完全一样，我们就认为它们是同一个图。如图 5-1 与图 5-2 就是同一图。

由图的定义，我们还可以用一对顶点来表示边。如图 5-1 中，边 e_1 就可表示为$\{v_1,v_2\}$ 或$\{v_2,v_1\}$，e_2 可表示为$\{v_2,v_3\}$ 或$\{v_3,v_2\}$，等等。边的集合 E 就可表示为 $E=\{\{v_1,v_2\},\{v_2,v_3\},$

$\{v_3,v_4\},\{v_4,v_5\},\{v_4,v_1\},\{v_5,v_1\},\{v_3,v_5\}\}$。一般地，若边 e 连接顶点 u 和 v，则记作 $e=\{u,v\}$ 或 $e=\{v,u\}$，称 u 和 v 为 e 的**端点**(end)，称边 e 与顶点 u，v **关联**(incidence)，e 为 u 和 v 的**关联边**(incidence edge)。如果 u，v 之间有一条边，即 $\{u,v\}\in E$，则称顶点 u 和 v **相邻**(adjacency)，如果两条边有一个共同的端点，则称这两条**边相邻**。没有边与之关联的顶点称为**孤立点**(isolated vertex)。

图 5-3 中，v_1 和 v_2，e_1 和 e_2 相邻，e_1 与 e_3，v_1 与 v_5 不相邻，e_1 与 v_4 不关联。顶点 v_1 和 v_3 的关联边有两条：e_5 和 e_6，而边 e_8 的两个端点重合为一点。我们称两个端点重合的边为**环**(loop)，称端点相同的两条边为**平行边**(parallel edge)。若图 $G=(V,E)$ 中既无环又无平行边，则称 G 为**简单图**(simple graph)。图 5-1 是简单图，而图 5-3 不是简单图。

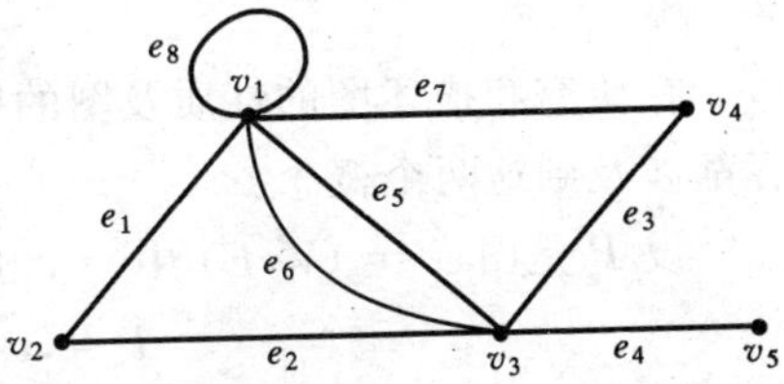

图 5-3

设有两个图 $G=(V,E)$ 和 $G_1=(V_1,E_1)$，如果 $V_1\subseteq V$，$E_1\subseteq E$，并且对 E_1 中任意一条边 $e=\{v_i,v_j\}$ 都有 v_i，$v_j\in V_1$，则称 G_1 是 G 的**子图**(subgraph)，记作 $G_1\subseteq G$。如果 $G_1=(V_1,E_1)$ 是 $G(V,E)$ 的子图，并且 $V_1=V$，则称 G_1 是 G 的**生成子图**(spanning graph)。

图 5-4 所示的两图均为图 5-3 的子图，其中(b) 还是生成子图。

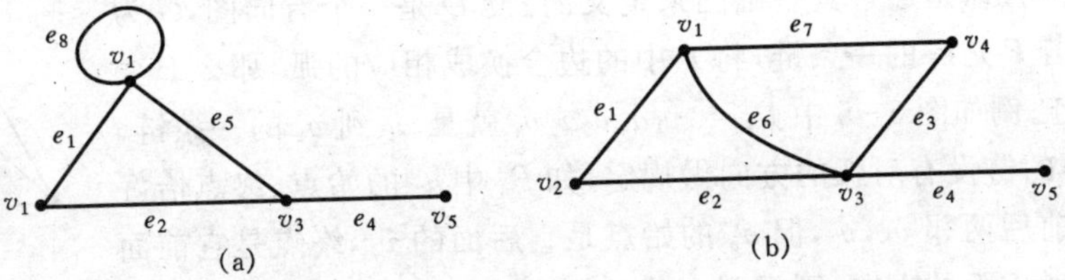

图 5-4

5.1.2　有向图

在图 G 中，边表示事物之间的某种关系，现实生活中，有些关系有所谓对称性，即甲与乙有某种关系，乙与甲也有这种关系。如两地之间是否有交通线，两人是否认识，两个球队是否比赛过等等。反映在图 G 中，认为边没有方向。

然而有些关系不具有对称性，如父子关系，上下级关系，城市道路系统的单行道，生产过程中某些工序必须在另一些工序之前等。描述这种关系，就需要考虑边的方向。有方向的边(在图中，用箭头表示方向) 称作**弧**(arc)。顶点 u 指向顶点 v 的弧记作 $a=(u,v)$，u 称作 a 的始点，v 称作 a 的终点(由此可见，(u,v) 与 (v,u) 是不同的)。由点集 V 和弧集 A 组成的图记为 $D=(V,A)$ 称作**有向图**(directed graph)。图 5-5 是一个有向图，而 5.1.1 节中所定义的图为**无向图**(undirected graph)。

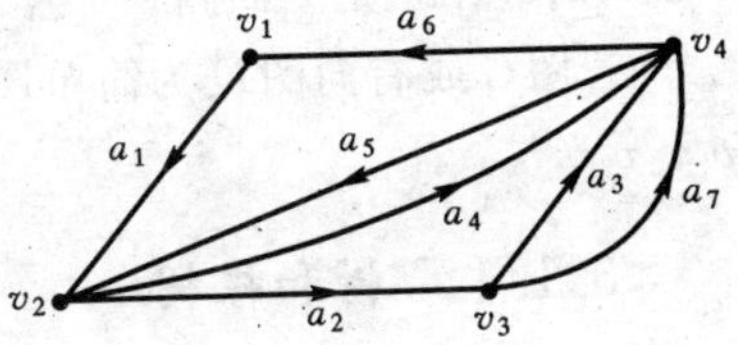

图 5-5

今后在不引起混淆的情况下，本书将无向图仍称为图。

设 D 是一个有向图，去掉每条弧的方向之后，便得到一个无向图，称该图为**有向图 D 的基础图**(underlying graph)。在有向图中也有环、平行弧、简单图、子图等概念，读者可参考无向图对应概念自行给出(注意，平行弧不仅要求两条弧的端点相同，而且还要求始点和终点分别相同)，在此不再赘述。

5.1.3 链和路

在研究和描述图的性质及图的应用方面，链和路的概念占有重要的地位，本章的大部分内容都涉及到这两个概念。

设 P 是图 $G=(V,E)$ 中一个由顶点和边交错组成的序列

$$P = v_{i_0} e_{j_1} v_{i_1} \cdots v_{i_{s-1}} e_{j_s} v_{i_s} \cdots v_{i_{k-1}} e_{j_k} v_{i_k}$$

若 P 中每一条边的端点恰好是与它前后相邻的两个顶点，即 $e_{j_s} = \{v_{i_{s-1}}, v_{i_s}\}(s=1,2,\cdots,k)$，则称 P 为 G 中从 v_{i_0} 到 v_{i_k} 的一条**链**(chain)。若链 P 中诸顶点各不相同，则称 P 为一条**初级链**，若链 P 的首尾两端点重合，即 $v_{i_0}=v_{i_k}(k>0)$，则称 P 为**圈**(cycle)。若圈 P 中除去首尾两点外，再无其它相同的顶点，则称圈 P 为**初级圈**。任意两个顶点间都有一条链的图称作**连通图**(connected graph)。在图5-3中，$P_1=v_1e_1v_2e_2v_3e_6v_1e_5v_3$ 是一条从 v_1 到 v_3 的链但不是初级链，$P_2=v_1e_1v_2e_2v_3e_4v_5$ 是从 v_1 到 v_5 的初级链，$P_3=v_1e_1v_2e_2v_3e_5v_1$ 是一个圈，而且是初级圈。图5-3是一个连通图，但图5-6不是连通图。

有向图中的链，是通过其基础图来定义的。设 D 是一个有向图，G 为 D 的基础图，若 P 是 G 的一条链，将 P 中的边全换成相应的弧，那么 P 变为 D 的一条链。例如图5-5中 $P_4=v_1a_1v_2a_5v_4$ 就是 v_1 到 v_4 的一条链。

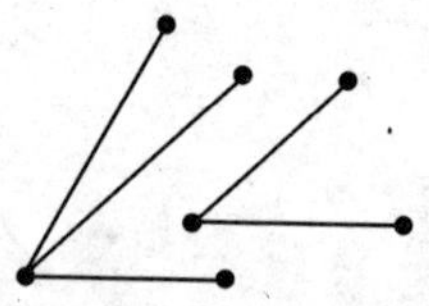

图 5-6

有向图中的链没有对弧的方向做规定，如 P_4 中 a_1 的始点、终点恰好是它在 P_4 中前后两邻 v_1，v_2，但 a_5 的始点是它后面的 v_4，终点是它前面的 v_2。如果要考虑弧的方向，则需引入路的概念。

设 $D=(V,A)$ 是一有向图，Q 是 D 中由顶点和弧交错组成的序列：

$$Q = v_{i_0} a_{j_1} v_{i_1} \cdots v_{i_{s-1}} a_{j_s} v_{i_s} \cdots v_{i_{k-1}} a_{j_k} v_{i_k}$$

若 Q 中每条弧的始点和终点恰好分别是它在 Q 中前后相邻的顶点，即 $a_{j_s}=(v_{i_{s-1}}, v_{i_s})(s=1,2,\cdots,k)$，则称 Q 为 D 中从 v_{i_0} 到 v_{i_k} 的一条**路**(route)。若路 Q 中诸顶点各不相同，则称 Q 为**初级路**，若路 Q 中首尾重合，即 $v_{i_0}=v_{i_k}(k>0)$，则称 Q 为**回路**(closed route)。图5-5中，$Q_1=v_1a_1v_2a_2v_3a_3v_4a_5v_2$ 是一条从 v_1 到 v_2 的路，$Q_2=v_1a_1v_2a_4v_4$ 是 v_1 到 v_4 的初级路，$Q_3=v_4a_5v_2a_2v_3a_7v_4$ 是一回路。

若图 G 或有向图 D 为简单图，则链或路也常用顶点序列来表示，如 $P_1=v_1v_2v_3v_1v_3$，$Q_1=v_1v_2v_3v_4v_2$。

5.1.4 树和根树

树是图论中比较简单然而却比较重要的概念。人们在探讨一些悬而未决的问题时往往先从树这一类图入手。在诸如电路理论，管理决策理论，计算机算法等许多领域，树都有着广泛的应用。

一个不含圈的连通图称为**树**(tree)。树中的边也称**树枝**(branch)，通常用 T 表示一棵树。图5-7给出的图均为树。

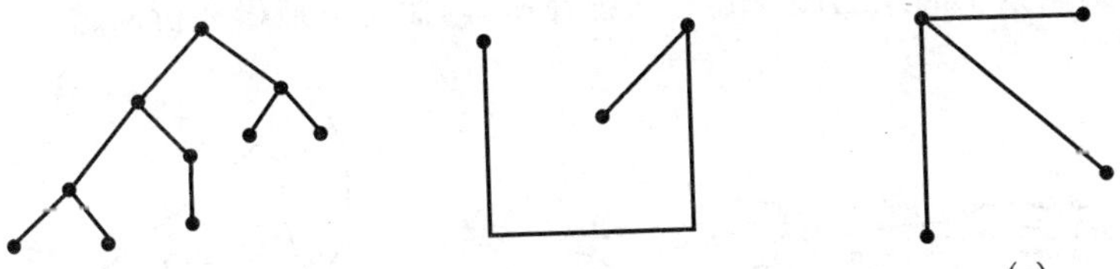

图 5-7

树有许多重要而独特的性质：(1) 树枝数等于顶点数减 1；(2) 树的任意两个顶点之间有且仅有一条初级链；(3) 去掉树的任一树枝，便得到一个非连通图；(4) 在树中任意两个顶点间添上一条边，恰好得到一个初级圈。

设 $G=(V,E)$ 是一个连通图，如果树 $T=(V,E_1)$ 是 G 的生成子图，则称 T 为 G 的**生成树**(spanning tree)。图 5-7 中(b)(c) 都是图 5-1 的生成树。由于 G 的生成子图可能包含有圈，在所有连通的生成子图中，生成树的边数最少。

设 $D=(V,A)$ 是一个有向图，v 是 D 的一个顶点，若由 v 到 D 的任一顶点都有路，则 v 称为 D 的**根**(root)。若 D 有根 v，且 D 的基础图是一棵树，则有向图 D 称为以 v 为根的**根树**(root tree) 或**有向树**(derected tree)。

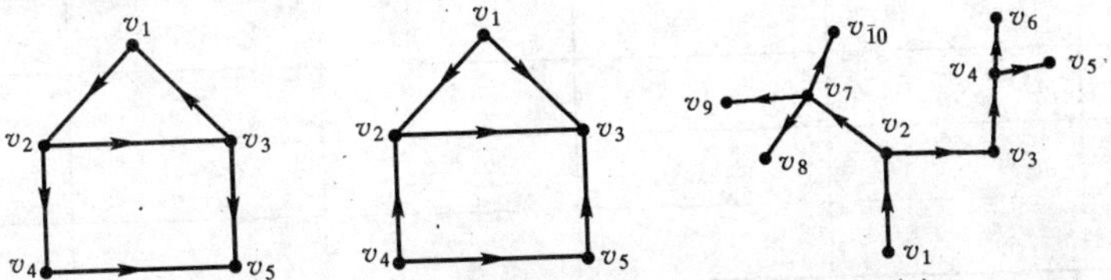

图 5-8

图 5-8 所示 3 个图中，(a) 有 3 个根 v_1,v_2,v_3，(b) 无根，(c) 是以 v_1 为根的根树，关于根树有下列结论：

(1) 从根树的根 v 到任一顶点恰有一条路；(2) 在根树中，根 v 不是任何弧的终点，而其它每一个顶点 u 都恰是一条弧的终点。

5.1.5　几个例子

利用图解决某些实际问题直观、简便，然而将具体问题抽象成图论模型(也叫数学模型)却并非易事，需要一些技巧，也需要积累经验。

例 5-1　原东普鲁士的哥尼斯堡城有一条普莱格尔河，河中有两个小岛 A，B，有 7 座桥把 A，B 及河两岸 D，C 联接起来。如图 5-9 所示。

当时那里的居民热衷于这样一个问题：一个人从河岸或岛上任一地方开始步行，能否通过每座桥恰好一次后又返回原地？

瑞士数学家欧拉(1707 ～ 1783) 将这个问题化为如图 5-10 所示的直观数学模型，即用 4 个点表示两岸和两个小岛，两点连线表示桥。于是问题转化为，在该图中，从任一点出发，能否通过每条连线一次且仅仅一次又回到原出发点(即一笔画问题)。欧拉研究后证明，只有每个顶点的关联边都是偶数条的连通图才具有这种性质。因而哥尼斯堡七桥问题无解。

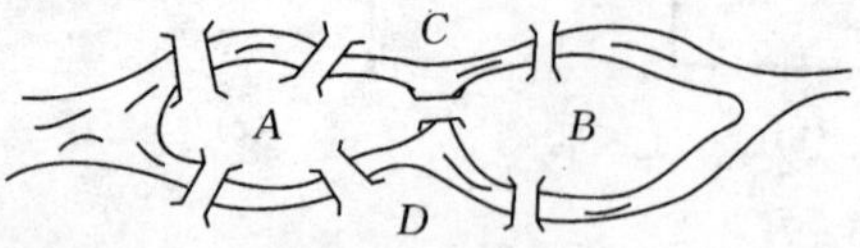

图 5-9

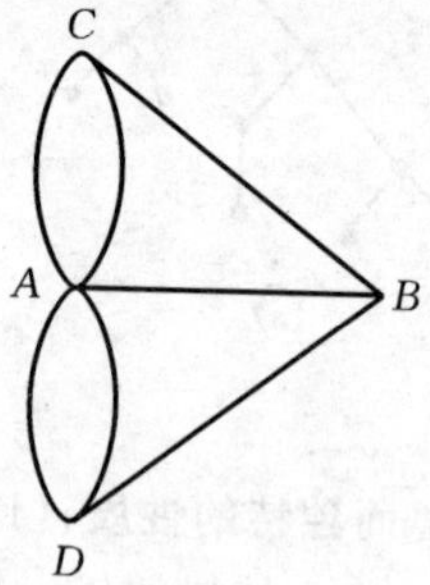

图 5-10

例 5-2　有 5 名运动员参加游泳比赛，表 5-1 给出每位运动员参加比赛的项目。问如何安排比赛，才能使每位运动员都不连续地参加比赛？

表 5-1

运动员	50m 仰泳	50m 蛙泳	100m 蝶泳	100m 自由泳	200m 自由泳
甲	√				
乙		√		√	√
丙	√		√		
丁		√			√
戊		√		√	

解　用顶点表示比赛项目，分别记作 A,B,C,D,E，如果两项比赛没有同一名运动员参加，则可把这两项紧排在一起。用一条边把相应两顶点连起来，得图 5-11，找出了一条包含所有顶点的初级链，就找出了满足条件的一种比赛安排。$P_1 = BCDAE$ 是一条初级链。$P_2 = BAECD$ 也是一条初级链。对应 P_1 的安排是：50m 蛙泳，100m 蝶泳，100m 自由泳，50m 仰泳，200m 自由泳。

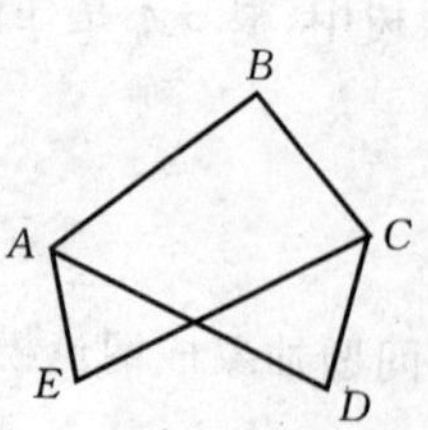

图 5-11

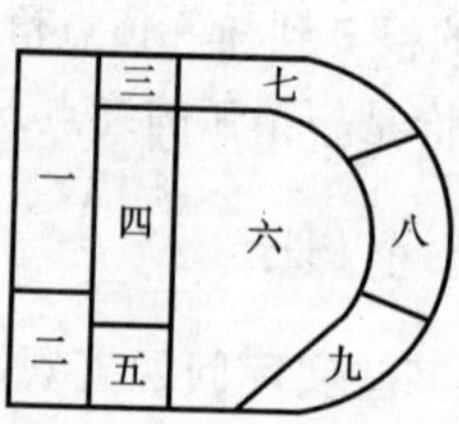

图 5-12

例 5-3　图 5-12 是某建筑物的平面图，要求在其内部从每一房间都能走到别的所有房间，问至少要在墙上开多少个门？试给出一个开门的方案。

解　把每一房间看作一个顶点，如果两房间相邻，则用边把对应的两个顶点连起来，得到图 G，如图 5-13(a) 所示。找一个开门方案，相当于找图 G 的某种子图，若该子图包含了某条边，就在对应墙上开一个门。欲从每一房间走到其它任一房间，反映在子图中，就是任两个顶点之间有一条链。任意一个连通的生成子图均具备这个性质。为了使开门数尽可能少，这个连通的生成子图应该是一棵树。于是，问题转化为求图 5－13(a) 的生成树。

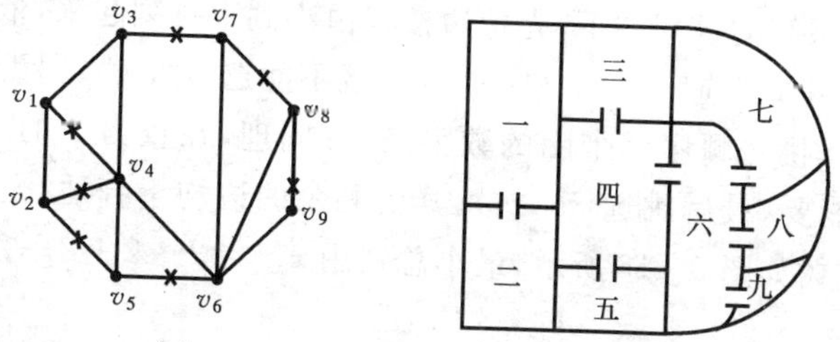

(a)　　　　(b)

图 5－13

可用观察的方法，在每个圈中去掉一条边(图中画"×"的边)，直到图中不含任何圈为止，得一个开门方案如图 5－13(b) 所示，共需开 8 个门。

§5.2　最小树

最小树是网络优化中一个重要概念，它在交通网、电力网、通讯网、管道网等的设计中均有广泛的应用，本节主要讨论最小树的算法。我们先给出赋权图、网络等概念。

设图 $G=(V,E)$，对每一条边 $e\in E$，指定一个实数 $w(e)$，称这样的图为**赋权图**(weighted graph)，记作 $G=(V,E,w)$，其中 w 为定义在在边集 E，取值在实数集 $\mathbf{R}$ 中的函数。实数 $w(e)$ 称作边 e 的**权**(weight)。当 $e=\{u,v\}$ 时，把 $w(e)$ 记作 $w(u,v)$。当 $e=\{v_i,v_j\}$ 时，又常把 $w(v_i,v_j)$ 记作 w_{ij}。类似地，对有向图 $D=(V,A)$ 的每一条弧 $a\in A$，指定一个实数 $w(a)$，得到**赋权有向图**(weighted digraph)，记作 $D=(V,A,w)$，$w(a)$ 称作弧 a 的权。当 $a=(u,v)$ 时，把 $w(a)$ 记作 $w(u,v)$。当 $a=(v_i,v_j)$ 时，又常把 $w(v_i,v_j)$ 记作 w_{ij}。

赋权图与赋权有向图统称**网络**(network)，其中边或弧的权可根据实际问题的需要，赋予不同的含义。如距离、费用、时间等。

给定网络 $G=(V,E,w)$，设 $T=(V,E_1)$ 是 G 的生成树，称 T 中所有边的权数之和为树 T 的权，记作 $w(T)$，即

$$w(T)=\sum_{e\in E_1}w(e)$$

G 中权最小的生成树称为 G 的**最小生成树**(minimal spanning tree)，简称**最小树**。对于任意一个连通网络，如何寻找或构造一个最小树，通常称为**最小树问题**。

求最小树问题的常用算法为 1956 年 Kruskal 给出的方法，其基本思想是从网络中一步步挑选边构成最小树，每次挑选权尽可能小的边并且确保已选好的边不产生圈。这一方法被称为 Kruskal 算法。

例 5－4　某大学准备将所属 7 个学院的计算机联网，网络可能联通的途径如图 5－14 所示。边旁的数字为相应线路的铺设费用(单位：万元)。试设计一个能连通各学院并且总费用最少的网络。

解　把线路的铺设费用作为边的权。图 5－14 所示网络的最小树既保证各学院信息畅通

又能使总费用最少。

用 Kruskal 算法求解的过程如下，先把边按权由小到大排列起来，依次挑选权尽可能小的边。在权为 2 的 5 条边中，若选 $\{v_1, v_6\}$ 和 $\{v_1, v_2\}$，就不能选 $\{v_2, v_6\}$，因为这三条边构成圈。5 条边中只能选其中 4 条，挑选顺序用带圈的数字表示。同理，在权为 3 的三条边中，若选了 $\{v_4, v_6\}$，则 $\{v_2, v_7\}$ 就不能要，最后挑选 $\{v_2, v_3\}$。其他剩余的边均不合适。全部挑选好的六条边与其端点一起构成最小树如图 5-15 所示，最小总费用 $z^* = 2+2+2+2+3+3 = 14$(万元)。

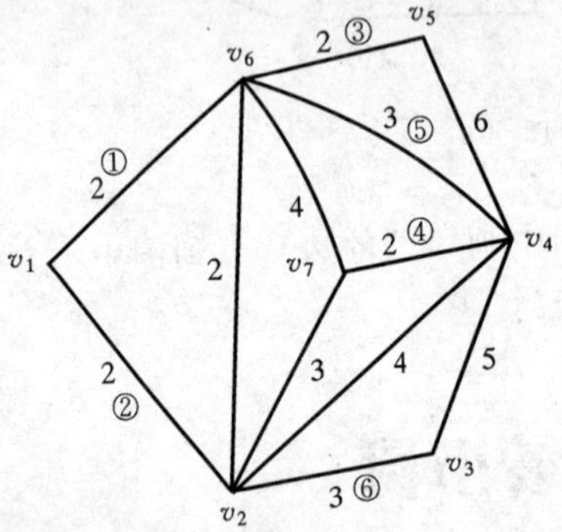

图 5-14

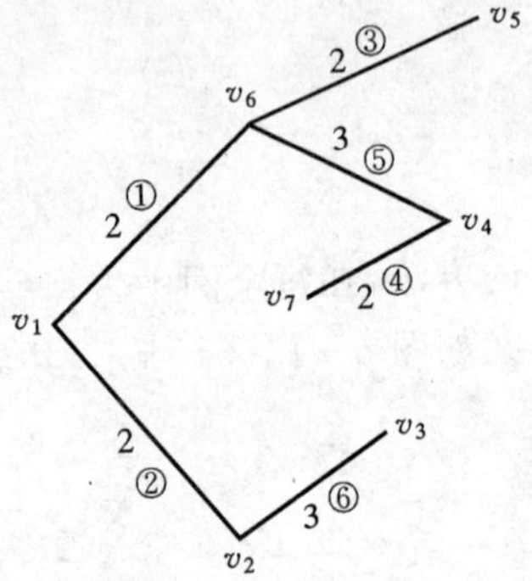

图 5-15

算法的每一步都要判断选取的边会不会构成圈，这在图不很复杂的情况下，直接观察并不困难。但在使用计算机计算时，必须给出形式化的方法。

我们采用给顶点记数字(称为标号)的办法解决这个问题。开始，给顶点 v_j 标号为 j，记作 $l(v_j) = j, j = 1, 2, \cdots, 7$。选取边 $\{v_1, v_6\}$ 之后，将 v_6 的标号改为 1(与 v_1 同标号)；再选边 $\{v_1, v_2\}$，将 v_2 的标号改为 1；v_2 与 v_6 同标号，都是 1，说明选取边 $\{v_2, v_6\}$ 会构成圈，再挑选 $\{v_5, v_6\}$。在第四步，考虑 $\{v_4, v_7\}$ 时，因 $l(v_4) \neq l(v_7)$，所以选定该边不会有圈，将 v_7 的标号改为 4(与 v_4 同标号)。第五步，$\{v_4, v_6\}$ 入选后，将 v_4 与 v_7 的标号全部改成 v_6 的标号(也就是改为 1)。一般地，考察一个边 $\{u, v\}$ 应不应该选时，先检查两个端点的标号，若 $l(u) \neq l(v)$，则说明选 $\{u, v\}$ 不会产生圈，否则由 $l(u) = l(v)$ 可判断选中 $\{u, v\}$ 产生圈，若挑选了 $\{u, v\}$，则须修改端点的标号。通常是放弃大标号，采用小标号。在算法过程中，已入选的边可能会构成若干个子树(最小树的连通子图)，每个子树上顶点的标号都相同，不同子树顶点标号不相同。选取了一条边，将两个子树合并为一个子树，需按上述规则修改一个子树顶点的标号。图 5-16 是选取了 $\{v_4, v_7\}$ 后的标号情况，顶点旁方框的数字是其标号。

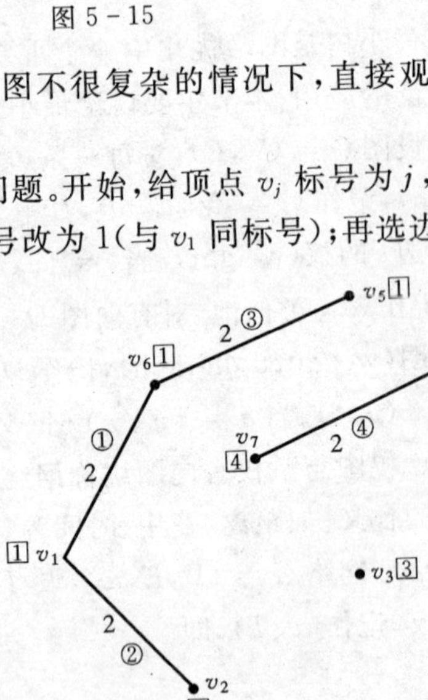

图 5-16

Kruskal 算法步骤如下：

(1) 将图 G 的 m 条边按权的递增顺序排列：

$$w(e_{i_1}) \leqslant w(e_{i_2}) \leqslant \cdots \leqslant w(l_{i_m})$$

(2) 令 $l(v_j) = j, j = 1, 2, \cdots, n$

$E_1 = \varnothing$，给循环变量 k 赋值，$k = 1$

(3) 设 $e_{i_k} = \{u, v\}$，若 $l(u) = l(v)$，转(6)，否则令 $E_1 = E_1 \cup \{e_{i_k}\}$；

(4) 对满足 $l(v_j) = \max\{l(u), l(v)\}$ 的 v_j，令 $l(v_j) = \min\{l(u), l(v)\}$；

(5) 若 $|E_1|$（表示 E_1 中元素个数）$= n - 1$，算法终止，否则，转(6)；

(6) 若 $|E_1| = m < n - 1$，终止，图 G 为非连通图，无生成树，否则，令 $k = k + 1$，转(3)。

kruskal 算法是一种“避圈”的思路，另外还有“破圈”的思路。将图 G 每一个圈中权最大的一条边去掉，直到图中不含圈为止。例 5-3 求生成树采用的就是这种思路(给每条边赋权为 1，转而求其最小树)。

§5.3　最短路问题

最短路问题(shortest path problem) 指在已知网络上，求指定顶点 v_i 到 v_j 的所有路中，弧权之和最小的路。该问题是网络优化中的一个基本问题。

设 $D = (V, A, w)$ 是一网络，P 是 v_i 到 v_j 的路，定义 P 上各弧权的和为路 P 的权，记作 $w(P)$，即

$$w(P) = \sum_{a \in P} w(a)$$

定义 v_i 到 v_j 的距离

$$d(v_i, v_j) = \begin{cases} w(P_{ij}), & \text{若 } P_{ij} \text{ 为 } v_i \text{ 到 } v_j \text{ 的最短路} \\ \infty, & \text{若不存在 } v_i \text{ 到 } v_j \text{ 的最短路} \end{cases}$$

在本节中如不加特别说明，P_{ij} 均表示 v_i 到 v_j 的最短路，$d(v_i, v_j)$ 简记为 d_{ij}。当 v_i 到 v_j 存在最短路时，$d_{ij} = w(P_{ij})$。

5.3.1　Dijkstra 算法

在 $w_{ij} \geqslant 0$ 的条件下，Dijkstra 算法简单、有效，能给出某个顶点(设为 v_1)到其他所有顶点的最短路(若存在最短路的话)。算法过程中给顶点记两种标号：T 标号(临时标号)或 P 标号(永久标号)。某顶点 v_j 的 T 标号表示 v_1 到 v_j 的距离的一个上界，P 标号表示 v_1 到 v_j 的距离 d_{1j}，v_j 的 T 标号记为 $l(v_j)$，P 标号用 d_{1j} 表示。这一算法是 E. W. Dijkstra 于 1959 年提出来的，它是目前对这类情况公认的最好算法。

Dijkstra 算法的基本步骤为：先给 v_1 记 P 标号，$d_{11} = 0$，给与 v_1 相邻的点 v_j(要求 $(v_1, v_j) \in A$) 记 T 标号 $l(v_j) = w_{1j}$，其余各点的 T 标号是 ∞。其次，取 T 标号中最小者，譬如是 $l(v_k)$，把 v_k 的 T 标号改为 P 标号，即令 $d_{1k} = l(v_k)$，以 v_k 为基点，依据下式重新计算与 v_k 相邻且 $(v_k, v_j) \in A$ 的各点的 T 标号。

$$l'(v_j) = \min\{v(v_j), d_{1k} + w_{kj}\}$$

即将顶点 v_j 原来的 T 标号与 $d_{1k} + w_{kj}$ 相比，较小者为 v_j 新的 T 标号。

T 标号修改过后，再次从中找出最小的，重复上述过程，一旦所有顶点都为 P 标号(无法标记的除外)，就得到了 d_{1j}，逆向追踪，可知 v_1 到各 v_j 的最短路 P_{1j}。

例 5-5　求图 5-17 所示网络中 v_1 到 v_j 的最短路。

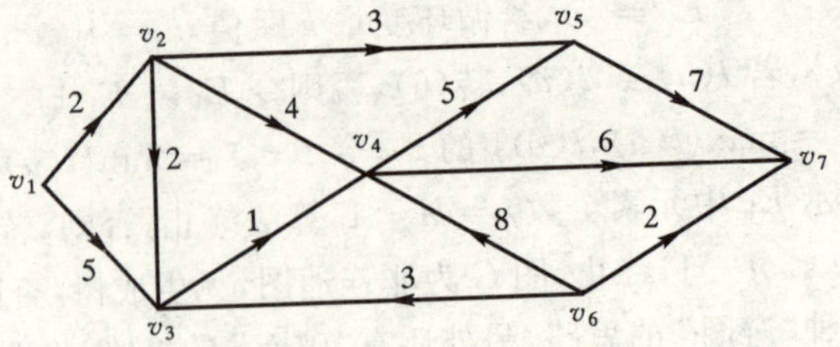

图 5-17

解 (1) 令 $d_{11}=0, l(v_2)=w_{12}=2, l(v_3)=w_{13}=5, l(v_j)=\infty, j=4,5,6,7$。最小的T标号为 $l(v_2)=2$，改为 $d_{12}=l(v_2)=2$，以 v_2 为基点，修改与 v_2 相邻且$(v_2,v_j)\in A$的各 v_j 的T标号：

$$l(v_3)=\min\{l(v_3),d_{12}+w_{23}\}=\min\{5,2+2\}=4$$
$$l(v_4)=\min\{l(v_4),d_{12}+w_{24}\}=\min\{\infty,2+4\}=6$$
$$l(v_5)=\min\{l(v_5),d_{12}+w_{25}\}=\min\{\infty,2+3\}=5$$

修改完之后各顶点标号情况见图 5-18。顶点旁方框中的数字为P标号。圆圈中的数字为T标号

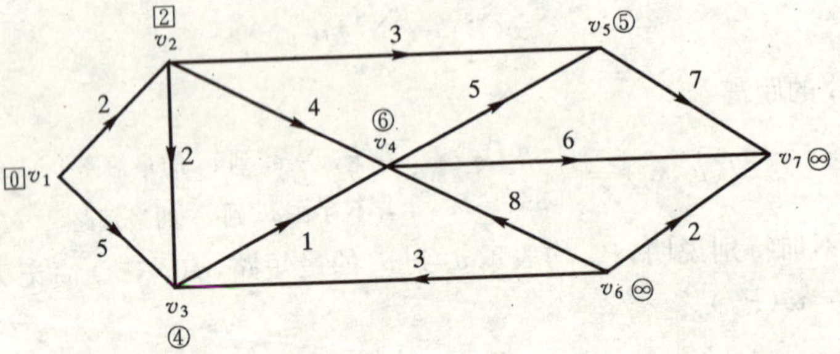

图 5-18

(2) 比较所有的T标号，$l(v_3)=4$ 最小，令 $d_{13}=l(v_3)=4$。以 v_3 为基点，修改与 v_3 相邻且$(v_3,v_j)\in A$的各 v_j 的T标号：

$$l(v_4)=\min\{l(v_4),d_{13}+w_{34}\}=\min\{6,4+1\}=5$$

其余T标号不变。

(3) 最小的T标号有两个：$l(v_4)=l(v_5)=5$，任取其一，令 $d_{14}=l(v_4)=5$，以 v_4 为基点修改T标号：

$$l(v_5)=\min\{l(v_5),d_{14}+w_{45}\}=\min\{5,5+5\}=5$$
$$l(v_7)=\min\{l(v_7),d_{14}+w_{47}\}=\min\{\infty,5+6\}=11$$

其余标号不变，修改结果见图 5-19。

(4) 最小的T标号为 $l(v_5)=5$，令 $d_{15}=l(v_5)=5$，以 v_5 为基点，修改 v_7 的T标号：

$$l(v_7)=\min\{l(v_7),d_{15}+w_{57}\}=\min\{11,5+7\}=11$$

(5) 比较后令 $d_{17}=l(v_7)=11$，v_6 的标号仍是T标号，但无法修改，表明 v_1 到 v_6 无最短路。

最后一步表明，v_1 到 v_7 的距离为11。从 v_7 开始，逆向追踪，由第(3)步知，$d_{17}=d_{14}+w_{47}$，

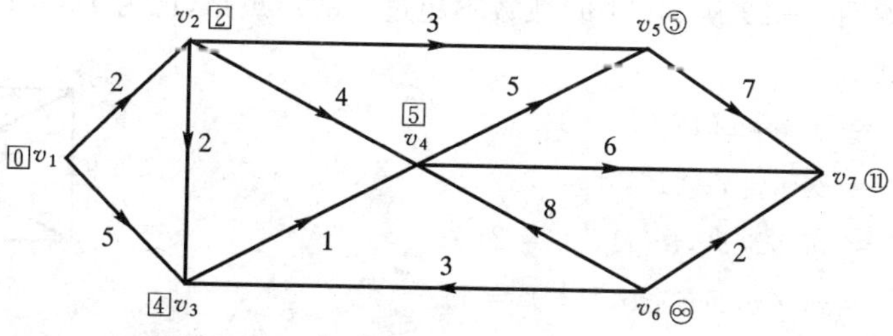

图 5-19

v_7 前面是 v_4；

由第(2)步知，$d_{14}=d_{34}+w_{34}$，v_4 前面是 v_3；

由第(1)步知，$d_{13}=d_{12}+w_{23}$，v_3 前面是 v_2；v_2 前面是 v_1。

所以，从 v_1 到 v_7 的最短路为 $P_{17}=v_1v_2v_3v_4v_7$，如图 5-20 所示。

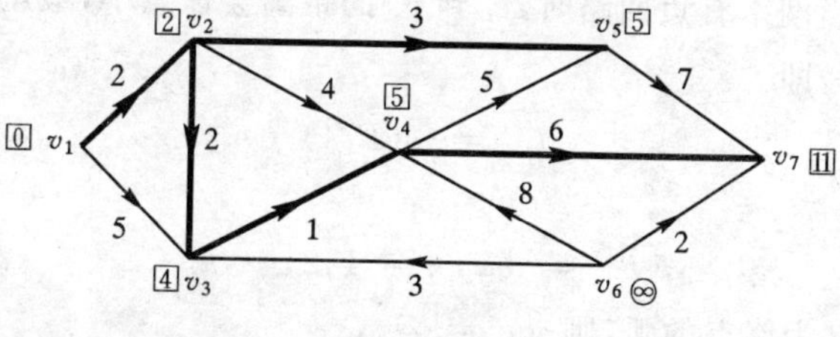

图 5-20

Dijkstra 算法步骤归纳如下：

(1) 置 $d_{11}=0, l(v_j)=w_{1j}, j=2,3,\cdots,n$。$\overline{P}=\{v_1\}, \overline{T}=\{v_2,v_3,\cdots,v_n\}$；这里，$\overline{P}$ 与 $\overline{T}$ 分别表示具有 P 标号和 T 标号的顶点集。若图中没有以 v_1 为起点、v_j 为终点的弧，则取 $l(v_j)=\infty$。

(2) 在 $\overline{T}$ 中找一点 v_k，使

$$l(v_k)=\min_{v_j\in\overline{T}}\{l(v_j)\}。$$

(3) 若 $l(v_k)=\infty$，终止计算，否则转(4)。

(4) 置 $d_{1k}=l(v_k), \overline{P}=\overline{P}\cup\{v_k\}, \overline{T}=\overline{T}-\{v_k\}$。

(5) 若 $T=\varnothing$，终止计算，否则，按公式

$$l(v_j)=\min\{l(v_j), d_{1k}+w_{kj}\}$$

修改 v_j 的 T 标号，返回(2)。

5.3.2 Ford 算法

当网络中有负权弧时，Dijkstra 算法便不再适用。图 5-21 给出一个反例。事实上，v_1 到 v_2 的距离是 1，但用 Dijkstra 算法却得到 2。由此可见，所有弧具有非负权数是运用 Dijkstra 算法的前提条件。

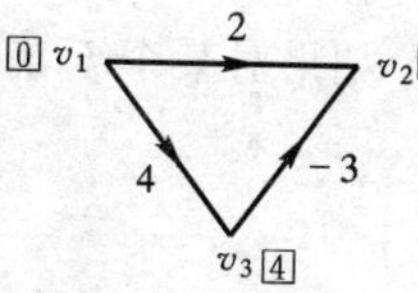

图 5-21

在这里将要介绍的 Ford 算法是由 L. R. Ford 于 1956 年提出的，它适用于弧权为任意实数的网络最短路问题。其基本思想是用有限制条件的最短路逐步逼近所要求的最短路。

例 5-6 考虑图 5-22 从 v_1 到 v_5 弧数不超过 k 的最短路，记为 $P_{15}^{(k)}$，$k=1,2,3,4$。

解 不难观察到

$k=1$ 时，$P_{15}^{(1)}=v_1v_5$，$w(P_{15}^{(1)})=9$；

$k=2$ 时，$P_{15}^{(2)}=v_1v_2v_5$，$w(P_{15}^{(2)})=7$；

$k=3$ 时，$P_{15}^{(3)}=v_1v_3v_2v_5$，$w(P_{15}^{(3)})=2$；

$k=4$ 时，$P_{15}^{(4)}=v_1v_3v_2v_4v_5$，$w(P_{15}^{(4)})=1$。

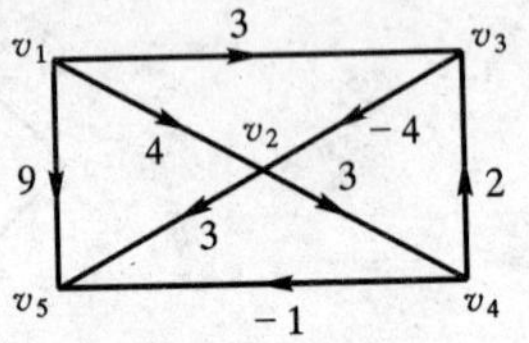

图 5-22

实际上，v_1 到 v_5 的最短路 P_{15} 也正是 $k=4$ 时的最短路 $P_{15}^{(4)}$。

采用“弧数不超过 k”这种限制条件，让 k 的值从 1 开始，每步增加 1，最多到 $k=n-1$，则当 v_1 到 v_j 的最短路 P_{ij} 存在时，一定有 $P_{1j}^{(n-1)}=P_{1j}$。这就是 Ford 算法的基本思路。

k 值之所以最多取到 $n-1$，是因为在无负回路（权为负数的回路）的网络中，最短路一定是初级路（如有权为零的回路可予以剔除），而初级路上的弧最多有 $n-1$ 条（n 为顶点数），所以 $w(P_{1j}^{(n-1)})=w(P_{1j})$。当网络有负回路时，$v_i$ 到 v_j 的距离会任意小，最短路一般不存在。

记 $P_{1j}^{(k)}$ 的权为 $l_j^{(k)}$，即

$$l_j^{(k)}=w(P_{1j}^{(k)})$$

$k=1$ 时，令

$$l_j^{(1)}=w_{1j},\ j=1,2,\cdots,n \tag{5-1}$$

若没有以 v_1 为起点，v_j 为终点的弧，则 $w_{1j}=\infty$。

假定已得到 $P_{1j}^{(k)}$ 和 $l_j^{(k)}(k\geqslant 1)$，下一步 $P_{1j}^{(k+1)}$ 将出现两种情况：

(1) $P_{1j}^{(k+1)}$ 中弧数仍然不超过 k，此时，$P_{1j}^{(k+1)}=P_{1j}^{(k)}$，$l_j^{(k+1)}=l_j^{(k)}$，例如图 5-22 中，$P_{12}^{(2)}=v_1v_3v_2$，$P_{12}^{(3)}=v_1v_3v_2$。

(2) $P_{1j}^{(k+1)}$ 中有 $k+1$ 条弧，设 $P_{1j}^{(k+1)}$ 上 v_j 的前一个顶点是 v_i，则 $P_{1j}^{(k+1)}$ 上从 v_1 到 v_i 的部分必是弧数不超过 k 的最短路 $P_{1i}^{(k)}$，从而

$$l_j^{(k+1)}=l_i^{(k)}+w_{ij},\ i\neq j \tag{5-2}$$

通常，用公式

$$l_j^{(k+1)}=\min_{\substack{i\neq j\\1\leqslant i\leqslant n}}\{l_i^{(k)}+w_{ij}\} \tag{5-3}$$

来求 $l_j^{(k+1)}$。

综合两种情况，有

$$l_j^{(k+1)}=\min_{\substack{i\neq j\\1\leqslant i\leqslant n}}\{l_i^{(k)},l_i^{(k)}+w_{ij}\} \tag{5-4}$$

注意到 $w_{jj}=0$，$l_j^{(k)}=l_j^{(k)}+w_{jj}$，公式(5-3)可写成

$$l_j^{(k+1)}=\min_{1\leqslant i\leqslant n}\{l_i^{(k)}+w_{ij}\},\ j=1,2,\cdots,n \tag{5-5}$$

如果对某个 k，有

$$l_j^{(k+1)}=l_j^{(k)},\ j=1,2,\cdots,n \tag{5-6}$$

则

$$l_i^{(k+1)}+w_{ij}=l_i^{(k)}+w_{ij},\ i,j=1,2,\cdots,n$$

即

$$\min_{1\leqslant i\leqslant n}\{l_i^{(k+1)}+w_{ij}\}=\min_{1\leqslant i\leqslant n}\{l_i^{(k)}+w_{ij}\},\ j=1,2,\cdots,n$$

于是

$$l_j^{(k+2)}=l_j^{(k+1)}=l_j^{(k)},\ j=1,2,\cdots,n$$

从而,对任意 $t \geqslant k$,有

$$l_j^{(t)} = l_j^{(k)}, \ j = 1,2,\cdots,n$$

所以

$$d_{1j} = l_j^{(k)}, \ j = 1,2,\cdots,n$$

公式(5-1)给出了递推初始值,式(5-5)是递推公式,式(5-6)是终止条件。求出了所有的 $d_{1j}(j = 1,2,\cdots,n)$ 之后,利用式(5-2)反向追溯,找出 v_1 到 v_j 的最短路。

例 5-7　用 Ford 算法求图 5-22 中 v_1 到 v_5 的最短路 P_{15}。

解　用表格形式计算。表格分左右两部分,左边部分叫 w 表,其中为 w_{ij} 的值,若 $w_{ij} = \infty$ 时,∞ 可略去不写。右边部分是 l 表,其中是 $l_j^{(k)}$,按公式(5-5),$l_j^{(k+1)}$ 的值是 w 表的第 j 列(v_j 所在列)与 $l^{(k)}$ 列各对应元素之和的最小值。最右边两列完全相同时,就是 $d_{1j}(1 \leqslant j \leqslant n)$。计算结果见表 5-2。

表 5-2

w_{ij}	v_1	v_2	v_3	v_4	v_5	$l^{(k)}$	$l^{(1)}$	$l^{(2)}$	$l^{(3)}$	$l^{(4)}$	$l^{(5)}$
v_1	0	4	3		9	$l_1^{(k)}$	0	0	0	0	0
v_2		0		3	3	$l_2^{(k)}$	4	−1	−1	−1	−1
v_3		−4	0			$l_3^{(k)}$	3	3	3	3	3
v_4			2	0	−1	$l_4^{(k)}$		7	2	2	2
v_5					0	$l_5^{(k)}$	9	7	2	1	1

求最短路 P_{15}:

$d_{15} = 2 - 1 = d_{14} + w_{45}$,$v_5$ 之前是 v_4

$d_{14} = -1 + 3 = d_{12} + w_{24}$,$v_4$ 之前是 v_2

$d_{12} = 3 - 4 = d_{13} + w_{32}$,$v_2$ 之前是 v_3

$d_{13} = 0 + 3 = d_{11} + w_{13}$,$v_3$ 之前是 v_1

所以,$P_{15} = v_1 v_3 v_2 v_4 v_5$,$w(P_{15}) = 1$。

Ford 算法还可以判断网络中是否有负回路。如果有某个 $j(1 \leqslant j \leqslant n)$ 使 $l_j^{(n)} \neq j_j^{(n-1)}$,则说明有负回路,读者可用 Ford 算法验证图 5-23 所示网络存在负回路。

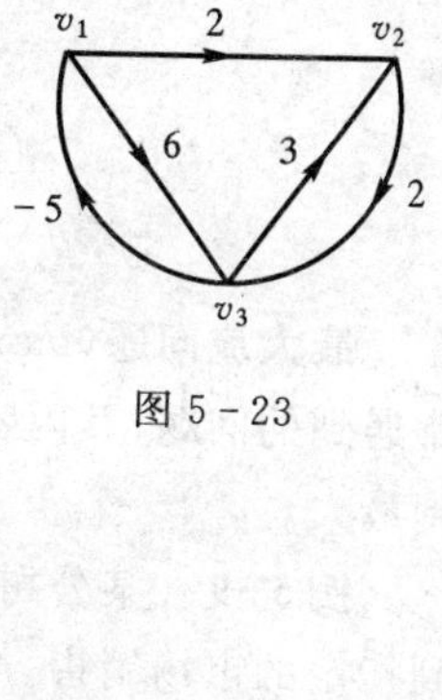

图 5-23

Ford 算法步骤如下:

(1) 由式(5-1)给出 $l_j^{(1)}$,$j = 1,2,\cdots,n$,令 $k = 1$;

(2) 由式(5-5)计算 $l_j^{(k+1)}$,$j = 1,2,\cdots,n$;

(3) 若(5-6)成立,转(5),否则转(4);

(4) 若 $k = n - 1$,则说明存在负回路,算法终止。否则令 $k = k + 1$,转(2);

(5) 令 $d_{1j} = l_j^{(k)}$,$j = 1,2,\cdots,n$。用公式

$$d_{1j} = d_{1i} + w_{ij}$$

逆向追踪求 P_{1j}。

例 5-8(设备更新问题)　一台机器在新的时候故障少,维修费用小。使用一段时间之后,故障多,维修费用增多,而更换一台新的则需要一笔购置费。因此,企业应该制定一个较长时间

内的设备更新计划，使得在这个时期内设备购置费和维修费的总和最小。现在正好是年末，计划在明年初购置一台新机器，并且要做出今后 5 年的设备更新计划，预测该机器在今后 5 年的价格为：第 1 年和第 2 年都是 22 万元，第 3 年和第 4 年都是 24 万元，第 5 年为 26 万元。不同使用年限的维修费用见表 5－3，如果确定在今年初购置新设备，试给出这个 5 年设备更新计划。

表 5－3 单位：万元

0～1 年	1～2 年	2～3 年	3～4 年	4～5 年
10	12	16	22	36

解 用点 $v_i(i=1,2,3,4,5)$ 表示第 i 年初，增加一个 v_6 表示第 5 年底。弧 $a_{ij}=(v_i,v_j)$ 表示第 i 年初购买新设备使用到第 j 年初或第 $j-1$ 年底的过程，对应的权 w_{ij} 等于期间发生的购置费和维修费之和。例如 $w_{13}=22+10+12=44$，这样就得到一个网络，如图 5－24 所示。

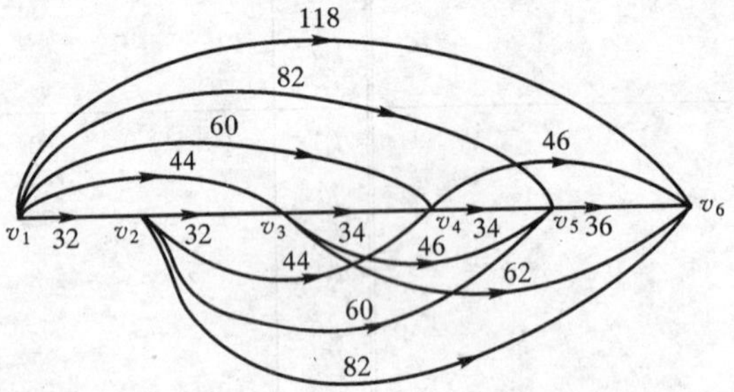

图 5－24

网络中从 v_1 到 v_6 的一条路表示一个设备更新计划。例如 $P=v_1v_2v_4v_6$ 表示第 1 年初购置，使用一年后在第 2 年初再购买一台新的，然后使用两年在第 4 年初又购买一台新的，使用到第 5 年底。购置费与维修费之和为 $w_{12}+w_{24}+w_{46}=32+44+46=122$ 万元。$w_{16}=118$ 表示第 1 年初购置机器后一直使用到第 5 年底的总费用。

于是该问题变为求 v_1 到 v_6 的最短路。用 Dijkstra 算法求解得 $P_1=v_1v_3v_6$，$P_2=v_1v_4v_6$ 都是最短路，其权为 106。因此，有两个可供选择的更新计划：其一是第 1 年和第 3 年分别购置新设备；其二是第 1 年和第 4 年分别购置新设备，总费用都是 106 万元。

§5.4 网络最大流问题

最大流问题(maximal flow problem) 是网络优化的另一个基本问题，也是生产和管理中常遇到的问题，其内容是在网络现有条件下，如何做出安排，使通过该网络某种物质的流量达到最大。

例 5-9 某公司的产品在市场上供不应求，公司决定加班生产，并将尽可能多的产品运送到指定的市场销售。产品从工厂到市场要经过一些转运站，运送途径如图 5－25 所示：

图中 v_1 和 v_6 分别表示工厂和市场，$v_2\sim v_5$ 表示转运站。弧表示可供运货的途径，弧的权数表示该路径允许通过的最大货物数量。问该公司如何安排运送方案，才能使送到市场的产品

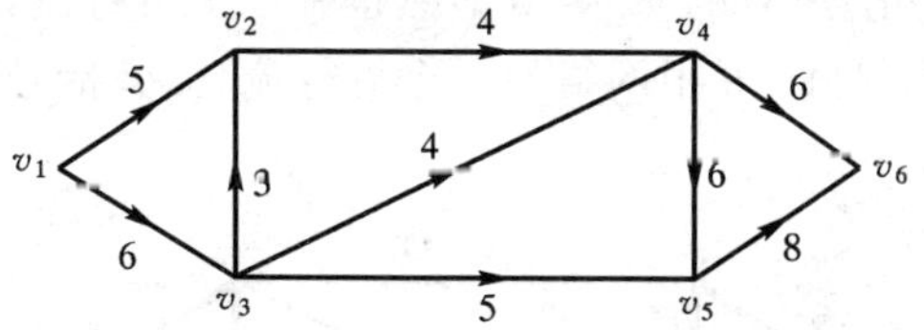

图 5-25

数量为最大?

这是一个交通运输网络的最大流向问题。类似地，在电力、通信、供水等网络中，也有电流量、信息流量和水流量等的最大化问题。

我们假设图 5-25 中弧(v_i,v_j)上货物的流量为 x_{ij}，F 为从工厂发出的产品数量，则数学模型为

$$\max \quad F = x_{12} + x_{13}$$

$$\text{s.t.} \begin{cases} x_{12} + x_{32} = x_{24} \\ x_{13} = x_{32} + x_{34} + x_{35} \\ x_{24} + x_{34} = x_{45} + x_{46} \\ x_{35} + x_{45} = x_{56} \\ x_{46} + x_{56} = x_{12} + x_{13} \\ 0 \leqslant x_{ij} \leqslant w_{ij} \end{cases}$$

其中 w_{ij} 为各弧的权数。约束条件中前 4 个方程表示 4 个转运站应该具有的性质：流入的货物数量等于流出的货物数量。第 5 个约束方程表示从工厂发出的货物数量应与市场收到的货物数量相等。最后的不等式表示货物流量非负且不突破运输能力的限制。显见最大流问题本质上是一个线性规划问题。但是，用网络分析方法解决这一问题较之线性规划解法更为直观、简便。

5.4.1　网络可行流和增广链

(1) 网络可行流及最大流问题的数学模型

设 $D=(V,A,w)$ 是一个网络，$V=\{v_1,v_2,\cdots,v_n\}$。指定顶点 v_1 和 v_n 分别为网络的发点(sounce)和收点(sink)，其余项点为中间点。弧(v_i,v_j)的权数 $w_{ij}\geqslant 0$ 规定为弧的容量(capacity)。又设通过每一弧(v_i,v_j)的流量为 x_{ij}，则集合 $X=\{x_{ij} \mid (v_i,v_j)\in A\}$ 称为该网络的一个**流**(flow)，若网络 D 的流 X 满足：

1) 弧流量限制条件：$0\leqslant x_{ij}\leqslant w_{ij}$，$(v_i,v_j)\in A$；

2) 中间点平衡条件：$\sum\limits_{j=1}^{n} x_{ij} = \sum\limits_{j=1}^{n} x_{ji}$，$i=2,3,\cdots,n-1$，$(v_i,v_j)\in A$，则 X 称为网络 D 的**可行流**(feasible flow)。

注意，我们这里的网络只有以发点 v_1 为起点，或者以收点 v_n 为终点的弧，没有指向 v_1 或者以 v_n 为起点的弧。可以证明，对于这种网络的可行流来说，发点的流出量等于收点的流入量，即

$$\sum_{j=1}^{n} x_{1j} = \sum_{j=1}^{n} x_{jn} = f(X),\ (v_1,v_j),(v_j,v_n)\in A$$

定义 $f(X)$ 为可行流 X 的流值，当可行流给定时，其流值被唯一确定，可行流的流量 x_{ij} 调

整时，其流值一般会发生变化。所有的 $x_{ij}=0$ 显然也是一个可行流，称为**零流**，记作 $X=0$，其流值也为 0。图 5-26 给出了例 5-9 中网络的一个可行流。弧旁括号内的第一个数字为 w_{ij}，第二个数字为 x_{ij}。易知 $f(X)=9$。

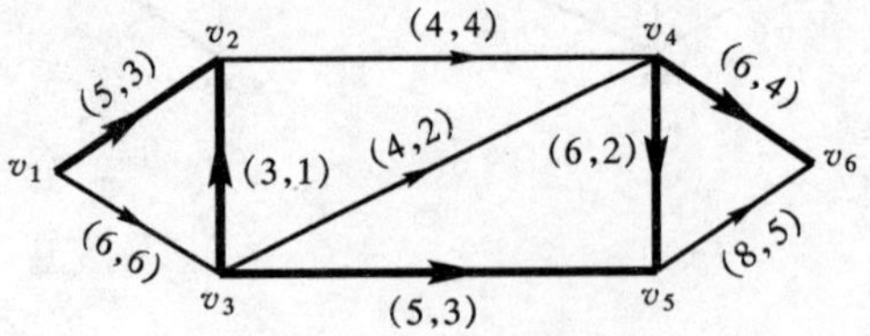

图 5-26

最大流问题是求网络上流值最大的可行流。

(2) 增广链

给定网络 $D=(V,A,w)$，设 μ 为 D 上从 v_1 到 v_n 的链，链 μ 上与链自身的方向（由 v_1 指向 v_n）一致的弧称作**前向弧**（前向弧的全体记为 μ^+），与链的方向相反的弧称作**后向弧**（后向弧的全体记为 μ^-）。又设 X 为 D 上的可行流，当弧 (v_i,v_j) 的流量与容量相等，即 $x_{ij}=w_{ij}$ 时，称之为**饱和弧**，否则为**非饱和弧**；当弧 (v_i,v_j) 的流量为零，即 $x_{ij}=0$ 时，称之为**零流弧**，否则为非零流弧。如果链 μ 上的任一前向弧都是非饱和弧 $(x_{ij}<w_{ij})$，任一后向弧都是非零流弧 $(x_{ij}>0)$，则称 μ 是网络 D 上从 v_1 到 v_n 关于可行流 X 的一条**增广链**(incrementing chain)。图 5-26 中粗线所示的链 $\mu=v_1v_2v_3v_5v_4v_6$ 是一条增广链，其中 $\mu^+=\{(v_1,v_2),(v_3,v_5),(v_4,v_6)\}$，$\mu^-=\{(v_3,v_2),(v_4,v_5)\}$。

设 μ 是网络 D 上关于可行流 X 的增广链，计算

$$\theta=\min\{\min_{\mu^+}(w_{ij}-x_{ij}),\min_{\mu^-}x_{ij}\} \tag{5-7}$$

对可行流 X 的流量按下式做调整，θ 为**调整量**：

$$x'_{ij}=\begin{cases}x_{ij}+\theta, & (v_i,v_j)\in\mu^+\\ x_{ij}-\theta, & (v_i,v_j)\in\mu^-\\ x_{ij} & (v_i,v_j)\overline{\in}\mu\end{cases} \tag{5-8}$$

不难验证，$X'=\{x'_{ij}\mid(v_i,v_j)\in A\}$ 仍是 D 上的可行流，其流值较 X 有所增加：$f(X')=f(X)+\theta$。例如，对于图 5-26 给出的可行流和增广链，计算调整量

$$\theta=\min\{\min\{5-3,5-3,6-4\},\min\{1,2\}\}=1$$

按公式(5-8) 修改流量，新的可行流 X' 的流值 $f(X')=10$。见图 5-27。

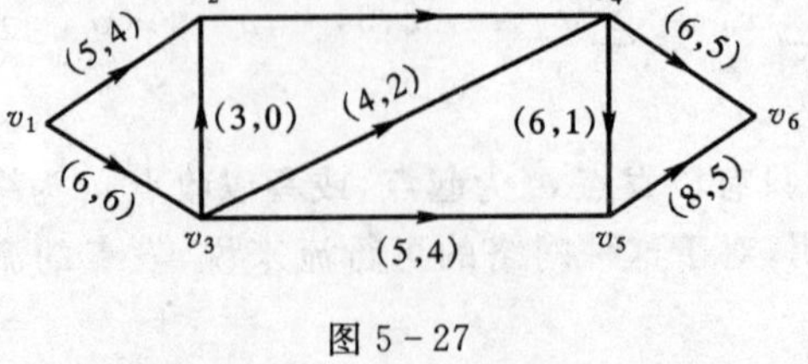

图 5-27

5.4.2 最大流和最小截集

给定网络 $D=(V,A,w)$，顶点集 V 被分成两个了集 S 和 T 且发点 $v_1\in S$，收点 $v_n\in T$，把起点在 S 中，终点在 T 中的弧的全体(记为 (S,T)) 称作网络 D 的一个**截集**(cut set)，截集的各容量之和

$$w(S,T)=\sum_{(v_i,v_j)\in(S,T)} w_{ij}$$

称为**截集的容量**。设 D 上有一个可行流 X，截集中各弧的流量之和

$$\boldsymbol{x}(S,T)=\sum_{(v_i,v_j)\in(S,T)} x_{ij}$$

称为**截集的流量**。

如图 5-26，取 $S=\{v_1,v_2\}$，$T=\{v_3,v_4,v_5,v_6\}$，则 $(S,T)=\{(v_1,v_3),(v_2,v_4)\}$，$w(S,T)=6+4=10$，$\boldsymbol{x}(S,T)=6+4=10$。

若取 $S'=\{v_1,v_2,v_3,v_4\}$，$T'=\{v_5,v_6\}$，则 $(S',T')=\{(v_3,v_5),(v_4,v_5),(v_4,v_6)\}$，$w(S',T')=17$，$\boldsymbol{x}(S',T')=9$。

截集 (S,T) 与可行流的流值 $f(X)$ 有下述关系：

$$f(X)=x(S,T)-x(T,S) \tag{5-9}$$

其中 $\boldsymbol{x}(T,S)$ 是起点在 T 中、终点在 S 中的全体弧的流量之和。

由于弧的流量限制条件 $\boldsymbol{x}(S,T)\leqslant w(S,T)$ 和 $\boldsymbol{x}(T,S)\geqslant 0$，故有

$$f(X)\leqslant w(S,T) \tag{5-10}$$

这就是说，**任一可行流的流值不超过任一截集的容量**。

由式(5-10)推知，如果存在可行流 X^* 和截集 (S^*,T^*)，使 $f(X^*)=w(S^*,T^*)$，那么 X^* 是网络最大流，而 (S^*,T^*) 是容量最小的截集。下面的定理提供了寻找最大流和最小截集的思路。

定理 5-1 可行流 X^* 为最大流的充分必要条件是不存在关于 X^* 的增广链。

证明 必要性：若存在关于 X^* 的增广链 μ，则可根据式(5-7)和(5-8)计算 θ 值并修改流量，得到新的可行流 X' 且 $f(X')>f(X^*)$，与 X^* 是最大流矛盾。

充分性：设 X^* 为可行流，用 X^* 构造集合 $S^*\subset V$：

1) 发点 $v_1\in S^*$；

2) 若 $v_i\in S^*$ 且 $x_{ij}<w_{ij}$，令 $v_j\in S^*$；若 $v_i\in S^*$ 且 $x_{ji}>0$，令 $v_j\in S^*$。这样构造的集 S^* 一定不包含收点 v_n，否则将有一条 v_1 到 v_n 关于 X^* 的增广链 μ，与条件不符。令 $T^*=V-S^*$，则 (S^*,T^*) 是网络 D 的截集。注意到 S^* 的构造过程，(S^*,T^*) 全部为饱和弧，而 (T^*,S^*) 全部为零流弧，即 $w(S^*,T^*)=\boldsymbol{x}(S^*,T^*)$，$\boldsymbol{x}(T^*,S^*)=0$，由式(5-9)有 $f(X^*)=w(S^*,T^*)$，所以 X^* 是最大流，(S^*,T^*) 是最小截集。

定理后半部分的证明结果还可以写成定理 5-2。

定理 5-2 在任一网络中，最大流的流值等于最小截集的容量。

把截集的各弧去掉，网络中就不存在从发点到收点的路，网络流的正常流动便不可能。从这个意义上说，截集是网络的“咽喉要道”，最小截集的容量大小直接影响网络总的输送量。要想提高网络的输送能力，首先应该扩大最小截集的容量。

5.4.3 Ford-Fulkerson 算法

根据定理 5-1,从一个可行流出发,寻找自 v_1 的增广链可以到达的所有顶点集合 S,若 $v_n \in S$,则有 v_1 到 v_n 的增广链,修改增广链上的流量,得到一个流值更大的可行流。重复这个过程,直到 $v_n \overline{\in} S$ 为止。

用给顶点标号的方法寻找增广链。全部顶点分为三类:已标号未检查,已标号已检查和未标号。首先给发点 v_1 标号$(0,+\infty)$,则 v_1 为已标号未检查的点。接下来,对已标号未检查的点 v_i 进行检查。考虑全部未标号的顶点 v_j,按以下规则处理称为检查 v_i:

1) 若弧$(v_i,v_j) \in A$ 且 $x_{ij} < w_{ij}$,则给 v_j 标号$(+v_i,l(v_j))$,其中 $l(v_j) = \min\{l(v_i),w_{ij} - x_{ij}\}$;

2) 若弧$(v_j,v_i) \in A$ 且 $x_{ji} > 0$,则给 v_j 标号$(-v_i,l(v_j))$,其中 $l(v_j) = \min\{l(v_i),x_{ji}\}$。

这里,v_j 的第一个标号表示在增广链中,v_j 紧前面的顶点("+"代表前向弧,"-"代表后向弧),第二个标号表示调整量 θ 的一个上界。

所有 v_j 都处理过后,v_i 为已标号已检查的点。v_j 为未标号,或者已标号未检查。

若 v_n 被标号,可由其第一个标号逆向追踪到 v_1,找出增广链 μ,v_n 的第二个标号是增广链 μ 上各弧的调整量θ。流量调整完毕,抹去全部顶点标号,再找新的增广链,若 v_n 不能标号,则当前可行流是最大流。

下面用 Ford-Fulkerson 算法求解例 5-9 所述的最大流问题。我们从图 5-26 给出的可行流出发,见图 5-28。

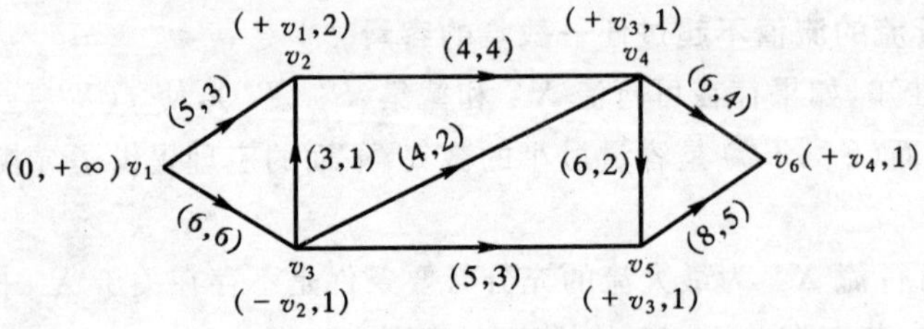

图 5-28

第一步,给 v_1 标号$(0,+\infty)$。

第二步,检查 v_1。弧$(v_1,v_2) \in A$ 且 $x_{12} = 3 < w_{12} = 5$,$l(v_2) = \min\{l(v_1),5-3\} = \min\{+\infty,2\} = 2$,所以给 v_2 标号:$(+v_1,2)$,弧(v_1,v_3)是饱和弧,此时,不能给 v_3 标号,对 v_1 的检查完毕,v_1 为已标号已检查的点。

检查 v_2。弧$(v_3,v_2) \in A$ 且 $x_{32} = 1 > 0$,$l(v_3) = \min\{l(v_2),1\} = \min\{2,1\} = 1$,故给 v_3 标号:$(-v_2,1)$,弧(v_2,v_4)是饱和弧,此时不能给 v_4 标号。

检查 v_3。弧$(v_3,v_4) \in A$ 且是非饱和弧,$l(v_4) = \min\{l(v_3),4-2\} = \min\{1,2\} = 1$,给 v_4 标号$(+v_3,1)$,同理,给 v_5 标号:$(+v_3,1)$。

检查 v_4。弧(v_4,v_6)是非饱和弧,$l(v_6) = \min\{l(v_4),6-4\} = 1$,$v_6$ 的标号:$(+v_4,1)$。

根据 v_6 的标号知,v_6 前 v_4,再由 v_4 的标号知,v_4 前是 v_3,同理,v_3 前是 v_2,v_2 前是 v_1,$\mu = v_1v_2v_3v_4v_6$。调整量 $\theta = 1$,新的可行流见图 5-29。再从图 5-29 出发,重复上述找增广链的过程。发现只有 v_1 和 v_2 可以标号,其它顶点均不能标号。根据定理 5-1,图 5-29 所示可行流为最大流。流值 $f(X) = 10$,能够标号的顶点 v_1,v_2 组成集 S,即 $S = \{v_1,v_2\}$,$T = \{v_3,v_4,v_5,v_6\}$。

$(S,T)=\{(v_1,v_3),(v_2,v_4)\}$ 是最小截集。

当没有给出一个可行流时，可以从零流 $X=0$ 开始。

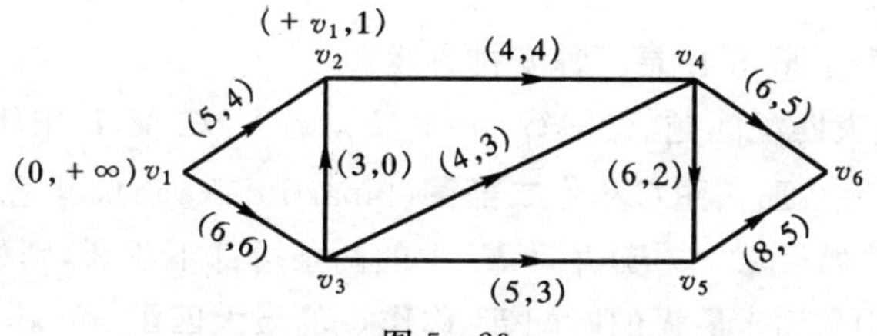

图 5-29

我们将 Ford-Fulkerson 算法的步骤归纳如下：

(1) 给定初始的可行流 X(一般可取零流)；

(2) 令 $M=\varnothing, S=\{v_1\}, T=V-\{v_1\}, l(v_1)=0$；

(3) 若 $S=\varnothing$，则 X 是最大流，$(M,\overline{M})$ 为最小截集计算结束，否则转(4)；

(4) 任取 $v_i\in S$，对所有的 $v_j\in T$，若 $(v_i,v_j)\in A$，且 $x_{ij}<w_{ij}$，则令 $\theta(v_j)=+v_i, S=S\cup\{v_j\}, T=T-\{v_j\}$；若 $(v_j,v_i)\in A$ 且 $x_{ji}>0$，则令 $\theta(v_j)=-v_i, S=S\cup\{v_j\}, T=T-\{v_j\}$；

(5) 若 $v_n\in S$，则转(7)，否则转(6)；

(6) 令 $M=M\cup\{v_i\}, S=S-\{v_i\}$，转(3)；

(7) 由 θ 逆向追踪，找出 v_1 到 v_n 的增广链 μ，根据公式(5-7)和(5-8)修改可行流，转(2)。

例 5-10　给 4 个人分配 4 项工作。4 人中甲可承担工作 A 和 C，乙可承担工作 A，丙可承担 A 和 C，丁可承担 B，C 和 D。限定每人最多只能承担一项工作，每项工作也只能由一人承担。问最多能安排几个人工作？如何安排？

解　我们先设法用图来描述这个问题。用 4 个顶点表示 4 个人，再用 4 个顶点表示 4 项工作，共有 8 个顶点。如果某人可承担某项工作，则在这两点之间有一条边。这样就得到了一个图 $G=(V,E)$ 如图 5-30 所示。取一条边表示让某人承担某项工作，如$\{$甲$,A\}$表示甲承担 A。一个工作分配方案应该是一个子图 $G_1=(V_1,E_1)$，其中 E_1 的任意两条边都没有共同的端点。我们的问题就是要找这样一个边数达到最大的子图 G_1。这个网络图不同于前面讨论的网络图，它实际上是一个多发点多收点的网络图。我们可以将它化为一个发点 v_1 及一个收点 v_2 的网络图，如图 5-31 所示，图中每条弧上的权均为 1。从而这个问题就化为求图 5-31 所示网络的最

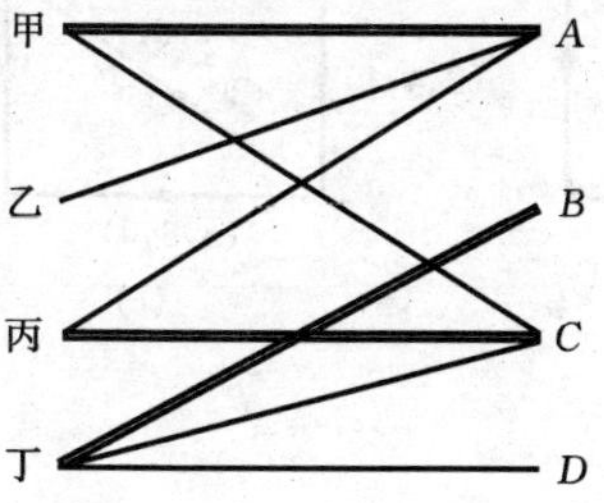

图 5-30

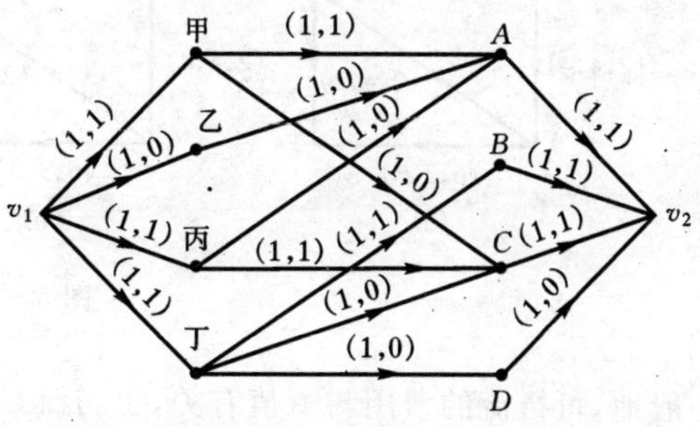

图 5-31

大流。经过计算得到对应的工作分配方案为图中间饱和弧及其端点构成的子图，$V_1=\{$甲，丙，丁，$A,B,C\}$，$E_1=\Big\{\{$甲，$A\},\{$丙，$C\},\{$丁，$B\}\Big\}$（图 5-30 双线标出部分）。最多能安排 3 个人工作，甲承担 A，丙承担 C，丁承担 B 是一种安排方案。

例 5-10 是一个最大匹配问题。设图 $G=(V,E)$，若 $V_1\subset V$，E 中所有边都是一个端点在 V_1 中，另一个端点在 $\overline{V}_1$ 中，那么图 G 称作**二部图**（bipartite graph），可记作 $G=(V_1,\overline{V}_1;E)$。图 5-30 便是一个二部图。如果 $E_1\subseteq E$，并且 E_1 中的两条边都不相邻，则称 E_1 是二部图 G 的一个**匹配**（matching）。G 中 $|E_1|$ 最大的匹配 E_1 称作 G 的**最大匹配**（maximal matching）。本例采用的做法，就是把求二部图的最大匹配转化为求网络的最大流。

§5.5　最小费用最大流问题

最大流问题是研究解决如何充分利用现有的网络资源，发挥其最大能力的问题。在实际生活中，人们还要考虑可行流的运行成本，即如何能以最小的成本、最大限度地利用网络资源。本节讨论的最小费用最大流就属于这类问题。

5.5.1　可行流的费用与定值最小费用流

已知网络 $D=(V,A,w)$，每一条弧 (v_i,v_j) 除了已给的容量 w_{ij} 外，还给出**单位流量的费用** $c(v_i,v_j)\geqslant 0$（简记为 c_{ij}），这样 D 就成为一个**带费用的网络**，记为 $D=(V,A,w,c)$，其中 c 为费用函数。设 X 为 D 上的一个可行流，称

$$c(X)=\sum_{(v_i,v_j)\in A}c_{ij}x_{ij}$$

为**可行流 X 的费用**。

例 5-11　图 5-32 所示一个带费用的网络上有三个不同的可行流。括号内的数字依次为单位流量的费用 c_{ij}，容量 w_{ij} 和流量 x_{ij}。三个可行流的流值都是 4。费用分别为 $c(X_a)=28$，$c(X_b)=24$，$c(X_c)=15$。可见，流值相同的可行流，费用却可以不同。

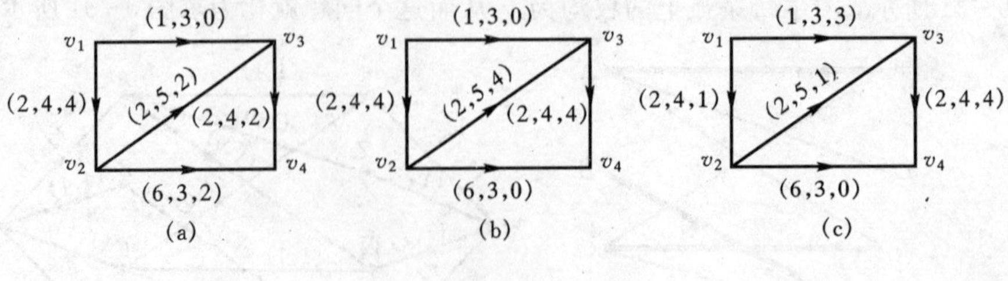

图 5-32

一般地，可行流的费用与流值有关，也与流量的分布有关。流值相同，改变流量的分布，其费用就可能改变。因此，我们在比较可行流的费用时，应该预设一个前提，即给定流值，不妨设其为 λ，流值等于 λ 且费用最小的可行流称作定值最小费用流。其数学模型为

$$\min z = \sum_{(v_i,v_j)\in A} c_{ij}x_{ij}$$

$$\text{s.t.}\begin{cases}\sum_{j=1}^{n} x_{1j} = \lambda \\ \sum_{j=1}^{n} x_{ij} - \sum_{j=1}^{n} x_{ji} = 0,\ i = 2,\cdots,n-1 \\ \sum_{j=1}^{n} x_{jn} = \lambda \\ 0 \leqslant x_{ij} \leqslant w_{ij},\ i,j = 1,2,\cdots n \\ (v_i,v_j) \in A \end{cases}$$

当 λ 为最大流的流值时，上述问题为**最小费用最大流问题**(minimal cost maximal flow problem)。本节主要讨论求解这个问题的网络方法。

5.5.2　增广链 μ 的费用增量

用网络方法求解最小费用最大流问题。不是先给出最大流值，然后再寻找最小费用流，而是在费用最小的要求之下，逐步改变可行流，使其流值达到最大。因此，需要知道流值增加后，相应的费用增加多少?新的可行流是不是相同流值中费用最小的?其流值是否已达到最大?

这里，同最大流算法一样，仍然是通过调整增广链上的流量来增加流值的。设 μ 为关于可行流 X 的增广链，调整后得可行流 X'，其流值为 $f(X') = f(X) + \theta$(θ 是调整量，也是流值的增量)，费用的增量为

$$c(X') - c(X) = \sum_{(v_i,v_j)\in A} c_{ij}x'_{ij} - \sum_{(v_i,v_j)\in A} c_{ij}x_{ij}$$

因为对 μ 之外的 (v_i,v_j) 来说，$x'_{ij} = x_{ij}$，上式之差只体现在 μ 上，所以

$$\begin{aligned} c(X') - c(X) &= \sum_{(v_i,v_j)\in\mu} c_{ij}x'_{ij} - \sum_{(v_i,v_j)\in\mu} c_{ij}x_{ij} \\ &= \sum_{(v_i,v_j)\in\mu^+} c_{ij}(x_{ij}+\theta) + \sum_{(v_i,v_j)\in\mu^-} c_{ij}(x_{ij}-\theta) - \sum_{(v_i,v_j)\in\mu} c_{ij}x_{ij} \\ &= \theta\Big[\sum_{(v_i,v_j)\in\mu^+} c_{ij} - \sum_{(v_i,v_j)\in\mu^-} c_{ij}\Big] \end{aligned}$$

记

$$\Delta c(\mu) = \sum_{(v_i,v_j)\in\mu^+} c_{ij} - \sum_{(v_i,v_j)\in\mu^-} c_{ij}$$

$\Delta c(\mu)$ 是沿增广链 μ 当可行流增加单位流值时费用的增量，简称为**增广链 μ 的单位费用增量**。

定理 5-3　若 X 是流值为 $f(X)$ 的最小费用流，μ 是关于 X 的单位费用增量最小的增广链，θ 为流值的调整量，那么沿 μ 调整后得新的可行流 X' 是流值为 $f(X)+\theta$ 的最小费用流。

定理5-3给出了求解问题的思路，如果初始可行流是最小费用流，那么，仿最大流算法，每一步都找单位费用增量最小的增广链，保证最后得到的最大流是费用最小的。

5.5.3　单位费用增量最小的增广链的求法

设 $D = (V,A,w,c)$ 为带费用的网络，X 为 D 上的可行流。构造赋权有向图 $D(X)$：其节点

集仍为 V,将 D 中每一弧 (v_i,v_j) 变成 $D(X)$ 的两条弧:(v_i,v_j) 和 (v_j,v_i)

规定权数 w' 为

$$w'(v_i,v_j)=\begin{cases}c_{ij}, & 若\ x_{ij}<w_{ij}\\ \infty, & 若\ x_{ij}=w_{ij}\end{cases}$$

$$w'(v_j,v_i)=\begin{cases}-c_{ij}, & 若\ x_{ij}>0\\ \infty, & 若\ x_{ij}=0\end{cases}$$

在 $D(X)$ 中权数为 ∞ 的弧不用画出来。图 5-33(a) 是一带费用的网络,弧旁的数字为 (c_{ij},w_{ij},x_{ij}),(b) 是相应的 $D(X)$。

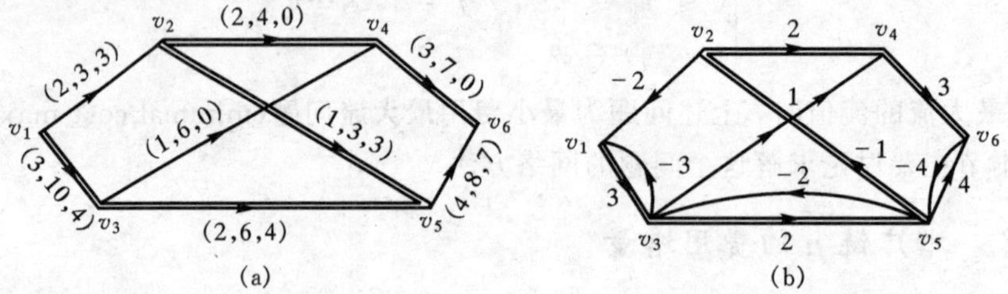

图 5-33

图 5-33(a) 中有双线所示的增广链 $\mu=v_1v_3v_5v_2v_4v_6$,图 5-33(b) 中有一条路 $P=v_1v_3v_5v_2v_4v_6$,μ 的单位费用增量 $\Delta c(\mu)=3+2-1+2+3=9$,路的权 $w'(P)=3+2-1+2+3=9$。

一般地,D 中关于 X 的从 v_1 到 v_n 的增广链与 $D(X)$ 中自 v_1 到 v_n 的路按下述方式实现一一对应:链上的前向弧 (v_i,v_j) 对应于路上的弧 (v_i,v_j),链上的后向弧 (v_i,v_j) 对应于路上的弧 (v_j,v_i)。例如,图 5-33(a) 中前向弧 (v_3,v_5) 对应图 5-33(b) 中弧 (v_3,v_5),后向弧 (v_2,v_5) 对应弧 (v_5,v_2)。因为

$$w'(P)=\sum_{(v_i,v_j)\in P}c_{ij}+\sum_{(v_j,v_i)\in P}(-c_{ij})=\sum_{(v_i,v_j)\in\mu^+}c_{ij}-\sum_{(v_i,v_j)\in\mu^-}c_{ij}=\Delta c(\mu)$$

所以路的权等于链的单位费用增量。于是求单位费用增量最小的增广链等价于求 $D(X)$ 中的最短路。

5.5.4 最小费用最大流算法

综合上述分析,可以得到求最小费用最大流的算法步骤:

(1) 确定初始可行流 $X^{(0)}=0$(零流是最小费用流),令 $k=0$;

(2) 记 $X^{(k)}$ 为经过 k 次调整得到的最小费用流,构造 $D(X^{(k)})$;

(3) 求 $D(X^{(k)})$ 中 v_1 到 v_n 的最短路 $P^{(k)}$,若 $P^{(k)}$ 不存在,则 $X^{(k)}$ 是最小费用最大流,计算结束,否则,转(4);

(4) 在 D 中找对应的增广链 μ,按公式(5-7) 和(5-8) 调整流量,得可行流 $X^{(k+1)}$,令 $k=k+1$,转(2)。

例 5-12 求图 5-34 的最小费用最大流,弧旁的数字为 (c_{ij},w_{ij})。

解 取 $X^{(0)}=0$,见图 5-35(a),构造 $D(X^{(0)})$。没有负权弧,用 Dijkstra 算法求得最短路为 $P^{(0)}=v_1v_3v_5$,见图5-35(b)。增广链 $\mu^{(0)}=v_1v_3v_5$,$\theta=\min\{1-0,3-0\}=1$。调整后得 $X^{(1)}$

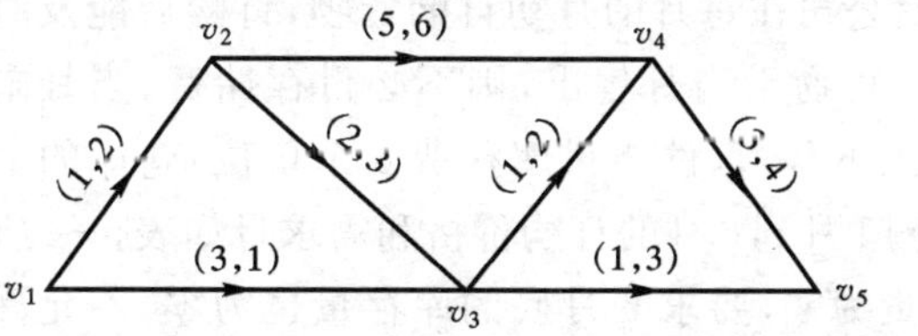

图 5-34

见图 5-36(a)，构造 $D(X^{(1)})$ 用 Ford 算法求得 $P^{(1)}=v_1v_2v_3v_5$，见图 5-36(b)。$\mu^{(1)}=v_1v_2v_3v_5$，$\theta=\min\{2-0,3-0,3-1\}=2$，调整得 $X^{(2)}$，见图 5-37(a)，构造 $D(X^{(2)})$ 见图 5-37(b)。很明显，与 v_1 关联的弧都指向 v_1，不存在 v_1 到 v_n 的最短路。故图 5-37(a) 所示的 $X^{(2)}$ 为最小费用最大流。费用 $c(X^{(2)})=1\times2+3\times1+5\times0+2\times2+1\times0+3\times0+1\times3=12$。流值 $f(X^{(2)})=3$。

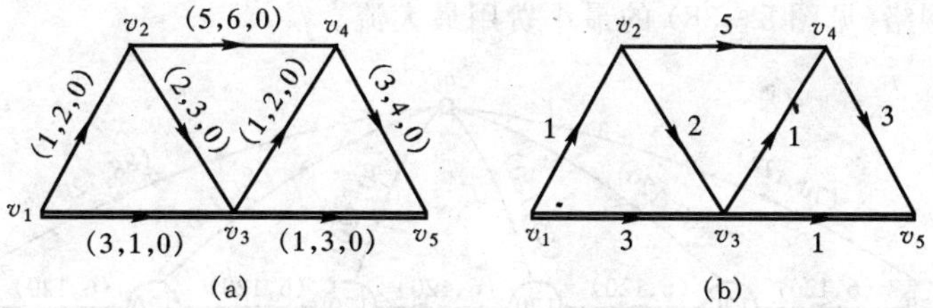

图 5-35

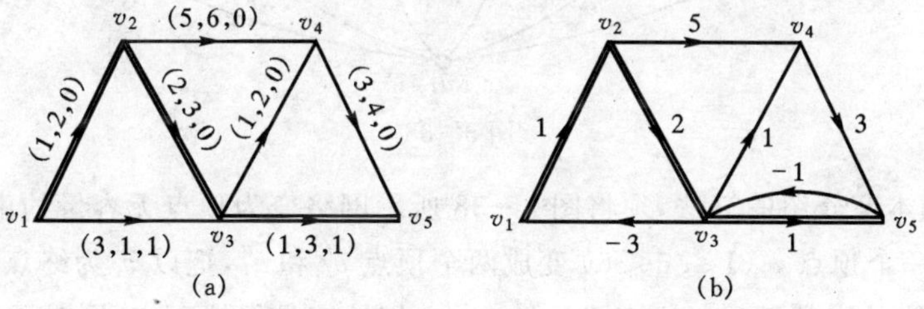

图 5-36

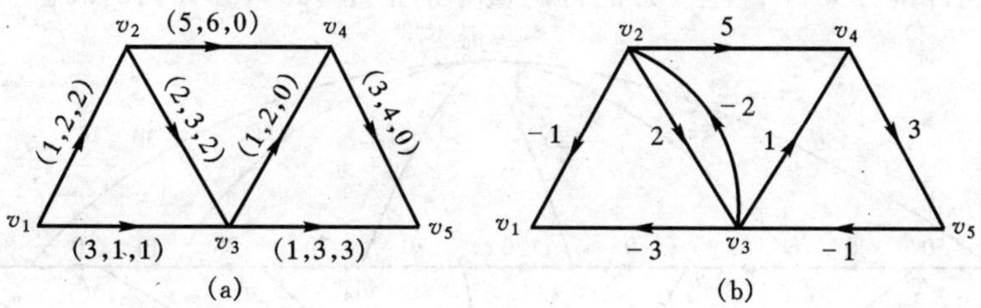

图 5-37

例 5-13 某贸易公司在每月的月初订购货物，订购后能及时到货、进库并供应市场，货物于当月售出，则不必付存储费。当月未售出的货物，盘点后转入下月，每件要付库存费 6 个单位。仓库的最大存储量是120件。预测1月到6月的订购价格和需求量如表5-4所示。假设 1 月初的库存量为零，要求 6 月底的库存量也为零，不允许缺货。试做出 6 个月的订货计划，使成本最低。

表 5-4

月份	需求量	价格
1	50	70
2	55	67
3	50	65
4	45	80
5	40	84
6	30	88

解 用顶点 v_i 表示 i 月初进货以后的库存量，$1 \leqslant i \leqslant 6$。增设顶点 v_0, v_7，弧(v_0, v_i) $(1 \leqslant i \leqslant 6)$ 表示进货，弧(v_i, v_7) $(1 \leqslant i \leqslant 6)$ 表示销售，弧(v_i, v_{i+1}) 表示 i 月的货物可转下月销售。因为库存容量有限制，所以给顶点 $v_i(1 \leqslant i \leqslant 6)$ 增设容量，均为 120。弧(v_0, v_i) 的容量也是 120。弧(v_i, v_7) 的容量为 i 月的需求量。单位流量的费用为价格（在弧(v_0, v_i) 上）或者库存费（在弧(v_i, v_{i+1}) 上）或者零（在弧(v_i, v_7) 上）。我们的问题是求如上所定义的网络（见图 5-38）的最小费用最大流。

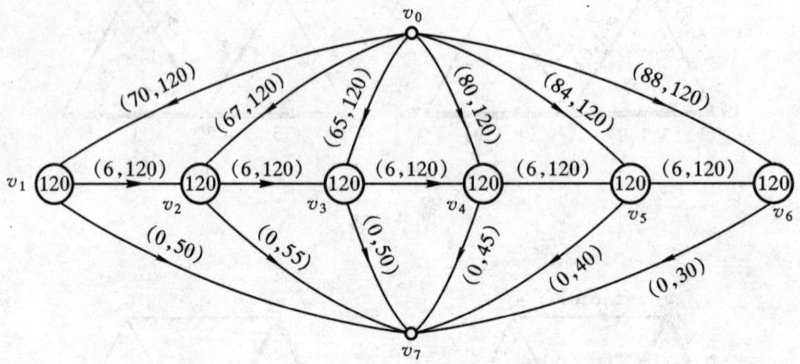

图 5-38

为了能运用本节介绍的算法，须将图 5-38 所示网络变为顶点无容量约束的网络。方法很简单，就是将每一个顶点 $v_i(1 \leqslant i \leqslant 6)$ 变成两个顶点 v'_i 和 v''_i，把以 v_i 为终点的弧(u, v_i) 变成(u, v'_i)，把以 v_i 为始点的弧(v_i, u) 变成(v''_i, u)，它们的容量保持不变。同时添加一条新弧(v'_i, v''_i)。它的容量等于顶点 v_i 的容量，如图 5-39 所示。该网络的最小费用最大流（图中弧旁的数字）给出了最优订购方案：1 月至 6 月的订购量分别是 50，55，120，0，15，30。

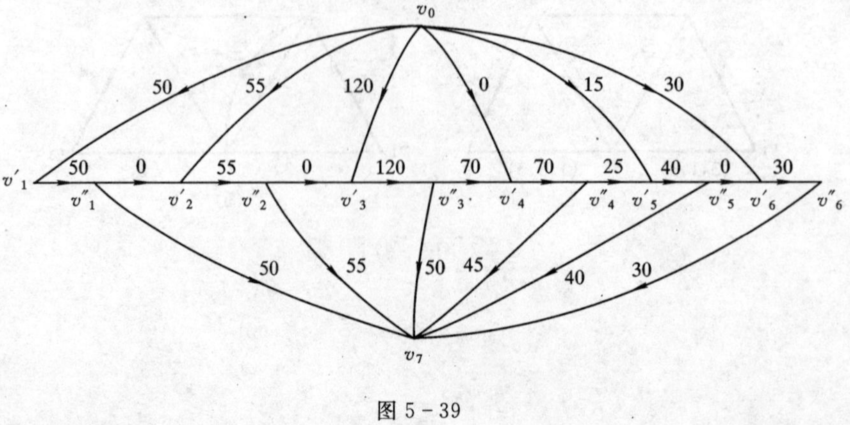

图 5-39

容易看出，最后算出的方案满足题目要求，没有缺货且 6 月底库存为零。

§5.6　网络计划技术

网络计划技术又称统筹法，是用网络分析的方法编制大型工程的日程计划，进而做到合理安排工序，优化配置人力、物力和财力资源。网络计划技术主要有计划评审技术(programming evaluation and review technique，简记为 PERT) 和关键路线法(critical path method，简记为 CPM) 两种。PERT 主要应用于工作时间不能确定的研究与开发项目，涉及到随机变量。CPM 则以经验数据确定工作时间，适用于以往在类似工程中已取得一定经验的承包工程，其中各参数都是确定的。两种方法的基本原理与表达形式相同且具有大致相同的步骤。

本节主要介绍如何编制网络计划，包括绘制网络图，计算时间参数，确定关键路线和网络优化等内容。

5.6.1　绘制工程网络图

网络计划技术的第一步工作是绘制网络图，也就是将工程项目(project) 的各道工序之间的衔接关系用箭线和结点连接起来，组成简单有向赋权图。

一项工程总是由若干相互独立的作业组成，我们称这些作业为**工序**或**活动**(activity)。工序之间一定有先后次序，两个相邻工序，如工序 A 和工序 B，B 在 A 完成之后才能施工，则称 A 为 B 的**紧前工序**(immediate predecessor activity)，B 为 A 的**紧后工序**(immediate successor activity)。在工程网络图中，工序一般用箭线(弧) 来表示，弧的权为完成该工序所需的时间。相邻工序中间的结点称为**事项**或**事件**(event)。事项是某工序结束和另一工序开始的标志。一般用整数 $1,2,\cdots,n$ 表示事项。1 表示整个工程的始点事项，n(假定网络图总共有 n 个结点) 表示工程的终点事项。中间按工艺流程的时间顺序编号。早施工的编号小，迟施工的编号大。同一工序连接两个事项，弧的起点为箭尾事项，终点为箭头事项。箭头事项的编号大于箭尾事项的编号。

例 5-14　某公司研制新产品的工序与所需的时间以及它们之间的相互关系如表 5-5 所示。请绘制该项目的网络图。

表 5-5

工序描述	工序名	所需时间(天)	紧前工序
产品设计与工艺设计	A	60	—
外购配套零件	B	15	A
外购生产原料	C	13	A
自制主件	D	38	C
主配件安装	E	8	B,D
主件特别测试 1	F	5	D
主件特别测试 2	G	6	D
主配件可靠性试验	H	10	E,F,G
最后试运转	I	5	H

解 网络图见图 5-40。

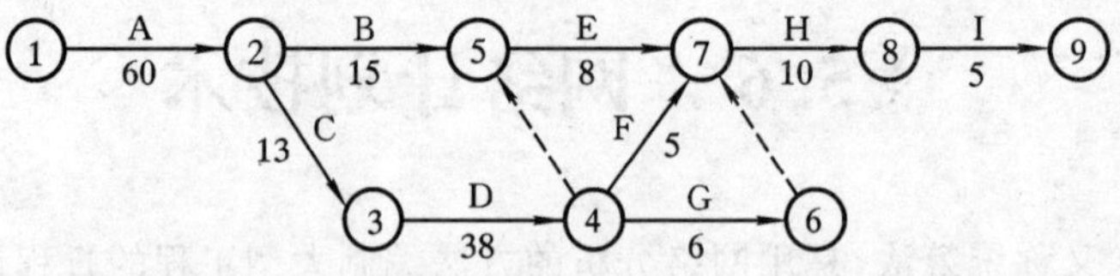

图 5-40

在图 5-40 中，箭线 A,B,…,I 分别表示题目中的 9 道工序，箭线下面的数字为完成相应工序所需的天数(工序时间)，箭线两端的结点为事项，分别叫箭头事项和箭尾事项。如箭线 B 尾端结点 2 是 B 的箭尾事项，箭头结点 5 是 B 的箭头事项。由于 B 的紧前工序是 A，而 A 的紧后工序是 B 和 C，所以，2 还是 A 的箭头事项和 C 的箭尾事项。在文中或表中，我们也用二元数组 (i,j) 表示工序，如工序 B 也可表示为(2,5)。

值得注意的是，图中有两个虚箭线，它们表示虚工序，采用虚工序是为了更准确反映题目中规定的工序之间的衔接关系。例如虚工序(4,5) 表示 D 结束后 E 才能开始。虚工序所用时间为零。如果不用虚工序，B,C,D,E,H 的关系只能如图 5-41 所示。我们发现，工序 F 无法绘出。

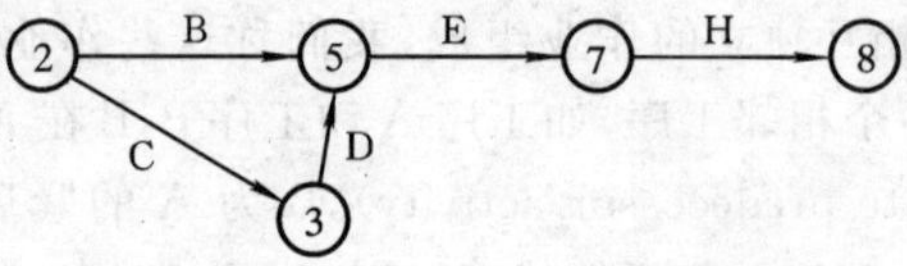

图 5-41

F 的紧前工序是 D，以结点 5 为其箭尾事项；F 又是 H 的紧前工序，所以，7 为 F 的箭头事项。但这样一来，B 也成了 F 的紧前工序，与题意不符。同时结点 5 与 7 之间有两个箭线，工序(5,7)就不知道表示 E 还是 F。同时，在图 5-40 中添加虚工序(6,7) 也是为了避免在结点 4,7 之间有两条弧。

绘制网络图还应遵循以下规则：

(1) 工序从左向右排列，事项按时间顺序编号，并且沿箭头方向增大。

(2) 图中只有整个工程的始点 1 不是任何工序的箭头事项，并且只有一个结点 n 不是任何工序的箭尾事项，其余结点至少是某一工序的箭头事项和另一工序的箭尾事项。图 5-42 中(a)的画法是错误的，(b) 的画法是正确的。

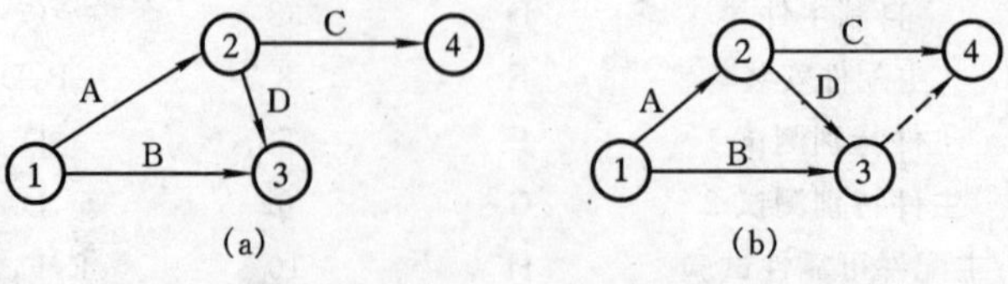

图 5-42

(3) 图中不能出现回路

回路代表循环现象，意味着工程永远不能完工，所以网络图中不能有回路。如图 5－43 中的画法是错误的。实际上，只要遵照箭头事项编号大于箭尾事项编号的原则，可以避免回路的出现。

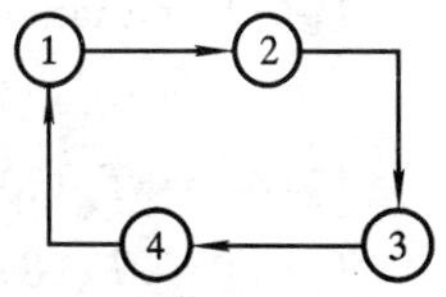

图 5－43

(4) 如果一个工程有若干工序同时开工，可虚设整个工程的始点，然后用虚工序将相关结点连接起来。类似地，有必要的话，可虚设整个工程的终点事项。

(5) 为了使网络图美观清晰和便于计算，应该合理排列箭线和结点的位置，尽量避免箭线的交叉，尽量少用虚工序。有时候，一个工序本身就包含了多项工作内容，可将该工序作为一个子网络。一个网络可分解为若干子网络。项目总指挥部制定的网络计划综合程度较高，不同的下级部门根据总的要求设定相对具体的工序。

5.6.2　计算时间参数和确定关键路线

在绘制好网络图之后，可以利用它计算出每个工序的开始时间、结束时间和完成该项目所需的最少时间，确定关键路线。我们通过对例 5－14 的分析说明计算方法。

观察图 5-40，发现从工程始点 1 到终点 9 共有 4 条路线，不同路线上各工序的时间之和是不相等的。例如路线 ①→②→⑤→⑦→⑧→⑨ 所需时间为 60＋15＋8＋10＋5＝98(天)，路线 ①→②→③→④→⑤→⑦→⑧→⑨ 所需时间为 60＋13＋38＋0＋8＋10＋5＝134(天)。我们称所用时间最长的路线为**关键路线**，组成关键路线的各工序为**关键工序**，各关键工序所需时间之和为**工程的总工期**，表示整个工程从开工到完工至少所需的时间。如果能够缩短关键工序的时间，就可缩短总工期，而缩短非关键工序的用工时间，却不能使工程提前完工，即使在一定范围内拖长非关键工序的用工时间，也不至于影响工程的完成时间。因此，我们就可以适当地集中人力、物力用在关键工序上，尽量压缩关键工序用工时间，达到缩短工程工期、合理利用资源等目的。为此，我们先计算网络中各时间参数。

5.6.2.1　事项时间参数

(1) **事项最早时间**(earliest time for an event)

事项 j 的最早时间是以 j 为箭头事项的各工序最早可能结束时间，或者是以 j 为箭尾事项的各工序最早可能开工时间，用 $T_E(j)$ 表示。通常是用公式(5-11) 从事项 1 开始，自左向右逐个推算的。

$$\begin{cases} T_E(1) = 0 \\ T_E(j) = \max\{T_E(i) + t_{ij}\} \end{cases} \tag{5-11}$$

其中，$T_E(i)$ 是与事项 j 相邻的各紧前事项的最早时间，t_{ij} 为工序(i,j) 所需时间。

图 5－40 中各事项的最早时间如下：

$T_E(1) = 0$

$T_E(2) = T_E(1) + t_{12} = 0 + 60 = 60$

$T_E(3) = T_E(2) + t_{23} = 60 + 13 = 73$

$T_E(4) = T_E(3) + t_{34} = 73 + 38 = 111$

$T_E(5) = \max\{T_E(2) + t_{25}, T_E(4) + t_{45}\} = \max\{60 + 15, 111 + 0\} = 111$

$T_E(6) = T_E(4) + t_{46} = 111 + 6 = 117$

$T_E(7) = \max\{T_E(5) + t_{57}, T_E(4) + t_{47}, T_E(6) + t_{67}\}$

$= \max\{111 + 8, 111 + 5, 117 + 0\} = 119$

$T_E(8) = T_E(7) + t_{78} = 119 + 10 = 129$

$T_E(9) = T_E(8) + t_{89} = 129 + 5 = 134$

这里，$T_E(9) = 134$(天) 是工程的总工期。

(2) **事项最迟时间**(latest time for an event)

事项 i 的最迟时间是以 i 为箭尾事项的各工序最迟必须开始时间，或者是以 i 为箭头事项的各工序最迟必须结束时间，用 $T_L(i)$ 表示。把工程终点事项 n 的最早时间 $T_E(n)$ 作为终点事项的最迟时间，用公式(5-12) 自右向左逐项推算。

$$\begin{cases} T_L(n) = E_E(n) = \text{总工期} \\ T_L(i) = \min\{T_L(j) - t_{ij}\} \end{cases} \tag{5-12}$$

其中，$T_L(j)$ 是与事项 i 相邻的各紧后事项的最迟时间，t_{ij} 为工序(i,j) 的用工时间。

图 5-40 中各事项的最迟时间如下：

$T_L(9) = T_E(9) = 134$

$T_L(8) = T_L(9) - t_{89} = 134 - 5 = 129$

$T_L(7) = T_L(8) - t_{78} = 129 - 10 = 119$

$T_L(6) = T_L(7) - t_{67} = 119 - 0 = 119$

$T_L(5) = T_L(7) - t_{57} = 119 - 8 = 111$

$T_L(4) = \min\{T_L(7) - t_{47}, T_L(6) - t_{46}, T_L(5) - t_{45}\}$

$= \min\{119 - 5, 119 - 6, 111 - 0\} = 111$

$T_L(3) = T_L(4) - t_{34} = 111 - 38 = 73$

$T_L(2) = \min\{T_L(5) - t_{25}, T_L(3) - t_{23}\} = \min\{111 - 15, 73 - 13\} = 60$

$T_L(1) = T_L(2) - t_{12} = 60 - 60 = 0$

将事项 j 的最早时间 $T_E(j)$ 填入□内，最迟时间 $T_L(j)$ 填入△内分别放在图中相应结点事项 j 的上方或下方，结果见图 5-44，粗线标出的为关键路线。发现 $T_L(j) = T_E(j)$ 的各事项都在关键路线上。

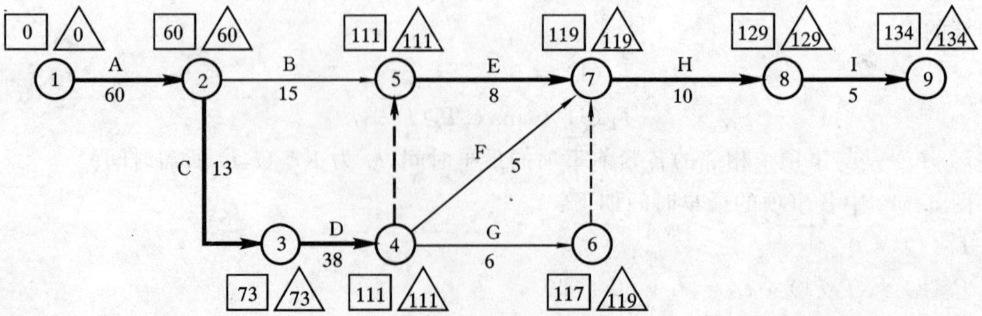

图 5-44

5.6.2.2　工序时间参数

（1）**工序最早开始时间**（earliest start time for an activity）

一个工序必须在其紧前工序结束后才能开始。紧前工序最早结束时间即为紧后工序最早可能开始时间，简称为工序最早开始时间，用 $T_{ES}(i,j)$ 表示。工序(i,j)的最早开始时间等于其箭尾事项 i 的最早时间，即

$$T_{ES}(i,j) = T_E(i) \tag{5-13}$$

（2）**工序最早结束时间**（earlisest finish time for an activity）

工序(i,j)最早结束时间用 $T_{EF}(i,j)$ 表示，是指工序最早可能开始时间加上该工序所需时间，即

$$T_{EF}(i,j) = T_{ES}(i,j) + t_{ij} \tag{5-14}$$

（3）**工序最迟结束时间**（latest finish time for an activity）

在不影响工程最早结束时间条件下，工序(i,j)最迟必须结束的时间，简称为工序最迟结束时间，用 $T_{LF}(i,j)$ 表示，它等于工序箭头事项 j 的最迟时间，即

$$T_{LF}(i,j) = T_L(j) \tag{5-15}$$

（4）**工序最迟开始时间**（latest start time for an activity）

在不影响工程最早结束时间条件下，工序(i,j)最迟必须开始的时间，简称为工序最迟开始时间，用 $T_{LS}(i,j)$ 表示，它等于工序最迟结束时间减去该工序所需时间，即

$$T_{LS}(i,j) = T_{LF}(i,j) - t_{ij} \tag{5-16}$$

5.6.2.3　机动时间参数

机动时间又叫松弛时间或富裕时间。事项的机动时间为事项的最迟时间与最早时间之差，即 $T_L(j) - T_E(i)$。工序的机动时间有工序总时差和单时差两种。

（1）**工序总时差**（slack time for an activity）

在不影响整个工程最早结束时间的条件下，工序(i,j)的开工时间可以推迟的最大幅度叫该工序的总时差，用 $R(i,j)$ 表示，其计算公式为

$$\begin{aligned} R(i,j) &= T_{LS}(i,j) - T_{ES}(i,j) \\ &= T_{LF}(i,j) - T_{EF}(i,j) \end{aligned} \tag{5-17}$$

或者

$$R(i,j) = T_L(j) - T_E(i) - t_{ij} \tag{5-18}$$

（2）**工序单时差**（free time for an activity）

在不影响紧后工序最早开始时间的条件下，该工序的开工时间可以推迟的最大幅度称为该工序的单时差，用 $r(i,j)$ 表示。其计算公式如下

$$\begin{aligned} r(i,j) &= T_{ES}(j,k) - T_{EF}(i,j) \\ &= T_E(j) - T_E(i) - t_{ij} \end{aligned} \tag{5-19}$$

其中，$T_{ES}(j,k)$ 为工序(i,j)的紧后工序的最早开始时间。

上述时间参数的计算结果见表 5-6。不难证明，总时差为零的工序是关键工序，关键工序的开始和结束的时间没有一点机动的余地。非关键工序总时差不等于零，其值越大，开工的机动时间越多。关键路线是相对的，是可以变化的。在采取一定的技术组织措施之后，关键路线有可能变为非关键路线。

表 5-6

Activity Name	On Critical Path	Activity Time	Earliest Start	Earliest Finish	Latest Start	Latest Finish	Slack (LS-ES)
A	Yes	60	0	60	0	60	0
B	no	15	60	75	96	111	36
C	Yes	13	60	73	60	73	0
D	Yes	38	73	111	73	111	0
E	Yes	8	111	119	111	119	0
F	no	5	111	116	114	119	3
G	no	6	111	117	113	119	2
H	Yes	10	119	129	119	129	0
I	Yes	5	129	134	129	134	0
Project	Completion	Time	=	134	days		
Number of	Critical	Path(s)	=	1			

例 5-15 绘出表 5-7 所示的网络图(表中 Normal Time 即为工序时间,单位为周),计算各时间参数找出关键路线。

表 5-7

Activity Name	Immediate Predecessor (list number/name, separated by",")	Normal Time
A		4
B	A	5
C	A	3
D	A	2
E	B	1
F	B	2
G	C,F	4
H	D,G	2
I	E	3
J	H	4

解 网络图如图 5-45 所示,时间参数见表 5-8,粗线为关键工序。

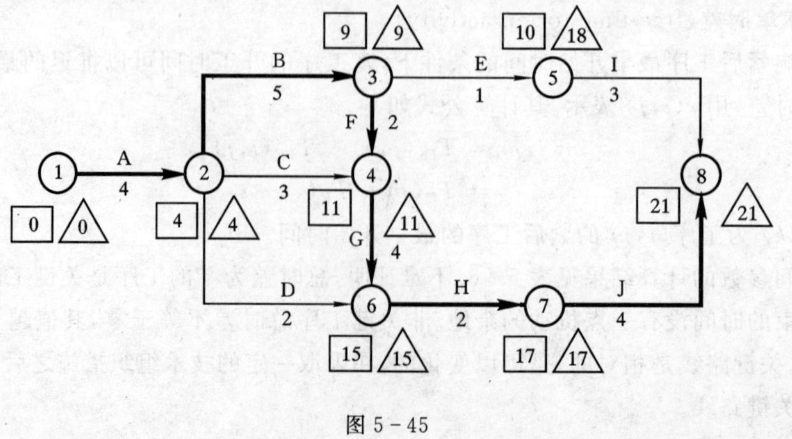

图 5-45

表 5-8

Activity Name	On Critical Path	Activity Time	Earliest Start	Earliest Finish	Latest Start	Latest Finish	Slack (LS ES)
A	Yes	4	0	4	0	4	0
B	Yes	5	4	9	4	9	0
C	no	3	4	7	8	11	4
D	no	2	4	6	13	15	9
E	no	1	9	10	17	18	8
F	Yes	2	9	11	9	11	0
G	Yes	4	11	15	11	15	0
H	Yes	2	15	17	15	17	0
I	no	3	10	13	18	21	8
J	Yes	4	17	21	17	21	0
Project	Completion	Time	=	21	weeks		
Number of	Critical	Path(s)	=	1			

从表中可以看出,关键路线是 ①→②→③→④→⑥→⑦→⑧,关键路线上各工序的和即完成该工程的最短时间为 21 周。

5.6.2.4　工序时间的估计

在前面的讨论中,我们假定每个工序(i,j)所需的时间 t_{ij} 是确定的、已知的。当 t_{ij} 不能确定,是一个随机变量时,需要估计 t_{ij} 的期望值。常用的方法是三点估计法。

所谓三点估计法是事先估计出工序三种可能完成时间,将其期望值作为工序时间的估计值。

三种时间包括:(1) 完成工序(i,j)的最短时间,称为**最乐观时间**,记为 a_{ij};(2) 完成工序(i,j)的正常时间,称为**最可能时间**,记为 m_{ij};(3) 完成工序(i,j)的最长时间,称为**最保守时间**,记为 b_{ij},三种时间发生的概率分别为$\frac{1}{6},\frac{4}{6},\frac{1}{6}$,则工序$(i,j)$完成时间的期望值和方差分别为

$$\bar{t}_{ij} = E(t_{ij}) = \frac{a_{ij} + 4m_{ij} + b_{ij}}{6} \tag{5-20}$$

$$\sigma_{ij}^2 = D(t_{ij}) = \left(\frac{b_{ij} - a_{ij}}{6}\right)^2 \tag{5-21}$$

各道工序的平均期望工时 $\bar{t}_{ij}$ 和 σ_{ij}^2 求出之后,就可用公式(5-11)～(5-19)计算时期参数。总工期是关键路线上各道工序的期望值之和 $T=\sum \bar{t}_{ij}$,方差是关键路线上各道工序的方差之和 $\sigma^2=\sum \sigma_{ij}^2$。若工序足够多,则一般认为总工期服从以 T 为均值,σ^2 为方差的正态分布。

有时候要求控制工期。假定工程的完工期为 T_k 且 $T_k \sim N(T,\sigma^2)$,则由正态分布的性质知

$$u = \frac{T_k - T}{\sigma} \tag{5-22}$$

服从标准正态分布,即 $u \sim N(0,1)$,可直接查正态分布表,求得完工期为 T_k 的概率。

例 5-16　如表 5-9,已知某工程中各工序的 a_{ij},m_{ij} 和 b_{ij} 值(单位为周),求各工序的平均工时及方差,并求 25 个月前完工的概率。

表 5-9

工序	(i,j)	紧前工序	a_{ij}	m_{ij}	b_{ij}
A	(1,2)		7	8	9
B	(1,3)		5	7	8
C	(2,6)	A	6	9	12
D	(3,4)	B	4	4	4
E	(3,5)	B	7	8	10
F	(3,6)	B	10	13	19
G	(4,5)	D	3	4	6
H	(5,6)	E,G	4	5	7
I	(5,7)	E,G	7	9	11
J	(6,7)	C,F,H	3	4	8

解　根据式(5-20)和式(5-21)分别计算出 $\bar{t}_{ij}$ 和 σ_{ij}，再据此计算其他时间参数(见表 5-10)。总时差为零的工序为B(1,3)，F(3,6)，J(6,7)。关键路线为①→③→⑥→⑦，总工期为 24.83 周。

表 5-10

Activity Name	On Critical Path	Activity Mean Time	Earliest Start	Earliest Finish	Latest Start	Latest Finish	Slack (LS-ES)	Activity Time Distribution	Standard Deviation
A	no	8	0	8	3.3333	11.3333	3.3333	3-Time estimate	0.3333
B	Yes	6.8333	0	6.8333	0	6.8333	0	3-Time estimate	0.5
C	no	9	8	17	11.3333	20.3333	3.3333	3-Time estimate	1
D	no	4	6.8333	10.8333	7	11	0.1667	3-Time estimate	0
E	no	8.1667	6.8333	15	7	15.1667	0.1667	3-Time estimate	0.5
F	Yes	13.5	6.8333	20.3333	6.8333	20.3333	0	3-Time estimate	1.5
G	no	4.1667	10.8333	15	11	15.1667	0.1667	3-Time estimate	0.5
H	no	5.1667	15	20.1667	15.1667	20.3333	0.1667	3-Time estimate	0.5
I	no	9	15	24	15.8333	24.8333	0.8333	3-Time estimate	0.6667
J	Yes	4.5	20.3333	24.8333	20.3333	24.8333	0	3-Time estimate	0.8333
Project	Completion	Time	=	24.83	weeks				
Number of	Critical	Path(s)	=	1					

由表 5-10 可计算关键工序的均方差为

$$\sqrt{\sum \sigma_{ij}^2} = \sqrt{\sigma_{13}^2 + \sigma_{36}^2 + \sigma_{67}^2} = \sqrt{0.5^2 + 1.5^2 + 0.833^2} = 1.787$$

由式(5-22)知

$$u=\frac{25-24.833}{1.787}=0.09$$

查表得 $\Phi(0.09)=0.5359$，即计划在25周前完工的概率为53.59%，如果要求工程提前1周完工(即 $T_k=23.833$)，则

$$u=\frac{23.833-24.833}{1.787}=\frac{1}{1.787}=-0.56$$

查表得 $\Phi(-0.56)=1-\Phi(0.56)=1-0.7123=0.2877$，即23.833周前完工的概率为28.77%。这说明提前一周完工可能性不大。

如果要求工程完工的概率 $\Phi(u)\geqslant 0.9$，则可反查正态分布表得 $u\geqslant 1.28$，因此，工程完工的时间为

$$T_k=T+u\sigma\geqslant 24.833+1.28\times 1.787=26.12(\text{周})$$

5.6.3　网络计划的调整与优化

我们在利用工程的已知资料绘制出网络图，并通过时间参数的计算，确定出关键路线之后，便得到了一个初始的计划方案。通常还要对初始方案进行调整与完善，其目标是综合地考虑工期、成本和资源等要素，确定最优方案。

5.6.3.1　时间-成本优化

所谓时间-成本优化，就是考虑工期与成本两者之间的关系，寻求以最低的工程总费用获得最短工期的一种方法，通俗地说，就是使工程完成得既快又省。

前文所述的工序时间 t_{ij} 称为工序的**正常时间**(normal time)，工程完工期为正常完工期。正常时间内完成工序的成本称为**正常成本**(normal cost)。当提出缩短正常完工期时，就要采取一些应急处理措施，如增加设备、加班、雇佣临时工、采用新技术改进工艺等。这必将增加成本。增加的成本和正常成本之和称为应急成本或**赶工成本**(crash cost)。相应地，采取应急措施之后工序的完成时间为**应急时间**(crash time)。

上述两种成本我们称为直接成本。另外还有与工程各项工序无直接关系的所谓间接成本，如管理人员的工资、办公费、公用设施使用费等。间接成本随工期的增加而增长。工期越短，直接成本就越高，而间接成本则越低。所以，一个工程的时间-成本优化，就是要寻找最佳工序时间方案，使工程总成本最小。

在时间-成本优化时，赶工成本斜率是一个很有用的概念，设工序 (i,j) 的正常时间为 t_{ij}，应急时间为 t'_{ij}，正常成本为 c_{ij}，应急成本为 c'_{ij}。用 k_{ij} 表示赶工成本斜率，则

$$k_{ij}=\frac{c'_{ij}-c_{ij}}{t_{ij}-t'_{ij}} \tag{5-23}$$

k_{ij} 表示工序 (i,j) 每追赶进度一天，需增加的直接成本。

下面通过例题说明优化过程。

例 5-17　某工程资料如表 5-11 所示，时间单位为周，费用单位为万元。设每单位时间间接成本为 1 万元 / 周，求时间-成本优化方案。

表 5-11

Activity Name	Immediate Predecessor (list number/name, separated by ",")	Normal Time	Crash Time	Normal Cost	Crash Cost	k_{ij}
A		6	3	4	5	1/3
B		5	1	3	5	0.5
C	A	7	5	4	10	3
D	A	5	2	3	6	1
E	B	6	2	4	7	0.75
F	C,E	6	4	3	6	1.5
G	C,E	9	5	6	11	1.25
H	F	2	1	2	4	2
I	D,G	4	1	2	5	1

解　第一步，计算工程的正常总工期，正常直接成本和间接成本，见表 5-12 和图 5-46。

表 5-12

Activity Name	On Critical Path	Activity Time	Earliest Start	Earliest Finish	Latest Start	Latest Finish	Slack (LS-ES)
A	Yes	6	0	6	0	6	0
B	no	5	6	5	2	7	2
C	Yes	7	6	13	6	13	0
D	no	5	6	11	17	22	11
E	no	6	5	11	7	13	2
F	no	6	13	19	18	24	5
G	Yes	9	13	22	13	22	0
H	no	2	19	21	24	26	5
I	Yes	4	22	26	22	26	0
Project	Completion	Time	=	26	weeks		
Total	Cost of	Project	=	\$31	(Cost on	CP =	\$16)
Number of	Critical	Path(s)	=	1			

关键路线为 ①→②→④→⑥→⑦。正常总工期为关键路线上各工序之和。工程的正常直接成本等于全部工序的正常成本之和，工程的间接成本等于单位时间的间接成本与总工期的乘积。本例的总工期为 26 周，正常直接成本为 31 万元，间接成本为 1×26＝26 万元，总成本

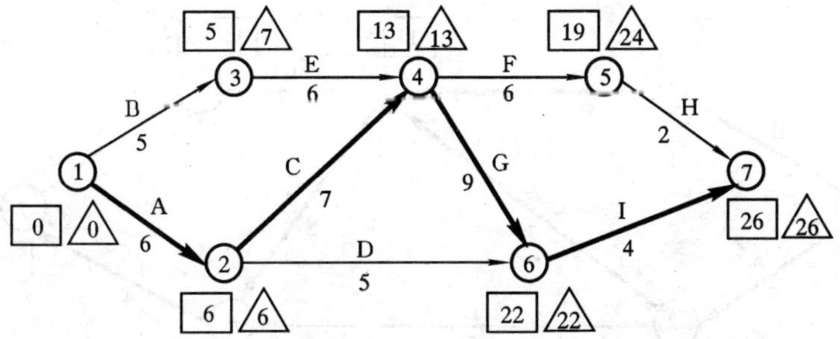

图 5-46

为 31 + 26 = 57(万元)。

第二步,压缩关键路线上的工序时间。在选择欲压缩时间的工序时,需要注意:(1) 优先选赶工成本斜率 k_{ij} 最小的关键工序;(2) 最多可压缩的时间不超过正常时间与应急时间之差;(3) 压缩的时间不超过与该工序并行的非关键工序的总时差。

上述计算结果中,关键工序 A 对应的 $k_{12}=\frac{1}{3}$ 是 4 个关键工序斜率中最低的,优先考虑 A。A 的应急时间 $t'_{12}=3$,与 A 并行的非关键工序 B 的总时差 $R_{13}=2$,所以将 A 压缩 $\min\{3,2\}=2$(周)。计算结果见表 5-13 和图 5-47。

表 5-13

Activity Name	On Critical Path	Activity Time	Earliest Start	Earliest Finish	Latest Start	Latest Finish	Slack (LS-ES)
A	Yes	4	0	4	0	4	0
B	yes	5	0	5	0	5	0
C	Yes	7	4	11	4	11	0
D	no	5	4	9	15	20	11
E	Yes	6	5	11	5	11	0
F	no	6	11	17	16	22	5
G	Yes	9	11	20	11	20	0
H	no	2	17	19	22	24	5
I	Yes	4	20	24	20	24	0
Project	Completion	Time	=	24	weeks		
Total	Cost of	Project	=	$ 31	(Cost on	CP =	$ 23)
Number of	Critical	Path(s)	=	2			

此时,关键路线增加了一条从而成为两条。P_1:①→②→④→⑥→⑦,P_2:①→③→④→⑥→⑦。总工期减为 24 周,总成本为 $57+\frac{1}{3}\times 2-1\times 2=55\frac{2}{3}$(万元)。

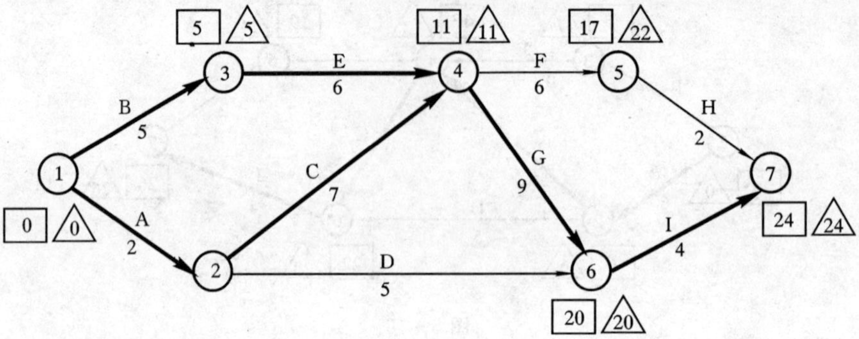

图 5-47

第三步，由表5-11和表5-13知，关键路线 P_2 上工序B的成本斜率 $k_{13}=0.5$ 最小，但此时压缩B的时间，不会缩减总工期，因为 P_1 上诸工序时间不变，P_1 仍为关键路线，所以仍需同时压缩A的时间。A只能压缩一周，B也压缩一周，结果见表5-14和图5-48。

表 5-14

Activity Name	On Critical Path	Activity Time	Earliest Start	Earliest Finish	Latest Start	Latest Finish	Slack (LS-ES)
A	Yes	3	0	3	0	3	0
B	yes	4	0	4	0	4	0
C	Yes	7	3	10	3	10	0
D	no	5	3	8	14	19	11
E	Yes	6	4	10	4	10	0
F	no	6	10	16	15	21	5
G	Yes	9	10	19	10	19	0
H	no	2	16	18	21	23	5
I	Yes	4	19	23	19	23	0
Project	Completion	Time	=	23	weeks		
Total	Cost of	Project	=	\$31	(Cost on	CP =	\$23)
Number of	Critical	Path(s)	=	2			

关键路线与第二步的相同。总工期23周，总成本为 $55\frac{2}{3}+1\times\frac{1}{3}+1\times\frac{1}{2}-1=55\frac{1}{2}$（万元）。

第四步，选择压缩工序I，压缩时间为3周，计算结果见表5-15和图5-49。

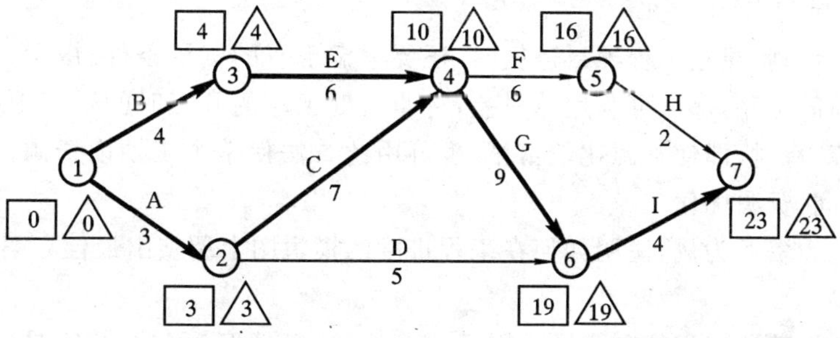

图 5-48

表 5-15

Activity Name	On Critical Path	Activity Time	Earliest Start	Earliest Finish	Latest Start	Latest Finish	Slack (LS-ES)
A	Yes	3	0	3	0	3	0
B	yes	4	0	4	0	4	0
C	Yes	7	3	10	3	10	0
D	no	5	3	8	14	19	11
E	Yes	6	4	10	4	10	0
F	no	6	10	16	12	18	2
G	Yes	9	10	19	10	19	0
H	no	2	16	18	18	20	2
I	Yes	1	19	20	19	20	0
Project	Completion	Time	=	20	weeks		
Total	Cost of	Project	=	$31	(Cost on	CP =	$23)
Number of	Critical	Path(s)	=	2			

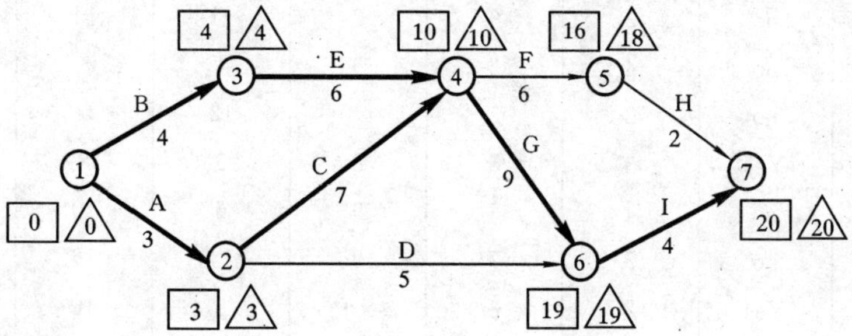

图 5-49

这里关键路线没变，总工期减少为20周，总成本为 $55\frac{1}{2}+1\times3-1\times3=55\frac{1}{2}$(万元)。

上述结果所得的关键工序中，有的不能再压缩，有的压缩以后总成本反而增加。因此本例的最低总成本为55.5万元，相应的最佳总工期为20周。

5.6.3.2　时间-资源优化

在编制网络计划，建立工程项目进度时，还要考虑现有的资源条件。由于人力或设备的限制难以执行当前的工序，那么可利用总时差，将非关键工序的开工时间适当地推迟，以拉平资源需求量的高峰。有时，即使资源比较富裕，也可用此方法使整个工期内资源得到比较均衡的使用，这就是时间-资源优化。

下面仅以人力资源为例，说明如何在工程进度的横道图上调整出最佳方案。

例 5-18　设某项工程的网络图由图 5-50 给出。箭线旁第一个数字是工序时间(单位：天)，第二参数为该工序每天所需的技术工人数。假定该工程由一个作业组承包，全组有技术工人 12 人。问该组完成这项工程最少需要几天？各道工序进度应怎样安排？

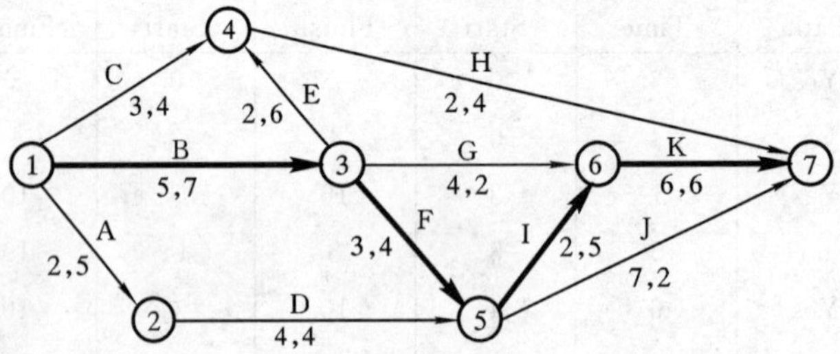

图 5-50

解　首先计算时间参数(见表 5-16)，确定关键路线(图 5-50 中黑线所示)。

表 5-16

Activity Name	On Critical Path	Activity Time	Earliest Start	Earliest Finish	Latest Start	Latest Finish	Slack (LS-ES)
A	no	2	0	2	2	4	2
B	Yes	5	0	5	0	5	0
C	no	3	0	3	11	14	11
D	no	4	2	6	4	8	2
E	no	2	5	7	12	14	7
F	Yes	3	5	8	5	8	0
G	no	4	5	9	6	10	1
H	no	2	7	9	14	16	7
I	Yes	2	8	10	8	10	0
J	no	7	8	15	9	16	1
K	Yes	6	10	16	10	16	0
Project Completion Time			=	16	days		
Number of Critical Path(s)			=	1			

其次，将每道工序 (i,j) 都安排在第 $T_E(i)+1$ 天开工，可得一张表示进度的横道图(见表 5－17)，其中数字下方画短线者表示非关键工序的进度，"…"表示在不误总工期的条件下工序可变动的范围。例如可将工序 C(1,4) 安排在第 1 天到第 14 天这个时间区间内任何连续的 3 天施工。

表 5－17

工序 (i,j)	t_{ij}	$R(i,j)$	工程进度(天)															
			1	2	3	4	5	6	7	8	9	10	11	12	13	14	15	16
A(1,2)	2	2	$\underline{5}$	$\underline{5}$	$\underline{\cdots}$	$\underline{\cdots}$												
B(1,3)	5	0	7	7	7	7	7											
C(1,4)	3	11	$\underline{4}$	$\underline{4}$	$\underline{4}$	$\underline{\cdots}$	$\underline{\cdots}$	$\underline{\cdots}$	$\underline{\cdots}$	$\underline{\cdots}$	$\underline{\cdots}$	$\underline{\cdots}$	$\underline{\cdots}$	$\underline{\cdots}$	$\underline{\cdots}$	$\underline{\cdots}$		
D(2,5)	4	2			$\underline{4}$	$\underline{4}$	$\underline{4}$	$\underline{4}$	$\underline{\cdots}$	$\underline{\cdots}$								
E(3,4)	2	7						$\underline{6}$	$\underline{6}$	$\underline{\cdots}$	$\underline{\cdots}$	$\underline{\cdots}$	$\underline{\cdots}$	$\underline{\cdots}$	$\underline{\cdots}$	$\underline{\cdots}$		
F(3,5)	3	0						4	4	4								
G(3,6)	4	1						$\underline{2}$	$\underline{2}$	$\underline{2}$	$\underline{2}$	$\underline{\cdots}$						
H(4,7)	2	7								$\underline{4}$	$\underline{4}$	$\underline{\cdots}$	$\underline{\cdots}$	$\underline{\cdots}$	$\underline{\cdots}$	$\underline{\cdots}$	$\underline{\cdots}$	$\underline{\cdots}$
I(5,6)	2	0									5	5						
J(5,7)	7	1									$\underline{2}$	$\underline{2}$	$\underline{2}$	$\underline{2}$	$\underline{2}$	$\underline{2}$	$\underline{2}$	$\underline{\cdots}$
K(6,7)	6	0											6	6	6	6	6	6
每天技术工人合计			16	16	15	11	11	16	12	10	13	7	8	8	8	8	8	6

表的最下面一行为初始方案中每天所需的技术工人数。显然，其中 5 天已经超出 12 人。我们把首先超出资源限制且用工量相等的连续时间区间记为 $(t_a,t_b]$，由表 5－17 知 $(t_a,t_b]=(0,2]$。将工序(i,j) 的开工日期用 s_{ij} 表示。按下述步骤调整：

(1) 在时间区间 $(0,2]$ 施工的非关键工序为 $A(1,2)$，$C(1,4)$，对应的总时差为 $R(1,2)=2$，$R(1,4)=11$。后者较大，我们就先调整工序 $C(1,4)$，将其开工日期确定为 $s_{14}=t_b+1=2+1=3$。调整以后，前两天的用工量都是 12，第 3～5 天的用工量都变成 15。表 5－17 有了变化，此时 $(t_a,t_b]=(2,5]$。

(2) 在变化以后的表上于时间区间 $(2,5]$ 内施工的非关键工序为 $C(1,4)$；$D(2,5)$。这里 $R(1,4)=11$，$R(2,5)=2$。再整调工序(1,4)。开工日期为 $s_{14}=t_b+1=5+1=6$。当工序(1,4) 在第 6,7,8 天施工时，它的紧后工序 $H(4,7)$ 受到影响，因此也要后移，开工日期调整为 $s_{47}=9$。变动的结果是第 3,4,5 天用工量为 11 人，第 6 天用工 20 人。此时 $(t_a,t_b]=(5,6]$。

(3) 第 6 天用工量太大，需要调整两个工序，$E(3,4)$ 和 $C(1,4)$：$s_{34}=t_b+1=6+1=7$，$s_{14}=t_b+1=6+1=7$。与(2) 同样的理由，$H(4,7)$ 还要后移，$s_{47}=10$。

前 3 步的计算结果见表 5－18，可知 $(t_a,t_b]=(6,8]$。

(4) 再移动工序 $C(1,4)$：$s_{14}=8+1=9$，紧后工序 $H(4,7)$ 移到 $s_{47}=12$。第 7,8 两天用工量降为 12，第 9 天的用工量为 13。还要调整。

(5) 因$(t_a, t_b]=(8,9]$，将工序 $J(5,7)$ 后移一天。结果见表 5－19，这是最终表，每天的用工量没有超过人数限制。

表 5－18

工序(i,j)	t_{ij}	R(i,j)	工程进度(天)															
			1	2	3	4	5	6	7	8	9	10	11	12	13	14	15	16
A(1,2)	2	2	5	5	…	…												
B(1,3)	5	0	7	7	7	7	7											
C(1,4)	3	11			…	…	…	…	4	4	4	…	…	…	…	…		
D(2,5)	4	2			4	4	4	4	…	…								
E(3,4)	2	7						…	6	6	…	…	…	…	…	…		
F(3,5)	3	0						4	4	4								
G(3,6)	4	1						2	2	2	2	…						
H(4,7)	2	7									…	4	4	…	…	…	…	…
I(5,6)	2	0									5	5						
J(5,7)	7	1									2	2	2	2	2	2	2	…
K(6,7)	6	0											6	6	6	6	6	6
每天技术工人合计			12	12	11	11	11	10	16	16	13	11	12	8	8	8	8	6

表 5－19

工序(i,j)	t_{ij}	R(i,j)	工程进度(天)															
			1	2	3	4	5	6	7	8	9	10	11	12	13	14	15	16
A(1,2)	2	2	5	5	…	…												
B(1,3)	5	0	7	7	7	7	7											
C(1,4)	3	11			…	…	…	…	…	…	④	④	④	…	…	…		
D(2,5)	4	2			4	4	4	4	…	…								
E(3,4)	2	7						…	⑥	⑥	…	…	…	…	…	…		
F(3,5)	3	0						4	4	4								
G(3,6)	4	1						2	2	2	2	…						
H(4,7)	2	7									…	…	…	④	④	…	…	…
I(5,6)	2	0									5	5						
J(5,7)	7	1									…	②	②	②	②	②	②	②
K(6,7)	6	0											6	6	6	6	6	6
每天技术工人合计			12	12	11	11	11	10	12	12	11	11	12	12	12	8	8	8

表中加圈的数字是相应工序调整后的结果。只需移动 C,E,H,J 四个工序,总工期仍为 16 天,这个 12 人的作业组可以承包该工程。

调整结果用工量是否均衡,可用下述用工量的方差来度量:

$$D(\lambda) = \frac{1}{T}\sum_{t=1}^{T}\lambda_t^2 - \bar{\lambda}^2 \tag{5-24}$$

其中 λ_t 是第 t 天的资源需求量,$\bar{\lambda} = \frac{1}{T}\sum_{t=1}^{T}\lambda_t$ 为日资源用量的均值。$D(\lambda)$ 越小,均衡程度越好。本例初始方案的 $D(\lambda) = 11.4025$,而最后调整方案的 $D(\lambda) = 2.1525$,可见调整后资源运用比较均衡。

§5.7　本章小结

图与网络模型在工程设计和管理决策中具有广泛的应用,成为对许多系统进行分析和研究的重要工具。本章第一节先给出了网络研究所需的若干基本概念,接下来几节中依次介绍了求最小树、最短路、最大流和最小费用最大流的算法以及网络计划技术。各节均配有典型例题。通过例题使读者一方面熟悉相应的算法及其思路,另一方面熟悉把实际问题转化成网络模型的方法。

本章所给出的各种算法是基于网络模型的特殊结构而提出的,这些方法非常有效,也便于编程上机计算。当然,也还有其他算法,譬如求最小树的反圈法(Prim 算法)、求最短路的 Floyd 算法、求最小费用流模型的网络单纯形法等。其中 Floyd 算法可求出图中任意两点的最短路且对含有负权弧的图也有效。

本章介绍的网络问题均可表示成线性规划模型。例如,利用最小费用流模型

$$\min z = \sum_{(v_i,v_j)\in A} c_{ij}x_{ij} \tag{5-25}$$

$$\text{s.t.}\begin{cases}\sum\limits_{(v_i,v_j)\in A} x_{ij} - \sum\limits_{(v_i,v_j)\in A} x_{ji} = b_i,\ \text{对一切 } v_i \in V \\ 0 \leqslant x_{ij} \leqslant w_{ij},\ (v_i,v_j) \in A\end{cases} \tag{5-26}$$

就可计算最短路、最大流等问题,也可计算前几章的运输问题、指派问题。

网络计划技术 PERT 和 CPM 是彼此独立、几乎同时发展起来的两种方法。本章只介绍了方法的基本原理和步骤。绘制网络图的方法有两种,我们介绍的是箭线法(activity-on-arc) 还有一种是节点法,用节点表示工序(activity-on-node),可根据需要选择。对于 PERT,也可绘制随机网络图,根据已知参数,用计算机模拟求解。网络优化问题涉及到两个目标,时间与成本或时间与资源,所以调整过程略显繁复。如果工程庞大,结点较多,可改用线性规划模型调整求解。

由于篇幅所限,网络图的另一些很有意思的问题,像中国邮递员问题、旅行推销商问题等,本书没有收编。当然这些也可用线性规划或整数规划求解。有兴趣的读者可参阅相关文献。

习题 5

5.1　求两图的最小树。

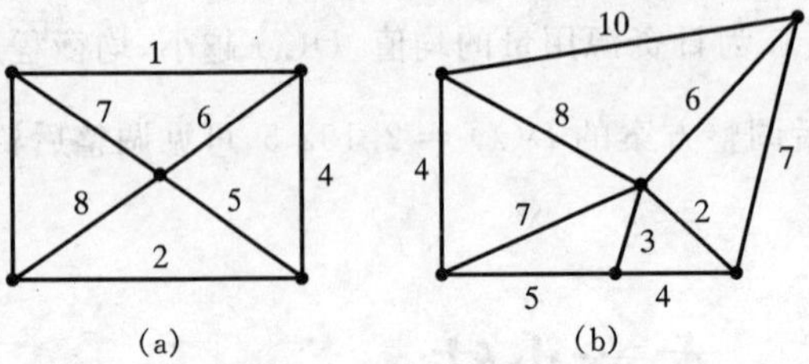

5.1 题图

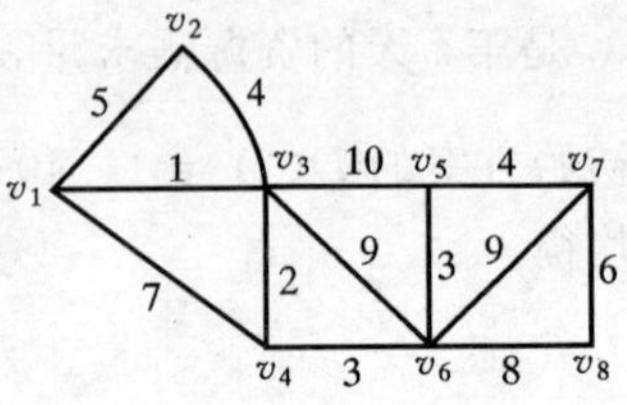

5.2 题图

5.2　求图中 v_1 到 v_8 的最短链。(提示:参照最短路的求法)

5.3　求图中 v_1 到 v_p 的最短路。

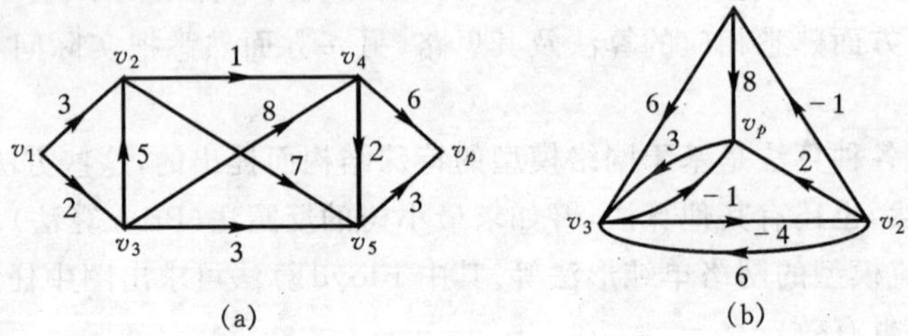

5.3 题图

5.4　求网络最大流和最小截集,(a) 中弧旁的数字为弧的容量 w_{ij},(b) 中弧旁的数字是 (w_{ij}, x_{ij})。

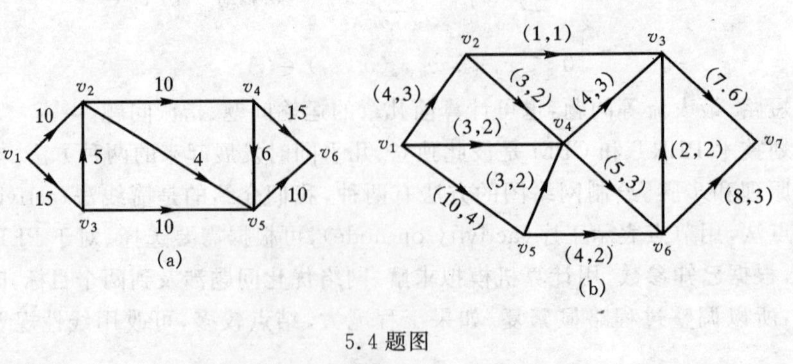

5.4 题图

5.5　求网络的最小费用最大流(弧旁的数为 (w_{ij}, c_{ij}))。

5.6　今有一只 10 kg 装的瓶内装满了油,还有 2 只空瓶,分别可装 7 kg 和 3 kg 油,问能否把油分成 2 份,每份 5 kg?如果可以的话,至少要倒几次?试建立合适的网络模型解之。

5.7　某公司拨出一千万元专款用来研制一种新产品。研制工作可以分为 4 个阶段,在每

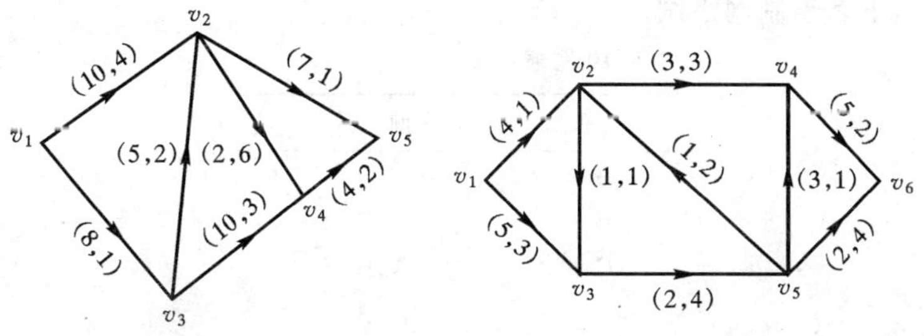

(a)　　　　(b)

5.5 题图

一个阶段有 2 或 3 个方案。它们所需的时间(月) 和经费(百万元) 如表所示。试制定研制计划,使在经费许可的条件下研制时间最短。

5.7 题表

方案	阶段 1		阶段 2		阶段 3		阶段 4	
	时间	费用	时间	费用	时间	费用	时间	费用
A	5	1	3	2	2	1	5	3
B	4	2	2	3	1	2	3	4
C	2	3						

5.8　某种物资有两个产地 s_1 和 s_2,三个销地 t_1,t_2 和 t_3。另外,从产地到销地之间有两个中转站 v_1,v_2,运输系统如图所示。弧旁数字是线路的最大运输能力,求从产地到销地的最大运输量。(提示:增添一个收点和一个发点,将发点与 s_1,s_2 相连,弧之容量分别为以 s_1,s_2 为始点的容量之和。同样,将 t_1,t_2,t_3 分别与收点相连,各弧容量类似给出。)

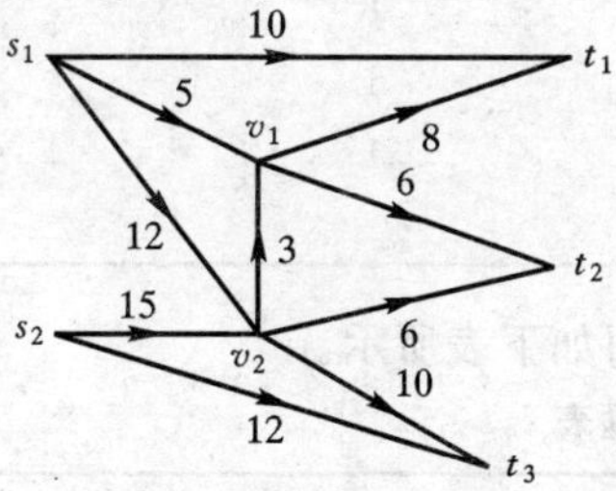

5.8 题图

5.9　根据合同,某厂明年每个季度末应向销售公司提供产品,有关信息如表所示。

5.9 题表

季度	生产能力 /t	生产成本 / 万元 /t	需求量 /t
1	30	15.6	20
2	40	14.0	25
3	25	15.3	30
4	10	14.8	15

若在季末有积压,则 1 t 产品积压一个季度支付存储费 0.2 万元。试制定出明年的生产方案,使该厂在完成合同的情况下全年的生产费用最低。

5.10 根据下表绘制网络图。

5.10 题表

工序	紧前工序
A	
B	
C	A,B
D	A,B
E	B
F	C
G	C
H	D,E,F

5.11 根据下表所给资料绘制网络图并求关键路线。

5.11 题表

工序	紧后工序	工序时间
A	B	5
B	D,E,F	4
C	D,E,F,G	6
D	H	2
E	H	2
F	H	4
G	I,J	3
H	K	2
I	K	5
J	L	4
K	L	5
L		4

5.12 已知某计划项目资料如下表所示。

5.12 题表

工序	紧前工序	时间(天)		
		a_{ij}	m_{ij}	b_{ij}
A		7	7	7
B		6	7	9
C		8	10	15
D	B,C	9	10	12
E	A	6	7	8
F	D,E	15	20	27
G	D,E	18	20	24
H	C	4	5	7
I	G,F	4	5	7
J	I,H	7	10	30

要求:(1) 求出按平均工序时间计算的关键路线;(2) 该项目在 60 天完成的概率是多少。

5.13　已知某项工程的作业资料如下表所示。试计算最低成本日程(间接费为每天 4.5 元)

5.13 题表

工序	紧前工序	正常时间(天)	应急时间(天)	正常成本(元)	应急成本(元)
A		3	1	10	18
B	*A*	7	3	15	19
C	*A*	4	2	12	20
D	*C*	5	2	8	14

5.14　如下图所示的某项工程网络图,箭线旁两参数分别为工序时间和该工序每天所需施工人员数。假定担任这项工程的人员共有 9 人,且均能胜任各工序工作,试用时间-资源优化方法求出工程日程。

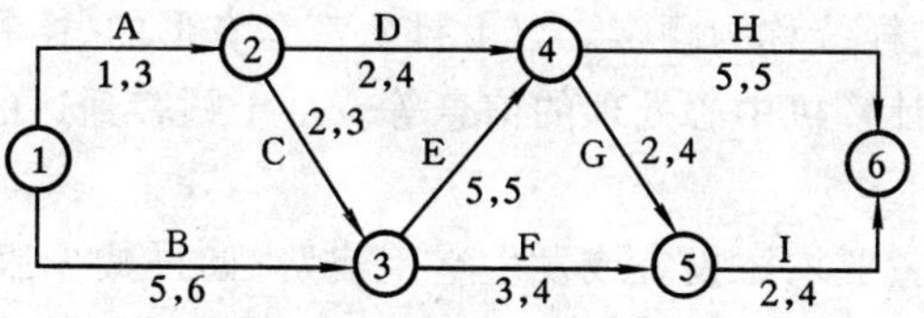

5.14 题图

第 6 章　排队论

排队论最初是在 20 世纪初由丹麦工程师爱尔朗关于电话交换机的效率研究开始的，在第二次世界大战中为了对飞机场跑道的容纳量进行估算，它得到了进一步的发展，其相应的学科更新论、可靠性理论等也都发展起来。

排队是一种经常遇见的非常熟悉的现象，它每天以这样或那样的形式出现在我们面前。例如，顾客到自选商店购物，乘客乘电梯上楼，汽车通过大桥收费站等，往往需要排队等待接受某种服务。这里，商场收款台、电梯、大桥收费站及服务人员都是服务机构或服务设备。而乘客和汽车与商店的顾客一样统称为顾客。以上排队都是有形的，还有些排队是无形的，如电话交换机接到的呼叫，等待计算机中心处理的信息等。由于顾客到达的随机性，所以排队现象是不可避免的。

如果增添服务设备，就要增添投资或发生空闲浪费；如果减少服务设备，排队等待时间太长，对顾客和社会都会带来不良影响。因此管理人员要考虑如何在这两者之间取得平衡，以便提高服务质量，降低服务费用。**排队论**(queuing theory)就是为了解决上述问题而发展起来的一门学科，它是运筹学的重要分支之一。在排队论中，顾客和提供各种形式服务的服务机构组成一个排队系统，称为随机服务系统。这些系统可以是具体的，也可以是抽象的。

排队系统模型已经广泛地应用于各种管理系统。如生产管理、库存管理、商业服务、交通运输、银行业务、医疗服务、计算机设计与性能评价等等。本章主要介绍如何描述一个排队系统，它所研究的问题，一些典型的排队模型和优化模型以及它们的应用。

§6.1　排队论的基本概念和研究的问题

6.1.1　排队系统

排队系统中有两个基本概念：一是需求；二是服务。把提出需求的对象称为“顾客”，不管对象是人、物，还是信息；把实现服务的设施称为服务机构。顾客和服务机构组成一个排队系统。

图 6-1 给出一个排队系统的简单图示。

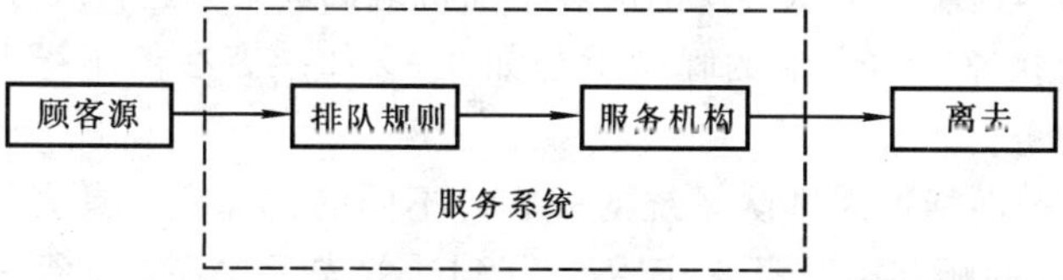

图 6－1　排队系统

6.1.2　排队系统的组成

一般的排队系统都有三个基本组成部分：输入过程，排队规则，服务机构。现在分别对它们做比较详尽的描述。

1. 输入过程

输入过程所讨论的是顾客按怎样的规律到达。要完全描述一个输入过程需要三个方面的内容：

(1)顾客的总体数或顾客源数

这是指可能到达服务机构的顾客总数。顾客总数可能是有限的：如工厂内出现故障待修的机器数显然是有限的，也可能是无限的：如到达某商店的顾客相当多，可以近似地看作是无限的。

(2)顾客到达的类型

顾客可以是单个到达，也可以是成批到达。病人到医院看病是顾客单个到达的例子。库存问题中，如将进货看作是顾客，那么这种顾客则是成批到达的。

(3)顾客相继到达的时间间隔分布

顾客相继到达服务台从表面上看是杂乱无章的，其实，常常服从某种统计规律，如定长分布(D)，负指数分布(M)，k 阶爱尔朗分布(E_k)等。

2. 排队规则

排队规则所研究的是顾客接受服务的先后次序问题，可分几种情形来讨论：

(1)损失制

顾客到达时，如果所有的服务台都被占用，顾客随即离去，不再接受服务，就称为损失制，因为这将失去许多顾客。

(2)等待制

顾客到达时，如果所有的服务台都被占用，而顾客排队等待服务，则称为等待制。在等待制中，根据对顾客服务的先后次序的规则，又可分为先到先服务，后到先服务，随机服务，有优先权的服务等。

先到先服务(FCFS)即是按顾客到达的先后次序接受服务，这是最普遍的情形。例如，自由买票窗口就是按顾客到达的先后次序服务的。

后到先服务(LCFS)即是指后到达的顾客先接受服务，如堆积存放的钢板，在需要时，总是先从最上面取出使用，就是后到先服务的例子。又如在通信系统中，后到的信息，一般比先到的有价值，因而是后到先服务。

随机服务(SIRO)即服务员从等待的顾客中随机地选取某一进行服务,而不管顾客到达的先后,如电话交换机接通市内电话的呼叫就是如此,又如乘客在停车场上随机选乘一辆出租车,也是一种随机服务。

优先权服务(PR)即指进入排队系统的顾客有不同的优先权。具有较高优先权的顾客将先于具有较低优先权的顾客接受服务,而不管其到达的先后次序。如严重病人到医院将优先于一般病人得到治疗,加急电报将优先于普通电报译送,这些都是优先权服务的例子。

此外,从占有的空间来看,有的排队系统要规定容量的最大限度。如理发店里由于可供顾客等待的座位有限,旅馆里可供住宿的房间也是有限的,所以允许排队的顾客数是有限的,而有的系统就没有这种限制。

从排队队列的数目来看,队列可以是单列,也可以是多列。

(3)混合制

混合制是损失制和等待制的结合,有下面两种:

队长有限制,即由于空间的限制,有的系统要规定容量,当顾客排队等待服务的人数超过规定容量,后来的顾客自动离去。

排队等待时间有限制,即顾客因某种原因,在队列中等待服务的时间有限。如果等待时间过长,顾客就离队而去。

3. 服务机构(又称服务台)

服务机构的特征主要包括:服务台数目和服务时间的分布。在多个服务台时,是串联还是并联;对顾客是逐个进行服务还是成批服务。服务时间所遵循的分布有:定长分布(D),负指数分布(M),k 阶爱尔朗分布(E_k),一般服务(G)等。

6.1.3 排队系统的符号表示

上述排队系统的特征可以有许多的组合,从而形成不同的排队模型,为了讨论问题的方便,对排队系统的描述采用如下形式:

$$[A/B/C]:[D/E/F]$$

其中,A—顾客到达排队系统的时间间隔分布

B—服务时间的分布

C—服务台数(或服务通道数)($C=1, 2, \cdots, n$)

D—排队系统的容量,即系统中允许的最大顾客数$\{N,\infty\}$

E—顾客源的总体数目(m,∞)

F—服务规则{FCFS, LCFS, SIRO, PR}

例如:[M/M/1]:[∞/∞/FCFS]表示这样一种排队系统,顾客到达为泊松过程(见 6.2.1),服务时间服从负指数分布。只有一个服务台,系统容量无限,顾客源无限,先到先服务,这是最简单的最常见的排队系统。

6.1.4 排队系统研究的问题

对于一个排队系统来说,如果服务机构过小,以致不能满足众多顾客的需要,那么就会产生拥挤现象,而使服务质量降低。因此顾客总体上希望服务机构越大越好,但如果服务机构过大,人力、物力等方面的开支也就相应增加,从而造成浪费。排队论研究的目的就是要在顾客

和服务机构的规模之间进行协调，权衡决策使其达到合理的平衡状态。为此排队系统研究的问题大体分为以下三类：

1. 系统性态的研究（即数量指标的研究）

系统数量指标的研究旨在了解系统的基本特征，其主要的数量指标如下：

（1）队长——系统内顾客数的期望值（L）

系统内顾客数的期望值（即系统内的平均顾客数），是指任意时刻等待服务和正在接受服务的顾客数之和。这是一个随机变量，当然是希望确定它的分布，或至少知道它的平均值及有关的矩阵（如方差等）。队长分布是服务员和顾客共同关心的一个指标，特别是对服务系统的设计者来说更为重要，因为知道了队长分布，就能计算队长超过某个数的概率，据此考虑是否改变服务方式，确定合理的等待时间。

（2）列长（L_q）——系统中排队顾客数的期望值，即排队等待服务顾客数的期望值。

（3）顾客在系统内停留时间的期望值（W）

顾客在系统内停留时间包括顾客在系统内排队等待时间和服务时间。

（4）顾客在系统内等待时间的期望值（W_q）

这是顾客最关心的指标，从顾客到达时刻起到开始接受服务时刻止，这段时间叫等待时间，是个随机变量。

除了以上四个最重要的指标外，下面几个指标也有重要参考价值。

（5）忙期分布

从顾客到达空闲服务机构起到服务机构再次变为空闲止，这段时间是服务机构连续工作的时间，叫做忙期。忙期是一个随机变量，忙期分布则是服务员关心的数量指标，关系到服务员的工作强度。

（6）服务设备利用率

服务设备利用率是指服务设备工作时间占总时间的比率，是衡量服务设备工作强度、磨损和疲劳强度的指标，应该在服务系统的设计阶段研究确定。

（7）顾客损失率

由于服务能力不足而造成顾客损失的比率叫做顾客损失率。顾客损失率过高就会使服务系统的利润减少，所以采用损失制的系统都很重视对这一问题的研究。

2. 统计问题的研究

对现实的系统建立数学模型时，其中的统计问题是一个有机的组成部分，包括对现实数据的处理以及研究相继到达的时间间隔是否独立分布，研究分布类型及有关参数如何确定，研究服务时间与到达时间间隔之间的独立性，以及服务时间分布等问题。

3. 最优化问题

这类问题涉及到排队系统的设计、控制以及系统有效性的度量。常见的系统最优设计问题是，在输入和服务参数给定的条件下，确定系统特性指标。例如，在[M/M/c]模型中，给定到达率 λ 和服务率 μ，如何设置服务台数目 C，使得某种指标（愿望指标、费用指标等）达到理想状态。在动态控制问题中，系统运行的某些特征量可以随时间或状态而变化。例如系统的服务率可以随顾客数的改变而改变。动态控制模型大体研究两类问题：一类是根据系统的实际情况，假定一个合理的或实际可行的控制策略，然后分析系统，确定系统运行的最佳参数。例如 M/M/c 系统采用这样的服务策略:当队长达到 a 时,增加一个服务台,而一旦队长小于 a 时再消去所增加的服务台,对于某个确定的目标函数,确定某个最佳的 a 值;另一类问题是对一个具体的系统研究一个最佳的控制策略。

§6.2 排队论中常见的几种理论分布和生灭过程

6.2.1 泊松过程

设 $N(t)$ 表示在时间区间 $[0,t)$ 内到达的顾客数($t>0$),令 $p_n(t_1,t_2)$ 表示在时间区间 $[t_1,t_2)$($t_2>t_1$)内有 $n(\geqslant 0)$ 个顾客到达的概率,即

$$p_n(t_1,t_2)=P\{N(t_2)-N(t_1)=n\} \quad (t_2>t_1,\ n\geqslant 0)$$

当 $p_n(t_1,t_2)$ 满足下列三个条件时,我们称顾客到达服从泊松过程。

(1) **无后效性** 在不相重叠的时间区间内顾客到达的数目是相互独立的,即对于任一组 $t_1<t_2<\cdots<t_n(n\geqslant 3)$,$N(t_2)-N(t_1)$,$N(t_3)-N(t_2)$,$\cdots$,$N(t_n)-N(t_{n-1})$ 相互独立。换言之,在 $[t_1,t_2]$ 内对顾客来到的情况所作的任何假定下,计算出在 $[t,t+\Delta t)$ 内来到 k 个顾客的条件概率相等。也就是说,在任意间隔时间 t 内的顾客来到数与这一间隔时间 t 以前已经到来的顾客数无关,亦即顾客来到的事件是相互独立的,这一性质称为无后效性。

(2) **平稳性** 对充分小的 Δt 在时间区间 $[t,t+\Delta t)$ 内有一个顾客到达的概率与 t 无关,而只与区间长度 Δt 成正比,即

$$p_1(t,t+\Delta t)=\lambda\Delta t+o(\Delta t)$$

这里 $\lambda>0$ 为常数,$o(\Delta t)$ 是 Δt 的高阶无穷小。

(3) **普通性** 对于充分小的 Δt,在时间区间 $[t,t+\Delta t)$ 内有两个或两个以上的顾客到达的概率极小,以至可以忽略不计,即

$$\sum_{n=2}^{\infty}p_n(t,t+\Delta t)=o(\Delta t)$$

在上述条件下,我们可推得顾客到达数为 n 的概率分布为

$$p_n(t)=\frac{(\lambda t)^n}{n!}\mathrm{e}^{-\lambda t} \quad (n=0,1,2,\cdots,t>0)$$

$p_n(t)$ 表示时间区间长度为 t 时刻到达 n 个顾客的概率,而 $N(t)$ 由前面定义知表示在时间区间 $[0,t)$ 内到达的顾客数,对于每个给定的时刻 t,$N(t)$ 是一个随机变量,它们的期望、方差分别为

$$E(N(t))=\sum_{n=0}^{\infty}n\frac{(\lambda t)^n}{n!}\mathrm{e}^{-\lambda t}=\lambda t\sum_{n=1}^{\infty}\frac{(\lambda t)^{n-1}}{(n-1)!}\mathrm{e}^{-\lambda t}=\lambda t\sum_{k=0}^{\infty}\frac{(\lambda t)^k}{k!}\mathrm{e}^{-\lambda t}=\lambda t$$

则 $\lambda=\dfrac{E(N(t))}{t}$,由此知参数 λ 表示单位时间内到达顾客的平均数,即顾客的平均到达率。同样,$D(N(t))=\lambda t$。

6.2.2 负指数分布

称随机变量 T 服从负指数分布,如果它的分布密度是 $f(t)=\lambda\mathrm{e}^{-\lambda t}$,$t\geqslant 0$,那么分布函数自

然为

$$F(t)=1-e^{-\lambda t}, t\geqslant 0$$

$$E(T)=\frac{1}{\lambda}, D(T)=\frac{1}{\lambda^2}$$

负指数分布有下面两条性质：

(1)当单位时间内的顾客到达数服从以 λ 为平均数的泊松分布时，则顾客相继到达的间隔时间 T 服从负指数分布。这是因为对于泊松分布，在$[0,t)$区间内至少有 1 个顾客到达的概率 $1-p_0(t)=1-e^{-\lambda t}$，此概率还可表示为 $P(T\leqslant t)=1-e^{-\lambda t}=F(t)$，由此得，相继到达的间隔时间独立且服从负指数分布，与顾客到达服从泊松分布是等价的。

(2)由条件概率的公式可知 $P\{T>t+s|T>s\}=P\{T>t\}$

这种性质即为无记忆性。若 T 表示排队系统中顾客到达的间隔时间，那么此性质说明，一个顾客的到来所需的时间与过去一个顾客到来所需的时间 s 无关，所以说这情形下的顾客到达是纯随机的，负指数分布的这种无记忆性以后经常用到。

6.2.3　爱尔朗(Eelang)分布

设顾客在系统内所接受服务可以分为 k 个阶段，每个阶段的服务时间 $T_1,T_2,\cdots,T_k$ 为服从同一分布 $f(t)=k\mu e^{-k\mu t}$ 的 k 个相互独立的随机变量，顾客在完成全部服务内容并离开系统后，另一个顾客才能进入系统接受服务，则顾客在系统内接受服务时间之和 $T=T_1+T_2+\cdots+T_k$ 服从受尔朗分布 E_k，其分布密度函数为

$$f_k(t)=\frac{(k\mu)^k t^{k-1}}{(k-1)!}e^{-k\mu t}\quad t\geqslant 0, k, \mu\geqslant 0$$

$$E(T)=\frac{1}{\mu}, D(T)=\frac{1}{k\mu^2}$$

当 $k=1$ 时，爱尔朗分布归结为负指数分布；当 $k\to\infty$时，由 $D(T)=0$，爱尔朗分布归结为定长分布，因而一般的爱尔朗分布是介于这两者之间的分布。

例如，如果顾客要接受串联的 k 个服务台服务，各服务时间相互独立，且服从相同的负指数分布(参数为 μ)，那么，顾客接受这 k 个服务台服务总共所需时间就服从爱尔朗分布。(当然，对顾客连续服务时，这里假设必须在所有 k 个服务台完成对某一顾客的服务后，下一个顾客才能进入第一个服务台。)

6.2.4　生灭过程

很多排队模型都假设其状态过程为生灭过程。生灭过程是一类简单而具有广泛应用的随机过程。在排队论中，如果 $N(t)$表示 t 时刻系统中的顾客数，则$\{N(t), t\geqslant 0\}$就构成了一个随机过程。如果用“生”表示顾客到达，“灭”表示顾客离去，则对许多排队过程来说，$\{N(t), t\geqslant 0\}$也是一个特殊的随机过程——生灭过程。下面结合排队论中的术语给出生灭过程的定义。

定义 6-1　设$\{N(t), t\geqslant 0\}$为一个随机过程。若 $N(t)$的概率分布具有以下性质：

(1) 假设 $N(t)=n$，则从时刻 t 起到下一个顾客到达时刻止的时间服从参数为 λ_n 的负指数分布，$n=0,1,2,\cdots$

(2) 假设 $N(t)=n$，则从时刻 t 起到下一个顾客离去时刻止的时间服从参数为 μ_n 的负指数分布，$n=0,1,2,\cdots$

(3) 同一时刻只有一个顾客到达或离去。则称$\{N(t),\ t\geqslant 0\}$为一个生灭过程。

一般说来，得到$N(t)$的分布$p_n(t)=P\{N(t)=n\}$ $(n=0,1,2,\cdots)$是比较困难的，因此通常是求当系统达到平衡状态后的状态分布，记为$p_n(n=0,1,2,\cdots)$。

为求平稳分布，考虑系统可能处的任一状态n。假设记录了一段时间内系统进入状态n和离开状态n的次数，因为"进入"和"离开"是交替发生的。当系统运行相当时间而达到平衡状态后，对任一状态n来说，单位时间内进入该状态的平均次数和单位时间内离开该状态的平均次数应该相等。这就是系统在统计平衡下的"流入＝流出"原理。根据这一原理，可得到任一状态下的平衡方程如下：

$$\begin{array}{cl}
0 & \mu_1 p_1 = \lambda_0 p_0 \\
1 & \lambda_0 p_0 + \mu_2 p_2 = (\lambda_1 + \mu_1) p_1 \\
2 & \lambda_1 p_1 + \mu_3 p_3 = (\lambda_2 + \mu_2) p_2 \\
 & \vdots \\
n-1 & \lambda_{n-2} p_{n-2} + \mu_n p_n = (\lambda_{n-1} + \mu_{n-1}) p_{n-1} \\
n & \lambda_{n-1} p_{n-1} + \mu_{n+1} p_{n+1} = (\lambda_n + \mu_n) p_n \\
 & \vdots
\end{array}$$

由上述平衡方程可得

$$\begin{array}{cl}
1 & p_2 = \dfrac{\lambda_1}{\mu_2} p_1 + \dfrac{1}{\mu_2}(\mu_1 p_1 - \lambda_0 p_0) = \dfrac{\lambda_1}{\mu_2} p_1 = \dfrac{\lambda_1 \lambda_0}{\mu_2 \mu_1} p_0 \\
2 & p_3 = \dfrac{\lambda_2}{\mu_3} p_1 + \dfrac{1}{\mu_3}(\mu_2 p_2 - \lambda_1 p_1) = \dfrac{\lambda_2}{\mu_3} p_2 = \dfrac{\lambda_2 \lambda_1 \lambda_0}{\mu_3 \mu_2 \mu_1} p_0 \\
 & \vdots \\
n-1 & p_n = \dfrac{\lambda_{n-1}}{\mu_n} p_{n-1} + \dfrac{1}{\mu_n}(\mu_{n-1} p_{n-1} - \lambda_{n-2} p_{n-2}) = \dfrac{\lambda_{n-1}}{\mu_n} p_{n-1} = \dfrac{\lambda_{n-1} \lambda_{n-2} \cdots \lambda_0}{\mu_n \mu_{n-1} \cdots \mu_1} p_0 \\
n & p_{n+1} = \dfrac{\lambda_n}{\mu_{n+1}} p_n + \dfrac{1}{\mu_{n+1}}(\mu_n p_n - \lambda_{n-1} p_{n-1}) = \dfrac{\lambda_n}{\mu_{n+1}} p_n = \dfrac{\lambda_n \lambda_{n-1} \cdots \lambda_0}{\mu_{n+1} \mu_n \cdots \mu_1} p_0
\end{array}$$

记

$$C_n = \frac{\lambda_{n-1} \lambda_{n-2} \cdots \lambda_0}{\mu_n \mu_{n-1} \cdots \mu_1} \qquad n = 1,2,\cdots$$

则平稳状态的分布为

$$p_n = C_n p_0 \qquad n = 1,2,\cdots$$

由概率分布的要求

$$\sum_{n=0}^{\infty} p_n = 1$$

有

$$\left[1 + \sum_{n=1}^{\infty} C_n\right] p_0 = 1$$

于是

$$p_0 = \frac{1}{1 + \sum\limits_{n=1}^{\infty} C_n}$$

注意：上式只有当级数 $\sum_{n=0}^{\infty} C_n$ 收敛时才有意义，即当 $\sum_{n=1}^{\infty} C_n < \infty$ 时，才能有上述公式得到平稳状态的概率分布。

§6.3　单服务台指数分布排队系统

对于随机型排队系统，一般是给定顾客到达的分布形式和服务时间的分布形式，即在给定输入条件下和服务条件下研究系统的数量指标，然而，要研究系统的数量指标，首先要求解系统内有 n 个顾客的概率 $p_n(n=0, 1, 2, \cdots)$，然后根据概率 p_n 推算这些指标。

本节将讨论顾客到达服从泊松分布，服务时间服从负指数分布的单服务台排队系统，且队列为单列。

6.3.1　M/M/1/∞/∞排队模型

M/M/1/∞/∞模型表示顾客到达的间隔时间和服务时间均服从负指数分布，只有一个服务台，顾客源和排队空间均无限，排队规则属于等待制，服务规则为先到先服务。

1. 系统稳态概率 p_n 的计算

设在某一时刻 t，系统内有 n 个顾客的概率为 $p_n(t)$，相应的顾客到达率为 λ，服务率为 μ。当 Δt 充分小时，在时间区间 $[t, t+\Delta t)$ 内有一个顾客到达的概率为 $\lambda\Delta t$，有一个顾客离去的概率为 $\mu\Delta t$，有两个或两个以上的顾客到达（或离去）的概率为 Δt 的高阶无穷小，可以忽略不计（这里是由泊松流的平衡性、普通性所决定的），则在时间 $t+\Delta t$ 时，系统内 n 个顾客的状态由以下 4 种方式构成：

(1)在时刻 t 时有 n 个顾客，在随后 Δt 时间内没有顾客到达，也没有顾客离去；

(2)在时刻 t 时有 $n-1$ 个顾客，在随后的 Δt 时间内没有顾客离去，有一个顾客到达；

(3)在时刻 t 时有 $n+1$ 个顾客，在随后的 Δt 时间内有一个顾客离去，没有顾客到达；

(4)在时刻 t 时有 n 个顾客，在随后 Δt 时间内有一个顾客到达，同时也有一个顾客离去。

各种方式所发生的概率如表 6-1 所示。

表 6-1　四种方式所发生的概率表

时刻 t 的状态	概率	Δt 内发生的事件	发生的概率
n	$p_n(t)$	无到达，无离去	$(1-\lambda\Delta t)(1-\mu\Delta t)$
$n-1$	$p_{n-1}(t)$	到达一个，无离去	$\lambda\Delta t(1-\mu\Delta t)$
$n+1$	$p_{n+1}(t)$	离去一个，无到达	$(1-\lambda\Delta t)\mu\Delta t$
n	$p_n(t)$	到达一个，离去一个	$\lambda\Delta t \cdot \mu\Delta t$

由于这四种方式互不相容，故由概率的加法定理得

$$p_n(t+\Delta t)=p_n(t)\cdot(1-\lambda\Delta t)(1-\mu\Delta t)+p_{n-1}(t)\cdot\lambda\Delta t(1-\mu\Delta t)+p_{n+1}(t)\cdot(1-\lambda\Delta t)\cdot \mu\Delta t+p_n(t)\cdot\lambda\Delta t\cdot\mu\Delta t \qquad (n>0)$$

$$\frac{\mathrm{d}p_n(t)}{\mathrm{d}t}=\lim_{\Delta t\to 0}\frac{p_n(t+\Delta t)-p_n(t)}{\Delta t}$$

$$=\lim_{\Delta t\to 0}\left[\frac{p_n(t)[(1-\lambda\Delta t)(1-\mu\Delta t)+\lambda\Delta t\cdot\mu\Delta t-1]}{\Delta t}+\frac{p_{n-1}(t)\lambda\Delta t(1-\mu\Delta t)}{\Delta t}+\frac{p_{n+1}(t)(1-\lambda\Delta t)\mu\Delta t}{\Delta t}\right]$$

$$=\lambda\cdot p_{n-1}(t)+\mu\cdot p_{n+1}(t)-(\lambda+\mu)p_n(t)\qquad(n>0)$$

当 $n=0$ 时，$\frac{\mathrm{d}p_0(t)}{\mathrm{d}t}=-\lambda p_0(t)+\mu p_1(t)$，即得

$$\begin{cases}\dfrac{\mathrm{d}p_0(t)}{\mathrm{d}t}=-\lambda p_0(t)+\mu p_1(t)\\ \dfrac{\mathrm{d}p_n(t)}{\mathrm{d}t}=\lambda p_{n-1}(t)+\mu p_{n+1}(t)-(\lambda+\mu)p_n(t)\end{cases}\tag{6-1}$$

这是一组差分微分方程，这组方程的解称为**瞬态解**。求瞬态解比较麻烦，而且所得的解也不便于应用，为此只研究**稳态解**。所谓稳态解，是指系统运行的时间 t 充分大时所得到的解。此时系统状态的概率分布已不随时间而变化，达到了统计平衡，也就是说，在运行充分长时间以后，以任一时刻系统处于状态 n 的概率为常数。比如一个理发店，早上开始营业时，可能顾客要少一些，对这个系统，就可以取营业开始一段时间后，顾客到达数比较稳定时的状态作为稳态，理发员设置多少主要是根据稳定的顾客情况来考虑的。

既然在稳态下概率分布 $p_n(t)$ 与时间无关，则 $p_n(t)$ 关于时间的变化率为零，即对一切 n，都有

$$\frac{\mathrm{d}p_n(t)}{\mathrm{d}t}=0$$

因为稳态与时间无关，所以用 p_n 代替 $p_n(t)$，于是方程式(6-1)可以写成

$$\begin{aligned}
&n=0 && 0=-\lambda p_0+\mu p_1\\
&n=1 && 0=\lambda p_0+\mu p_2-(\lambda+\mu)p_1\\
&n=2 && 0=\lambda p_1+\mu p_3-(\lambda+\mu)p_2\\
& && \vdots\\
&n=n && 0=\lambda p_{n-1}+\mu p_{n+1}-(\lambda+\mu)p_n\\
& && \vdots
\end{aligned}\tag{6-2}$$

联合求解得

$$p_1=\frac{\lambda}{\mu}p_0$$

$$p_2=\left(\frac{\lambda}{\mu}\right)^2p_0$$

$$\vdots$$

由于 $\sum_{n=0}^{\infty}p_n=1$ 得

$$p_0+\left(\frac{\lambda}{\mu}\right)p_0+\left(\frac{\lambda}{\mu}\right)^2p_0+\cdots+\left(\frac{\lambda}{\mu}\right)^np_0+\cdots=1$$

令 $\rho=\frac{\lambda}{\mu}$，则上式变为

$$p_0+\rho p_0+\rho^2 p_0+\cdots+\rho^n p_0+\cdots=1$$

即

$$p_0(1+\rho+\rho^2+\cdots+\rho^n+\cdots)=1$$

故

$$p_0=\frac{1}{\sum_{k=0}^{\infty}\rho^k}$$

当 $0\leqslant\rho<1$ 时，$p_0=1-\rho$

于是有

$$\begin{aligned}p_0&=1-\rho\\p_1&=\rho(1-\rho)\\p_2&=\rho^2(1-\rho)\\&\vdots\\p_n&=\rho^n(1-\rho)\qquad(n\geqslant1)\end{aligned}$$

这就是系统的稳态解，归纳为

$$\begin{cases}p_0=1-\rho, & 0\leqslant\rho<1\\p_n=\rho^n(1-\rho), & (n\geqslant1)\end{cases}\tag{6-3}$$

这里的 ρ 有重要意义，它是相同时间间隔内顾客到达的平均数与被服务的顾客平均数之比 $\rho=\frac{\lambda}{\mu}$，或是一个顾客的平均服务时间与顾客相继到达的平均时间间隔之比，即 $\rho=\frac{1/\mu}{1/\lambda}$。$\rho$ 刻划了服务效率和服务机构利用程度，称为**服务强度**（在通讯领域里 ρ 称为话务强度）。在推导公式中限制 $\rho<1$，因此 $\rho=\frac{\lambda}{\mu}<1$ 是系统能够到达稳定状态的充要条件。若 $\rho\geqslant1$，即到达率大于等于服务率，对于系统容量和顾客源均无限，到达和服务又是随机的，将出现队列排至无限远，无法达到稳定状态的情形。

2. 状态转移图

上述稳态方程式(6-2)也可以通过所谓状态转移图列出（见图 6-2），然后求解。

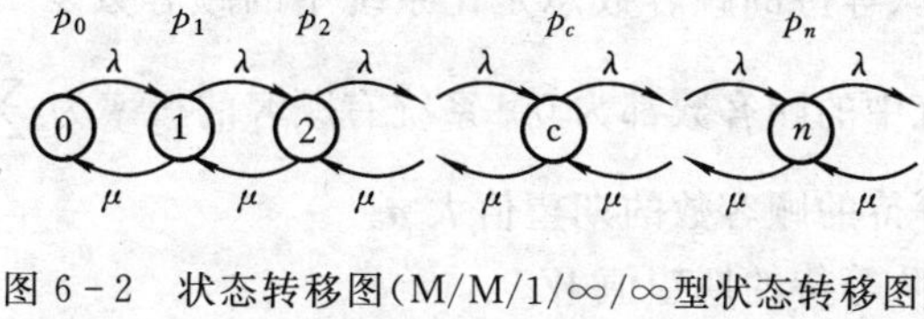

图 6-2　状态转移图（M/M/1/∞/∞型状态转移图）

图中的圆圈表示状态，圆圈中的标号（0，1，2，…，n，…）是状态标号，它表示系统中稳定的顾客数。图中的箭头表示从一个状态到另一个状态的转移。λ 表示由状态 i 转移到 $i+1$ 的转移速度，$i=0,1,2,\cdots$，μ 表示由状态 j 转移到 $j-1$ 的转移速度，$j=0,1,2,\cdots$。p_k 表示系统内有 k 个顾客的概率，$k=0,1,2,\cdots$。系统处于稳态时，对每个状态来说，转入率应等于转出率，对于状态 n 来说，转入率为 $\lambda p_{n-1}+\mu p_{n+1}$，而转出率是 $\lambda p_n+\mu p_n=(\lambda+\mu)p_n$，因此

$$\lambda p_{n-1}+\mu p_{n+1}=(\lambda+\mu)p_n\qquad(n\geqslant1)$$

这个方程称为**平衡方程**。它和式(6-2)是等价的。而对状态 0 来说，$\lambda p_0=\mu p_1$，它和式

(6-2)的 0 状态对应的方程也等价。这就是利用状态转移图得到的稳态方程。以后讨论的各种排队模型,都将通过状态转移图建立稳态方程来求解。

3. 系统的数量指标

(1)服务台空闲的概率和服务台忙的概率

由式(6-3)可以得到服务台空闲的概率 $p_0=1-\rho$,忙的概率为 $1-p_0=\rho$

(2)系统中顾客数的期望值 L

系统中的顾客数是一随机变量,它的可能值为 $0,1,2,\cdots,n,\cdots$,相应的概率为 $p_0,p_1,p_2,\cdots,p_n,\cdots$,因而顾客数的期望值为

$$\begin{aligned}L &= \sum_{k=0}^{\infty} k\cdot p_k = 0\cdot p_0+1\cdot p_1+2\cdot p_2+\cdots+n\cdot p_n+\cdots \\ &= \rho-\rho^2+2\rho^2-2\rho^3+\cdots+n\rho^n-n\rho^{n+1}+\cdots \\ &= \frac{\rho}{1-\rho} \qquad (0\leqslant\rho<1)\end{aligned} \tag{6-4}$$

或

$$L=\frac{\lambda}{\mu-\lambda} \tag{6-5}$$

(3)排队等待服务顾客数的期望值 L_q

由于是单服务台排队系统,所以当没有顾客时,自然不存在排队现象,当系统中有顾客存在时,排队等待的顾客数必定比顾客数少 1 个。如果系统只有 1 个顾客,那么排队等待的顾客数是 0;如果系统中有 n 个顾客,那么排队等待的顾客数为 $n-1$,所以排队等待的顾客数的期望值为

$$L_q=\sum_{n=1}^{\infty}(n-1)p_n=\sum_{n=1}^{\infty}np_n-\sum_{n=1}^{\infty}p_n=L-(1-p_0)=L-\rho \tag{6-6}$$

或

$$L_q=\frac{\rho^2}{1-\rho}=\frac{\lambda^2}{\mu(\mu-\lambda)} \tag{6-7}$$

式(6-6)说明,排队等待的顾客数的期望值 L_q 比系统中的期望值 L 少 ρ。为什么呢?因为当系统中有顾客时,排队等待的顾客数总是比系统中的顾客数少 1;当系统中没有顾客时,排队等待的顾客数和系统中的顾客数都为 0。系统有顾客的概率为 $\sum_{n=1}^{\infty}p_n=\rho$,所以系统中的顾客数的期望值比排队等待的顾客数的期望值大 ρ。

(4)顾客在系统中排队等待的期望值 W_q

设一个顾客进入系统时,发现他前面已有 n 个顾客在系统中,则他排队等待的时间就是这 n 个顾客在系统中,则他排队等待的平均时间就是这 n 个顾客的平均服务时间的总和。不管该顾客到达时正在接受服务的顾客已经服务了多少时间,由于负指数分布的无记忆性,其剩余的服务时间服从相同的负指数分布。因此,$H_n\{进入系统的顾客排队等待时间|x=n\}=\dfrac{n}{\mu}$,其中 x 表示系统中原有顾客数。则

$$W_q=\sum_{n=1}^{\infty}H_np_n=\sum_{n=1}^{\infty}\frac{n}{\mu}p_n=\frac{\rho(1-\rho)}{\mu}\sum_{n=1}^{\infty}n\rho^{n-1}$$

$$= \frac{\rho(1-\rho)}{\mu} \frac{\mathrm{d}}{\mathrm{d}\rho}\left(\frac{1}{1-\rho}\right) = \frac{\rho}{\mu(1-\rho)} = \frac{\lambda}{\mu(\mu-\rho)} \tag{6-8}$$

(5)顾客在系统中逗留时间的期望值 W

顾客在系统中逗留时间是排队等待时间与服务时间之和，所以

$$W = W_q + \frac{1}{\mu} = \frac{\rho}{\mu(1-\rho)} + \frac{1}{\mu} = \frac{1}{\mu-\lambda} \tag{6-9}$$

现将本模型中最主要的四个指标公式归纳如下

$$\begin{cases} L = \dfrac{\lambda}{\mu-\lambda} = \dfrac{\rho}{1-\rho} \\ L_q = \dfrac{\lambda^2}{\mu(\mu-\lambda)} = \dfrac{\rho^2}{1-\rho} = L-\rho \\ W_q = \dfrac{\lambda}{\mu(\mu-\lambda)} = \dfrac{\rho}{\mu(1-\rho)} \\ W = \dfrac{1}{\mu-\lambda} = W_q + \dfrac{1}{\mu} \end{cases} \tag{6-10}$$

不同的服务规则(先到先服务，后到先服务，随机服务)，它们的不同点主要反映在等待时间分布函数不同，而期望值是相同的，上面所讨论的各种指标。因为都是期望值，所以这些指标公式对三种服务规则都适用(“优先权服务”除外)。

例 6-1　某理发店只有一个理发师，每小时平均有 4 个顾客到来，为一个顾客服务所需平均时间为 6 分钟。到达人数服从泊松分布，服务时间服从负指数分布，求

(1)理发店空闲和忙的概率；

(2)顾客在店内平均逗留时间；

(3)顾客在店内必须消耗 15 分钟以上的概率；

(4)店内至少有一个顾客的概率。

解　依题知此题为 M/M/1/∞/∞型，$\lambda=4$，$\mu=10$，$\rho=0.4$。

(1)理发店空闲的概率 $P_{闲}=1-\rho=0.6$，$P_{忙}=1-P_{闲}=0.4$。

(2)顾客在店内平均逗留时间 $W=\dfrac{1}{\mu-\lambda}=\dfrac{1}{6}$(小时)。

(3)由于达到间隔和服务时间均服从指数分布，所以顾客在系统内的逗留时间也服从指数分布。

已知平均逗留时间为$\dfrac{1}{\mu-\lambda}=\dfrac{1}{6}$，则逗留时间 T 的概率密度为

$$f(t) = 6\mathrm{e}^{-6t}，所以\ P = P\left(T \geqslant \frac{1}{4}\right) = \int_{\frac{1}{4}}^{\infty} 6\mathrm{e}^{-6t}\mathrm{d}t = 0.2331$$

(4)店内至少有一个顾客的概率相当于店内忙的概率，为 0.4。

例 6-2　设有一个单枪加油站，平均 20 分钟有一辆汽车来加油，每辆汽车平均需要 15 分钟。假设此为 M/M/1/∞/∞型，希望有足够的停车位置给前来加油的汽车停放，要求没有位置停车的概率不超过 0.01。试问至少准备多少个汽车停车等待的位置?

解　设应准备 N 个汽车停车的等待位置，依题意知：在加油站中不超过 $N+1$ 辆汽车的概率应不小于 0.99，即要求

$$\sum_{n=0}^{N+1} p_n = (1-\rho)\sum_{n=0}^{N+1}\rho^n = 1-\rho^{N+2} \geqslant 0.99$$

取对数

$$(N+2)\lg\rho \leqslant \lg 0.01 = -2$$

又因为 $\lambda=\frac{1}{20}$，$\mu=\frac{1}{15}$，所以 $\rho=\frac{3}{4}$，$\lg\rho=-0.1249$，故

$$N \geqslant \frac{2}{0.1249}-2 \approx 14$$

即至少准备 14 个汽车停车等待位置。

3. 四个指标 L, L_q, W, W_q 之间的关系——里特公式(J. D. C. Little)

由系统运行规律，也可以从指标公式(6-10)中，可知四个数量指标 L, L_q, W, W_q 均与 λ, μ 有关，那么这几个指标之间究竟有什么关系呢？

(1)从式(6-10)很容易得到

$$\begin{cases} L=\lambda W,\ L_q=\lambda W_q \\ W=W_q+\frac{1}{\mu},\ L=L_q+\rho \end{cases} \tag{6-11}$$

上面四个式子称为里特公式。

排队系统中的研究都与 L, L_q, W, W_q 有关，而 W, W_q 的直接计算有时是比较困难的，因此通过它们之间的关系可间接求得这些指标。

(2)由于排队系统所研究的主要问题，都归结为对四个数量指标 L, L_q, W, W_q 的研究，那么其它的排队系统其数量指标之间是否也具有类似于式(6-11)的关系呢？

设 λ_e 是平均每单位时间进入系统的顾客数，称 λ_e 为有效到达率。里特证明了在很宽的条件下都有以下关系式

$$W=\frac{L}{\lambda_e},\ W_q=\frac{L_q}{\lambda_e}$$

如果对于不同的状态 n，每单位时间进入系统的顾客平均数 λ_n 不为常数，则可用公式 $\lambda_e=\sum_{n=0}^{\infty}\lambda_n p_n$，求得 λ_e。(对于 M/M/1/∞/∞ 型，由于 $\lambda_n=\lambda$ 为常数，所以 $\lambda_e=\sum_{n=0}^{\infty}\lambda p_n=\lambda$)。这样，里特公式就变成

$$\begin{cases} L=\lambda_e W,\ L_q=\lambda_e W_q \\ W=W_q+\frac{1}{\mu},\ L=L_q+\frac{\lambda_e}{\mu} \end{cases} \tag{6-12}$$

这些公式，在以后的各种排队系统模型中均适用，只是在不同系统模型中，L, L_q, λ_e 有不同的计算公式。

6.3.2 M/M/1/N/∞排队模型

上面讨论了 M/M/1/∞/∞排队系统的运行规律，这是在系统空间无限的前提下提到的，然而实际生活中，有些问题并非都是如此。比如大街上的自行车保管站，它所能存放车子的数量是有限的，即系统空间是有限的。一旦车牌发放完，后来的顾客就不能再进入保管站。类似于这样的问题，就是现在所要讨论的 M/M/1/N/∞排队系统。

M/M/1/N/∞排队系统，是顾客的到达时间间隔和服务时间均服务负指数分布，一个服务台，系统内只能容纳 N 个顾客，顾客源是无限的，排队规则为混合制，服务规则为先到先服

务。模型示意如图 6－3 所示。

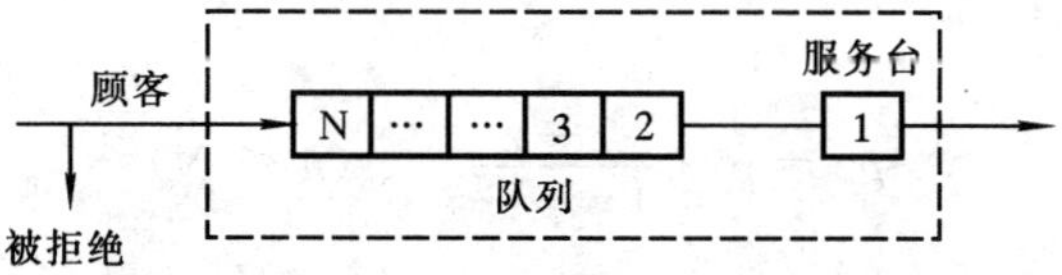

图 6－3　M/M/1/N/∞系统模型

1. 系统稳定概率的计算

该模型的系统状态转移见图 6－4。

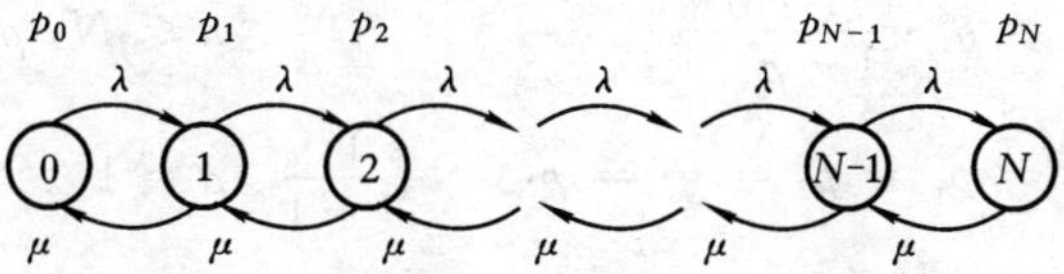

图 6－4　图 M/M/1/N/∞型状态转移图

对于任一状态，转入率等于转出率，根据这一原则可得稳态方程

对于状态 0：　$\rho p_0=\mu p_1$

对于状态 1：　$\lambda p_0+\mu p_2=(\lambda+\mu)p_1$

对于状态 2：　$\lambda p_1+\mu p_3=(\lambda+\mu)p_2$

⋮　　⋮

对于状态 $N-1$：　$\lambda p_{N-2}+\mu p_N=(\lambda+\mu)p_{N-1}\qquad N\geqslant 2$

对于状态 N：　$\lambda p_{N-1}+\mu p_{N+1}=(\lambda+\mu)p_N$

由各平衡方程得

$$p_1=\frac{\lambda}{\mu}p_0=\rho p_0$$

$$p_2=\rho^2 p_0$$

$$\vdots$$

$$p_{N-1}=\rho^{N-1}p_0$$

$$p_N=\rho^N p_0$$

又根据所有状态概率之和为 1，即得

$$p_0+\rho p_0+\rho^2 p_0+\cdots+\rho^{N-1}p_0+\rho^N p_0=1$$

所以

$$p_0=\frac{1}{1+\rho+\rho^2+\cdots+\rho^{N-1}+\rho^N}=\begin{cases}\dfrac{1-\rho}{1-\rho^{N+1}} & \rho\neq 1\\[2ex] \dfrac{1}{N+1} & \rho=1\end{cases}$$

当 $\rho\neq 1$ 时，

$$p_0=\frac{1-\rho}{1-\rho^{N+1}}$$

$$p_1 = \rho \cdot \frac{1-\rho}{1-\rho^{N+1}}$$

$$\vdots$$

$$p_n = \rho^n \cdot \frac{1-\rho}{1-\rho^{N+1}} \quad (n \leqslant N)$$

当 $\rho=1$ 时，

$$p_0 = p_1 = p_2 = \cdots = p_N = \frac{1}{N+1}$$

归纳如下

$$\begin{cases} p_0 = \dfrac{1-\rho}{1-\rho^{N+1}} & \rho \neq 1 \\ p_n = \rho^n \cdot \dfrac{1-\rho}{1-\rho^{N+1}} & n \leqslant N,\ \rho \neq 1 \\ p_0 = p_1 = p_2 = \cdots = p_N = \dfrac{1}{N+1} & \rho = 1 \end{cases} \tag{6-13}$$

这就是本模型的稳态概率。

2. 系统的数量指标

(1)服务台闲的概率和服务台忙的概率

由式(6-13)可以得到服务台闲的概率为 p_0，忙的概率为 $1-p_0$。

(2)系统中顾客数的期望值 L

$$L = \sum_{n=0}^{N} n p_n = \rho p_0 + 2\rho^2 p_0 + \cdots + N\rho^N p_0$$

$$= \frac{\rho}{1-\rho} - \frac{(N+1)\rho^{N+1}}{1-\rho^{N+1}} \quad (\rho \neq 1) \tag{6-14}$$

$$L = \frac{N}{2} \quad (\rho = 1)$$

在式(6-14)中，若 $0 \leqslant \rho < 1$ 且 $N \to \infty$，则 L 值将同 M/M/1/∞/∞模型一样，即

$$\lim_{\substack{N \to \infty \\ 0 \leqslant \rho < 1}} \left[\frac{\rho}{1-\rho} - \frac{(N+1)\rho^{N+1}}{1-\rho^{N+1}} \right] = \frac{\rho}{1-\rho}$$

其余的数量指标可借助式(6-12)的里特公式求得，但应注意里特公式中 λ_e 是有效到达速率。在有顾客数限制的系统中，系统"客满"时，新到达的顾客便不能进入系统排队，只能离去。因此，再计算有效到达率 λ_e 时，离去的这一部分顾客到达速率为 0。

对于本模型，"客满"即顾客数为 N 时，故有效到达率为

$$\lambda_e = \sum_{n=0}^{N} \lambda_n p_n = \lambda \sum_{n=0}^{N-1} p_n + 0 \cdot p_N = \lambda(1-p_N)$$

利用式(6-12)里特公式得

$$W = \frac{L}{\lambda_e} = \frac{L}{\lambda(1-p_N)}$$

$$L_q = L - \frac{\lambda_e}{\mu} = L - \frac{\lambda(1-p_N)}{\mu}$$

$$W_q = W - \frac{1}{\mu} = \frac{L}{\lambda(1-p_N)} - \frac{1}{\mu}$$

综上所述，得 M/M/1/N/∞型的数量指标如下

$$\begin{cases} L = \begin{cases} \dfrac{\rho}{1-\rho} - \dfrac{(N+1)\rho^{N+1}}{1-\rho^{N+1}} & \rho \neq 1 \\ \dfrac{N}{2} & \rho = 1 \end{cases} \\ L_q = L - \dfrac{\lambda(1-p_N)}{\mu} \\ W = \dfrac{L}{\lambda(1-p_N)} \\ W_q = \dfrac{L}{\lambda(1-p_N)} - \dfrac{1}{\mu} \end{cases} \tag{6-15}$$

例 6-3　为开办一个小型汽车加油站，只设一处加油点，需要决定等待汽车使用场地的大小，设需要加油的汽车到达为泊松过程，平均每 4 分钟到达 1 辆，加油时间服从指数分布，平均每 3 分钟完成 1 辆。如果要求因等待场地不足而转向其它加油站的汽车占需加油汽车的比例接近 7%时，应修建几辆汽车使用场地？

解　依题意知 $\lambda=15$，$\mu=20$，$\rho=\dfrac{3}{4}$，并设应修建 N 辆汽车使用场地

由公式知

$$p_0 = \frac{1-\rho}{1-\rho^{N+1}}$$

又因为转向其它加油站的汽车数与到达加油汽车的比例为$\dfrac{\lambda-\lambda_e}{\lambda}$，而 $\lambda_e=\lambda(1-p_N)=\mu(1-p_0)$，所以$\dfrac{\lambda-\lambda_e}{\lambda}=\dfrac{\lambda-\mu(1-p_0)}{\lambda}$。

计算结果如表 6-2 所示，由此可知应修建 5 辆汽车使用场地。

表 6-2　例 6-3 计算结果

N	1	3	5	6
p	0.571	0.366	0.304	0.283
$\dfrac{\lambda-\lambda_e}{\lambda}$	0.428	0.155	0.072	0.051
百分比	42.8%	15.5%	7.2%	5.1%

6.3.3　M/M/1/∞/m 排队模型

M/M/1/N/∞排队系统是系统空间有限而顾客源无限的，但是，有些问题并非是顾客源无限的，典型的例子是机器故障维修问题，由于机器的数量有限，所以顾客源是有限的。

M/M/1/∞/m 排队系统，是顾客的到达时间间隔和服务时间均服从负指数分布，一个服务台，顾客源有限，排队规则为等待制，服务规则为先到先服务。此排队系统的主要特征是顾客总数是有限的，每个顾客来到系统中接受服务后仍回到原来的总体，还有可能再来。该排队系统如图 6-5 所示。

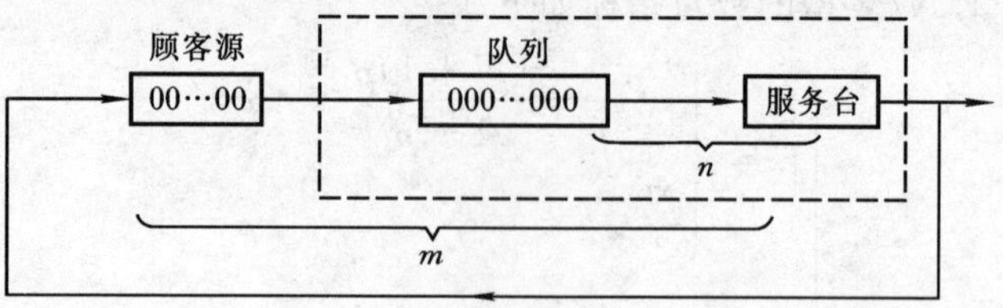

图 6-5　M/M/1/∞/m 排队模型

1. 系统稳态概率的计算

关于顾客的到达率，在无限源的情形中是按全体顾客来考虑的，而在有限源的情况下，必须按每一顾客来考虑。设每个顾客的到达率均为 λ（这里的 λ 含义是单位时间内该顾客来到系统请求服务的次数）。显然，在排队系统外的顾客就是将要到达系统要求服务的顾客。若设排队系统内的顾客为 n，那在系统外的顾客为 $m-n$，进入排队系统的速率为

$$\lambda_n = (m-n)\lambda \quad n < m$$

$$\lambda_n = 0 \quad n \geqslant m$$

其中 λ_n 表示排队系统中有 n 个顾客时，顾客的到达率。

该模型的状态转移图为图 6-6 所示。

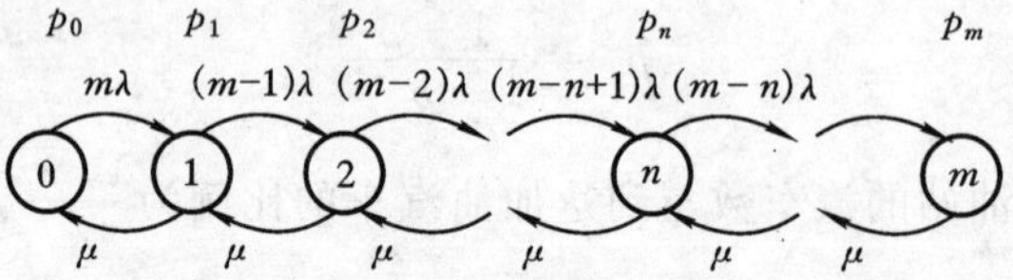

图 6-6　M/M/1/∞/m 型状态转移图

系统处于稳态时，对于任一状态，转入率等于转出率。根据这一原则，可得平衡方程

$$\begin{cases} m\lambda p_0 = \mu p_1 \\ [(m-n)\lambda + \mu]p_n = (m-n+1)\lambda p_{n-1} + \mu p_{n+1} & 1 \leqslant n \leqslant m-1 \\ \lambda p_{m-1} = \mu p_m \end{cases}$$

利用 $\sum\limits_{i=0}^{m} p_i = 1$，解方程组得

$$\begin{cases} p_0 = \dfrac{1}{\sum\limits_{n=0}^{m}\left(\dfrac{\lambda}{\mu}\right)^n \dfrac{m!}{(m-n)!}} \\ p_n = \left(\dfrac{\lambda}{\mu}\right)^n \cdot \dfrac{m!}{(m-n)!} p_0 \quad 0 < n \leqslant m \end{cases} \tag{6-16}$$

这就是稳态下各状态的概率。（这里无 $\dfrac{\lambda}{\mu} < 1$ 的限制）

2. 系统的数量指标

根据里特公式，需要首先求出系统中顾客的有效到达率 λ_e。对于本模型，设顾客总数为 m，为简单起见，设各个顾客的到达概率都是相同的 λ（这里的 λ 的含义是：每台机器单位运转时间内发生故障的概率或平均次数），而系统内的顾客平均数为队长 L，所以系统外的顾客平

均数为 $m-L$，故 $\lambda_e=\lambda(m-L)$，又由于 $\frac{\lambda_e}{\mu}=1-p_0$，所以 $\mu(1-p_0)=\lambda(m-L)$

解之得
$$L=m-\frac{\mu}{\lambda}(1-p_0)$$

那么，其它指标可由里特公式得到，归纳如下

$$\begin{aligned}
L &= m-\frac{\mu}{\lambda}(1-p_0)\\
L_q &= L-(1-p_0)=m-\frac{\lambda+\mu}{\lambda}(1-p_0)\\
W &= \frac{L}{\lambda(m-L)}=\frac{m}{\mu(1-p_0)}-\frac{1}{\lambda}\\
W_q &= W-\frac{1}{\mu}=\frac{L_q}{\lambda_e}=\frac{L_q}{\lambda(m-L)}
\end{aligned} \tag{6-17}$$

说明：(1)在机器故障问题中 L 就是平均故障台数，而 $m-L=\frac{\mu}{\lambda}(1-p_0)$，则就表示正常运转的平均台数。

(2)为什么 $\frac{\lambda_e}{\mu}=1-p_0$？给以简单证明。由里特公式知 $L=L_q+\frac{\lambda_e}{\mu}$，再对于只有一个服务台的模型，排队等待的顾客数总是比系统中的总顾客数少 1。因此，从 L_q 最初定义得

$$L_q=\sum_{n=1}^{N}(n-1)p_n=\sum_{n=1}^{N}np_n-\sum_{n=1}^{N}p_n=L-(1-p_0)$$

故

$$\frac{\lambda_e}{\mu}=1-p_0$$

(3) 这种模型也可以写成 M/M/1/m/m，这与 M/M/1/∞/m 是等价的。

例 6－4　某工厂拥有许多同类型的机器，已知每台机器的正常运转时间服从平均数为 2 小时的指数分布，工厂看管一台机器的时间服从平均数为 12 分钟的指数分布，每个人只能看管自己的机器，工厂要求每台机器的正常运转时间不得少于 87.5%。问在这条件下每个工人最多能看管几台机器？

解　设每个工厂最多能够看管 m 台机器，则就成为 M/M/1/∞/m 排队模型

依题意

$$\lambda=\frac{1}{2},\ \mu=5,\ \frac{\lambda}{\mu}=\frac{1}{10}$$

那么，机器平均故障台数
$$L=m-\frac{\mu}{\lambda}(1-p_0)$$

而

$$p_0=\frac{1}{\sum_{n=0}^{m}\left(\frac{\lambda}{\mu}\right)^2\frac{m!}{(m-n)!}}$$

根据要求出现故障的机器数 $L\leqslant 0.125m$，当 $m=1,2,3,4,5$ 时计算结果如表 6－3 所示，所以一个工人最多只能看管 4 台机器。

表 6-3 例 6-4 计算结果表

m	p_0	L	$0.125m$	$L \leqslant 0.125$
1	$\frac{10}{11}$	0.091	0.125	√
2	$\frac{50}{61}$	0.197	0.250	√
3	$\frac{500}{683}$	0.321	0.375	√
4	$\frac{1\ 250}{1\ 933}$	0.467	0.500	√
5	$\frac{2\ 500}{4\ 433}$	0.640	0.625	×

§6.4 多服务台指数分布排队系统

到目前为止，所讨论的排队系统均属于单服务台排队系统。本节讨论多服务台排队系统的情形。对于多服务台的排队系统，只考虑输入过程服从泊松分布，服务时间服从负指数分布的情形，而且服务台是并列的，队列为单队。

6.4.1 M/M/c/∞/∞排队模型

此模型是顾客按泊松过程到达，服务时间服从负指数分布，c 个服务台，系统容量和顾客源均无限，属于等待制。排队系统如示意图 6-7 所示。

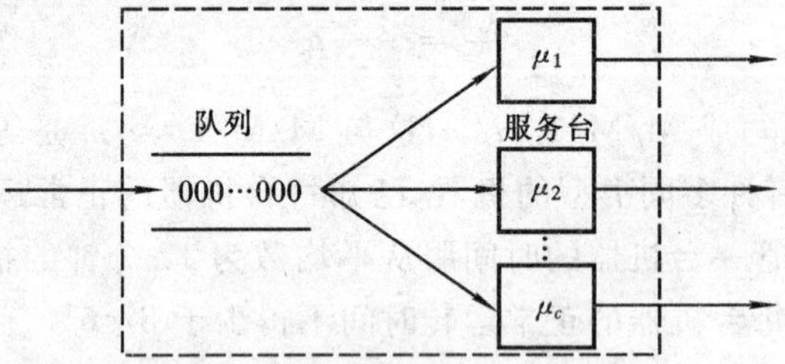

图 6-7 M/M/c/∞/∞排队系统

1. 系统稳态概率的计算

设顾客到达率为 λ，各服务台工作相互独立且服务速率均为 μ，则整个系统的最大服务率为 $c\mu$，令 $\rho=\dfrac{\lambda}{c\mu}$。显然欲使系统能稳定运行，必须有 $\rho<1$。否则，到达率大于最大服务率，由于系统容量和顾客源的无限，到达服务的随机性，将会出现队列排至无限远，无法到达稳定状态。这与单服务台模型 M/M/1/∞/∞的要求是一致的。

分析多服务排队系统，仍从状态转移关系开始。而此模型的特点在于整个系统的服务速率与系统中的顾客数量有关。如果系统中只有 1 个顾客，则系统的服务速率等于 μ，因为其它服务台处于空闲状态；如果系统中有两个顾客，则系统的服务速率等于 2μ。依此类推，如果系统中的顾客达到 c 个，则系统的最大服务速率为 $c\mu$，所有的服务台均投入服务，而系统的顾客数超过 c 个时，多余的顾客只能进入排队系统等待服务，系统的服务速率为 $c\mu$。

依上述分析，此模型的状态转移图如图 6-8 所示。

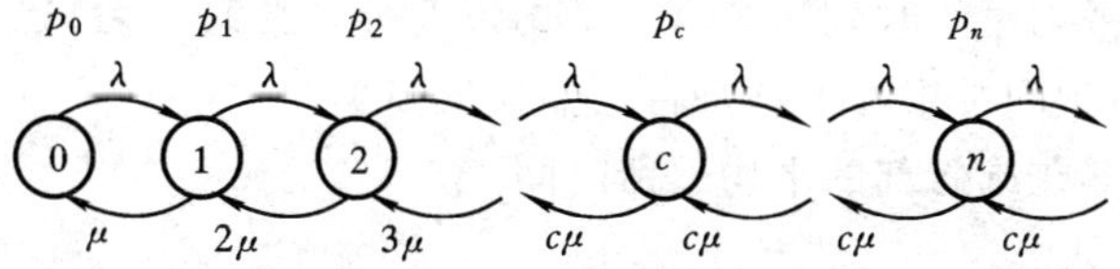

图 6-8　M/M/c/∞/∞型状态转移图

根据状态转移图，可写出如下平衡方程

$$\begin{cases}\mu p_1=\lambda p_0\\(n+1)\mu p_{n+1}+\lambda p_{n-1}=(\lambda+n\mu)p_n \quad (1\leqslant n\leqslant c)\\c\mu p_{n+1}+\lambda p_{n-1}=(\lambda+c\mu)p_n \qquad (n>c)\end{cases}$$

$$\text{又}\qquad \sum_{i=0}^{\infty}p_i=1 \qquad \text{且}\qquad \rho=\frac{\lambda}{c\mu}<1$$

联立求解得

$$p_0=\left[\sum_{n=0}^{c-1}\frac{1}{n!}\left(\frac{\lambda}{\mu}\right)^n+\frac{1}{c!}\left(\frac{\lambda}{\mu}\right)^c\left(\frac{1}{1-\rho}\right)\right]^{-1}$$

$$p_n=\begin{cases}\dfrac{1}{n!}\left(\dfrac{\lambda}{\mu}\right)^n p_0 & 1\leqslant n\leqslant c\\ \dfrac{1}{c!c^{n-c}}\left(\dfrac{\lambda}{\mu}\right)^n p_0 & n>c\end{cases} \tag{6-18}$$

2. 系统的数量指标

由于 $L=L_q+\frac{\lambda_e}{\mu}$，对于系统容量和顾客源均无限的情况，$\lambda_e=\lambda$，则 $L=L_q+\frac{\lambda}{\mu}$，而对排队等待服务的 L_q，当系统有 $n+c$ 个顾客时，必有 n 个顾客在排队，故

$$\begin{aligned}L_q&=\sum_{n=0}^{\infty}n\cdot p_{n+c}=\sum_{n=0}^{\infty}n\cdot p_0\frac{\lambda^{n+c}}{\mu^{n+c}c!c^n}=\frac{\lambda^c}{\mu^c c!}p_0\sum_{n=0}^{\infty}n\cdot\frac{\lambda^n}{\mu^n c^n}\\&=\frac{\lambda^c}{\mu^c c!}p_0\sum_{n=0}^{\infty}n\cdot\rho^n=\frac{\lambda^c}{\mu^c c!}p_0\rho\sum_{n=0}^{\infty}\frac{\mathrm{d}\rho^n}{\mathrm{d}\rho}=\frac{\lambda^c}{\mu^c c!}p_0\rho\frac{\mathrm{d}}{\mathrm{d}\rho}\left(\frac{1}{1-\rho}\right)\\&=\frac{\lambda^c p_0\rho}{\mu^c c!(1-\rho)^2}\end{aligned}$$

那么

$$L=L_q+\frac{\lambda}{\mu},\ W_q=\frac{L_q}{\lambda},\ W=\frac{L}{\lambda}$$

归纳如下

$$\begin{cases}L=L_q+\dfrac{\lambda}{\mu}\\L_q=\dfrac{\lambda^c p_0\rho}{\mu^c c!(1-\rho)^2}\\W=\dfrac{L}{\lambda}\\W_q=\dfrac{L_q}{\lambda}\end{cases} \tag{6-19}$$

例 6－5 某维修部有两个维修工人，需要修理的电器到达服从泊松分布，维修电器时间服从指数分布。电器平均每小时到达 20 台，平均每 5 分钟修理 1 台，已知每台电器停工一分钟的平均损失费 2 元，试问维修部平均每台电器损失多少？

解 先求一台电器在维修部的平均逗留时间

依题意知

$$\lambda=\frac{1}{3},\ \mu=\frac{1}{5},\ \rho=\frac{5}{6}<1$$

$$p_0=\left[1+\frac{5}{3}+\frac{1}{2}\times\left(\frac{5}{3}\right)^2\times 6\right]^{-1}=\frac{1}{11}$$

$$W=\frac{L}{\lambda}=\frac{L_q+\dfrac{\lambda}{\mu}}{\lambda}$$

$$L_q=\frac{\lambda^c\rho p_0}{\mu^c c!(1-\rho)^2}$$

代入数据得 $W=16.34$ 分钟。所以电器站平均每台电器损失 $16.34\times 2=32.68$ 元。

6.4.2 单队多服务台和多个单队单服务台系统的比较

例 6－6 某纺织厂的织布机车间有两个布机维修组，它们分别负责各自承包的那部分布机的维修。若每一部分布机平均每天有 4 台布机需要维修，而每组平均每一天可维修 5 台布机。那么，是两组分别负责各自承包的那部分布机的维修效率高呢，还是两组合在一起共同负责这一车间的布机的维修效率高呢？也就是说，应建立一个单队多服务台系统，还是建立两个单服务台系统？（见图 6－9）。

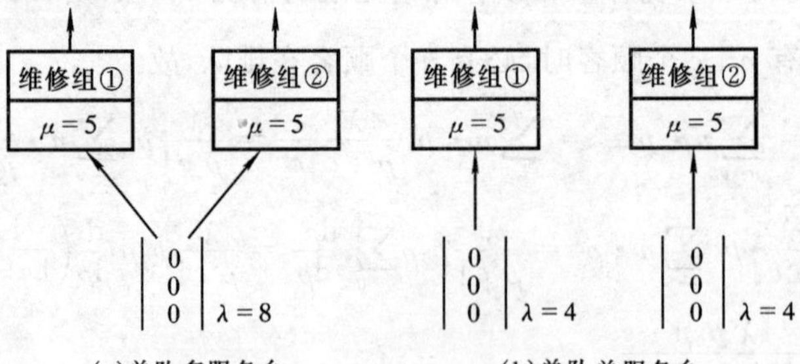

(a)单队多服务台 (b)单队单服务台

图 6－9

解 对于两个单队系统

$$\rho=\frac{\lambda}{\mu}=0.8$$

等待时间

$$W_q=\frac{\lambda}{\mu(\mu-\lambda)}=0.8\ (\text{天})$$

对于单队多服务台系统

$$\rho=\frac{\lambda}{c\mu}=0.8<1$$

$$P_0=\left[1+\frac{8}{5}-\frac{1}{2}\left[\left(\frac{8}{5}\right)^2\cdot\frac{1}{1-0.8}\right]\right]^{-1}=0.11$$

$$W_q=\frac{\lambda^{c-1}\rho p_0}{\mu^c c!(1-\rho)^2}=0.35(天)$$

显然单队多服务台系统比多个单队单服务台系统的工作效率大为提高，由于单队多服务台系统的等待时间小于多个单队单服务台系统的等待时间。

6.4.3　M/M/c/N/∞排队模型和 M/M/c/∞/m 排队模型

对于 M/M/c/N/∞排队模型和 M/M/c/∞/m 排队模型的详细求解不再介绍，将计算结果归纳于表 6-4。

表 6-4　M/M/c/N/∞和 M/M/c/∞/m 排队模型的求解结果

系统模型	M/M/c/N/∞	M/M/c/∞/m
p_0	$\left[\sum_{n=0}^{c}\frac{(c\rho)^n}{n!}+\frac{c^c\rho(\rho^c-\rho^N)}{c!(1-\rho)}\right]^{-1}$	$\left[\sum_{n=0}^{c}\frac{m!}{(m-n)!n!}\left(\frac{\lambda}{\mu}\right)^n+\sum_{n=c+1}^{m}\frac{m!}{(m-n)!c!c^{n-c}}\left(\frac{\lambda}{\mu}\right)^n\right]$
p_n	$\begin{cases}\frac{\lambda^n}{\mu^n n!}p_0 & 1\leqslant n\leqslant c\\ \frac{\lambda^n}{\mu^n c!c^{n-c}}p_0 & c\leqslant n\leqslant N\end{cases}$	$\begin{cases}\frac{m!}{(m-n)!n!}\left(\frac{\lambda}{\mu}\right)^n p_0 & 1\leqslant n\leqslant c\\ \frac{m!}{(m-n)!c!c^{n-c}}\left(\frac{\lambda}{\mu}\right)^n p_0 & c\leqslant n\leqslant m\end{cases}$
L	$L_q+\frac{\lambda_e}{\mu}=L_q+c\rho(1-p_N)$	$\sum_{n=0}^{m}np_n$
L_q	$\frac{p_0\rho(c\rho)^c}{c!(1-\rho)^2}[1-\rho^{N-c}-(N-c)\rho^{N-c}(1-\rho)]$	$L-\frac{\lambda_e}{\mu}$
W	$\frac{L_q}{\lambda_e}+\frac{1}{u}$	$\frac{L_q}{\lambda_e}+\frac{1}{u}$
W_q	$\frac{L_q}{\lambda_e}=\frac{L_q}{\lambda(1-p_N)}$	$\frac{L_q}{\lambda_e}$
备注	$\rho=\frac{\lambda}{c\mu}\neq 1$ $\lambda_e=\lambda(1-p_N)$	$\lambda_e=\lambda(m-L)$

说明：(1)对于 M/M/c/N/∞系统模型，上表列出了 $\rho\neq 1$ 的计算结果，其实对此模型，对 ρ 已不加限制。至于 $\rho=1$ 时的结果请读者自行给出。

(2)上表中 p_0，p_n 计算公式过于复杂，有专书(见参考文献 10,11)列成表格可供使用。

§6.5 排队系统的优化

前面已经讨论了若干排队模型,得到了系统的数量指标 L,L_q,W 和 W_q 等有价值的信息,并利用这些信息进行系统决策。我们知道在排队系统中,顾客的到达情况无法控制,但服务机构是可以调整的,例如:服务速率,服务台的个数。问题是如何确定这些指标,使系统在经济上获得最佳效益呢?

一般情况下,提高服务水平(数量、质量)自然会降低顾客的等待费用(损失),但却常常增加了服务机构成本。因此,系统优化的目标是使两者的费用之和为最小,并确定达到最优值的服务水平。如图 6-10 所示,最优服务水平主要反映在服务速率和服务台的个数上,因此研究排队系统的优化问题,重在研究服务速率和服务台的个数。

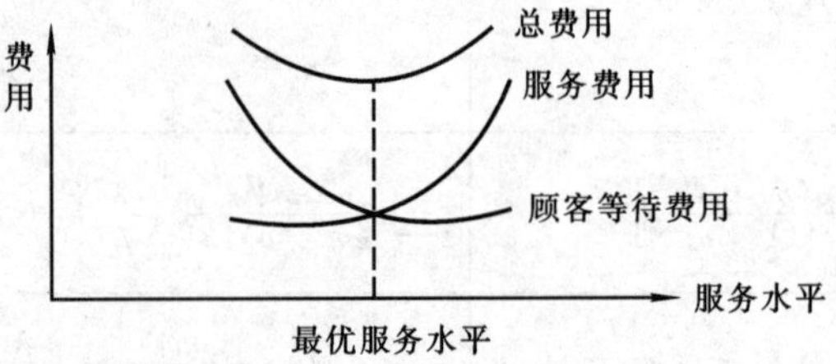

图 6-10 服务水平关系图

首先,各种费用在稳态情况下,都是按单位时间考虑。一般情况下,服务费用是可以确切计算或估计的,而顾客的等待费用就有许多不同的情况,像机械故障问题中等待费用(由于机器停机而使生产遭受损失)是可以估计的,但像病人就诊的等待费用或由于队长而失掉潜在顾客所造成的营业损失,就只能根据统计的经验资料来估计。

其次,费用函数的期望值取最小的问题属于非线性规划问题,这类规划可以是有约束的也可以是无约束的。常用的求解方法,对于离散型变量常用边际分析法或数值法;对于连续型变量常用经典的微分法;对于复杂问题也可以用动态规划方法或非线性方法以及模拟方法。

6.5.1 M/M/1 的最优服务率 μ

假设所讨论的 μ 值与费用成线性关系。

c_s—表示每增大 1 单位的 μ 所需的单位时间服务费用,即增加 μ 值的边际费用;

c_w—每个顾客在系统中停留单位时间的费用。对于 c_w,可以理解成顾客的平均工资,或顾客在排队系统停留时间为变量的机会损失费用。这时,总费用为

$$C(\mu) = c_s\mu - c_w L$$

将 $L=\dfrac{\lambda}{\mu-\lambda}$ 代入上式,得

$$C(\mu) = c_s\mu + c_w \frac{\lambda}{\mu-\lambda}$$

因为 c 是 μ 的连续函数,故用经典微分法可求出费用的极小值点

$$\frac{\mathrm{d}C(\mu)}{\mathrm{d}\mu} = c_s - \frac{c_w\lambda}{(\mu-\lambda)^2} = 0$$

则

$$(\mu-\lambda)^2 = \frac{c_w}{c_s}\lambda$$

或

$$\mu-\lambda = \sqrt{\frac{c_w}{c_s}\lambda} \qquad （由于 \mu > \lambda，保证 \rho < 1，故取正值）$$

即

$$\mu = \lambda + \sqrt{\frac{c_w}{c_s}\lambda} \tag{6-20}$$

又因为

$$\left.\frac{\mathrm{d}^2 C(\mu)}{\mathrm{d}\mu^2}\right|_{\mu} = 2c_w\lambda\left(\frac{c_w\lambda}{c_s}\right)^{\frac{3}{2}} > 0$$

故

$$\mu^* = \lambda + \sqrt{\frac{c_w}{c_s}\lambda} \text{ 为极小值点}$$

例 6-7　兴建一座港口码头，只有一个装卸船只的装置。要求设计装卸能力，装卸能力用每日装卸的船数表示。已知单位装卸能力每日平均耗费生产费用 $a=2$ 千元，船只到港后如不能及时装卸，停留一日损失运输费 $b=1.5$ 千元，预计船的平均到达率是 $\lambda=3$ 艘/日。该船只到达时间间隔和装卸时间均服从负指数分布，问港口装卸能力多大时，每天的总支出最少？

解　依题意知

$$C(\mu) = a\mu + bL$$

即

$$C(\mu) = a\mu + b\frac{\lambda}{\mu-\lambda}$$

由式(6-20)得

$$\mu^* = \lambda + \sqrt{\frac{b}{a}\lambda} = 3 + \sqrt{\frac{1.5}{2}\times 3} = 4.5\ (\text{艘}/\text{天})$$

则最优装卸能力为每日装 5 艘。

6.5.2　$M/M/1/N/\infty$ 模型中最优的 μ

$M/M/1/N/\infty$ 模型的总费用包括三部分：服务费、顾客停留费和顾客到达却转而离去造成的损失费。设每服务一人能带来 G 元的利润。当系统客满时，顾客转而离去，平均利润损失为 $G\lambda p_N$。其中 λ 为到达率，p_N 为顾客被拒绝的概率。

由于此模型系统的顾客一般为外部顾客，其单位时间等待费用不易获得，故忽略。那么，总费用为

$$C(\mu) = c_s\mu + G\lambda p_N = c_s\mu + G\lambda\frac{\lambda^N\mu - \lambda^{N+1}}{\mu^{N+1} - \lambda^{N+1}}$$

求$\frac{dC(\mu)}{d\mu}$,并令$\frac{dC(\mu)}{d\mu}=0$,得

$$\frac{\rho^{N+1}[(N+1)\rho-N-\rho^{N+1}]}{(1-\rho^{N+1})^2}=\frac{c_s}{G} \qquad \left(\rho=\frac{\lambda}{\mu}\right)$$

此式是一个关于 μ 的高次方程,要解出 μ^* 是比较困难的,所以通常用数值计算来求得 μ^*,或用图形法近似求出 μ^*。

6.5.3 M/M/1/∞/m 模型中最优的 μ

此模型一般用于机器维修上,所以以机器维修为例。其总费用由两部分组成:服务费用和机器维修等待时间的损失费用,而单位时间停留费用 c_w 是以每台机器运转时单位时间的利润表示,总费用

$$C(\mu)=c_s\mu+c_wL$$

这里直接给出$\frac{dC(\mu)}{d\mu}=0$,所得到的结果是

$$\frac{\frac{m}{\rho}\left[E_{m-1}^2\left(\frac{m}{\rho}\right)+E_m\left(\frac{m}{\rho}\right)E_{m-2}\left(\frac{m}{\rho}\right)\right]-E_{m-1}\left(\frac{m}{\rho}\right)E_m\left(\frac{m}{\rho}\right)}{E_m^2\left(\frac{m}{\rho}\right)}=\frac{c_s\lambda}{c_w}$$

(其中,$E_m(x)=\sum_{k=0}^{m}\frac{x^k}{k!}e^{-x}$)

由上式解出 μ^* 很困难,通常利用泊松分布表通过数值计算求得或用图形法近似求出 μ^*。

6.5.4 M/M/c/∞/∞模型中最优的服务台 c

在多服务台模型中,服务台数目一般是一个可控因素,增加服务台去提高服务水平,但也会增加与它联系的费用。假定这个费用是线性的,即与服务台数目成正比,令 b_c 表示每个服务台单位时间的费用,则总费用函数为

$$Z(c)=b_c\cdot c+c_wL$$

其中,必须有$\frac{\lambda}{c\mu}<1$,即 $c>\frac{\lambda}{\mu}$,又因 b_c 和 c_w 都是给定的。唯一可变的是服务台数,所以总费用是 c 的函数。现在的问题是求最优解 c^*,使得 $Z(c^*)$最小,又因为 c 只能取整数值,$Z(c)$不是连续函数,故不能用经典微分法,而采用边际分析(*marginal analysis*)法求得。

根据 $Z(c^*)$是最小的特点有

$$\begin{cases}Z(c^*)\leqslant Z(c^*-1)\\ Z(c^*)\leqslant Z(c^*+1)\end{cases}$$

即

$$\begin{cases}b_cc^*+c_wL(c^*)\leqslant b_c(c^*-1)+c_wL(c^*-1)\\ b_cc^*+c_wL(c^*)\leqslant b_c(c^*+1)+c_wL(c^*+1)\end{cases}$$

化简后得

$$L(c^*)-L(c^*+1)\leqslant\frac{b_c}{c_w}\leqslant L(c^*-1)-L(c^*)$$

依次求 $c=1,2,3,\cdots$时 L 的值，并作两相邻的 L 值之差，因为$\frac{b_c}{c_w}$为已知数，根据这个数落在哪个不等式的区间里就可定出 c^*。

例 6-8　假定在 $M/M/c/\infty/\infty/G$ 系统中，$\lambda=10$，$\mu=3$，成本是 $b_c=5$，$c_w=25$，求使得总费用最小所必须使用的服务台个数。

解　在 $M/M/c/\infty/\infty/G$ 模型中，因为 $\lambda=10$，$\mu=3$，$\rho=\frac{10}{3c}$

要使 $\rho<1$，必须有 $c>3$

$$p_0=\left[\sum_{n=0}^{c-1}\frac{1}{n!}\left(\frac{\lambda}{\mu}\right)^n+\frac{1}{c!}\left(\frac{\lambda}{\mu}\right)^c\left(\frac{1}{1-\rho}\right)\right]^{-1}$$

$$=\left[\sum_{n=0}^{c-1}\frac{10^n}{3^n\cdot n!}+\frac{1}{c!}\left(\frac{10}{3}\right)^c\left(\frac{1}{1-\rho}\right)\right]^{-1}$$

又

$$L(c)=L_q(c)+\frac{\lambda}{\mu}=\frac{\lambda^c\rho p_0}{\mu^c c!(1-\rho)^2}+\frac{\lambda}{\mu}=\frac{10^c\rho p_0}{3^c c!(1-\rho)^2}+\frac{10}{3}$$

对于不同的 c 值计算 $L(c)$，结果如下表

表 6-5

c	$L(c)$	$L(c)-L(c+1)$	$L(c-1)-L(c)$
4	6.62	2.64	—
5	3.98	0.46	2.64
6	3.52	0.13	0.46
7	3.39	—	0.13

又因为$\frac{b_c}{c_w}=0.2$，故由

$$L(c^*)-L(c^*+1)<\frac{b_c}{c_w}<L(c^*-1)-L(c^*)$$

及上面的计算结果知

$0.13<0.2<0.46$，而$\frac{b_c}{c_w}=0.2$，落在区间$(0.13, 0.46)$内，故 $c^*=6$，即使用 6 个服务台最好。

§6.6　应用举例

6.6.1　企业对外服务的窗口——客户服务中心

1. 什么是客户服务中心

当你要查询某个电话号码时，就会拨打“114”，114 是电话局为用户服务的一个专用台。当你的呼叫接通后，114 台值班人员即询问你的要求，并请你稍候。然后，他们或接通数据库，或用其它手段，查到你要求查询的号码时，即作回答。114 台就是一个客户服务中心(call center)。实际上,一个值班人员,一台电话即可构成最简单的客户服务中心。客户服务中心是企业(或行业)对外服务的窗口。它是接触客户的重要前沿,是企业形象的重要组成部分。快捷良好的服务不仅利于留住客户,而且往往是竞争的一个重要手段,有利于扩展新的用户。作为一个间接的功能,客户服务中心应当向企业的领导层汇集各种有用的信息,以改善管理及辅助决策。

由于客户服务中心的重要地位,各企业、公司均非常重视它的建设。近几年中,其发展势头相当强劲。发达国家已相当普遍,在我国也在迅速跟进。当然,这里所指已非"1个人+1部电话",甚至大大超出了"114"模式,而是一个"专业人员——专用计算机——专用通讯"系统。

2. 客户服务中心——CTI系统的结构与功能

基于信息技术的"计算机——电话集成"系统(CTI)是当前一个时期中客户服务中心的主要形式。在西方国家已相当普遍,在我国则方兴未艾。由于它的重要作用,以及昂贵的投资与运营费,都会自然地向系统的制作厂家及决策兴建的用户提出一个问题:如何合理地配置系统的主要参数,以达到服务效益、经济效益综合优化要求。要争取实现这个要求,首先要对CTI系统的结构、工作过程、功能实现有一个基本的了解。在此基础上,分析其实质内涵。我们将会看到:它的过程本质具有随机服务系统的特征,而且与常规的电话呼叫、计算机处理系统的排队特征不同,这是一个排队网系统。

1)客户服务中心的系统结构

我们来描述"计算机——电话集成"系统(CTI)的结构,见图6-11。

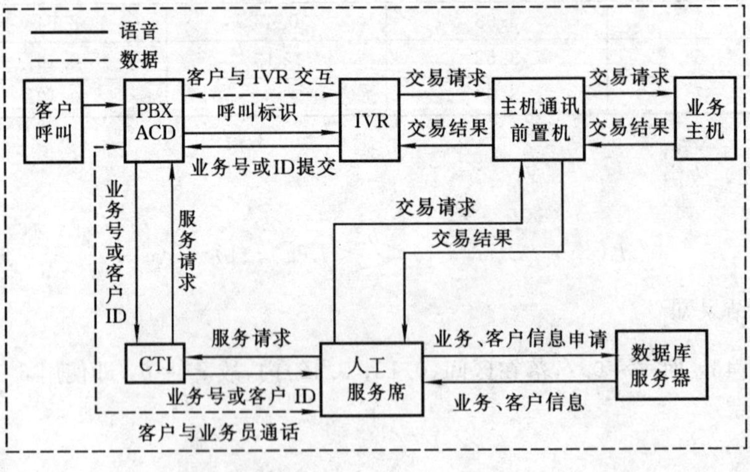

图6-11

其中,PBX(private branch exchange)表示专用交换机。它是可编程、可调整、可升级的数字用户交换系统。ACD(automation call distribution)表示自动呼叫分配系统。它是PBX中的一种软件驱动系统,用来控制来话接收、排队、并分配给业务人员,提供有关的管理报告作为服务支持。IVR(Interactive Voice Response)表示交互式语言应答系统。客户拨入后,它能进行自动语音应答,采集客户个人信息,并具传真功能。CTI(computer telephony integration)表示计算机语音集成服务器。它实现业务人员的语言与数据的同步。

2)客户服务中心的主要功能

具有“计算机——电话集成”系统(CTI)结构的客户服务中心具有如下主要功能：

(1) 自动语音(传真)服务

当用户拨入 PBX 并转入到 IVR 系统后，依据语音提示输入相应键值，由 IVR 将键值转换为相应的数字信息，经通讯前置机向业务主机发出交易请求，做完交易后将结果再经通讯前置机传回 IVR 系统，通过数据转换后播放(或传真)给用户。利用客户服务中心的这一功能可以实现各类业务查询、公告信息查询、外汇买卖、代售代付等委托服务，还可以完成资金划拨等内部转帐功能。对于一些固定的、有规律的询问和查询，在语音自动应答系统不能获得满意的结果或想要直接与业务代表通话时，才会转到人工服务席。这将大幅度提高业务代表的工作效率和系统的来话处理量。

(2)人工服务

用户拨入 IVR 系统，依据语音提示按键，由 IVR 转换后向 PBX 的 ACD 申请人工服务并提交业务号和用户 ID 等信息，ACD 找出最适合于本次服务的人工服务作序号，通知 PBX 将用户来话与相应座席电话连通，同时将相应的业务号和用户 ID 等信息传给 CTI，CTI 再将业务号和用户 ID 等信息显示在座席终端的屏幕上，这就可以开始人工服务了。如果因线路忙而未能转到合适的人工座席，那么 ACD 将此呼叫放入等待队列，并提示用户可以留言、听音乐等待或退出。

(3)外拨服务

当人工服务座席有空闲时，ACD 可以自动拨出电话，并且监控拨号及接听的过程。确认是真人接听不是录音电话或传真机时，再转给相应的业务代表。

3. 客户服务中心的揭秘——排队论的内涵

在日趋激烈的竞争中，客户的满意度和保持率已变得越来越重要，客户服务中心如今成为我国各行业关注的一个热点。现在，IBM 公司、LUCENT 公司、HP 公司、UNISYS 公司以及周围众多的系统集成商都推出了各种各样的客户服务中心。一个先进的客户服务中心系统是非常昂贵的。一个公司如何依据本公司的规模与未来的发展趋势，正确地设计和选择适合于本公司的客户服务系统，以尽可能少的投资，得到最好的效益，是每一个公司最关心的问题。另一方面，在系统投入运营后，如何有效地管理客户服务中心，使其发挥最大的效率，也是客户服务中心管理人员非常关心的问题。以上问题的解决，都离不开对客户服务中心的排队分析。

客户打来电话，首先进入交换机，然后可以选择语音自动应答系统或选择人工服务。并且，在选择语音自动应答系统服务时，可以随时请求人工服务。一个拨入客户服务中心的客户希望不会遇到忙音、不会等得太久，但是由于系统容量的有限性，不能完全避免忙音和等待。客户的呼叫以某种随机过程到大客户服务中心，以某种概率进入自动应答系统或选择人工服务。进入自动应答系统的客户又以某种概率转人人工服务。然后再回到自动应答系统。

用排队模型来描述，见图 6－12。

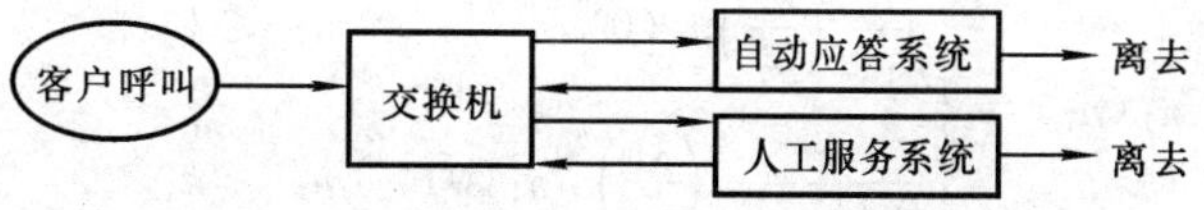

图 6－12 客户服务中心系统的排队模型

设$A_1(t)$为客户在时间$[0,t]$内从外部拨入客户服务中心的次数，则$A_1(t)$为非确定性函数，即随机函数，因而$\{A_1(t)\}$ $(t>0)$为一个随机过程，即排队系统的到达过程。根据随机过程理论，一般来说，$\{A_1(t)\}$ $(t>0)$为一个泊松(poisson)过程，设其参数为λ。假设一个呼叫进入客户服务中心的交换机后，以概率p_1进入语音自动应答系统，以概率p_2进入人工服务，那么$p_1+p_2=1$，而且呼叫从系统外部进入语音自动应答系统的到达过程为以$p_1\lambda$为参数的泊松过程，进入人工服务的到达过程为以$p_2\lambda$为参数的泊松过程。

设k为同时进入客户服务中心的最大呼叫数，其中最多k_1个呼叫可进入语音自动应答系统，最多k_2个呼叫可进入人工服务系统。因而，最多$k-k_1-k_2$个呼叫可以在交换机内排队等待。语音自动应答系统对每个呼叫的平均服务率为μ，人工服务中每个业务代表的平均服务率为μ_2。设进入语音自动应答系统的呼叫以概率r_{12}转入人工服务系统，而人工服务系统以概率r_{21}回到语音自动应答系统。

在一般情况下，可以看成是有限等待场所的$G/G/1/k_1$排队系统。这时，在平稳状态下，满足里特公式

$$\begin{aligned} L_q &= \lambda_1 w_q \\ L &= \lambda_1 w \end{aligned} \tag{6-21}$$

其中，λ_1为实际进入语音自动应答系统的呼叫平均到达率，L_q与L分别为语音自动应答系统的平均排队与平均队长，w_q与w分别为一个呼叫在语音自动应答系统的平均等待时间和逗留时间。同理，人工服务系统也可以看成为有限等待场所的$G/G/1/k_2$排队系统。有与上面完全相似的结果，这里不再赘述。

根据客户服务中心的数字化管理的标准，要求呼叫因线路繁忙而被拒绝的概率小于0.03。因此，为了求解方便，我们假设呼叫被拒绝的概率为零，即客户拨入客户服务中心不会听到忙音。进一步，假设语音自动应答系统和人工服务系统的服务时间都服从负指数分布。那么，语音自动应答系统和人工服务系统构成一个客户服务中心，其话务方程为

$$\begin{aligned} \lambda_1 &= p_1\lambda + r_{21}\lambda_2 \\ \lambda_2 &= p_2\lambda + r_{12}\lambda_1 \end{aligned} \tag{6-22}$$

设$n=(n_1,n_2)$，其中n_1为平稳状态下语音自动应答系统中的呼叫数，n_2为平稳状态下人工服务系统中的呼叫数。假设此网络的话务方程有唯一解，令

$$\rho_i = \frac{\lambda_i}{k_i h_i}, \quad i=1,2$$

则 Jackson 网络当$\rho_i<1$, $i=1,2$时，有平稳状态分布

$$\pi(n) = \pi_1(n_1)\pi_2(n_2) \tag{6-23}$$

其中

$$\pi_1(n_1) = \begin{cases} \dfrac{1}{n_1!}\left(\dfrac{\lambda_1}{\mu_1}\right)\pi_1(0), & n_1 < k_1 \\ \dfrac{1}{k_1!\,k_1^{n_1-k_1}}\left(\dfrac{\lambda_1}{\mu_1}\right)^{n_1}\pi_1(0), & n_1 \geqslant k_1 \end{cases} \tag{6-24}$$

$$\pi_1(0) = \left[\sum_{n=0}^{k_1-1}\frac{1}{n!}\left(\frac{\lambda_1}{\mu_1}\right) + \frac{1}{k_1}\left(\frac{\lambda_1}{\mu_1}\right)^{k_1}(1-\rho_1)^{-1}\right]^{-1} \tag{6-25}$$

$$\pi_2(n_2)=\begin{cases}\dfrac{1}{n_2\,!}\left(\dfrac{\lambda_2}{\mu_2}\right)\pi_2(0), & n_2<k_2 \\ \dfrac{1}{k_2\,!k_2^{n_2-k_2}}\left(\dfrac{\lambda_2}{\mu_2}\right)^{n_2}\pi_2(0), & n_2\geqslant k_2\end{cases} \tag{6-26}$$

$$\pi_2(0)=\left[\sum_{n=0}^{k_2-1}\frac{1}{n!}\left(\frac{\lambda_2}{\mu_2}\right)+\frac{1}{k_2}\left(\frac{\lambda_2}{\mu_2}\right)^{k_2}(1-\rho_2)^{-1}\right]^{-1} \tag{6-27}$$

因此，我们可以得到客户服务中心的一些重要性能指标：

(1) 客户服务中心有 k 个呼叫的概率

$$P\{n_1+n_2=k\}=\sum_{i=1}^{k}\pi_1(i)\pi_2(k-i)$$

(2)语音自动应答系统的平均排队长与队长分别为

$$L'_q=\frac{(k_1\rho_1)^{k_1}\rho_1}{k_1\,!(1-\rho_1)^2}\pi_1(0) \tag{6-28}$$

$$L'=L'_q+k_1\rho_1 \tag{6-29}$$

(3)语音自动应答系统的平均等待时间与平均逗留时间分别为

$$w'_q=\frac{L'_q}{\lambda_1} \tag{6-30}$$

$$w'=w'_q+\frac{1}{\mu_1} \tag{6-31}$$

(4)人工服务系统的平均排队长与队长分别为

$$L''_q=\frac{(k_2\rho_2)^{k_2}\rho_2}{k_2\,!(1-\rho_2)^2}\pi_2(0) \tag{6-32}$$

$$L''=L''_q+k_2\rho_2 \tag{6-33}$$

(5)人工服务系统的平均等待时间与平均逗留时间分别为

$$w''_q=\frac{L''_q}{\lambda_2} \tag{6-34}$$

$$w''=w''_q+\frac{1}{\mu_2} \tag{6-35}$$

在以上客户服务中心的各性能指标计算公式中，k,k_1,k_2,p_1,p_2,μ_1 及 μ_2 都可以是可控参数。例如，在选择购置客户服务中心系统时，k,k_1 和 k_2 为可控参数，可以根据本企业的规模和潜在顾客群的大小来选择适合本企业的 k,k_1 和 k_2 的值。因为系统容量越大，投资就越大，所以可以根据上面各性能指标的计算公式，求出恰当的 k,k_1 和 k_2 的值，以得到最佳的投资效益。再如，当你已经有正在运营的客户服务中心时，k 与 k_1 为固定的常数，而 k_2,p_1,p_2,μ_2 为可变参数。计算其各性能指标后，如果发现 k_2 太大，即人工服务席空闲时间太长，那么一方面可以减少工人服务席的个数，另一个方面充分利用空闲时间，按休假排队策略，进行外拨，以提高系统的运营效率；如果发现 k_2 太小，即呼叫在人工服务系统里等待时间太长，那么，一方面可以由系统提示客户转到语音自动应答系统或留言，另一方面应加强人工服务席业务代表的培训，提高他们的服务速率，以缓解或解决此问题。

例 6－9　某计算中心的信息交换站接收到的信息流为泊松流，每秒钟到达 15 份信息，信息到达交换站时服从负指数分布，平均每秒钟处理信息 20 份，但每次只处理一份信息，试求：

若缓冲器的缓冲空间仅可存储 4 份信息，则平稳时的概率分布、信息损失概率及相应的排队参数如何？

解 由题意，系统总容量 $k=4+1=5$，$\rho=15/20=3/4$，有效到达速率 λ 为

$$\lambda_e=\lambda(1-p_k)=15\left[1-\frac{(1-\rho)\rho^k}{1-\rho^{k+1}}\right]$$
$$=15\times\left(1-\frac{0.25\times0.75^5}{1-0.75^6}\right)=13.917\ (份/s)$$

单位时间损失的信息为

$$\lambda_L=\lambda p_k=\lambda-\lambda_e=1.083\ (份/s)$$

平稳分布为

$$p_0=\frac{1-\rho}{1-\rho^{k+1}}=\frac{0.25}{1-0.75^6}=0.304$$
$$p_1=p_0\rho=0.304\times0.75=0.228$$
$$\vdots$$
$$p_5=p_k=\frac{\lambda_L}{\lambda}=0.072$$

p_5 即为信息损失概率。

平稳时在信息交换站的平均信息份数

$$L=\frac{\rho}{1-\rho}-\frac{(k+1)\rho^{k+1}}{1-\rho^{k+1}}=0.75/0.25-\frac{6\times0.75^6}{1-0.75^6}=1.70\ (份)$$

在缓冲器中等候处理的平均信息份数

$$L_q=\frac{\rho^2}{1-\rho}-\frac{(k+\rho)\rho^{k+1}}{1-\rho^{k+1}}=\frac{0.75^2}{0.25}-\frac{6.75\times0.75^6}{1-0.75^6}=1.00\ (份)$$

每份信息在交换站平均逗留时间和平均等候处理的时间分别是

$$W=\frac{L}{\lambda_e}=\frac{1.70}{13.917}=0.122\ \text{s}$$

$$W_q=\frac{L_q}{\lambda_e}=\frac{1}{13.917}=0.072\ \text{s}$$

由以上结论知，尽管 $\mu>\lambda$，但由于到达及服务的随机性，信息等候处理的平均时间竟比被处理的平均时间(0.05 s/份)还要多 40%以上。且由于存储器有限，大约要损失 7%左右的信息。

6.6.2 医院的排队模型

例 6-10 在某健康检测中心来查体的人平均到达率为 $\lambda=48$ 人次/天，每次来检查由于请假等原因带来的损失为 6 元，检查时间服从负指数分布，平均服务率 μ 为 25 人次/天，每安排一位医生的服务成本为每天 4 元，问应安排几位医生(设备)才能使总费用最小？

解 由题意知 $\lambda=48$，$\mu=25$，$b_c=4$，$c_w=6$，首先，须满足 $\rho=\dfrac{\lambda}{c\mu}<1$，即 $\dfrac{48}{25c}<1$，解得 $c\geqslant 2$，又因为

$$L(c)=L_q(c)+\frac{\lambda}{\mu}=\frac{\lambda^c}{\mu^c c!(1-\rho)^2}\cdot P_0+\frac{\lambda}{\mu}$$

而

$$p_0 = \left[\sum_{n=0}^{c-1} \frac{1}{n!} \left(\frac{\lambda}{\mu}\right)^n + \frac{1}{c!} \left(\frac{\lambda}{\mu}\right)^c \left(\frac{1}{1-\rho}\right) \right]^{-1}$$

令 $c=2, 3, 4$ 将已知数据代入上面两个式子，算得结果如下表所示。

表 6-6

c	$L(c)$	$L(c)-L(c+1)$	$L(c-1)-L(c)$
2	21.610	18.930	—
3	2.680	0.612	18.930
4	2.068	—	0.612

又因为　$\frac{b_c}{c_w}=0.666$，故由

$$L(c^*)-L(c^*+1)<\frac{b_c}{c_w}<L(c^*-1)-L(c^*)$$

及上面的计算结果知

$$0.612 < 0.666 < 18.930$$

所以 $\frac{b_c}{c_w}=0.666$，落在区间(0.612, 18.930)，故 $c^*=3$。

即安排 3 位医生可使总费用最小。

6.6.3　货船泊位分析

例 6-11　某航运局拟自己建一个港口，据资料知货船按泊松流到达，平均每小时到达 21 条，卸货时间服从负指数分布，平均卸货时间为 2 分钟，每条船的售价 8 万元，每建设一个泊位需投资 12 万元，试问建设多少个泊位合理？

解　此问题可看成是 $M/M/n/\infty/\infty$ 的排队问题，且关心的是 n 为多少才合理。由题设知 $\lambda=21$ 条/h，$\mu=30$ 条/h

(1) 如果 $n=1$，则由 $M/M/1/\infty/\infty$ 知 $\rho_1=21/30=0.7$，即泊位空间的概率为

$$P_0 = 1-\rho_1 = 1-0.7 = 0.3$$

系统内货船的平均数为

$$L = \frac{\rho_1}{1-\rho_1} = \frac{0.7}{0.3} = 2.3\ (条)$$

(2)如果 $n=2$，则由 $M/M/2/\infty/\infty$ 知 $\rho_2=\frac{21}{2\times 30}=0.35$，即泊位空间的概率为

$$P_0 = \left[1+0.7+\frac{1}{2!}(0.70)^2\frac{1}{1-0.35}\right]^{-1} = 0.48$$

系统内货船的平均数为

$$L = \frac{(2\times 0.35)^2}{2(1-0.35)^2}\times 0.35\times 0.48+0.7 = 0.797\ (条)$$

(3)如果 $n=3$，则由 $M/M/3/\infty/\infty$ 知 $\rho_3=\frac{1}{3}\rho_1=0.23$。此时，泊位空间的概率为

$$p_0 = \left[1+n\rho_3+\frac{1}{2!}(n\rho_3)^2+\frac{1}{3!}(n\rho_3)^3\frac{1}{1-\rho}\right]^{-1} = 0.44$$

系统内货船的平均数为 $L=\frac{(3\times0.23)^3}{3(1-0.23)^3}\times0.23\times0.44+0.7=0.71$（条）

由于1个泊位的L比2个泊位的L多1.603，此意味着可平均增加1.603条船，相当于12万元的投资可产生1.603×8＝12.824万元的运输设备。因12.824＞12，故建设2个比建设一个好。而建设3个泊位时，则2个泊位的货船的平均数比3个泊位的货船的平均数多0.797－0.71＝0.087条。这意味着投资12万元增加一个泊位所产生的收益为0.087×8＝0.696，可这比成本12万元要低得多，故该航运局建2个泊位比较合理。

§6.7 本章小结

本章从排队系统的基本特征和所要研究的问题入手，讨论了泊松分布输入和负指数服务的排队系统，介绍了六种排队模型。不论是单服务台、还是多服务台排队系统，通过状态转移图建立了平衡方程，还计算出系统稳态概率 P_n，进而求出各个数量指标，无疑是一种简便的途径。在此基础上，简单介绍了服务时间为一般分布的排队系统。最后讨论了排队系统的优化问题。

现实中的排队问题错综复杂，形式多样，往往事先无法确定该系统输入和服务到底服从什么分布。为了将排队系统的理论应用于实际，必须对实际系统的试验统计数据进行估计和假设检验，以检验所假设的模型与实际情况是否符合，从试验数据估计参数，在排队论中有重要的意义。

目前，排队论应用于工业，服务业，运输业，军事等各领域，我们应该充分注意排队系统理论与其它学科之间的日益紧密，例如，库存论，可靠性理论以及计算机学科等。可以说排队系统理论的深入研究推动了这些学科的发展，而这些学科的研究成果又为排队系统理论准备了新的研究内容和方法。总之，排队论有其广泛的科学发展前景和应用领域。

习题 6

6.1 判断下列说法是否正确。

(1)到达排队系统的顾客为泊松分布，则依次到达的两名顾客之间的间隔时间服从负指数分布。

(2)假如达到排队系统的顾客来自两个方面，分别服从泊松分布，则这两部分顾客合起来的顾客流仍旧为泊松分布。

(3)在排队系统中，一般假定对顾客服务时间的分布为负指数分布，这是因为通过对大量实际系统的统计研究，这样的假定比较合理。

(4)一个排队系统中，不管顾客到达和服务时间的情况如何，只要运行足够长的时间后，系统将进入稳定状态。

(5)在排队系统中，顾客等待时间的分布不受排队系统服务规则的影响。

(6)在顾客到达及机构服务时间的分布相同的情况下，对容量有限的排队系统，顾客的平均等待时间将少于允许队长无限的系统。

(7)在顾客到达的分布相同的情况下，顾客的平均等待时间同服务时间分布的方差大小有关，当服务时间分布的方差越大时，顾客的平均等待时间就越长。

6.2　简述排队系统的三个基本组成部分及各自的特征。当用符号 $A/B/C/D/E/F$ 来表示一个排队模型时，符号中的各个字母分别代表什么？

6.3　了解下列符号或名词的概念，并写出它们之间的关系表达式。

$L, L_q, W, W_q, p_n(t) n=0, 1, \cdots, \infty$，忙期，服务设备利用率，顾客损失率。

6.4　分别说明：在系统容量有限及顾客源有限时的排队系统中，有效到达率 λ_e 的含义及其计算表达式。

6.5　试述排队系统中影响服务水平高低的因素，它同系统中各项费用的关系，以及排队系统优化设计的含义。

6.6　表 1、表 2 为某排队服务系统顾客到达与服务员对每名顾客服务时间分布的统计。假设顾客的到达服从普阿松分布(泊松分布)，服务时间服从负指数分布，试用 χ^2 检验，在置信度为 95%时上述假设能否接受。

6.6 题表 1　顾客到达统计表

每小时到达的顾客数 k	频数 f_k
0	23
1	58
2	69
3	51
4	35
5	18
6	11
7	3
8	1
9	1
总计	270

6.6 题表 2　顾客服务时间分布统计表

对每名顾客的服务时间 t	频数 f_t
$0\leqslant t\leqslant 10$	54
$10\leqslant t\leqslant 20$	34
$20\leqslant t\leqslant 30$	18
$30\leqslant t\leqslant 40$	12
$40\leqslant t\leqslant 50$	8
$50\leqslant t\leqslant 60$	6
$60\leqslant t\leqslant 70$	3
$70\leqslant t\leqslant 80$	1
$80\leqslant t\leqslant 90$	1
$90\leqslant t\leqslant 100$	1
合计	138

6.7　某修理店只有一个工人，每小时平均有 4 个顾客带来器具要求修理。这个工人检查器具的损失情况，予以修理，平均需 6 分钟。设到达服从泊松流，服务时间服从负指数分布，求：(1) 判断该系统属于何种排队模型；(2)修理店空闲时间的比例；(3)店内恰有 3 个顾客的概率；(4)店内至少有 1 个顾客的概率；(5)排队系统中顾客数的期望值；(6)等待服务的顾客的平均数；(7)顾客在店内一共需要多少时间；(8)顾客等待的平均数。

6.8　汽车泊松分布到达某高速公路收费口，平均每小时 90 辆。每辆车通过收费口平均需要 35 秒，服从负指数分布，司机抱怨等待的时间太长，管理部分拟采用自动收款装置使收费时间缩短到 30 秒，但条件是原收费口平均等待车辆超过 6 辆，且新装置的利用率不低于 75%时采用，问上述条件下新装置能否被采用。

6.9　某航运公司有一外轮码头，外轮按泊松分布到达，平均每天到达 6 艘船，每艘船的卸货时间服从指数分布，每装卸组平均每天卸船 2 艘，由于外轮在港内停留时间超过一定期限，罚款极重，因此为了使外轮等待的概率低于 0.035，公司需要配备多少个装卸组？

6.10 某厂修理车间故障机器到达服从泊松过程，$\lambda=6$ 台/每小时，每台机器修理时间服从指数分布，平均修理时间 7 分钟，今有一种新的修理设备，可使机器修理时间减少到 5 分钟，但每分钟这台设备需要费用 10 元，而每台故障机器估计在一分钟造成的损失费为 5 元，试问该厂是否需要购置这台新的修理设备？

6.11 某加油站有一台油泵，来加油的汽车按泊松分布到达，平均每小时 20 辆，但当加油站中已有 n 辆汽车时，新的汽车中将有一部分不愿等待而离去，离去的概率为 $n/4(n=0,1,2,3,4)$，油泵给一辆汽车加油所需要的时间为具有均值为 3 分钟的负指数分布。

(a) 画出排队系统的状态转移图。

(b) 导出平衡方程式。

(c) 求那些在加油中汽车数的稳态概率分布。

(d) 求在加油站的汽车的平均逗留时间。

6.12 某厂有一机修组织专门修理某种类型的设备，今已知该设备的损失率服从泊松分布，平均每天两台。已知修复时间服从负指数分布，平均每台的修理时间为$\frac{1}{\mu}$天，但 μ 是一个与机修人员多少及维修设备机械化程度(即与修理组织年开支费用 k)等有关的函数。已知：

$$\mu(k)=0.1+0.001k \quad (k \geqslant 1\,900 \text{ 元})$$

又已知设备损坏后，每台一天的停产损失费 400 元，试决定该厂修理最经济的 k 值及 μ 值。(提示：以一个月为期进行计算)。

6.13 某海港有 A、B、C 三种装卸货物的设计方案，各方案的费用和装卸货件数如下表所示：

6.13 题表　　各方案费用和装卸货件数表

方案名称	固定费用(元/天)	可变操作费(元/天)	装卸件数(件/天)
A	120	200	2 000
B	260	300	4 000
C	500	400	12 000

(注：装卸设备一天可变费用，随服务强度 ρ 而变化，当 $\rho=1$ 时，装卸设备一天的可变费用称为可变操作费)

已知船只到达服从泊松过程，平均每天(按 10 小时计)到达 15 艘船，每艘船平均装 100 件货，卸货时间服从指数分布，每艘船停泊一小时的费用 30 元，试问选择哪种方案费用最小？

第 7 章　存贮论

存贮论(inventory theory) 又称库存理论,是运筹学中发展较早的一个分支。早在 1915 年,哈里斯(F. Harris)针对银行货币的储备进行了深入的研究,建立了一个确定性存贮模型,并求得了最优解,即最佳批量公式。1934 年威尔逊(R. H. Wilson)重新得出了这个公式。1958 年威订(T. M. Whitin)出版了《存贮管理的理论》一书,随后,又经阿罗(K. J. Arrow)和毛恩(P. A. Morn)对随机或非平稳需求的广泛深入研究,存贮理论日渐丰富并成为运筹学一个独立分支。

本章介绍几个常见的存贮模型,通过对物资库存量与动态供求关系的描述,寻求库存控制最佳策略的理论和方法。

§7.1　存贮系统的描述

存贮是经济活动中普遍存在的现象,例如,在生产过程中,除了合理分配劳动力以外,还要在上下工序之间备有适量的原材料或在制品,以保证生产过程的连续性。商店销售商品需要有一定数量的存货。如果存货过多,不但使资金周转不灵,而且会使商品长期积压而损坏;如果存货过少则可能引起脱销,影响销售利润和信誉。因此,选择适当数量与品种的商品储存,是商业管理中的一个重要问题。在城市的公共交通营运中,各线路一定要准备一定数量的机动车,以应付可能出现的客流波动,及时疏散拥挤的乘客。因此如何确定最佳的机动车配备数量是线路调度员应该考虑的问题。此外还有军事部门要存贮武器弹药等军用物资,医院为了抢救病人需要一定的药品储备;在信息时代的今天人们建立各种各样的数据信息库存贮大量信息等等。这些例子中需存贮的物品各不相同,但是"供过于求"或"供不应求"的情况是经常发生的,因此为了使供给与需求在时间、空间上达到一定的协调,就必须建立一个存贮管理信息系统,用存贮模型来分析存储系统的活动,预防各种意外的发生,减少不必要的损失。

存贮系统以存贮为中心环节,另有供货和销售。通过订货(或安排生产)确定货源,到货后贮存,最后由销售来满足需求。存贮系统通常包含如下要素。

(1)需求(demand)

存贮是为了需求,需求可以是确定性的,如自动生产线上对某种零件的需求;也可以是随机性的,如市场每天对某商品的需求。需求的方式可能是连续的,如水轮机对水的需求;也可能是间断的,如销售商的进货需求,称单位时间的需求量为**需求速率**,用 D 表示。**需求是客观存在,人们无法控制它**,只能通过调查、统计、预测等手段了解和掌握需求规律,作出尽量满足需求的安排。

(2)补充(replenishment)

库存的物资由于需求而不断减少,必须加以补充。可以通过两种方式获得补充。一是向厂商订货,二是企业自己组织生产。**与需求不同,补充可以控制,一般人们通过控制补充量**(每次订购量或生产量)**和补充时机**(订货时间或生产时间)**来调节存贮系统的运行**。称单位时间的补充量为**补充速率**(进货速率或生产速率),用 P 表示。如果是通过外购货物实现补充,从发订单到货物入库往往需要一段时间,称为拖后时间,为了不影响生产,发订单必须要有提前量。

(3)缺货处理(shortage disposition)

由于需求或供货滞后时间可能具有随机性,缺货是可能发生的,对于当期未满足的需求,通常采用两种处理方式:一是在下期货物到达后补充,称为**缺货预约**;二是任其短缺,不再补充供应,称为缺货不供应,本章只研究缺货预约情形。

(4)存贮策略(inventory strategy)

物品何时补充及补充多少的方案称为**存贮策略**,常见的存贮策略有:

(ⅰ)T-循环策略。每隔时间 T 补充一次,补充量为 Q。

(ⅱ)(s,Q)策略。连续盘点,当库存水平降到 s 时补充,补充量为 Q,s 称为订货点库存水平,简称订货点。

(ⅲ)(s,S)策略。连续盘点,当库存水平降到 s 时补充,将贮存量补充到 S。

(ⅳ)(T,s,Q)策略。以 T 为周期盘点,当库存量等于或低于订货点时补充,补充量为 Q。

(ⅴ)(T,s,S)策略。以 T 为周期盘点,当库存量等于或低于订货点时补充到 S。

(5)费用(cost)

存贮系统的费用通常包括订货费(或生产费)、存贮费、缺货费等。

(ⅰ)订货费(order cost)。指每次从订货到货物入库所需的费用,包括两部分:①**订购费**(用于通讯联络、差旅、验货等费用),**它是仅与订货次数有关的一种费用**。**每次订购费记为** C_3,②**购货费**(货价、运费、损耗费等),它**是与购买数量有关的可变费用**。

(ⅱ)存贮费(holding cost)。它包括库存物资所占用资金应付的利息、物资损耗、降价损失、保险费、仓库的维修、折旧、管理人员工资等分摊到库存物资的部分,单位物资存贮单位时间的费用称为**存贮费率**,记为 C_1。

(ⅲ)缺货费(shortage cost)。指库存物资不能满足需求而造成的损失费,如停工待料造成的生产损失,货物脱销而造成的机会损失,延期交货所支付的罚金等。单位物资单位时间内的缺货损失费称为**缺货费率**,记为 C_2。

如果是企业自行生产库存物资,则有生产准备费(仅与生产次数有关)和生产消耗费(与生产数量有关)。

(6)目标函数(objective function)

目标函数是选择最优策略的准则,通常将单位时间的平均总费用作为目标函数。**使平均总费用最小的策略为最优策略**。

(7)平均存贮量(averager storage quantity)

平均存贮量是描述存储问题的基本概念之一,本章大部分模型都是**利用平均存贮量来计算系统的存贮费用**。

设存贮量 y 是时间 x 的函数,记为 $y=f(x)$并称为存贮函数,C_1 为存贮费率,考虑时间段

$[x_1,x_2]$内的存贮费，将$[x_1,x_2]$分割成若干个长度不超过 Δx 的小区间，其中 Δx 是一个微小的时间增量，在$[x,x+\Delta x]$内，$f(x)$可近似地看作常数，存贮费可用下述公式计算：

$$\Delta g \approx C_1 f(x)\Delta x$$

根据定积分的定义，在区间$[x_1,x_2]$内，存贮费为

$$g=\int_{x_1}^{x_2} C_1 f(x)\,\mathrm{d}x = C_1(x_2-x_1)\,\overline{y}$$

其中

$$\overline{y}=\frac{1}{x_2-x_1}\int_{x_1}^{x_2} f(x)\,\mathrm{d}x$$

称为$[x_1,x_2]$时间段的平均存贮量，由定积分的几何意义知$\int_{x_1}^{x_2} f(x)\mathrm{d}x$ 为一个曲边梯形的面积，$\overline{y}$ 为曲边梯形的面积除以区间长度所得之值(见图 7-1(a))，特别地，当 $y=f(x)$ 是如图 7-1(b) 所示的线性函数时，$\overline{y}=\frac{1}{2}f(x_1)$

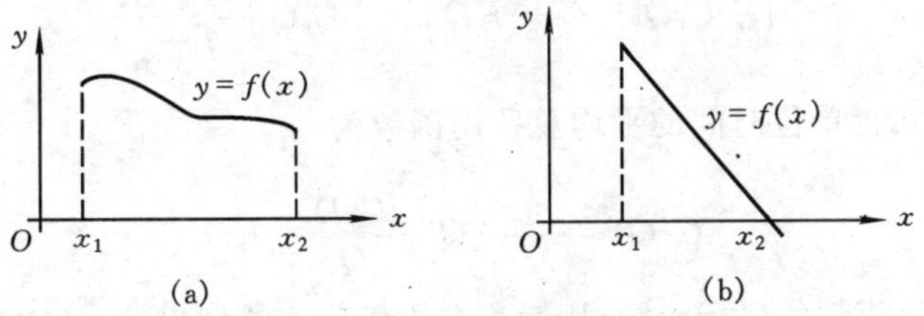

图 7-1

存贮问题的数学模型按变量性质分有两类：一类是不包含随机因素的确定性模型，另一类是包含随机变量的随机性模型。下面先研究确定性模型，然后讨论随机性模型。

§7.2　经济订购批量模型

从本节开始，我们用三节的篇幅讨论确定性存贮模型。

7.2.1　基本模型(模型一)

基本模型有如下假设条件：

(1) 需求是连续的、均匀的，即需求速率 D 是常数。

(2) 采用(s,Q) 策略，订货点 $s=0$，即库存量降为零时订货，拖后时间为零；

(3) 存贮费率 C_1，订购费 C_3 均为常数；

(4) 不允许缺货。

又设系统运行的起始时刻库存量为 Q，一个周期(时间为 t) 后库存量降为零。不难根据模型假设推出存贮函数为

$$y=-Dx+Q,\ x\in[0,t]$$

存贮函数图像(称为存贮状态图) 如图 7-2(a) 所示。

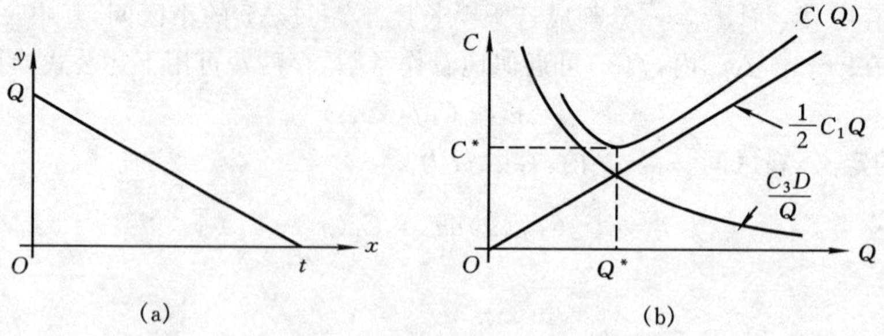

图 7-2

根据存贮状态图可计算一个周期内货物的平均存贮量为$\frac{1}{2}Q$，存贮费为$\frac{1}{2}C_1Qt$。设货物单位为K，订货费为C_3+KQ，总费用为$\frac{1}{2}C_1Qt+C_3+KQ$，从而得单位时间的平均总费用为

$$\frac{1}{t}\left(\frac{1}{2}C_1Qt+C_3+KQ\right)=\frac{1}{2}C_1Q+\frac{C_3}{t}+\frac{KQ}{t}$$

由于$t=\frac{Q}{D}$，代入上式得单位时间的平均总费用函数为

$$C(Q)=\frac{1}{2}C_1Q+\frac{C_3D}{Q}+KD \tag{7-1}$$

式(7-1)即为该模型的目标函数，用微积分求极值方法解出使$C(Q)$取极小的Q之值，令

$$\frac{dC(Q)}{dQ}=\frac{1}{2}C_1-\frac{C_3D}{Q^2}=0$$

得驻点：

$$Q^*=\sqrt{\frac{2C_3D}{C_1}} \tag{7-2}$$

又
$$\frac{d^2C(Q)}{dQ^2}=\frac{2C_3D}{Q^3}>0$$

故Q^*是极小值点，称Q^*为**最佳订货量**。**最佳的存贮周期**为

$$t^*=\frac{Q^*}{D}=\sqrt{\frac{2C_3}{C_1D}} \tag{7-3}$$

由于Q^*和t^*皆与货物价格无关，所以在费用函数式(7-1)中，一般不考虑KD项，于是，最小平均总费用为

$$C^*=C(Q^*)=\sqrt{2C_1C_3D} \tag{7-4}$$

采用上述最优存贮策略时，库存费用函数见图 7-2(b)。

分析以上公式发现，Q^*与t^*是随着C_1，C_3，D的变化而发生相应变化。当订购费C_3增加时，Q^*与t^*都增加，以便减少订购次数；当存贮费率C_1增加时，Q^*与t^*都减少，以订购次数的增加换取总存贮费用的减少；当需求速率D增加时，Q^*增加而t^*减少，这样在一定时期内的订货量必然增加，达到满足需求的目的。

式(7-2)**是存贮论中著名的经济订货量** EOQ(economic ordering quantity)公式，该公式不仅简单实用，而且稳定性好。所谓稳定性是指，若实际订货量Q稍微偏离Q^*时，譬如说，增

加的百分比为 δ 时，总费用增加的百分比小于 δ。

例 7-1 某工厂每年对某种材料的需要量为 1 040 t，每次采购的订货费为 2 040 元，每年的保管费为 170 元/t，试求工厂对该材料的最佳订货批量、每年订货次数及全年的费用。

解 取时间单位为年，则有 $C_1=170$ 元/(t·年)，$C_3=2\ 040$ 元/次，$D=1\ 040$ t/年。由式(7-2)～(7-4)可得

$$Q^* = \sqrt{\frac{2C_3D}{C_1}} = \sqrt{\frac{2\times 2\ 040\times 1\ 040}{170}} = \sqrt{24\ 960} = 158\ (\text{t})$$

$$t^* = \sqrt{\frac{2C_3}{C_1D}} = \sqrt{\frac{2\times 2\ 040}{170\times 1\ 040}} = \sqrt{0.023} = 0.152\ (\text{年})$$

$$C^* = \sqrt{2C_1C_3D} = \sqrt{2\times 170\times 2\ 040\times 1\ 040} = 26\ 857.85\ (\text{元})$$

每年的订货次数应为

$$\frac{1}{t^*} = \frac{1}{0.152} = 6.58\ (\text{次}/\text{年})$$

由于订货次数只能为正整数，故可比较订货 6 次与 7 次的费用。若每年订货 6 次，则订货周期和批量分别为

$$t = \frac{1}{6},\ Q = Dt = \frac{1\ 040}{6}(\text{t})$$

代入式(7-1)，可得全年的总费用(不考虑 KD 项)

$$C(Q) = \frac{1}{2}\times 170\times\frac{1\ 040}{6} + 2\ 040\times 1\ 040\times\frac{6}{1\ 040} = 26\ 973.3\ (\text{元})$$

若每年订货 7 次，则订货周期和订货量分别为

$$t = \frac{1}{7},\ Q = \frac{1\ 040}{7}\ (\text{t})$$

代入式(7-1)得全年总费用为

$$C(Q) = \frac{1}{2}\times 170\times\frac{1\ 040}{7} + 2\ 040\times 1\ 040\times\frac{7}{1\ 040} = 26\ 908.6(\text{元})$$

所以，每年应订货 7 次，每次订货 148.57 t。每年的总费用为 26 908.6 元。

现设全年材料的消费量为原来的 4 倍，即 $D=1\ 040\times 4=4\ 160$ t，订货量会不会是原来的 4 倍呢？由式(7-2)，(7-3)重新计算 Q^* 和 t^*

$$Q^* = \sqrt{\frac{2\times 2\ 040\times 1\ 040\times 4}{170}} = 316\ (\text{t})$$

$$t^* = \frac{Q^*}{D} = \frac{316}{1\ 040\times 4} = 0.076(\text{年})$$

这就是说，订货量只增加一倍，订货周期缩短为原来的一半。

7.2.2 缺货模型(模型二)

在某些情况下，只要不影响企业的信誉，可以允许缺货的现象存在，因为这样做可使单个周期延长，减少订货次数和库存量，从而节省订购费和存贮费，当然会付出缺货损失费。综合考虑，少量缺货的存贮策略有可能是一个最佳选择。

模型假设条件为：

(1)允许缺货并且当期所缺货物在下周期进货后补上；

(2)各周期最大缺货量相同，缺货费率 C_2 是常数；

(3)每次订货量 Q 是常数，一订货就交货，无拖后时间；

(4)C_1, C_2, D 均为常数。

存贮状态图如图 7-3 所示。

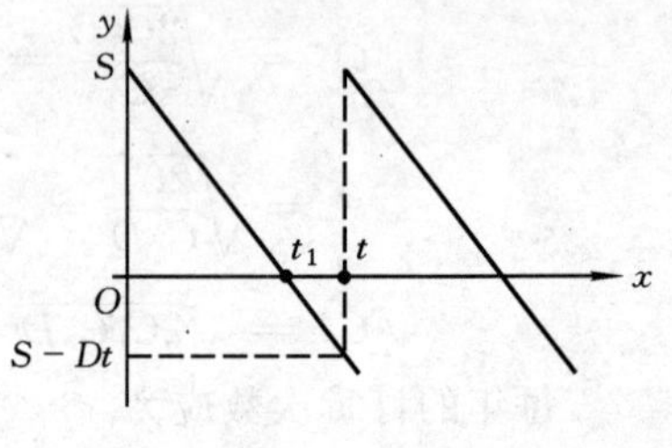

图 7-3

由图可见，S 为初始库存量，可以满足$[0,t_1]$时间内的需求，在$[t_1,t]$时间内缺货，一个周期的存贮函数为

$$y=-Dx+S,\ x\in[0,t]$$

在$[0,t_1]$时间段内的平均存贮量为$\frac{1}{2}S$，存贮费为$\frac{1}{2}C_1S_1t_1$，在$[t_1,t]$时间段内的平均缺货量(与平均存贮量的计算方法相同)为$\frac{1}{2}(Dt-S)$，缺货费为$\frac{1}{2}C_2(Dt-S)(t-t_1)$。$[0,t]$时间内的总费用为

$$\frac{1}{2}C_1St_1+\frac{1}{2}C_2(Dt-S)(t-t_1)+C_3$$

单位时间内的平均总费用为

$$\frac{1}{t}\left[\frac{1}{2}C_1St_1+\frac{1}{2}C_2(Dt-S)(t-t_1)+C_3\right] \tag{7-5}$$

由于 $t_1=\frac{S}{D}, t=\frac{Q}{D}$，代入式(7-5)消去 t_1, t，得单位时间内的总费用函数

$$C(Q,S)=\frac{C_1S^2}{2D}+\frac{C_2(Q-S)^2}{2Q}+\frac{C_3D}{Q} \tag{7-6}$$

这是一个二元函数，先令两个偏导数为零，求得驻点

$$\frac{\partial C}{\partial S}=\frac{C_1S}{Q}-\frac{C_2(Q-S)}{Q}=0 \tag{7-7}$$

$$\frac{\partial C}{\partial Q}=-\frac{C_1S^2}{2Q^2}+\frac{C_2(Q-C)}{Q}-\frac{C_2(Q-S)^2}{2Q^2}-\frac{C_3D}{Q}=0 \tag{7-8}$$

由式(7-7)得

$$S=\frac{C_2Q}{C_1+C_2} \tag{7-9}$$

将上式代入式(7-8)，解得

$$Q^*=\sqrt{\frac{2C_3D}{C_1}}\sqrt{\frac{C_1+C_2}{C_2}} \tag{7-10}$$

于是，有

$$t^*=\frac{Q^*}{D}=\sqrt{\frac{2C_3}{C_1D}}\sqrt{\frac{C_1+C_2}{C_2}} \tag{7-11}$$

$$S^*=\frac{C_2Q^*}{C_1+C_2}=\sqrt{\frac{2C_3D}{C_1}}\sqrt{\frac{C_2}{C_1+C_2}} \tag{7-12}$$

可以验证，函数 $C(Q,S)$的 Hessian 矩阵

$$\begin{bmatrix} \frac{\partial^2 C}{\partial Q^2} & \frac{\partial^2 C}{\partial Q \partial S} \\ \frac{\partial^2 C}{\partial S \partial Q} & \frac{\partial^2 C}{\partial S^2} \end{bmatrix} = \begin{bmatrix} [2C_3DQ + S^2(C_1+C_2)]Q^{-3} & -[(C_1+C_2)S]Q^{-2} \\ -[(C_1+C_2)S]Q^{-2} & (C_1+C_2)Q^{-1} \end{bmatrix}$$

是正定矩阵，故 $C(Q,S)$ 有唯一极小值点。上述 Q^*，t^*，S^* 分别是最佳订购量、最佳订货周期和最大库存量。由此可计算出最大缺货量

$$q^* = Q^* - S^* = \sqrt{\frac{2C_3D}{C_2}}\sqrt{\frac{C_1}{C_1+C_2}} \tag{7-13}$$

和最小平均总费用

$$C^* = C(Q^*, S^*) = \sqrt{2C_1C_3D}\sqrt{\frac{C_2}{C_1+C_2}} \tag{7-14}$$

与基本模型相比，缺货模型的订货批量 Q^* 和订货周期 t^* 增加了（是基本模型数据的 $\sqrt{\frac{C_1+C_2}{C_2}}$ 倍），而平均总费用减了（是基本模型数据的 $\sqrt{\frac{C_2}{C_1+C_2}}$ 倍）。从式(7-13)可以看出，C_2 越大，缺货量就越小。特别令 $C_2 \to +\infty$，则 $q^* \to 0$，该模型就成为不允许缺货的情况。此时 $\sqrt{\frac{C_1+C_2}{C_2}} \to 1$，$\sqrt{\frac{C_2}{C_1+C_2}} \to 1$，$Q^*$，$t^*$，$C^*$ 与基本模型数据相同。比较式(7-12)与式(7-2)知，允许缺货时，库存量减少了。

在实际的库存问题中，缺货费率 C_2 有时很难估计，可换一角度来考虑。假定决策者要求库存不能满足需求的时间比例要小于 $\alpha(0<\alpha<1)$。由于缺货的时间比例为 $1-\frac{t_1^*}{t^*}$，故可令 $\alpha = 1-\frac{t_1^*}{t^*} = 1-\frac{S^*}{Q^*} = \frac{C_1}{C_1+C_2}$，于是可以解出 $C_2 = C_1\left(\frac{1}{\alpha}-1\right)$。这对应用尤其是商业企业的应用是方便的。

例 7-2　某公司一贯采用不允许缺货的 EOQ 公式确定订货批量，但由于激烈竞争使得公司不得不考虑改用允许缺货的策略。已知市场对该公司所销产品的需求为 $D=800$ 件/年，每次订货费 $C_3=150$ 元，存贮费率 $C_1=3$ 元/(件·年)。缺货费率 $C_2=20$ 元/(件·年)。

(1)计算采用允许缺货策略较原先不允许缺货策略所节约的费用。

(2)若该公司为保持一定的信誉，自己规定缺货的数量不超过总供货量的 15%，因供应不及时使任何一名顾客等待补足的时间不得超过 3 周。问这种情况下，允许缺货的策略能否被采用？

解　(1)利用式(7-2)计算不允许缺货的最佳订购批量为

$$Q^* = \sqrt{\frac{2C_3D}{C_1}} = \sqrt{\frac{2\times150\times800}{3}} = 283\ (\text{件})$$

平均总费用为

$$C^* = C(Q^*) = \sqrt{2C_1C_3D} = \sqrt{2\times3\times150\times800} = 848.53\ (\text{元})$$

利用式(7-10)计算允许缺货时的最佳订购量为

$$Q^* = \sqrt{\frac{2C_3D}{C_1}}\sqrt{\frac{C_1+C_2}{C_2}} = \sqrt{\frac{2\times150\times800\times(3+20)}{3\times20}} = 303(\text{件})$$

平均总费用为

$$C^* = C(Q^*, S^*) = \sqrt{2C_1C_3D}\sqrt{\frac{C_2}{C_1+C_2}}$$

$$= \sqrt{\frac{2\times 3\times 150\times 800\times 20}{3+20}} = 791.26(\text{元})$$

故可节约费用 848.53－791.26＝57.27(元)

(2)利用式(7－13)可计算最大缺货量为

$$q^* = Q^* - S^* = \sqrt{\frac{2C_3D}{C_2}}\sqrt{\frac{C_1}{C_1+C_2}} = \sqrt{\frac{2\times 3\times 150\times 800}{20\times(3+20)}} = 40(\text{件})$$

故缺货比例为$\frac{40}{303}\doteq 13.2\% < 15\%$。又因为缺货而等待的最大时间为$\frac{40}{800}\times 365 = 18.25$(天),小于 3 周,所以可接受允许缺货的策略。

§7.3 生产批量模型

如果库存物资是企业自己生产的,那么生产需要一定时间,补充过程是逐渐进行的,我们把这种模型称为生产批量模型,其中包括不允许缺货的经济生产批量和允许缺货的缺货预约生产批量两种。

7.3.1 经济生产批量模型(模型三)

模型假设条件为:

(1)补充是连续均匀的,即生产速率 P 是常数,且 $P>D$;

(2)C_1,D 及生产准备费 C_3 是常数;

(3)各周期的生产批量 Q 相同;

(4)不允许缺货。

考察该存贮系统运行情况。库存量为零时,开工生产进行补充,由于 $P>D$,在需求消耗的同时,贮存量以 $P-D$ 的速率增长。生产批量 Q 完成之后,停止生产,库存量以 D 的速率减少。图 7－4 为存贮状态图。区间 $[0,t_1]$是边补充边消耗的时期,在时刻 t_1 达到最高库存量$(P-D)t_1$,区间$[t_1,t]$是纯消耗期,在时刻 t,库存量降为零,一个生产周期的存贮函数为

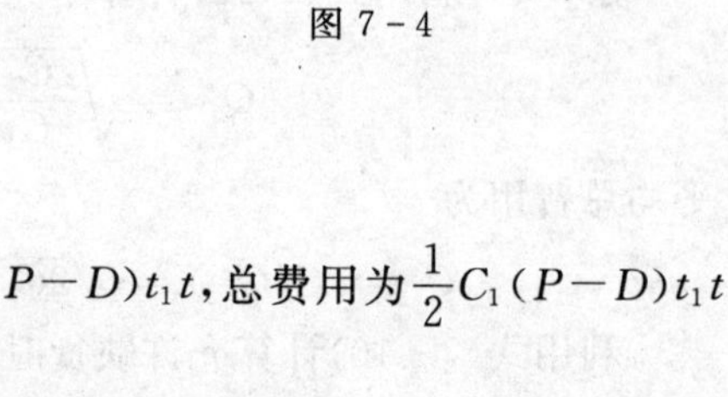

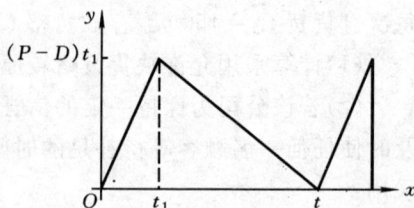

图 7－4

$$\begin{cases}(P-D)x, & 0\leqslant x\leqslant t_1\\ -Dx+Dt, & t_1\leqslant x\leqslant t\end{cases}$$

据此可计算出平均存贮量为$\frac{1}{2}(P-D)t_1$,存贮费为$\frac{1}{2}C_1(P-D)t_1t$,总费用为$\frac{1}{2}C_1(P-D)t_1t+C_3$,单位时间内的总平均费用为

$$\frac{1}{t}\left[\frac{1}{2}C_1(P-D)t_1t+C_3\right] = \frac{1}{2}C_1(P-D)t_1+\frac{C_3}{t} \tag{7-15}$$

注意到$(P-D)t_1=-Dt_1+Dt$，解得$t_1=\frac{D}{P}t$与$t=\frac{Q}{D}$一起代入式(7-15)得平均总费用函数

$$C(Q)=\frac{1}{2P}C_1(P-D)Q+\frac{C_3D}{Q} \tag{7-16}$$

根据上式确定最佳的生产批量 Q。令

$$\frac{\mathrm{d}C(Q)}{\mathrm{d}Q}=\frac{1}{2P}C_1(P-D)-\frac{C_3D}{Q^2}=0,$$

得

$$Q^*=\sqrt{\frac{2C_3D}{C_1}}\sqrt{\frac{P}{P-D}} \tag{7-17}$$

又$\frac{\mathrm{d}^2C(Q)}{\mathrm{d}Q^2}=\frac{2C_3D}{Q^3}>0$，故 Q^* 是最佳生产批量，由此得最佳生产周期为

$$t^*=\frac{Q^*}{D}=\sqrt{\frac{2C_3}{C_1D}}\sqrt{\frac{P}{P-D}} \tag{7-18}$$

最小平均总费用为

$$C^*=C(Q^*)=\sqrt{2C_1C_3D}\sqrt{\frac{P-D}{P}} \tag{7-19}$$

最大库存量为

$$(P-D)t_1^*=\frac{P-D}{P}Dt^*=\sqrt{\frac{2C_3D}{C_1}}\sqrt{\frac{P-D}{P}} \tag{7-20}$$

最佳生产时间为

$$t_1^*=\frac{D}{P}t^*=\sqrt{\frac{2C_3D}{C_1}}\sqrt{\frac{1}{P(P-D)}} \tag{7-21}$$

这里同模型一相比，Q^* 和 t^* 只差一个因子$\sqrt{\frac{P}{P-D}}$，C^* 也相差一个因子$\sqrt{\frac{P-D}{P}}$，由前$\sqrt{\frac{P}{P-D}}>1$，$\sqrt{\frac{P-D}{P}}<1$，所以 Q^* 和 t^* 增大了，而费用却减少了。从式(7-21)看，生产时间 t_1^* 随 P 的增大而减小，令 $P\to+\infty$ 得 $t_1^*\to0$，可以理解为瞬间补充，此时，该模型化为模型一。

例 7-3　某生产线只生产一种产品的能力为 8 000 件/年，但对该产品的需求仅为 2 000 件/年，故 应在生产线上组织多品种轮番生产，已知该产品的存贮费率为 1.6 元/(件・年)，更换产品品种时需准备结束费 300 元。目前生产线上每季度安排生产该产品 500 件。问这样安排是否经济合理?

解　按模型三考虑，已知 $D=2\ 000$ 件/年，$P=8\ 000$ 件/年，$C_1=1.6$ 元/(件・年)，$C_3=300$ 元，根据式(7-17)计算最佳生产批量：

$$Q^*=\sqrt{\frac{2C_3D}{C_1}}\sqrt{\frac{P}{P-D}}=\sqrt{\frac{2\times300\times2\ 000\times8\ 000}{1.6\times(8\ 000-2\ 000)}}=1\ 000(\text{件})$$

故

$$t^*=\frac{Q^*}{D}=\frac{1\ 000}{2\ 000}=\frac{1}{2}(\text{年})$$

年最小总费用为

$$C^* = \sqrt{2C_1C_3D}\sqrt{\frac{P-D}{P}} = \sqrt{\frac{2\times 1.6\times 300\times 2\,000\times (8\,000-2\,000)}{8\,000}} = 1\,200\ (\text{元})$$

若按目前每季度生产 $Q=500$ 件，代入式(7-16)得年平均总费用为

$$C(Q) = \frac{1}{2P}C_1(P-D)Q + \frac{C_3D}{Q}$$

$$= \frac{1}{2\times 8\,000}\times 1.6\times (8\,000-6\,000)\times 500 + \frac{300\times 2\,000}{500} = 1\,500(\text{元})$$

因此，目前这种生产不甚合理，应按半年组织一次生产，批量 1 000 件，全年可节约费用 300 元。

7.3.2 缺货预约的生产批量模型（模型四）

模型假设条件为：

(1)允许缺货，缺货费率 C_2 为常数；

(2)所缺货物在生产期间补上；

(3)C_1,C_3,D,P,Q 均为常数，且 $P>D$。

图 7-5 为存贮状态图。

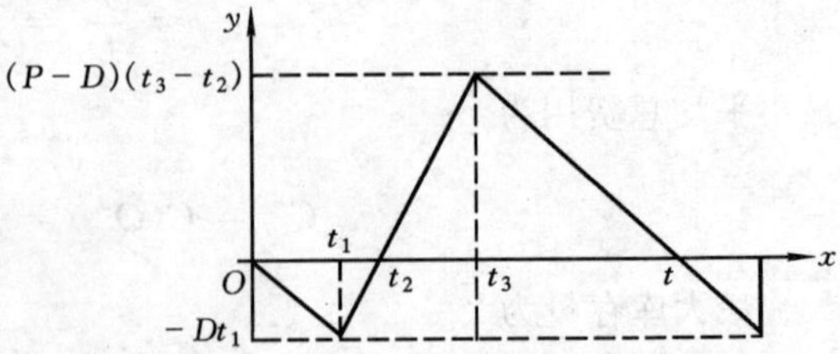

图 7-5

时间区间$[0,t_2]$为缺货期，当缺货量在时刻 t_1 达到最大时开始生产，区间$[t_1,t_2]$的生产既满足当期需求又补上了前面所缺货物，在时刻 t_2 库存量为零。$[t_1,t_2]$为边生产边消耗时期，在时刻 t_3 库存达到最大时生产停止，之后在$[t_3,t]$时期依靠库存维持消耗，在时刻 t 库存降到零，存贮函数为

$$y = \begin{cases} -Dx, & 0\leqslant x\leqslant t_1 \\ (P-D)x-(P-D)t_2, & t_1\leqslant x\leqslant t_3 \\ -Dx+Dt, & t_3\leqslant x\leqslant t \end{cases}$$

Dt_1 为最大缺货量，$[0,t_2]$时期的平均缺货量为$\frac{1}{2}Dt_1$，缺货费为$\frac{1}{2}C_2Dt_1t_2$。最大存贮量为$(P-D)(t_3-t_2)$，$[t_2,t]$时期的存贮费为$\frac{1}{2}C_1(P-D)(t_3-t_2)(t-t_2)$，故$[0,t]$时期的总费用为

$$\frac{1}{2}C_1(P-D)(t_3-t_2)(t-t_2)+\frac{1}{2}C_2Dt_1t_2+C_3 \tag{7-22}$$

单位时间的平均总费用为

$$\frac{1}{t}\left[\frac{1}{2}C_1(P-D)(t_3-t_2)(t-t_2)+\frac{1}{2}C_2Dt_1t_2+C_3\right] \tag{7-23}$$

根据存贮函数可得下述关系

$$-Dt_1 = (P-D)(t_1-t_2) \tag{7-24}$$

$$(P-D)(t_3-t_2) = D(t-t_3) \tag{7-25}$$

解得

$$t_1 = \frac{P-D}{P}t_2,\ t_3-t_2 = \frac{D}{P}(t-t_2) \tag{7-26}$$

代入式(7-23)得平均总费用函数

$$C(t,t_2)=\frac{(P-D)D}{2P}[C_1t-2C_1t_2+(C_1+C_2)\frac{t_2^2}{t}]+\frac{C_3}{t} \tag{7-27}$$

令

$$\frac{\partial C}{\partial t}=\frac{(P-D)D}{2P}[C_1-(C_1+C_2)\frac{t_2^2}{t^2}]-\frac{C_3}{t^2}=0 \tag{7-28}$$

$$\frac{\partial C}{\partial t_2}=\frac{(P-D)D}{P}[-C_1+t_2\frac{C_1+C_2}{t}]=0 \tag{7-29}$$

由式(7-29)得

$$t_2=\frac{C_1t}{C_1+C_2} \tag{7-30}$$

代入式(7-28)解得

$$t^*=\sqrt{\frac{2C_3}{C_1D}}\sqrt{\frac{C_1+C_2}{C_2}}\sqrt{\frac{P}{P-D}} \tag{7-31}$$

$$t_2^*=\frac{C_1t^*}{C_1+C_2}=\sqrt{\frac{2C_1C_3}{D}}\sqrt{\frac{1}{(C_1+C_2)C_2}}\sqrt{\frac{P}{P-D}}$$

可以验证 $C(t,t_2)$ 的 Hessian 矩阵是正定的，于是 t^*,t_2^* 是唯一极小值点，故可计算出最佳生产批量

$$Q^*=Dt^*=\sqrt{\frac{2C_3D}{C_1}}\sqrt{\frac{C_1+C_2}{C_2}}\sqrt{\frac{P}{P-D}} \tag{7-32}$$

和最小平均总费用

$$C^*=C(t^*,t_2^*)=\sqrt{2C_1C_3D}\sqrt{\frac{C_2}{C_1+C_2}}\sqrt{\frac{P-D}{P}} \tag{7-33}$$

最大缺货量为

$$q^*=Dt_1^*=\frac{P-D}{P}Dt_2^*=\sqrt{\frac{2C_1C_3D}{(C_1+C_2)C_2}}\sqrt{\frac{P-D}{P}} \tag{7-34}$$

最大库存量

$$(P-D)(t_3^*-t_2^*)=\frac{P-D}{P}D(t^*-t_2^*)=\sqrt{\frac{2C_3D}{C_1}}\sqrt{\frac{C_2}{C_1+C_2}}\sqrt{\frac{P-D}{P}} \tag{7-35}$$

到目前为止我们介绍的四个模型中，模型一是最基本的。模型四可看成是前三个模型分别扩展以后形成的综合模型。

例 7-4　对某产品的需求量为 350 件/年，已知每次订货费为 50 元，该产品的存贮费率为 13.75 元/(件·年)，缺货时的损失为 25 元/(件·年)，该产品由于结构特殊，需用专门车辆运送，在向订货单位发货期间，每天的发货量为 10 件，设一年以 300 个工作日计，试求(1)经济订购批量及最大缺货量；(2)年最小费用。

解　该问题中所购货物是逐步均匀到货的，可归结为模型四。已知 $D=350$ 件/年，$C_3=50$ 元，$C_1=13.75$ 元/(件·年)，$C_2=25$ 元/(件·年)，$P=3\,000$ 件/年。最佳订购批量为

$$Q^*=\sqrt{\frac{2C_3D(C_1+C_2)P}{C_1C_2(P-D)}}=\sqrt{\frac{2\times50\times350\times(13.75+25)\times3\,000}{13.75\times25\times(3\,000-350)}}=67(\text{件})$$

最大缺货量为

$$q^{*}=\sqrt{\frac{2C_1C_3D(P-D)}{(C_1+C_2)C_2P}}=\sqrt{\frac{2\times 13.75\times 50\times 350\times(3\ 000-350)}{(13.75+25)\times 25\times 3\ 000}}=21(\text{件})$$

年最小费用为

$$C^{*}=\sqrt{\frac{2C_1C_3DC_2(P-D)}{(C_1+C_2)P}}=\sqrt{\frac{2\times 13.75\times 50\times 350\times 25\times(3\ 000-350)}{(13.75+25)\times 3\ 000}}=523.70(\text{件})$$

§7.4 价格折扣和限制库存的模型

7.4.1 价格有折扣的经济订购模型(模型五)

前面的几个模型均假定货物的单价是常量,得出的存贮策略与物价无关。而实际上供物方一般有鼓励用户多定货的优惠政策,定货量越大,价格就越低。本节我们介绍这种模型。除了物价有变化外,其他条件与模型一相同。

设货物单价 $K(Q)$按 n 个数量等级变化

$$K(Q)=\begin{cases}K_1,\ Q_0\leqslant Q<Q_1\\ K_2,\ Q_1\leqslant Q<Q_2\\ \vdots\\ K_n,\ Q_{n-1}\leqslant Q<Q_n\end{cases}$$

其中 $Q_i(i=1,2,\cdots,n-1)$为价格折扣的分界点。价格满足:$K_1>K_2>\cdots>K_n$。将式(7-1)的常数 K 改成 $K(Q)$,得本模型的平均总费用函数

$$C(Q)=\frac{1}{2}C_1Q+\frac{C_3D}{Q}+DK(Q) \tag{7-36}$$

或者写为

$$C^{(i)}(Q)=\frac{1}{2}C_1Q+\frac{C_3D}{Q}+DK_i,\ Q\in[Q_{i-1},\ Q_i),\ i=1,2,\cdots,n \qquad (7-36)'$$

图 7-6 给出了某 $C(Q)$的图像($n=4$)。

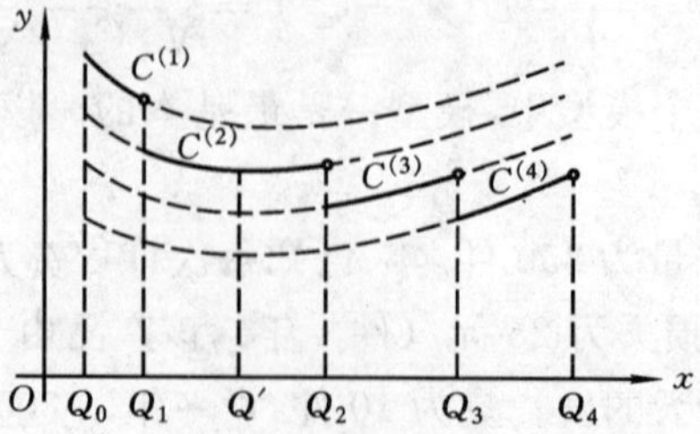

图 7-6

若按照无价格折扣的最佳订购量 $Q'=\sqrt{\frac{2C_3D}{C_1}}$订货,则平均总费用为 $C(Q')=\sqrt{2C_1C_3D}+K_{i_0}D$。从图 7-6 可以看到,$Q'\in[Q_1,Q_2)$,所以 $i_0=2$。最佳订购量 Q^{*} 不能小于 Q',否则,费用会增加,但是订货量大于 Q',并且取分界点之值,譬如为 Q_2,则价格折扣节省的费用可能

超过存贮费的增加，因此，Q_2 是一个可考虑的值。这里要注意，当 $Q\in[Q_2,Q_3)$，时，$C^{(3)}(Q_2)\leqslant C^{(3)}(Q)$，故$[Q_2,Q_3)$中其他点就不考虑了。同理，另一个分界点 Q_3 也是一个可以考虑的值。

丁是我们可以归纳出求最佳订购批量 Q^* 的计算步骤。

(1)求 $Q'=\sqrt{\dfrac{2C_3D}{C_1}}$；

(2)设 $Q_{i-1}\leqslant Q'<Q_i$，按

$$\min\{C^{(i)}(Q'),\ C^{(i+1)}(Q_i),\ \cdots,\ C^{(n)}(Q_{n-1})\}$$

确定 Q^*，若 $C^{(i)}(Q')$为最小，则 $Q^*=Q'$；若 $C^{(m)}(Q_{m-1})$为最小，则 $Q^*=Q_{m-1}$。

例 7-5　设某单位每年需某零件 5 000 件。每次订购费为 49 元。已知这种零件价格为 10 元/件，每件每年的存贮费为购入价的 20%。又知当订购批量较大时可享受折扣优惠，折扣率分别为：100%(订货量不超过 1 000 件)，97%(订货量为 1 000～2 499 件)；95%(订货量在 2 500以上)。试确定该零件的订购批量。

解　已知 $D=5\,000$ 件/年，$C_1=10\times20\%=2$ 元/(件・年)，$C_3=49$ 元，$K=10$ 元，计算得

$$Q'=\sqrt{\frac{2C_3D}{C_1}}=\sqrt{\frac{2\times49\times5\,000}{2}}=495\ (件)$$

未享受折扣的总费用为

$$C(Q')=\sqrt{2C_1C_3D}+KD=\sqrt{2\times2\times49\times5\,000}+10\times5\,000=50\,990\ (元)$$

已知 $Q_0=0$，$Q_1=1\,000$，$Q_2=2\,500$，$Q_3=+\infty$，$Q'\in[Q_0,\ Q_1)$，需计算

$$C^{(2)}(Q_1)=\frac{1}{2}C_1Q_1+\frac{C_3D}{Q_1}+K_2D=\frac{1}{2}\times(10\times20\%\times97\%)\times1\,000+\frac{49\times5\,000}{1\,000}+10\times97\%\times5\,000=49\,715\ (元)$$

$$C^{(3)}(Q_2)=\frac{1}{2}\times(10\times20\%\times95\%)\times2\,500+\frac{49\times5\,000}{5\,000}+10\times95\%\times5\,000=49\,973\ (元)$$

由于订购 1 000 件总费用最少，故 $Q^*=1\,000$(件)。

7.4.2　存贮场地有限制的经济订购模型(模型六)

假定存贮模型中包含多种物品，但仓库空间有限，那么在确定各种物品的最优订购批量时，需要考虑存贮场地这个制约因素。设 $Q_i(i=1,2,\cdots,n)$为第 i 种物品的订购量，w_i 为每件第 i 种物品占用的库存空间，仓库的最大存贮容量为 W。于是有约束条件

$$\sum_{i=1}^{n}w_iQ_i\leqslant W$$

设对第 i 种物品的需求速率为 D_i，订购费为 C_{3i}，存贮费率为 C_{1i}，则平均总费用最小的模型为

$$\min C(Q_1,Q_2,\cdots,Q_n)=\sum_{i=1}^{n}\left(\frac{1}{2}C_{1i}Q_i+\frac{C_{3i}D_i}{Q_i}\right)\tag{7-37}$$

$$\text{s.t.}\begin{cases}\sum\limits_{i=1}^{n}w_iQ_i\leqslant W & (7-38)\\ Q_i\geqslant0,\ i=1,2,\cdots,n & (7-39)\end{cases}$$

当不考虑约束条件时，由 EOQ 公式得

$$Q'_i = \sqrt{\frac{2C_{3i}D_i}{C_{1i}}},\ i = 1,2,\cdots,n \tag{7-40}$$

若 Q'_i 满足约束条件(7-38)，则 Q'_i 是各物品的最佳订购批量，否则可由拉格朗日(Lagrange)乘子法求解模型(7-37)～(7-39)。构造拉格朗日函数

$$L(Q_1,Q_2,\cdots,Q_n,\lambda) = \sum_{i=1}^{n}\left(\frac{1}{2}C_{1i}Q_i + \frac{C_{3i}D_i}{Q_i}\right) + \lambda\left(\sum_{i=1}^{n} w_iQ_i - W\right) \tag{7-41}$$

分别对 $Q_1,Q_2,\cdots,Q_n,\lambda$ 求偏导数，并令其为零

$$\frac{\partial L}{\partial Q_i} = \frac{1}{2}C_{1i} - \frac{C_{3i}D_i}{Q_i^2} + \lambda w_i = 0,\ i = 1,2,\cdots,n \tag{7-42}$$

$$\frac{\partial L}{\partial \lambda} = \sum_{i=1}^{n} w_iQ_i - W = 0 \tag{7-43}$$

由式(7-42)可得

$$Q_i = \sqrt{\frac{2C_{3i}D_i}{C_{1i} + 2\lambda w_i}},\ i = 1,2,\cdots,n \tag{7-44}$$

再由式(7-43)与(7-44)求出 λ 和 Q_i，但计算过程比较复杂，一般采用试算法求解。将式(7-44)代入式(7-43)得

$$\sum_{i=1}^{n} w_i\sqrt{\frac{2C_{3i}D_i}{C_{1i} + 2\lambda w_i}} - W = 0 \tag{7-45}$$

先求出使式(7-45)成立的 λ 值，再求出 Q_i。下面通过例题演示计算过程。

例 7-6 考虑一个具有 A,B,C 三种物品的存贮问题，有关数据见表 7-1。已知仓库的最大存贮空间为 20 m^3，试求每种物品的最优订购批量。

表 7-1

物品	D_i(件/月)	C_{3i}(元/次)	C_{1i}(元/件·月)	w_i(m^3)
A	32	25	1	0.4
B	24	18	1.5	0.3
C	20	20	2	0.2

解 先根据已知条件计算不考虑存放空间限制的经济订货量。

$$Q'_1 = \sqrt{\frac{2C_{31}D_1}{C_{11}}} = \sqrt{\frac{2\times 25\times 32}{1}} = 40(\text{件})$$

$$Q'_2 = \sqrt{\frac{2C_{32}D_2}{C_{12}}} = \sqrt{\frac{2\times 18\times 24}{1.5}} = 24(\text{件})$$

$$Q'_3 = \sqrt{\frac{2C_{33}D_3}{C_{13}}} = \sqrt{\frac{2\times 20\times 20}{2}} = 20(\text{件})$$

上述订购量共占空间为

$$0.4\times 40 + 0.3\times 24 + 0.2\times 20 = 27.2\ (\text{m}^3)$$

已超出最大存放空间。将数据代入式(7-45)，整理得

$$16\times\sqrt{\frac{1}{1+0.8\lambda}} + 7.2\times\sqrt{\frac{1}{1+0.4\lambda}} + 4\times\sqrt{\frac{1}{1+0.2\lambda}} - 20 = 0$$

现由上式确定 λ 值，上式左端是 λ 的单调减函数，当 $\lambda=0$ 时，左端等于 7.2。正好是超出仓库容量的部分。要减小 Q_i，就必须增大 λ 的值。当 $\lambda=5$ 时，上式左端等于 -5.859，说明仓库有富余空间。因此，方程的解应在 0～5 之间。表 7-2 是 λ 取不同值试算的结果.

表 7-2

λ	$16\times\sqrt{\frac{1}{1+0.8\lambda}}+7.2\times\sqrt{\frac{1}{1+0.4\lambda}}+4\times\sqrt{\frac{1}{1+0.2\lambda}}-20$
5	−5.859
2.5	−2.196
1	1.662
1.5	−0.012 47
1.49	0.017
1.495	0.00

将 $\lambda=1.495$ 分别代入式(7-44)求 Q_i^*。

$$Q_1^*=\sqrt{\frac{2C_{31}D_1}{C_{11}+0.8\lambda}}=\sqrt{\frac{2\times25\times32}{1+1.196}}=27\ (件)$$

$$Q_2^*=\sqrt{\frac{2C_{32}D_2}{C_{12}+0.6\lambda}}=\sqrt{\frac{2\times18\times24}{1.5+0.897}}=19\ (件)$$

$$Q_3^*=\sqrt{\frac{2C_{33}D_3}{C_{13}+0.4\lambda}}=\sqrt{\frac{2\times20\times20}{2+0.598}}=17\ (件)$$

于是，A，B，C 的最佳订货量分别为 27，19，17 件，占用仓库空间为 $0.4\times27+0.3\times19+0.2\times17=19.9\ (\mathrm{m}^3)$。

§7.5　随机型存贮模型

在实际的存贮活动中，由于各种偶然因素的影响，需求量往往表现出不确定性，因此需要建立随机模型解决这类存贮问题。本节介绍两种常见的单周期随机存贮模型。

所谓单周期存贮模型，是指在周期开始时订货一次，本周期不再订货，即使出现缺货现象也不补充进货。

对于随机性存贮模型，以总费用的期望值作为衡量存贮策略优劣的标准。

7.5.1　简单单周期模型(模型七)

以报童问题为例，报童每天去邮局订购零售报纸，如果订购量太大，当天卖不完，第二天就难以卖出去，会受到一定损失；如果订购量太小，供不应求，失去销售机会，收入就会减少，问报童每天应订购多少份报纸才算合理?

报纸每天的需求量是离散随机变量。由以往经验可知，需求量 r 的概率为 $P(r)$，每售出

一份报纸赚 k 元，若未售出，则每份报纸赔 h 元。设订购量为 Q，显然，如果 $Q>r$，则损失 $h(Q-r)$元；如果 $Q<r$，则缺货造成的机会损失 $k(r-Q)$元。于是总损失的期望值为

$$C(Q)=\sum_{r=0}^{Q}h(Q-r)P(r)+\sum_{r=Q+1}^{\infty}k(r-Q)P(r) \tag{7-46}$$

将使得 $C(Q)$达到最小的 Q 值作为最佳的订购量。因 r 是离散的随机变量，我们用边际分析法求解，最佳订购量 Q 应满足

$$C(Q)\leqslant C(Q+1) \tag{7-47}$$

$$C(Q)\leqslant C(Q-1) \tag{7-48}$$

由式(7-47)得

$$h\sum_{r=0}^{Q}(Q-r)P(r)+k\sum_{r=Q+1}^{\infty}(r-Q)P(r)\leqslant h\sum_{r=0}^{Q+1}(Q+1-r)P(r)+k\sum_{r=Q+2}^{\infty}(r-Q-1)P(r)$$

注意到 $\sum_{r=0}^{\infty}P(r)=1$，将上式化简、整理得

$$\frac{k}{k+h}\leqslant\sum_{r=0}^{Q}P(r)$$

类似地，由式(7-48)得

$$\sum_{r=0}^{Q-1}P(r)\leqslant\frac{k}{k+h}$$

综合上两式，得

$$\sum_{r=0}^{Q-1}P(r)\leqslant\frac{k}{k+h}\leqslant\sum_{r=0}^{Q}P(r) \tag{7-49}$$

最佳订购量 Q^* 按式(7-49)确定。

例 7-7 有一冰糕的零售商，每天早上从冷饮店领回一定数量的冰糕出售。每块冰糕的进价为 0.3 元，销价为 0.5 元，若到晚上八点还不能卖完，则将全部剩余的冰糕以每块 0.2 元削价处理。出售量 r 的概率 $P(r)$如表 7-3 所示。问冰糕零售商从冷饮店批发多少才能使其损失最小？

表 7-3

r	900	1 000	1 100	1 200	1 300	1 400
$P(r)$	0.05	0.15	0.20	0.40	0.15	0.05

解 已知，$k=0.5-0.3=0.2$，$h=0.3-0.2=0.1$，于是

$$\frac{k}{k+h}=\frac{0.2}{0.2+0.1}=\frac{2}{3}$$

$$\sum_{r=0}^{1\,100}P(r)=0.4,\ \sum_{r=0}^{1\,200}P(r)=0.8$$

$$\sum_{r=0}^{1\,100}P(r)<\frac{2}{3}<\sum_{r=0}^{1\,200}P(r)$$

所以 $Q^*=1\,200$，即零售商应领取 1 200 块冰糕。

如果需求量 r 是连续的随机变量，$\varphi(r)$为其概率密度，则最佳订购量 Q^* 按式

$$\int_0^Q \varphi(r)\mathrm{d}r = \frac{k}{k+h} \tag{7-50}$$

确定。

例 7 8　某书报亭经营某种期刊杂志，销售每册赚 0.2 元，如过期则每册赔 0.3 元，统计表明，市场对该期刊的需求服从均匀分布，最高需求量 $b=1\ 000$ 册，最低需求量 $a=500$ 册。问进货多少才能损失最小？

解　已知 $k=0.2$，$h=0.3$，故

$$\frac{k}{k+h} = \frac{0.2}{0.2+0.3} = 0.4$$

均匀分布的概率密度为 $\varphi(r)=\begin{cases}\dfrac{1}{b-a},\ a\leqslant r\leqslant b,\\ 0,\ \text{其它},\end{cases}$ 由式(7-50)得

$$\int_a^Q \frac{1}{b-a}\mathrm{d}r = \frac{Q-a}{b-a} = \frac{Q-500}{1\ 000-500} = 0.4$$

解得最佳订货量 $Q^*=700$（册）。

7.5.2　有初始库存量的单周期模型(模型八)

考虑一个存贮周期，设初始库存量为 I，需求量 r 是离散的随机变量，可能的取值是 $r_1, r_2, \cdots, r_n (r_i<r_{i+1}, i=1,2,\cdots,n-1)$，$r_i$ 的分布律已知。在周期开始就要确定本周期是否订货，设 s 是订货点，若 $I>s$，则不订货；若 $I\leqslant s$，则需要订货，并将库存量补充到 S。订购量为 $Q=S-I$，再设 K 为货物单价，C_1 为单位货物本周期的存贮费。C_2 为本周期缺货一个单位的损失费，C_3 为订购手续费，需求和订货都发生在周期初，库存补充过程极短。我们的目的是选择 s，S，使总费用的期望值最小。

当 $I>s$ 时，不订货，存贮费与缺货损失费的期望值为

$$C(s,S) = \sum_{r\leqslant I} C_1(I-r)P(r) + \sum_{r>I} C_2(r-I)P(r) \tag{7-51}$$

当 $I\leqslant s$ 时，通过订货将库存量由 I 补充到 S，此时总费用的期望值为

$$C(s,S) = C_3 + K(S-I) + \sum_{r\leqslant S} C_1(S-r)P(r) + \sum_{r>S} C_2(r-S)P(r) \tag{7-52}$$

下面我们先求解 S。

需求量 r 是 $r_1, r_2, \cdots, r_n$ 中的一个，从不产生库存的角度出发，S 的取值也应是 $r_1, r_2, \cdots, r_n$ 中的一个。不妨令 $S_i=r_i (i=1,2,\cdots,n)$，寻找使式(7-52)为最小的 S_i。为方便起见，记 $C(S_i)=C(s,S_i)$，则 S_i 应满足

$$C(S_i) \leqslant C(S_{i+1}) \tag{7-53}$$

$$C(S_i) \leqslant C(S_{i-1}) \tag{7-54}$$

将式(7-53)详细写出来

$$C_3 + K(S_i - I) + \sum_{r\leqslant S_i} C_1(S_i - r)P(r) + \sum_{r>S_i} C_2(r-S_i)P(r)$$

$$\leqslant C_3 + K(S_{i+1} - I) + \sum_{r\leqslant S_{i+1}} C_1(S_{i+1} - r)P(r) + \sum_{r>S_{i+1}} C_2(r-S_{i+1})P(r)$$

化简整理，得

$$\frac{C_2-K}{C_1+C_2}\leqslant\sum_{r\leqslant S_i}P(r)$$

类似地，由式(7-54)，得

$$\sum_{r\leqslant S_{i-1}}P(r)\leqslant\frac{C_2-K}{C_1+C_2}$$

综合上两式，得

$$\sum_{r\leqslant S_{i-1}}P(r)\leqslant\frac{C_2-K}{C_1+C_2}\leqslant\sum_{r\leqslant S_i}P(r) \tag{7-55}$$

取满足式(7-55)的 S_i，令 $S^*=S_i$，本周期订货量 $Q^*=S^*-I$，称 $N=\frac{C_2-K}{C_1+C_2}$ 为**临界值**。

现在确定订货点 s，显然如果不订货的期望费用小于订货的期望费用，那么选择不订货是明智的，设库存水平为 s，不订货的期望费用为

$$\overline{C}(s)=\sum_{r\leqslant s}C_1(s-r)P(r)+\sum_{r>s}C_2(r-s)P(r) \tag{7-56}$$

而有订货量 $Q^*=S^*-s$ 的期望费用为

$$C(s,S^*)=C_3+K(S^*-s)+\sum_{r\leqslant S^*}C_1(S^*-r)P(r)+\sum_{r>S^*}C_2(r-S^*)P(r) \tag{7-57}$$

$$\leqslant C_3+KS^*+\sum_{r\leqslant S^*}C_1(S^*-r)P(r)+\sum_{r>S^*}C_2(r-S^*)P(r)=\hat{C}(S^*) \tag{7-58}$$

令 s 分别取值为 $r_1,r_2,\cdots,r_n$，按由小到大的顺序代入 $\overline{C}(s)$ 中，第一个满足 $\overline{C}(s)\leqslant\hat{C}(S^*)$ 的 r_i 为 S^*。

例 7-9 某工厂生产某种部件，该部件外购价为 850 元/件，订货手续费每次 2 825 元，若自产，则每件成本 1 250 元，单件存贮费 45 元，该部件需求概率见表 7-4。

表 7-4

需求量 r_i	80	90	100	110	120
概率 $P(r_i)$	0.1	0.2	0.3	0.3	0.1

在选择外购策略时，若订购数少于实际需求量，则工厂将自产差额部分，假定初期存货为零，求工厂的订购策略。

解 由题意可知，$K=850$ 元/件，$C_1=45$ 元/件，$C_3=2\,825$ 元，$I=0$，将自产成本看作缺货损失费，则 $C_2=1\,250$ 元/件，计算临界值

$$N=\frac{C_2-K}{C_1+C_2}=\frac{1\,250-850}{45+1\,250}=0.308\,9$$

因为 $\sum_{r\leqslant 90}P(r)=0.3$，$\sum_{r\leqslant 100}P(r)=0.6$，所以根据式(7-55)确定 $S^*=100$，再计算

$$\hat{C}(S^*)=\hat{C}(100)=2\,825+850\times100+45\times[(100-80)\times0.1+(100-90)\times0.2]$$
$$+1\,250[(110-100)\times0.3+(120-100)\times0.1]=94\,255$$

$$\overline{C}(80)=850\times80+1\,250\times[(90-80)\times0.2+(100-80)\times0.3+(110-80)\times0.3$$
$$+(120-80)\times0.1]=94\,250$$

$\overline{C}(80)<\hat{C}(100)$ 成立，故取 $s^*=80$，即初始库存水平低于或等于 80 件时，需要进货补充，进货量 $Q^*=S^*-I=100$(件)。

§7.6　本章小结

本章介绍了两类共八个存贮模型，其中确定性模型具有简明、使用方便等优点，它能清楚地告诉我们经济订货量与订货费、缺货费及需求量之间的比例关系，这对于库存管理实践具有指导意义。至于随机性存贮问题，我们只介绍了比较简单的属于一次性进货的模型，另外还有多周期存贮模型、带有拖后时间的存贮模型等。

实际的存贮问题往往不像我们介绍的模型那样理想化，例如，需求速率或补充速率可能不是常数；库容量、资金、一次定购量等可能有某些限制；多品种货物定购时，可能联合订货，也可能单个物品分别订货；当存在拖后时间时，拖后时间可能是随机变量；另外，库存量的盘点方式可能影响存贮策略等，出现这些情况，需用线性规划、目标规划、动态规划、非线性规划及图与网络理论等其它运筹学分支的分析方法及模型作为解决实际存贮问题的有用工具，对于复杂存储问题，尤其是随机型存储问题，计算机模拟技术可能是目前唯一的手段。

目前国家在信息化方面发展很快，作为生产与销售的中介环节，存储的作用将被削弱，但是并不就此断言物流管理被信息流的管理所取代，存贮问题仍然存在，只不过存贮的内容会发生变化。所以对存贮问题的研究仍然是经济发展的需要。

习题 7

7.1　某厂为了满足生产需要，定期向外单位定购一种零件，这种零件平均日需求量为 100 个，每个零件一天的存储费为 0.25 元，订购一次的费用为 100 元。假定不允许缺货，瞬时到货求最佳订购批量、订购间隔和单位时间总费用。

7.2　考虑 7.1 题，假定允许缺货，每个零件缺货一天的损失费为 0.08 元，求最优订购量、最大缺货量、订购间隔和单位时间总费用。

7.3　考虑 7.1 题，假定供货速率为每天 200 个，求最优订购量、最优订购周期和单位时间总费用。

7.4　把 7.2 题和 7.3 题结合起来考虑，即均匀供应和允许缺货，求最优订购批量、最大缺货量、订购周期和单位时间总费用。

7.5　某制造厂在装配作业中需用一种外购件，假定不允许缺货，试确定其最佳批量，有关数据如下。

全年需要量为 300 万件；安排一次订货费为 100 元；对库存物品投资的利息、保险金、税收等费用年平均为物价的 20%；存贮费用每月每件 0.1 元；价格如表所示。

7.5 题表

批量	$0<Q<10\ 000$	$10\ 000\leqslant Q<30\ 000$	$30\ 000\leqslant Q<50\ 000$	$Q\geqslant 50\ 000$
价格(元)	1.00	0.98	0.96	0.9

7.6 考虑一个具有三种物品的库存问题，有关数据如表所示。已知总的库存量为 $W=30\ m^2$，试求每种物品的最优定货批量。

7.6 题表

物品	D_i	C_{3i}	C_{1i}	$w_i(m^3)$
1	2	10	0.3	1
2	4	5	0.1	1
3	4	15	0.2	1

7.7 某时装屋在某年春季销售一种款式流行时装的数量为一随机变量，据估计其销售可能情况如表所示。该款式时装进价 180 元/套，售价 200 元/套，因隔季会过时，则在本季末抛售价为 120 元/套，设本季内仅能进货一次，问该店本季内进货多少为宜？

7.7 题表

售出件(10 件)	15	16	17	18	19
概率 $P(r)$	0.05	0.1	0.5	0.3	0.05

7.8 有家经营冬季商品的商店在冬季来临前，经理希望知道应订购多少才好，某冬季商品进货价 25 元，售出价 45 元，每次订货手续费 20 元，商品的销售资料如表所示，如发生缺货，则损失掉相应的收入，单位存储费 5 元，设初期无存货，为取得最大利润，商店应订购多少商品(为简单起见，把需求看作是期初发生的)？

7.8 题表

需求量 r	100	125	150
概率 $P(r)$	0.4	0.4	0.2

第 8 章　决策论

决策是整个人类活动中一种普遍的综合性活动。在当今以科学技术为主导的新时代里，科学管理和科学决策具有举足轻重的作用。20 世纪 60 年代科学管理创始人之一的 H. A. Simon 认为管理就是决策，或者说管理的核心是决策，由此可见，决策在科学管理中的地位是显而易见的。什么是决策，虽然迄今尚没有一个确切的定义，但我们可以认为：决策就是人们为了达到某一特定的目标，从若干个可行方案中选择最优（或满意）方案的过程。

决策论（decision theory），又称决策分析（decision analysis），它是运筹学的重要分支之一。它是帮助人们进行科学决策的基本理论和分析方法。由于它广泛应用于管理科学、经济学以及其它传统的和特殊的领域（如遗传研究、环境保护等），所以，20 世纪 60 年代以来发展得十分迅速。

在本章中，首先介绍决策的问题和类型、决策问题的共同结构，扼要地介绍非确定型决策的方法，重点研究和讨论风险型决策。在风险型决策的讨论中要用到概率论与数理统计的一些基本知识，我们假定读者已经掌握了这方面的知识。之后，介绍效用理论及其应用。在讨论了多目标决策的基本概念和基本方法的基础上，我们还要介绍目前国内外已经得到广泛应用的层次分析法（AHP）和数据包络分析法（DEA），这两种方法都是多目标的决策方法。对于决策论的应用，我们通过实例分析贯穿到各个相关内容中。AHP 和 DEA 的案例分析中的实例都是作者近几年来在承担的多项科研项目中实际做过的工作。

§8.1　决策的问题和类型

8.1.1　决策问题的提出

从日常生活、工作，到国家的政治、经济、军事和科学文化等各个领域的各个方面，无一不存在决策的问题。有关国家大政方针的正确决策无疑是非常重要的，它直接关系着国家的富强、民族的兴衰。同样，在管理上的重大决策对企业成败、生存和发展也是至关重要的。

例 8-1　（企业最优生产规模的经营决策）

设某一小毛巾厂生产一种印花枕巾布，已知该厂的固定成本 $F=20$ 万元，每条枕巾的变动成本 $v=1.5$ 元/条，销售单价 $p=4$ 元/条。试决定该工厂应销售多少条枕巾，才能获得 10 万元的利润？

这一问题很简单，只要运用盈亏平衡分析法很容易解决。

设 Q 为销售量或产量，p 为产品单价，F 为固定成本，v 为每件产品的变动成本，C 为总成

本，I 为总收入，P 为盈利(利润)。从而

$$P = I - C = pQ - (F + vQ) = (p - v)Q - F$$

当 $P=0$ 时，求得盈亏平衡点

$$Q^* = \left[\frac{F}{p - v}\right] \quad ([\cdot]\text{是取整数符号})$$

因此，当 $Q>Q^*$ 时，企业盈利。

代入数据，得

$$Q^* = \frac{20 \times 10^4}{4 - 1.5} = 8(\text{万条})$$

这时，总成本与总收入相等，等于

$$C = I = Q^* p = 8 \times 4 = 32(\text{万元})$$

故当

$Q=\dfrac{P+F}{p-v}=\dfrac{10+20}{4-1.5}\times 10^4=12$(万条)时，可获得利润 10 万元。

例 8-2 某公司计划生产有特殊立体感的新型照相机及胶片，恰巧有一照相机制造厂和一胶片制造厂分别对该公司提出了触犯专利的起诉。公司经理考虑了几种可供选择的行动方案，如表 8-1 所示。表中包含了组织安排生产照相机和胶片的各种不同的情形。该公司已经决定对两工厂的起诉进行应诉，以期得到法律解决而不作任何妥协。因此，在对两工厂的起诉结果出现的状态有四种可能组合，亦如表 8-1 所示。由于没有这种情况的诉讼先例，所以公司的法律顾问不肯估计各状态的概率。试问应选择何种方案？

表 8-1 （单位：百万美元）

收益值 \ 结果状态 \ 行动方案	S_1（赢得两种起诉）	S_2（仅赢得照相机的起诉）	S_3（仅赢得胶片的起诉）	S_4（输于两种起诉）	最小收益
A_1（生产照相机和胶片）	1 450	1 300	700	400	400
A_2（生产照相机）	1 400	1 425	825	775	775
A_3（仅生产胶片）	1 100	1 000	850	800	注①
A_4（都不生产）	1 100	1 000	850	810	810

注① 在 8.2.1 节中我们将说明行动 A_4 优于行动 A_3，行动 A_3 属于不容许的行动，故这里不填数字 800。

例 8-3 某厂在确定下一个计划期内产品的生产批量时，根据以往的经验及市场调查的结果，得到了产品销路好、销路一般和销路差三种状态 $s_i(i=1,2,3)$下的概率分别为 0.3，0.5 和 0.2；现有大、中、小批量生产的三种可供选择的行动方案 $A_j(j=1,2,3)$，并且已知三种行动方案下的投资金额及三种状态下的收益值(负数表示损失值)，均列于表 8-2 中。试问应采取何种方案为宜？

一般地，一个决策问题应包括哪些主要因素，即构成决策问题共同的结构要素是什么？一个决策问题应具备哪些基本条件呢？

表 8-2　　(单位:万元)

行动方案	收益(损失)值 \ 状态 \ 投资额	产品销路		
		s_1(好)	s_2(一般)	s_3(差)
		$P(s_1)=0.3$	$P(s_2)=0.5$	$P(s_3)=0.2$
A_1(大批量)	10	20	14	−12
A_2(中批量)	8	18	12	−8
A_3(小批量)	5	16	10	−6

8.1.2　决策问题的构成

1. 决策问题的构成要素

(1)**决策者**　决策者是指单个人或一组人(如管理委员会等机构)。

(2)**行动或策略** A_i　任何决策问题都必须具有两个或两个以上的行动方案。显然,如果只有一个行动方案,就无需进行决策了。行动方案简称行动、方案或行为(action),也称为策略(policy)或决策(decision),通常用策略变量代表方案。令 $A=\{A_1,A_2,\cdots,A_m\}$为策略集合,而 $A_1,A_2,\cdots,A_m$ 为策略变量,它是决策者采取的策略;是**人们可以控制的因素**,通常称为**可控变量**。

(3)**结果状态** s_j　任何决策问题,无论采取哪一个行动方案,都存在一种或几种自然状态,自然状态简称为状态(state),也称为事件(event)。通常用 $s_j(j=1,2,\cdots,n)$表示每一状态,称为状态变量(state variable);它表示自然状态的变化和存在,**它是人们不可控制的因素**,通常也称为**不可控变量**。状态变量的全体构成的集合,称为状态集合,记为 $S=\{s_1,s_2,\cdots,s_n\}$。这里的各 s_j 是互斥事件,而所有的 s_j 构成的集合 $\boldsymbol{S}$ 是一个必然事件。状态变量的分布可能是确定的,也可能是不确定的;状态变量的分布可能是离散分布,也可能是连续分布。

(4)**后果或收益(报酬)**r_{ij}　为了度量决策的效果,通常采用**损益函数**(profit and loss function)来描述。损益函数表示采取方案 A_i 后在状态 s_j 下带来的损失或收益;可以用 $R(A_i,s_j)$表示**收益函数**(profit function),用 $L(A_i,s_j)$表示**损失函数**(*loss function*)。不致于混淆时,也可以通用一个记号来表示损益函数,如果认定正值表示收益,那么负值就表示损失。损益函数的取值,即**损益值**。损益值一般都用货币值来表示,但有时也可以表示为时间、产量、质量等的损益,在 8.4 中我们还要介绍用"效用值"表示的方法。

(5) **结果状态概率** $\boldsymbol{P(s_j)}$　它们是决策者对状态 s_j 指定的概率,关于它的进一步讨论将在§8.3 中展开。状态概率不一定在所有决策问题中都出现。

(6)**准则**　这是决策者识别所选择的行动方案是否最优的根据。

2. 决策问题的基本条件

进行决策的目的在于根据各种可能的状态,选择某一行动方案,使得损益达到最优(损失最小或收益最大)。能使损益达到最优的行动方案,称为**最优行动方案**,或称为**最优策略**(optimal policy)记为 A^*;相应的损益值,称为**最优值**(optimal value),记为 $R^*=R(A^*)$或 $L^*=L(A^*)$;而所选择的这种最优方案的决策,称为**最优决策**(optimal decision)。

综上所述,我们可以将一个决策问题所必须具备的基本条件概括如下:

(1)决策者有一个明确的预期达到的目标,如收益最大或损失最小。

(2)存在着两个或两个以上可供决策者选择的行动方案。

(3)对每一行动方案所面临的各种可能的自然状态全可以知道。

(4)每个行动方案在不同状态下的损益值能够计算或定量地估计出来。

为了清晰地表示不同方案在不同状态下的损益值之间的对应关系,常采用表格的形式,这样的表称为**损益值表**,也称为**决策表**(或报酬表)。表 8-3 就是一般决策问题的决策表,而决策表就是一种基本的决策模型。例如,表 8-1 就是例 8-2 的决策表。

表 8-3 (单位:万元)

收益值 \ 状态 \ 行动方案	s_1	s_2	…	s_j	…	s_n
A_1	r_{11}	r_{12}	…	r_{1j}	…	r_{1n}
A_2	r_{21}	r_{22}	…	r_{2j}	…	r_{2n}
⋮	⋮	⋮		⋮		⋮
A_m	r_{m1}	r_{m2}	…	r_{mj}	…	r_{mn}

由各损益值 r_{ij} 构成的矩阵 $\boldsymbol{R}$,称为**损益矩阵**,即

$$\boldsymbol{R} = (r_{ij})_{m\times n} \quad i = 1,2,\cdots,m;\ j = 1,2,\cdots,n \tag{8-1}$$

前面已经述及,损益是策略和状态的函数,如用 f 表示这个函数,则有

$$R = f(A_i, s_j) = f_{ij} \tag{8-2}$$

这就是决策模型的基本结构。

8.1.3 决策的分类

决策论作为一门独立的学科,自 H. A. Simon 等人倡导之后,在一个不很长的时间内,它的理论研究和实际应用都发展得非常迅速,从而出现多种分类形式。

按决策者所处的地位,决策分为高层决策、中层决策和基层决策。

按决策的内容,决策分为战略决策分析和战术决策分析。企业的战略决策分析就是企业与经常变化的外界环境保持动态平衡的一种决策,为此就要研究市场的变化、新产品开发、生产规模的确定等长远规划。企业的战术决策分析,包括管理决策分析和业务决策分析,前者是指企业为实现战略决策而需要的人力、物力、财力等资源的准备和组成以及组织结构等方面的一种决策;后者是指提高企业日常业务工作的一种决策,其中库存管理、生产管理、销售管理等都属于业务决策分析的内容。

按决策分析过程和存在状态,决策可分为静态决策、动态决策和博弈型决策。静态决策比较简单,通常运筹学不再研究。动态决策一般要考虑时间因素的影响,我们在第 4 章中讨论过的动态规划就属于这样一种决策。博弈型,也称为竞争性决策,或称为博弈论、对策论,将在第 9 章中专门讨论。

按决策过程的连续性，决策可分为一次决策和多阶段决策（多级决策，或序贯决策）。

按决序目标的个数，决策可分为单目标决策和多目标决策。

按问题性质和条件，决策可分为确定型、非确定型和风险型决策。确定型决策是指每个行动只有唯一的后果，例8-1就是一个确定型决策的例子。这类决策问题只要比较不同策略的损益值，按目标规定选出具有最大收益值或最小损失值的最优方案。这类问题粗看起来似乎很简单，但当可供选择的方案很多时，求解往往也很复杂，通常要用运筹学方法或其它经济分析法、一般计量方法等才能解决。非确定型决策是指每项方案的选择可能导出若干个可能的结果状态，而且每个状态出现的概率 $P(s_j)$ 是未知的，即状态 s_j 的出现是不确定的，例8-2就是一个非确定型决策的例子。对于这类决策问题，决策者需要主观地确定一项择优准则，究竟选择哪一种准则是与决策者的素质和态度有关。我们将在 8.2 中扼要地讨论这类决策问题。风险型决策是指作出每项抉择时，可能有若干个结果状态，但可以有根据地确定各状态出现的概率值（先验概率或修正的后验概率），例 8-3 就是风险型决策的例子。对于这类决策问题，决策时就需要比较各策略的期望值（如期望利润、期望机会损失等）来选择最优策略。风险型决策是本章讨论的重点。

§8.2　非确定型决策

8.2.1　容许的行动方案

在决策问题中，有时不是所有可行的行动方案都是值得考虑的。如果有一种行动方案很拙劣，自然应该立即舍弃。通常，可以通过比较每一行动方案的收益值（或损益值）来确定。在上节的例 8-2 中，如果比较表 8-1 中的行动 A_3 与 A_4，注意到在状态 s_1、s_2 及 s_3 下均得到相同的收益；而当出现状态 s_4 时，A_3 的收益 $r_{34}=800$，比 A_4 的收益 $r_{44}=810$ 要小。这时，我们就说行动 A_4 优于行动 A_3。

一般地，对于每个状态，若 A_i 的收益总是不比 $A_{i'}$ 的差，即对所有 j，$r_{ij}\geqslant r_{i'j}$，且至少有一个状态 s_j 满足 $r_{ij}>r_{i'j}$，则称行动 A_i 优于行动 $A_{i'}$。

若没有任何可行的行动优于 A_i，则称 A_i 是**容许的行动**；若存在某一行动优于 A_i，则称 A_i 是**不容许的行动**，就是不值得考虑的。

从表 8-1 中注意到，对于行动 A_1，A_2 和 A_4 都没有任何行动优于它们，所以它们每一个都是容许行动。于是，照相机公司可只考虑把 A_1，A_2 和 A_4 作为选择最优行动的对象。

8.2.2　选择最优行动的准则

在§8.1 中已经提及，在决策问题中要选择"最优"行动，需要确定一种准则。下面是决策理论工作者对非确定型决策提出的两条准则。

最大化最小准则（瓦尔德准则：Wald decision criterion）

决策者为了慎重起见，可以强调每个行动能保证获得的收益。而最小收益也就是实际上不能再低的收益，然后选择提供最好的保证收益的行动。简言之，这种决策准则是从各方案的最小收益值中选择最大的，所以也称为"小中取大"法。这是一种万无一失的保守型决策者的选择准则。这种类型的决策者处理问题总是从各种最坏的情况出发,然后再考虑从中选择一个最好的结果,因此这种决策方法也称**悲观法**。用数学式子表示,即

$$r^* = \max_{A_i \in A}\{\min_{s_j \in S}\boldsymbol{R}(A_i, s_j)\} = \max_i \min_j \{r_{ij}\} \qquad (8-3)$$

其中 r_{ij} 是收益矩阵 $\boldsymbol{R}$ 中的元素,即收益值。

例 8-4 在例 8-2 中,照相机公司三个值得考虑的行动 A_1,A_2 及 A_4 的最小收益分别表示在表 8-1 的末一列。从表中看出,按最大化最小准则应该选择 A_4。当然,A_4 的实际收益可能高于最小值 810(如果结果状态是 s_1,s_2 或 s_3),但不能低于这个值。

注意,若决策表中给出的损失矩阵,按悲观法应采用什么决策准则,请读者思考。

最小化最大后悔值准则(沙万奇准则:Savage decision criterion)

决策者在决策时,一般易于接受某一状态下收益最大的方案,但由于无法预知哪一状态一定出现,因此,当决策时如果没有采纳收益最大的方案,就会有后悔之感。我们就把最大收益值与其它收益值之差作为后悔值(regret value)(遗憾值),称为**机会损失值**(opportunity loss value)。后悔值或机会损失 o_{ij} 表示第 i 个行动及第 j 个状态的后悔值或机会损失,即

$$o_{ij} = (\max_i r_{ij}) - r_{ij} \qquad i = 1,2,\cdots,m; \qquad j = 1,2,\cdots,n \qquad (8-4)$$

这里的 o_{ij} 可以构成机会损失阵 $\boldsymbol{O} = (o_{ij})_{m\times n}$

然后,按最小化最大后悔值准则(参照悲观法准则对损失矩阵的思考题)考虑每个状态的最大后悔值(机会损失值)$\max_j o_{ij}$,并选择使它获得最小值,即

$$r^* = \min_i(\max_j o_{ij}) \qquad (8-5)$$

从而它所对应的 A_i 就是 A^*。

以上这种使机会值最小的决策方法,称为最小后悔值法,简称**后悔值法**。利用这种方法决策的步骤就是按式(8-4)及式(8-5)完成的。

例 8-5 表 8-4 中得出了照相机公司一例的机会损失值。容许行动的收益 r_{ij} 重新列在表 8-4(a)中。四个状态的可获收益分别按列排列,表中每列中的最大者标以 * 号。如 $r_{11} = 1\,450^*$ 表明它是 s_1 状态下可获得的最大收益。

机会损失值 o_{ij} 表示在表 8-4(b)中。如由于 A_1 是出现 s_1 时的最好行动,所以 $o_{11} = 1\,450 - 1\,450 = 0$。类似地,$o_{21} = 1\,450 - 1\,400 = 50$,表明状态 s_1 出现时,A_2 的收益要比该状态下最好行动的收益相差 50(百万美元),其它机会损失值可以用相同方法得到。

表 8-4(b)中最右边一列给出了各行动的最大机会损失,其中以行动 A_2 的最大机会损失值为最小。决策者如选择行动 A_2,就保证了无论出现哪个状态,所得的实际收益与那个状态下最好的收益之差都不会超过 50(百万美元)。

准则的选择 以上我们考虑了非确定型决策中选择行动的两种准则,当然还可能有其它准则(限于篇幅,这里不再进一步讨论)。遗憾的是,对同一问题用不同的准则常常选择出不同的行动方案。比如,在照相机公司的例子中,用最大化最小准则选择了行动 A_4,而用最小化最大后悔值准则却选择了行动 A_2。由于非确定型决策理论中没有给出比较准则优劣的客观标准。因此准则的选取仍是由主观决定的。

表 8-4　照相机公司一例中的收益值和机会损失值　(单位:百万美元)

(a) 收益 r_{ij}

行动	状态 s_1	s_2	s_3	s_4
A_1	1 450*	1 300	700	400
A_2	1 400	1 425*	825	775
A_4	1 100	1 000	850*	810*

* 表示结果状态的最大收益

(b) 机会损失 o_{ij}

行动	状态 s_1	s_2	s_3	s_4	最大机会损失
A_1	0	125	150	410	410
A_2	50	0	25	35	50
A_4	350	425	0	0	425

§8.3　风险型决策

风险型决策(risk decision)也称**随机型决策**(random decision),或称为**统计型决策**(statistical decision),亦称**贝叶斯**(Bayes)决策。8.1 中的例 8-3 就是一个风险型决策的问题。

8.3.1　仅有先验信息的贝叶斯决策

在贝叶斯决策中有两个或两个以上影响收益的状态 s_j,并且指定了这些状态出现的概率 $P(s_j)$。在此,先研究仅有关于状态的先验信息 $P(s_j)$的决策问题。

例 8-6　唐某在有历史遗迹的岛上经营旅游服务。由旅行社组织的旅游者可以由附近的陆地来该岛旅游,唐某则为这些岛上旅行进行服务并预订旅馆。他预订旅馆时还不知道来岛旅游的准确人数,旅游者每住进预订的一套房间他将获得 50 美元,直到预订的 4 套房间住满为止。每空一套房间,他将付空房损失 30 美元。如果旅游人数超过预订房间,对超过部分唐某既不获利也不损失;如有 5 人或多于 5 人来旅游,则旅行社应付给唐某固定服务费用 150 美元。

唐某为旅游者预订房间的数目就是供选择的行动方案,如表 8-5 所示;来岛上旅游的实际人数是结果状态,也表示在表 8-5 中。现用方案 A_3(保留两套房间)说明损益表的数值。如没有旅游者来岛,唐某损失两个 30 美元,共 60 美元;如来 1 个旅游者,他将获利 50 美元,但还需付空房损失 30 美元,即实际只获 20 美元;如来两个旅游者,他由于每人可获 50 美元总计获 100 美元;如有 3 人或 4 人来旅游,他仍获利 100 美元,这是由于超过预订房间的数目时,他既不获利也不损失;如有 5 人或多于 5 人来岛上旅游,他由旅行社获固定服务费用 150 美元。

因为方案 A_5(预订 4 套房间)必优于预订多于 4 套的方案，所以不必考虑预订多于 4 套的行动方案。唐某根据以往的经验能够指定每一状态的概率。例如，过去没有旅游者来岛上旅游的状态大约有 25%，从而他估计出下次没有旅游者来岛的概率是 $P(s_1)=0.25$。其它状态的概率都表示在表 8-5 中。

表 8-5　　岛上旅游例子的损益表　　(单位:美元)

预订房间数目(套)	来旅游的人数					
	s_1 0	s_2 1	s_3 2	s_4 3	s_5 4	s_6 5或以上
	$P(s_1)=0.25$	$P(s_2)=0.10$	$P(s_3)=0.20$	$P(s_4)=0.20$	$P(s_5)=0.15$	$P(s_6)=0.10$
A_1 : 0	0	0	0	0	0	150
A_2 : 1	−30	50	50	50	50	150
A_3 : 2	−60	20	100	100	100	150
A_4 : 3	−90	−10	70	150	150	150
A_5 : 4	−120	−40	40	120	200	150

[注]由于唐某指定的状态概率是在与目前类似的条件下观测以往所经营的旅游业的相对频率得到的，所以这些概率具有客观性。在许多情况下，这样的相对频率是不容易得到的。如果没有恰当的过去经验，可以使用主观概率来估计。但不管概率是主观的还是客观的，贝叶斯决策过程都是以相同形式进行的。

期望收益准则

当指定了状态概率 $P(s_j)$ 后，就可将行动的损益看作是有关概率分布的随机变量。例如，由表 8-5 可见，如果唐某选择行动 A_5(预订 4 套房间)，则损益的概率分布如表 8-5-1 所示

表 8-5-1

损益	−120	−40	40	120	200	150	总计
概率 $P(s_j)$	0.25	0.10	0.20	0.20	0.15	0.10	1.00

行动 A_i 的期望收益，记为 $\mathrm{EP}(A_i)$，即

$$\mathrm{EP}(A_i)=\sum_j R(A_i,s_j)P(s_j)=\sum_j r_{ij}P(s_j) \tag{8-6}$$

按照期望收益准则，自然应该选择使收益期望最大的行动，同时将具有最大期望收益的行动称为**贝叶斯行动**。它的期望收益记为 BEP，即

$$\mathrm{BEP}=\max_i\ \mathrm{EP}(A_i) \tag{8-7}$$

为了求出旅游例子(例 8-6)中的贝叶斯行动，需先求得每个行动的期望收益。以行动 A_5 为例，

$$\mathrm{EP}(A_5)=\sum_{j=1}^{6}r_{5j}P(s_j)=(-120)\times0.25+(-40)\times0.10+\cdots+150\times0.1=43$$

用类似方法求出其它行动的期望收益(见表 8-5-2)，由表 8-5-2 看出，A_4 的期望收益最大，即

$$BEP = EP(A_4) = 58 \text{ 美元}$$

表 8-5-2

行动 A_i	A_1	A_2	A_3	A_4	A_5
$EP(A_i)$	15	40	57	58	43

因此 A_4(预订 3 套房间)是贝叶斯行动。

以上我们讨论的期望收益准则,也称为**最大收益期望准则**,它的决策程序就是按式(8-6)及式(8-7)计算得出的。即先计算出每个行动方案的期望收益值,然后比较选优。若问题的决策目标考虑的是收益值,则选择期望值最大的策略。若问题的决策目标考虑的是损失值(或机会损失值),则选择期望最小的策略。如果期望值是用货币表示的(在§8.4 中还要介绍用效用值表示期望值),称为货币期望值,可以用 EMV(expected monteary value)表示。故此决策准则,通常也称为 EMV 准则(简称期望值法)。这里的记号与式(8-6)及式(8-7)的记号是一致的,今后这两种记法通用,不会引起混淆。

下面分两种情况介绍期望值法的具体做法。

1. 期望收益最大(或损失最小)法

先计算各方案 A_i 的收益(或损失)期望值

$$EMV(A_i) = EP(A_i) = \sum_j R(A_i, s_j) P(s_j) \tag{8-8}$$

其中,$R(A_i, s_j)$是采取 A_i 方案时在 s_j 状态下的收益函数或收益值(或损失函数,损失值);$P(s_j)$是状态 s_j 出现的先验概率(prior probability)。

然后比较 A_i 的期望损益值。对于最大收益问题,有

$$EMV(A^*) = \max_{A_i \in A}\{EMV(A_i)\} = \max_{A_i \in A}\{\sum_j R(A_i, s_j) P(s_j)\} \tag{8-9}$$

对于最小损失问题,有

$$EMV(A^*) = \min_{A_i \in A}\{EMV(A_i)\} = \min_{A_i \in A}\{\sum_j R(A_i, s_j) P(s_j)\} \tag{8-10}$$

例 8-7　用期望值法解例 8-3。

解　按式(8-8)计算出

$$EMV(A_1) = 20 \times 0.3 + 14 \times 0.5 + (-12) \times 0.2 = 10.6$$
$$EMV(A_2) = 18 \times 0.3 + 12 \times 0.5 + (-8) \times 0.2 = 9.8$$
$$EMV(A_3) = 16 \times 0.3 + 10 \times 0.5 + (-6) \times 0.2 = 8.6$$

表 8-6

收益值 \ 状态 / 方案	s_1	s_2	s_3	期望收益值 $EMV(A_i)$
	$P(s_1)=0.3$	$P(s_2)=0.5$	$P(s_3)=0.2$	
A_1	20	14	−12	10.6
A_2	18	12	−8	9.8
A_3	16	10	−6	8.6

再分别减去各方案的投资金额，得

$$A_1: 10.6 - 10 = 0.6(\text{万元})$$
$$A_2: 9.8 - 8 = 1.8(\text{万元})$$
$$A_3: 8.6 - 5 = 3.6(\text{万元})$$

故选择方案 A_3（小批量生产）为最优方案。

例 8-8 （卖报童问题）卖报童每天要到邮局去订报，出售一份报纸可获利润 a(分)，若卖不出去返回邮局，每份报纸要损失 b(分)。根据以往经验得知，每天需要量为 k 份报纸的概率为 p_k。问报童每天应订购多少份报纸，才能使他获利的期望值最大？

解 设报童每天订购的份数为 n 份，顾客每天的需要量 X 是一个随机变量，于是 $P\{X=k\}=p_k$。报童每天的利润 $f(x)$ 为

$$f(x)=\begin{cases} an & \text{当 } x \geqslant n \\ ax-(n-x)b & \text{当 } x < n \end{cases}$$

因此，报童获利的期望值为

$$\begin{aligned} E[f(x)] &= \sum_{k=0}^{\infty} f(x) P\{X=k\} \\ &= \sum_{k=0}^{n-1}[ak-(n-k)b]p_k + \sum_{k=n}^{\infty} akp_k \end{aligned}$$

卖报童需要做出如下决策：确定一个订购数 n，使得 $E[f(x)]$ 最大。

例如，当 $a=3, b=1$，需要量 X 是一个离散型随机变量，它可取的数值比如分别为 2 001，2 002，…，4 000；它的概率分布为

$$P\{X=k\}=\frac{1}{2\,000},\ k=2\,001,\ \cdots,\ 4\,000$$

为了计算简便，我们近似地将 X 看作[2 000, 4 000]上均匀分布的连续型随机变量，故 X 的密度函数为

$$p(x)=\begin{cases} \dfrac{1}{2\,000}, & 2\,000 \leqslant x \leqslant 4\,000 \\ 0, & \text{其它} \end{cases}$$

于是

$$\begin{aligned} E[f(x)] &= \int_{-\infty}^{+\infty} f(x)p(x)\mathrm{d}x \\ &= \frac{1}{2\,000}\left[\int_{2\,000}^{n}(4x-n)\mathrm{d}x + \int_{n}^{4\,000} 3n\mathrm{d}x\right] \\ &= \frac{1}{1\,000}[-n^2+7\,000n-4\times 10^6] \end{aligned}$$

令 $\dfrac{\mathrm{d}E[f(x)]}{\mathrm{d}n}=0$，解出 $n=3\,500$ 时，$E[f(x)]$ 达到极大值。因此，根据期望值准则，报童的最优策略是订购 3 500 份报纸，相应的期望利润值为 82.5 元。

注意此例中，随机变量 X 近似地看作连续随机变量，它的最大期望值是用解析法求得的，

它与上例是不同的，计算比较简洁。

2. 期望最小机会损失值法(EOL 准则)

在§8.2 中已经定义过机会损失值(即后悔值)。为了用期望最小机会损失值进行决策，首先需计算出每个方案的机会损失期望值

$$\mathrm{EOL}(A_i)=\sum_j \mathrm{OL}(A_i,s_j)P(s_j) \tag{8-11}$$

其中，$\mathrm{OL}(A_i,s_j)$是方案 A_i 在 s_j 状态下的机会损失值。然后比较，得出期望最小机会损失值，即

$$\mathrm{EOL}(A^*)=\min_{A_i\in A}\{\mathrm{EOL}(A_i)\} \tag{8-12}$$

例 8-9　某商店对某种商品一天的需求量进行 200 天的观察记录，得表 8-7 的结果。假定每天预订的该种商品卖不出去，则将全部损失；假定不能满足顾客需求，但损失销售机会的利润，而不考虑今后顾客可能转移的影响。已知每件商品购进价为 2 元，售出价为 5 元(表 8-7 中未列入项目的概率为 0)。问商店每天应订购多少件商品，才能使利润最大?

表 8-7

每天需求量(件)	5	6	7	8
天数	30	50	80	40
概率	0.15	0.25	0.40	0.20

解　读者可以采用期望收益最大值法求出最优策略。现在我们采用期望最小机会损失值法求解。

设 $A_i(i=1,2,3,4)$表示订货量，$s_j(j=1,2,3,4)$表示需求量。根据题目给出的资料，可算出机会损失值(见表 8-8)。故最优策略为每天订货 7 件，相应的期望最大利润值为 18.25 元，即 $\mathrm{EMV}(A^*)=\mathrm{EMV}(A_3)=11\times0.15+16\times0.25+21\times0.40+21\times0.20=18.25$。

表 8-8　**期望最小机会损失法决策表**

$OL\cdot P(s_j)$ 状态 s_j / 机会损失 OL(元) / 方案 A_i	s_1		s_2		s_3		s_4		期望机会损失值
	$P(s_1)=0.15$		$P(s_2)=0.25$		$P(s_3)=0.40$		$P(s_4)=0.20$		$\mathrm{EOL}(A_i)$
A_1	0	0	3	0.75	6	2.40	9	1.80	4.95
A_2	2	0.30	0	0	3	1.20	6	1.20	2.70
A_3	4	0.60	2	0.50	0	0	3	0.60	1.70*
A_4	6	0.90	4	1.00	2	0.80	0	0	2.70
决策	$\mathrm{EOL}(A^*)=\min\{\mathrm{EOL}(A_i)\}=1.70$								

这里需要指出，用期望最小机会损失值法与用期望最大收益值法进行决策，对同一个问题而言，其结果是完全相同的。

事实上，我们不难证明这一点。因为

$$\begin{aligned}\mathrm{EOL}(A_i) &= \sum_j OL(A_i, s_j)P(s_j) \\ &= \sum_j [\max_i(r_{ij}) - r_{ij}]P(s_j) \qquad (\text{见式}(8-4)) \\ &= \sum_j \max_i(r_{ij})P(s_j) - \sum_j r_{ij}P(s_j)\end{aligned}$$

其中 $r_{ij}=R(A_i, s_j)$

设$\max_i(r_{ij})=M_j$，其中 M_j 是收益矩阵$(r_{ij})_{m\times n}$中每列中的最大元素；又 $P(s_j)$是给定的。故可记 $\sum_j \max_i(r_{ij})P(s_j) = \sum_j M_j P(s_j) = K$，其中 K 是常数。

于是

$$EOL(A_i) = K - EMV(A_i)$$

所以，当 $\mathrm{EMV}(A_i)$为最大时，$\mathrm{EOL}(A_i)$必为最小。

决策树法(decision tree method)

除以上介绍的运用期望(损益)值决策准则在决策表上进行分析外，还可以利用一种树状的网络图形——决策树来进行决策分析，这就是决策树法。它是决策分析中最常用的方法之一，这种方法不仅直观方便，而且可以更有效地解决比较复杂的决策问题。它是期望值法的更富直观性的分析方法。

决策树由决策节(结)点、方案节(结)点(也称状态节点)、树枝、树梢四部分组成。图 8-1 就是例 8-3 的一棵决策树。

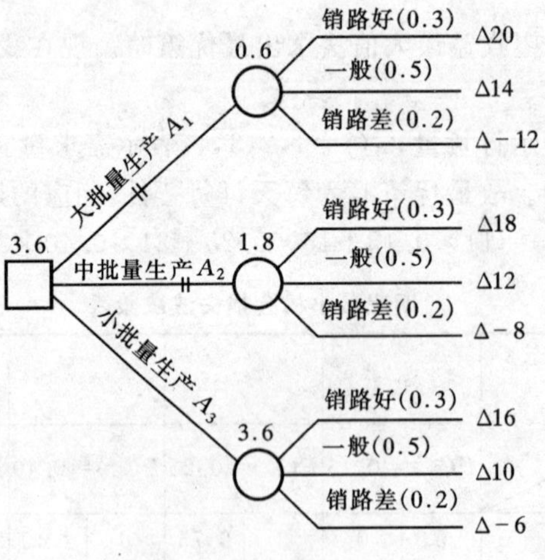

图 8-1

图 8-1 中，线段就是树枝，每条线代表一个分枝；决策树右侧各分枝的端点(用"△"表示的)就是树梢。

决策树的画法是：

(1) 先画一决策节点，用"□"表示；从这一点引出方案(策略)分枝，每一分枝表示一个行动方案(策略)，分枝上注明方案名或代号；方案分枝的端点画上方案节点(或称策略点、状态点)，用"○"表示。

(2)再从每个方案节点引出状态分枝(也称概率分枝)，每一分枝表示一种状态，分枝上注明状态名或代号及其出现的概率(可注在括弧内);树梢末画上"△"表示结果节点,旁边的数字代表相应的损益值。

利用决策树方法进行决策,具体步骤是:

(1)画出决策树。按照从左到右的正向顺序画决策树,画决策树的过程本身就是一个对决策问题进一步深入探索的过程。

(2)按从右到左的顺序,反向归纳计算各方案的损益期望值,并将结果标注在相应的状态节点处。

(3)选择收益期望值最大的(或损失期望值最小的)作为最优策略(方案),并将其期望值标注在决策节点处,同时将不考虑的方案分枝剪掉,用"⧺"表示。

图 8-1 中各状态节处标记的数字是各方案的收益期望值减去投资额的结果。

上面的例 8-7,例 8-9 读者均可采用决策树方法进行分析。这样的决策问题均属于单级(一次)决策;**用决策树方法还可以有效地解决多级(或称序贯,或多阶段)决策的问题(决策节点有两个以上)**。

例 8-10　某企业为开发一种市场需要的新产品考虑筹建一个分厂,经过调查研究取得以下有关资料:建造大厂和小厂的投资费用分别为 300 万元和 120 万元,使用期限均考虑 10 年;新产品前 3 年销路好的概率为 0.7,销路差的概率为 0.3,3 年后销路好的概率为 0.9,销路差的概率为 0.1。若建大厂,销路好每年可获利 100 万元,销路差每年要损失 20 万元(若建大厂,前三年销路差,以后没有转机);若建小厂,销路好每年可获利 40 万元,销路差每年仍可获利 30 万元。若先建小厂,当销路好时 3 年后再扩建,需要扩建投资 200 万元,扩建后销路好以后 7 年中每年可获利 95 万元(扩建后销路差每年损失 20 万元);当销路差时不再扩建。试用决策树方法进行决策。

解　为了清楚起见,先将题目中给出的有关资料列于表 8-9 中。

表 8-9

方案	损益值(万元/年)＼状态 投资额(万元)	前 3 年情况		后 7 年情况		
		s_1(销路好) $p(s_1)=0.7$	s_2(销路差) $p(s_2)=0.3$	s_1(销路好) $p(s_1)=0.9$		s_2(销路差) $p(s_2)=0.1$
A_1(建大厂)	300	100	−20	100		−20
A_2(建小厂)	120	40	30	扩建	95	−20
				不扩建	40	30

第一步:画出决策树(见图 8-2)。

第二步:计算各点的损益期望值。

在点 4,〔100×0.9+(−20)×0.1〕×7(年)=616

在点 5,(−20)×1.0×7=−140

在点 2,100×0.7×3(年)+616×0.7+(−20)×0.3×3(年)+(−140)×0.3−300(建大厂投资)=281.2

在点 8,(40×0.9+30×0.1)×7(年)=273

在点 9，〔95×0.9＋(－20)×0.1〕×7(年)－200(扩建投资)＝384.5

因 384.5＞273，说明扩建方案好；划掉不扩建方案，并将点 9 的期望值转移到点 6 处。

在点 7，30×1.0×7(年)＝210

在点 3，40×0.7×3(年)＋384.5×0.7＋30×0.3×3(年)＋210×0.3－120(建小厂投资)

＝323.15

第三步：确定最优方案。将点 2 和点 3 比较，因 323.15＞281.2，最后划去建大厂方案。所以，先建小厂 3 年后扩建比建大厂方案优越，相应的期望最大收益值为 323.15 万元。

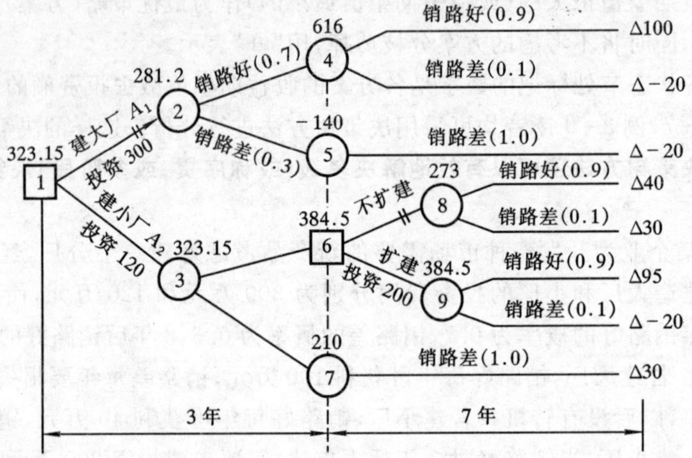

图 8－2

例 8－11 某厂在产品开发中经过调查研究，取得有关资料如下：一开始即有引进新产品和不引进新产品两种方案。在决定引进新产品时，估计需投入科研试制费 7 万元。估计其它企业以相同产品投入市场参与竞争的概率为 0.6，无竞争的概率为 0.4。在无竞争的情况下，该厂有大规模生产、一般规模生产和小规模生产三种方案，其收益分别为 20，16，12 万元。在有竞争的情况下，该厂和竞争企业都有上述三种规模的生产方案，有关数据如表 8－10 所示。

表 8－10

竞争企业生产规模			大	一般	小
本厂生产规模	大	概率	0.5	0.4	0.1
		收益(万元)	4	6	12
	一般	概率	0.2	0.6	0.2
		收益(万元)	3	5	11
	小	概率	0.1	0.2	0.7
		收益(万元)	2	4	10

试用决策树方法进行决策。

解 画出决策树(见图 8－3)。

读者不难计算出各点的收益期望值，均标记在图上有关处，其中点 2 的收益期望值为 8.0×0.6＋20×0.4－7＝5.8(万元)，点 3 的收益值为 0。故最优策略是引进新产品，而若有竞争企业采取小规模生产；若无竞争企业，采取大规模生产。

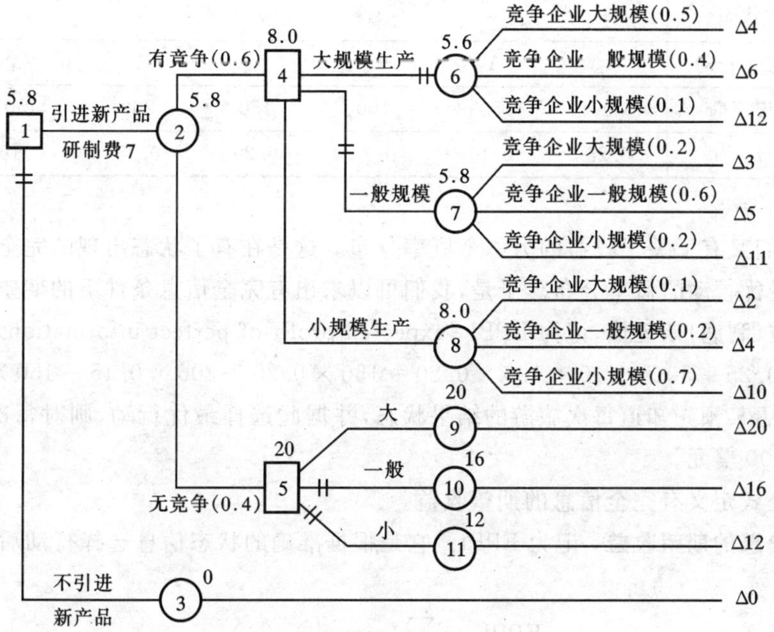

图8-3

从以上讨论可以看出，决策树方法具有这样的优点：它可以构成一个简单的决策过程，使决策者可以有顺序、有步骤地周密思考各有关因素，从而进行决策。对于较复杂的序贯（或多阶段）决策问题，可以画出树形图，挂在办公室的墙上，进行集体讨论，集体决策。

8.3.2　信息的价值及利用后验概率的决策方法

在本节的8.3.1小节中讨论了仅有先验信息（先验概率）的贝叶斯决策，我们清楚地看到：如何确定各状态 s_j 出现的先验概率（不管它是主观的、还是客观的）是风险型决策问题的关键。换言之，决策者在做出决策前对取得状态的相关信息有选择权。一般地说，不管采取什么手段，要取得这种信息都必须付出代价。

1. 完全信息的价值

假如我们能够通过各种渠道，可以完全准确地预测未来出现的各个自然状态的信息，则称这样的信息为**完全信息**(perfect information)。

现在的问题是，究竟要花多少代价去获得完全信息才合算，就得估计完全信息的价值，即利用新信息的可靠资料进行预分析，弄清新信息的价值。比如，例8-6（旅游者来岛旅游的例子）中，唐某预先可以肯定有多少个旅游者将要来岛旅游（比如用无线电话与陆地联系），在此情形下，他将知道每次旅游的状态，即他将有状态的完全信息，而后他将根据出现的状态选择最优行动。于是，由表8-5我们不难看到，如果有4个旅游者来岛旅游，他应该选择行动 A_5（预订4套房间），并将获得收益200美元。对应于每个状态的最优行动、收益以及状态概率如表8-5-3所示。

表 8-5-3

状态	s_1	s_2	s_3	s_4	s_5	s_6
最优行动	A_1	A_2	A_3	A_4	A_5	A_6
$\max_i r_{ij}$	0	50	100	150	200	150
$p(s_j)$	0.25	0.10	0.20	0.20	0.15	0.10

这样，我们又有了关于收益的另一个概率分布。这是在有了状态出现的完全信息，并根据状态选择了最优行动的概率分布。于是，我们可以求出有完全信息条件下的期望收益，称为**完全信息的收益(利润)期望值**，记为 EPPI (expected profit of perfect information)。对于此例，

$$EPPI = 0 \times 0.25 + 50 \times 0.10 + 100 \times 0.20 + 150 \times 0.20 + 200 \times 0.15 + 150 \times 0.10 = 100$$

这表明，如果唐某预先知道每次旅游的结果状态，并据此选择最优行动，则对每次旅游他的期望收益将是 100 美元。

现在用公式定义有完全信息的期望收益。

有完全信息的期望收益，记为 EPPI。它是根据准确的状态信息选择行动后的期望收益，并定义为

$$EPPI = \sum_j (\max_i r_{ij}) p(s_j) \tag{8-13}$$

一般地说，由于事先并不确知会出现哪种状态，因此完全信息实际上并不存在，从而我们只能计算完全信息的期望价值。在上面旅游的例子中，仅用状态概率信息的贝叶期行动的期望收益 BEP=58(美元)，而有完全信息的期望收益 EPPI=100(美元)，其差值：EPPI−BEP=100−58=42(美元)是由关于状态的完全信息所引起的增益。这种增益称为**完全信息的期望价值**。

现在用公式定义完全信息的期望价值。

完全信息的期望价值，记为 EVPI(expected value of perfect information)。它是有完全信息的期望收益 EPPI 与贝叶期行动的期望收益 BEP 之差，即

$$EVPI = EPPI - BEP = EPPI - EMV^* \tag{8-14}$$

这里，$EMV^* = EMV(A^*)$(见式(8-8)及式(8-9))

现在再讨论一下例 8-9。在完全信息条件下的收益(利润)如表 8-11。

表 8-11　例 8-9 的完全信息利润表

利润(元) 方案 \ 状态及其概率	s_1	s_2	s_3	s_4
	$p(s_1)=0.15$	$p(s_2)=0.25$	$p(s_3)=0.40$	$p(s_4)=0.20$
A_1	15			
A_2		18		
A_3			21	
A_4				24

据此可算出完全信息的收益(利润)期望值 EPPI。

$$EPPI=15\times0.15+18\times0.25+21\times0.40+24\times0.20=19.95(\text{元})$$

而在无完全信息时的最大收益(利润)期望值 $EMV(A^*)=18.25$(元),于是完全信息的期望价值为

$$EVPI=EPPI-EMV^*=19.95-18.25=1.7(\text{元})$$

这正是期望最小机会损失 EOL。由此可见,完全信息的真正价值在于减少不确定情况下的机会损失。倘若能获得理想的完全信息,那么风险型决策也就成为确定型决策了,这时的机会损失必然为零。

固然完全信息的期望价值十分重要,但要获得并不容易,需花费一定的代价。我们将搜集完全信息所花费的代价称为**完全信息费用**,记为 CPI(cost of perfect information)。虽然只有当 CPI≤EVPI 时,完全信息才值得搜集;否则就不值得搜集。通常我们就把确定是否搜集完全信息的准则,称为 EVPI 准则。当然运用 EVPI 准则也有一定的风险,这是因为 EVPI 并非完全信息的真正价值,而是完全信息的期望价值(平均价值)。

综上所述,我们可以得到以下两个重要结论:

(1)取得最大期望收益的行动就是取得最小期望机会损失的行动,从而贝叶斯行动就是最小期望机会损失的行动;

(2)最小期望机会损失的数值大小与完全信息的期望价值 EVPI 相等。

2. 灵敏度分析

在决策问题中,状态概率及损益值的数据往往由估计或预测得到,这些数据通常有一定程度的误差,因此有必要研究所选的最优行动对数据的变化是否敏感。这种分析称为**灵敏度分析**。大型决策问题的灵敏度分析是用数学方法或计算机模拟处理的。在小型决策问题中,则可简单地插入概率的新值或损益的新值,借以观察最优行动是否保持不变;如果改变,新的最优行动的期望损益变化是否很大。

例如,在例 8-6 在岛上旅游一例中,如果概率分布由表 8-5 改为表 8-5-4:

表 8-5-4

状态	s_1	s_2	s_3	s_4	s_5	s_6
$P(s_j)$	0.20	0.20	0.20	0.15	0.15	0.10

则不同行动的期望收益可列为表 8-5-5:

表 8-5-5

行动	A_1	A_2	A_3	A_3	A_5
$EP(A_i)$	15	44	57	54	39

这样,贝叶斯行动将由 A_4 变为 A_3,但行动 A_4 的期望收益比这组状态概率的贝叶斯行动的期望收益仅少 3 美元。

3. 利用后验概率的决策方法

在实际决策中人们为了获取信息,往往采取各种“试验”手段(这里的试验是广义的,包括

抽样调查、抽样检验、购买信息、专家咨询等),但这样获得的信息,一般并不能准确预测未来将出现的状态,所以这种信息称为不完全信息。倘若它能提高决策的效果,它仍是有价值的。

对于风险性决策问题,直接影响到决策效果好坏的关键在于对自然状态的概率分布所做估计的精确性。如果决策者通过"试验"等手段,获得了自然状态出现概率的新信息作为补充信息,用它来修正原来的先验概率估计。修正后的后验概率(posterior probability),通常要比先验概率准确可靠,可作为决策者进行决策分析的依据。由于这种概率的修正是借助于贝叶斯定理完成的,所以这种决策就称之为贝叶斯决策。其具体步骤是:

(1) 先由过去的资料和经验获得状态(事件)发生的先验概率。

(2)根据调查或试验算得的条件概率,利用如下的贝叶斯公式

$$P(s_j \mid \theta_k) = \frac{P(s_j)P(\theta_k \mid s_j)}{\sum_{i=1}^{n} P(s_i)P(\theta_k \mid s_i)}$$

$$j = 1,2,\cdots,n;\ k = 1,2,\cdots,l \qquad (8-15)$$

计算出各状态的后验概率(条件概率)。其中,$s_1, s_2, \cdots, s_n$ 为一完备事件组;$P(s_j)P(\theta_k | s_j) = P(s_j \cap \theta_k)$是联合概率;$\sum_{i=1}^{n} P(s_i)P(\theta_k \mid s_i) = P(\theta_k)$ 是全概率公式。

(3) 利用后验概率代替先验概率进行决策分析。

例 8-12 某石油公司考虑在某地钻井,结果可能出现三种情况(即三种自然状态):无油(s_1)、少油(s_2)、富油(s_3)。石油公司估计,三种状态出现的概率分别是 $P(s_1)=0.5$,$P(s_2)=0.3$,$P(s_3)=0.2$。钻井费用 7 万元。如果少量出油,可收入 12 万元;如果大量出油,可收入 27 万元;如果不出油,收入自然为零。为了避免盲目钻井,可进行勘探,以便了解地质构造情况。勘探结果可能是地质构造差(θ_1)、构造一般(θ_2)、构造良好(θ_3)。根据过去的经验,地质构造与油井出油的关系如表 8-12 所示。假定勘探费用为 1 万元。

表 8-12

$P(\theta_k \mid s_i)$	构造较差 θ_1	构造一般 θ_2	构造良好 θ_3	$\sum_{k=1}^{3} P(\theta_k \mid s_i)$
无油(s_1)	0.6	0.3	0.1	1.0
少油(s_2)	0.3	0.4	0.3	1.0
富油(s_3)	0.1	0.4	0.5	1.0

问:(1)应先行勘探,还是不进行勘探直接钻井?

(2)应如何根据勘探结果来决定是否钻井?

解 先回答如何根据勘探结果决定是否钻井。设 A_1 表示"钻井",A_2 表示"不钻井"。

(一)贝叶斯决策

为了应用贝叶斯方法进行决策,先计算无条件概率 $P(\theta_k)$和后验概率 $P(s_j | \theta_k)$。

由全概率公式,有

$$P(\theta_1) = \sum_{i=1}^{3} P(s_i)P(\theta_1 \mid s_i) = 0.5 \times 0.6 + 0.3 \times 0.3 + 0.2 \times 0.1 = 0.41$$

$$P(\theta_2) = \sum_{i=1}^{3} P(s_i)P(\theta_2 \mid s_i) = 0.5 \times 0.3 + 0.3 \times 0.4 + 0.2 \times 0.4 = 0.35$$

$$P(\theta_3) = 1 - 0.41 - 0.35 = 0.24$$

由贝叶斯公式计算后验概率，有

$$P(s_1 \mid \theta_1) = \frac{P(s_1)P(\theta_1 \mid s_1)}{P(\theta_1)} = \frac{0.5 \times 0.6}{0.41} = 0.731\,7$$

$$P(s_2 \mid \theta_1) = \frac{P(s_2)P(\theta_1 \mid s_2)}{P(\theta_1)} = \frac{0.3 \times 0.3}{0.41} = 0.219\,5$$

$$P(s_3 \mid \theta_1) = 1 - 0.731\,7 - 0.219\,5 = 0.048\,8$$

同理可得

$$P(s_1 \mid \theta_2) = \frac{0.5 \times 0.3}{0.35} = 0.428\,6$$

$$P(s_2 \mid \theta_2) = \frac{0.3 \times 0.4}{0.35} = 0.342\,8$$

$$P(s_3 \mid \theta_2) = 1 - 0.428\,6 - 0.342\,8 = 0.228\,6$$

$$P(s_1 \mid \theta_3) = \frac{0.5 \times 0.1}{0.24} = 0.208\,3$$

$$P(s_2 \mid \theta_3) = \frac{0.3 \times 0.3}{0.24} = 0.375\,0$$

$$P(s_3 \mid \theta_3) = 1 - 0.208\,3 - 0.375\,0 = 0.461\,7$$

现在以后验概率为依据，采用期望值准则进行决策。

若勘探结果是地质构造较差(θ_1)，则

$EMV(A_1) = 0 \times 0.731\,7 + 12 \times 0.219\,5 + 27 \times 0.048\,8 - 8$(勘探费及钻井费)

$= -4$(万元)

$EMV(A_2) = -1$(万元)

故　$A^* = A_2$，即不钻井。

若勘探结果是地质结构一般(θ_2)，则

$EMV(A_1) = 0 \times 0.428\,6 + 12 \times 0.342\,8 + 27 \times 0.228\,6 - 8 = 2.29$(万元)

$EMV(A_2) = -1$(万元)

故　$A^* = A_1$，即钻井。

若勘探结果是地质结构良好(θ_3)，则

$EMV(A_1) = 0 \times 0.208\,3 + 12 \times 0.375\,0 + 27 \times 0.416\,7 - 8 = 7.75$(万元)

$EMV(A_2) = -1$(万元)

故 $A^* = A_1$，即钻井。

（二）确定是否先行勘探

若先行勘探，其期望最大收益为

$EMV = -1 \times 0.41 + 2.29 \times 0.35 + 7.75 \times 0.24 = 2.25$(万元)

若不进行勘探，即用先验概率考虑，则

$EMV(A_1) = 0 \times 0.5 + 12 \times 0.3 + 27 \times 0.2 - 7$(钻井费用)$= 2$(万元)

$EMV(A_2) = 0$(万元)

因此，$A^* = A_1$，即最优决策是钻井，最优期望收益为 2 万元。

另外，由于 2.25>2，所以应先进行勘探，然后再决定是否钻井。

8.3.3 马尔可夫决策(Markov decision)

(一)马尔可夫性与转移概率矩阵

在第 4 章和第 6 章中曾经提到，一个过程(或系统)在未来时刻 $t+1$ 的状态只依赖于现时刻 t 的状态，而与以往更前时刻的状态无关，这一特性就称为无后效性(无记忆性)或马尔可夫性(简称马氏性)。换一个说法，从过程演变或推移的角度上考虑，如果系统在时刻 $t+1$ 的状态概率，仅依赖于当前时刻 t 的状态概率，而与如何到达这个状态的初始概率无关，这一特性即马尔可夫性。

设随机变量序列 $\{X_1, X_2, \cdots, X_m, \cdots\}$，它的状态集合记为

$$S = \{s_1, s_2, \cdots, s_n\}$$

若对任意的 k 和任意的正整数 $i_1, i_2, \cdots, i_k, i_{k+1}$，有下式成立

$$P\{X_{k+1} = s_{i_{k+1}} \mid X_1 = s_{i_1}, X_2 = s_{i_2}, \cdots, X_k = s_{i_k}\} = P\{X_{k+1} = s_{i_{k+1}} \mid X_k = s_{i_k}\} \tag{8-16}$$

则称随机变量序列 $\{X_1, X_2, \cdots, X_m, \cdots\}$ 为一个**马尔可夫链**(Markov chains)。

如果系统从状态 s_i 转移到状态 s_j，我们将条件概率 $P(s_j|s_i)$ 称为**状态转移概率**，记作

$$P(s_j \mid s_i) = p_{ij} \tag{8-17}$$

常简单地说，p_{ij} 是从 i 到 j 的转移概率。

对于条件概率

$$p_{ij}^{(k)} = P(X_{k+1} = s_j \mid X_i = s_i) \quad i,j = 1,2,\cdots,n \tag{8-18}$$

称为状态 s_i 到状态 s_j 的 k 步转移概率。当 $k=1$ 时，称为从状态 s_i 到状态 s_j 的一步转移概率。

如果一个经济现象有 n 个状态 $s_1, s_2, \cdots, s_n$，状态的转移是每隔单位时间才可能发生，而且这种转移满足马氏性的要求，那么，我们就可以把所研究的经济现象视为一个马尔可夫链。虽然经济现象是复杂的，但只要具有马氏性，我们便可以简单而方便地进行预测和决策。需要指出，**马尔可夫链适用于近期资料的预测和决策**。例如，在对某公司的一种商品的市场占有率进行预测时，就可以利用这种模型加以解决。又如对一个工厂转产的前景进行预测时，也同样可以利用这种方法来处理。在预测的基础上，再利用这种方法进行决策，即马尔可夫决策。

需要指出，这里我们只限于研究一种特殊的马尔可夫链，即齐次马尔可夫链。所谓齐次是指状态转移概率与状态所在的时刻无关，而且这里只考虑状态集是有限的情形。

假设系统的状态为 $s_1, s_2, \cdots, s_n$ 共 n 个状态，而且任一时刻系统只能处于一种状态。若当前它处于状态 s_i，那么下一个单位时间，它可能由 s_i 转向 $s_1, s_2, \cdots, s_i, \cdots, s_n$ 中之一状态；相应的转移概率为 $p_{i1}, p_{i2}, \cdots, p_{ii}, \cdots, p_{in}$。因此有

$$\left.\begin{aligned} & 0 \leqslant p_{ij} \leqslant 1 \\ & \sum_{j=1}^{n} p_{ij} = 1,\ i = 1,2,\cdots,n \end{aligned}\right\} \tag{8-19}$$

并称矩阵

$$P = \begin{bmatrix} p_{11} & p_{12} & \cdots & p_{1n} \\ p_{21} & p_{22} & \cdots & p_{2n} \\ \vdots & \vdots & & \vdots \\ p_{n1} & p_{n2} & \cdots & p_{nn} \end{bmatrix} \tag{8-20}$$

为状态转移概率矩阵。

对于 k 步转移矩阵

$$P^{(k)} = (p_{ij}^{(k)})_{n\times n} \tag{8-21}$$

其中 $p_{ij}^{(k)}$ 也满足式(8－19)。

读者不难看出，一般的矩阵并不一定满足式(8－19)，因此我们称式(8－20)(或式(8－21))的矩阵 P(或 $P^{(k)}$)为**随机矩阵，或概率矩阵**。

式(8－19)的第二式表示各行的概率和等于 1；如果进一步满足各列的概率和也等于 1，这时的矩阵也称为双重概率矩阵。

不难证明，如果 P_1，P_2 均为 $n\times n$ 的概率矩阵，则 $P_1 \cdot P_2$ 及 P_1^n 也是概率矩阵。

如果 P 为概率矩阵，且存在 $m>0$，使 P^m 中诸元素皆大于零，则称 P 为**标准(正规)概率矩阵。**例如

$$P_1 = \begin{bmatrix} 0.4 & 0.6 \\ 0.6 & 0.4 \end{bmatrix}, P_2 = \begin{bmatrix} 0 & 1 \\ 0.4 & 0.6 \end{bmatrix}, P_3 = \begin{bmatrix} 1 & 0 \\ 0.5 & 0.5 \end{bmatrix}$$

P_1 为标准概率矩阵是显然的，P_2 是标准概率矩阵也易验证，由于

$$P_2^2 = \begin{bmatrix} 0.4 & 0.6 \\ 0.24 & 0.76 \end{bmatrix}$$

可见 P_2 也是标准概率矩阵。而 P_3 不是标准概率矩阵，因为

$$P_3^2 = \begin{bmatrix} 1 & 0 \\ 0.5 & 0.5 \end{bmatrix}\begin{bmatrix} 1 & 0 \\ 0.5 & 0.5 \end{bmatrix} = \begin{bmatrix} 1 & 0 \\ 0.75 & 0.25 \end{bmatrix} \quad (\text{这里 } m = 2)$$

设 P 是标准概率矩阵，则必存在非零行向量 $\boldsymbol{\pi}=(\pi_1, \pi_2, \cdots, \pi_n)$ 使得

$$\boldsymbol{\pi} P = \boldsymbol{\pi} \tag{8-22}$$

称 $\boldsymbol{\pi}$ 为 P 的平衡向量。如果进一步满足

$$\pi_1 + \pi_2 + \cdots + \pi_n = 1$$

称此 π_j 为状态 s_j 的**稳态(平衡)概率。**P 的这一特性在实用中有重要的价值。通常在市场预测中，所讨论的用户转移概率矩阵就属于标准概率矩阵，它可以通过几步转移达到稳定(平衡)状态。在这种情况下，各厂家的用户占有率不再发生变化，此时的 $\boldsymbol{\pi}$ 称为最终用户占有率向量。

例 8－13　某商店对前一天来店购买 A，B，C 三种牌号服装的顾客各 100 名的购买情况做了统计(每天都购买一件)，统计结果如表 8－13 所示。

不妨认为顾客在每次购买服装时，只对他前次所买服装牌号有印象(记忆)，因此商店可以用一个马尔可夫链 $\{X_m\} m=1,2,\cdots\}$ 来描述顾客对服装的需求情况。这里，随机变量 X_m 表示顾客在第 m 次购买服装的牌号，令 $s_1=\text{A}$，$s_2=\text{B}$，$s_3=\text{C}$，故此马尔可夫链的转移概率矩阵(即一步转移阵 $P^{(1)}$)为

$$P = \begin{bmatrix} 0.2 & 0.5 & 0.3 \\ 0.2 & 0.7 & 0.1 \\ 0.3 & 0.3 & 0.4 \end{bmatrix} \tag{8-23}$$

表 8－13

顾客数目		本次购买的牌号		
		A	B	C
前次购买的牌号	A	20	50	30
	B	20	70	10
	C	30	30	40

假定一位顾客在第一天购买牌号 A 的服装，试问第三天他购买牌号 B 的概率是多少？这实际上要求的是二步转移概率

$$p_{12}^{(2)} = P\{X_3 = s_2 \mid X_1 = s_1\}$$

由式(8－23)可知，顾客在第二天购买牌号 A,B,C 的概率分别为

$$p_{11} = 0.2 \quad p_{12} = 0.5 \quad p_{13} = 0.3$$

而在第二天购买的牌号分别为 A,B,C 时，在第三天购买的牌号 B 的概率分别为

$$p_{12} = 0.5 \quad p_{22} = 0.7 \quad p_{32} = 0.3$$

故可得到下面的结果

$$\begin{aligned} p_{12}^{(2)} &= p_{11} \cdot p_{12} + p_{12} \cdot p_{22} + p_{13} \cdot p_{32} \\ &= (p_{11},\ p_{12},\ p_{13}) \begin{bmatrix} p_{12} \\ p_{22} \\ p_{32} \end{bmatrix} \\ &= (0.2,\ 0.5,\ 0.3) \begin{bmatrix} 0.5 \\ 0.7 \\ 0.3 \end{bmatrix} = 0.54 \end{aligned}$$

以上结果也可以借助下面的网络图得到

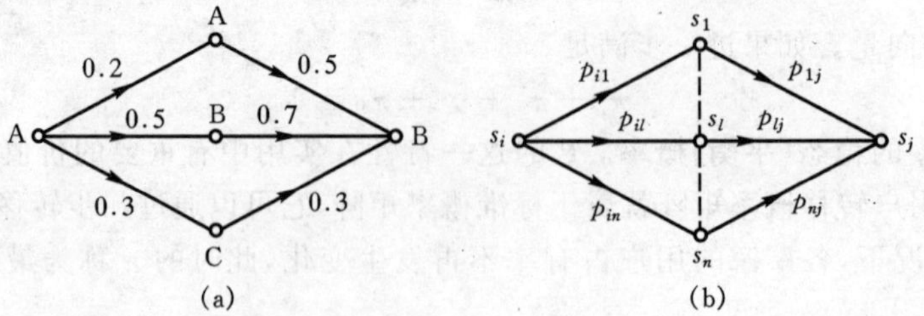

图 8－4

一般地，马尔可夫链的二步转移概率阵 $\boldsymbol{P}^{(2)}$ 中任一元素 $p_{ij}^{(2)}$ 可应用以下公式来计算

$$p_{ij}^{(2)} = \boldsymbol{P}_{i.}^{T} \boldsymbol{P}_{.j} \tag{8-24}$$

故由式(8－24)，便可求出例 8－13 中二步转移矩阵为

$$\begin{aligned} \boldsymbol{P}^{(2)} &= \boldsymbol{P}^{(1)} \cdot \boldsymbol{P}^{(1)} = \boldsymbol{P}^{2} \\ &= \begin{bmatrix} 0.2 & 0.5 & 0.3 \\ 0.2 & 0.7 & 0.1 \\ 0.3 & 0.3 & 0.4 \end{bmatrix} \begin{bmatrix} 0.2 & 0.5 & 0.3 \\ 0.2 & 0.7 & 0.1 \\ 0.3 & 0.3 & 0.4 \end{bmatrix} \end{aligned}$$

$$=\begin{bmatrix}0.23 & 0.54 & 0.23\\0.21 & 0.62 & 0.17\\0.24 & 0.48 & 0.28\end{bmatrix}$$

不难知道，式(8-23)的转移概率矩阵 $\boldsymbol{P}$ 是一个标准概率矩阵。由式(8-22)

$$\boldsymbol{\pi P}=\boldsymbol{\pi}$$

得到方程组

$$\begin{cases}0.2\pi_1+0.2\pi_2+0.3\pi_3=\pi_1\\0.5\pi_1+0.7\pi_2+0.3\pi_3=\pi_2\\\pi_1+\pi_2+\pi_3=1\end{cases}\tag{8-25}$$

其中方程组中的第三个方程是取代原来 $\boldsymbol{\pi P}=\boldsymbol{\pi}$ 中的第三个方程而得到的，这是因为 $\boldsymbol{\pi P}=\boldsymbol{\pi}$ 中的第三个方程不是相互独立的。解上述方程组式(8-25)得到

$$\boldsymbol{\pi}=(0.22,0.57,0.21)$$

这就是稳定概率行向量。

以上讨论可以推广到 k 步转移概率及 k 步转移矩阵的情形。借助于图 8-5 得到

$$p_{ij}^{(k)}=\sum_{t=1}^{n}p_{il}^{(k-1)}p_{ij}^{(1)}\tag{8-26}$$

$$P^{(k)}=P^{(k-1)}P^{(1)}=P^k\tag{8-27}$$

(二)马尔可夫决策方法

马尔可夫分析方法是用近期资料进行预测和决策的方法，目前已广泛用于市场需求的预测和销售市场的决策。我们这里只讨论这种方法的主要用途，即利用它来进行决策。其基本思想方法主要是利用转移概率矩阵和它的收益(或利润)矩阵进行决策。

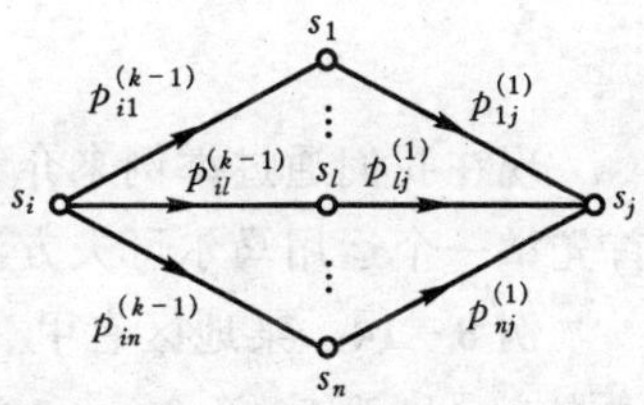

图 8-5

设市场销售状态的转移概率矩阵为

$$\boldsymbol{P}=\begin{bmatrix}p_{11} & p_{12} & \cdots & p_{1n}\\p_{21} & p_{22} & \cdots & p_{2n}\\\vdots & \vdots & & \vdots\\p_{n1} & p_{n2} & \cdots & p_{nn}\end{bmatrix}$$

其中 p_{ij} 表示从状态 i 经过一个单位时间(比如一个月、一个季度、一年等)转移到状态 j 的概率(即一步转移概率)，$i,j=1,2,\cdots,n$。又设在经营过程中，从每一状态转移到另一状态时都会带来盈利(负值表示亏损)，用 r_{ij} 表示从销售状态 i 转移到销售状态 j 的盈利。这时盈利矩阵为

$$\boldsymbol{R}=\begin{bmatrix}r_{11} & r_{12} & \cdots & r_{1n}\\r_{21} & r_{22} & \cdots & r_{2n}\\\vdots & \vdots & & \vdots\\r_{n1} & r_{n2} & \cdots & r_{nn}\end{bmatrix}\tag{8-28}$$

在现时为销售状态 i，下一步的销售期望盈利为

$$q_i=p_{i1}r_{i1}+p_{i2}r_{i2}+\cdots+p_{in}r_{in}$$

$$= \sum_{j=1}^{n} p_{ij} r_{ij} \qquad i = 1,2,\cdots,n \tag{8-29}$$

现设有 $k(k=1,2,\cdots,m)$ 个可能采取的措施（即策略），则在第 k 个措施下的转移概率矩阵、盈利矩阵分别为

$$\boldsymbol{P}_k = \begin{bmatrix} p_{11}(k) & p_{12}(k) & \cdots & p_{1n}(k) \\ p_{21}(k) & p_{22}(k) & \cdots & p_{2n}(k) \\ \vdots & \vdots & & \vdots \\ p_{n1}(k) & p_{n2}(k) & \cdots & p_{nn}(k) \end{bmatrix} \tag{8-30}$$

$$\boldsymbol{R}_k = \begin{bmatrix} r_{11}(k) & r_{12}(k) & \cdots & r_{1n}(k) \\ r_{21}(k) & r_{22}(k) & \cdots & r_{2n}(k) \\ \vdots & \vdots & & \vdots \\ r_{n1}(k) & r_{n2}(k) & \cdots & r_{nn}(k) \end{bmatrix} \tag{8-31}$$

用 $f_i(N)$ 表示现在状态 i，经 N 个时刻并选择最优策略的总期望盈利，则有

$$f_i(N+1) = \max_{1\leqslant k\leqslant m}\left\{ \sum_{j=1}^{n} P_{ij}(k)[r_{ij}(k) + f_j(N)]\right\} \tag{8-32}$$

$$N = 1,2,\ \cdots;\ i = 1,2,\cdots,n\}$$

式(8-32)是一个递推关系，联系到第 4 章动态规划基本函数方程的讨论，不难理解它的含义。

当现时为状态 i，采取第 k 个策略，经一步转移后的期望盈利为

$$q_i(k) = \sum_{j=1}^{n} p_{ij}(k) r_{ij}(k) \tag{8-33}$$

现在我们通过举例来介绍马尔可夫型的决策方法。由于预测是决策的基础和前提，所以首先举一个运用马尔可夫方法进行销售预测的例子，然后再举马尔可夫决策的例子。

例 8-14 某地区有甲、乙、丙三家公司，过去的历史资料表明，这三家公司某产品的市场占有率分别为 50%，30%和 20%。不久前，丙公司制定了一项把甲、乙两公司的顾客吸引到本公司来的销售与服务措施。设三家公司的销售和服务是以季度为单位考虑的。市场调查表明，在丙公司新的经营方针的影响下，顾客的转移概率矩阵为

$$\boldsymbol{P} = \begin{bmatrix} 0.70 & 0.10 & 0.20 \\ 0.10 & 0.80 & 0.10 \\ 0.05 & 0.05 & 0.90 \end{bmatrix}$$

试用马尔可夫分析方法研究此销售问题，并分别求出三家公司在第一、二季度各拥有的市场占有率和最终的市场占有率。

解 设随机变量 $X_t(t=1,2,\cdots)=1,2,3$ 分别表示顾客在 t 季度购买甲、乙和丙公司的产品，显然 $\{X_t\}$ 是一个有限状态的马尔可夫链。已知 $P(X_0=1)=0.5$，$P(X_0=2)=0.3$，$P(X_0=3)=0.2$，又已知马尔可夫链的一步转移概率矩阵，于是第一季度的销售份额为

$$[0.50 \quad 0.30 \quad 0.20]\begin{bmatrix} 0.70 & 0.10 & 0.20 \\ 0.10 & 0.80 & 0.10 \\ 0.05 & 0.05 & 0.90 \end{bmatrix} = [0.39 \quad 0.30 \quad 0.31]$$

即第一季度甲、乙、丙三公司占有市场的销售份额分别为 39%，30%和 31%。

再求第二季度的销售份额，有

$$[0.39\quad 0.30\quad 0.31]\begin{bmatrix}0.70 & 0.10 & 0.20\\0.10 & 0.80 & 0.10\\0.05 & 0.05 & 0.90\end{bmatrix}=[0.319\quad 0.294\quad 0.387]$$

即第二季度三家公司占有市场的销售份额分别为 31.9%,29.4%和 38.7%。

设 π_1,π_2,π_3 为马尔可夫链处于状态 1,2,3 的稳态概率,由于 $\boldsymbol{P}$ 是一个标准概率矩阵,因此有

$$\begin{cases}0.70\pi_1+0.10\pi_2+0.05\pi_3=\pi_1\\0.10\pi_1+0.80\pi_2+0.05\pi_3=\pi_2\\\pi_1+\pi_2+\pi_3=1\end{cases}$$

解得 $\boldsymbol{\pi}=(\pi_1,\pi_2,\pi_3)=(0.1765,\ 0.2353,\ 0.5882)$

$\doteq(0.18,\ 0.23,\ 0.59)$

故甲、乙、丙三家公司最终将分别占有 18%,23%和 59%的市场销售份额。

例 8-15 考虑例 8-14 的销售问题。为了对付日益下降的销售趋势,甲公司考虑两种对付的策略:第一种策略是保留策略,即力图保留原有顾客的较大百分比,并对连续两期购货的顾客给予优惠价格,可使其保留率提高到 85%,新的转移概率矩阵为

$$\boldsymbol{P}_1=\begin{bmatrix}0.85 & 0.10 & 0.05\\0.10 & 0.80 & 0.10\\0.05 & 0.05 & 0.90\end{bmatrix}$$

第二种策略是争取策略,即甲公司通过广告宣传或跟踪服务来争取另外两家公司的顾客,新的转移概率矩阵为

$$\boldsymbol{P}_2=\begin{bmatrix}0.70 & 0.10 & 0.20\\0.15 & 0.75 & 0.10\\0.15 & 0.05 & 0.80\end{bmatrix}$$

试问:(1)分别求出在甲公司的保留策略和争取策略下,三家公司最终分别占有市场的份额

(2)若实际这两种策略的代价相当,甲公司应采取哪一种策略?

解 (1)在保留策略下,有

$$\begin{cases}0.85\pi_1+0.10\pi_2+0.05\pi_3=\pi_1\\0.10\pi_1+0.80\pi_2+0.05\pi_3=\pi_2\\\pi_1+\pi_2+\pi_3=1\end{cases}$$

解得 $\boldsymbol{\pi}=(\pi_1,\pi_2,\pi_3)=(0.316,\ 0.263,\ 0.421)$即在保留策略下,三家公司最终将各占 31.6%,26.3%和 42.1%的市场份额。

在争取策略下,有

$$\begin{cases}0.70\pi_1+0.15\pi_2+0.15\pi_3=\pi_1\\0.10\pi_1+0.70\pi_2+0.05\pi_3=\pi_2\\\pi_1+\pi_2+\pi_3=1\end{cases}$$

解得 $\boldsymbol{\pi}=(\pi_1,\pi_2,\pi_3)=(0.333,\ 0.222,\ 0.445)$即在争取策略下,三家公司将最终占有 33.3%,22.2%和 44.5%的市场份额。

(2)在保留策略下甲公司将占 31.6%的市场份额,而在争取策略下将占 33.3%的市场份额,故甲公司应采取争取策略。

例 8-16 某销售部门对某种商品的销售状态有三种:畅销、一般、滞销。在畅销情况下采取两个策略:登广告和不登广告;在一般情况下采取不送货上门和送货上门两种策略;在滞销时采取不降价和降价销售两种策略。经过调查研究,得到各种策略下不同销售状态的转移概率和盈利,如表 8-14 所示。

表 8-14

销售状态	(1)畅销		(2)一般		(3)滞销	
策略	1.不登广告	2.登广告	1.不送货上门	2.送货上门	1.不降价	2.降价
转移概率	$p_{11}(1)=0.4$ $p_{12}(1)=0.3$ $p_{13}(1)=0.3$	$p_{11}(2)=0.6$ $p_{12}(2)=0.3$ $p_{13}(2)=0.1$	$p_{21}(1)=0$ $p_{22}(1)=0.8$ $p_{23}(1)=0.2$	$p_{21}(2)=0.2$ $p_{22}(2)=0.8$ $p_{23}(2)=0$	$p_{31}(2)=0$ $p_{32}(2)=0.1$ $p_{33}(2)=0.9$	$p_{31}(2)=0.1$ $p_{32}(2)=0.7$ $p_{33}(2)=0.2$
盈利(万元)	$r_{11}(1)=6$ $r_{12}(1)=4$ $r_{13}(1)=2$	$r_{11}(2)=5$ $r_{12}(2)=3$ $r_{13}(2)=1$	$r_{21}(1)=5$ $r_{22}(1)=3$ $r_{23}(1)=1$	$r_{21}(2)=4$ $r_{22}(2)=2.5$ $r_{23}(2)=0.5$	$r_{31}(1)=5$ $r_{32}(1)=3$ $r_{33}(1)=-1$	$r_{32}(2)=3.5$ $r_{32}(2)=1.5$ $r_{33}(2)=-2.5$

试用马尔可夫分析法进行决策。

解 根据表 8-14,用式(8-33)计算期望盈利值如下:

$$q_1(1)=\sum_{j=1}^{3}p_{1j}(1)r_{1j}(1)=0.4\times 6+0.3\times 4+0.3\times 2=4.2$$

$$q_1(2)=\sum_{j=1}^{3}p_{1j}(2)r_{1j}(2)=0.6\times 5+0.3\times 3+0.1\times 1=4.0$$

同理可算得

$$q_2(1)=2.6 \qquad q_2(2)=2.8$$
$$q_3(1)=-0.6 \qquad q_3(2)=0.9$$

注意到式(8-33),式(8-32)也可化为

$$f_i(N+1)=\max_{1\leqslant k\leqslant m}\left\{q_i(k)+\sum_{j=1}^{n}p_{ij}(k)f_j(N)\right\} \tag{8-34}$$

设初始值 $f_j(0)=0$, $j=1,2,3$,则由式(8-32)有

$$f_i(1)=\max_{1\leqslant k\leqslant 2}\left\{\sum_{j=1}^{3}p_{ij}(k)r_{ij}(k)\right\}$$

故有

$$\begin{aligned}f_1(1)&=\max\left\{\sum_{j=1}^{3}p_{1j}(1)r_{1j}(1),\ \sum_{j=1}^{3}p_{1j}(2)r_{1j}(2)\right\}\\&=\max\{q_1(1),\ q_1(2)\}=\max\{4.2,\ 4.0\}=4.2\\f_2(1)&=\max\{q_2(1),\ q_2(2)\}=\max\{2.6,\ 2.8\}=2.8\\f_3(1)&=\max\{q_3(1),\ q_3(2)\}=\max\{-0.6,\ 0.9\}=0.9\end{aligned}$$

根据式(8-34)可得

$$f_1(2)=\max\left\{q_1(1)+\sum_{j=1}^{3}p_{1j}(1)f_j(1),\quad q_1(2)+\sum_{j=1}^{3}p_{1j}(2)f_j(2)\right\}$$

$$= \max\{4.2 + (0.4 \times 4.2 + 0.3 \times 2.8 + 0.3 \times 0.9),$$
$$4 + (0.6 \times 4.2 + 0.3 \times 2.8 + 0.1 \times 0.9)\}$$
$$= \max\{6.99, 7.45\} = 7.45$$

同理可得

$$f_2(2) = 5.88 \qquad f_3(2) = 3.46$$
$$f_1(3) = 10.58 \qquad f_2(3) = 8.99 \qquad f_3(3) = 6.45$$

现在求出当现时状态为 i 经 N 时刻后(即 N 步转移),使得总期望盈利最大的策略——最优策略,并记之为 $d_i(N)$。将以上计算结果列于表 8－15。

表 8－15

N	1	2	3	…
$f_1(N)$	4.2	7.45	10.58	…
$f_2(N)$	2.8	5.88	8.99	…
$f_3(N)$	0.9	3.46	6.45	…
$d_1(N)$	1	2	2	…
$d_2(N)$	2	2	2	…
$d_3(N)$	2	2	2	…

从表 8－15 看到,若现时状态为畅销,如果采取不登广告的策略,经一个单位时间后(一步转移)可使期望盈利最大(4.2 万元);但若经过两个单位时间,则必须采取登广告的策略,才能使总期望盈利取得最大(7.45 万元)。其它的含义,读者均不难解释。

§8.4　效用理论及其应用

8.4.1　效用的概念

前几节讨论的决策问题,都是建立在期望值准则(EMV 准则)的基础上,这种方法对于决策来说,一方面承认货币期望值能够成为衡量方案优劣的尺度,同时也承认货币值只具有客观价值而无主观价值。粗看起来这种观点似乎是很合理的,但事实并非如此。因为一定数量的货币值对于不同的决策者,或对同一个决策者在不同场合下具有不同的主观价值。任何决策活动总是少不了决策者的参与,因此不考虑决策者本身对货币的主观价值是不切实际的。比如,某工厂在考虑生产某项新产品时,有两种方案可供选择:一种是传统的加工方法,另一种是采用新技术的加工方法。根据过去的经验,采用前一种方法完成任务的把握性很大,并可得到 25 万元的收益;而采用后一种方法完成任务的把握性只有 50%(具有相当大的风险!),但若完成任务可有 200 万元的收益,若完不成任务会损失 100 万元。试问决策者应如何决策策?对后一种方案,按 EMV 准则不难算得期望收益为 50 万元,超过前一种方案 25 万元的收益,照理说应该选择后一种方案。可是,一些决策者(不是所有的!)宁愿选择前一种方案,即宁愿稳拿 25 万元也不愿承担 50%完不成任务的风险采用后一种方案，这里面就包含着决策者的**偏好**(preference)和对风险的态度。如果当采用前一种方案只能取得 5 万元的收益时，决策者可能认为两种方案对他来说具有相同的价值。

因此，为了度量人们对货币的主观价值就需要引入“效用”的概念。

所谓**效用**(utility)，就是用一种相对数量指标(无量纲)来表示决策者对风险的态度、对某事物的倾向和对某种后果的偏爱程度等主观因素的强弱程度。一般地说，货币值大的，相应的效用值就大，但是货币值数量和相当的效用值数量之间不是线性函数关系，所以通常以效用期望值作为效用大小的一种度量。

8.4.2 效用曲线

由于决策者的经济地位、个人素质以及对风险态度等的不同，同样的期望损益值可能赋予不同的效用值。若在直角坐标系中，用横坐标表示损益值，用纵坐标表示效用值，就可以画出某个人的效用曲线，相应的函数关系就是效用函数。可见，一般地说不同的人其效用曲线也不同。为了使效用曲线既能反映货币量的客观价值，又能反映决策者的决策偏向和评价标准(即货币量的主观价值)，往往在征求意见时采取与决策者对话的方式，建立相应的**效用函数**(utility fuction)。效用值约定在[0,1]上取值。与决策者对话的基本方法有两种，一种是直接提问法，另一种是对比提问法。前者由于提问与回答都很含糊，难以确切，所以这种方法应用较少。我们着重介绍后一种对比提问法。

设决策者面临两种选择方案 A_1，A_2。其中 A_1 表示决策者无任何风险地得到一笔金额 x_2 方案；A_2 表示他以概率 p 得到一笔金额 x_1，或以概率 $(1-p)$ 损失金额 x_3 的方案；且 $x_1>x_2>x_3$。设 $u(x_1)$ 表示金额 x_1 的效用值。若在一定条件下，决策者认为 A_1，A_2 两方案等价时，则可表示为

$$pu(x_1)+(1-p)u(x_3)=u(x_2) \tag{8-35}$$

上式的含义是，**决策者认为 x_2 的效用值等价于 x_1，x_3 的期望效用值**。其中含有四个变量 x_1，x_2，x_3 和 p，若已知任意三个，而用对比提问方法来确定第四个变量的取值，这自然就蕴含着决策者的主观判断因素在内。提问的方式大致有三种：

(1)每次固定 x_1，x_2，x_3 的值，改变 p，提问决策者：“p 取何值时，认为 A_1 与 A_2 等价？”

(2)每次固定 p，x_1，x_3 的值，改变 x_2，提问决策者：“x_2 取何值时，认为 A_1 与 A_2 等价？”

(3)每次固定 p，x_2，x_3(或 x_1)的值，改变 x_1(或 x_3)，提问决策者：“x_1(或 x_3)取何值时，认为 A_1 与 A_2 等价。”实用中一般采用美国学者 Von Neumann 和 Morgenstern 提出的 $V-M$ 方法，即每次取 $p=0.5$，固定 x_1，x_3 的值，利用

$$0.5u(x_1)+0.5u(x_3)=u(x_2) \tag{8-36}$$

改变 x_2 三次，提三问，确定三点，得到决策者的效用曲线。

效用曲线的画法：

第一步，决定两个数作为参考点，一般选决策问题中最小及最大损益值所对应的效用值分别为 0 及 1。

第二步，以效用分配到可能状态(事件)的适当概率的加权和，形成各方案的期望效用值(采取式(8-35)或式(8-36))。

第三步，用同样的方法求出效用曲线上的点，然后将这些点联结成一条光滑曲线，即效用

曲线。

例 8-17　某投资信托公司(简称投资者),正面临一个带有风险的投资决策问题。在可供选择的所有投资方案中,可能出现最大收益为 20 万元,最小收益为 -10 万元。为了确定投资者的效用函数,现对投资者进行了一系列的询问,其结果归纳如下:

(1)投资者认为,“以 0.5 的概率获得 20 万元,0.5 的概率失去 10 万元”和“稳得 0 元”对他来说二者是等价的;

(2)“以 0.5 的概率获得 20 万元,0.5 的概率得 0 元”和“稳得 8 万元”,对他来说二者是等价的;

(3)“以 0.5 的概率得 0 元,0.5 的概率失去 10 万元”和“肯定失去 6 万元”对他来说二者是等价的。

试计算投资者关于 -10, -6, 0, 8, 20(单位:万元)的效用值,并画出他的效用曲线。

解　设 $u(x)$ 表示 x(万元)的效用值,并令

$$u(20)=1 \qquad u(-10)=0$$

于是得效用期望值

$$u(0)=0.5u(20)+0.5u(-10)=0.5\times1+0.5\times0=0.5$$

$$u(8)=0.5u(20)+0.5u(0)=0.5\times1+0.5\times0.5=0.75$$

$$u(-6)=0.5u(0)+0.5u(-10)=0.5\times0.5+0.5\times0=0.25$$

在 xou 直角坐标系中,标出各点(-10, 0), (-6, 0.25), (0, 0.5), (8, 0.75), (20, 1),再用光滑曲线将以上各点联结起来,得到图 8-6 所示的效用曲线。

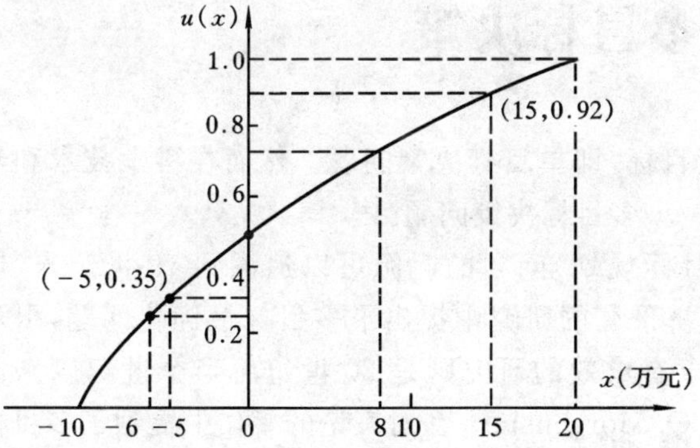

图 8-6

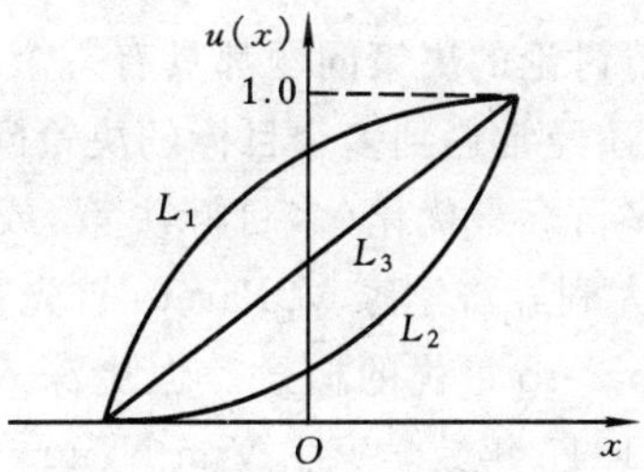

图 8-7

常用的效用曲线大致有图 8-7 所示的三种类型。其中 L_1 是一条向上凸起的曲线,它表明决策者对风险反应敏感,宁愿稳扎稳打,不愿冒过大风险的特点,这是一位谨慎从事、保守型的决策者;L_2 是一条向下凹进的曲线,它表明决策者对增加收益反应敏感,这是一位喜欢冒险、进取型的决策者;L_3 是一条效用值与损益值成正比的直线,决策者是一位循规蹈矩、严格按照期望值准则做决策的人。

8.4.3　效用曲线的应用

利用效用函数作决策的原则,称为**效用值准则**。对于一次性且风险较大的决策,利用该准则进行决策确有方便之处。

当决策者的效用曲线给出后，将决策树末端的损益值用相应的效用值代替，然后根据效用值和相应的概率计算出期望效用值，最后进行决策。下面通过一个例子来说明这种决策过程。

例 8-18 在例 8-17 中，如果投资者对某厂开发甲、乙两种新产品的项目进行投资。已知甲产品销路好和销路差的概率均为 0.5，损益值分别为 20 万元和 −10 万元；乙产品销路好和销路差的概率均为 0.5，损益值分别为 15 万元和 −5 万元。试用效用准则进行决策。

解 在例 8-17 中，已得到这位投资者的效用曲线(见图 8-6)。

设 A_1，A_2 分别表示开发产品甲、乙的两个方案，按期望值准则不难算得

$$\text{EMV}(A_1) = 0.5 \times 20 + 0.5 \times (-10) = 5$$

$$\text{EMV}(A_2) = 0.5 \times 15 + 0.5 \times (-5) = 5$$

因两者的期望值相等，故难以作出决策。现采用效用值准则来考虑这个问题，图 8-8 是效用值准则的决策树，其中 $u(15) = 0.92$，$u(-5) = 0.35$，是用图 8-6 中的效用曲线求得的。

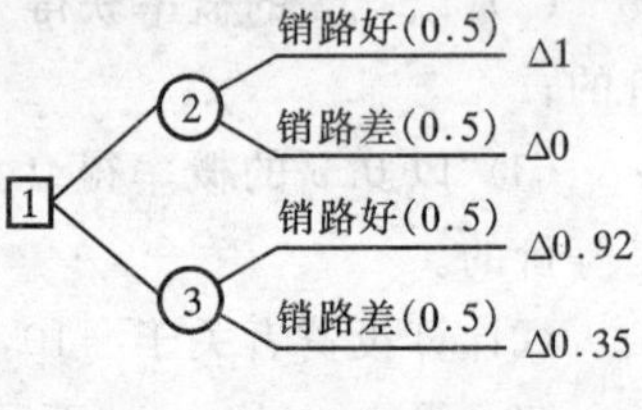

图 8-8

容易求得方案 A_1 的期望效用值

$$Eu(A_1) = 0.5 \times 1 + 0.5 \times 0 = 0.5$$

方案 A_2 的期望效用值

$$Eu(A_2) = 0.5 \times 0.92 + 0.5 \times 0.35 = 0.635$$

故选择 A_2，即生产产品乙为最优方案。由图 8-6 可见，该投资者是一位保守型的决策者。

§8.5 多目标决策

前几节讨论的决策问题都具有一个决策目标，即单目标决策问题。然而在科学技术和经济活动中，还经常遇到多个目标的决策问题——多目标决策问题。

虽然多目标最优化(多目标决策，或多目标规划)问题的起源可以追溯到 19 世纪末，即 1896 年意大利经济学家 V. Pareto 首先在经济平衡的研究中提出了多目标最优化问题，引进了被称为 pareto 最优的概念。但更深入和卓有成效的研究则是 20 世纪后半个世纪以来的事。比如，1947 年数学家 J. Von Neuman 和 O. Morgenstern 在对策论的著作中提到了多目标决策问题，引起了人们对多目标最优化研究的重视。1951 年数理经济学家 T. C. Koopmans 从生产和分配的效率分析中考虑了多目标最优化问题，引入了有效解的概念，并为多目标最优化的学科奠定了初步的基础。20 世纪 60 年代以来，人们设计了不少求解多目标最优化问题的方法，并解决了许多实际问题，取得了成效。此后，关于多目标最优化的研究，无论理论研究和应用研究都发展得非常迅速，这些研究涉及到经济管理、系统工程、控制论和运筹学等各个方面。由于多目标决策问题的复杂性和篇幅的限制，我们在这里只介绍多目标最优化问题的几个基本概念和多目标问题中的两种评价函数法。而多目标线性规划方法(主要是目标规划法)，我们在第 2 章已进行了讨论，这里不再重复。其它更多的多目标决策方法，有兴趣的读者可参考有关文献资料。

8.5.1 多目标最优化问题的基本概念

在处理单目标最优化问题时,我们的任务是选择一个或一组变量 $\boldsymbol{X}$,使得目标函数 $f(\boldsymbol{X})$ 取极大(或极小)值。对任意两个解,只要比较它们对应的目标函数值,就能知道谁优谁劣。而在多目标最优化问题中,情况就不那么简单了。由于多目标问题中各个目标之间的矛盾性,我们不可能使所有目标同时都达到最优,从而使得多目标问题的最优解(也称绝对最优解)一般并不存在。为此,我们引入关于多目标问题解的概念。

设多目标问题 MOP(multiple objective problem)中,含有 m 个目标 $f_1,f_2,\cdots,f_m$。不失一般性,假定这 m 个目标均寻求最大,并设 MOP 的可行解集 $\boldsymbol{R}$ 非空。

定义 8-1 若解 $\overline{\boldsymbol{X}}\in R$,不存在 $\boldsymbol{X}\in R$,满足

$$f_i(X)\geqslant f_i(\overline{X}) \qquad i=1,2,\cdots,m$$

且至少有一个 $j\in\{1,2,\cdots,m\}$,使 $f_j(\boldsymbol{X})>f_j(\overline{\boldsymbol{X}})$,则称 $\overline{\boldsymbol{X}}$ 为 **MOP 的有效解**(*effective solution*)(也称**非劣解**,或 *pareto* **解**)。其中 $\boldsymbol{X}=(x_1,\ x_2,\ \cdots,\ x_n)^T\in E^n$(这里 E^n 表示 n 维欧氏空间)。

根据这个定义,当 $\overline{\boldsymbol{X}}$ 为有效解时,我们将找不到一个可行解 $\boldsymbol{X}$ 使它的所有目标值均不比 $\overline{\boldsymbol{X}}$ 的目标值差,且至少有一个目标值 $f_j(X)$ 优于 $\overline{\boldsymbol{X}}$ 的目标值 $f_j(\overline{\boldsymbol{X}})$。这就是说,当 $\overline{\boldsymbol{X}}$ 为最优解时,如果还想进一步改进 $\overline{\boldsymbol{X}}$ 的某一个或几个目标时,则另外的那些目标中一定有些要变差(即退化)。

为了说明有效解的内涵,我们假设考虑的 **MOP** 中有两个目标 f_1 和 f_2。在图 8-9 中,沿横轴正方向的解使目标值 f_1 较优,沿纵轴正方向的解使目标值 f_2 较优。图 8-9 中的点 1,2,..,9 分别表示 9 个可行解。显然,解 6,7,8,9 都不是有效解(称为劣解)。用解 1 与解 5 比较,不难发现解 5 也是一个劣解。同理,解 2 也不是有效解。而只有解 1、解 3 和解 4 才是有效解,因为它们中的任一个,确实不存在那样的解,使它能在不破坏某一目标的情况下而改进另一个目标了。

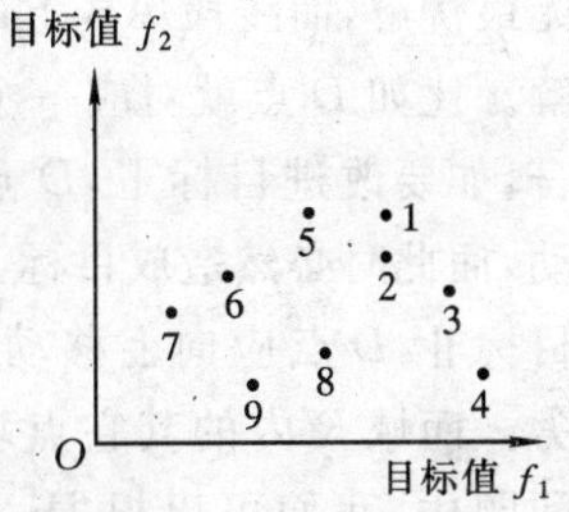

图 8-9

显然,最优解也是有效解,但有效解一般并不是最优解。

定义 8-2 设解 $\overline{\boldsymbol{X}}\in\boldsymbol{R}$,若不存在 $\boldsymbol{X}\in\boldsymbol{R}$,满足

$$f_i(\boldsymbol{X})>f_i(\overline{\boldsymbol{X}}) \quad i=1,2,\cdots,m$$

则称 $\overline{\boldsymbol{X}}$ 为 MOP 的**弱有效解(或称弱 pareto 解)**。这个定义是说当 $\overline{\boldsymbol{X}}$ 为弱有效解时,我们将找不到一个可行解 $\boldsymbol{X}$,使它的所有目标值均不比 $\overline{\boldsymbol{X}}$ 相应的目标值严格地差。

定义 8-3 对 MOP 的某个可行解 $\widetilde{\boldsymbol{X}}\in\boldsymbol{R}$,如能使决策者感到满意,则称 $\widetilde{\boldsymbol{X}}$ 为 MOP 的**满意解**(也称选好解)。

由以上讨论可知,对于多目标决策问题,主要是在一定条件下寻找使决策者感到满意的满意解。当最优解存在时,最优解一定是满意解;否则,我们就在有效解或弱有效解中寻找满意解,提供给决策者选择。在复杂的决策过程中,找出各种有效解或弱有效解的工作是由所谓“分析者”来做的,而最终决定满意解的工作是由“决策者”做的。一般地,目标常采用以下三种方式来得出最后结果:

(1)“决策者”与“分析者”事先商定一种原则和方法来确定满意解；

(2)“分析者”只提供有效解或弱有效解，满意解由“决策者”来选择；

(3)“决策者”和“分析者”不断交换对解的看法逐步改进有效解或弱有效解，直到最后找到满意解为止。

这三种方法中，以第一种方法较简单，但原则不易确定，第三种方法在处理复杂的多目标决策问题中越来越受到人们的重视。下面举一个简单的例子来说明这种思想。

例 8-19 某工厂因生产需要采购某种原料，现市场上有甲、乙两个等级的该原料，其单价分别为 2 元/kg 和 1 元/kg。若要求所花的采购费用不得超过 200 元，购得原料的总重量不少于 100kg，而甲级原料又不得少于 50kg。问如何确定最好的采购方案？

设 x_1, x_2 分别为采购甲级、乙级原料的数量(单位:kg)，可得如下模型。

目标Ⅰ： $\min f_1 = 2x_1 + x_2$

目标Ⅱ： $\max f_2 = x_1 + x_2$

$$\text{s.t.} \begin{cases} 2x_1 + x_2 \leqslant 200 \\ x_1 + x_2 \geqslant 100 \\ x_1 \geqslant 50 \\ x_1, x_2 \geqslant 0 \end{cases}$$

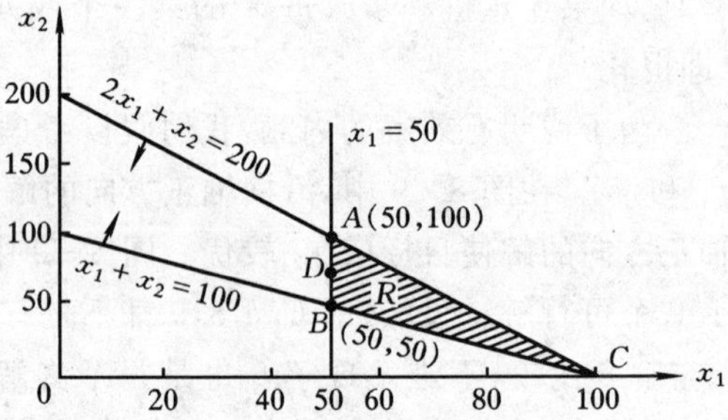

图 8-10

由图 8-10 可见，在点 $A(50,100)$ 目标Ⅱ达到最优，在点 $B(50,50)$ 目标Ⅰ达到最优；此问题无最优解，而线段 AB 上的点均为该问题的有效解。比如 D 点就对应一个有效解。对于 D 点而言，如要改进目标Ⅰ，D 点应沿线段 AB 向下移动，而此时必然造成目标Ⅱ变劣；同理，如要改进目标Ⅱ，D 点应向上移动，这样又会使目标Ⅰ变劣。而域 R 内的其它点均不是有效解。在实际问题中，我们可以根据一定的条件，在线段 AB 上找到某个满意解。如果决策者认为目标Ⅰ(花钱少)更重要，可取 B 点为满意解；如果认为目标Ⅱ(采购较多的原料)重要，可取 A 点为满意解；如果认为决策者会取一个折衷的方案，则可在线段 AB 上适当先取一点，比如取 AB 的中点作为满意解。

8.5.2 多目标最优化问题的评价函数法

20 世纪 70 年代以来，国内外的学者在多目标最优化的研究中提出了很多方法。现在我们要讨论的评价函数法是把一个多目标问题转化为单目标问题，而单目标问题的目标函数是重新构造的，通常称新构造出来的单目标函数为评价函数，方法故此得名。评价函数可以根据多目标的特点和对多目标问题解的实际要求来确定，因此构造的方法是很多的。我们在这里只介绍两种基本的和典型的评价函数法。

多目标最优化问题，一般可以表示为

$$p\text{个目标函数}\begin{cases}\min f_1(\boldsymbol{x})\\ \min f_2(\boldsymbol{x})\\ \vdots\\ \min f_p(\boldsymbol{x})\end{cases} \tag{8-37}$$

$$m\text{个约束条件}\begin{cases}g_1(\boldsymbol{x})\geqslant 0\\ g_2(\boldsymbol{x})\geqslant 0\\ \vdots\\ g_m(\boldsymbol{x})\geqslant 0\end{cases}$$

其中 $\boldsymbol{x}=(x_1,x_2,\cdots,x_n)^{\mathrm{T}}$，$p\geqslant 2$，$m\geqslant 0$

引进向量函数，可把多目标规划(8-37)写成向量形式

$$(\text{VMP})\begin{cases}\min \boldsymbol{F}(x)\\ \text{s.t. } \boldsymbol{g}(x)\geqslant \boldsymbol{0}\end{cases} \tag{8-38}$$

其中

$$\boldsymbol{F}(x)=[f_1(\boldsymbol{x})\ f_2(\boldsymbol{x})\ \cdots\ f_p(\boldsymbol{x})]^{\mathrm{T}}$$
$$\boldsymbol{g}(x)=[g_1(\boldsymbol{x})\ g_2(\boldsymbol{x})\ \cdots\ g_m(\boldsymbol{x})]^{\mathrm{T}}$$

令

$$D=\{x\mid \boldsymbol{g}(x)\geqslant \boldsymbol{0}\}$$

所以，式(8-38)又可简记为

$$\min_{x\in D}\boldsymbol{F}(x)$$

式(8-38)中的VMP(vector mathematical programming)表示的向量数学规划是多目标极小化模型。式(8-38)的表示或与单目标的表示式在形式上完全一样，然而它们有着本质上的区别，这里不再赘述，下面结合具体例子自然会明白的。

1. 线性加权和法

这个方法的指导思想是：根据各个目标在问题中的主要程度，分别赋予它们一个非负的实数(即权系数)对应地作为各目标的系数，然后把这些带系数的各目标相加构成一个评价函数。极小化由该评价函数所构成的数值函数，其最优解即作为原多目标极小化问题的解。

具体地说，对模型(VMP)，设给定一组与各目标 f_i 对应的权系数 $\omega_i(i=1, 2, \cdots,m)$，即

$$f_1,\ \cdots,\ f_m$$
$$\omega_1,\ \cdots,\ \omega_m$$

其中各 ω_i 的大小代表相应目标 f_i 在模型(VMP)中的重要程度，一般还要求 $\sum_{i=1}^{m}\omega_i=1$ 使之规范化。然后作出如下的评价函数

$$u(\boldsymbol{F})=\sum_{i=1}^{m}\omega_i f_i \tag{8-39}$$

通过此评价函数，我们把 m 个目标函数综合起来转化为如下的数值函数

$$u(\boldsymbol{F}(x))=\sum_{i=1}^{m}\omega_i f_i(\boldsymbol{x}) \tag{8-40}$$

为了使(VMP)中的各目标值都尽可能地小，我们来极小化式(8-40)的数值函数，即求解

$$\min_{x\in D} u(\boldsymbol{F}(\boldsymbol{x})) = \min_{x\in D}\sum_{i=1}^{m}\omega_i f_i(\boldsymbol{x}) \tag{8-41}$$

如果引入权系数向量(简称**权向量**)$\boldsymbol{\omega}=(\omega_1,\omega_2,\cdots,\omega_m)^{\mathrm{T}}$ 后,式(8-41)可以写成

$$\min_{x\in D}\ \boldsymbol{\omega}^{\mathrm{T}}F(\boldsymbol{x}) \tag{8-41$'$}$$

可以证明,由上述线性加权和法求得的解 $\tilde{\boldsymbol{x}}$,当 $\boldsymbol{\omega}>\boldsymbol{0}$ 时,$\tilde{\boldsymbol{x}}$ 为(VMP)的有效解,当 $\boldsymbol{\omega}\geqslant 0$ 时 $\tilde{x}$ 为弱有效解。

例 8-20 木梁设计问题 把横截面为圆形的树干加工成矩形横截面的木梁。为使木梁满足一定的规格、应力及强度条件,要求木梁的高度不超过 H,横截面的惯性矩不小于给定值 W,并且横截面的高度要介于其宽度和宽度的 4 倍之间。现在问应如何确定木梁的尺寸,可使木梁的重量最轻,并且成本最低。

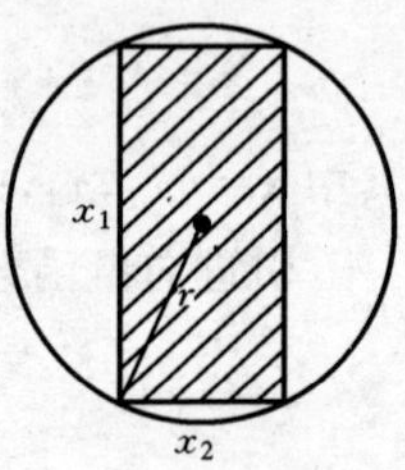

图 8-11

解 设所设计的木梁横面的高为 x_1,宽为 x_2(见图 8-11)。

为使具有一定长度的木梁重量最轻,应要求其横截面积 x_1x_2 为最小,即要求

$$x_1x_2 \to 最小$$

由于矩形横截面的木梁是横截面为圆形的树干加工而成的,故其成本与树干横截面面积的大小 $\pi r^2=\pi\left[\left(\frac{x_1}{2}\right)^2+\left(\frac{x_2}{2}\right)^2\right]$成正比。由此,为使木梁的成本最低还应要求$\frac{\pi}{4}(x_1^2+x_2^2)$尽可能地小,即

$$x_1^2+x_2^2 \to 最小$$

另外,要使木梁的规格、应力和强度的要求条件,应满足

$$x_1\leqslant H$$
$$x_1^2x_2\geqslant W$$
$$x_2\leqslant x_1\leqslant 4x_2$$

此外,还应有 $x_1\geqslant 0$, $x_2\geqslant 0$

综合以上讨论,得到问题的数学模型如下:

$$\begin{cases}\min x_1x_2\\ \min\ (x_1^2+x_2^2)\\ \text{s.t.}\ \begin{cases}H-x_1\geqslant 0\\ x_1^2x_2-W\geqslant 0\\ x_1-x_2\geqslant 0\\ 4x_2-x_1\geqslant 0\\ x_1,\ x_2\geqslant 0\end{cases}\end{cases} \tag{8-42}$$

式(8-42)便是一个多目标极小化模型。

现在我们用线性加权和法求解式(8-42)。并设其中的 $W=1$(体积单位),$H=2.5$(长度单位)。于是

$$V-\min_{(x_1,x_2)^{\mathrm{T}}\in D}\ (x_1x_2,\ x_1^2+x_2^2)$$

$$\text{s.t.}\quad \begin{cases} 2.5 - x_1 \geqslant 0 \\ x_1^2 x_2 - 1 \geqslant 0 \\ x_1 - x_2 \geqslant 0 \qquad (x_1, x_2)^{\mathrm{T}} \in D \\ 4x_2 - x_1 \geqslant 0 \\ x_1,\ x_2 \geqslant 0 \end{cases}$$

约束集如图 8-12 所示。设决策者认为成本目标比重量目标重要，并且给定与重量目标相应的权系数 $w_1 = 0.3$，与成本目标相应的权系数 $w_2 = 0.7$。依给定的权系数作出线性加权和评价函数，得到数值极小化问题为

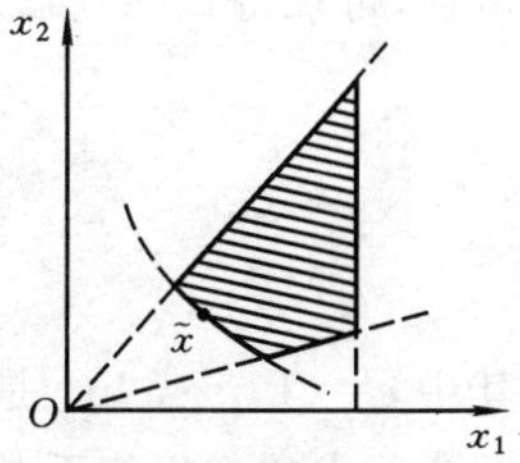

图 8-12

$$\min_{(x_1, x_2)^{\mathrm{T}} \in D} \{0.3x_1x_2 + 0.7(x_1^2 + x_2^2)\} \tag{8-43}$$

式(8-43)是一个单目标非线性规划问题，用非线性约束的最优化方法(第 10 章非线性规划中将会讨论)可求得最优解

$$\tilde{\boldsymbol{x}} = (\tilde{x}_1,\ \tilde{x}_2)^{\mathrm{T}} = (1.151\,1,\ 0.754\,7)^{\mathrm{T}}$$

$\tilde{\boldsymbol{x}}$ 是式(8-42)的有效解。注意，这里得到的有效解是决策者认为重量目标在问题中的相对重要程度为 0.3，成本目标的相对重要程度为 0.7 的意义下得到的。因此，如何根据问题的特性，合理地和恰当地确定出与各有关目标项对应的权系数，显然十分重要。

在实用中，为了正确地使用权系数，通常要在各对应项赋予权系数之前先对问题作统一量纲的处理。例如，在采用线性加权和法求解模型(VMP)时，一般要先对各目标函数在可行域上作正值化处理(可对各目标函数加上同一个适当的正数，使平移后的各目标函数 $f_i(\boldsymbol{x})$ 对任何 $\boldsymbol{x} \in D$ 有 $f_i(\boldsymbol{x}) > 0,\ i = 1, \cdots, m$)，再求出各目标的极小值 $f_i^* = \min\limits_{\boldsymbol{x} \in D} f_i(\boldsymbol{x})\ (i = 1, \cdots, m)$ 然后以 $f_i(\boldsymbol{x}) / f_i^*\ (i = 1, \cdots, m)$ 作为新的目标函数来赋予对应的权系数。对于这样作了统一量纲处理的目标函数，使用线性加权和法时，其权系数就能充分反映出各对应目标在问题中的重要程度，而不会受目标值相对大小的影响了。

现在来介绍确定权系数数值的方法。人们提出了很多方法，我们在此只介绍一种所谓 α 法。

α 法是确定各目标重要程度的权系数的一种方法。它的主要思想是根据 m 个目标的极小点信息，借助于引进的一个辅助参数 α，通过求解 $m+1$ 阶线性方程组来确定出各目标的权系数数值。具体地说，对模型(VMP)，我们先在其可行域 D 上极小化各目标函数 $f_j(\boldsymbol{x})$，得极小点 $\boldsymbol{x}^{(j)}$

$$f_j(\boldsymbol{x}^{(j)}) = \min_{\boldsymbol{x} \in D} f_j(\boldsymbol{x}),\ j = 1, 2, \cdots, m$$

利用 $\boldsymbol{x}^{(j)}$ 可以计算出 m^2 个目标值

$$f_{ij} = f_i(\boldsymbol{x}^j),\ i, j = 1,\ \cdots, m \tag{8-44}$$

现在，引出参数 α 并作如下关于 $\omega_i\ (i = 1, \cdots, m)$ 和 α 的 $m+1$ 阶的线性方程组

$$\begin{cases} \sum\limits_{i=1}^{m} f_{ij}\omega_i = \alpha,\ j = 1,\ \cdots,\ m \\ \sum\limits_{i=1}^{m} \omega_i = 1 \end{cases} \tag{8-45}$$

设式(8-45)的前 m 个方程的系数矩阵

$$(f_{ij})=\begin{pmatrix} f_{11} & f_{12} & \cdots & f_{1m} \\ f_{21} & f_{22} & \cdots & f_{2m} \\ \vdots & \vdots & & \vdots \\ f_{m1} & f_{m2} & \cdots & f_{mm} \end{pmatrix}$$

可逆,可求得式(8-45)的唯一解为

$$\begin{cases} (\omega_1,\cdots,\omega_m)^{\mathrm{T}}=\dfrac{\boldsymbol{e}^{\mathrm{T}}(f_{ij})^{-1}}{\boldsymbol{e}^{\mathrm{T}}(f_{ij})^{-1}\boldsymbol{e}}, \\ \alpha=\dfrac{1}{\boldsymbol{e}^{\mathrm{T}}(f_{ij})^{-1}\boldsymbol{e}} \end{cases} \tag{8-46}$$

其中 $\boldsymbol{e}=(1,\cdots,1)^{\mathrm{T}}$ 是 m 维向量,$(f_{ij})^{-1}$是(f_{ij})的逆矩阵。式(8-46)中的各 $\omega_i(i=1,\cdots,m)$ 即为所求的一组权系数。实际上在求解时并没有用到这个 α,也不需要去解方程组(8-45)。我们只要在求得各目标 f_j 的极小点 $\boldsymbol{x}^{(j)}(j=1,\cdots,m)$之后,由(8-44)直接按公式(8-46)便可算得一组权系数 $\omega_i(i=1,\cdots,m)$。

2. 理想点法

对于模型(VMP),为使各个目标函数均尽可能地极小化,可以先分别求出各目标函数的极小值,然后让各目标尽量接近各自的极小值来获得它的解。

设对模型(VMP)的 m 个分目标函数 $f_i(\boldsymbol{x})(i=1,\cdots,m)$极小化后各自得到最优解 $\boldsymbol{x}^{(i)}$,即

$$f_i(\boldsymbol{x}^i)=\min_{x\in D}f_i(\boldsymbol{x}),\ i=1,\cdots,m。$$

如果各个 $\boldsymbol{x}^{(i)}(i=1,\cdots,m)$均相同,则记 $\boldsymbol{x}^*=\boldsymbol{x}^i(i=1,\cdots,m)$。因为 $\boldsymbol{x}^{(i)}$ 是 $f_i(\boldsymbol{x})$的最优解,故有

$$f_i(\boldsymbol{x}^*)=f_i(\boldsymbol{x}^{(i)})\leqslant f_i(\boldsymbol{x})\quad \forall\,\boldsymbol{x}\in D,\ i=1,\cdots,m$$

或

$$\boldsymbol{F}(\boldsymbol{x}^*)\leqslant \boldsymbol{F}(\boldsymbol{x})\quad \forall\,\boldsymbol{x}\in D$$

这说明 $\boldsymbol{x}^*$ 为模型(VMP)的绝对最优解。

一般情形,我们设各个 $\boldsymbol{x}^{(i)}(i=1,\cdots,m)$不全相同,并记

$$f_i^*=f_i(\boldsymbol{x}^{(i)}),\ i=1,\cdots,m。$$

由于各个最小值 f_i^* 分别是对应目标 f_i 最理想的值,故通常把由它们组成的目标空间 $\boldsymbol{R}^m$ 中的点

$$\boldsymbol{F}^*=(f_1^*,\cdots,f_m^*)^{\mathrm{T}}$$

称做模型(VMP)的理想点。

Salуквадзе 提出的理想点法,其中心思想是定义了一种"模"的概念,在这个模的意义下找一个点尽量接近理想点,即让模

$$\|\boldsymbol{F}(x)-\boldsymbol{F}^*\|\rightarrow\min\|\boldsymbol{F}(x)-\boldsymbol{F}^*\| \tag{8-47}$$

对于不同的模,可以找到不同意义下的最优点,这个模也可看作评价函数。

设 $\boldsymbol{F}=(f_1,\cdots,f_m)^{\mathrm{T}}$,$\boldsymbol{F}^*=(f_1^*,\cdots,f_m^*)^{\mathrm{T}}$。关于理想点法几种常用的模和相应的评价函数的构造如下:

(1) 距离模评价函数

$$u(\boldsymbol{F}) = \|\boldsymbol{F} - \boldsymbol{F}^*\| \triangleq \sqrt{\sum_{i=1}^{m}(f_i - f_i^*)^2} \tag{8-48}$$

(2)带权 p-模评价函数

$$u(\boldsymbol{F}) = \|\boldsymbol{F} - \boldsymbol{F}^*\| \triangleq \left[\sum_{i=1}^{m}\omega_i(f_i - f_i^*)^p\right]^{\frac{1}{p}} \qquad 1 \leqslant p < +\infty \tag{8-49}$$

(3)带权极大模评价函数

$$u(\boldsymbol{F}) = \|\boldsymbol{F} - \boldsymbol{F}^*\| \triangleq \max_{1\leqslant i\leqslant m}\{\omega_i \mid f_i - f_i^* \mid\} \tag{8-50}$$

采用式(8-48)为评价函数,相应地多目标问题归结为求解数值极小化问题

$$\min_{x\in D}\|\boldsymbol{F}(x) - \boldsymbol{F}^*\| = \min_{x\in D}\sqrt{\sum_{i=1}^{m}(f_i(x) - f_i^*)^2}$$

这意味着极小化距离模的过程,因而这种特殊的理想点法也叫做最短距离法。由最短距离法所得的解 $\tilde{\boldsymbol{x}}$ 容易验证它是模型(VMP)的有效解。

采用式(8-49)为评价函数,即采用带权的 p-模评价函数,通常称这种方法为 p-模理想点法,求解过程类似于最短距离法,所得的解 $\tilde{\boldsymbol{x}}$ 是有效解或是弱有效解的讨论与线性加权和法一样。

采用式(8-50)为评价函数情形,这种用带权的极大模来构造评价函数的理想点法也叫极大模理想点法。这时的极小化问题是

$$\min_{x\in D}\|\boldsymbol{F}(x) - \boldsymbol{F}^*\| = \min_{x\in D}\max_{1\leqslant i\leqslant m}\{\omega_i \mid f_i(\boldsymbol{x}) - f_i^* \mid\} \tag{8-51}$$

而式(8-51)进行求解常常是不方便的。为此,引进变量

$$\lambda = \max_{1\leqslant i\leqslant m}\{\omega_i \mid f_i(\boldsymbol{x}) - f_i^* \mid\}$$

把问题(8-51)转化为如下等价的辅助问题

$$\begin{cases}\min \lambda \\ \text{s.t.} \quad \boldsymbol{x} \in D \\ \qquad\quad \omega_i(f_i(\boldsymbol{x}) - f_i^*) \leqslant \lambda,\ i = 1, \cdots, m \\ \qquad\quad \lambda \geqslant 0\end{cases}$$

设这个问题的最优解为$(\tilde{\boldsymbol{x}}^{\mathrm{T}}, \tilde{\lambda})^{\mathrm{T}}$,则 $\tilde{\boldsymbol{x}}$ 即为式(8-51)的最优解。

极大模理想点法步骤

第 1 步:求理想点。求出各目标的极小点和极小值:

$$f_i^* = f_i(\boldsymbol{x}^{(i)}) = \min_{x\in D} f_i(\boldsymbol{x}),\ i = 1, \cdots, m。$$

第 2 步:检验各极小点。

(1) 若 $\boldsymbol{x}^{(1)} = \boldsymbol{x}^{(2)} = \cdots = \boldsymbol{x}^{(m)}$,则输出 $\boldsymbol{x}^* = \boldsymbol{x}^{(i)}\ (i=1, \cdots, m)$。

(2) 若 $\boldsymbol{x}^{(1)}, \cdots, \boldsymbol{x}^{(m)}$ 不全同,则进入第 3 步。

第 3 步:确定权系数。给出表示各目标 f_i 逼近其极小值 $f_i^*\ (i=1,\cdots,m)$ 重要程度的权系数 $\omega_i > 0\ (i=1, \cdots, m)$。

第 4 步:极小化辅助问题。求解

$$\begin{cases}\min \lambda \\ \text{s.t.} \quad \boldsymbol{x} \in D \\ \qquad\quad \omega_i(f_i(\boldsymbol{x}) - f_i^*) \leqslant \lambda,\ i = 1, \cdots, m \\ \qquad\quad \lambda \geqslant 0\end{cases} \tag{8-52}$$

设得最优解$(\tilde{\boldsymbol{x}}^{\mathrm{T}},\tilde{\lambda})^{\mathrm{T}}$，输出$\tilde{\boldsymbol{x}}$。

因为总有 $f_i^* \leqslant \min\limits_{x\in D} f_i(\tilde{\boldsymbol{x}})\ (i=1,\cdots,m)$，又由于式(8-51)与式(8-52)等价，当$\omega_i>0$时，由极大模理想点法所求得的解$\tilde{\boldsymbol{x}}$为模型(VMP)的弱有效解。

例 8-21　生产计划问题　某工厂生产n种产品($n\geqslant 2$)。已知该厂生产i号产品的生产能力为a_i(吨/小时)$(i=1,2,\cdots,n)$；每生产1吨i号产品可获利润α_i(元)。根据市场预测，下个月第i号产品的最大销售量为b_i(吨)$(i=2,\cdots,n)$；下月市场需要尽可能多的1号产品。工厂下月的开工工时能力为T(小时)。试问，应如何安排下月的生产计划，在避免开工不足的条件下，满足以下要求：工人加班时间尽量地少；工厂力争获得最大利润；满足市场对1号产品的尽可能多的需求。为制订下月的生产计划，设该厂下月生产i号产品的时间为$x_i(i=1,2,\cdots,n)$小时。试建立此问题的多目标最优化模型，并用极大模理想点法进行求解。设给出以下各项数据：$n=3$；$a_1=3$(吨/小时)，$a_2=2$(吨/小时)，$a_3=4$(吨/小时)；$\alpha_1=5$(万元)，$\alpha_2=7$(万元)，$\alpha_3=3$(万元)；$b_1=240$(吨)，$b_2=250$(吨)，$b_3=420$(吨)；$T=208$(小时)。并给定三个目标重要程度的权系数依次为：$\omega_1=0.1$，$\omega_2=0.8$，$\omega_3=0.1$。

解　设该厂下月生产三种产品的时间为$x_i(i=1,2,3)$。综合题目中给出的条件及相互关系，所考虑的生产计划问题可归结为以下具有三个目标的最优化问题。

$$\begin{cases}\min\ \left(\sum\limits_{i=1}^{3}x_i-T\right)\\ \max\sum\limits_{i=1}^{3}\alpha_i a_i x_i\\ \max\ a_1x_1\\ \text{s.t.}\ \begin{cases}b_i-a_ix_i\geqslant 0, & i=1,2,3\\ \sum\limits_{i=1}^{3}x_i-T\geqslant 0\\ x_i\geqslant 0,\ i=1,2,3\end{cases}\end{cases}\tag{8-53}$$

记$\boldsymbol{x}=(x_1,x_2,x_3)^{\mathrm{T}}$，将已知各项数据代入式(8-53)，并把极大化转化为极小化，且令$f_1(\boldsymbol{x})=x_1+x_2+x_3-208$；$f_2(\boldsymbol{x})=-(15x_1+14x_2+12x_3)$；$f_3(\boldsymbol{x})=-3x_1$。于是，工厂的生产计划问题归结为求解多目标极小化问题：

$$V-\min_{x\in D}(f_1(\boldsymbol{x}),f_2(\boldsymbol{x}),f_3(\boldsymbol{x}))^{\mathrm{T}}=(x_1+x_2+x_3-208,-15x_1-14x_2-12x_3,-3x_1)^{\mathrm{T}}\tag{8-54}$$

其中

$$D=\left\{\boldsymbol{x}\in\boldsymbol{R}^3\ \middle|\ \begin{array}{l}240-3x_1\geqslant 0,\\ 250-2x_2\geqslant 0,\qquad x_1,x_2,x_3\geqslant 0\\ 420-4x_3\geqslant 0,\\ x_1+x_2+x_3-208\geqslant 0,\end{array}\right\}$$

现在对式(8-54)按极大模理想点法的步骤求解。首先，可求得3个目标的极小值如下：

$$f_1^*=f_1(\boldsymbol{x}^{(1)})=\min_{x\in D}(x_1+x_2+x_3-208)=0$$

$$f_2^*=f_2(\boldsymbol{x}^{(2)})=\min_{x\in D}(-15x_1-14x_2-12x_3)=-4210$$

$$f_3^* = f_3(\boldsymbol{x}^{(3)}) = \min_{x \in D}(3x_1) = -240$$

从而问题的理想点为 $\boldsymbol{F}^* = (0,\ -4210,\ -240)^{\mathrm{T}}$。题目已经给出决策者对三个目标 f_1,f_2 和 f_3 逼近其对应的极小值 f_1^*,f_2^* 和 f_3^* 重要程度的权系数依次为

$$w_1 = 0.1,\ w_2 = 0.8,\ w_3 = 0.1$$

因为目标 f_2 的极小点 $\boldsymbol{x}^{(2)} = (0,\ 125,\ 105)^{\mathrm{T}}$ 与 f_1 的极小点 $\boldsymbol{x}^{(1)}$ 及 f_3 的极小点 $\boldsymbol{x}^{(3)}$ 不全同,故我们考虑求解辅助问题

$$\begin{cases} \min \lambda \\ \text{s.t. } x \in D \\ \quad 0.1(x_1 + x_2 + x_3 - 208 - 0) \leqslant \lambda \\ \quad 0.8(-15x_1 - 14x_2 - 12x_3 + 4210) \leqslant \lambda \\ \quad 0.1(-3x_1 + 240) \leqslant \lambda \\ \quad \lambda \geqslant 0 \end{cases} \tag{8-55}$$

式(8-55)是单目标线性规划问题,容易求得它的最优解为$(\tilde{x}_1,\ \tilde{x}_2,\ \tilde{x}_3,\ \tilde{\lambda})^{\mathrm{T}} = (80,\ 125,\ 105,\ 10.2)^{\mathrm{T}}$。由此可得

$$\tilde{\boldsymbol{x}} = (\tilde{x}_1,\ \tilde{x}_2,\ \tilde{x}_3)^{\mathrm{T}} = (80,\ 125,\ 105)^{\mathrm{T}}$$

为所求的解。

由于所给的权系数 $w_i > 0 (i = 1,\ 2,\ 3)$,故求得解 $\tilde{\boldsymbol{x}}$ 为式(8-54)的弱有效解。从而我们得知,该工厂下月应安排的生产计划为:

生产 1 号产品的时间 $\tilde{x}_1 = 80$(小时);生产 2 号产品的时间 $\tilde{x}_2 = 125$(小时);生产 3 号产品的时间 $\tilde{x}_3 = 105$(小时)。由此,也得知

工人加班时间　　$\tilde{f}_1 = \tilde{x}_1 + \tilde{x}_2 + \tilde{x}_3 - 208 = 102$(小时);

总利润为　　$-\tilde{f}_2 = 15\tilde{x}_1 + 14\tilde{x}_2 + 12\tilde{x}_3 = 4210$(万元);

1 号产品产量为　$-\tilde{f}_3 = 3\tilde{x}_1 = 240$ (吨)。

§8.6　层次分析法及其应用

层次分析法(the analytic hierarchy process,简称 AHP)是美国运筹学家 T. L. Saaty 于 20 世纪 70 年代中期创立的一种定性与定量分析相结合的多目标决策方法。其本质是试图使人的思维条理化、层次化,它充分利用人的经验和判断并予以量化,进而对决策方案优劣进行排序。这种方法具有实用性、简洁性等优点。由于 AHP 的应用简单有效,特别对目标(因素)结构复杂、并且缺乏必要的数据资料的情况(比如社会经济系统)更为实用,因此,近几年来已在我国得到较为广泛的应用。目前已在资源分配、冲突分析、方案评比、计划等方面得到应用,收到一定的效果。

8.6.1　AHP 法原理

对于复杂的决策问题,处理的方法是,先对问题所涉及的因素进行分类,然后构造一个各

因素之间相互联结的层次结构模型,画出层次结构图,图 8-13 是一个递阶层次结构示意图。

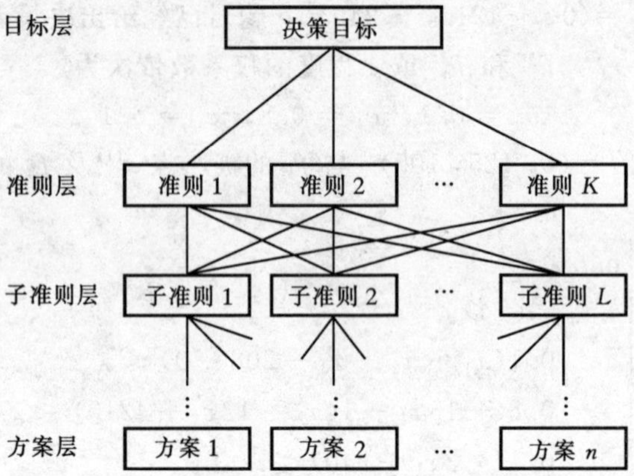

图 8-13

根据层次结构图确定每一层的各因素相对重要性的权重数,直至计算出方案层(措施层)各方案的相对权重数。这就给出了各方案的优劣排序,以供领导阶层决策。

下面我们通过一个简单例子来说明 AHP 法的原理。

设有 n 个物体 $A_1, A_2, \cdots A_n$;它们的重量分别为 $w_1, w_2, \cdots, w_n$(用同一种度量单位)。若将它们两两比较重量,其比值(相对重量)可构成 $n\times n$ 的矩阵 $\boldsymbol{A}$。

$$\boldsymbol{A}=\begin{bmatrix} w_1/w_1 & w_1/w_2 & \cdots & w_1/w_n \\ w_2/w_1 & w_2/w_2 & \cdots & w_2/w_n \\ \vdots & \vdots & & \vdots \\ w_n/w_1 & w_n/w_2 & \cdots & w_n/w_n \end{bmatrix}$$

若用重量向量 $\boldsymbol{W}=(w_1, w_2, \cdots, w_n)^{\mathrm{T}}$ 右乘矩阵 $\boldsymbol{A}$,得到

$$\boldsymbol{AW}=\begin{bmatrix} w_1/w_1 & w_1/w_2 & \cdots & w_1/w_n \\ w_2/w_1 & w_2/w_2 & \cdots & w_2/w_n \\ \vdots & \vdots & & \vdots \\ w_n/w_1 & w_n/w_2 & \cdots & w_n/w_n \end{bmatrix}\begin{bmatrix} w_1 \\ w_2 \\ \vdots \\ w_n \end{bmatrix}=n\begin{bmatrix} w_1 \\ w_2 \\ \vdots \\ w_n \end{bmatrix}=n\boldsymbol{W} \tag{8-56}$$

即

$$(A-n\boldsymbol{I})\boldsymbol{W}=\boldsymbol{0}$$

其中,$\boldsymbol{I}$ 为单位阵。

由矩阵代数知,$\boldsymbol{W}$ 为特征向量(characteristic vector),n 为特征值(根)。若 $\boldsymbol{W}$ 未知时,则可根据决策者对物体两两之间相比的关系,主观地作出比值的判断,或用德尔菲(Delphi)法来确定这些比值,使 $\boldsymbol{A}$ 矩阵为已知。$\boldsymbol{A}$ 矩阵的元素是通过两两比较得出的,这样的矩阵通常称为**判断矩阵**(judgement matrix)。

若 $\boldsymbol{A}$ 矩阵满足:(i)$a_{ij}>0$;(ii)$a_{ij}=\dfrac{1}{a_{ji}}(i,\ j=1,\ \cdots,\ n)$(互反性);(iii) $a_{ii}=1$,称 $\boldsymbol{A}$ 为**正互反矩阵**(positive reciprocal matrix)。若进一步满足:(iv) $a_{ij}=a_{ik}/a_{jk}$(或 $a_{ij}a_{jk}=a_{ik}$),$i,\ j,\ k=1,2,\cdots,n$(传递性或一致性)。根据正定矩阵的理论,可以证明 $\boldsymbol{A}$ 矩阵具有唯一的非零最大特征根 $\lambda_{\max}$,且 $\lambda_{\max}=n$,这里矩阵 $\boldsymbol{A}$ 称为**一致性矩阵**(consistent matrix)。然而对复杂事物

的各因素，人们采用两两比较时，不可能做到判断的完全一致，从而存在估计误差，并导致特征值及特征向量也有偏差。为了避免误差太大，所以应该衡量判断矩阵 **A** 的一致性。当 **A** 完全一致时，因 $a_{ii}=1$，$\sum_{i=1}^{n}\lambda_i=\sum_{i=1}^{n}a_{ii}=n$，存在唯一的非零 $\lambda=\lambda_{\max}=n$；而当 **A** 存在判断不一致时，一般有 $\lambda_{\max}\geqslant n$。这时

$$\lambda_{\max}+\sum_{i\neq\max}\lambda_i=\sum_{i=1}^{n}a_{ii}=n$$

于是有

$$\lambda_{\max}-n=-\sum_{i\neq\max}\lambda_i$$

我们就以其平均值作为检验判断矩阵的一致性指标 CI(consistent index)，即

$$CI=\frac{\lambda_{\max}-n}{n-1}=\frac{-\sum\limits_{i\neq\max}\lambda_i}{n-1} \tag{8-57}$$

显然，当 $\lambda_{\max}=n$ 时，$CI=0$，判断矩阵是完全一致的；CI 值越大，判断矩阵的完全一致性越差。一般只要 $CI\leqslant 0.10$ 时，通常认为判断矩阵的一致性是可以接受的，否则需要重新进行两两比较判断。

判断矩阵的维数 n 越大，判断的一致性将越差，故应放宽对高维判断矩阵的一致性要求。于是提出了平均随机一致性指标的修正值 RI(radom index)，见表 8-16，并取更为合理的 CR 为衡量判断矩阵一致性的指标。

$$CR=\frac{CI}{RI} \tag{8-58}$$

表 8-16

维数 n	1	2	3	4	5	6	7	8	9
RI	0	0	0.58	0.90	1.12	1.24	1.32	1.41	1.45

此表是由 Saaty1980 年给出的。

我们指出，二阶判断矩阵不需要一致性检验。不难证明。任意二阶判断矩阵都是一致性矩阵，且最大特征根 $\lambda_{\max}=2$，对应 $\lambda_{\max}$ 的特征向量 $\boldsymbol{W}=\left(\frac{a}{1+a},\frac{1}{1+a}\right)^{\mathrm{T}}$，其中 $a>0$，为影响因素 x_1，x_2 的重要性之比，而二阶判断矩阵 **A** 的一般形式为

$$\boldsymbol{A}=\begin{bmatrix}1 & a\\ \frac{1}{a} & 1\end{bmatrix}$$

上面叙述的内容主要涉及到 AHP 的度量原理，至于递阶层次结构、两两比较的标度及排序等，以下将再做深入讨论。

8.6.2　层次结构模型和标度

1. 层次结构模型

建立递阶层次结构模型是应用 AHP 方法解决多目标决策问题最重要的一步。首先，把

复杂的问题分解为若干个组成部分(每一部分称之为一个元素),然后再把这些元素按属性不同分成若干组,以形成不同的层次。同一层次的元素作为准则,以形成不同的层次。同一层次的元素作为准则,对下一层次的某些元素起支配作用,同时它又受上一层次元素的支配。这样从上到下的支配关系就形成一个递阶层次结构(注意,不相邻的两个层次之间的元素不存在支配关系;同一层次的两个元素之间也不存在支配关系)。处于最上面的层次是目标层,通常只有一个元素,它是分析系统的预定目标(复杂的问题可分为总目标层、子目标层)。中间一层是准则、子准则层,它排列了衡量是否达到目标的各项准则。最低的一层是方案(措施)层,其中排列了各种可能采取的措施。层次之间元素的支配关系不一定是完全的。

构造一个各类问题的层次结构图是一项十分细致的分析工作,而且要有一定的经验。一个好的层次结构对于解决问题至关重要。

2. 标度

为了使元素之间进行两两比较得到量化的判断矩阵,我们引入 1～9 的标度,它们的含义见表 8－17。

表 8－17　　1～9 标度方法及含义

标度 a_{ij}	含　义
1	元素 i 与元素 j 相同重要
3	元素 i 与元素 j 略重要
5	元素 i 与元素 j 较重要
7	元素 i 与元素 j 非常重要
9	元素 i 与元素 j 绝对重要
2,4,6,8	为以上相邻判断之间的中间状态对应的标度值
倒数	若元素 j 与元素 i 比较,得判断值为 $a_{ji}=1/a_{ij}$, $a_{ii}=1$

1～9 的标度方法是一种具有一定合理性和科学性的、将思维判断量化的好方法。可见,对 $n\times n$ 矩阵,只需要给出 $\frac{n(n-1)}{2}$ 个判断数值。当然根据问题的特点,也可以采用其它的标度方法。1～9 标度法在实际应用中,往往使决策者难以适应,难以用 1～9 标度表示出各元素的相对重要程度。针对这些问题,不少学者提出了判断矩阵的间接给出法,即先给出易接受的标度,得到此标度下的判断矩阵,然后经过数学变换,转化成 1～9 标度下的判断矩阵。

我们在 AHP 的实际应用中,改进了 1～9 标度法,提出了表 8－18 所列的标度定义,并给出相应的一致性检验法(见表 8－19 的随机一致性指标)。

表 8－18　　改进的标度定义表

元素 x_i 与 x_j 重要性比较	相等	较强	强	很强	绝对强	介于二者之间
a_{ij}	5/5	6/4	7/3	8/2	9/1	5.5/4.5; 6.5/3.5; 7.5/2.5; 8.5/1.5

若元素 x_i 与 x_j 比较得 a_{ij},则元素 x_j 与 x_i 比较得 $a_{ji}=1/a_{ij}$。

表 8-19　随机一致性指标 RI 值表

阶数	1	2	3	4	5	6	7	8	9
RI	0	0	0.169 0	0.259 8	0.328 7	0.369 4	0.400 7	0.416 7	0.437 0

为了叙述方便，我们把 Saaty 的 AHP 法记作 AHP(一)，而把改进 1～9 标度(见表 8-18 的标度定义)及相应的一致性检验法，记作 AHP(二)。表 8-18 的改进标度定义的方法比较符合中国人的思维习惯，基本上和人们常用的判断方法"事物总体共有十成，这两方面各占几成"相一致，因此可操作性强。表 8-19 是通过样本容量为 1 000 次的独立试验在计算机上模拟得到的。从而 AHP(二)可以看作是平行于 AHP(一)的完整方法，其原理和基本思路完全与 Saaty 的 AHP 相一致。

8.6.3　计算方法与步骤

这里我们主要介绍 Saaty 的 AHP 法(即 AHP(一))的计算方法与步骤，而对 AHP(二)只指出它的不同处，并给出一个完整的应用实例。

运用 AHP 解决多目标决策问题，一般步骤是：

(1) 建立问题的递阶层次结构模型；

(2)构造两两比较判断矩阵；

(3)进行层次单排序，并进行一致性检验；

(4)进行层次总排序，并进行总排序的一致性检验。

AHP(二)与上述算法不同处在于：(1)请多个专家用表 8-18 改进的标度法给出多个判断矩阵，并分别对各判断矩阵用新的 RI 值(见表 8-19)做一致性检验，求出相应的权重；(2)把通过一致性检验的各判断矩阵的权重向量，按分量分别进行算术平均或几何平均，结果即为单一准则下元素的相对综合权重；(3)计算总排序权重时，由于没有综合判断矩阵，故不用再进行一致性检验。

下面对 Saaty 的 AHP 法的计算步骤中第二步至第四步再做些阐述。

上面讲的判断矩阵，只是针对上一层而言两两相比的判断数据，现在要把本层所有各元素对上一层而言排出优劣的顺序来。这可以在判断矩阵上进行运算，我们介绍两种最常用的方法。

1. 方根法

具体计算步骤是：

(1) 计算判断矩阵每一行元素的乘积 M_i。

$$M_i = \prod_{j=1}^{n} a_{ij} \qquad (i = 2, \cdots, n)$$

(2)计算 M_i 的 n 次方根 $\overline{w}_i$。

$$\overline{w}_i = \sqrt[n]{M_i}$$

(3)对 $\overline{w}_i$ 进行归一化。

$$w_i = \frac{\overline{w}_i}{\sum_{j=1}^{n} \overline{w}_j}$$

其中，$\sum_{i=1}^{n} w_i = 1$，则 $w_i(i=1,2,\cdots,n)$ 构成系数向量，即求得特征向量的近似值，这也是各元素的相对权重值。

(4) 计算判断矩阵的最大特征根 λ_{max}。

$$\lambda_{max} = \sum_{i=1}^{n} \frac{(\boldsymbol{AW})_i}{n w_i} \tag{8-59}$$

其中$(\boldsymbol{AW})_i$ 为向量 $\boldsymbol{AW}$ 的第 i 个元素。

(5) 按式(8-57)和(8-58)计算判断矩阵的一致性指标，检验其一致性。

2. 特征向量法

严格地计算 $\boldsymbol{W}=(w_i, w_2, \cdots, w_n)^{\mathrm{T}}$ 的方法是计算判断矩阵的最大特征根 λ_{max} 以及它所对应的特征向量 $\boldsymbol{W}$，使满足下式

$$\boldsymbol{AW} = \lambda_{max}\boldsymbol{W}$$

其中 $\boldsymbol{A}$ 是判断矩阵。这个特征向量 $\boldsymbol{W}$ 正是待求的相对权重向量。

具体计算步骤如下。

(1)取一个和判断矩阵 $\boldsymbol{A}$ 同阶的初值向量 $\boldsymbol{W}^{(0)}$，例如取 $\boldsymbol{W}^{(0)} = \left(\frac{1}{n}, \frac{1}{n}, \cdots, \frac{1}{n}\right)^{\mathrm{T}}$。

(2) 对于 $k=1,2,\cdots$，计算

$$\boldsymbol{W}^{(k)} = \boldsymbol{AW}^{(k-1)}$$

式中 $\boldsymbol{W}^{(k-1)}$ 为归一化后所得向量。

(3) 对于事先给定的计算精度，若

$$\max_i \mid w_i^{(k)} - w_i^{(k-1)} \mid < \varepsilon$$

则停止计算，否则继续(2)。式中 $w_i^{(k)}$ 表示 $\boldsymbol{W}^{(k)}$ 的第 i 个分量。

(4)计算

$$\lambda_{max} = \frac{1}{n} \sum_{i=1}^{n} \frac{w_i^{(k)}}{w_i^{(k-1)}}$$

和

$$w_i^{(k)} = \frac{\overline{w}_i^{(k)}}{\sum_{j=1}^{n} \overline{w}_j^{(k)}} \qquad i = 1,2,\cdots,n$$

最后指出，上面的计算可以在计算机上很容易地实现。但由于这种计算并不要求太高的精确度，因此可以采用近似算法，比如用方根法。

现在再对层次总排序的计算做些说明，即如何利用层次单排序的结果进行层次总排序。

设有目标层 A、准则层 C 和方案层 P 构成的层次模型。如果已经求得目标层 A 对准则层 $c_1, c_2, \cdots, c_k$ 的相对权重向量为

$$\boldsymbol{W}^{(1)} = (w_1^{(1)}, w_2^{(1)}, \cdots, w_k^{(1)})^{\mathrm{T}}$$

和准则层的各准则 $c_i(i=1, 2, \cdots, k)$对方案层 $p_1, p_2, \cdots, p_n$ 的相对权重向量为

$$\boldsymbol{W}_l^{(2)} = (w_{1l}^{(2)}, w_{2l}^{(2)}, \cdots, w_{nl}^{(2)})^{\mathrm{T}},\ l = 1, 2, \cdots, k$$

那么各方案 $p_1, p_2, \cdots, p_n$ 对目标而言，其相对权重是通过权重 $\boldsymbol{W}^{(1)}$ 与 $\boldsymbol{W}_1^{(2)}(l=1, 2, \cdots, k)$ 组合而得到，即

$$v_j^{(2)} = \sum_{i=1}^{k} w_i^{(1)} w_{jl}^{(2)} \qquad j = 1,2,\cdots,n;\ l = 1,2,\cdots,k$$

其计算可采用表格形式进行(见表 8-20)。这时得到的 $\boldsymbol{V}^{(2)}=(v_1^{(2)},\ v_2^{(2)},\ \cdots,\ v_n^{(2)})^{\mathrm{T}}$ 即为 P 层各方案对目标的相对权重向量,完成了总排序的任务。

对于层次更多的模型,计算方法相同。

最后再进行总排序的一致性检验。总排序的指标 CI 为

$$CI = \sum_{i=1}^{k} w_i^{(1)} CI_j \qquad j = 1,2,\cdots,k \tag{8-60}$$

其中 CI_j 为相应的单排序的一致性指标,按式(8-57)计算,$w_i^{(1)}$ 为 $\boldsymbol{A}$ 对 c_i 的相对权重值。或者

$$RI = \sum_{i=1}^{k} w_i^{(1)} RI_j \tag{8-61}$$

其中 RI_j 也是相应的单排序的一致性指标,按表 8-16 确定。而

$$CR = \frac{CI}{RI}$$

同样希望它小于等于 0.1。如果不能很好满足一致性要求,正如 8.6.1 小节中指出的,需要重新审查判断矩阵的合理性。

表 8-20

C层 / 权重 / P层	元素及权重				组合权重 $\boldsymbol{V}^{(2)}$
	c_1	c_2	$\cdots$	c_k	
	$w_1^{(1)}$	$w_2^{(1)}$	$\cdots$	$w_k^{(1)}$	
p_1	$w_{11}^{(2)}$	$w_{12}^{(2)}$	$\cdots$	$w_{1k}^{(2)}$	$v_1^{(2)} = \sum_{i=1}^{k} w_i^{(1)} w_{1l}^{(2)}$
p_2	$w_{21}^{(2)}$	$w_{22}^{(2)}$	$\cdots$	$w_{2k}^{(2)}$	$v_2^{(2)} = \sum_{i=1}^{k} w_i^{(1)} w_{2l}^{(2)}$
$\vdots$	$\vdots$	$\vdots$		$\vdots$	$\vdots$
p_n	$w_{n1}^{(2)}$	$w_{n2}^{(2)}$	$\cdots$	$w_{nk}^{(2)}$	$v_n^{(2)} = \sum_{i=1}^{k} w_i^{(1)} w_{nl}^{(2)}$

8.6.4　应用实例分析

例 8-22　航天电子元器件应用验证 AHP 综合评价。

航天电子元器件应用验证指将电子元器件应用于航天工程前,为确定其技术和应用状态满足航天应用的研制成熟度和在航天工程中的适用度,并综合分析评价进而得出其可用度而开展的一系列试验、评估、测试和综合评价等工作。宇航元器件应用验证可用度综合评价是实施应用验证工程的主要途径之一,主要从生产过程、功能性能、可靠性和应用适应性四个方面对元器件开展评价。现对 D_1、D_2、D_3 三个同类元器件开展可用度综合评价,试用 AHP 方法进行决策。

解

(1)首先通过专家咨询、分析,得到图 8-14 所示的层次结构。

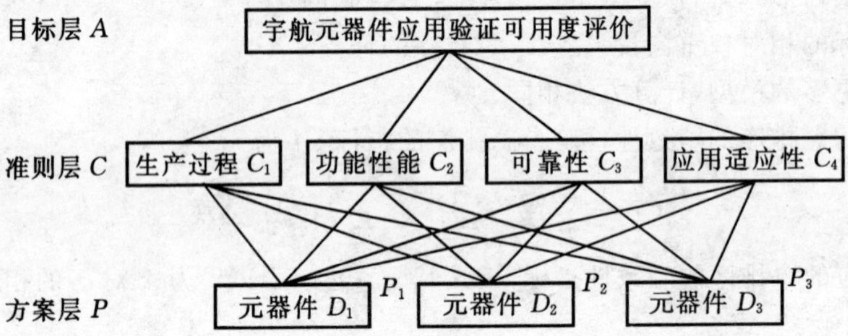

图 8-14　宇航元器件应用验证综合可用度评价层次结构

(2)通过两两比较确定判断矩阵

对于生产过程准则,有

表 8-21

C_1	P_1	P_2	P_3
P_1	1	1/2	3
P_2	2	1	5
P_3	1/3	1/5	1

对于功能性能准则,有

表 8-22

C_2	P_1	P_2	P_3
P_1	1	2	1
P_2	1/2	1	3
P_3	1	1/3	1

对于可靠性准则,有

表 8-23

C_3	P_1	P_2	P_3
P_1	1	2	3
P_2	1/2	1	1
P_3	1/3	1	1

对于应用适应性准则，有

表 8-24

C_4	P_1	P_2	P_3
P_1	1	3	2
P_2	1/3	1	2
P_3	1/2	1/2	1

通过比较四个准则对目标而言的优先序，得到判断矩阵为：

表 8-25

A	C_1	C_2	C_3	C_4
C_1	1	1/2	1/3	1/5
C_2	2	1	1/3	1/2
C_3	3	3	1	1/2
C_4	5	2	2	1

(3)进行层次单排序，并进行一致性检验。

使用方根法，对表 8-25，求得 $M_1=0.033, M_2=0.333, M_3=4.5, M_4=20$；$\bar{\omega}_1=\sqrt[4]{0.033}=0.427$，$\bar{\omega}_2=\sqrt[4]{0.333}=0.76$，$\bar{\omega}_3=\sqrt[4]{4.5}=1.456$，$\bar{\omega}_4=\sqrt[4]{20}=2.115$。归一化后，得：

$$\omega_1=\frac{0.427}{0.427+0.76+1.456+2.115}=\frac{0.427}{4.758}=0.09$$

$$\omega_2=\frac{0.76}{0.427+0.76+1.456+2.115}=\frac{0.65}{4.758}=0.16$$

$$\omega_3=\frac{1.456}{0.427+0.76+1.456+2.115}=\frac{1.456}{4.758}=0.306$$

$$\omega_4=\frac{2.115}{0.427+0.76+1.456+2.115}=\frac{2.115}{4.758}=0.444$$

对表 8-21，求得 $M_1=1.5$，$M_2=10$，$M_3=0.067$，$\omega_1=0.309, \omega_2=0.581, \omega_3=0.1$。

对表 8-22，求得 $M_1=2$，$M_2=1.5$，$M_3=0.333$，$\omega_1=0.407, \omega_2=0.37, \omega_3=0.223$。

对表 8-23，求得 $M_1=6$，$M_2=0.5$，$M_3=0.333$，$\omega_1=0.55, \omega_2=0.24, \omega_3=0.21$。

对表 8-24，求得 $M_1=6$，$M_2=0.667$，$M_3=0.25$，$\omega_1=0.547, \omega_2=0.263, \omega_3=0.19$。

(4)进行层次总排序。

$\omega_1=0.09\times0.309+0.16\times0.407+0.306\times0.55+0.444\times0.547=0.504$

$\omega_2=0.09\times0.581+0.16\times0.37+0.306\times0.24+0.444\times0.263=0.302$

$\omega_3=0.09\times0.1+0.16\times0.223+0.306\times0.21+0.444\times0.19=0.193$

所以，综合以上分析结果可知，D_1 元器件的综合评价值占优势，其次是 D_2，最次是 D_3。

据此，决策者可以做出 D_1 元器件可用度最优的决策。

例 8－23 用 AHP 方法对纺织企业技术进步进行评价。

解 这里我们采用 AHP(二)首先确定我国纺织企业技术进步指标权重。

(1)建立纺织企业技术进步评价问题的递阶层次结构。

经过认真仔细分析、专家咨询，得到图 8－15 所示的层次结构图。

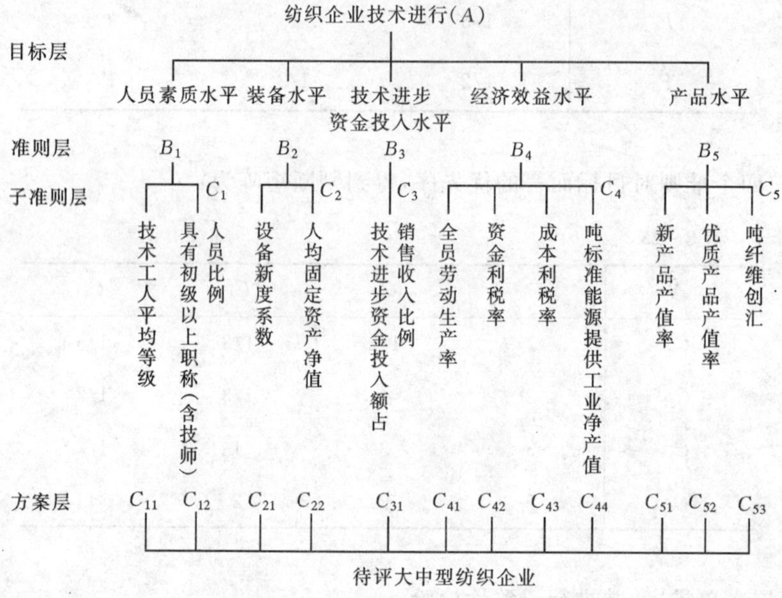

图 8－15

(2)请多个专家用表 8－18 的标度定义给出多个判断矩阵，并按阶数归类。

具体地说，请专家给出 21 对因素两两比较判断，得到 3 阶、4 阶、5 阶判断矩阵各 20 个。由于工作量大，我们就各阶矩阵各举一例借以说明如何得到判断矩阵(单因素、双因素不用构造判断矩阵)。

① 判断矩阵 $\boldsymbol{A}-\boldsymbol{B}$(人员素质水平、装备水平、技术进步资金投入水平、经济效益水平、产品水平对技术进步目标的相对重要性比较(见表 8－26)。

表 8－26

A	B_1	B_2	B_3	B_4	B_5
B_1	1	$\frac{2}{8}$	$\frac{3}{7}$	$\frac{2}{8}$	$\frac{3}{7}$
B_1	$\frac{8}{2}$	1	1	$\frac{4}{6}$	$\frac{4}{6}$
B_3	$\frac{7}{3}$	1	1	$\frac{4}{6}$	$\frac{4}{6}$
B_4	$\frac{8}{2}$	$\frac{6}{4}$	$\frac{6}{4}$	1	$\frac{6}{4}$
B_5	$\frac{7}{3}$	$\frac{6}{4}$	$\frac{6}{4}$	$\frac{4}{6}$	1

② 判断矩阵 $\boldsymbol{B}_4-\boldsymbol{C}_3$(反映经济效益水平的四个指标的相对重要性比较)(见表 8－27)。

表 8-27

B_4	C_{41}	C_{42}	C_{43}	C_{44}
C_{41}	1	$\frac{5}{5}$	$\frac{5}{5}$	$\frac{3}{7}$
C_{42}	$\frac{5}{5}$	1	$\frac{6}{4}$	$\frac{3}{7}$
C_{43}	$\frac{5}{5}$	$\frac{4}{6}$	1	$\frac{6}{4}$
C_{44}	$\frac{3}{7}$	$\frac{3}{7}$	$\frac{4}{6}$	1

③ 判断矩阵 $\boldsymbol{B}_5-\boldsymbol{C}_5$(反映产品水平的三个指标的相对重要性比较)(见表 8-28)。

表 8-28

B_5	C_{51}	C_{52}	C_{53}
C_{51}	1	$\frac{3}{7}$	$\frac{2}{8}$
C_{52}	$\frac{7}{3}$	1	$\frac{4}{6}$
C_{53}	$\frac{8}{2}$	$\frac{6}{4}$	1

(3) 分别对各判断矩阵用新的 RI 值做一致性检验,并求出相应的权重。

仍以上述三个判断矩阵为例。

①判断矩阵 $\boldsymbol{A}-\boldsymbol{B}$,$CI=0.0189$,$RI=0.3287$,$CR=0.0575<0.1$,通过一致性检验。权重为

$$\boldsymbol{W}=(0.0749,\ 0.2060,\ 0.1814,\ 0.3026,\ 0.2352)^{\mathrm{T}}$$

② 判断矩阵 $\boldsymbol{B}_4-\boldsymbol{C}_4$,$CI=0.0074$,$RI=0.2598$,$CR=0.0285<0.1$,通过一致性检验。权重为

$$\boldsymbol{W}=(0.2952,\ 0.3249,\ 0.2393,\ 0.1406)^{\mathrm{T}}$$

③ 判断矩阵 $\boldsymbol{B}_5-\boldsymbol{C}_5$,$CI=0.0008$,$RI=0.1690$,$CR=0.0047<0.1$,通过一致性检验。权重为

$$\boldsymbol{W}=(0.1376,\ 0.3358,\ 0.5266)^{\mathrm{T}}$$

(4) 把通过一致性检验的各判断矩阵的权重向量,按分量分别进行算术平均,其结果即为单一准则下元素的相对综合权重。

因素 B_1,B_2,B_3,B_4,B_5 的相对重要性的综合权重为 $W_B=(0.1311,\ 0.1953,\ 0.1838,\ 0.2656,\ 0.2242)^{\mathrm{T}}$

因素 C_{11},C_{12} 的综合权重为 $\boldsymbol{W}_{C_1}=(0.4800,\ 0.5200)^{\mathrm{T}}$

因素 C_{21},C_{22} 的综合权重为 $\boldsymbol{W}_{C_2}=(0.6200,\ 0.3800)^{\mathrm{T}}$

因素 C_{31} 的权重为 1.000

因素 $C_{41},C_{42},C_{43},C_{44}$ 的综合权重为 $\boldsymbol{W}_{C_4}=(0.2689,\ 0.2777,\ 0.2533,\ 0.2001)^{\mathrm{T}}$

因素 C_{51},C_{52},C_{53} 的综合权重为 $\boldsymbol{W}_{C_5}=(0.2593,\ 0.3670,\ 0.3737)^{\mathrm{T}}$

(5) 计算总排序权重。

表 8-29 列出了各层次元素相对重要性权重排序结果。

表 8-29

B / C	B_1	B_2	B_3	B_4	B_6	总排序权重 W	总排序
	0.131 1	0.195 3	0.183 8	0.265 6	0.224 2		
C_{11}	0.480 0					0.062 9	10
C_{12}	0.520 0					0.068 2	8
C_{21}		0.620 0				0.121 1	2
C_{22}		0.380				0.074 2	5
C_{31}			1.000 0			0.183 8	1
C_{41}				0.268 9		0.071 4	7
C_{42}				0.277 7		0.073 8	6
C_{43}				0.253 3		0.067 3	9
C_{44}				0.200 1		0.053 1	12
C_{51}					0.259 3	0.058 1	11
C_{52}					0.367 0	0.082 3	4
C_{53}					0.373 7	0.083 8	3

(6) 结果分析。

由表 8-26 可以看出，影响技术进步的五个方面相对重要性由大到小顺序依次是①经济效益水平；②产品水平；③装备水平；④技术进步资金投入水平；⑤人员素质不平。从投入与产出的关系看，投入(B_1,B_2,B_3)与产出(B_3,B_5)重要性之比为 0.51/0.49，几乎同等重要。在技术进步评价指标中，相对重要性排在前四位的指标依次为①技术进步资金投入额占销售收入比例；②设备新度系数；③吨纤维创汇；④优质产品产值率。前两个指标体现技术进步潜在能力大小，后两个指标反映技术进步的效果。总之，这一结果可为企业制定技术进步规划，确定投资方向和投资比重，配置人力、物力时提供决策依据。同时也应该指出，由于如何反映企业人员素质水平目前仍是一个难点所在，我们所设置的两项指标是有不足之处的。

在前面用 AHP 方法评价企业技术进步的基础上，我们对部分大中型纺织企业的技术进步进行了综合评价，排序结果与 1990 年度纺织工业部排序结果基本一致(排序结果略)。

§8.7 数据包络分析法及其应用

8.7.1 数据包络分析概述

数据包络分析(data envelopment analysis，简称 DEA)是 1978 年由美国著名运筹学家

A. Charnes，W. W. Cooper and E. Rhodes 首先提出来的新方法。他们的第一个模型被命名为 C^2R 模型。这一模型是用来研究具有多输入/输出的生产部门的“规模有效”(scale efficiency)与“技术有效”(technical efficiency)的理想方法。1985 年 Charnes，Cooper，B. Golany，L. Seiford and J. Stutz 给出了被称为 C^2GS^2 模型的另一个模型，此模型是用来研究生产部门间的“技术有效”性的。以后又有很多学者在 DEA 方面做了研究，值得一提的是 1987 年 Charnes，Cooper，魏权龄和黄志民又得到了称为锥比率的数据包络模型(C^2WH)，这一模型通过锥的选取体现了决策者的“偏好”。(参见书末文献[20])

总之，DEA 方法可以看作是处理具有多输入/输出系统的多目标决策问题的方法。通过进一步理论研究可以证明，DEA 有效性与相应的多目标规划问题的 Pareto 有效解(或非劣解，或非支配解)是等价的。限于篇幅，这里不讨论了。

概括地说，DEA 方法具有以下几个特点和优点：

(1) DEA 方法是一种新的统计分析方法，它是根据一组关于输入/输出的观测值来估计有效生产前沿面(efficient production possibility surface)或称相对有效面的，可以说它是一种非参数估计方法，它有利于通常使用的统计回归方法，而且对多输入/输出系统较通常的回归方法，功能性要强。特别值得指出的是，DEA 方法可以用线性规划来判断**决策单元**(decision making units，简记 DMU)对应的点是否位于有效生产前沿面上，同时又可获得许多有用的管理信息。

(2) DEA 是运筹学的一个新研究领域。它可以用来研究多种方案的相对有效性，甚至可以用来进行政策的评价。而且我们会看到 DEA 方法具有明确的经济含义。DEA 方法的优点吸引了众多的应用工作者，而且研究和应用的领域也正在不断扩展。

(3) DEA 的研究方法是致力于每个决策单元的优化为出发点，即在最有利的条件下来比较、评价各决策单元的相对有效性。DEA 方法是纯技术性的、纯客观的方法，与 AHP 方法是不同的。当然现在有些学者力图在这二者的结合上进行研究。

限于篇幅，我们这里只重点介绍 C^2R 模型这一基本模型。若需要学习更多的知识可参阅书末的文献。

8.7.2 评价相对有效性的 C^2R 模型

8.7.2.1 C^2R 模型和 DEA 有效性

1. C^2R 模型的引入

我们知道在讨论企事业单位的效率时，一般地较多采用相对的观点，比如常说“这个分公司比那个分公司经营得好”之类的评价，这就是一种相对的观点。对于多个指标的情形，也很类似。不能只看到利润的增加，还常常要考虑销售量的多少、品种是否齐全、对社会的责任、公害污染等输出的情况；至于输入，也要考虑人事费用、宣传费用、销售场地等多方面的情况。因此，对企事业单位的活动要考核它的效率，必然涉及到多种输入和输出的情形，这就需要用比率尺度(ratio scale)来衡量。又由于关于效率性问题多于二次(非线性)的，因此围绕效率性问题的研究，必然涉及到二次函数的求解，这也就是 Charnes 教授和 Cooper 教授研究 DEA 方法的背景。

下面我们通过两个简单的效率问题的分析导入 C^2R 模型。

先看一个锅炉的热效率问题。如果记理想锅炉1个单位燃料输入(记 $x_R=1$)产生的输出为 $1/R$，实际锅炉1个单位燃料的输入(记 $x_n=1$)产生的输出为 $1/n$,那么实际锅炉的热效率可表示为

$$E_n = y_n/y_R$$

一般地， $0 \leqslant E_n \leqslant 1$

显然,E_n 越接近1,效率越高。

这个问题可以化为下述的分式规划(fractional programming)：

目标函数 $\max h_n = \mu y_n/\nu x_n$ （μ,ν 分别为 y_n，x_n 相应的权系数）

约束条件 $\begin{cases} \mu y_n/\nu x_n \leqslant 1 \\ \mu y_R/\nu x_R \leqslant 1 \\ \mu \geqslant 0,\ \nu \geqslant 0 \end{cases}$

由于第2个约束条件的影响,此分式规划的最优解,满足

$$\frac{\mu^*}{\nu^*} = \frac{x_R}{y_R}$$

这时目标函数 $h_n^* = \dfrac{x_R y_n}{x_n y_R}$

由于 $x_n = x_R = 1$，所以 $h_n^* = \dfrac{y_n}{y_R}$

与上述的热效率 E_n 相一致。

再看一个存款的效率问题。有 n 种存款,对于输入 x_j(存款额),它的输出为 y_j(利息)($j=1,2,\cdots,n$)。设每种存款的利率 y_j/x_j 一定,与存款额多少无关。最有效率的存款种类当然是 $\max(y_j/x_j)$ ($j=1,\cdots,n$)所确定。将这问题模型化得下述分式规划：

对每个 $j_0(=1,2,\cdots,n)$解下述分式规划

目标函数 $\max\limits_{\mu,\nu} h_{j_0} = \mu y_{j_0}/\nu x_{j_0}$ （μ,ν 分别是分子、分母相应的权系数）

约束条件 $\begin{cases} \mu y_j/\nu x_j \leqslant 1 \quad (j=1,\ \cdots,\ n) \\ \mu \geqslant 0,\ \nu \geqslant 0 \end{cases}$

其中如有某 j_0 能使最优目标值 $h_{j_0}=1$，那么 j_0 是最有效率的存款种类;如果 $h_{j_0}<1$，当然就是非效率的了。h_{j_0} 越接近1效率越高。

通过以上两个简单的效率问题的分析,读者得到什么启示?

2. C^2R 模型

假设有 n 个部门或单位(即决策单元DMU),每个部门都有 m 种类型的"输入"(表示该部门对"资源"的耗费)以及 s 种类型的"输出"(表示该部门消耗了"资源"后产生了"成效"的信息),这些输入、输出的信息由表8-30给出。

其中 x_{ij}:第 j 个决策单元对第 i 种类型输入的投入量,$x_{ij}>0$

y_{rj}:第 j 个决策单元对第 r 种类型输出的产出量,$y_{rj}>0$

v_i：对第 i 种类型输入的一种度量(或称权系数),

u_r：对第 r 种类型输出的一种度量(或称权系数)

$$i=1,\ 2,\ \cdots,\ m;\ r=1,\ 2,\ \cdots,\ s;\ j=1,\ 2,\ \cdots,\ n$$

(x_{ij}，y_{rj} 为已知的数据,它可以根据历史的资料或预测的数据得到；v_i，u_r 为变量。)对应

于权系数(向量)

$$\boldsymbol{v} = (v_1, v_2, \cdots, v_m)^{\mathrm{T}}, \boldsymbol{u} = (u_1, u_2, \cdots, u_s)^{\mathrm{T}},$$

表 8-30

$$\begin{array}{ccc|ccccc|}
 & & & 1 & 2 & \cdots & j & \cdots & n\ (决策单元) \\
\hline
v_1 & 1 & \rightarrow & x_{11} & x_{12} & \cdots & x_{1j} & \cdots & x_{1n} \\
v_2 & 2 & \rightarrow & x_{21} & x_{22} & \cdots & x_{2j} & \cdots & x_{2n} \\
\vdots & \vdots & \vdots & \vdots & \vdots & & \vdots & & \vdots \\
v_m & m & \rightarrow & x_{m1} & x_{m2} & \cdots & x_{mj} & \cdots & x_{mn} \\
\hline
\end{array}$$

$$\begin{array}{|ccccc|ccc}
\hline
y_{11} & y_{12} & \cdots & y_{1j} & \cdots & y_{1n} & \rightarrow & 1 & u_1 \\
y_{21} & y_{22} & \cdots & y_{2j} & \cdots & y_{2n} & \rightarrow & 2 & u_2 \\
\vdots & \vdots & & \vdots & & \vdots & \vdots & \vdots & \vdots \\
y_{s1} & y_{s2} & \cdots & y_{sj} & \cdots & y_{sn} & \rightarrow & s & u_s \\
\hline
\end{array}$$

每个决策单元都有相应的效率评价指数

$$h_j = \frac{\sum_{r=1}^{s} u_r y_{rj}}{\sum_{i=1}^{m} v_i x_{ij}}, \ j = 1, 2, \cdots, n$$

我们总可以适当地选取权系数向量 $\boldsymbol{v}$ 及 $\boldsymbol{u}$ 使其满足

$$h_j \leqslant 1, \ j = 1, \cdots, n$$

现在对第 j_0 个决策单元进行效率评价($1 \leqslant j_o \leqslant n$),以权系数 $\boldsymbol{v}$ 及 $\boldsymbol{u}$ 为变量,以第 j_0 个决策单元的效率指数为目标,以所有决策单元(也包括了第 j_0 个决策单元)的效率指数

$$h_j \leqslant 1, \ j = 1, \cdots, n$$

为约束,构成了如下的最优化模型

$$(\mathrm{C^2R}) \quad \begin{cases} \max \dfrac{\sum_{r=1}^{s} u_r y_{ro}}{\sum_{i=1}^{m} v_i x_{io}} \\ \text{s. t.} \ \dfrac{\sum_{r=1}^{s} u_r y_{rj}}{\sum_{i=1}^{m} v_i x_{ij}} \leqslant 1 \quad j = 1, \cdots, n \\ \boldsymbol{v} = (v_1, \cdots, v_m)^{\mathrm{T}} \geqslant \boldsymbol{0} \\ \boldsymbol{u} = (u_1, \cdots, u_s)^{\mathrm{T}} \geqslant \boldsymbol{0} \end{cases} \qquad (8-62)$$

这里需要注意向量 $\boldsymbol{v} \geqslant \boldsymbol{0}$ 的含义:它表示每个分量 $v_i \geqslant 0$,且至少有某个分量 $v_{io} > 0$。另外,y_{ro},x_{io} 分别为 y_{rjo},x_{ijo} 的省略记号。

使用矩阵向量记号,式(8-62)可写成

$$
(\overline{P})\quad\begin{cases}\max \quad \dfrac{\boldsymbol{u}^{\mathrm{T}}\boldsymbol{y}_o}{\boldsymbol{v}^{\mathrm{T}}\boldsymbol{x}_o}=\boldsymbol{V}_{\overline{P}}\\ \text{s. t.}\quad \dfrac{\boldsymbol{u}^{\mathrm{T}}\boldsymbol{y}_j}{\boldsymbol{v}^{\mathrm{T}}\boldsymbol{x}_j}\leqslant 1\quad j=1,\cdots,n\\ \boldsymbol{v}\geqslant\boldsymbol{0}\\ \boldsymbol{u}\geqslant\boldsymbol{0}\end{cases}\tag{8-63}
$$

其中 $\boldsymbol{x}_j=(x_{1j},\ x_{2j},\ \cdots,\ x_{mj})^{\mathrm{T}},\ j=1,\ \cdots,\ n;$

$\boldsymbol{y}_j=(y_{1j},\ y_{2j},\ \cdots,\ y_{sj})^{\mathrm{T}},\ j=1,\ \cdots,\ n$。

上述的式(8-62)或式(8-63)是一个分式规划。使用 Charnes-Cooper 变换(以后不致混淆时,我们就简称 C-C 变换),即令

$$
t=\frac{1}{\boldsymbol{v}^{\mathrm{T}}\boldsymbol{x}_0},\ \boldsymbol{\omega}=t\boldsymbol{v},\ \boldsymbol{\mu}=t\boldsymbol{u}
$$

则有

$$
\begin{aligned}
&\boldsymbol{\mu}^{\mathrm{T}}\boldsymbol{y}_0=\frac{\boldsymbol{u}^{\mathrm{T}}\boldsymbol{y}_0}{\boldsymbol{v}^{\mathrm{T}}\boldsymbol{x}_0},\\
&\frac{\boldsymbol{\mu}^{\mathrm{T}}\boldsymbol{y}_j}{\boldsymbol{\omega}^{\mathrm{T}}\boldsymbol{x}_j}=\frac{\boldsymbol{u}^{\mathrm{T}}\boldsymbol{y}_j}{\boldsymbol{v}^{\mathrm{T}}\boldsymbol{x}_j}\leqslant 1,\quad j=1,\ \cdots,\ n。\\
&\boldsymbol{\omega}^{\mathrm{T}}\boldsymbol{x}_0=1\\
&\boldsymbol{\omega}\geqslant\boldsymbol{0},\ \boldsymbol{\mu}\geqslant\boldsymbol{0}
\end{aligned}
$$

因此,分式规划变为

$$
(P)\quad\begin{cases}\max\ \boldsymbol{\mu}^{\mathrm{T}}\boldsymbol{y}_0=\boldsymbol{V}_P\\ \text{s. t. }\ \boldsymbol{\omega}^{\mathrm{T}}\boldsymbol{x}_j-\boldsymbol{\mu}^{\mathrm{T}}\boldsymbol{y}_j\geqslant 0,\quad j=1,\ \cdots,\ n\\ \qquad\boldsymbol{\omega}^{\mathrm{T}}\boldsymbol{x}_0=1\\ \qquad\boldsymbol{\omega}\geqslant\boldsymbol{0}\quad\boldsymbol{\mu}\geqslant\boldsymbol{0}\end{cases}\tag{8-64}
$$

式(8-64)是一线性规划。可以证明,分式规则(8-63)与线性规划(8-64)是等价的,而且最优值相等(略证)。

线性规划(P)(即式(8-64),读者不难写出它的分量表示形式)的对偶规划为

$$
(D)\quad\begin{cases}\min\ \theta=\boldsymbol{V}_D\\ \text{s. t.}\quad \displaystyle\sum_{j=1}^{n}x_{ij}\lambda_j+s_i^-=\theta x_{i0}\quad(i=1,2,\cdots,m)\\ \qquad\displaystyle\sum_{j=1}^{n}y_{rj}\lambda_j-s_r^+=y_{r0}\quad(r=1,2,\cdots,s)\\ \qquad\lambda_j\geqslant 0\quad(j=1,\ 2,\ \cdots,n)\\ \qquad s_i^-\geqslant 0\quad(i=1,2,\cdots,m)\\ \qquad s_r^+\geqslant 0\quad(r=1,2,\cdots,s)\end{cases}\tag{8-65}
$$

其中 s_r^+, s_i^- 分别为正、负偏差变量。

同样,不难证明线性规划(P)和(D)都存在最优解,并且最优值 $V_D=V_P\leqslant 1$。

为了以后讨论问题书写的简洁起见,我们不妨将式(8-65)改写成与其等同的下列形式

$$
(D)\quad\begin{cases}\min\theta=V_D\\ \text{s. t.}\quad \sum_{j=1}^{n}\boldsymbol{x}_j\lambda_j+\boldsymbol{s}^-=\theta\boldsymbol{x}_o\\ \qquad\quad \sum_{j=1}^{n}\boldsymbol{y}_j\lambda_j-\boldsymbol{s}^+=\boldsymbol{y}_o\\ \qquad\quad \lambda_j\geqslant 0\quad(j=1,\cdots,n)\\ \qquad\quad \boldsymbol{s}^+\geqslant\boldsymbol{0}\quad \boldsymbol{s}^-\geqslant\boldsymbol{0}\end{cases}\tag{8-65$'$}
$$

现在我们给出上述模型(P)(即式(8-64))来评价决策单元 j_0 为 DEA 有效的有关定义。

定义 8-4　若线性规划$(\boldsymbol{P})$的最优解 $\boldsymbol{\omega}^0$，$\boldsymbol{\mu}^0$ 满足

$$
\boldsymbol{V}_p=\boldsymbol{\mu}^{0\mathrm{T}}\boldsymbol{y}_0=1
$$

则称决策单元 j_0 为**弱 DEA 有效。**

定义 8-5　若线性规划(P)的最优解中存在有 $\boldsymbol{\omega}^0>\boldsymbol{0}$，$\boldsymbol{\mu}^0>\boldsymbol{0}$，并且目标值

$$
\boldsymbol{V}_p=\boldsymbol{\mu}^{0\mathrm{T}}\boldsymbol{y}_0=1
$$

则称决策单元 j_0 为 DEA 有效。

显然，若决策单元 j_0 为 DEA 有效，那么它也必为弱 DEA 有效。

根据线性规划的对偶理论和"松紧定理"，我们也可以由对偶规划(D)(即式(8-65)$'$)去判断决策单元的弱 DEA 有效性和 DEA 有效性。我们以定理的形式给出。

定理 8-1　对于对偶线性规划(D)有

(1) 若(D)的最优值 $V_D=1$，则决策单元 j_0 为弱 DEA 有效；反之亦然。

(2)若(D)的最优值 $V_D=1$，并且它的每个最优解

$$
\boldsymbol{\lambda}^0=(\lambda_1^0,\lambda_2^0,\cdots,\lambda_n^0)^{\mathrm{T}},\ \boldsymbol{s}^{0-},\ \boldsymbol{s}^{0+},\ \theta^0
$$

都有

$$
\boldsymbol{s}^{0-}=\boldsymbol{0},\ \boldsymbol{s}^{0+}=\boldsymbol{0}
$$

则决策单元 j_0 为 DEA 有效；反之亦然。

事实上，结论(1)可以由弱 DEA 有效的定义及线性规划的对偶定理得到；而结论(2)可以由 DEA 有效的定义及线性规划的"松紧定理"得到。

3. 具有非阿基米德无穷小的 C^2R 模型

通过上面的讨论，我们已经看到：无论利用线性规划(P)，还是它的对偶规划(D)，上述的判断都并非很容易。为此，A. Charnes 和 W. W. Cooper 引进了非阿基米德无穷小的概念，利用线性规划的单纯形方法去求解，从而判断决策单元的 DEA 有效性。

令 ε 是非阿基米德无穷小量(它是一个小于任何正数、且大于零的数)，那么带有非阿基米德无穷小的 C^2R 模型相应的线性规划问题为

$$
(P_\varepsilon)\begin{cases}\max\boldsymbol{\mu}^{\mathrm{T}}\boldsymbol{y}_0=V_p(\varepsilon)\\ \text{s. t.}\quad \boldsymbol{\omega}^{\mathrm{T}}\boldsymbol{x}_j-\boldsymbol{\mu}^{\mathrm{T}}\boldsymbol{y}_j\geqslant 0\quad j=1,\cdots,n\\ \qquad\quad \boldsymbol{\omega}^{\mathrm{T}}\boldsymbol{x}_0=1\\ \qquad\quad \boldsymbol{\omega}^{\mathrm{T}}\geqslant\varepsilon\hat{\boldsymbol{e}}^{\mathrm{T}}\\ \qquad\quad \boldsymbol{\mu}^{\mathrm{T}}\geqslant\varepsilon\boldsymbol{e}^{\mathrm{T}}。\end{cases}\tag{8-66}
$$

它的对偶问题为

$$
(D_\varepsilon)\begin{cases}\min\left[\theta-\varepsilon(\hat{\boldsymbol{e}}^{\mathrm{T}}\boldsymbol{s}^{-}+\boldsymbol{e}^{\mathrm{T}}\boldsymbol{s}^{+})\right]=\boldsymbol{V}_D(\varepsilon)\\ \text{s.t.}\ \sum_{j=1}^{n}\boldsymbol{x}_j\lambda_j+\boldsymbol{s}^{-}=\theta\boldsymbol{x}_0\\ \quad\ \sum_{j=1}^{n}\boldsymbol{y}_j\lambda_j-\boldsymbol{s}^{+}=\boldsymbol{y}_0\\ \quad\ \lambda_j\geqslant 0\quad(j=1,\cdots,n)\\ \quad\ \boldsymbol{s}^{-}\geqslant\boldsymbol{0}\quad\boldsymbol{s}^{+}\geqslant\boldsymbol{0}\end{cases}\tag{8-67}
$$

其中 $\hat{\boldsymbol{e}}^{\mathrm{T}}=(1,1,\cdots,1)\in E_m$

$\boldsymbol{e}^{\mathrm{T}}=(1,1,\cdots,1)\in E_s$。

为了更有效地用单纯形法求解线性规划或它的对偶规划，我们在第1章中已做了交代，求解线性规划的复杂程度主要取决于约束条件的多少而不是变量的多少。而实用上往往求解线性规划的对偶问题更多些，对带有非阿基米德无穷小量的模型(P_ε)及(D_ε)也这样考虑。现在我们给出与式(8-67)完全等同的如下分量形式

$$
(D_\varepsilon)\begin{cases}\min\left[\theta-\varepsilon\left(\sum_{i=1}^{m}s_i^{-}+\sum_{r=1}^{s}s_r^{+}\right)\right]\\ \text{s.t.}\ \sum_{j=1}^{n}x_{ij}\lambda_j+s_i^{-}=\theta x_{i0}\quad(i=1,\cdots,m)\\ \quad\ \sum_{j=1}^{n}y_{rj}\lambda_j-s_r^{+}=y_{r0}\quad(r=1,\cdots,s)\\ \quad\ \lambda_j\geqslant 0\quad(j=1,\cdots,n)\\ \quad\ s_i^{-}\geqslant 0\quad(i=1,\cdots,m)\\ \quad\ s_r^{+}\geqslant 0\quad(r=1,\cdots,s)\end{cases}\tag{8-67$'$}
$$

计算实践表明非阿基米德无穷小量 ε 可以取作 $10^{-3}\sim10^{-6}$。

定理 8-2 设 ε 为非阿基米德无穷小，并且线性规划(D_ε)的最优解为

$$\boldsymbol{\lambda}^0,\ \boldsymbol{s}^{0-},\ \boldsymbol{s}^{0+},\ \theta^0$$

则有

(1) 若 $\theta^0=1$，则决策单元 j_0 为弱 DEA 有效；

(2) 若 $\theta^0=1$，并且 $\boldsymbol{s}^{0-}=\boldsymbol{0}$，$\boldsymbol{s}^{0+}=\boldsymbol{0}$，则决策单元 j_0 为 DEA 有效。

例 8-24 若我们所描述的问题具有4个决策单元，包含2个输入和1个输出，相应的数据由表8-31给出。

表 8-31

	1	2	3	4	
1 →	1	3	3	4	
2 →	3	1	3	2	
	1	1	2	1	→1

先考查决策单元1所对应的线性规划

$$\begin{cases}\min\left[\theta-\varepsilon(s_1^-+s_2^-+s_1^+)\right] \\ \text{s.t.}\ \ \lambda_1+3\lambda_2+3\lambda_3+4\lambda_4+s_1^- = \theta \\ \quad 3\lambda_1+\lambda_2+3\lambda_3+2\lambda_4+s_2^- = 3\theta \\ \quad \lambda_1+\lambda_2+2\lambda_3+\lambda_4-s_1^+ = 1 \\ \quad \lambda_1\geqslant 0\quad \lambda_2\geqslant 0\quad \lambda_3\geqslant 0\quad \lambda_4\geqslant 0 \\ \quad s_1^-\geqslant 0\quad s_2^-\geqslant 0\quad s_1^+\geqslant 0\end{cases}$$

利用单纯形法求解(这里取 $\varepsilon=10^{-5}$)，得到最优解为

$$\lambda^0=(1,0,0,0)^{\mathrm{T}},\ s_1^{0-}=s_2^{0-}=s_1^{0+}=0,\ \theta^0=1$$

因此决策单元 1 为 DEA 有效。

类似地，对决策单元 2 及决策单元 3 进行检验，知它们都为 DEA 有效。

现在对决策单元 4 进行检验，它所对应的线性规划(D_ε)

$$\begin{cases}\min\left[\theta-\varepsilon(s_1^-+s_2^-+s_1^+)\right] \\ \text{s.t.}\ \ \lambda_1+3\lambda_2+3\lambda_3+4\lambda_4+s_1^- = 4\theta \\ \quad 3\lambda_1+\lambda_2+3\lambda_3+2\lambda_4+s_2^- = 2\theta \\ \quad \lambda_1+\lambda_2+2\lambda_3+\lambda_4-s_1^+ = 1 \\ \quad \lambda_1\geqslant 0\quad \lambda_2\geqslant 0\quad \lambda_3\geqslant 0\quad \lambda_4\geqslant 0 \\ \quad s_1^-\geqslant 0\quad s_2^-\geqslant 0\quad s_1^+\geqslant 0\end{cases}$$

利用单纯形法求解，得到最优解为

$$\boldsymbol{\lambda}^0=\left(0,\frac{3}{5},\frac{1}{5},0\right)^{\mathrm{T}},\ s_1^{0-}=s_2^{0-}=s_1^{0+}=0,\ \theta^0=\frac{3}{5}$$

因为 $\theta^0=\frac{3}{5}<1$，故决策单元 4 不为弱 DEA 有效，当然也不为 DEA 有效。

4. DEA 有效性的经济含义

考虑投入量为 $\boldsymbol{x}=(x_1,x_2,\cdots,x_m)^{\mathrm{T}}$，产出量为 $\boldsymbol{y}=(y_1,y_2,\cdots,y_s)^{\mathrm{T}}$ 的某种“生产”(或“经济”)活动。设 n 个决策单元所对应的输入向量和输出向量分别为

$$\begin{aligned}\boldsymbol{x}_j&=(x_{1j},x_{2j},\cdots,x_{mj})^{\mathrm{T}},\\ \boldsymbol{y}_j&=(y_{1j},y_{2j},\cdots,y_{sj})^{\mathrm{T}}。\end{aligned}\quad j=1,2,\cdots,n$$

现在我们的目的是根据观察到的生产活动($\boldsymbol{x}_j,\boldsymbol{y}_j$)，$j=1,2,\cdots,n$，去描述生产可能集(production possible set)，特别是根据这些观察数据去确定哪些生产活动是相对有效的。

首先建立生产可能集的公理系统。记

$T=\{(\boldsymbol{x},\boldsymbol{y})\mid$产出向量 $\boldsymbol{y}$ 可以由投入向量 $\boldsymbol{x}$ 生产出来$\}$，集合 T 称为生产可能集。由于($\boldsymbol{x}_j,\boldsymbol{y}_j$)，$j=1,2,\cdots,n$，是观察(测)到的生产活动，所以有

$$(\boldsymbol{x}_j,\boldsymbol{y}_j)\in T,\ j=1,2,\cdots,n。$$

生产可能集 T 的构成应该满足以下 3 条公理。

(1) **凸性**　对任意的$(\boldsymbol{x},\boldsymbol{y})\in T$ 及$(\hat{\boldsymbol{x}},\hat{\boldsymbol{y}})\in T$，对任意 $\lambda\in[0,1]$均有

$$\begin{aligned}&\lambda(\boldsymbol{x},\boldsymbol{y})+(1-\lambda)(\hat{\boldsymbol{x}},\hat{\boldsymbol{y}})\\ &=(\lambda\boldsymbol{x}+(1-\lambda)\hat{\boldsymbol{x}},\lambda\boldsymbol{y}+(1-\lambda)\hat{\boldsymbol{y}})\in T\end{aligned}$$

此式表明，若分别以 $\boldsymbol{x}$ 的 λ 倍及 $\hat{\boldsymbol{x}}$ 的$(1-\lambda)$倍之和输入，可以产生分别以 $\boldsymbol{y}$ 及 $\hat{\boldsymbol{y}}$ 的相同比例之和的输出。

(2) **锥性** 对任意$(\boldsymbol{x},\boldsymbol{y})\in T$，及数$k\geqslant 0$,均有

$$k(\boldsymbol{x},\boldsymbol{y})=(k\boldsymbol{x},\ k\boldsymbol{y})\in T$$

此式说明,若以投入量$\boldsymbol{x}$的k倍进行输入,那么输出量也以原来产出$\boldsymbol{y}$的k倍产出是可能的。

(3) **无效性** 对任意$(\boldsymbol{x},\boldsymbol{y})\in T$,并且$\hat{\boldsymbol{x}}\geqslant\boldsymbol{x}$,均有$(\hat{\boldsymbol{x}},\boldsymbol{y})\in T$；或者对任意$(\boldsymbol{x},\boldsymbol{y})\in T$,并且$\hat{\boldsymbol{y}}\leqslant y$，均有$(\boldsymbol{x},\hat{\boldsymbol{y}})\in T$。这就表明,以较多的输入或较少的输出进行生产总是可能的。

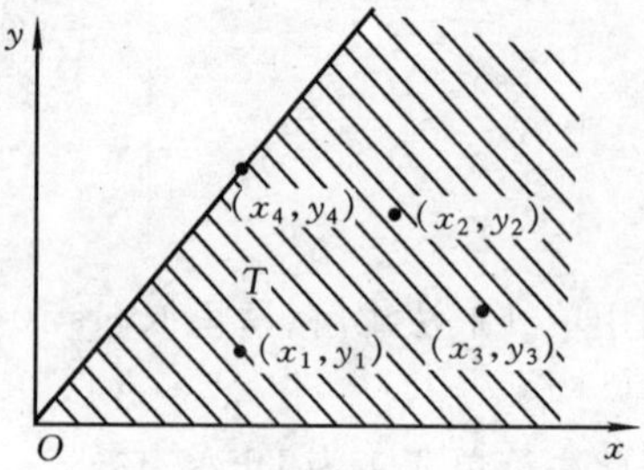

图 8-16

所以,生产可能集T是上述3个条件均满足的所有集合的交集,即生产可能集T是包含这些点且满足上述3个条件的最小凸锥,它的图形如图8-16所示。

于是,我们有

$$T=\left\{(\boldsymbol{x},\boldsymbol{y})\ \middle|\ \sum_{j=1}^{n}x_j\lambda_j\leqslant\boldsymbol{x},\ \sum_{j=1}^{n}y_j\lambda_j\geqslant\boldsymbol{y},\lambda_j\geqslant 0,\ j=1,2,\cdots,n\right\}。$$

在给出了生产可能集的公理系统后,我们现在来说明DEA有效性的经济含义。首先叙述生产函数(production function)的概念。生产函数是生产过程中,反映生产要素投入量的组合与实际产出量之间依存关系的数学表达式。目前使用的生产函数形式很多,在此我们不一一列出。在实际工作中建立生产函数的数学模型,一般凭经验先确定函数的某种形式,然后用统计方法进行参数估计和检验。应用DEA方法并不需要预先设定生产函数的形式,可以根据一组关于输入/输出的观察值来估计有效生产前沿面(或称相对有效面)。为了简单起见,我们仍只考虑单输入及单输出的情形。

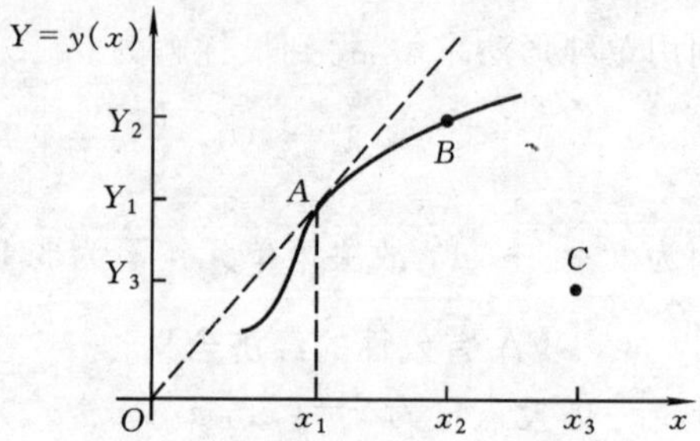

图 8-17

一般地,生产函数$Y=y(x)$的图像由图8-17所示。由于生产函数的边际$Y'=y'(x)>0$,即生产函数是增函数。但当$x\in(0,\ x_1)$时,由于$Y''=y''(x)>0$(即$Y=y(x)$为凸函数,向上凹),表示当投入值小于x_1时,厂商有投资的积极性(原因是边际函数$Y'=y'(x)$为增函数),此时称为规模收益递增;当$x\in(x_1,+\infty)$时,由于$Y''=y''(x)<0$(即$Y=y(x)$为凹函数,向下凹),表示投入再增加时,收益(产出)增加的效率已不高了,这时厂商已没有再继续增加投资的积极性(因为边际函数$Y'=y'(x)$为减函数),此时称为规模收益递减。因此,生产函数图像上的A点对应的决策单元(x_1,Y_1),从生产理论的角度看,除了是“技术有效”外,还是“规模有效”的。B点对应的决策单元(x_2,Y_2)是“技术有效”的,因为它位于生产函数的曲线上;但它却不是“规模有效”的。点C所对应的决策单元(x_3,Y_3)既不是“技术有效”,也不是“规模有效”的,因为它不位于生产函数曲线上,而且投入规模x_3过大。

现在我们研究在C^2R模型下的DEA有效性的经济含义。检验决策单元j_0的DEA有效性,即考虑线性规划问题

$$(D)\begin{cases}\min \theta = V_D \\ \text{s. t. } \sum_{j=1}^{n} \boldsymbol{x}_j\lambda_j \leqslant \theta\boldsymbol{x}_0 \\ \sum_{j=1}^{n} \boldsymbol{y}_j\lambda_j \geqslant \boldsymbol{y}_0 \\ \lambda_j \geqslant 0,\ j=1,\cdots,n\end{cases}$$

此模型实际上就是式(8-65)′的模型，只是约束条件中没有列入正负偏差变量(向量)。

由于$(\boldsymbol{x}_0,\ \boldsymbol{y}_0)\in T$，即$(\boldsymbol{x}_0,\ \boldsymbol{y}_0)$满足

$$\sum_{j=1}^{n} \boldsymbol{x}_j\lambda_j \leqslant \boldsymbol{x}_0$$

$$\sum_{j=1}^{n} \boldsymbol{y}_j\lambda_j \geqslant \boldsymbol{y}_0$$

其中$\lambda_j\geqslant 0$，$j=1,\cdots,n$。可以看出，线性规划(D)是表示在生产可能集T内，当产生$\boldsymbol{y}_0$保持不变的情况下，尽量将投入量$\boldsymbol{x}_0$按同一比例θ减少。如果投入量$\boldsymbol{x}_0$不能按同一比例θ减少，即线性规划(D)的最优值$V_D=\theta^0=1$。在单输入与单输出的情况下，决策单元j_0既为“技术有效”，也为“规模有效”，正如在图 8-17 中A点所对应的决策单元 1；如果投入量$\boldsymbol{x}_0$能按同一比例θ减少，即线性规划(D)的最优值$V_D=\theta^0<1$，决策单元j_0不为“技术有效”或不为“规模有效”。

我们用下面的例子做进一步说明。

例 8-25　由表 8-32 给出具有 3 个决策单元的输入数据和输出数据。相应的决策单元对应的点以A,B,C表示在图 8-18 中，其中点A和C在生产曲线上，点B在生产曲线的下方，图中的点C'和点B'分别是点C和点B的“投影”。由 3 个决策单元所确定的生产可能集T也已在图中标出。

表 8-32

	DMU_1	DMU_2	DMU_3	
1→	2	4	5	
	2	1	3.5	→1

可见决策单元 1(对应于点A)是“技术有效”和“规模有效”的。它所对应的C^2R模型为

$$(D)\begin{cases}\min \theta \\ \text{s. t. } 2\lambda_1+4\lambda_2+5\lambda_3 \leqslant 2\theta \\ 2\lambda_1+\lambda_2+3.5\lambda_3 \geqslant 2 \\ \lambda_1,\ \lambda_2,\ \lambda_3 \geqslant 0\end{cases}$$

最优解为　$\boldsymbol{\lambda}^0=(1,\ 0,\ 0)^{\mathrm{T}}$，$\theta^0=1$。

因此，它为 DEA 有效(实际上，也可以考查原线性规划问题，这里省略，读者可以自己完成)。

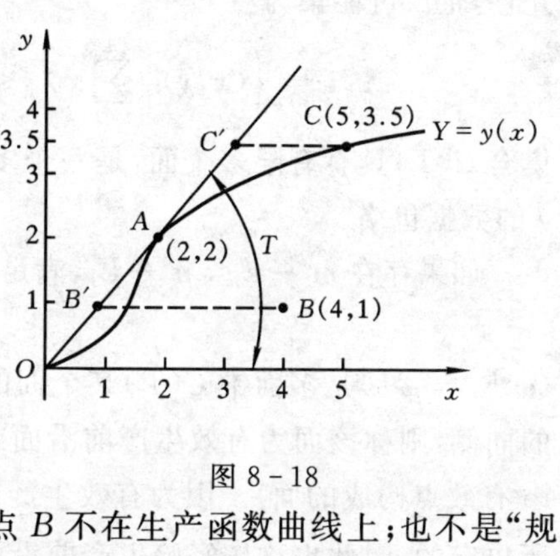

图 8-18

决策单元 2(对应于点B)，不是“技术有效”的，因为点B不在生产函数曲线上；也不是“规模有效”，这是因为它的投资规模太大。相应的线性规划问题为

$$(D)\begin{cases}\min \theta = V_D \\ \text{s. t.}\ \ 2\lambda_1 + 4\lambda_2 + 5\lambda_3 \leqslant 4\theta \\ \qquad 2\lambda_1 + \lambda_2 + 3.5\lambda_3 \geqslant 1 \\ \qquad \lambda_1, \lambda_2, \lambda_3 \geqslant 0\end{cases}$$

它的最优解为

$$\boldsymbol{\lambda}^0 = \left(\frac{1}{2}, 0, 0\right)^{\mathrm{T}}, \theta^0 = \frac{1}{4}。$$

由于最优值 $V_D = \theta^0 < 1$，故决策单元 2 不为 DEA 有效。由 $\frac{1}{\theta^0}\sum_{j=1}^{3}\lambda_j^0 = 2 > 1$，知该部门的规模收益是递减的。

最后考查决策单元 3。因为相应的点 C 是在生产函数曲线上，故为“技术有效”的，但由于它的投资规模过大，所以不为“规模有效”。它所对应的线性规划问题为

$$(D)\begin{cases}\min \theta = V_D \\ \text{s. t.}\ \ 2\lambda_1 + 4\lambda_2 + 5\lambda_3 \leqslant 5\theta \\ \qquad 2\lambda_1 + \lambda_2 + 3.5\lambda_3 \geqslant 3.5 \\ \qquad \lambda_1, \lambda_2, \lambda_3 \geqslant 0\end{cases}$$

最优解为

$$\boldsymbol{\lambda}^0 = \left(\frac{7}{4}, 0, 0\right)^{\mathrm{T}}, \theta^0 = \frac{7}{10}$$

由于最优值 $V_D = \theta^0 < 1$，故决策单元 3 不为 DEA 有效。由 $\frac{1}{\theta^0}\sum_{j=1}^{3}\lambda_j^0 = \frac{5}{2} > 1$，知该部门的规模收益递减的。

8.7.2.2 数据包络分析的相对有效面

设输入数据和输出数据对应的集合(称为参考集)为

$$\hat{T} = \{(\boldsymbol{x}_1, \boldsymbol{y}_1), (\boldsymbol{x}_2, \boldsymbol{y}_2), \cdots, (\boldsymbol{x}_n, \boldsymbol{y}_n)\}$$

由集合 $\hat{T}$ 生成的凸锥为

$$C(\hat{T}) = \left\{\sum_{j=1}^{n}(x_j, y_j)\lambda_j \mid \lambda_j \geqslant 0, j = 1, \cdots, n\right\}$$

并且，生产可能集为

$$\boldsymbol{T} = \left\{(\boldsymbol{x}, \boldsymbol{y}) \,\middle|\, \sum_{j=1}^{n}\boldsymbol{x}_j\lambda_j \leqslant \boldsymbol{x}, \sum_{j=1}^{n}\boldsymbol{y}_j\lambda_j \geqslant \boldsymbol{y}, \lambda_j \geqslant 0, j = 1, \cdots, n\right\}$$

集合 $C(\hat{T})$ 具有有限多个面，是一个多面凸锥。它是参考集 $\hat{T}$ 中的 n 个点 $(\boldsymbol{x}_j, \boldsymbol{y}_j)$，$j=1, \cdots, n$ 的数据包络。

如果存在 $\boldsymbol{\omega}^0 \in E_m$，$\boldsymbol{\mu}^0 \in E_s$，满足

$$\boldsymbol{\omega}^0 > \boldsymbol{0}, \quad \boldsymbol{\mu}^0 > \boldsymbol{0}$$

$(\boldsymbol{\omega}^{0T}, -\boldsymbol{\mu}^{0T})$ 是多面锥 $C(\hat{T})$ 某个面的法方向，并且多面锥 $C(\hat{T})$ 在该面法方向 $(\boldsymbol{\omega}^{0T}, -\boldsymbol{\mu}^{0T})$ 的同侧，则称该面为有效生产前沿面或 DEA 的相对有效面(实际上有效生产前沿面就是 pareto 有效点构成的面)。因为有效生产前沿面是由观察到的 n 个决策单元 $(\boldsymbol{x}_j, \boldsymbol{y}_j)$，$j=1, \cdots, n$ 所决定的，因此也称作经验生产前沿面或 DEA 的相对有效面。由原点 $O \in C(\hat{T})$，故生产前沿面是在超平面

$$L:\boldsymbol{\omega}^{0T}\boldsymbol{x}-\boldsymbol{\mu}^{0T}\boldsymbol{y}=\boldsymbol{0}$$

上,并且对任意$(x,\ y)\in C(\hat{T})$有　$\boldsymbol{\omega}^{0T}\boldsymbol{x}-\boldsymbol{\mu}^{0T}\boldsymbol{y}\geqslant\boldsymbol{0}$

即平面 L 是多面凸锥 $C(\hat{T})$的支持超平面。

定理 8-3　若决策单元 j_0 为 DEA 有效,则超平面

$$L:\boldsymbol{\omega}^{0T}\boldsymbol{x}-\boldsymbol{\mu}^{0T}\boldsymbol{y}=\boldsymbol{0}$$

为多面凸锥 $C(\hat{T})$在点$(x_0,\ y_0)$的支持平面，其中 $\boldsymbol{\omega}^0$，$\boldsymbol{\mu}^0$ 为线性规划问题

$$(P)\begin{cases}\max\ \boldsymbol{\mu}^{\mathrm{T}}\boldsymbol{y}_0=\boldsymbol{V}_P\\ \mathrm{s.\ t.}\ \boldsymbol{\omega}^{\mathrm{T}}\boldsymbol{x}_j-\boldsymbol{\mu}^{\mathrm{T}}\boldsymbol{y}_j\geqslant\boldsymbol{0},\ j=1,\ \cdots,n\\ \qquad\boldsymbol{\omega}^{\mathrm{T}}\boldsymbol{x}_0=1\\ \qquad\boldsymbol{\omega}\geqslant\boldsymbol{0},\ \boldsymbol{\mu}\geqslant\boldsymbol{0}\end{cases}$$

的最优解,并且 $\boldsymbol{\omega}^0>\boldsymbol{0}$，$\boldsymbol{\mu}^0>\boldsymbol{0}$。

证明　因决策单元 j_0 为 DEA 有效,所以 $\boldsymbol{V}_p=\boldsymbol{\mu}^{0T}\boldsymbol{y}_0=1$

故对 $j=1,\cdots,n$,有　$\boldsymbol{\omega}^{0T}\boldsymbol{x}_j-\boldsymbol{\mu}^{0T}\boldsymbol{y}_j\geqslant\boldsymbol{0}=\boldsymbol{\omega}^{0T}\boldsymbol{x}_0-\boldsymbol{\mu}^{0T}\boldsymbol{y}_0$

因此对任意 $\lambda_j\geqslant0$，$j=1$，$\cdots$，n，均有

$$(\boldsymbol{\omega}^{0T}\boldsymbol{x}_j-\boldsymbol{\mu}^{0T}\boldsymbol{y}_j)\lambda_j\geqslant\boldsymbol{0}=\boldsymbol{\omega}^{0T}\boldsymbol{x}_0-\boldsymbol{\mu}^{0T}\boldsymbol{y}_0$$

对 $j=1$，$\cdots$，n，求和得到

$$\sum_{j=1}^{n}(\boldsymbol{\omega}^{0T}\boldsymbol{x}_j-\boldsymbol{\mu}^{0T}\boldsymbol{y}_j)\lambda_j\geqslant0=\boldsymbol{\omega}^{0T}\boldsymbol{x}_0-\boldsymbol{\mu}^{0T}\boldsymbol{y}_0$$

亦即对任意$(\boldsymbol{x},\boldsymbol{y})\in C(\hat{T})$有

$$\begin{aligned}\boldsymbol{\omega}^{0T}\boldsymbol{x}-\boldsymbol{\mu}^{0T}\boldsymbol{y}&=\boldsymbol{\omega}^{0T}\Big(\sum_{j=1}^{n}\boldsymbol{x}_j\lambda_j\Big)-\boldsymbol{\mu}^{0T}\Big(\sum_{j=1}^{n}\boldsymbol{y}_j\lambda_j\Big)\\&=\sum_{j=1}^{n}(\boldsymbol{\omega}^{0T}\boldsymbol{x}_j-\mu^{0T}\boldsymbol{y}_j)\lambda_j\\&\geqslant\boldsymbol{0}=\boldsymbol{\omega}^{0T}\boldsymbol{x}_0-\boldsymbol{\mu}^{0T}\boldsymbol{y}_0\end{aligned}$$

（证毕）

由此不难得到以下定理 8-4。

定理 8-4　多面凸锥 $C(\hat{T})$和生产可能集 T 有完全相同的有效生产前沿面。

以下我们用例子来说明数据包络的相对有效面。

例 8-26　考虑表 8-33 给出的数据例子。

表 8-33

	DMU_1	DMU_2	DMU_3	DMU_4	
1→	1	3	3	4	
2→	3	1	3	2	
	1	1	2	1	→1

对应的参考集 $\hat{T}$ 和多面凸锥 $C(\hat{T})$分别为

$\hat{T}=\{(1,3,1),\ (3,1,1),\ (3,3,2),\ (4,2,1)\}$

$C(\hat{T})=\{(1,3,1)\lambda_1+(3,1,1)\lambda_2+(3,3,2)\lambda_2+(4,2,1)\lambda_4\}$

$\lambda_j\geqslant0,\ j=1,2,3,4$

它们由图 8-19 给出。其中与决策单元 1,2,3,4 对应的点分别为 A,B,C 和 D。由图可以看

出点 A,B 和 C 是 pareto 有效解，多面凸锥 $C(\hat{T})$ 的面 AOC 和面 BOC 是 pareto 有效面。

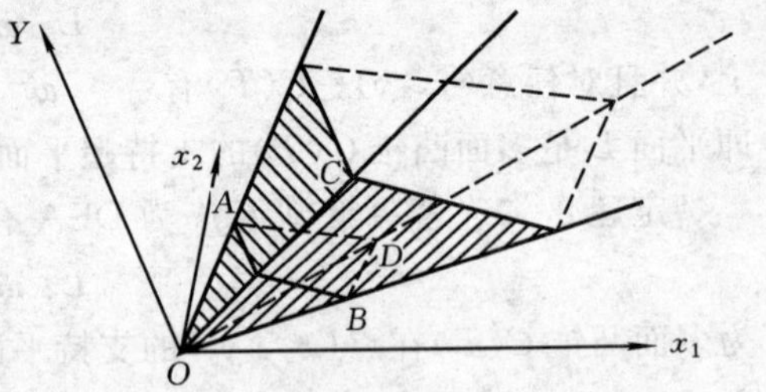

图 8-19

以下用线性规划(P)来考查决策单元的 DEA 有效性。对于决策单元 1，有如下的线性规划问题

$$(P)\begin{cases}\max \mu_1 = \mathbf{V}_P \\ \text{s.t. } \omega_1 + 3\omega_2 - \mu_1 \geqslant 0 \\ \quad 3\omega_1 + \omega_2 - \mu_1 \geqslant 0 \\ \quad 3\omega_1 + 3\omega_2 - 2\mu_1 \geqslant 0 \\ \quad 4\omega_1 + 2\omega_2 - \mu_1 \geqslant 0 \\ \quad \omega_1 + 3\omega_2 = 1 \\ \quad \omega_1 \geqslant 0,\ \omega_2 \geqslant 0,\ \mu_1 \geqslant 0\end{cases}$$

它存在最优解

$$\boldsymbol{\omega}^0 = \left(\frac{1}{2},\ \frac{1}{6}\right)^{\mathrm{T}} > \mathbf{0},\ \mu_1^0 = 1 = V_p$$

因此，决策单元 1 是 DEA 有效。平面

$$L_1:\ \frac{1}{2}x_1 + \frac{1}{6}x_2 - y_1 = 0$$

是多面凸锥 $C(\hat{T})$的在点 A:((1,3),1)的支持超平面。并且点 C:((3,3),2)也在平面 L_1 上，可见多面凸锥 $C(\hat{T})$的 AOC 面为 DEA 的相对有效面，它的法方向为

$$(\boldsymbol{\omega}^{0\mathrm{T}},\ -\mu_1^0) = \left(\frac{1}{2},\ \frac{1}{6},\ -1\right)$$

对于决策单元 2(对应图中的 B 点)，读者不难写出它相应的线性规划(P)，得到最优解

$$\boldsymbol{\omega}^0 = \left(\frac{1}{6},\ \frac{1}{2}\right)^{\mathrm{T}},\ \mu_1^0 = 1 = V_p$$

因此决策单元 2 为 DEA 有效。平面

$$L_2:\ \frac{1}{6}x_1 + \frac{1}{2}x_2 - y_1 = 0$$

是多面凸锥 $C(\hat{T})$的在点 B:((3,1),1)的支持超平面。并且点 C:((3,3),2)也在平面 L_2 上，可见多面凸锥 $C(\hat{T})$的 BOC 面为 DEA 相对有效面，它的法方向为

$$(\boldsymbol{\omega}^{0\mathrm{T}},\ -\mu_1^0) = \left(\frac{1}{6},\ \frac{1}{2},\ -1\right)$$

类似地，可考查决策单元 3(对应图中的 C 点)，它也为 DEA 有效，它所对应的平面也为 L_1(这里省略其过程)。

最后考查决策单元 4 的 DEA 有效性。有线性规划

$$(P)\begin{cases}\max \mu_1 = \mathbf{V}_P \\ \text{s.t. } \omega_1 + 3\omega_2 - \mu_1 \geqslant 0 \\ \quad 3\omega_1 + \omega_2 - \mu_1 \geqslant 0 \\ \quad 3\omega_1 + 3\omega_2 - 2\mu_1 \geqslant 0 \\ \quad 4\omega_1 + 2\omega_2 - \mu_1 \geqslant 0 \\ \quad 4\omega_1 + 2\omega_2 = 1 \\ \quad \omega_1 \geqslant 0,\ \omega_2 \geqslant 0,\ \mu_1 \geqslant 0\end{cases}$$

得最优解为

$$\boldsymbol{\omega}^0 = \left(\frac{1}{10}, \frac{3}{10}\right)^{\mathrm{T}}, \mu_1^0 = \frac{3}{5} = \boldsymbol{V}_p,$$

因此，决策单元 4 不为 DEA 有效。事实上，由图 8-19 可以看出与决策单元 4 对应的点 D：((4,2),1)不在多面凸锥 $C(\hat{T})$ 的 DEA 相对有效面 AOC 和 BOC 上。

8.7.2.3　决策单元在 DEA 相对有效面上的"投影"

设决策单元 j_0 对应的线性规划式(8-64)，它的对偶规划式(8-65)′以及带有非阿基米德无穷小 ε 的对偶规划式(8-67)，即

$$(D_\varepsilon)\begin{cases}\min[\theta-\varepsilon(\hat{\boldsymbol{e}}^{\mathrm{T}}\boldsymbol{s}^-+\boldsymbol{e}^{\mathrm{T}}\boldsymbol{s}^+)]\\ \text{s.t.}\ \sum\limits_{j=1}^{n}\boldsymbol{x}_j\lambda_j+\boldsymbol{s}^-=\theta\boldsymbol{x}_0\\ \qquad\sum\limits_{j=1}^{n}\boldsymbol{y}_j\lambda_j-\boldsymbol{s}^+=\boldsymbol{y}_0\\ \qquad\lambda_j\geqslant 0,\ j=1,\cdots,n\\ \qquad\boldsymbol{s}^-\geqslant\boldsymbol{0},\ \boldsymbol{s}^+\geqslant\boldsymbol{0}\end{cases}$$

定义 8-6　设 $\boldsymbol{\lambda}^0$, $\boldsymbol{s}^{0-}$, $\boldsymbol{s}^{0+}$, θ^0 是线性规划(D_ε)的最优解，令

$$\hat{\boldsymbol{x}}_0=\theta^0\boldsymbol{x}_0-\boldsymbol{s}^{0-},\quad \hat{\boldsymbol{y}}_0=\boldsymbol{y}_0+\boldsymbol{s}^{0+},$$

称($\hat{\boldsymbol{x}}_0$, $\hat{\boldsymbol{y}}_0$)为决策单元 j_0 对应的($\boldsymbol{x}_0$, $\boldsymbol{y}_0$)在 DEA 的相对有效面上的"投影"。

由式(8-67)可以看出：

$$\hat{\boldsymbol{x}}_0=\theta^0\boldsymbol{x}_0-\boldsymbol{s}^{0-}=\sum_{j=1}^{n}\boldsymbol{x}_j\lambda_j^0,$$

$$\hat{\boldsymbol{y}}_0=\boldsymbol{y}_0+\boldsymbol{s}^{0+}=\sum_{j=1}^{n}\boldsymbol{y}_j\lambda_j^0$$

并且，若决策单元 j_0 为弱 DEA 有效，则

$$\hat{\boldsymbol{x}}_0=\boldsymbol{x}_0-\boldsymbol{s}^{0-},\quad \hat{\boldsymbol{y}}_0=\boldsymbol{y}_0+\boldsymbol{s}^{0+}$$

若决策单元 j_0 为 DEA 有效，则

$$\hat{\boldsymbol{x}}_0=\boldsymbol{x}_0,\quad \hat{\boldsymbol{y}}_0=\boldsymbol{y}_0$$

进一步，我们可以得到下面的定理，即决策单元 j_0 对应的(x_0, y_0)的"投影"($\hat{x}_0$, $\hat{y}_0$)构成了一个新的决策单元，它是 DEA 有效的。亦即，新的决策单元($\hat{x}_0$, $\hat{y}_0$)是在多面凸锥 $C(\hat{T})$ 的生产前沿面上。

定理 8-5　("投影"定理)设

$$\hat{\boldsymbol{x}}_0=\theta^0\boldsymbol{x}_0-\boldsymbol{s}^{0-}$$

$$\hat{\boldsymbol{y}}_0=\boldsymbol{y}_0+\boldsymbol{s}^{0+}$$

其中 $\boldsymbol{\lambda}^0$, $\boldsymbol{s}^{0-}$, $\boldsymbol{s}^{0+}$, θ^0 是决策单元 j_0 对应的线性规划(D_ε)的最优解，则($\hat{\boldsymbol{x}}_0$, $\hat{\boldsymbol{y}}_0$)相对于原来的 n 个决策单元来说是 DEA 有效的。

定理 8-5 就不证明了，但它的作用十分明显，在实际应用中常常用来调整非 DEA 有效的决策单元。在后面的实例分析中我们会清楚地看到。

下面给出定理 8 - 5 的一个推论，它的证明十分简单。

推论 决策单元 j_0 为 DEA 有效的充分必要条件为

$$\hat{\boldsymbol{x}}_0 = \boldsymbol{x}_0,\ \hat{\boldsymbol{y}}_0 = \boldsymbol{y}_0$$

其中$(\hat{\boldsymbol{x}}_0, \hat{\boldsymbol{y}}_0)$是$(x_0, y_0)$在 DEA 的相对有效面上的“投影”。

若记

$$\Delta \boldsymbol{x}_0 = \boldsymbol{x}_0 - \hat{\boldsymbol{x}}_0$$

$$\Delta \boldsymbol{y}_0 = \hat{\boldsymbol{y}}_0 - \boldsymbol{y}_0$$

显然有

$$\Delta \boldsymbol{x}_0 = (1-\theta^0)\boldsymbol{x}_0 + \boldsymbol{s}^{0-} \geqslant \boldsymbol{0}$$

$$\Delta \boldsymbol{y}_0 = \boldsymbol{s}^{0+} \geqslant \boldsymbol{0}$$

称 $\Delta \boldsymbol{x}_0$ 为输入剩余，称 $\Delta \boldsymbol{y}_0$ 为输出亏空。由定理 8 - 5 知

$$\hat{\boldsymbol{x}}_0 = \boldsymbol{x}_0 - \Delta \boldsymbol{x}_0,\quad \hat{\boldsymbol{y}} = \boldsymbol{y}_0 + \Delta \boldsymbol{y}_0$$

为 DEA 有效。$\Delta \boldsymbol{x}_0$ 及 $\Delta \boldsymbol{y}_0$ 分别表示当决策单元 j_0 要想变为 DEA 有效时的输入与输出变化的估计量。

8.7.3 应用实例分析

例 8 - 27 大中型纺织企业“企业活力”的 DEA 评价分析。

20 世纪 90 年代初，作者承担了一项重点软科学研究项目，专门研究大中型企业发展战略及提高技术进步能力。我们经过研究决定：在选择的具有较强代表性的样本企业中进行“企业活力”的 DEA 评价分析。首先建立了一个包括 5 个方面（经济效益水平、自主经营状况、竞争能力状况、资产增殖水平、企业凝聚力状况）和 12 项测算指标（包含了输入和输出指标）的评价指标体系。按理说这一评价指标体系是比较科学和全面的，但限于搜集数据资料的困难性和一些企业提供资料的残缺不全，我们无法按照原来的设计进行测算。我们只得采取以下评价指标体系进行评价测算和事后分析。（见书末参考文献[33]）

1. DEA 评价指标体系的建立

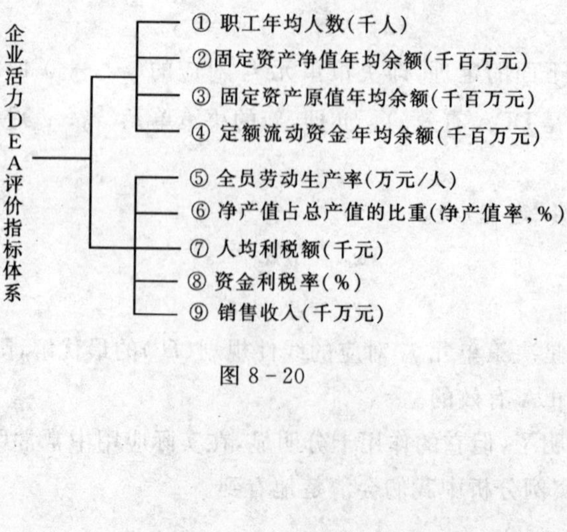

图 8 - 20

2. DEA 模型

$$(D_\varepsilon)\begin{cases}\min\left[\theta-\varepsilon\left(\sum\limits_{i=1}^{m}s_i^-+\sum\limits_{r=1}^{s}s_r^+\right)\right] \\ \text{s. t. } \sum\limits_{j=1}^{n}x_{ij}\lambda_j+s_i^-=\theta x_{i0}\,(i=1,2,\cdots,m) \\ \qquad \sum\limits_{j=1}^{n}y_{rj}\lambda_j-s_r^+=y_{r0}\quad(r=1,2,\cdots,s) \\ \qquad \lambda_j\geqslant 0\quad(j=1,2,\cdots,n) \\ \qquad s_i^-\geqslant 0\quad(i=1,2,\cdots,m) \\ \qquad s_r^+\geqslant 0\quad(r=1,2,\cdots,s)\end{cases}$$

其中 s_r^+，s_i^- 分别为正负偏差变量，这里我们取 $\varepsilon=10^{-3}$。

3. 实际测算及其结果

我们选择了 22 个印染企业、22 个毛纺织企业和 21 个棉织企业，1990 年度的企业活力进行了评价。在计算机上进行了计算（计算过程略），得到各决策单元的“活力”效率值及排序表，其结果分别列于表 8－34，表 8－35，表 8－36。

表 8－34

编号	单位	效率值	排序
1	A 厂(大)	0.634 4	14
2	B 厂(中)	0.502 7	17
3	C 厂(大)	0.435 5	19
4	D 厂(中)	0.691 7	11
5	E 厂(大)	0.991 3	7
6	F 厂(大)	0.248 4	22
7	G 厂(中)	1.000 0	1
8	H 厂(大)	1.000 0	1
9	I 厂(大)	1.000 0	1
10	J 厂(中)	1.000	1
11	K 厂(中)	0.977 6	8
12	L 厂(大)	0.690 4	12
13	M 厂(大)	0.684 2	13
14	N 厂(中)	0.961 2	9
15	O 厂(大)	1.000 0	1
16	P 厂(大)	0.770 3	10
17	Q 厂(中)	0.632 1	15
18	R 厂(中)	1.000 0	1
20	S 厂(大)	0.369 7	21
20	T 厂(大)	0.425 2	20
21	U 厂(大)	0.499 5	18
22	V 厂(中)	0.598 4	16

表 8－35

编号	单位	效率值	排序
1	A 厂(大)	0.772 2	9
2	B 厂(大)	0.722 1	12
3	C 厂(中)	0.685 1	15
4	D 厂(大)	0.762 2	10
5	E 厂(大)	0.334 2	21
6	F 厂(大)	0.921 6	5
7	G 厂(大)	0.938 8	4
8	H 厂(大)	1.000 0	1
9	I 厂(大)	0.819 3	6
10	J 厂(中)	0.747 8	11
11	K 厂(中)	0.785 2	8
12	L 厂(中)	1.000 0	1
13	M 厂(大)	0.674 5	16
14	N 厂(大)	1.000 0	1
15	O 厂(中)	0.693 2	14
16	P 厂(大)	0.455 8	18
17	Q 厂(中)	0.813 1	7
18	R 厂(大)	0.296 1	22
19	S 厂(大)	0.413 2	20
20	T 厂(大)	0.449 6	19
21	U 厂(中)	0.623 1	17
22	V 厂(大)	0.719 1	13

表 8－36

编号	单位	效率值	排序
1	A 厂(大)	0.697 9	15
2	B 厂(中)	0.857 3	9
3	C 厂(大)	0.808 6	14
4	D 厂(大)	0.835 2	13
5	E 厂(大)	0.844 5	11
6	F 厂(大)	0.998 6	5
7	G 厂(中)	1.000 0	1
8	H 厂(大)	0.843 8	12
9	I 厂(大)	1.000 0	1
10	J 厂(大)	0.569 5	16
11	K 厂(大)	0.950 1	6
12	L 厂(中)	0.862 3	8
13	M 厂(大)	0.451 8	18
14	N 厂(中)	0.321 6	21
15	O 厂(中)	0.427 2	19
16	P 厂(大)	0.495 5	17
17	Q 厂(中)	0.352 7	20
18	R 厂(大)	1.000 0	1
19	S 厂(中)	0.849 8	10
20	T 厂(大)	0.880 2	7
21	U 厂(大)	1.000 0	1

4. 结果分析

以上对 3 个行业的若干个企业进行了“企业活力”的 DEA 评价，其效率值及排序结果比较符合实际，项目鉴定会上许多业内专家一致认为“评价结果与实际情况吻合度相当高”。对于行业内效率值最低的企业进行了原因分析及存在的差距分析。比如，印染行业的 F 厂 1990 年的效率值只有 24.84%，排名最后（参见表 8-34）。我们又按照定理 8-5 及推论指出的方法，对各输入及输出指标进行了目标改进，使其由非 DEA 有效向 DEA 有效转变。该厂的效率值低正好反映出该厂投入产出比例失调，这正是 DEA 方法能够提供有用的管理信息的优越性所在。

例 8-28 航空武器装备项目带偏好的区间 DEA（PIDEA）评价

（1）指标体系

无论是研制新的武器装备还是改造旧的武器系统，都需要投入一定的经费、人力以及时间，其目的是为了实现能体现武器系统性能的单项性能、综合性能、效能等指标的预定目标。因此，评价过程中要从投入资源和获取收益两方面进行分析，指标体系如图 8-21 所示。

方案投入指标：投入经费 X1；投入时间 X2；投入人力 X3。

以上 3 项投入指标集中反映了投入资源的规模。一般来说，规模越大收益越多；但费用效益比不一定最佳。

方案产出指标：

1）系统单项性能 Y1。武器系统单项性能是对若干单项性能战术技术指标的综合度量；量化在[0,1]范围内。

2）系统综合性能 Y2。武器系统综合性能是对若干综合性能指标的综合度量，每一项综合性能指标都是对有关的几种单项性能指标的综合度量；量化在[0,1]范围内。

3）系统效能 Y3。系统效能既是对单项性能指标的综合度量；也是对所有综合性能指标的综合度量，量化在[0,1]范围内。

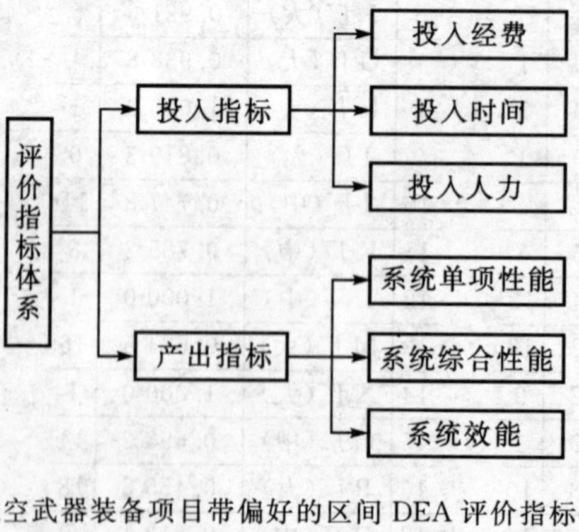

图 8-21 航空武器装备项目带偏好的区间 DEA 评价指标体系结构图

（2）带偏好的区间数据包络分析模型

$$
\begin{cases}
\min \dfrac{\sum_{i=1}^{m} w_i h_i}{\sum_{i=1}^{m} w_i} \\
\text{s.t} \quad \sum_{j=1}^{n} [\underline{X}_j, \overline{X}_j]\lambda_j + S^- = h_i[\underline{X}_{j0}, \overline{X}_{j0}] \\
\sum_{j=1}^{n} [\underline{Y}_j, \overline{Y}_j]\lambda_j - S^+ = [\underline{Y}_{j0}, \overline{Y}_{j0}] \\
S^- = (S_1^-, S_2^-, \cdots, S_i^- \cdots, S_m^-) \geqslant 0 \\
S^+ = (S_1^+, S_2^+, \cdots, S_r^+ \cdots, S_s^+) \geqslant 0 \\
\lambda_j \geqslant 0 \quad j = 1,2,\cdots,n;\ i = 1,2,\cdots,m; r = 1,2,\cdots,s
\end{cases}
$$

其中，w_i 是预先确定的权重系数，它们反映了 DMU 希望减少每个现有输入量的不同程度。当某 $w_i=0$ 时，表示 DMU 不能减少该输入项，这时取相应的 $h_i=1$。

求解时，就是要确定被评价的决策单元 DMU_0 有效性系数区间的最大值与最小值。具体地：

对于其他决策单元的输入取区间的最大点，输出取区间最小点；而被评价的决策单元 DMU_0 的输入却取区间的最小点，输出取区间最大点；那么用 C^2R 模型得到决策单元 DMU_0 有效性系数为有效性系数区间的最大点，记作 $\bar{\theta}_j = \sum_{i=1}^{m} w_i \bar{h}_{ji} \Big/ \sum_{i=1}^{m} w_i$。

对于其他决策单元的输入取区间的最小点，输出取区间的最大点；而正被评价的决策单元 DMU_0 的输入却取区间的最大点，输出取区间最小点，那么用 C^2R 模型得到决策单元 DMU_0 有效性系数为有效性系数区间的最小点，记作 $\underline{\theta}_j = \sum_{i=1}^{m} w_i h_{ji} \Big/ \sum_{i=1}^{m} w_i$。

详细过程见有关文献。

(3)实例测算及其结果

原始数据如表 8-37 所示。

表 8-37　航空武器装备项目有效性评价 DMU 及输入输出数据

决策单元	投入指标			产出指标		
	经费 X_1/(百万元)	时间 X_2/(月)	人力 X_3/(人)	单项性能 Y_1	系统综合性能 Y_2	系统性能 Y_3
DMU_1	[90,110]	[22.5,26.0]	20	[0.1913,0.1957]	[0.1920,0.1966]	[0.1884,0.1918]
DMU_2	[115,125]	[25.0,31.0]	19	[0.1912,0.1982]	[0.1925,0.1975]	[0.1897,0.1943]
DMU_3	[100,120]	[21.5,26.5]	20	[0.1913,0.1963]	[0.1923,0.1963]	[0.1889,0.1931]
DMU_4	[120,140]	[29.0,31.5]	22	[0.1925,0.1981]	[0.1941,0.1993]	[0.1903,0.1947]
DMU_5	[80,100]	[19.5,21.0]	18	[0.1908,0.1948]	[0.1921,0.1957]	[0.1885,0.1915]

对于 DMU_1 而言，代入数据得：

$$
\begin{cases}
\min \quad 0.54\,\overline{h_{11}} + 0.221\,\overline{h_{12}} + 0.236\,\overline{h_{13}} \\
\text{s.t} \quad 90\lambda_1 + 125\lambda_2 + 120\lambda_3 + 140\lambda_4 + 100\lambda_5 + S_1^- = 90\,\overline{h_{11}} \\
22.5\lambda_1 + 31\lambda_2 + 26.5\lambda_3 + 31.5\lambda_4 + 21\lambda_5 + S_2^- = 22.5\,\overline{h_{12}} \\
20\lambda_1 + 19\lambda_2 + 20\lambda_3 + 22\lambda_4 + 18\lambda_5 + S_3^- = 20\,\overline{h_{13}} \\
0.1957\lambda_1 + 0.1912\lambda_2 + 0.1913\lambda_3 + 0.1925\lambda_4 + 0.1908\lambda_5 - S_1^+ = 0.1957 \\
0.1966\lambda_1 + 0.1925\lambda_2 + 0.1923\lambda_3 + 0.1941\lambda_4 + 0.1921\lambda_5 - S_2^+ = 0.1966 \\
0.1918\lambda_1 + 0.1897\lambda_2 + 0.1889\lambda_3 + 0.1903\lambda_4 + 0.1885\lambda_5 - S_3^+ = 0.1918 \\
\boldsymbol{S}^- = (S_1^-, S_2^-, S_3^-) \geqslant \mathbf{0} \\
\boldsymbol{S}^+ = (S_1^+, S_2^+, S_3^+) \geqslant \mathbf{0} \\
\lambda_j \geqslant 0 \quad j = 1,2,3,4,5;\ i = 1,2,3;\ r = 1,2,3
\end{cases}
$$

用 QSB 软件进行计算，得$\overline{h_{11}}=1$，$\overline{h_{12}}=1$，$\overline{h_{13}}=1$，则 $\bar{\theta}_1 = 0.543\times1 + 0.221\times1 + 0.236\times1 = 1$。

$$
\begin{cases}
\min \quad 0.54\,\underline{h_{11}} + 0.221\,\underline{h_{12}} + 0.236\,\underline{h_{13}} \\
\text{s.t} \quad 110\lambda_1 + 115\lambda_2 + 100\lambda_3 + 120\lambda_4 + 80\lambda_5 + S_1^- = 110\,\underline{h_{11}} \\
26\lambda_1 + 25\lambda_2 + 21.5\lambda_3 + 29\lambda_4 + 19.5\lambda_5 + S_2^- = 26\,\underline{h_{12}} \\
20\lambda_1 + 19\lambda_2 + 20\lambda_3 + 22\lambda_4 + 18\lambda_5 + S_3^- = 20\,\underline{h_{13}} \\
0.1913\lambda_1 + 0.1982\lambda_2 + 0.1963\lambda_3 + 0.1981\lambda_4 + 0.1948\lambda_5 - S_1^+ = 0.1913 \\
0.1920\lambda_1 + 0.1975\lambda_2 + 0.1963\lambda_3 + 0.1993\lambda_4 + 0.1957\lambda_5 - S_2^+ = 0.1920 \\
0.1884\lambda_1 + 0.1943\lambda_2 + 0.1931\lambda_3 + 0.1947\lambda_4 + 0.1915\lambda_5 - S_3^+ = 0.1884 \\
\boldsymbol{S}^- = (S_1^-, S_2^-, S_3^-) \geqslant \mathbf{0} \\
\boldsymbol{S}^+ = (S_1^+, S_2^+, S_3^+) \geqslant \mathbf{0} \\
\lambda_j \geqslant 0 \quad j = 1,2,3,4,5;\ i = 1,2,3;\ r = 1,2,3
\end{cases}
$$

用 QSB 软件进行计算，得$\underline{h_{11}}=0.7155$，$\underline{h_{12}}=0.7379$，$\underline{h_{13}}=0.8854$，则$\underline{\theta_1} = 0.54\times0.7155 + 0.221\times0.7379 + 0.236\times0.8854 \approx 0.7605$

同理可得到其他决策单元(项目)的有效性评价结果，见表 8-38。

表 8-38　航空武器装备项目有效性评价结果

决策单元	IDEA 模型	优劣排序	含偏好的 IDEA 模型	优劣排序
DMU_1	[0.8854, 1.0000]	3	[0.7605, 1.0000]	2
DMU_2	[0.9385, 0.9841]	4	[0.7034, 0.9156]	4
DMU_3	[0.8878, 1.0000]	2	[0.7270, 0.9993]	3
DMU_4	[0.8131, 0.8652]	5	[0.6362, 0.8364]	5
DMU_5	[1.0000, 1.0000]	1	[0.9707, 1.0000]	1

(4)结果分析

从表 8-38 可以看出，由 PIDEA 模型得到的优劣排序与由区间 DEA 模型得到的优劣排序是不同的，DMU_3 由排名第 2 位降到了第 3 位，而 DMU_1 则由排名第 3 位升到了第 2 位。这是因为在 DMU_3 中投入指标 X_1 比较大，而在含偏好的区间 DEA 模型中投入指标 X_1 的权重增大，从而导致了 DMU_3 相对有效性的下降。

说明：

本例中给出的 PIDEA(preference interval DEA)评价模型，称之为带偏好的区间 DEA 评价模型，它是 C^2R 模型的一种推广。对于 IDEA(区间数据包络分析)最早是由英国学者 Richard Greatbanks 对区间有效性进行了研究之后，对这种模型进一步予以完善。由于传统 DEA 模型要求决策单元(DMU)的投入产出数据必须是准确数据，而在航空武器装备项目方案评价的数据，一般是估计的或者预测得到的，即是说这些评价数据是存在测量误差等随机性因素的区间数据。因此，用 IDEA 评价模型是很适合的。模型的给出，有兴趣的读者可参见文献[37]或其它相关文献。实际计算时，是将分式规划通过 charnes-cooper 变换(也称为 C-C 变换)转化为 LP 模型(例中省略了)，用 Win QSB 软件计算得到结果。

§8.8　本章小结

决策是一个复杂的过程，对任何重大问题做出令人信服的可靠决策，并非一件容易的事。人们常说决策要科学化民主化，这就是说，决策应该建立在有充分依据和科学方法的基础上；同时凡属重要的决策应该有更多的人参与，这样才可能避免或减少决策的失误。

本章较详细地向读者介绍了进行决策的一些科学方法，§8.1 介绍了决策的概念以及研究的问题，§8.2 至 §8.4 介绍的是单目标决策的方法，§8.5 至 §8.7 则介绍了多目标决策的方法。但是在实践中运用时，还必须注意各种方法适用的前提和背景以及千变万化的客观实际。

§8.6 介绍的层次分析法是一种简单有效的多目标决策方法，但这种方法并不是完美无缺的，其中一个最大的缺点就是受人的主观因素影响太大，因此往往会由于人的主观判断失误而造成决策失误。

§8.7 介绍的数据包络分析法(DEA)是一种具有多输入和多输出的多目标决策的新方法。由于这一方法是以评价单位(即决策单元)输入、输出指标的权重为优化变量，选取对评价单位最有利的权重进行评价，因此这一方法被认为是公正合理、完全客观的评价方法，而且能够确定相对有效的系统单元，并指出其它单元非有效的原因和程度，从而为决策者提供许多有价值的管理信息。这一方法是 20 世纪七十年代末到八十年代发展起来的，因此它的理论研究、新模型的创建、应用领域的也在不断扩大。

本章中介绍的多目标决策方法是初步的。决策论从单目标发展到多目标是理论上和实践上的一个飞跃，用多目标决策方法处理实际决策问题更符合实践的需要。但是多目标决策理论和实践的研究是 20 世纪六七十年代以来的事，有些内容还有待于进一步发展和完善，并创造出新的理论和方法，以满足实践的需要；反过来，客观实际提出的问题又必将促进理论的发展。近年来这一领域的主流研究一是对 AHP、DEA、灰色方法、模糊方法、熵方法等方法的改进改善，二是将多种决策方法组合和融合，建立组合权法、方法集法等新的方法体系。如本书作者提出的 AHP 新的标度方法、讨论的带偏好的 DEA 模型和偏好的区间 DEA 模型，将组合权法、方法集法应用于“棕地”项目评价等。读者如果有兴趣可参阅有关文献。

作者撰写本节时参考了文献[18－22,33]。限于篇幅,作者又希望用最小的篇幅尽量给读者介绍一个“数据包络分析”的完整体系,能否达到这个目的,只能由实践来检验了。

习题 8

8.1 某水果店以每千克 0.72 元的价格购进每筐为 50 kg 的香蕉,第一天以每千克 1.20 元的价格出售,由于香蕉是易腐水果,故第一天卖不完的只能以平均每千克 0.48 元的处理价出售。每天香蕉的需求量(以筐为单位)是 1,2,3,4,5 和 6 中的某一个,但需求量的分布未知,为获得最大利润,水果店每日应进货多少筐香蕉?

(1) 写出该店每日进货问题的损益矩阵。

(2)分别用最大化最小值法(悲观法)和最小化最大后悔值法(后悔值法)进行决策。

8.2 某经营空调器的公司为下一年度作广告宣传的投资考虑了三个方案:A_1(维持今年的水平);A_2(增加 5 万元);A_3(增加 20 万元)。未来的空调器市场可能出现三种不同的情况:s_1(上升),s_2(持平),s_3(下降)。在三种广告投资策略下估计增加的收益(单位:万元)如下表所示:

8.2 题表

r_{ij} \ s_j / A_i	s_1	s_2	s_3
A_1	10	0	−5
A_2	25	10	5
A_3	50	30	14

假定没有任何关于销售量预测的资料。试用最大最小法和后悔值法求出最优策略。

8.3 某工厂要确定下一个计划期内产品的生产批量,根据经验并通过市场调查,已知产品销路较好、一般和较差的概率分别为 0.3,0.5 和 0.2,采用大批量生产可能获得的利润分别为 20 万元、12 万元和 8 万元,中批量生产可能获得的利润分别为 16 万元、16 万元和 10 万元,小批量生产可能获得的利润分别为 12 万元、12 万元和 12 万元。试用期望值法进行决策。

8.4 某工厂要订购一台新设备,该设备中有一个重要部件,每个售价 500 元。如果在使用中该部件损坏,而工厂又无备用件,将造成 20 000 元的损失,因此工厂需考虑购买备用件的问题,但该备件只能在订购设备时同时购买,每个备用件在设备使用期内的存储费,不论存储时间长短均为 100 元。已知该台设备在使用期内所需备用件的数量服从如下概率分布:

8.4 题表

备用件	0	1	2	3	4	5	≥6
概　率	0.90	0.05	0.02	0.01	0.01	0.01	0

问在订购设备的同时,应订购多少个备用件最为经济?用期望值法进行决策。

8.5 一种货物的需要量 x 服从如下概率分布:

8.5 题表

x	0	1	2	3	4	5
$p(x)$	0.1	0.15	0.4	0.15	0.1	0.1

(1)试确定最低存储量，使发生短缺的概率不超过 0.25；

(2)试确定存储量，使期望短缺量和期望过剩量都不超过一个单位；

(3)如果期望短缺量至少应比期望过剩量少一个单位，确定存储量。

8.6 某公司需要决定建大厂还是建小厂来生产一种新产品，该产品的市场寿命为 10 年。建大厂的投资费用为 280 万元，建小厂的投资为 140 万元。估计 10 年内销售状况的概率分布是：需求高的概率是 0.5，需求一般的概率是 0.3，需求低的概率是 0.2。

公司进行了“成本-产量-利润”分析，对不同的工厂规模和市场需求量的组合，算出了它们的年收益是：

8.6 题表

状态 / 方案	需求高	需求中等	需求低
建大厂	100 万	60 万	−20 万
建小厂	25 万	45 万	55 万

试求出此问题的损益矩阵（10 年），并用决策树法求解。

8.7 某人有 1 000 元要投资，在今后三年，每一年的开头将有机会把该金额投入 A，B 两项中的任何一项。投资 A，在一年末有 0.4 的概率会丧失全部资金，有 0.6 的概率能回收 2 000 元（赢利 1 000 元）。而投资 B，在年末有 0.9 的概率正好回收原来的 1 000 元（不亏不赢），有 0.1 的概率能回收 2 000 元。

每年只允许作一项投资，且每次只能投入 1 000 元（任何多余的积累资金都闲置不用）。

(1)试用决策树法求使三年后至少有 2 000 元的概率为最大的投资方案，并求出在此投资方案下三年后至少有 2 000 元的概率。

(2)试用决策树法求出三年后所拥有的期望金额达到最大的投资方案。

8.8 某公司有 50 000 元多余资金，如用于某项开发事业估计成功率为 96%，成功时一年可获利 12%；一旦失败，有丧失全部资金的危险。如把资金存入银行，可稳得年利 6%。为获取更多情报，该公司求助于咨询服务，咨询费用为 500 元，但咨询意见只供参考。据过去咨询公司类似 200 例咨询意见实施结果（见下表）。试用决策树法分析：(1)该公司是否值得求助于咨询服务；(2)该公司多余资金应如何合理使用？

8.8 题表

实施结果 / 咨询意见	投资成功	投资失败	合　计
可以投资	154 次	2 次	156 次
不宜投资	38 次	6 次	44 次
合　计	192 次	8 次	200 次

8.9 某厂准备大批量投产一种出口新产品，估计这种产品销路好的概率为0.7，销路差的概率为0.3。如果销路好，可获利人民币1 200万元；销路差，将亏损人民币150万元。为了避免盲目生产造成的损失，工厂管理人员决定先小批量试生产和试销，为销售情况获取更多的信息。根据市场的研究，估计试销时销路好的概率为0.8，如果试销的销路好，则以后大批量投产时销路好的概率为0.85；如果试销的销路差，则以后大批量投产时销路好的概率为0.1。

(1)试求通过先小批量试生产而取得信息的价值(画出决策树进行分析)；

(2)假如小型试验所需费用为5万元，那么进行这项小型试验是否值得？

8.10 在8.6题所给的建厂规模问题中，假如该公司经理认为用期望货币值(EMV)标准进行决策所冒的风险太大，因而考虑采用期望效用值标准进行决策。在对该经理进行了一系列询问之后，得到如下回答。

该经理认为"以0.5的概率得到720万元，以0.5的概率损失480万元"和"肯定损失120万无"二者对他来说是一样的；"以0.5的概率得到720万元，以0.5的概率损失120万元"和"肯定得到180万元"二者对于他是一样的；"以0.5的概率损失480万元，以0.5的概率损失120万元"和"肯定损失340万元"二者对于他是一样的。

(1)试根据以上询问结果，画出该经理的效用曲线。

(2)运用所作的效用曲线，求出该经理对此问题的最优决策。

8.11 设A、B、C三家电冰箱制造公司共同占领了一个地区的冰箱市场，有一市场调查公司已估计到顾客对三个公司信任情况的逐期变化如下：

A公司保留了原有顾客的60%，有20%流失给B，20%流失给C；B公司保留了原有顾客的80%，有10%流失给A，10%流失给C；C公司保留了原有顾客的50%，有30%流失给A，20%流失给B。

(1)将上述销售问题表示为马尔可夫链，并求出一步转移概率矩阵；

(2)假定开始时，A，B，C三家公司各占有市场的30%，30%和40%，试确定下两个周期各公司所占的市场份额；

(3)三家公司最终将各拥有多大的市场份额？

8.12 在8.11题中，假定C公司现在要对下述两种新的销售策略进行评价。策略1为"保留策略"，它可使该公司保留其原有顾客的70%，同时分别丧失20%和10%的老顾客给A和B公司；策略2为"争取策略"，它可使该公司从A和B公司的顾客中各争取到30%的顾客(此时A，B两公司各自转移到对方的顾客的百分比仍保持不变)。假定这两个策略所需费用接近相等。试对这两种可供选择的策略进行评价。

8.13 某纺织厂生产防雨布和纯棉布两种产品，平均生产能力都是1 km/h，工厂的生产能力平均每周按80h计算。根据市场预测，下周最大销售量防雨布为70km，纯棉布为45km；防雨布利润为2.5元/m，纯棉布利润为1.5元/m。工厂领导有四级管理目标如下：

P_1：保证正常生产，保证职工正常上班，避免开工不足；

P_2：限制加班时间，加班时间不得超过10h；

P_3：尽量达到最大销售量；

P_4：尽可能减少加班时间。

确定该厂的最优生产方案：

(1) 建立问题的目标规划模型；

(2)用多阶段单纯形方法进行求解；

(3)如果厂方希望纯棉布销售量达到，厂方应采取什么措施？

8.14　某工厂在超额完成任务后，有一笔留成利润要由厂领导决定如何使用，以促进生产发展。可供选择的方案有：作为奖金发给职工；扩建食堂、托儿所、修建职工住房等福利措施；开办职工学校和业余学校，提高职工素质；建立图书馆、俱乐部等文化娱乐措施；引进新型设备，进行技术改造。衡量这些方案措施可以从下列三个方面着眼：是否调动了职工生产积极性；是否提高了职工文化技术水平；是否改善了职工物质文化生活状况。试用 AHP 方法，对上述五种方案进行评价，并排出它们优劣次序来。

8.15　用 AHP 方法评价一个企业的素质或评价一个学校的素质。

8.16　用 DEA 方法评价警察活动效率。建议：

(1)采用公安机关正式公布的、或虽未正式公布但公安机关内部掌握的统计资料。资料时间采用统一的年度数据。

(2)输入：x_1＝警察人员数(应不包括交警人数)，x_2＝警察费用(经费来源数额，百万元)，x_3＝公安局、分局、派出所个数，x_4＝刑事立案侦察件数。输出：y_1＝刑事犯罪侦破件数。

第9章 对策论

对策论亦称竞赛论或博弈论，是研究具有斗争或竞争性现象的数学理论和方法。一般认为，它是现代数学的一个新分支，也是运筹学中的一个重要学科。我们把带有竞争性质的现象称作对策现象，对策模型是刻画对策现象的理论模型，而对策论(game theory)则是研究这些问题的理论。

我国古代早有关于对策的记载，“齐王赛马”就是一个著名的例子。战国时，齐王与田忌各抽自己的上、中、下三匹马，进行单匹对抗赛，比赛三场，每场千金。田忌为取胜，请教孙膑，孙膑发现同等级的马，田忌的不如齐王的强，但要比齐王下一等级的强，于是要田忌以下马对齐王的上马，以上马对齐王的中马，以中马对齐王的下马，结果田忌负一胜二，得千金。由此看来，两个人各采取什么样的出马次序对胜负是至关重要的。

对策论的研究是从下棋等带有竞争性质的游戏开始的，因此有博弈论一称，但是，真正推动对策论的发展，使它具有生命力的是战争、生产和社会经济活动。战争中，参加战争的双方都力图选取对自己最为有利的策略；生产和社会经济活动方面，各种社会集团之间的斗争、各国之间、各公司企业之间的斗争，商品价格的调整，政府为控制金融市场制定政策等，为对策论提供了丰富的题材和对象，有力的促进了对策论的发展。

本章首先简要地叙述对策论的一般概念，然后着重介绍矩阵对策，给出它的基本性质、解法及其应用，并且扼要地介绍了非零和对策的理论及其应用，最后还简单介绍了冲突分析的一些基本理论和分析方法。冲突分析是源于对策论的、专门解决现实世界冲突的技术，它直接由经典对策论和偏对策理论发展而来的，具有坚实的数学基础；同时又克服了传统对策论偏重数学而忽视现实世界和理性的弱点，以及偏对策理论在实际操作方面的局限性，因此，冲突分析为分析现实世界中的冲突问题和处理错综复杂冲突中的决策者提供了一个可靠、简单、实用的分析技术。

§9.1 对策论的一般概念

9.1.1 对策论的三个基本要素

对策现象形形色色，千差万别，但本质上都必须包括以下三个基本要素：

(1) 局中人(players)

在一场竞争或斗争中(或一局对策)都有这样的参加者，他们为了在一局对策中力争好的结局，必须制定对付对手们的行动方案，把这样有决策权的参加者称为**局中人**。

一般要求一个对策中至少要有两个局中人，如在“齐王赛马”的例子中，局中人是齐王和田忌，但孙膑却不是。

对策中关于局中人的概念具有广义性。局中人除了可理解为个人外，还可理解为某一集体，如企业等。当研究在不确定的条件下进行某项与条件有关的生产决策时，也可把大自然当作局中人。同时，为使研究问题更清楚起见，把那些利益完全一致的参加者看作一个局中人，例如桥牌游戏中，东西双方利益一致，南北两面得失相当，所以虽有四个人参加，只能算有两个局中人。

(2) 策略集(strategies)

一局对策中，每个局中人都有供他选择的实际可行的完整的行动方案，此方案是一个可行的自始至终通盘筹划的行动方案，称为局中人的一个策略。而把局中人的策略全体，称为局中人的**策略集**。一般地，每一局中人的策略集合中至少应有两个策略，在"齐王赛马"的例子中，如果用(上、中、下)表示上马、中马、下马依次参赛这样一个次序，这就是一个完整的行动方案，即为一个策略。可见，局中人齐王和田忌都有六个策略：(上、中、下)(上、下、中)(中、上、下)(中、下、上)(下、上、中)(下、中、上)，这六个策略全体就称为局中人的策略集合。

(3) 赢得函数(payoff function 或支付函数)

一局对策中，把从每个局中人的策略集中各取一个策略所组成的策略组称作**局势**。当一个局势出现后，应该为每一局中人规定一个赢得值(或损失值)。显然局中人的得失是局势的函数，把这个函数称作**赢得函数**。例如，齐王赛马中，齐王取策略(上中下)，田忌取策略(下上中)，便得到一个局势，齐王赢得值为－1，而田忌赢得值为 1。

以上讨论了局中人、策略和赢得函数这三个概念，一般当这三个基本要素确定后，一个对策模型也就给定了。因而，局中人、策略和赢得函数是对策的三要素，缺一不可。

例 9－1　A、B 两人分别有一角、5 分和 1 分的硬币各一枚，在双方互不知道情况下各出一枚硬币，并规定当和为奇数时，A 赢得 B 所出硬币；当和为偶数时，B 赢得 A 所出硬币，试列出对策模型。

解　根据题可知此对策的局中人为 A、B 两人，每个局中人的策略集为{1 角(10 分)，5 分，1 分}，那么局中人 A 的赢得函数表为

表 9－1

A \ B	10 分	5 分	1 分
10 分	－10	5	1
5 分	10	－5	－5
1 分	10	－1	－1

局中人 B 的赢得函数表为

表 9－2

A \ B	10 分	5 分	1 分
10 分	10	－5	－1
5 分	－10	5	5
1 分	－10	1	1

9.1.2 对策的分类

对策的种类很多，可以依据不同的原则进行分类，如根据局中人的数目可分为**二人对策**(two-person game)和**多人对策**(n-person game)；根据局中人策略集中的策略数量可分为**有限对策**(finite game)和**无限对策**(infinite game)；根据局中人赢得函数值的代数和是否为零可分为**零和对策**(zero-sum game)和**非零和对策**(non-zero game)；根据策略与时间的关系分为**静态对策**和**动态对策**等等。主要的对策模型分类可由图 9-1 表示。例 9-1 就属于静态二人有限零和对策。

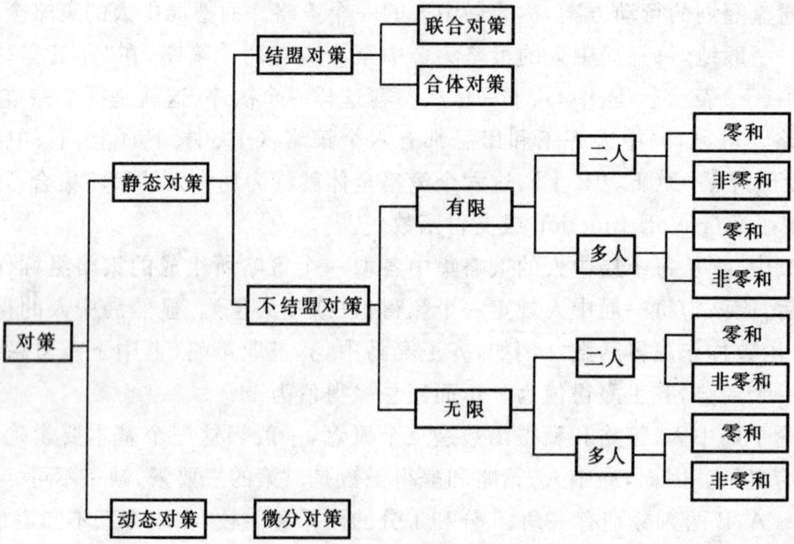

图 9-1

在众多对策模型中，占有重要地位的是二人有限零和对策，这类对策又称为**矩阵对策**(matrix game)。这种矩阵对策一般有两个局中人，每个局中人都只有有限个策略，并且对每一局势，两个局中人的赢得之和总是为零。矩阵对策虽然是对策模型中最简单的一种，但它包含了对策论的基本思想，在理论上比较成熟，是整个对策论的基础。因此，本章也将主要介绍矩阵对策的相关理论与方法。

§9.2 矩阵对策的基本定理

9.2.1 最优纯策略的鞍点

设两个局中人为Ⅰ和Ⅱ，局中人Ⅰ的策略集为 $S_1=\{\alpha_1, \alpha_2, \cdots, \alpha_m\}$，局中人Ⅱ的策略集为 $S_2=\{\beta_1, \beta_2, \cdots, \beta_n\}$，对于局势$(\alpha_i, \beta_j)$，局中人Ⅱ支付给局中人Ⅰ是 a_{ij}，即Ⅰ的赢得值为 a_{ij}，Ⅱ的赢得值为$-a_{ij}$，并称矩阵

$$\boldsymbol{A}=(a_{ij})_{m\times n}=\begin{pmatrix} a_{11} & \cdots & a_{1n} \\ a_{21} & \cdots & a_{2n} \\ \vdots & & \vdots \\ a_{m1} & \cdots & a_{mn} \end{pmatrix}$$

为局中人Ⅰ的**赢得矩阵**(或为局中人Ⅱ的支付矩阵(payoff matrix))。由于假定对策为零和，故局中人Ⅱ的赢得矩阵为$-\boldsymbol{A}$。

一般地，当局中人Ⅰ、Ⅱ和策略集 S_1，S_2 及局中人Ⅰ的赢得矩阵 $\boldsymbol{A}$ 给定后，一个矩阵对策就确定了，因此通常把矩阵对策记成 $G=\{S_1, S_2, \boldsymbol{A}\}$。为了和后面的混合策略区分开，称策略 α_i，β_j 为**纯策略**(pure strategy)，局势(α_i, β_j)为**纯局势**。

齐王赛马是一个矩阵对策，不难得到齐王的赢得矩阵为

$$\boldsymbol{A}=\begin{array}{c} \\ \alpha_1 \\ \alpha_2 \\ \alpha_3 \\ \alpha_4 \\ \alpha_5 \\ \alpha_6 \end{array}\begin{array}{c} \begin{array}{cccccc} \beta_1 & \beta_2 & \beta_3 & \beta_4 & \beta_5 & \beta_6 \end{array} \\ \begin{bmatrix} 3 & 1 & 1 & 1 & -1 & 1 \\ 1 & 3 & 1 & 1 & 1 & -1 \\ 1 & -1 & 3 & 1 & 1 & 1 \\ -1 & 1 & 1 & 3 & 1 & 1 \\ 1 & 1 & 1 & -1 & 3 & 1 \\ 1 & 1 & -1 & 1 & 1 & 3 \end{bmatrix} \end{array}$$

注:α_1—(上,中,下)；α_2—(上,下,中)；α_3—(中,上,下)；α_4—(中,下,上)；α_5—(下,上,中)；α_6—(下,中,上)

β_1—(上,中,下)；β_2—(上,下,中)；β_3—(中,上,下)；β_4—(中,下,上)；β_5—(下,上,中)；β_6—(下,中,上)

矩阵对策给定后，每个局中人面临的问题是如何选取对自己最有利的纯策略以取得最大赢得。下面通过一个具体例子来分析局中人应采取的策略。

例 9-2　设矩阵对策 $G=\{S_1, S_2, \boldsymbol{A}\}$，其中 $S_1=\{\alpha_1, \alpha_2, \alpha_3\}$，$S_2=\{\beta_1, \beta_2, \beta_3\}$

$$\boldsymbol{A}=\begin{bmatrix} 14 & 2 & 3 \\ 7 & 10 & 5 \\ 6 & 12 & 4 \end{bmatrix}$$

由 $\boldsymbol{A}$ 可以看出，Ⅰ为了能得到最大赢得 14，会采用策略 α_1，此时，Ⅱ可以采用 β_2，使Ⅰ不但得不到 14，反而得到最小赢得 2。当Ⅱ采用 β_2 时，Ⅰ会采用 α_3，使Ⅱ的支付增大为 12，同样的道理，当Ⅰ采用 α_3 时，Ⅱ会采用 β_3；当Ⅱ采用 β_3，Ⅰ又会采用 α_2，这里Ⅰ和Ⅱ都不会改变自己的策略了。因为当Ⅰ采用 α_2，Ⅱ必须采用 β_3，否则它将支付更多；同样，当Ⅱ采用 β_3，Ⅰ必须采用 α_2，否则它将赢得更少，这是因为纯局势(α_2, β_3)具有下述性质：$a_{23}=5$ 是第二行中的最小元素，同时又是第三列的最大元素，这时称策略 α_2，β_3 分别是局中人Ⅰ，Ⅱ的最优纯策略。

对于一般的矩阵对策，有定义 9-1。

定义 9-1　设矩阵对策 $G=\{S_1, S_2, \boldsymbol{A}\}$，其中 $S_1=\{\alpha_1, \alpha_2, \cdots, \alpha_m\}$，$S_2=\{\beta_1, \beta_2, \cdots, \beta_n\}$，

$$\boldsymbol{A}=(a_{ij})_{m\times n}$$

如果存在纯局势$(\alpha_{i^*}, \beta_{j^*})$，使得

$$a_{ij^*} \leqslant a_{i^*j^*} \leqslant a_{i^*j} \quad i=1,2,\cdots,m;\ j=1,2,\cdots,n \tag{9-1}$$

则称(α_{i^*}, β_{j^*})是对策 G 的**纯策略解或最优局势**,α_{i^*}, β_{j^*} 分别是局中人Ⅰ,Ⅱ的**最优纯策略**(optimal pure strategy),称 $a_{i^*j^*}$ 是对策 G 的值,记为 V_G。

由定义 9-1 可知,在例 9-2 中,(α_2, β_3)是对策的纯策略解,α_2 和 β_3 分别是Ⅰ和Ⅱ的最优纯策略,对策值 $V_G=a_{23}=5$。从前面的分析可以看到,当矩阵对策存在纯策略解时,如果两个局中人都不存在侥幸心理的话,都会采用最优纯策略,因为最优纯策略是最保险和最稳妥的策略。

在给出矩阵对策有纯策略解的条件以前,我们先看一个引理和一个定义。

引理 9-1 任何矩阵对策 $G=\{S_1, S_2; \boldsymbol{A}\}$,总有

$$\max_i \min_j a_{ij} \leqslant \min_j \max_i a_{ij} \tag{9-2}$$

证明 对任意的 i, j $(i=1,2,\cdots,m,\ j=1,2,\cdots,n)$,都有

$$\min_r a_{ir} \leqslant a_{ij} \leqslant \max_t a_{it}$$

由于右端与 i 无关,左端对 i 求最大值后,不等式仍然成立,得

$$\max_i \min_r a_{ir} \leqslant \max_t a_{it}$$

同理右端对 j 求最小值后,不等式也仍然成立,得

$$\max_i \min_r a_{ir} \leqslant \min_j \max_t a_{tj}$$

又因为$\min\limits_r a_{ir}=\min\limits_j a_{it}$, $\max\limits_t a_{tj}=\max\limits_i a_{it}$,所以式(9-2)成立。

实际上对引理 9-1 可这样理解,对矩阵对策 $G=\{S_1, S_2; \boldsymbol{A}\}$来说,局中人Ⅰ有把握的至少赢得是$\max\limits_i \min\limits_j a_{ij}$,局中人Ⅱ有把握的至多损失为$\min\limits_j \max\limits_i a_{ij}$,一般赢得值不会多于损失值,即总有$\max\limits_i \min\limits_j a_{ij} \leqslant \min\limits_j \max\limits_i a_{ij}$。

定义 9-2 设矩阵对策 $G=\{S_1, S_2; \boldsymbol{A}\}$,如果

$$\max_i \min_j a_{ij} = \min_j \max_i a_{ij} = a_{i^*j^*} \tag{9-3}$$

则称(α_{i^*}, β_{j^*})是对策 G 的**鞍点**(saddle point)。

下面的定理 9-1 给出矩阵对策有纯策略的充分必要条件。

定理 9-1 矩阵对策 G 有纯策略解的充分必要条件是 G 有鞍点。

证明 必要性。设(α_{i^*}, β_{j^*})是 G 的纯策略解。由定义有

$$a_{ij^*} \leqslant a_{i^*j^*} \leqslant a_{i^*j} \quad i=1,2,\cdots,m,\ j=1,2,\cdots,n$$

由第一个不等号,有

$$\max_i a_{ij^*} = a_{i^*j^*}$$

由第二个不等号,有

$$\min_j a_{i^*j} = a_{i^*j^*}$$

又显然有

$$\min_j \max_i a_{ij} \leqslant \max_i a_{ij^*}$$

从而

$$\min_j \max_i a_{ij} \leqslant a_{i^*j^*} \leqslant \max_i \min_j a_{ij}$$

由引理 9-1,必有

$$\max_i \min_j a_{ij} = \min_j \max_i a_{ij} = a_{i^*j^*}$$

得证$(\alpha_{i^*}, \beta_{j^*})$是鞍点。

充分性。假设对策 G 有鞍点$(\alpha_{i^*}, \beta_{j^*})$，即

$$\max_i \min_j a_{ij} = \min_j \max_i a_{ij} = a_{i^*j^*}$$

则有

$$\min_j a_{i^*j} = a_{i^*j^*}$$

从而

$$a_{i^*j^*} \leqslant a_{i^*j},\ j = 1,2,\cdots,n$$

同样，又有

$$\max_i a_{ij^*} = a_{i^*j}$$

从而

$$a_{i^*j^*} \geqslant a_{ij^*},\ i=1,2,\cdots,m$$

即

$$a_{ij^*} \leqslant a_{i^*j^*} \leqslant a_{i^*j},\ i=1,\ 2,\ \cdots,\ m,\quad j=1,\ 2,\ \cdots,\ n$$

证得$(\alpha_{i^*}, \beta_{j^*})$是 G 的纯策略解。

定理 9-1 的证明告诉我们，对策 G 的纯策略就是鞍点，反之亦然。

对于例 9-2 有 $\max\limits_i \min\limits_j a_{ij} = \min\limits_j \max\limits_i a_{ij} = 5 = a_{23}$，因此$(\alpha_2, \beta_3)$是对策的鞍点，局中人Ⅰ和Ⅱ的纯策略分别是 α_2，β_3，对策值 $V_G = 5$，这与前面的结论一致。

而对于齐王赛马，由齐王的赢得矩阵得

$$\max_i \min_j a_{ij} = -1,\qquad \min_j \max_i a_{ij} = 3$$

两者不相等，故不存在鞍点，也就不存在纯策略解。由此可见，**不是所有的矩阵对策都有鞍点，都有最优纯策略。**

根据式(9-3)还可以这样来理解最优纯策略：假设局中人Ⅰ和Ⅱ都很理智，在选择策略时不存在侥幸心理，于是他们都从最坏处着想，去争取最好的结果。对于Ⅰ来说，他采取策略 α_i 的最坏情况是赢得$\min\limits_j a_{ij}$，这 m 个最坏情况中的最好结果是$\max\limits_i \min\limits_j a_{ij}$。因而，Ⅰ应采取保守的最小最大原则；而对于Ⅱ来说，他采用策略 β_j 的最坏情况是付出$\max\limits_i a_{ij}$，这 n 个最坏情况的最好结果是付出$\min\limits_j \max\limits_i a_{ij}$，因而Ⅱ应取保守的最大最小原则。如果式(9-3)成立，Ⅰ和Ⅱ自然会分别采取策略 α_{i^*} 和 β_{j^*}，赢得或支付预期的值 $V_G = a_{i^*j^*}$，除非他们中有人想冒一下险，把宝押在对方的失误上。

例 9-3　已知矩阵对策 G 的赢得矩阵为

$$\boldsymbol{A} = \begin{bmatrix} 2 & 3 & 2 & 5 \\ 2 & 6 & 2 & 4 \\ -3 & 8 & 1 & 4 \\ 0 & 1 & -5 & 3 \end{bmatrix}$$

试判断此对策是否有纯策略解，若有，纯策略解的对策值是什么？

解　根据定理 9-1 可知，只需判断对策是否有鞍点，计算如表 9-3 所示

由表 9-3 有

$$\max_i \min_j a_{ij} = \min_j \max_i a_{ij} = 2$$

知对策有纯策略解。

而(α_1, β_1)，(α_1, β_3)，(α_2, β_1)，(α_2, β_3)都是 G 的鞍点，因而它们也都是最优纯策略解，对策值 $V_G = 2$，Ⅰ的最优纯策略解是 α_1，α_2，Ⅱ的最优纯策略解是 β_1，β_3。

表 9-3

Ⅰ \ Ⅱ	β_1	β_2	β_3	β_4	$\min_j$
α_1	2^*	3	2^*	5	2^*
α_2	2^*	6	2^*	4	2^*
α_3	-3	8	1	4	-3
α_4	0	1	-5	3	-5
$\max_i$	2^*	8	2^*	5	2

由例 9-3 知，当矩阵对策有纯策略解时，纯策略解可能不唯一，但对策值是唯一的。一般地，纯策略解有下述两条性质。

(1) 无差别性　若$(\alpha_{i_1}, \beta_{j_1})$，$(\alpha_{i_2}, \beta_{j_2})$是对策 G 的两个纯策略解，则 $a_{i_1 j_1} = a_{i_2 j_2}$。

证　由定理 9-1 知$(\alpha_{i_1}, \beta_{j_1})$，$(\alpha_{i_2}, \beta_{j_2})$是 G 的鞍点，由鞍点的定义得

$$a_{i_1 j_1} = \max_i \min_j a_{ij} = \min_j \max_i a_{ij} = a_{i_2 j_2} \quad \text{得证。}$$

(2)可交换性　若$(\alpha_{i_1}, \beta_{j_1})$，$(\alpha_{i_2}, \beta_{j_2})$是对策 G 的两个纯策略解，则$(\alpha_{i_1}, \beta_{j_2})$，$(\alpha_{i_2}, \beta_{j_1})$也是对策 G 的纯策略解。

证　由定义 9-1 有　$a_{ij_1} \leqslant a_{1j_1} \leqslant a_{i_1 j}$　$i=1,2,\cdots,m$；　$j=1,2,\cdots,n$

特别取 $i=i_2$，$j=j_2$ 有

$$a_{i_2 j_1} \leqslant a_{i_1 j_1} \leqslant a_{i_1 j_2}$$

同样的又有

$$a_{i_1 j_2} \leqslant a_{i_2 j_2} \leqslant a_{i_2 j_1}$$

从而

$$a_{i_1 j_1} \leqslant a_{i_1 j_2} \leqslant a_{i_2 j_2} \leqslant a_{i_2 j_1} \leqslant a_{i_1 j_1}$$

即　$a_{i_1 j_1} = a_{i_1 j_2} = a_{i_2 j_2}$

又因为对任意的 i,j 有

$$a_{ij_2} \leqslant a_{i_2 j_2} = a_{i_1 j_2} = a_{i_1 j_1} \leqslant a_{i_1 j}$$

所以

$$a_{ij_2} \leqslant a_{i_1 j_2} \leqslant a_{i_1 j}$$

即$(\alpha_{i_1}, \beta_{j_2})$是 G 的纯策略解。

同理可证$(\alpha_{i_2}, \beta_{j_1})$也是 G 的纯策略解。

两条性质表明，矩阵对策的纯策略解可以不唯一，但对策值唯一，也就是说，局中人Ⅰ采用构成解的最优纯策略，不管局中人Ⅱ采用什么样的纯策略，都不会影响他赢得 V_G。

9.2.2　混合策略与混合扩充

对矩阵对策 $G=\{S_1, S_2; \mathbf{A}\}$来说，局中人Ⅰ有把握的至少赢得是$\max_i \min_j a_{ij}$，局中人Ⅱ有把握的至多损失是$\min_j \max_i a_{ij}$。由引理 9-1 知 $\max_i \min_j a_{ij} < \min_j \max_i a_{ij}$ 等式成立，自然存在纯策略解，且 $V_G = \max_i \min_j a_{ij} = \min_j \max_i a_{ij}$，但一般情况下出现较多的是$\max_i \min_j a_{ij} < \min_j \max_i a_{ij}$。由定义 9-2 知，对策 G 没有鞍点，也就不存在纯策略解，那么情况又是怎样的呢？让我们先看一下例子：

例 9-4　设矩阵对策 G 的赢得矩阵为

$$\boldsymbol{A}=\begin{bmatrix}5 & 2\\ 3 & 7\end{bmatrix}$$

此时$\max\limits_{i}\min\limits_{j}a_{ij}=3<5=\min\limits_{j}\max\limits_{i}a_{ij}$，对策 G 没有鞍点。

我们仿照 9.2.1 的思想来分析局中人可能采取的做法，为了获得最大赢得Ⅰ采取策略 α_2，此时Ⅱ当然采用策略 β_1，使Ⅰ仅赢得 3；当Ⅱ采用 β_1 时，Ⅰ又会采用 2，以便赢得 5，而这时Ⅱ又会采用 β_2，接下去就会出现下列重复过程：

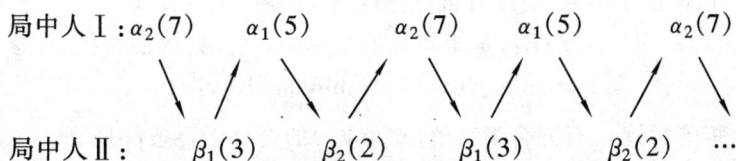

局中人Ⅰ：$\alpha_2(7)$　$\alpha_1(5)$　$\alpha_2(7)$　$\alpha_1(5)$　$\alpha_2(7)$

局中人Ⅱ：　$\beta_1(3)$　$\beta_2(2)$　$\beta_1(3)$　$\beta_2(2)$　…

如此循环不已，不可能得到一个稳定的，双方都不得不接受的局势，因此，对策没有纯策略解，局中人也没有最优纯策略，在这种情况下，一个合乎实际的想法是：既然局中人没有最优纯策略可出，是否可以给出一个选取不同策略的概率分布呢？为此，给出下述定义：

定义 9－3　设矩阵对策 $G=\{S_1, S_2; \boldsymbol{A}\}$，$S_1=\{\alpha_1, \alpha_2, \cdots, \alpha_m\}$，$S_2=\{\beta_1, \beta_2, \cdots, \beta_n\}$，

$$\boldsymbol{A}=(a_{ij})_{m\times n}$$

集合　$X=\{(x_1, x_2, \cdots, x_m) \mid \sum\limits_{i=1}^{m}x_i=1\ \text{且}\ x_i\geqslant 0, i=1, 2, \cdots, m\}$

$Y=\{(y_1, y_2, \cdots, y_n) \mid \sum\limits_{j=1}^{n}y_i=1\ \text{且}\ y_j\geqslant 0, j=1, 2, \cdots, n\}$

称作局中人Ⅰ和Ⅱ的混合策略集，$\boldsymbol{x}\in X$ 和 $\boldsymbol{y}\in Y$ 分别称为局中人Ⅰ和Ⅱ的**混合策略**（mixed strategy）简称策略，$(\boldsymbol{x}, \boldsymbol{y})$ 是对策 G 的一个**混合局势**，简称局势，而称 $E(\boldsymbol{x},\boldsymbol{y})=\sum\limits_{i=1}^{m}\sum\limits_{j=1}^{n}a_{ij}x_iy_j$ 为给定局势$(\boldsymbol{x},\boldsymbol{y})$时，局中人Ⅰ的赢得亦为局中人Ⅱ的付出。

这样得到一个新的对策记成 $G^*=\{X, Y; E\}$，称 G^* 为对策 G 的**混合扩充**。实际上，局中人Ⅰ的混合策略 x 是 S_1 上的概率分布，即Ⅰ分别以概率 $x_1, x_2, \cdots, x_m$ 采用策略 $\alpha_1, \alpha_2, \cdots, \alpha_m$，同样局中人Ⅱ的混合策略 y 是 S_2 上的概率分布，即Ⅱ分别以概率 $y_1, y_2, \cdots, y_n$ 采用策略 $\beta_1, \beta_2, \cdots, \beta_n$。

事实上，纯策略是混合策略的特例，例如局中人Ⅰ的纯策略 α_k 相当于混合策略

$$\boldsymbol{x}=(x_1, x_2, \cdots, x_n)\in X,\ \text{其中}\ x_i=\begin{cases}1, & i=k\\ 0, & i\neq k\end{cases}$$

类似纯策略解，我们定义对策的混合策略解如下：

定义 9－4　设 $G^*=\{X, Y; E\}$，是矩阵对策 $G=\{S_1, S_2; \boldsymbol{A}\}$的混合扩充。如果存在混合局势$(\boldsymbol{x}^*, \boldsymbol{y}^*)$使得对所有 $\boldsymbol{x}\in X$，$\boldsymbol{y}\in Y$，有

$$E(\boldsymbol{x}, \boldsymbol{y}^*)\leqslant E(\boldsymbol{x}^*, \boldsymbol{y}^*)\leqslant E(\boldsymbol{x}^*, \boldsymbol{y}) \tag{9-4}$$

则称$(\boldsymbol{x}^*, \boldsymbol{y}^*)$是对策 G 的**混合策略解**，简称对策 G 的解；又称$(\boldsymbol{x}^*, \boldsymbol{y}^*)$是 G 的**最优混合局势**，简称最优局势。称 $\boldsymbol{x}^*$，$\boldsymbol{y}^*$ 分别是局中人Ⅰ和Ⅱ的**最优混合策略**（optimal mixed strategy）简称最优策略。而 $E(\boldsymbol{x}^*, \boldsymbol{y}^*)$称作对策的值，仍记做 V_G。

根据式(9－4)，不难看到最优混合策略也具有上一小节介绍的最优纯策略的下述性质：如果局中人Ⅰ采用最优混合策略 $\boldsymbol{x}^*$，则不管Ⅱ采用什么混合策略，Ⅰ的平均赢得都不会小于对

策值 V_G；同样地，如果局中人Ⅱ采用最优混合策略 $\boldsymbol{y}^*$，则不管Ⅰ采用什么混合策略，Ⅱ地平均付出不会大于对策值 V_G。因而，最优混合策略是局中人最稳妥、最保险的策略。当局中人采用最优混合策略时，也可以公开自己的策略，而不会因此受到损害。但要注意的是，在每一局对策中，局中人要根据一定的概率随机选择在这一局采用的纯策略，而这个选定的纯策略是绝对不能公开的，这是矩阵对策存在鞍点与不存在鞍点的重大区别。

引理 9-1 和定理 9-1 以及纯策略解的有关性质可以推广到矩阵对策的混合扩充上。现叙述如下，证明与前面证明类似，请读者自行完成。

引理 9-2 设 $G^*=\{X, Y; E\}$，是矩阵对策 $G=\{S, S_2; \boldsymbol{A}\}$ 的混合扩充，总有

$$\max_{x\in X}\min_{y\in Y}E(\boldsymbol{x},\boldsymbol{y}) \leqslant \min_{y\in Y}\max_{x\in X}E(\boldsymbol{x},\boldsymbol{y})$$

定理 9-2 矩阵对策 G 有混合策略解 $(\boldsymbol{x}^*, \boldsymbol{y}^*)$ 的充分必要条件是

$$\max_{x\in X}\min_{y\in Y}E(\boldsymbol{x},\boldsymbol{y}) = \min_{y\in Y}\max_{x\in X}E(\boldsymbol{x},\boldsymbol{y})$$

还可证明，矩阵对策 G 的混合策略解也具有下述性质。

(1)无差别性　若 $(\boldsymbol{x}_1, \boldsymbol{y}_1)$，$(\boldsymbol{x}_2, \boldsymbol{y}_2)$ 是 G 的两个混合策略解，则 $E(\boldsymbol{x}_1, \boldsymbol{y}_1)=E(\boldsymbol{x}_2, \boldsymbol{y}_2)$。

(2)可交换性　若 $(\boldsymbol{x}_1, \boldsymbol{y}_1)$，$(\boldsymbol{x}_2, \boldsymbol{y}_2)$ 是 G 的两个混合策略解，则 $(\boldsymbol{x}_1, \boldsymbol{y}_2)$，$(\boldsymbol{x}_2, \boldsymbol{y}_1)$ 也是 G 的混合策略解。

矩阵对策 G 的混合策略解的求法将在下一节作详细介绍，这里就不举实例了。

9.2.3 矩阵对策基本定理

本小节主要讨论矩阵对策解的存在性和解的有关性质。

矩阵对策的解 $(\boldsymbol{x}^*, \boldsymbol{y}^*)$，由定义 9-4 知，要使对所有 $\boldsymbol{x}\in X$，$\boldsymbol{y}\in Y$ 满足

$$E(\boldsymbol{x},\boldsymbol{y}^*) \leqslant E(\boldsymbol{x}^*, \boldsymbol{y}^*) \leqslant E(\boldsymbol{x}^*, \boldsymbol{y})$$

由于集合 X,Y 的无限性，所以要对无限个不等式进行验证，这给研究问题带来困难，是否能够简化呢？下面的定理解决这个问题。

定理 9-3 设矩阵对策 G，$(\boldsymbol{x}^*, \boldsymbol{y}^*)$ 是 G 的解的充分必要条件是：对任意 $i=1, 2, \cdots, m$ 和 $j=1, 2, \cdots, n$ 有

$$\sum_j a_{ij}y_j^* \leqslant E(\boldsymbol{x}^*, \boldsymbol{y}^*) \leqslant \sum_i a_{ij}x_i^* \tag{9-5}$$

证明　充分性　若式(9-5)成立，得

$$E(\boldsymbol{x}, \boldsymbol{y}^*) = \sum_{i=1}^m\sum_{j=1}^n a_{ij}x_i y_{j^*} \leqslant E(\boldsymbol{x}^*, \boldsymbol{y}^*)\sum_{i=1}^m x_i = E(\boldsymbol{x}^*, \boldsymbol{y}^*)$$

$$E(\boldsymbol{x}^*, \boldsymbol{y}) = \sum_{j=1}^n\sum_{i=1}^m a_{ij}\boldsymbol{x}_i^*\boldsymbol{y}_j \geqslant E(\boldsymbol{x}^*, \boldsymbol{y}^*)\sum_{j=1}^n y_j = E(\boldsymbol{x}^*, \boldsymbol{y}^*)$$

由此得

$$E(\boldsymbol{x}, \boldsymbol{y}^*) \leqslant E(\boldsymbol{x}^*, \boldsymbol{y}^*) \leqslant E(\boldsymbol{x}^*, \boldsymbol{y}) \quad \boldsymbol{x}\in X,\ \boldsymbol{y}\in Y$$

由定义 9-4 知 $(\boldsymbol{x}^*, \boldsymbol{y}^*)$ 是 G 的解。

必要性　若 $(\boldsymbol{x}^*, \boldsymbol{y}^*)$ 是 G 的解，有 $E(\boldsymbol{x},\boldsymbol{y}^*)\leqslant E(\boldsymbol{x}^*, \boldsymbol{y}^*)\leqslant E(\boldsymbol{x}^*, \boldsymbol{y})$ 成立，特别的取

$$\boldsymbol{x}=\{(1, 0, \cdots, 0), (0, 1, \cdots, 0), \cdots, (0, 0, \cdots, 1)\}$$

$$\boldsymbol{y}=\{(1, 0, \cdots, 0), (0, 1, \cdots, 0), \cdots, (0, 0, \cdots, 1)\}$$

不等式仍成立，则式(9-5)成立。

定理 9-3 的意义在于，把需要对无限个不等式进行验证的问题转化为只要对有限个不等式（$m\times n$ 个）进行验证的问题，使问题大大简化。由定理 9-3 可以得下面的定理 9-4。

定理 9-4　设矩阵对策 G，$(\boldsymbol{x}^*, \boldsymbol{y}^*)$ 是 G 的解的充分必要条件是：存在数 v，使得

$$\begin{cases}\sum_j a_{ij}y_j^* \leqslant v & i=1,2,\cdots,m\\ \sum_j y_j^*=1\\ y_j^*\geqslant 0 & j=1,2,\cdots,n\end{cases}\tag{9-6}$$

和

$$\begin{cases}\sum_i a_{ij}x_i^* \geqslant v & j=1,2,\cdots,n\\ \sum_i x_i^*=1\\ x_i^*\geqslant 0 & i=1,2,\cdots,m\end{cases}\tag{9-7}$$

成立。

定理 9-4 的证明由定理 9-3 很容易得证，只要令 $E(\boldsymbol{x}^*, \boldsymbol{y}^*)=v$ 即可，详细证明留给读者。

下面给出矩阵对策的基本定理，也是本节中最重要的结果。

定理 9-5　（解的存在性定理）任何一个矩阵对策都存在混合策略解（简称解）。

证明　根据定理 9-3，只需证明存在 $x^*\in X$，$y^*\in Y$，使式（9-5）成立。为此我们考虑如下两个线性规划问题

（Ⅰ）　$\max \omega$

s. t. $\begin{cases}\sum_i a_{ij}x_i \geqslant \omega & j=1,2,\cdots,n\\ \sum_i x_i=1\\ x_i\geqslant 0 & i=1,2,\cdots,m\end{cases}$

和

（Ⅱ）　$\min \mu$

s. t. $\begin{cases}\sum_j a_{ij}y_j \leqslant \mu & i=1,2,\cdots,m\\ \sum_j y_i=1\\ y_j\geqslant 0 & j=1,2,\cdots,n\end{cases}$

不难看出（Ⅰ）和（Ⅱ）互为对偶问题，并且 $\boldsymbol{x}=(1,0,\cdots,0)^{\mathrm{T}}$，$\omega=\sum_j \min a_{1j}$ 是（Ⅰ）的可行解；$\boldsymbol{y}=(1,0,\cdots,0)^{\mathrm{T}}$，$\mu=\max_i a_{i1}$ 是（Ⅱ）的可行解，况且 ω 有上界，μ 有下界，故（Ⅰ）和（Ⅱ）存在最优解。

分别设（Ⅰ）的最优解为 $(\boldsymbol{x}^*, \omega^*)$，（Ⅱ）的最优解为 $(\boldsymbol{y}^*, \mu^*)$，由对偶理论知 $\omega^*=\mu^*$ 即存在 $\boldsymbol{x}^*\in X$，$\boldsymbol{y}^*\in Y$ 和数 ω^*，使

$$\sum_j a_{ij}y_j^* \leqslant \omega^* \leqslant \sum_i a_{ij}x_i^*$$

又由

$$E(\boldsymbol{x}^*, \boldsymbol{y}^*)=\sum_i\sum_j a_{ij}x_i^*y_j^* \leqslant \omega^*\sum_i x_i^*=\omega^*$$

$$E(\boldsymbol{x}^*, \boldsymbol{y}^*)=\sum_j\sum_i a_{ij}x_i^*y_j^* \geqslant \omega^*\sum_j j_j^*=\omega^*$$

得　$\omega^*=E(\boldsymbol{x}^*, \boldsymbol{y}^*)$　故式（9-5）成立，则定理 9-5 成立。

定理 9-5 的证明不仅证明了矩阵对策解的存在性，而且还给出了利用线性规划方法求解矩阵对策的思想，即线性规划问题的最优解，为对策问题两个局中人的最优混合策略，最优值为对策值。

下面的定理 9-6、定理 9-7 和定理 9-8 讨论了矩阵对策解的重要性质。

定理 9-6 设($\boldsymbol{x}^*$，$\boldsymbol{y}^*$)是矩阵对策 G 的最优混合局势，记对策值 $v=V_G=E(\boldsymbol{x}^*, \boldsymbol{y}^*)$，那么

(1) 若 $x_i^* > 0$，则 $\sum_{j=1}^{n} a_{ij} y_j^* = v$

(2) 若 $y_j^* > 0$，则 $\sum_{i=1}^{m} a_{ij} x_i^* = v$

(3) 若 $\sum_{j=1}^{n} a_{ij} y_j^* < v$，则 $x_i^* = 0$

(4) 若 $\sum_{i=1}^{m} a_{ij} x_i^* > v$，则 $y_j^* = 0$

证明 由定义

$$v = \max_{x \in X} E(\boldsymbol{x}, \boldsymbol{y}^*)$$

记 e_i 为第 i 个分量为 1，其余分量为 0 的 m 维向量，则

$$\sum_{j=1} a_{ij} y_j^* = E(\boldsymbol{e}_i, \boldsymbol{y}^*)$$

从而

$$v - \sum_{j=1} a_{ij} y_j^* = v - E(\boldsymbol{e}_i, \boldsymbol{y}^*) \geqslant 0, \ (i = 1, 2, \cdots, m) \tag{9-8}$$

又

$$\sum_{i=1}^{m} x_i^* (v - \sum_{j=1}^{n} a_{ij} y_j^*) = v \sum_{i=1}^{m} x_i^* - \sum_{i=1}^{m} \sum_{j=1}^{n} a_{ij} x_i^* y_j^* = v - E(\boldsymbol{x}^*, \boldsymbol{y}^*) = 0$$

注意到 $x_i^* \geqslant 0$ ($i=1, 2, \cdots, m$)及式(9-8)，必有

$$x_i^* (v - \sum_{j=1}^{n} a_{ij} y_j^*) = 0, \quad i = 1, 2, \cdots, m$$

所以，(1)和(3)成立。

类似可证(2)和(4)成立。

定理 9-7 设有两个矩阵对策 $G_1=\{S_1, S_2; \boldsymbol{A}\}$，$G_2=\{S_1, S_2; \boldsymbol{B}\}$，其中 $\boldsymbol{A}=(a_{ij})_{m\times n}$，$\boldsymbol{B}=(b_{ij})_{m\times n}$，如果 $b_{ij}=a_{ij}+d$ ($i=1, 2, \cdots, m$; $j=1, 2, \cdots, n$)，d 为常数，则 G_1 和 G_2 有相同的混合策略解，且 $V_2=V_1+d$，V_1 和 V_2 分别是 G_1 和 G_2 的对策值。

证明 设 G_1 和 G_2 的混合扩充分别为 $G_1^*=(X, Y, E_1)$和 $G_2^*=(X, Y, E_2)$，对所有的 $\boldsymbol{x} \in X$，$\boldsymbol{y} \in Y$，有

$$E_2(\boldsymbol{x}, \boldsymbol{y}) = \sum_{i=1}^{m} \sum_{j=1}^{n} b_{ij} x_i y_j = \sum_{i=1}^{m} \sum_{j=1}^{n} (a_{1j} + d) x_i y_j$$

$$= \sum_{i=1}^{m} \sum_{j=1}^{n} a_{ij} x_i y_j + d \sum_{i=1}^{m} \sum_{j=1}^{n} x_i y_j = E_1(\boldsymbol{x}, \boldsymbol{y}) + d$$

于是

$$\max_{x\in X}\min_{y\in Y}E_2(\boldsymbol{x},\boldsymbol{y})=\max_{x\in X}\min_{y\in Y}E_1(\boldsymbol{x},\boldsymbol{y})+d$$

由此可见，$(\boldsymbol{x}^*, \boldsymbol{y}^*)$是 G_1 的解，当且仅当$(\boldsymbol{x}^*, \boldsymbol{y}^*)$是 G_2 的解，且 $V_2=V_1+d$。

定理 9-8　设有两个矩阵对策 $G_1=\{S_1, S_2; \boldsymbol{A}\}$，$G_2=\{S_1, S_2; \alpha\boldsymbol{A}\}$，其中 $\alpha>0$，则 G_1 和 G_2 有相同的混合策略解，且 $V_2=\alpha V_1$。

定理 9-6 在求解矩阵对策中起着重要作用，提供了一种求解的思想，在§9.3 节将会提到，定理 9-7、9-8 起着在求解矩阵对策中简化矩阵、减少运算量的作用。

例如求解矩阵对策 $\boldsymbol{A}=\begin{bmatrix}6&2&2\\2&2&10\\2&8&2\end{bmatrix}$，利用定理 9-7，我们可以将原矩阵每个元素减去 2，得 $\boldsymbol{A}'=\begin{bmatrix}4&0&0\\0&0&8\\0&6&0\end{bmatrix}$，先求出矩阵 $G'=\{S_1, S_2; \boldsymbol{A}'\}$的解，然后由定理 9-7 知原对策 $G=\{S_1, S_2; \boldsymbol{A}\}$，与 G'有相同的混合策略解，并且 $V_G=V_{G'}+2$，而计算 G'要比 G 简便得多(在§9.3 节可以看出)。

§9.3　矩阵对策的解法

给定矩阵对策 G，我们首先检查它是否有鞍点？如果 G 有鞍点，则不难求得它的纯策略解。本节将讨论不存在鞍点时，如何求矩阵对策的混合策略解。

9.3.1　等式试算法

给定矩阵对策 $G=\{S_1, S_2; \boldsymbol{A}\}$，由定理 9-4 知，求对策的解只需求解不等式组(9-6)和(9-7)，再根据定理 9-6，如果最优策略中的 x_i^* 和 y_j^* 均不为零，即可把问题转化为求解下面两个方程组的问题。

$$\begin{cases}\sum_{i=1}^{m}a_{ij}x_i=v\\ \sum_{i=1}^{m}x_i=1\end{cases}\quad j=1,2,\cdots,n \tag{9-9}$$

和

$$\begin{cases}\sum_{j=1}^{n}a_{ij}y_j=v\\ \sum_{j=1}^{n}y_j=1\end{cases}\quad i=1,2,\cdots,m \tag{9-10}$$

如果方程组(9-9)和(9-10)存在解 $\boldsymbol{x}^*$ $(x_i^*>0)$和 $\boldsymbol{y}^*$ $(y_j^*>0)$，那么，便求得对策的一个解$(\boldsymbol{x}^*, \boldsymbol{y}^*)$，对策值 $V_G=v$。如果上述两个方程组求出的解 $\boldsymbol{x}^*$ 和 $\boldsymbol{y}^*$ 的分量不全为正，则可视具体情况，将式(9-9)和(9-10)中的某些等式改写成不等式，继续试算求解，直到求出对策的解，等式试算法也由此而来。由于此方法事先假设 $\boldsymbol{x}^*$ 和 $\boldsymbol{y}^*$ 不为零，一旦求出的解 $\boldsymbol{x}^*$ 和 $\boldsymbol{y}^*$ 中分量不满足此条件，我们就要试算，而试算过程无固定规律可循，因此这种方法在应用上有一定的局限性。

例 9-5 求矩阵对策齐王赛马的解

解 齐王赛马的赢得的矩阵为

$$A=\begin{bmatrix} 3 & 1 & 1 & 1 & -1 & 1 \\ 1 & 3 & 1 & 1 & 1 & -1 \\ 1 & -1 & 3 & 1 & 1 & 1 \\ -1 & 1 & 1 & 3 & 1 & 1 \\ 1 & 1 & 1 & -1 & 3 & 1 \\ 1 & 1 & -1 & 1 & 1 & 3 \end{bmatrix}$$

我们知道 A 没有鞍点，由定理 9-5 知必有混合策略解。设齐王和田忌的最优混合策略为 $x^*=(x_1^*, x_2^*, x_3^*, x_4^*, x_5^*, x_6^*)$ 和 $y^*=(y_1^*, y_2^*, y_3^*, y_4^*, y_5^*, y_6^*)$，根据等式试算法的条件事先假定 $x_i^*>0$，$y_j^*>0$，$i, j=1, 2, \cdots, 6$。实际上，齐王和田忌选取每个纯策略的可能性都是存在的，因此假定是合理。下面求解线性方程组

$$\begin{cases} 3x_1+x_2+x_3-x_4+x_5+x_6=v \\ x_1+3x_2-x_3+x_4+x_5+x_6=v \\ x_1+x_2+3x_3+x_4+x_5-x_6=v \\ x_1+x_2+x_3+3x_4-x_5+x_6=v \\ -x_1+x_2+x_3+x_4+3x_5+x_6=v \\ x_1-x_2+x_3+x_4+x_5+3x_6=v \\ x_1+x_2+x_3+x_4+x_5+x_6=1 \end{cases} \tag{9-11}$$

和

$$\begin{cases} 3y_1+y_2+y_3+y_4-y_5+y_6=v \\ y_1+3y_2+y_3+y_4+y_5-y_6=v \\ y_1-y_2+3y_3+y_4+y_5+y_6=v \\ -y_1+y_2+y_3+3y_4+y_5+y_6=v \\ y_1+y_2+y_3-y_4+3y_5+y_6=v \\ y_1+y_2-y_3+y_4+y_5+3y_6=v \\ y_1+y_2+y_3+y_4+y_5+y_6=1 \end{cases} \tag{9-12}$$

将式(9-11)前 6 个等式相加得

$$6(x_1+x_2+x_3+x_4+x_5+x_6)=6v \qquad 得\ v=1$$

代入式(9-11)解得 $x_1^*=x_2^*=x_3^*=x_4^*=x_5^*=x_6^*=\frac{1}{6}$，同样，由式(9-12)解得 $y_1^*=y_2^*=y_3^*=y_4^*=y_5^*=y_6^*=\frac{1}{6}$

注意到所有 x_i^* 和 y_j^* 均大于零，故所求得的解是对策的最优混合策略，即齐王和田忌的最优混合策略为 $\left(\frac{1}{6}, \frac{1}{6}, \frac{1}{6}, \frac{1}{6}, \frac{1}{6}, \frac{1}{6},\right)$，对策值为 1。也就是，齐王和田忌都应该等概率地随机采用每一个策略，正如前节指出过的那样，尽管齐王和田忌都可以公开宣布自己的这个最优策略，但是在每场比赛时，他们采用的纯策略是绝对不能透露给对方的。在齐王赛马的那

个历史故事中，田忌能赢得千金，正是他知道齐王的马的出场顺序，即齐王采用的纯策略。

特别地，对于 2×2 矩阵对策，如果没有鞍点，则 x_1^*，x_2^* 和 y_1^*，y_2^* 均不为零（留给读者证明），因此，由定理 9 - 6 知，求方程组

$$\begin{cases} a_{11}x_1^* + a_{21}x_2^* = V_G \\ a_{12}x_1^* + a_{22}x_2^* = V_G \\ x_1^* + x_2^* = 1 \end{cases} \quad 和 \quad \begin{cases} a_{11}y_1^* + a_{12}y_2^* = V_G \\ a_{21}y_1^* + a_{22}y_2^* = V_G \\ y_1^* + y_2^* = 1 \end{cases}$$

求最优混合策略。

解得

$$V_G = \frac{a_{11}a_{22} - a_{12}a_{21}}{(a_{11} + a_{22}) - (a_{12} + a_{21})}$$

$$x_1^* = \frac{a_{22} - a_{21}}{(a_{11} + a_{22}) - (a_{12} + a_{21})};\ x_2^* = \frac{a_{11} - a_{12}}{(a_{11} + a_{22}) - (a_{12} + a_{21})}$$
$$\tag{9-13}$$
$$y_1^* = \frac{a_{22} - a_{12}}{(a_{11} + a_{22}) - (a_{12} + a_{21})};\ y_2^* = \frac{a_{11} - a_{21}}{(a_{11} + a_{22}) - (a_{12} + a_{21})}$$

这五个等式通常称作求解 2×2 矩阵对策公式，遇到此类矩阵对策，直接代入公式，便可求得对策的解。

对于例 9 - 4，赢得矩阵 $\boldsymbol{A} = \begin{pmatrix} 5 & 2 \\ 3 & 7 \end{pmatrix}$，它没有鞍点，代入式(9 - 13)，解得

$$V_G = \frac{29}{9},\ x_1^* = \frac{4}{7},\ x_2^* = \frac{3}{7};\ y_1^* = \frac{5}{7},\ y_2^* = \frac{2}{7}$$

9.3.2　2×n 和 m×2 矩阵对策的解法

对于赢得矩阵为 2×n 和 m×2 阶的对策问题，有一种特别方便的方法——**图解法**。下面举例说明其做法。

例 9 - 6　已知矩阵对策的赢得矩阵 $\boldsymbol{A} = \begin{pmatrix} 2 & 5 & -1 & 3 \\ 4 & 1 & 3 & -2 \end{pmatrix}$ $(2\times n,\ n=4)$ 求对策的解及对策值。

解　易得此矩阵对策没有鞍点，设局中人 Ⅰ 的混合策略为 $(x_1,\ x_2)$，那么由定理 9 - 5 的证明知局中人 Ⅰ 最优的混合策略及对策值是下列线性规划的解。

$$\max \omega$$
$$\text{s. t.} \begin{cases} 2x_1 + 4x_2 \geqslant \omega \\ 5x_1 + x_2 \geqslant \omega \\ -x_1 + 3x_2 \geqslant \omega \\ 3x_1 - 2x_2 \geqslant \omega \\ x_1 + x_2 = 1 \\ x_1,\ x_2 \geqslant 0 \end{cases}$$

将 $x_2 = 1 - x_1$ 代入约束条件，将其化为

$$\begin{cases} 4-2x_1 \geqslant \omega \\ 1+4x_1 \geqslant \omega \\ 3-4x_1 \geqslant \omega \\ -2+5x_1 \geqslant \omega \\ 0 \leqslant x_1 \leqslant 1 \end{cases}$$

图 9-2 中的阴影部分是可行域，那么，ω 的最大值 V_G 是直线 $3-4x_1=\omega$ 和 $-2+5x_1=\omega$ 的交点的纵坐标。

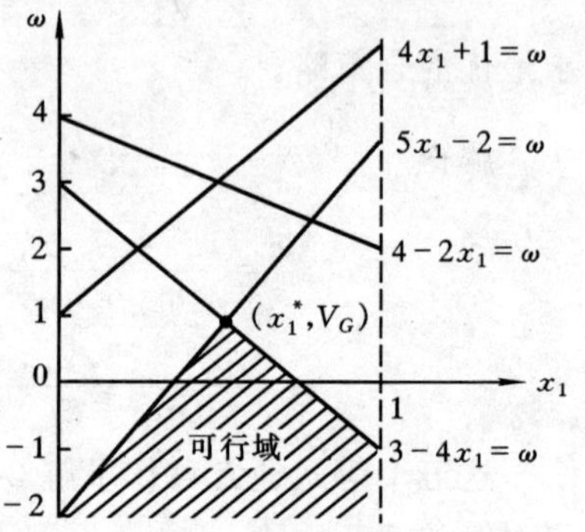

图 9-2

联立 $\begin{cases} 3-4x_1=\omega \\ -2+5x_1=\omega \end{cases}$ 解得 $V_G=\dfrac{7}{9}$，局中人Ⅰ的最优混合策略 $x_1^*=\dfrac{5}{9}$，$x_2^*=1-x_1^*=\dfrac{4}{9}$。

对于 x^*，4 个不等式左端的值为

$$2x_1^* + 4x_2^* = \frac{26}{9} > V_G$$

$$5x_1^* + x_2^* = \frac{29}{9} > V_G$$

$$-x_1^* + 3x_2^* = \frac{7}{9} = V_G$$

$$3x_1^* - 2x_2^* = \frac{7}{9} = V_G$$

由定理 9-6 知 $y_1^*=y_2^*=0$，又由 $x_1^*\neq 0$，$x_2^*\neq 0$，有

$$2y_1^* + 5y_2^* - y_3^* + 3y_4^* = \frac{7}{9}$$

$$4y_1^* + y_2^* + 3y_3^* - 2y_4^* = \frac{7}{9}$$

于是，由

$$\begin{cases} -y_3^* + 3y_4^* = \dfrac{7}{9}（或\ 3y_3^* - 2y_4^* = \dfrac{7}{9}） \\ y_3^* + y_4^8 = 1 \end{cases}$$

解得

$$y_3^* = \frac{5}{9},\ y_4^* = \frac{4}{9}$$

综上所知，局中人Ⅰ最优策略 $\boldsymbol{x}^*=(\dfrac{5}{9},\ \dfrac{4}{9})$，局中人Ⅱ最优策略 $\boldsymbol{y}^*=(0,\ 0,\ \dfrac{5}{9},\ \dfrac{4}{9})$，对策值 $V_G=\dfrac{7}{9}$。

一般地，设 $2\times n$ 矩阵对策的赢得矩阵

$$\boldsymbol{A} = \begin{pmatrix} a_{11} & a_{12} & \cdots & a_{1n} \\ a_{21} & a_{22} & \cdots & a_{2n} \end{pmatrix}$$

首先，作图求得满足下述不等式组

$$\begin{cases} a_{11}x_1 + a_{12}x_2 = a_{21} + (a_{11} - a_{21})x_1 \geqslant \omega \\ a_{12}x_1 + a_{22}x_2 = a_{22} + (a_{12} - a_{22})x_1 \geqslant \omega \\ \quad \vdots \\ u_{1n}x_1 + a_{2n}x_2 = a_{2n} + (a_{1n} - a_{2n})x_1 \geqslant \omega \\ x_1 = 1 - x_1,\ 0 \leqslant x_1 \leqslant 1 \end{cases}$$

的 ω 之最大值(记作 V_G)及其对应的 x_1，x_2(记作 x_1^*，x_2^*)，若 $a_{1j}x_1 + a_{2j}x_2 > V_G$，则 $y_j^* = 0$ 代方程组

$$\begin{cases} a_{11}y_1^* + a_{12}y_2^* + \cdots + a_{1n}y_n^* = V_G \\ y_1^* + \quad y_2^* + \cdots + \quad y_n^* = 1 \end{cases}$$

解之得到 y_1^*，y_2^*，…，y_n^*。

$m\times 2$ 的矩阵对策的求解类似,举例如下。

例 9-7　求解矩阵对策 $G=\{S_1,\ S_2;\ A\}$,其中

$$\boldsymbol{A} = \begin{bmatrix} 4 & 2 \\ 10 & -2 \\ 1 & 6 \\ 6 & 4 \\ 1 & 3 \end{bmatrix} \quad (m \times 2,\ m = 5)$$

解　此矩阵对策没有鞍点,设局中人Ⅰ的混合策略为$(y_1,\ y_2)$,那么由定理 9-5 的证明知局中人Ⅱ的混合策略及对策值是下列线性规划的解。

$$\min \mu$$
$$\text{s.t.} \begin{cases} 4y_1 + 2y_2 \leqslant \mu \\ 10y_1 - 2y_2 \leqslant \mu \\ 2y_1 + 6y_2 \leqslant \mu \\ 6y_1 + 4y_2 \leqslant \mu \\ y_1 + 3y_2 \leqslant \mu \\ y_1 + y_2 = 1 \\ y_1,\ y_2 \geqslant 0 \end{cases}$$

把 $y_2 = 1 - y_1$ 代入约束条件,得

$$\begin{cases} 2 + 2y_1 \leqslant \mu \\ -2 + 12y_1 \leqslant \mu \\ 6 - 12y_1 \leqslant \mu \\ 4 + 2y_1 \leqslant \mu \\ 3 - 2y_1 \leqslant \mu \\ 0 \leqslant y_1 \leqslant 1 \end{cases}$$

作图求可行域,见图 9-3

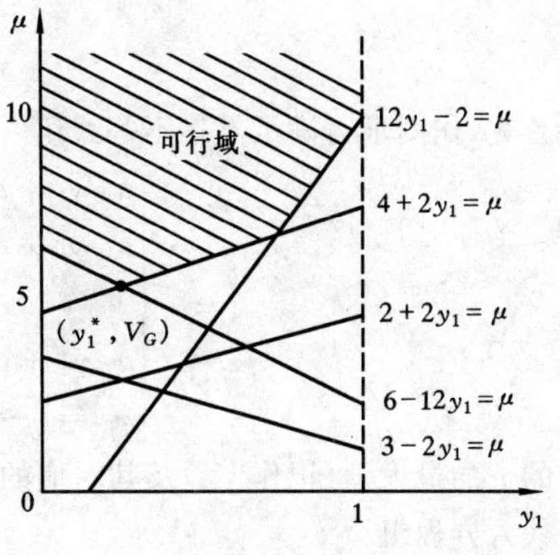

图 9-3

由图可知,μ 的最小值 V_G 是直线 $6-12y_1=\mu$ 直线 $4+2y_1=\mu$ 的交点的纵坐标,联立 $\begin{cases} 6-12y_1=\mu \\ 4+2y_1=\mu \end{cases}$，解得

$V_G=\frac{14}{3}$，$y_1^*=\frac{1}{3}$，$y_2^*=1-y_1^*=\frac{2}{3}$。对于 $\boldsymbol{y}^*$，不等式左边的值分别为

$$\begin{cases}4y_1^*+2y_2^*=\frac{8}{3}<V_G\\10y_1^*-2y_2^*=2<V_G\\2y_1^*+6y_2^*=\frac{14}{3}=V_G\\6y_1^*+4y_2^*=\frac{14}{3}=V_G\\y_1^*+3y_2^*=\frac{7}{3}<V_G\end{cases}$$

因此 $x_1^*=x_2^*=x_5^*=0$，由方程组

$$\begin{cases}4x_1^*+10x_2^*+2x_3^*+6x_4^*+x_5^*=\frac{14}{3}\\x_1^*+x_2^*+x_3^*+x_4^*+x_5^*=1\end{cases}$$

代入 x_1^*，x_2^*，x_5^* 的值，有

$$\begin{cases}2x_3^*+6x_4^*=\frac{14}{3}\\x_3^*+x_4^*=1\end{cases}$$

解得

$$x_3^*=\frac{1}{3},\ x_4^*=\frac{2}{3}$$

综上，局中人Ⅰ和局中人Ⅱ的最优混合策略分别为 $\boldsymbol{x}^*=\left(0,0,\frac{1}{3},\frac{2}{3},0\right)$ 和 $\boldsymbol{y}^*=\left(\frac{1}{3},\frac{2}{3}\right)$，$V_G=\frac{14}{3}$。

一般地，设 $m\times 2$ 矩阵对策的赢得矩阵

$$\mathbf{A}=\begin{bmatrix}a_{11}&a_{12}\\a_{21}&a_{22}\\\vdots&\vdots\\a_{m1}&a_{m2}\end{bmatrix}$$

首先，作图求得满足下述不等式组

$$\begin{cases}a_{11}y_1+a_{12}y_2=a_{21}+(a_{11}-a_{21})y_1\leqslant\mu\\a_{12}y_1+a_{22}y_2=a_{22}+(a_{12}-a_{22})y_1\leqslant\mu\\\vdots\\a_{1n}y_1+a_{2n}y_2=a_{2n}+(a_{1n}-a_{2n})y_1\leqslant\mu\\y_2=1-y_1,\ 0\leqslant y_1\leqslant 1\end{cases}$$

的 μ 的最大值(记作 V_G)及其对应的 y_1，y_2(记作 y_1^*，y_2^*)，若 $a_{i1}y_1^*+a_{i2}y_2^*<V_G$，则 $x_i^*=0$ 代入方程组

$$\begin{cases}a_{11}x_1^*+a_{21}x_1^*+\cdots+a_{m1}x_m^*=V_G(\text{或 } a_{12}x_1^*+a_{22}x_1^*+\cdots+a_{m2}x_m^*=V_G)\\x_1^*+x_1^*+\cdots+x_m^*=1\end{cases}$$

解得

$$x_1^*,\ x_1^*,\ \cdots,\ x_m^*$$

例 9-8　某企业有甲、乙两个公司，每年的税额分别是 400 万元和 1 200 万元。对于每个公司，企业可以如实申报税款，或者篡改账目，声称税额为零。而国家税务局由于人力所限，对该企业每年只能检查一个公司的账目。如果税务局发现有偷税现象，则该公司不但要如数缴纳税款，而且将被处以相当于一半税款的罚金。试将此问题构成一个矩阵对策模型，并求出税务局和企业的最优策略及税务局从该企业征收到的平均税款（含罚金）。

解　税务局有两个策略：查甲公司和查乙公司。企业有 4 个策略：$(T,\ T)$，$(F,\ F)$，$(T,\ F)$，$(F,\ T)$，其中，T 表示如实申报，F 表示偷税，括号内的一对字母依次表示公司甲和乙的做法。例如，(T, F)表示公司甲如实申报，公司乙偷税。表 9-4 给出税务局从该企业征收的税款和罚金之和，这是一个有限二人零和对策。

表 9-4　　单位：百万元

税务局 \ 企业	$(T,\ T)$	$(F,\ F)$	$(T,\ F)$	$(F,\ T)$
查甲	16	6	4	18
查乙	16	18	22	12

这个对策没有鞍点。考虑下述线性规划

$$\max \mu$$

$$\text{s. t.}\begin{cases}16x_1+16x_2\geqslant\mu\\6x_1+18x_2\geqslant\mu\\4x_1+22x_2\geqslant\mu\\18x_1+12x_2\geqslant\mu\\x_1+\quad x_2=1\\x_1,\ x_2\geqslant 0\end{cases}$$

把 $x_2=1-x_1$ 代入约束条件，有

$$\begin{cases}16\geqslant\mu\\18-12x_1\geqslant\mu\\22-18x_1\geqslant\mu\\12+\ 6x_1\geqslant\mu\\0\leqslant x_1\leqslant 1\end{cases}$$

由图 9-4，μ 在直线 $18-12x_1=\mu$ 和 $12+6x_1=\mu$ 的交点处取得最大值。由

$$\begin{cases}18-12x_1=\mu\\12+\ 6x_1=\mu\end{cases}$$

解得　$V_G=14$ 和 $x_1^*=\dfrac{1}{3}$，$x_2^*=1-x_1^*=\dfrac{2}{3}$。再考虑

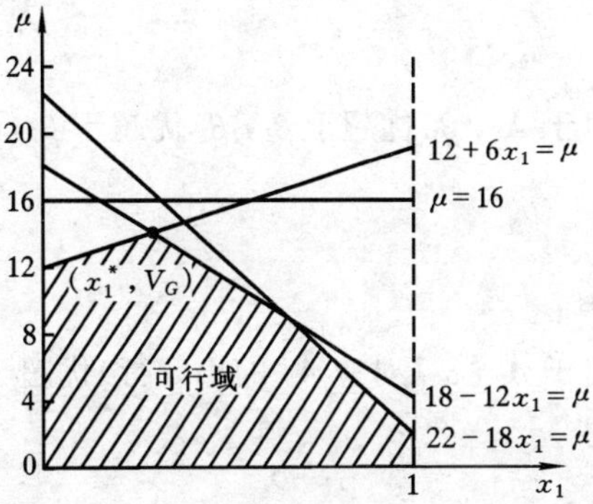

图 9-4

$$\begin{cases}16y_1^*+6y_2^*+4y_3^*+18y_4^*=14\\y_1^*+y_2^*+\ y_3^*+y_4^*=1\end{cases}$$

由于 $\boldsymbol{x}=(x_1^*, x_2^*)$处，线性规划中第 1 个和第 3 个约束为

$$16x_1^* + 16x_2^* = 16 > V_G$$

$$4x_1^* + 22x_2^* = 16 > V_G$$

故 $y_1^*=0, y_3^*=0$。解得 $y_2^*=\dfrac{1}{3}, y_4^*=\dfrac{2}{3}$。

所以，当罚金是税款的一半时，税务局的最优策略是以 1/3 的概率检查公司甲，以 2/3 的概率检查公司乙。而企业的最优策略是以 1/3 的概率让两个公司都偷税，以 2/3 的概率让公司甲偷税，公司乙如实申报税款。这样，企业上缴的税款和罚金之和的平均值是 1 400 万元。

9.3.3 优超

定义 9-5 设矩阵对策 $G=\{S_1; S_2; \boldsymbol{A}\}$，其中 $S_1=\{\alpha_1, \alpha_2, \cdots, \alpha_m\}$，$S_2=\{\beta_1, \beta_2, \cdots, \beta_n\}$，$\boldsymbol{A}=(a_{ij})_{m\times n}$，如果 $a_{ij}\leqslant a_{kj}(j=1,2, \cdots, n)$，则称策略 α_k 优超于策略 α_i。类似地，如果 $\beta_{il}\leqslant\beta_{ij}(i=1, 2, \cdots, m)$，则称策略 β_l 优超于策略 β_j。

如果 α_k 优超于 α_i，那么当局中人Ⅱ采用任何策略时，Ⅰ采用 α_k 的赢得都不会小于 α_i 的赢得，故可以把 α_i 从Ⅰ的策略集中删去。相应地，删去 $\boldsymbol{A}$ 的第 i 行。记新得到的矩阵对策为 G_1。显然，G_1 的混合策略解也是 G 的混合策略解。类似地，如果 β_l 优超于 β_j，那么，当局中人Ⅰ采用任何策略时，Ⅱ采用 β_l 的付出都不会多于 β_j 的付出，从而把 β_j 从Ⅱ的策略集中删去，相应地删去 $\boldsymbol{A}$ 的第 j 列，所得到的矩阵对策的解也必是原矩阵对策的解。利用这个方法可能降低 $\boldsymbol{A}$ 的阶数，从而减少求解对策的计算量。

例 9-9 求解矩阵对策 $G=\{S_1, S_2; \boldsymbol{A}\}$，其中

$$\boldsymbol{A}=\begin{pmatrix}2 & 3 & 4 & 5 & 6\\ 2 & 1 & 3 & 4 & 0\\ 5 & 9 & 1 & 0 & 3\\ 6 & 8 & 3 & 6 & 4\end{pmatrix}$$

解 $\max\limits_i \min\limits_j a_{ij}=3$，$\min\limits_j \max\limits_i a_{ij}=4$，两者不相等，故此矩阵对策没有鞍点。由于根据定义 9-5 知 α_1 优超于 α_2，可以删去 α_2 及 $\boldsymbol{A}$ 的第 2 行，得

$$\boldsymbol{A}_1=\begin{pmatrix}2 & 3 & 4 & 5 & 6\\ 5 & 9 & 1 & 0 & 3\\ 6 & 8 & 3 & 6 & 4\end{pmatrix}$$

对于 $\boldsymbol{A}_1$，β_1 优超于 β_2，β_3 优超于 β_5，可删去 β_2，β_5 及 $\boldsymbol{A}$ 的第 2 列和第 5 列，得

$$\boldsymbol{A}_2=\begin{pmatrix}2 & 4 & 5\\ 5 & 1 & 0\\ 6 & 3 & 6\end{pmatrix}$$

对于 $\boldsymbol{A}_2$，α_4(对应 $\boldsymbol{A}_2$ 的第 3 行)优超于 α_3(对应 $\boldsymbol{A}_2$ 的第 2 行)，又可以删去 α_3 及 $\boldsymbol{A}_2$ 的第 2 行，得

$$\boldsymbol{A}_3=\begin{pmatrix}2 & 4 & 5\\ 6 & 3 & 6\end{pmatrix}$$

对于 $\boldsymbol{A}_3$，β_1 优超于 β_4(对应 $\boldsymbol{A}_3$ 的第 3 列)，还可以删去 β_4 及 $\boldsymbol{A}_3$ 的第 3 列，得

$$A_4 = \begin{pmatrix} 2 & 4 \\ 6 & 3 \end{pmatrix}$$

最后把问题化成一个 2×2 矩阵对策，利用公式(9-13)解得

$$V_G = 3.6,\ x_1^* = 0.6,\ x_4^* = 0.4,\ y_1^* = 0.2,\ y_3^* = 0.8$$

综上可知，局中人Ⅰ的最优策略为 $x^* = (0.6,\ 0,\ 0,\ 0.4)$，局中人Ⅱ的最优策略为 $y^* = (0.2,\ 0,\ 0.8,\ 0)$，$V_G = 3.6$。

9.3.4　线性规划解法

由定理 9-5 的证明知道，任一矩阵对策 $G = (S_1,\ S_2;\boldsymbol{A})$ 的求解均等价于一对互为对偶的线性规划问题。

(Ⅰ)　$\max \omega$

$$\text{s.t.} \begin{cases} \sum_i a_{ij} x_i \geqslant \omega,\ j = 1,\ 2,\ \cdots,\ n \\ \sum_i x_i = 1 \\ x_i \geqslant 0,\ i = 1,\ 2,\ \cdots,\ m \end{cases}$$

和

(Ⅱ)　$\min \mu$

$$\text{s.t.} \begin{cases} \sum_j a_{ij} y_i \geqslant \mu,\ i = 1, 2, \cdots, m \\ \sum_j y_j = 1 \\ y_j \geqslant 0,\ j = 1, 2, \cdots, n \end{cases}$$

作变换(根据定理 9-7，不妨设 ω，μ 均大于零，否则只须在 $\boldsymbol{A}$ 的每一个元素上加一个常数，使 $a_{ij} > 0$，从而确保 ω，μ 大于零，这样做不会影响对策的解，但对策值相差一个常数)。

令 $x_i' = \dfrac{x_i}{\omega}$ $(i = 1,\ 2,\ \cdots,\ m)$

(Ⅰ)问题的约束条件变成

$$\begin{cases} \sum_i a_{ij} x_i' \geqslant 1,\ j = 1,\ 2,\ \cdots,\ n \\ \sum_i x_i' = \dfrac{1}{\omega} \\ x_i' \geqslant 0,\ i = 1,\ 2,\ \cdots,\ m \end{cases}$$

显然，$\max \omega$ 相当于 $\min \sum_i x_i'$，因而问题变成

$$\begin{aligned} &\min \sum_i x_i' \\ &\text{s.t.} \begin{cases} \sum_i a_{ij} x_i' \geqslant 1,\ j = 1,\ 2,\ \cdots,\ n \\ x_i' \geqslant 0, \quad i = 1,\ 2,\ \cdots,\ m \end{cases} \end{aligned} \tag{9-14}$$

同理令 $y_i' = \dfrac{y_i}{\mu}$ $(j = 1,\ 2,\ \cdots,\ n)$

问题(Ⅱ)变成

$$\begin{aligned} &\max \sum_j y_j' \\ &\text{s.t.} \begin{cases} \sum_j a_{ij} y_j' \leqslant 1,\ i = 1,\ 2,\ \cdots,\ m \\ y_j' \geqslant 0, \quad j = 1,\ 2,\ \cdots,\ n \end{cases} \end{aligned} \tag{9-15}$$

显然，问题(9-14)和问题(9-15)互为对偶问题，故只需解出一个，另一个的解可从最终

的单纯性表中得到。通常是求解约束条件少的那个线性规划，计算量小些；若两问题约束条件相同，一般选择解线性规划（Ⅱ），求出问题的解后再利用变换 $V_G=\dfrac{1}{\min\sum\limits_i x'_i}\left(或\dfrac{1}{\max\sum\limits_j y'_j}\right)$，$\boldsymbol{x}^*=V_G\cdot\boldsymbol{x}'$，$\boldsymbol{y}^*=V_G\cdot\boldsymbol{y}'$，即可求出原对策问题的解及对策值。

例 9－10 已知矩阵对策的赢得矩阵 $\boldsymbol{A}=\begin{bmatrix}1&3&3\\4&2&1\\3&2&2\end{bmatrix}$，求其策略解。

解 此矩阵对策无鞍点，用线性规划法求混合策略解。

考虑线性规划

（Ⅰ）$\min\ (x'_1+x'_2+x'_3)$

$$\text{s.t.}\begin{cases}x'_1+4x'_2+3x'_3\geqslant 1\\3x'_1+2x'_2+2x'_3\geqslant 1\\3x'_1+x'_2+2x'_3\geqslant 1\\x'_i\geqslant 0,\ i=1,2,3\end{cases}$$

和

（Ⅱ）$\max\ (y'_1+y'_2+y'_3)$

$$\text{s.t.}\begin{cases}y'_1+3y'_2+3y'_3\leqslant 1\\4y'_1+2y'_2+y'_3\leqslant 1\\3y'_1+2y'_2+2y'_3\leqslant 1\\y'_j\geqslant 0,\ j=1,2,3\end{cases}$$

用单纯性法解（Ⅱ），经过计算最后得到表 9－4，其中 z_1，z_2，z_3 是松弛变量。

表 9－5

	c_j		1	1	1	0	0	0
c_B	Y_B	b	y'_1	y'_2	y_3	z_1	z_2	z_3
1	y'_1	$\frac{1}{7}$	1	0	0	$-\frac{2}{7}$	0	$\frac{3}{7}$
1	y'_2	$\frac{1}{7}$	0	1	0	$\frac{5}{7}$	1	$-\frac{11}{7}$
1	y'_3	$\frac{1}{7}$	0	0	1	$-\frac{2}{7}$	-1	$\frac{10}{7}$
	σ_j		0	0	0	$-\frac{1}{7}$	0	$-\frac{2}{7}$

得

$$y'_1=\frac{1}{7},\ y'_2=\frac{1}{7},\ y'_3=\frac{1}{7},\ x'_1=\frac{1}{7},\ x'_2=0,\ x'_3=\frac{2}{7}$$

$$V_G=\frac{1}{y'_1+y'_2+y'_3}=\frac{7}{3},$$

$$y_1^*=y'_1V_G=\frac{1}{3},\ y_2^*=y'_2V_G=\frac{1}{3},\ y_3^*=y'_3V_G=\frac{1}{3},$$

$$x_1^*=x'_1V_G=\frac{1}{3},\ x_2^*=x'_2V_G=0,\ x_3^*=x'_3V_G=\frac{2}{3}$$

故对策的最优策略为 $\boldsymbol{x}^*=\left(\frac{1}{3},0,\frac{2}{3}\right)$，$\boldsymbol{y}^*=\left(\frac{1}{3},\frac{1}{3},\frac{1}{3}\right)$，$V_G=\frac{7}{3}$。

例 9－11 已知矩阵对策的赢得矩阵为

$$\boldsymbol{A}=\begin{bmatrix}5 & 0 & 1\\ -2 & 3 & 4\\ 2 & 6 & -2\\ 4 & -2 & 2\\ -1 & 1 & 5\end{bmatrix}$$

求它的解和对策值。

解　此对策无鞍点。注意到 $\boldsymbol{A}$ 中含有负元素，加常数 2(通常，只需矩阵的所有元素 $\geqslant 0$)，把 $\boldsymbol{A}$ 化成

$$\boldsymbol{A}=\begin{bmatrix}7 & 2 & 3\\ 0 & 5 & 6\\ 4 & 8 & 0\\ 6 & 0 & 4\\ 1 & 3 & 7\end{bmatrix}$$

考虑下述两个互为对偶的问题的线性规划

$$\min(x_1'+x_2'+x_3'+x_4'+x_5')$$
$$\text{s.t.}\begin{cases}7x_1'+4x_3'+6x_4'+x_5'\geqslant 1\\ 2x_1'+5x_2'+8x_3'+3x_5'\geqslant 1\\ 3x_1'+6x_2'+4x_4'+7x_5'\geqslant 1\\ x_i'\geqslant 0,\ i=1,2,\cdots,5\end{cases}\tag{9-16}$$

和

$$\max(y_1'+y_2'+y_3')$$
$$\text{s.t.}\begin{cases}7y_1'+2y_2'+3y_3'\leqslant 1\\ 5y_2'+6y_3'\leqslant 1\\ 4y_1'+8y_2'\leqslant 1\\ 6y_1'+4y_3'\leqslant 1\\ y_1'+3y_2'+7y_3'\leqslant 1\\ y_j'\geqslant 0,\ j=1,2,3\end{cases}\tag{9-17}$$

式(9－16)的约束条件少些，用对偶单纯形法求解。初始单纯形表如表 9－6，经过计算最后得到表 9－7，其中 z_1，z_2，z_3 是剩余变量。

表 9－6

	c_j		1	1	1	1	1	0	0	0
C_B	X_B	b	x_1'	x_2'	x_3'	x_4'	x_5'	z_1	z_2	z_3
0	z_1	−1	−7	0	−4	−6	−1	1	0	0
0	z_2	−1	−2	−5	−8	0	−3	0	1	0
0	z_3	−1	−3	−6	0	−4	−7	0	0	1
	σ_j		1	1	1	1	1	0	0	0

表 9-7

C_j			1	1	1	1	1	0	0	0
C_B	X_B	b	x_1'	x_2'	x_3'	x_4'	x_5'	z_1	z_2	z_3
1	x_1'	$\frac{1}{12}$	1	0	0	1	$-\frac{1}{12}$	$-\frac{1}{6}$	$\frac{1}{12}$	0
1	x_3'	$\frac{5}{174}$	0	0	1	$-\frac{61}{174}$	$-\frac{1}{3}$	$-\frac{1}{116}$	$-\frac{7}{58}$	$\frac{35}{348}$
1	x_2'	$\frac{3}{29}$	0	1	0	$\frac{4}{29}$	1	$\frac{2}{29}$	$-\frac{1}{29}$	$-\frac{4}{29}$
σ_j			0	0	0	$-\frac{35}{174}$	$-\frac{5}{12}$	$-\frac{37}{348}$	$-\frac{25}{348}$	$-\frac{13}{348}$

由表 9-7 得式(9-16)的解

$$x_1'=\frac{1}{12},\ x_2'=\frac{3}{29},\ x_3'=\frac{5}{174},\ x_4'=0,\ x_5'=0$$

式(9-17)的解

$$y_1'=\frac{37}{348},\ y_2'=\frac{25}{348},\ y_3'=\frac{13}{348}$$

于是

$$\frac{1}{V_n}=\frac{1}{2}+\frac{3}{29}+\frac{5}{174}+0+0=\frac{25}{116},\ V_1=\frac{116}{25},\ V_G=\frac{116}{25}-2=\frac{66}{25}$$

$$x_1^*=\frac{1}{12}\times\frac{116}{25}=\frac{29}{75},\ x_2^*=\frac{3}{29}\times\frac{116}{25}=\frac{12}{25},\ x_3^*=\frac{5}{174}\times\frac{116}{25}=\frac{2}{15},\ x_4^*=x_5^*=0$$

$$y_1^*=\frac{37}{348}\times\frac{116}{25}=\frac{37}{75},\ y_2^*=\frac{25}{348}\times\frac{116}{25}=\frac{1}{3},\ y_3^*=\frac{13}{348}\times\frac{116}{25}=\frac{13}{75}$$

故最优混合策略为 $\boldsymbol{x}^*=\left(\frac{29}{75},\frac{12}{25},\frac{2}{15},0,0\right)$，$\boldsymbol{y}^*=\left(\frac{37}{75},\frac{1}{3},\frac{13}{75}\right)$，对策值 $V_G=\frac{66}{25}$。

例 9-12 在 9-8 中罚金提高到税款的多少倍，才能迫使企业不敢漏税？

解 设罚金是应交税款的 γ 倍，令 $k=\gamma+1$，税务局从该企业收得的税收与罚金之和见表 9-8。

表 9-8 单位：百万元

税务局 \ 企业	(T,T)	(F,F)	(T,F)	(F,T)
查甲	16	$4k$	4	$4k+12$
查乙	16	$12k$	$4+12k$	12

考虑线性规划

$$\min\ (x_1'+x_2')$$

$$\text{s.t.}\begin{cases}16x_1'+16x_2'\geqslant 1\\4kx_1'+12kx_2'\geqslant 1\\4x_1'+(4+12k)x_2'\geqslant 1\\(4k+12)x'+12x_2'\geqslant 1\\x_1',\ x_2'\geqslant 0\end{cases}\qquad(9-18)$$

和

$$\max\ (y_1' + y_2' + y_3' + y_4')$$

$$\text{s.t.}\begin{cases}16y_1' + 4ky_2' + 4y_3' + (4k+12)y_4' \leqslant 1 \\ 16y_1' + 12y_2' + (4+12k)y_3' + 12y_4' \leqslant 1 \\ y_j' \geqslant 0,\ j = 1, 2, 3, 4\end{cases} \tag{9-19}$$

用单纯形法解式(9－19),经过计算得到表 9－9。

表 9－9

	c_j		1	1	1	1	0	0
C_B	X_B	b	y_1'	y_2'	y_3'	y_4'	z_1'	z_2'
1	y_1'	$\frac{1}{16}$	1	$\frac{1}{4}k-\frac{1}{6}$	0	$\frac{1}{4}k+\frac{5}{6}$	$\frac{1}{16}+\frac{1}{48k}$	$-\frac{1}{48k}$
1	y_3'	0	0	$\frac{2}{3}$	1	$-\frac{1}{3}$	$-\frac{1}{12k}$	$\frac{1}{12k}$
	σ_j		0	$\frac{1}{2}-\frac{1}{4}k$	0	$\frac{1}{2}-\frac{1}{4}k$	$\frac{1}{16k}-\frac{1}{16}$	$-\frac{1}{16k}$

企业不敢漏税相当于只能采用策略(T,T),即 $y_1'=1$, $y_2'=0$, $y_3'=0$, $y_4'=0$。据表 9－9,只须 $\frac{1}{2}-\frac{1}{4}k\leqslant 0$, 即 $k\geqslant 2$, 得 $\gamma\geqslant 1$,故为了使企业不敢漏税,应规定罚金不少于应交税款。

以上我们介绍了常见的几种矩阵对策求解的方法。一般对于一个具体的矩阵对策,首先判断它是否有鞍点,若没有,判断一下是否有优超现象,或是否能用定理 9－7 和定理 9－8 来简化矩阵,减少计算量,然后就具体情况选择合适的方法给予求解。

§9.4　非零和对策

非零和对策是相对于零和对策而言的。如果对于每一个局势,对策中所有局中人的赢得函数的值之和为零,则称这个对策为零和对策,否则称为非零和对策。非零和对策分为有限二人非零和对策、有限多人非零和对策等等。许多经济活动过程中的对策模型,很多都是非零和对策。下面通过几个例子简单介绍二人有限非零和对策的数学模型及其解法。

例 9－13　(核裁军问题)假定只有两个国家拥有核武器。目前它们拥有的核力量相当,因而受到核袭击的可能性都是 0.5。如果它们同时裁减核武器,则它们受到对方核袭击的可能性减小到 0.2;如果一国裁减核武器,而另一国不裁减,则裁减核武器的国家受核袭击的可能性增加到 0.9,不裁减的国家受到核袭击的可能性为 0.1。试给出这个问题的对策模型。

解　局中人是这两个国家,分别称作 A 和 B。A 的策略为 α_1—不裁减核武器;α_2—裁减核武器。B 的策略为 β_1—不裁减核武器;β_2—裁减核武器。以受到核袭击的概率作为该国的赢得。

A 的赢得函数见表 9－10。B 的赢得函数见表 9－11。

表 9-10

B \ A	β_1	β_2
α_1	0.5	0.1
α_2	0.9	0.2

表 9-11

B \ A	β_1	β_2
α_1	0.5	0.9
α_2	0.1	0.2

这是一个有限非零和对策。

例 9-14 甲乙两家面包店在市场竞争中，各自都在考虑是否要降价，如果两家都降价，则各家可得 300 元的利润；如果都不降价，则各家可得利润 500 元；如果一家降价，另一家不降价，降价的一家可得利润 600 元，不降价的一家由于剩余等原因而亏损 400 元，问双方如何选择行动较为合理？

解 依据题意把上述数据整理成表 9-12

表 9-12

单位：百元

甲店 \ 乙店	β_1（降价）	β_2（不降价）
α_1（降价）	(3, 3)	(6, −4)
α_2（不降价）	(−4, 6)	(5, 5)

上表中，甲乙两家面包店分别有两个纯策略：降价与不降价，它们构成的策略集分别为 $S_{甲}=\{\alpha_1, \alpha_2\}$，$S_{乙}=\{\beta_1, \beta_2\}$，由局势$(\alpha_i, \beta_j)$所确定的数组$(a_{ij}, b_{ij})$表示甲面包店的利润为 a_{ij}，乙面包店的利润为 b_{ij}。例如$(-4, 6)$表示在局势(α_2, β_1)下，甲面包店亏损 400 元，乙面包店盈利 600 元。

一般地，两人有限非零和对策的数学模型可用 $G=\{S_1, S_2; [\boldsymbol{A} \quad \boldsymbol{B}]\}$ 表示，其中 S_1 和 S_2 分别为局中人Ⅰ和Ⅱ的纯策略集 $S_1=\{\alpha_1, \alpha_2, \cdots, \alpha_m\}$，$S_2=\{\beta_1, \beta_2, \cdots, \beta_n\}$，矩阵 $\boldsymbol{A}=(a_{ij})_{m\times n}$，矩阵 $\boldsymbol{B}=(b_{ij})_{m\times n}$ 分别为局中人Ⅰ和Ⅱ的赢得矩阵，$[\boldsymbol{A} \quad \boldsymbol{B}]=(a_{ij}, b_{ij})_{m\times n}$，一般 $\boldsymbol{B}\neq-\boldsymbol{A}$。

随着 $\boldsymbol{A}$，$\boldsymbol{B}$ 的确定，两人有限非零和对策也就确定。因此，两人有限非零和对策又称为双矩阵对策。容易理解，当 $\boldsymbol{B}=-\boldsymbol{A}$ 时，双矩阵对策就是矩阵对策。矩阵对策是双矩阵对策的一种特殊情况。

在本例中

$$\boldsymbol{A}=\begin{pmatrix}3 & 6\\ -4 & 5\end{pmatrix}, \boldsymbol{B}=\begin{pmatrix}3 & -4\\ 6 & 5\end{pmatrix}$$

上表中概述了降价竞争问题，在这个对策中，两家面包店在没有互通信息非合作情况下，各自都有两种策略的选择：降价或不降价，显然，双方最好策略的选择都是降价，即(α_1, β_1)。因为选择降价至少可得到 300 元利润，如果选择不降价，则可能由于对方降价而蒙受 400 元的损失。当然，在两店互通信息，进行合作的情况下，双方采取不降价的策略，各自都能从合作中多得 200 元。

例 9-15 设想一个垄断企业已占领市场（称为“在位者”），另一个企业很想进入市场（称为“进入者”），“在位者”想保持其垄断地位，就要阻挠“进入者”进入。假定“进入者”进入前，

“在位者”的垄断利润为 300，进入后两者的利润和为 100（各得 50），进入成本为 10。两者各种策略组合下的赢得矩阵如表 9－13 所示。

表 9－13

进入者＼在位者	β_1（默许）	β_2（斗争）
α_1（进入）	(40, 50)	(－10, 0)
α_2（不进入）	(0, 300)	(0, 300)

表中反映了市场进入阻挠对策问题，“进入者”的策略集 $S_{进}$ 中两个纯策略：α_1（进入）和 α_2（不进入），“在位者”的策略集 $S_{在}$ 中也有两个纯策略：β_1（默许），β_2（斗争），“进入者”和“在位者”赢得矩阵分别为

$$\boldsymbol{A}=\begin{pmatrix}40 & -10\\ 0 & 0\end{pmatrix},\ \boldsymbol{B}=\begin{pmatrix}50 & 0\\ 300 & 300\end{pmatrix}$$

容易理解，(α_1, β_1)（进入，默许）和 (α_2, β_2)（不进入，斗争）是双方所能选择的最好局势。因为当“进入者”选定 α_1（进入）时，“在位者”选择 β_1（默许）可赢得利润 50，而选择 β_2（斗争）则赢得为 0，所以 β_1（默许）是“在位者”的最优策略；同样当“在位者”选择 β_1（默许），“进入者”的最优选择是 α_1（进入），尽管“进入者”选择 α_2（不进入）时，β_1（默许）和 β_2（斗争）对“在位者”是同一个意思，只有当“在位者”选择 β_2（斗争）时，α_2（不进入）才是“进入者”最好的选择。

从以上例子可以看到非零和对策比零和对策更为复杂，求解也更加困难。

§9.5　纳什均衡

假定 A、B 两个企业都生产白酒，白酒分为高度和低度两种。报酬矩阵如表 9－14 所示。

表 9－14

		A 企业	
		高度	低度
B 企业	高度	700,600	900,1000
	低度	800,900	600,800

对于 B 企业来说，A 企业如果选择了生产高度白酒，那么 B 企业会选择生产什么呢？因为 800＞700，所以 B 企业会选择生产低度白酒；A 企业如果选择了生产低度白酒，因为 900＞600，那么 B 企业会选择生产高度白酒。

对于 A 企业来说，如果 B 企业选择了生产高度白酒，因为 1000＞600，A 企业就会选择生产低度白酒；如果 B 企业选择了生产低度白酒，因为 900＞800，A 企业就会选择生产高度白酒。

这里，A 企业的决策取决于 B 企业的决策，同样 B 企业的决策取决于 A 企业的决策。但

是A企业选择了生产高度白酒以后，只要不变化，B企业就会选择生产低度白酒不变化。反过来也一样，B企业如果选择了生产高度白酒不变化，A企业就会选择生产低度白酒不变化，这实际上是一个纳什均衡，纳什均衡就是在给定别人最优的情况下，自己最优选择达成的均衡。

通俗地讲，就是给定你的最优选择，我会选择能够使我最优的选择，或者说，我选择在给定你的选择的情况下我的最优选择，你选择了给定我选择情况下你的最优选择。这种均衡最后到底均衡在哪一点，由具体情况决定。在存在帕累托(pareto)改善的情况下，可能会达到帕累托最优。

在本例中，B企业选择了生产高度白酒，A企业选择生产低度白酒是一种均衡；B企业选择了生产低度白酒，A企业选择生产高度白酒也是一种均衡。由于在B企业选择生产高度白酒，A企业选择生产低度白酒的时候，A、B两企业的收益都比B企业选择生产低度白酒，A企业选择生产高度白酒时的收益要高，存在着帕累托改善，因此最后可能会达到帕累托最优，即B企业选择生产高度白酒，A企业选择生产低度白酒。

1. 纳什均衡的定义

设有 n 个参与者($n \geqslant 2$)，如果第 i 个参与者选择 S_i^* 时比选择 S_i 时的收益都要好或至少不差。换句话讲，就是在别人都没有变化策略的情况下，第 i 者如果变化策略，第 i 者就要吃亏。这样 S_i^* 就是 i 的最优策略。即给定别人策略，自己选择最优策略。决策做出后，每一个参与者都不会变化，至少是别人不变化，自己就不变化。这种情况即为纳什均衡。

概言之，纳什均衡指的是：在一个纳什均衡里，任何一个参与者都不会改变自己的策略，如果其他参与者不改变策略。

2. 纳什均衡的确定

在二人博弈中，可以采用画横线法来确定均衡。在给定一方的策略后，把自己的最优策略画上一条横线，如果在某一个框中，两个收益值都被画上横线的话，此框所表示的决策就是一个均衡。上例中，采用画横线法，会发现存在着两个均衡(参见表9-15)。

表9-15

		A企业	
		高度	低度
B企业	高度	700,600	<u>900</u>,<u>1000</u>
	低度	<u>800</u>,<u>900</u>	600,800

3. 纳什均衡与占优均衡的比较

占优均衡要求任何一个参与者对于其他参与者的任何策略选择来说，其最优策略是惟一的，所以占优均衡一定是纳什均衡，但纳什均衡不一定是占优均衡，占优均衡比纳什均衡更稳定，纳什均衡只要求任何一个参与者在其他参与者的策略选择给定的条件下，其选择的策略是最优的。也就是说，纳什均衡是有条件下的占优均衡，条件是它的参与者不改变策略，如果其他的参与者改变策略，我就要改变策略。

4. 无帕累托改进的例子

并不是所有的均衡都会有帕累托改进的机会。如图 9－5 所示，有甲乙两辆汽车同时经过一个路口，如果两车都不采取措施的话，将会发生碰撞，这时每辆车面临着继续开和等待两个选择。如果两个都选择继续开的话，就会相撞，收益都为－10。如果甲选择继续开而乙选择等待，甲收益为 1，乙收益为 0。反过来，如果乙选择继续开而甲选择等待，乙收益为 1，甲收益为 0。如果两车都选择等待，甲乙收益都为－1。这里的均衡有两个，如果甲选择继续开，乙就会选择等待；如果乙选择继续开，甲就会选择等待。

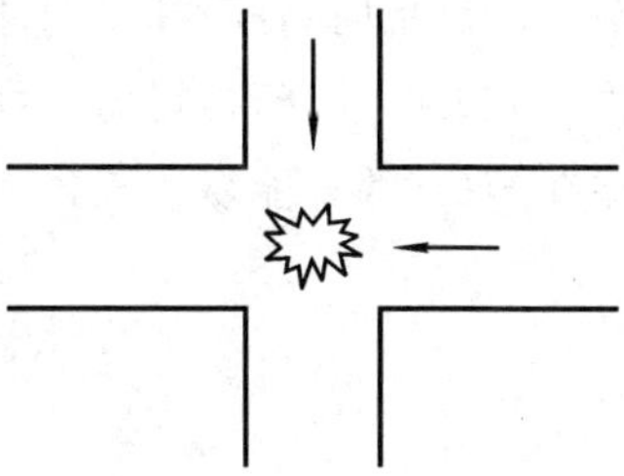

图 9－5

双方的收益矩阵如表 9－16 所示。

表 9－16

		乙车	
		开	等
甲车	开	－10，－10	1，0
	等	0，1	－1，－1

最终均衡在哪一种情况，取决于交通规则。

5. 无纳什均衡的例子

实际上，纳什均衡也是一种特殊情况，并不是所有的博弈都会产生纳什均衡。例如：在足球比赛中，罚点球的时候，守门员和罚球者也构成一个博弈，双方的收益矩阵如表 9－17 所示。

表 9－17

		守门员		
		左	中	右
点球者	左	－1,1	1，－1	1，－1
	中	1,－1	－1，1	1，－1
	右	1，－1	1，－1	－1，1

假设罚球者罚球时可以选择三个方向：左中右；守门员也可选择三个方向扑球，左中右。当罚球者选择了左的情况下，如果守门员也选择了左，罚球者将得－1，守门员将得＋1；如果守门员选择了右或者中，罚球者将得＋1，守门员将得－1；当罚球者选择了中的情况下，如果守门员也选择了中，罚球者将得－1，守门员将得＋1；如果守门员选择了右或者左，罚球将得＋1，守门员将得－1；当罚球者选择了右的情况下，如果守门员也选择了右，罚球者将得－1，守门员将得＋1；如果守门员选择了左或者中，罚球者将得＋1，守门员将得－1。

当判断罚球者将向左罚球的时候，守门员一定选择左；当判断罚球者将向中罚球的时候，守门员一定选择中；当判断罚球者将向右罚球的时候，守门员一定选择右。同样，当罚球者判断守门员将向右扑球时，罚球者将向左或中发球；当罚球者判断守门员将向右扑球时，罚球者将向右或中发球；当罚球者判断守门员将向中扑球时，罚球者将向左或右发球。此时没有均衡存在，双方都只能靠运气。

§9.6 冲突分析

冲突是具有不同目标的两个或更多的个人或团体为了利益、资源等进行抗争所造成的一种对立状态，它经常出现在政治、军事、经济等领域，如 1962 年的古巴导弹危机，1990 年的海湾战争，许多劳资纠纷等都是很有代表性的冲突问题。

前面介绍的对策问题，都不同程度地具有冲突性质。但经典的对策模型往往具有一定的局限，如不能明显表示一些策略的结果的优劣性，局中人对其他方的策略不了解或有误解，这些都使对策论的应用受到了限制，20 世纪 70 年代以来，随着 Howard 的偏对策(metegame)理论和 Bennett 的超对策(supergame，又称为误对策)理论的提出，为实际中复杂的冲突问题的建模和分析提供了新的工具。以后，Fraser 和 Hipel 在对偏对策进行了改进的基础上，提出了冲突分析方法。与冲突分析有关的内容十分丰富，本节简要地介绍一下 Fraser 和 Hipe 提出的冲突分析方法。

冲突分析的作用是使冲突的参与者能够做出正确的决策，这个作用可以分两步来实现：首先，系统分析人员要以系统的方式将所掌握的有关冲突的全面信息描述出来，这一步称为**建模**。然后，根据建立的模型和所能获得的数据，确定冲突可能的解决方案。由于冲突的可能的解必须对参加冲突的各方面都是稳定地(即没有再改进的必要)，所以这第二步又称为稳定分析。

在冲突分析中，习惯上将冲突(或对策)的参加者称为选手(player)，可供选手选择的行动称为方案或选择(option)，选手所采用的一组方案称为策略(strategy)。如果一个选手有 k 个方案，因为这 k 个方案及可能被采用也可能被拒绝，所以该选手共有 2^k 种可能的策略。当每个选手都采用了一个策略后，就形成了冲突的一个结果(outcome)。当所有选手共有 m 种方案时，从数学上来看共有 2^m 种可能的结果。在提出了不可行结果后，可将所有可行结果按照各选手的偏好顺序进行排列。在冲突分析中，这样排序的结果允许有非传递性，即若 a 优于 b，b 优于 c，可以有 c 优于 a，也可以有偏好程度都相同的结果。

因此，一个冲突模型由选手、方案、和方案的偏好序列等基本要素构成。所谓冲突的稳定性分析就是对每个选手的可行结果的稳定性进行确定。如果一个选手在其他选手策略不变的前提下，自己单方面改变策略使得一个结果改变为另一个结果，而新得到的结果对这位选手来说还不如原来的结果好，则说该选手原来的结果是稳定的；如果新结果对该选手来说优于原结果，则说原结果是不稳定的。如果一个结果对所有选手来说都是稳定的，则该结果就称为冲突的一个**均衡**，并构成该冲突的一个可能解。

下面以 1962 年古巴导弹危机为例来说明冲突分析过程中建模和稳定性分析的基本内容。

1962 年,前苏联在古巴部署了导弹,直接对美国构成了威胁,美国反映强烈,双方几乎动武。这场冲突的结局是在美国海军对古巴进行军事封锁后,前苏联撤出了部署在古巴的导弹。

1. 模型的建立

进行冲突分析时非常重要的第一步是要选择一个时间点,这是因为冲突往往是一段时间内的动态现象,随着冲突的发展,选手、方案和偏好等都可能发生变化,通过模型分析得到的结论仅对选定的时间点适用。当需要对多个时间点的冲突进行分析时,可以分别对每个时间点建立模型进行稳定性分析。在本例中,选择美国刚在古巴发现苏制导弹的 1962 年 10 月 17 日附近作为时间点。下一步是要确定模型中的选手和方案。本例中共有两位选手:美国和苏联。美国有两个方案,或两个都选,或都不选(即通过外交等途径解决冲突)。苏联的方案是撤出部署的导弹(简称撤出)或进一步激化局势(简称激化),如用导弹袭击美国,或既不撤出也不激化,即维持现状。表 9-18 中的"1"表示选择了一个方案,"0"表示没有选择该方案。当一个选手在所有方案上都标上了"1"或"0"时,就形成了该选手的一个策略;当每位选手选定了自己的一个策略时,就构成了一个结果,表中每列都是该冲突的一个结果。例如,第 7 列(01, 10)是一个结果,美国的策略是不空袭、封锁,即(0, 1);苏联的策略是撤出、不激化,即(1,0)。为简化表示,可用下述方法(二进制)将表中的每个结果用一个十进制数表示出来,如对(01, 10),有 $0\times2^0+1\times2^1+1\times2^2+0\times2^2=6$;对(10, 10)。有 $1\times2^0+0\times2^1+1\times2^2+0\times2^3=5$,等等。古巴导弹危机中,双方共有 4 项方案,应有 $2^4=16$ 个可能的结果。但并不是所有可能结果都会出现。如苏联既撤出又激化局势是不合逻辑的,所以(00, 11),(10, 11),(01, 11),(11, 11)这四个结果是不可行的,应从模型中除去,剩下 12 个可行结果。

表 9-18　　古巴导弹危机中美国和苏联的方案及结果

方案												
美国空袭封锁	0	1	0	1	0	1	0	1	0	1	0	1
	0	0	1	1	0	0	1	1	0	0	1	1
苏联撤出激化	0	0	0	0	1	1	1	1	0	0	0	0
	0	0	0	0	0	0	0	0	1	1	1	1
十进制数	0	1	2	3	4	5	6	7	8	9	10	11

建模的最后一步是将表 9-18 中的结果按选手的偏好进行排序。表 9-19 和表 9-20 分别表示了美国和苏联的偏好,都是从左到右按偏好递减排序的。每个选手的偏好序列反映该选手对冲突的看法,分析人员应对个选手的偏好有充分的了解。

表 9－19　　古巴导弹危机中美国的偏好序列

方案												
美国空袭封锁	0	0	1	1	0	1	1	0	1	1	0	0
	0	1	0	1	1	0	1	0	1	0	1	0
苏联撤出激化	1	1	1	1	0	0	0	0	0	0	0	0
	0	0	0	0	0	0	0	0	1	1	1	1
十进制数	4	6	5	7	2	1	3	0	11	9	10	8

表 9－20　　古巴导弹危机中苏联的偏好序列

方案												
美国空袭封锁	0	0	0	0	1	1	1	1	1	1	0	0
	0	0	1	1	0	0	1	1	1	0	1	0
苏联撤出激化	0	1	1	0	1	0	1	0	0	0	0	0
	0	0	0	0	0	0	0	0	1	1	1	1
十进制数	0	4	6	2	5	1	7	3	11	9	10	8

2. 稳定性分析

表 9－19 和表 9－20 中用十进制数表示的偏好序列构成了稳定性分析表 9－21 的核心。在偏好序列下面标出的数字表示了由该结果进行单方面改进所得到的结果(称为 UI)。所谓一个单方面改进是指一个选手在当前结果下,假定其他选手的策略不变所能得到的更好的结果。例如,对于结果 5 来说,如果苏联保持策略(1,0)不变,也就是选择撤出和不激化,则美国可以通过选择策略(0,0),(0,1)或(1,1),将结果 5 单方面变为 4,6 或 7。对这几个结果来说,美国偏好的是 4,故将 4 写在 5 的下面;结果 6 也比结果 5 好,故将 6 写在 4 的下面;而结果 7 对美国来说还不如结果 5,所以结果 7 不是由结果 5 的一个单方面改进,见表 9－21。

对任一给定的可行结果,可以确定一下四种稳定性,下面仅以两个选手的情况为例进行说明。

(1)合理稳定

如果对一个结果 q 来说,选手 $\boldsymbol{A}$ 不存在单方面改进,即该选手所选择的策略已经是另一选手选定策略下的最佳策略,则结果 q 对选手 $\boldsymbol{A}$ 来说是合理的,具有合理稳定性,记为“r”。例如,由表 9－21 可知,结果 4,2,11 对美国是合理的,它们分别是前苏联的策略(1,0),(0, 0),

(0,1)下的美国最佳策略；同理，结果 0,6,5,7 对前苏联是合理的。

表 9－21　古巴导弹危机中的稳定性分析

美国												
总的稳定性	E	E	×	×	×	×	×	×	×	×	×	×
选手的稳定性	r	s	u	u	r	u	u	u	r	u	u	u
偏好序列	4	6	5	7	2	1	3	0	11	9	10	8
单方面改进 UI		4	4	4		2	2	2		11	11	11
			6	6			1	1			9	9
				5				3				10
苏联												
选手的稳定性	r	s	r	u	r	u	r	u	u	u	u	u
偏好序列	0	4	6	2	5	1	7	3	11	9	10	8
单方面改进 UI		0		6		5		7	7	5	6	0
						7		3	1		4	

(2) 相继稳定

如果对一个结果 q 来说，选手 $\boldsymbol{A}$ 的所有单方面改进都会由于选手 $\boldsymbol{B}$ 所采取的可靠行动而导致一个还不如不改动的结果(所谓可靠行动是指采取行动的选手可以得到比原来更好的结果)，这种由于试图有所改进反而得到更差结果的情况，阻止了选手进行单方面的改进所造成的稳定性称为相继稳定，记为“s”。例如，由表 9－21 可知，美国可以从结果 6 单方面改进为 4，这时苏联又可以从结果 4 单方面改进为 0，而对美国来说，结果 0 要比结果 6 差，也就是说美国从结果 6 到 4 的单方面改进会被苏联的相继改进而制裁，因此，结果 6 对美国是相继稳定的。

(3) 不稳定

当选手 $\boldsymbol{A}$ 没有可靠行动来阻止选手 $\boldsymbol{B}$ 在结果 q 下的全部单方面改进时，则称结果对选手 B 是不稳定的(即还有可能再得到改进)，记为“u”。例如在表 9－21 中，美国可以从结果 5 单方面改进为 4 或 6，但从结果 5 到 4 的单方面改进将因苏联从 4 到 0 的可靠行动而被相继制裁了；而当美国从 5 单方面改进为 6 时，因为结果 6 对苏联是合理的，故没有可靠行动来阻止美国的单方面改进，美国可以自己完成从 5 到 6 的单方面改进，所以结果 5 对美国是不稳定的。再如苏联可以从结果 2 单方面改进为 6，美国从结果 6 改进为 4，结果 4 对苏联来说比 2 好，这时，美国虽有从 6 到 4 的可靠行动，但仍不能阻止苏联从结果 2 进行的单方面改进，所以结果 2 对苏联也是不稳定的。

(4) 同时稳定

如果两个选手同时从对他们都不稳定的一个结果 q 出发而改变策略的话，可能会导致一个对他们中的一个或两个都不利的结果，也就是可能受到同时制裁，这时，称结果 q 是同时稳定的，在“u”上再加一个“/”，这种情形并不普遍，但进行稳定性分析时仍是要考虑的。例如表

9-21中,结果1对美国和苏联都是不稳定的,美苏可分别单方面改进为结果2或5。当美苏同时改变策略时,美国的新策略(0,1)和苏联的新策略(1,0)形成了一个新的结果6,结果6比结果1对美苏来说都要好,所以结果1对美苏来说不是同时稳定的。类似地,可以知道对美苏均不稳定的结果3,8,9和10也都不是同时稳定的。

在有两个选手A,B的冲突中,对选手A的结果q的稳定性分析可按以下步骤进行:

(1)选手A的结果q有无单方面改进?如果有,转到(2);否则转到(6)。

(2)对选手A的单方面改进,选手B是否有单方面改进?如果有,转到(3);否则转到(7)。

(3)选手B的所有单方面改进对A来说是否比q更好?如果是,转到(7);否则转到(4)。

(4)除了q,选手是否还有单方面改进?如果有,转到(2);否则转到(5)。

(5)q对选手A是相继稳定的,之后进入(8)。

(6)q对选手A是合理的,之后进入(8)。

(7)q对选手A是不稳定的,可以考虑是否进行同时稳定性的检验,之后进入(8)。

(8)结束。

如果一个结果对所有选手来说是稳定的,即具有上述三种稳定性之一,则称该结果为一个均衡,它构成了冲突的一个可能解。例如,结果4对美国是合理稳定的,对苏联是相继稳定的,所以结果4是一个均衡,在它上面标上"E",同理,结果6也是一个均衡,而其它结果至少对一个选手是不稳定的,在它们的上面标上"×"。

3. 古巴导弹危机的分析理论

表9-21说明该冲突有两个均衡:结果4和6。可见,冲突的结局必然是苏联撤出导弹。为确定哪个均衡是冲突真正的结局,一种非常有效地方法是从"现状"开始分析。1962年10月17日的"现状"是(00, 00),即结果0。结果0对苏联是合理的,美国可以从结果0单方面改进为2,苏联则相应地从2改进为6。结果6对苏联是合理的,对美国是相继稳定的,因此它很可能是冲突的结局。事实正是如此,在美国封锁了古巴后,苏联撤出导弹。

苏联撤出导弹后,美国也解除了封锁,意味着从结果6转到4,这与表中的结果6是稳定的分析结论相矛盾。这是因为苏联撤走导弹后,它从结果4到0的单方面改进就不存在了,从而对美国由结果6到4的单方面改进无法进行相继制裁,结果6对美国就变成了不稳定的了。此矛盾再次说明冲突是一个动态过程,冲突分析仅是对某一时间点进行的,所得到的结论也只适用于该时间点附近。一场冲突可能有多个均衡,实际上即使是非常复杂的冲突一般也只有两三个均衡。随着时间的推移和冲突的发展,由于选手、方案、和偏好等的改变都可能使原来的均衡变成不稳定,从而转向另一个新的均衡。

冲突分析中选手的偏好不需要具有传递性,而且偏好序列也不要求严格有序,允许有同等的偏好;对偏好程度也不必量化,只要求能给出顺序比较。再有,只有当一个选手的行动会导致对其自身有利的结果时,他才会考虑制裁另一个对手。这些主要特点都使得冲突分析比经典的对策论更切合实际,更能灵活地适应各种环境,从而更具有优越性。

§9.7　应用举例

对策论是一门研究带有竞争现象的理论，虽然它发展的历史并不长，但竞争在我们日常生活中无处不在，大到国家、企业、小到个人，有人与人之间的竞争，也有人与自然界的竞争。目前，对策论在体育方面、商业竞争方面、军事方面和农业方面等得到一定的发展和应用，日益引起广泛的注意。

下面通过举例，说明对策论应用的基本思想和方法。

例 9-16　（二指莫拉问题）甲、乙二人游戏，每人出一个或两个手指，同时又把猜测对方说出的指数叫出来。如果只有一个人猜测正确，则他所应得的数目为二人所出数字之和，否则重新开始。写出该对策中各局中人的策略集合及甲的赢得矩阵。

解　依题知对策局中人为甲、乙，设 (i, j) $i=1$ 或 2 表示局中人出 i 个手指且猜测对方出 j 个手指的策略，那么，局中人甲、乙的策略集合为(1, 1)，(1, 2)，(2, 1)，(2, 2)，那么甲赢得函数为表 9-22。

表 9-22

甲＼乙	(1, 1)	(1, 2)	(2,1)	(2,2)
(1, 1)	0	2	−3	0
(1, 2)	−2	0	0	3
(2, 1)	3	0	0	−4
(2, 2)	0	−3	4	0

甲的赢得矩阵为

$$\boldsymbol{A}=\begin{pmatrix} 0 & 2 & -3 & 0 \\ -2 & 0 & 0 & 3 \\ 3 & 0 & 0 & -4 \\ 0 & -3 & 4 & 0 \end{pmatrix}$$

例 9-17　（证券投资）某人计划将 50 万元投资于三种不同的债券 A、B、C，投资期为一年，到期收益视当时债券市场状况而定，不同市场状况赢得矩阵预测如表 9-23 所示，问最合理的投资策略。

表 9-23

债券＼市场状况	熊市	一般	牛市
A	−8	−2	8
B	−6	0	6
C	−4	2	4

解 我们将三种债券 A、B、C 看作局中人Ⅰ的三个策略，市场状况看作局中人Ⅱ的三个策略，这样就可以将此问题看作一个矩阵对策问题。由于$\max\limits_i \min\limits_j a_{ij}=\min\limits_j \max\limits_i a_{ij}=-4$，所以有纯策略解。即投资于债券 C 比较合理。

例 9-18 （农业方面）一个农民想种植蔬菜、粮食和瓜三类作物，如果降雨量偏大、适中、偏小都会对每种作物获得的利润有所影响，种植蔬菜、粮食和瓜在降雨量的情况下利润分别是种蔬菜：1000 元，500 元，200 元，种粮食：800 元，900 元，1100 元，种瓜分别是 400 元，700 元，1200 元。(1)是给出这个问题的对策模型。(2)设农民有 N 亩土地，如何分配土地？

解 (1)这里农民在不能确切知道降雨量大小的条件下，也力图选择最合理的种植方案，已获得尽可能高的收入。这里农民自然可以认为是一个局中人，而我们可将“降雨量”看作是具有“敌对意图”的另一局中人。

农民的策略有 α_1—种蔬菜，α_2—种粮，α_3—食种瓜；降雨量的策略有 β_1—偏大，β_2—适中，β_3—偏小，则农民的赢得函数表如表 9-24 所示。

表 9-24 （单位：百元）

降雨量 / 农民	β_1	β_2	β_3
α_1	10	5	2
α_2	8	9	11
α_3	4	7	12

(2)由(1)知农民的赢得矩阵为 $\boldsymbol{A}=\begin{pmatrix}10 & 5 & 2\\ 8 & 9 & 11\\ 4 & 7 & 12\end{pmatrix}$

由于$\max\limits_i \min\limits_j a_{ij}=8\neq 9=\min\limits_j \max\limits_i a_{ij}$，所以此对策无纯策略解，下面用线性规划解法求对策的混合策略。

$$\min(x_1'+x_2'+x_3')$$
$$\text{s.t.}\begin{cases}10x_1'+8x_2'+4x_3'\geqslant 1\\ 5x_1'+9x_2'+7x_3'\geqslant 1\\ 2x_1'+11x_2'+12x_3'\geqslant 1\\ x_i'\geqslant 0,\ i=1,\ 2,\ 3\end{cases}\tag{9-20}$$

和

$$\max(y_1'+y_2'+y_3')$$
$$\text{s.t.}\begin{cases}10y_1'+5y_2'+2y_3'\leqslant 1\\ 8y_1'+9y_2'+11y_3'\leqslant 1\\ 5y_1'+7y_2'+12y_3'\leqslant 1\\ y_j'\geqslant 0,\ j=1,\ 2,\ 3\end{cases}\tag{9-21}$$

用单纯形解式(9-21)，计算最后得到表 9-25，其中 z_1, z_2, z_3 为松弛变量。

表 9-25

c_j			1	1	1	0	0	0
C_B	Y_B	b	y_1'	y_2'	y_3'	z_1	z_2	z_3
1	y_1'	0.08	1	0	−0.74	0.18	−0.1	0
1	y_2'	0.04	0	1	1.88	−0.16	0.2	0
1	z_3	0.4	0	0	1.8	0.4	−1	1
σ_j			0	0	−0.14	−0.02	−0.10	0

得

$$y_1' = 0.08 \quad y_2' = 0.04 \quad y_3' = 0$$
$$x_1' = 0.02 \quad x_2' = 0.10 \quad x_3' = 0$$

那么

$$V_G = \frac{1}{0.08 + 0.04 + 0} = \frac{1}{0.12} = 8.33$$

则

$$x_1^* = x_1' V_G = 0.02 \times 8.33 = 0.17$$
$$x_2^* = x_2' V_G = 0.10 \times 8.33 = 0.83$$
$$x_3^* = 0$$

因此农民以概率为 0.117 种蔬菜，概率为 0.83 种粮食，不去种瓜。我们用种各种作物的概率来作为其占种植亩数的份数，那么农民应该这样分配 N 亩土地，种蔬菜 $N\times 0.17$ 亩，种粮食 $N\times 0.83$ 亩，可稳妥获得 833 元的收益。

例 9-19　(医药方面)一个病人的症状说明它可能患有三种疾病的一种，这是可以开的药有两种，两种药对不同疾病治愈的概率见表 9-26。

表 9-26

药 \ 治愈率 \ 病	A	B	C
M	0.5	0.4	0.6
N	0.7	0.7	0.8

解　这个问题可以看成一个对策问题，把医生当作局中人Ⅰ，而病人看作局中人Ⅱ。由于 $\max\limits_i \min\limits_j a_{ij} = \min\limits_j \max\limits_i a_{ij} = 0.4$，则对策有纯策略解 (M, B)，所以医生最稳妥的策略是给病人药 M，这个想法与我们常识上的想法一致。

例 9-20　(兵力分配问题，许多文献中称它为 Blotto 上校对策)。设红、蓝两军各有指挥官统帅相当数量的军队，他们为争夺某地区的几个阵地而部署必要的兵力。为具体起见，不妨设共有两个阵地 A、B，红军有四个营的兵力，蓝军有三个营的兵力。设 x 表示用于争夺阵地

A 的兵力数(单位:营),y 表示用于争夺阵地 B 的兵力数,那么(x,y)便可以表示红方指挥官的一种兵力分配策略,因而红方的五种策略为(4,0),(0,4),(3,1),(1,3),(2,2),类似的,蓝方指挥官的四个策略为(3, 0),(0,3) (2,1),(1,2)。若支付矩阵的元素代表战斗效果评分,规则为:消灭对方一营记一分,占领阵地一个记一分,双方得失相当记 0 分,一方得分另一方失分,试写出红军的支付矩阵并求解。

解 根据评分规则可得红军的支付矩阵

$$\begin{array}{c} \\ (4,0) \\ (0,4) \\ (3,1) \\ (1,3) \\ (2,2) \end{array}\begin{array}{c} \begin{array}{cccc}(3,0) & (0,3) & (2,1) & (1,2)\end{array} \\ \begin{pmatrix} 4 & 0 & 2 & 1 \\ 0 & 4 & 1 & 2 \\ 1 & -1 & 3 & 0 \\ -1 & 1 & 0 & 3 \\ -2 & -2 & 2 & 2 \end{pmatrix} \end{array} = \boldsymbol{A}$$

由于$\max\limits_i \min\limits_j a_{ij} = 0 \neq 3 = \min\limits_j \max\limits_i a_{ij}$,所以此对策无纯策略解。因此用线性规划解法求混合策略,但矩阵有负元素,首先给原矩阵各元素加上 2,得矩阵

$$\boldsymbol{A}_1 = \begin{pmatrix} 6 & 2 & 4 & 3 \\ 2 & 6 & 3 & 4 \\ 3 & 1 & 5 & 2 \\ 1 & 3 & 2 & 5 \\ 0 & 0 & 4 & 4 \end{pmatrix}$$

考虑两个线性规划问题

$$\min(x'_1 + x'_2 + x'_3 + x'_4 + x'_5)$$

$$\text{s.t.} \begin{cases} 6x'_1 + 2x'_2 + 3x'_3 + x'_4 \geqslant 1 \\ 2x'_1 + 6x'_2 + x'_3 + 3x'_4 \geqslant 1 \\ 4x'_1 + 3x'_2 + 5x'_3 + 2x'_4 + 4x'_5 \geqslant 1 \\ 3x'_1 + 4x'_2 + 2x'_3 + 5x'_4 + 4x'_5 \geqslant 1 \\ x'_i \geqslant 0,\ i = 1, 2, 3, 4, 5 \end{cases} \tag{9-22}$$

$$\max(y'_1 + y'_2 + y'_3 + y'_4)$$

$$\text{s.t.} \begin{cases} 6y'_1 + 2y'_2 + 4y'_3 + 3y'_4 \leqslant 1 \\ 2y'_1 + 6y'_2 + 3y'_3 + 4y'_4 \leqslant 1 \\ 3y'_1 + y'_2 + 5y'_3 + 2y'_4 \leqslant 1 \\ y'_1 + 3y'_2 + 2y'_3 + 5y'_4 \leqslant 1 \\ 4y'_3 + 4y'_4 \leqslant 1 \\ y'_j \geqslant 0,\ j = 1, 2, 3, 4 \end{cases} \tag{9-23}$$

用单纯形法求解(9-23),并且由对偶理论得

$$x'_1 = 0.125,\ x'_2 = 0.125,\ x'_3 = 0,\ x'_4 = 0,\ 0.031x'_5 = 0.031$$

$$y'_1 = 0.022,\ y'_2 = 0.009,\ y'_3 = 0.1,\ y'_4 = 0.150$$

那么

$$V_G = \frac{1}{0.281} \approx 3.6$$

则

$$x_1^* = x_1' \times V'_G = 0.45, \ x_2^* = 0.45, \ x_3^* = 0, \ x_4^* = 0, \ x_5^* = 0.1 \sqrt{a^2 + b^2}$$

$$y_1^* = 0.08, \ y_2^* = 0.03, \ y_3^* = 0.36, \ y_4^* = 0.53$$

根据定理 9-7 知

$$V'_G - 2 = 1.6$$

则红方采用策略(4,0)，(0,4)，(2,2)的概率为 0.45，0.45，0.1，而不采用策略(3,1)和(1,3)至少赢得战斗效果 1.6 分。

例 9-21　(体育方面)有甲、乙两个游泳队举行包括三个项目的对抗赛，这两只游泳队各有一名健将级运动员(甲队为赵，乙队为王)，在三个项目中成绩都突出，但规则准许他们每人只能参加两项比赛，每队的其他两名运动员可参加全部三项比赛。已知各运动员平时成绩见表 9-27。假定各运动员在比赛中都发挥正常水平。又比赛第一名得 5 分，第二名得 3 分，第三名得 1 分。问教练员应决定让自已队健将参加哪两项比赛使本队得分最多。

表 9-27

	甲队			乙队		
	A_1	A_2	赵	王	B_1	B_2
100 米蝶泳	59.7	63.2	57.1	58.6	61.4	64.8
100 米仰泳	67.2	68.4	63.2	61.5	64.7	66.5
100 米蛙泳	74.1	75.5	70.3	72.6	73.4	76.9

解　先求甲乙两队健将不参加某项比赛时甲乙两队的得分表，如表 9-28 所示：

表 9-28

甲队得分表		王不参加		
		蝶泳	仰泳	蛙泳
赵不参加	蝶泳	14	13	12
	仰泳	13	12	12
	蛙泳	12	12	13
乙队得分表		**王不参加**		
		蝶泳	仰泳	蛙泳
赵不参加	蝶泳	13	14	15
	仰泳	14	15	15
	蛙泳	15	15	14

对将甲队得分表中各元素分别减去乙队得分表中各元素，得甲队赢得矩阵

$$A = \begin{bmatrix} 1 & -1 & -3 \\ -1 & -3 & -3 \\ -3 & -3 & -1 \end{bmatrix}$$

由于$\max\limits_i \min\limits_j a_{ij} = -3 \neq -1 = \min\limits_j \max\limits_i a_{ij}$，所以此对策无纯策略解，需求混合策略。由于矩阵第 1 列元素均大于第 2 列元素，划去第 1 列元素得

$$A' = \begin{bmatrix} -1 & -3 \\ -3 & -3 \\ -3 & -1 \end{bmatrix}$$

而 A'第 1 行元素均大于第 2 行元素，划去第二行得

$$A'' = \begin{bmatrix} -1 & -3 \\ -3 & -1 \end{bmatrix}$$

用公式法得

$$x_1^* = \frac{-1-(-3)}{(-1-1)-(-3-3)} = \frac{1}{2}$$

x_2^* 自然为 0

$$x_3^* = \frac{-1-(-3)}{(-1-1)-(-3-3)} = \frac{1}{2}$$

y_1^* 自然为 0

$$y_2^* = \frac{-1-(-3)}{(-1-1)-(-3-3)} = \frac{1}{2}$$

$$y_3^* = \frac{-1-(-3)}{(-1-1)-(-3-3)} = \frac{1}{2}$$

$$V_G = (-1)x_1^* - 3x_2^* - 3x_3^* = -2$$

所以，甲队赵健将应参加仰泳比赛，并以 1/2 概率参加蝶泳和蛙泳比赛，乙队王健将应参加蝶泳，并以 1/2 概率参加仰泳和蛙泳，这样甲队最多失 2 分，而乙队最少得 2 分。

例 9-22 B 国请求 A 国提供一成套设备，但进口税由 B 国决定。A 国事先不知道 B 国将何种税率征收进口税，B 国也不知道 A 国是否同意出口成套设备。如果 A 国宣布愿意提供设备，B 国宣布按普通税率征收进口税，A、B 两国所得利益将是 1∶10；B 国宣布按优惠税率征收进口税，A、B 两国所得利益是 10∶1。如果 A 国宣布不提供设备，B 国宣布按普通税率征收进口税，A 国既不得利也不损失，B 国将蒙受相当第一种情况下的所得利益的损失；B 国宣布按优惠税率征收进口税，考虑到其他因素，损失将减少一成。问 A、B 两国各应采用何种策略才对自己有利。

解 局中人是 A 国与 B 国。B 国的全部策略是：β_1——宣布按普通税率征税；β_2——宣布按优惠税率征税。A 国全部策略是：α_1——宣布提供设备；α_2——宣布不提供设备。则 A、B 两国的赢得函数分别为表 9-29，表 9-30 所示。

表 9-29

	β_1	β_2
α_1	1	10
α_2	0	0

表 9-30

	β_1	β_2
α_1	10	1
α_2	−10	−9

这就是一个非零和对策的例子。

§9.8 本章小结

本章介绍了对策论一些基本概念，着重讨论了矩阵对策的有关概念、性质、定理以及求解方法。矩阵对策 G 有纯策略解的充分必要条件是 G 有鞍点，并且 G 的纯策略解就是鞍点，则寻找对策的纯策略解就是找出对策的鞍点，而且鞍点的存在与否是判断矩阵对策是有纯策略解还是有混合策略解的依据。同时给出了矩阵对策的基本定理——任何矩阵对策都有混合策略解，介绍了几种求矩阵对策混合策略解的方法，并简要阐述了非零和对策和冲突分析。最后举例说明了对策论的应用特点。

本章主要介绍的是两人有限零和对策，但实际对策过程中各局中人的赢得之和往往是非零的，例如两个球队的比赛。目前许多经济问题使经济学和对策论的研究结合起来，为对策论的应用提供了广泛的场所，但某些经济过程中的对策模型一般都是非零和的，因此对于非零和对策的研究就显得十分重要了。

习题 9

9.1 甲、乙两人进行游戏，在对局中同时说出“老虎”，“棒子”，“虫子”之一，规定老虎吃虫子，虫子蛀棒子，棒子打老虎，赢者得一分。试写出这个对策。

9.2 任放一张红牌或黑牌，让 A 看但不让 B 知道，如为红牌，A 可以置一枚硬币或让 B 猜，掷硬币出现正反面的概率各为 1/2，如出现正面，A 赢得 p 元，出现反面，A 输 q 元，若让 B 猜，B 猜红，A 输 r 元，猜黑，A 赢 s 元；如为黑牌，A 只能让 B 猜，如猜红，A 赢 t 元，如猜黑，A 输 u 元。试列出对 A 的赢得矩阵。

9.3 假设甲、乙双方交战，乙方用三个师的兵力防守一座城市，有两条公路可通过该城。甲用两个师的兵力进攻这座城，可能两个师各攻一条公路，也可能都进攻同一条公路，防守方可用三个师的兵力防守一条公路，也可以用两个师防守一条公路，用一个师防守另一条公路，哪方军队在某一条公路上个数量多，哪主军队就控制这条公路，如果军队数量相同，则有一半机会防守方控制这条公路，一半机会进攻方攻入该城。若把进攻方作为局中人Ⅰ，攻下这座城的概率作为支付矩阵，写出该问题的矩阵对策。

9.4 某公司做设备投资计划是有两个方案，第一个方案是，明年市场景气的话，取得 4 亿元；市场平常可得 2 亿日元，如果不景气就要亏损 2 亿日元。第二方案是，明年市场景气的话，可得 2 亿日元，市场平常可得 3 亿日元，不景气时预计亏损 1 亿日元，用对策论研究时，可得什么结果呢？

9.5 某城分东南西三个地区，分别居住着 40%、30%、30% 的居民，有两个公司甲和乙都计划在城内修建溜冰场，公司甲计划修两个，公司乙计划修一个，每个公司都知道，如果在某个区内设有两个溜冰场，那么这两个溜冰场将平分该区的业务；如果在某个城区只有一个溜冰场，则该冰场将独揽这个城区的业务；如果在一个城区没有溜冰场，则该区的业务平分给三个溜冰场。每个公司都想使自己的营业额尽可能的多。试把这个问题表示成一个矩阵对策，写出公司甲的赢得矩阵，并求两个公司的最优策略以及占有多大的市场份额。

9.6 敌方可以使用六种不同类型的武器 β_1，β_2，β_3，β_4，β_5，β_6，我方采用四种不同类型的武器 α_1，α_2，α_3，α_4 与其对抗，我方采用四种不同武器的概率由支付矩阵给定，试提出合理使用对抗武器的方案，以保证在缺少敌方所用武器情报的条件下，最大限度的击毁对方。

$$\boldsymbol{A}=\begin{bmatrix}0.0 & 1.0 & 0.9 & 0.85 & 0.9 & 0.83\\ 0.0 & 0.8 & 0.8 & 0.7 & 0.5 & 0.6\\ 1.0 & 1.0 & 0.7 & 0.6 & 0.7 & 0.5\\ 1.0 & 0.9 & 0.3 & 0.3 & 0.2 & 0.4\end{bmatrix}$$

9.7 要杀害四类害虫 β_1，β_2，β_3，β_4，有四种杀虫剂 α_1，α_2，α_3，α_4，每个单位药量喷洒杀伤每一类害虫的能力(单位以十万计)如支付矩阵 $\boldsymbol{A}$ 所示，问如何配方才能使杀伤能力最优。

$$\boldsymbol{A}=\begin{bmatrix}6 & 15 & 6 & 6\\ 12 & 6 & 6 & 6\\ 6 & 6 & 21 & 6\\ 6 & 6 & 6 & 18\end{bmatrix}$$

9.8 某公司生产某种产品，缺少一种元件需要向其他厂商进货，目前市场上有三家厂商可提供这种元件，但进货的优劣直接影响产品的性能。第一家厂商提供的是“三级品”，每只售价 1 元，但如果是次品，那么因此而带来的更换、测试、检验等项费用将达到 9 元，加上本身进价总共每只 10 元；第二家厂商提供的是“二级品”，每只售价 6 元，但次品保换直到使元件正常为止；第三家厂商提供的是“一级品”，每只售价 10 元，厂商保证，若发现是次品可以换货并原价退款，问该公司应怎样制定订货策略？

9.9 (1) 在一个矩阵对策问题中，如对策矩阵为反对称矩阵($\boldsymbol{A}'=-\boldsymbol{A}$)，证明对策者Ⅰ和对策者Ⅱ的最优策略相同，并且其对策值为零。

(2) 设矩阵对策局中人Ⅰ的赢得如表所示。

9.9 题表

Ⅰ \ Ⅱ	β_1	β_2
α_1	−2	4
α_2	3	−2
α_3	1	3

①当局中人Ⅰ采用策略 $\boldsymbol{x}_0=(0.2, 0.5, 0.3)$时，Ⅱ应采用何策略？

②当局中人Ⅱ采用策略 $\boldsymbol{y}_0=\left(\frac{5}{7}, \frac{2}{7}\right)$时，Ⅰ应采用何策略？

③$\boldsymbol{x}_0$，$\boldsymbol{y}_0$ 是否是局中人Ⅰ和局中人Ⅱ最优策略？为什么？若不是，试求最优策略和对策值。

第 10 章　非线性规划

对于线性规划问题的理论和求解方法，我们已经进行了较为深入的讨论。但是，在研究优化的许多实际问题中，例如在质量控制、库存控制、过程设计与工程设计、生产计划管理、资金预算等各种最优设计和科学管理问题中，常常遇到的目标函数或约束条件，至少有一个是变量的非线性函数，这类规划问题就是所谓非线性规划(non-linear programming; NLP)。非线性规划的系统研究始于 20 世纪 40 年代后期，随着电子计算机的迅速发展，进一步促进了这一分支的崛起，特别是 1951 年 Kuhn 和 Tucker 提出了著名的 Kuhn-Tucker 条件后，无论在基本理论还是在实用算法的研究方面都发展很快，从而使它成为数学规划中内容十分丰富、又十分活跃的一个重要分支。但是，解非线性规划问题，一般来说要比解线性规划问题困难得多，而且非线性规划没有像线性规划那样有单纯形法这一通用方法，非线性规划的各种算法的适用范围是有限的。

考虑到读者基础知识的差异性，又为了以后讨论非线性规划问题方便起见，我们扼要地介绍一些预备知识。

§10.1　预备知识

在微积分学中，研究和讨论过函数的无约束极值问题和等式约束下的条件极值问题。研究这种极值问题的各种求解方法，通常称为经典极值问题，或称为经典最优化方法。对不等式约束最优化问题的研究，产生了极值问题的近代理论。值得注意的是，最优化问题近代理论和方法的研究是与电子计算机的发展密切相关的。本章的重点，在于讨论非线性最优化的理论和有效解法。为此，先复习经典理论的某些结果，并进行必要的引伸。

10.1.1　海赛矩阵与二次型

10.1.1.1　海赛矩阵与二次型的定义

定义 10-1　设函数 $f(\boldsymbol{X})$ 是欧氏空间 E^n 的某一区域 R 上的 n 元实函数，$\boldsymbol{X}=(x_1,x_2,\cdots,x_n)^{\mathrm{T}}$。若有连续的一阶偏导数，则它的一阶偏导数构成的向量，称为梯度向量，记作 $\nabla f(\boldsymbol{X})$，或 $\mathrm{grad}f$，即

$$\nabla f(X)=\mathrm{grad}f=\left(\frac{\partial f_1}{\partial x_1},\frac{\partial f_2}{\partial x_2},\cdots,\frac{\partial f_n}{\partial x_n}\right)^{\mathrm{T}}$$

定义 10-2　设函数 $f(\boldsymbol{X})$ 有连续的二阶偏导数，则以 $\dfrac{\partial^2 f}{\partial x_i \partial x_j}$ 为元素的 $n\times n$ 阶矩阵，称为

函数 $f(\boldsymbol{X})$的海赛矩阵(Hessian matrix),记作$\nabla^2 f(\boldsymbol{X})$,或 $\boldsymbol{H}(\boldsymbol{X})$,即

$$\boldsymbol{H}(\boldsymbol{X})=\nabla^2 f(\boldsymbol{X})=\begin{bmatrix}\dfrac{\partial^2 f}{\partial x_1^2} & \dfrac{\partial^2 f}{\partial x_1\partial x_2} & \cdots & \dfrac{\partial^2 f}{\partial x_1\partial x_n}\\ \dfrac{\partial^2 f}{\partial x_2\partial x_1} & \dfrac{\partial^2 f}{\partial x_2^2} & \cdots & \dfrac{\partial^2 f}{\partial x_2\partial x_n}\\ \vdots & \vdots & & \vdots\\ \dfrac{\partial^2 f}{\partial x_n\partial x_1} & \dfrac{\partial^2 f}{\partial x_n\partial x_2} & \cdots & \dfrac{\partial^2 f}{\partial x_n^2}\end{bmatrix}$$

易见,海赛矩阵是对称阵。

例如,$f(\boldsymbol{X})=10x_1^2-12x_1x_2+4x_2^2$,梯度向量为$\nabla f(\boldsymbol{X})=(20x_1-12x_2,\ -12x_1+8x_2)^{\mathrm{T}}$,Hessian 矩阵为:

$$\nabla^2 f(\boldsymbol{X})=\begin{bmatrix}20 & -12\\ -12 & 8\end{bmatrix}$$

定义 10-3 设 n 元二次齐次多项式

$$\begin{aligned}f(x_1,x_2,\cdots,x_n)&=a_{11}x_1^2+2a_{12}x_1x_2+\cdots+2a_{1n}x_1x_n\\ &\quad+a_{22}x_2^2\quad+\cdots+2a_{2n}x_2x_n+\cdots+a_{nn}x_n^2\\ &=\sum_{i=1}^{n}\sum_{j=1}^{n}a_{ij}x_ix_j\end{aligned}\tag{10-1}$$

(这里,令 $a_{ij}=a_{ji}$),称它为 n 次二次型。式(10-1)写成矩阵的形式是

$$f=\boldsymbol{X}^{\mathrm{T}}\boldsymbol{A}\boldsymbol{X}=(x_1,x_2,\cdots,x_n)\begin{bmatrix}a_{11} & a_{12} & \cdots & a_{1n}\\ a_{21} & a_{22} & \cdots & a_{2n}\\ \vdots & \vdots & & \vdots\\ a_{n1} & a_{n2} & \cdots & a_{nn}\end{bmatrix}\begin{bmatrix}x_1\\ x_2\\ \vdots\\ x_n\end{bmatrix}\tag{10-2}$$

$\boldsymbol{A}=(a_{ij})_{n\times n}$称为二次型式(10-1)的系数矩阵。显然,二次型的系数矩阵 $\boldsymbol{A}$ 是 n 阶对称阵,它的主对角线上的元素 a_{ii} 依次为 $x_1^2,x_2^2,\cdots,x_n^2$ 的系数,其余的元素 $a_{ij}=a_{ji}(i\neq j)$正好是 x_ix_j 项系数的一半。因此,二次型与它的系数矩阵相互唯一决定。例如,三元二次型 $f(x_1,x_2,x_3)=x_1^2+x_2^2+3x_3^2+x_1x_2+3x_1x_3+4x_2x_3$ 可用矩阵形式表示为

$$f(x_1,\ x_2,\ x_3)=(x_1,x_2,x_3)\begin{pmatrix}1 & \dfrac{1}{2} & \dfrac{3}{2}\\ \dfrac{1}{2} & 1 & 2\\ \dfrac{3}{2} & 2 & 3\end{pmatrix}\begin{bmatrix}x_1\\ x_2\\ x_3\end{bmatrix}$$

10.1.1.2 二次型的正定性

定义 10-4 设有实二次型 $f(x_1,x_2,\cdots,x_n)=\boldsymbol{X}^{\mathrm{T}}\boldsymbol{A}\boldsymbol{X}$,若对于任意不全为实数 $c_1,c_2,\cdots,c_n$,恒有 $f(c_1,c_2,\cdots,c_n)>0$,则称二次型 $f(\boldsymbol{X})$是正定的(或说 f 是正定二次型);若对于任意不全为零的实数 $c_1,c_2,\cdots,c_n$,恒有 $f(c_1,c_2,\cdots,c_n)\geqslant0$,则称二次型 $f(\boldsymbol{X})$是半正定的(或说 f 是非负定的);若对于任意不全为零的实数 $c_1,c_2,\cdots,c_n$,恒有 $f(c_1,c_2,\cdots,c_n)<0$,则称二次型 f 是负定的;若对于任意不全为零的实数 $c_1,c_2,\cdots,c_n$,恒有 $f(c_1,c_2,\cdots,c_n)\leqslant0$,则称二次型 f

是半负定的(或说 f 是非正定的);若对于一些实数 $c_1,c_2,\cdots,c_n$,有 $f>0$,而对另一些实数 $c_1,c_2,\cdots,c_n$,有 $f<0$,则称二次型 f 是不定的。例如,只含平方和项的二次型(标准型)$f=x_1^2+2x_2^2+3x_3^2$ 是正定的,二次型 $g=(x_1-x_2)^2+x_3^2$ 是半正定的,而二次型 $h=x_1^2-2x_2^2$ 是不定的(为什么?)。顺便指出,由于二次型 f 与它的系数矩阵 $\boldsymbol{A}$ 是相互对应的,所以当二次型 f 正定时,我们也说矩阵 $\boldsymbol{A}$ 是正定的;自然,正定矩阵的行列式大于零。

10.1.1.3　二次型正定性的判别法则

1. 二次型 $f=\boldsymbol{X}^{\mathrm{T}}\boldsymbol{A}\boldsymbol{X}$ 为正定的充分必要条件是矩阵 $\boldsymbol{A}$ 的特征值都大于零(对于半正定、负定、半负定、不定的情形,读者不难自己考虑)。矩阵 $\boldsymbol{A}$ 的特征值是指特征多项式 $|\lambda\boldsymbol{I}-\boldsymbol{A}|$ 的根,其中 $\boldsymbol{I}$ 是单位阵。用这一法则判别二次型的正定性,有时并不方便,故常用以下法则来判别。

2. 二次型 $f=\boldsymbol{X}^{\mathrm{T}}\boldsymbol{A}\boldsymbol{X}$ 为正定的充要条件是矩阵 $\boldsymbol{A}$ 的各阶左上角主子式(通常亦称顺序主子式)都大于零。例如,二次型 $f=5x_1^2+x_2^2+5x_3^2+4x_1x_2-8x_1x_3-4x_2x_3=\boldsymbol{X}^{\mathrm{T}}\boldsymbol{A}\boldsymbol{X}$,其中 $\boldsymbol{X}=(x_1,x_2,x_3)^{\mathrm{T}}$。

$$\boldsymbol{A}=\begin{bmatrix}5 & 2 & -4\\ 2 & 1 & -2\\ -4 & -2 & 5\end{bmatrix}$$

由于 $a_{11}=5>0$

$$\begin{vmatrix}a_{11} & a_{12}\\ a_{21} & a_{22}\end{vmatrix}=5-4>0,\qquad \det(\boldsymbol{A})=1>0$$

故 f 为正定二次型。对于二次型 $f=\boldsymbol{X}^{\mathrm{T}}\boldsymbol{A}\boldsymbol{X}$ 为负定的判别,可以根据 $-\boldsymbol{A}$ 为正定来考虑,也可以按以下法则来判别。

3. 设实对称阵 $\boldsymbol{A}$ 的各左上角主子式用 $\det A_k(k=1,2,\cdots,n)$ 表示,若 $\det A_k$ 是负数、正数相间时,则矩阵 $\boldsymbol{A}$ 为负定阵(即二次型 $f=\boldsymbol{X}^{\mathrm{T}}\boldsymbol{A}\boldsymbol{X}$ 为负定)。例如,

$$f=-5x_1^2-6x_2^2-4x_3^2+4x_1x_2+4x_1x_3=\boldsymbol{X}^{\mathrm{T}}\boldsymbol{A}\boldsymbol{X}$$

$$\boldsymbol{A}=\begin{bmatrix}-5 & 2 & 2\\ 2 & -6 & 0\\ 2 & 0 & -4\end{bmatrix}$$

因为,$|A_1|=-5<0$, $|A_2|=26>0$,$\det\boldsymbol{A}=|A_3|=-80<0$,所以,二次型 f 为负定的。

10.1.2　局部极值与全局极值

1. 局部极值与全局极值的定义

定义 10-5　设 $f(\boldsymbol{X})$ 是欧氏空间 E^n 中某一区域 R 上的 n 元实函数,对于 $\boldsymbol{X}^*\in R$,若存在某个 $\varepsilon>0$,使得所有 $\boldsymbol{X}\in R$,$\|\boldsymbol{X}-\boldsymbol{X}\|<\varepsilon$,满足 $f(\boldsymbol{X})\geqslant f(\boldsymbol{X}^*)$,则称 $\boldsymbol{X}^*$ 为 $f(\boldsymbol{X})$ 在 R 上的局部极小点(或称相对极小点),$f(\boldsymbol{X}^*)$ 为局部极小值。若对于所有 $\boldsymbol{X}\neq\boldsymbol{X}^*$,且与 $\boldsymbol{X}^*$ 的距离小于 ε 的 $\boldsymbol{X}\in R$,有 $f(\boldsymbol{X})>f(\boldsymbol{X}^*)$,则称 $\boldsymbol{X}^*$ 为 $f(\boldsymbol{X})$ 在 R 上的严格局部极小点,$f(\boldsymbol{X}^*)$ 为严格局部极小值。

定义 10-6　设 $f(\boldsymbol{X})$ 是欧氏空间 E^n 中某一区域 R 上的 n 元实函数,若点 $\boldsymbol{X}^*$ 对于所有 $\boldsymbol{X}\in R$,都有 $f(\boldsymbol{X})\geqslant f(\boldsymbol{X}^*)$,则称 $\boldsymbol{X}^*$ 为 $f(\boldsymbol{X})$ 在 R 上的全局极小点,称 $f(\boldsymbol{X}^*)$ 为全局极小值。若对于所有 $\boldsymbol{X}\in R$,且 $\boldsymbol{X}\neq\boldsymbol{X}^*$,都有 $f(\boldsymbol{X})>f(\boldsymbol{X}^*)$,则称 $\boldsymbol{X}^*$ 为 $f(\boldsymbol{X})$ 在 R 上的严格全局极小

点，称 $f(\boldsymbol{X}^*)$为严格全局极小值。

对于极大点与极大值，不难仿上给出相应定义。

2. 极值存在的条件

定理 10-1 （极值存在的必要条件） 设 $f(\boldsymbol{X})$是定义在区域 R 上的实值函数，$R\subset E^n$，$\boldsymbol{X}^*$ 是 R 的内点。若 $f(\boldsymbol{X})$在 $\boldsymbol{X}^*$ 处可微，且在 $\boldsymbol{X}^*$ 处取得局部极小值，则必有

$$\nabla f(\boldsymbol{X}^*) = \boldsymbol{0} \tag{10-3}$$

满足式(10-3)的点通常称为驻点。驻点是函数在区域内部可能取得极值的点，即在区域内部，极值点必为驻点，但驻点不一定是极值点。

定理 10-2 （极值存在的充分条件） 设函数 $f(\boldsymbol{X})$是定义在区域 R 上的实值函数，$R\subset E^n$，$\boldsymbol{X}^*$ 是 R 的内点，$f(\boldsymbol{X})$在 R 上二次连续可微。若在 $\boldsymbol{X}^*$ 处满足$\nabla f(\boldsymbol{X}^*)=\boldsymbol{0}$，且当 $\boldsymbol{X}^*$ 点处的海赛矩阵正定（或负定）时，则 $f(\boldsymbol{X})$在 $\boldsymbol{X}^*$ 处取得严格局部极小值（或严格局部极大值）。

例如，求函数 $f(\boldsymbol{X})=-5x_1^2-6x_2^2-4x_3^2+4x_1x_2+4x_1x_3$ 的极值点及极值。令

$$\nabla f(\boldsymbol{X}) = (-10x_1+4x_2+4x_3,\ -12x_2+4x_1,\ -8x_3+4x_1)^{\mathrm{T}} = \boldsymbol{0}$$

解得驻点 $x_1=x_2=x_3=0$。在驻点处，海赛矩阵

$$\nabla^2 f(0,\ 0,\ 0) = \begin{bmatrix} -10 & 4 & 4 \\ 4 & -12 & 0 \\ 4 & 0 & -8 \end{bmatrix}$$

是负定的（注：二次函数的海赛矩阵均为常数阵），所以点(0,0,0)为极大点，其极大值为 $f(0,0,0)=0$。

10.1.3 凸函数

函数的凸性与函数的极值有着密切的关系。这里我们介绍凸（或凹）函数的定义、性质、判定函数凸性的条件及凸函数的极值。

1. 凸函数的定义

定义 10-7 设函数 $f(\boldsymbol{X})$是定义在某个凸集 $D\subset E^n$ 上的，若 $\boldsymbol{X}_1\in D$，$\boldsymbol{X}_2\in D$，及每一个 α $(0<\alpha<1)$，有

$$f[\alpha\boldsymbol{X}_1+(1-\alpha)\boldsymbol{X}_2] \leqslant \alpha f(\boldsymbol{X}_1)+(1-\alpha)f(\boldsymbol{X}_2) \tag{10-4}$$

成立，则称 $f(\boldsymbol{X})$为 D 内的凸函数。若对于每一个 $\alpha(0<\alpha<1)$，和 $\boldsymbol{X}_1\neq\boldsymbol{X}_2$，有

$$f[\alpha\boldsymbol{X}_1+(1-\alpha)\boldsymbol{X}_2] < \alpha f(\boldsymbol{X}_1)+(1-\alpha)f(\boldsymbol{X}_2) \tag{10-5}$$

成立，则称 $f(\boldsymbol{X})$为 D 内的严格凸函数。

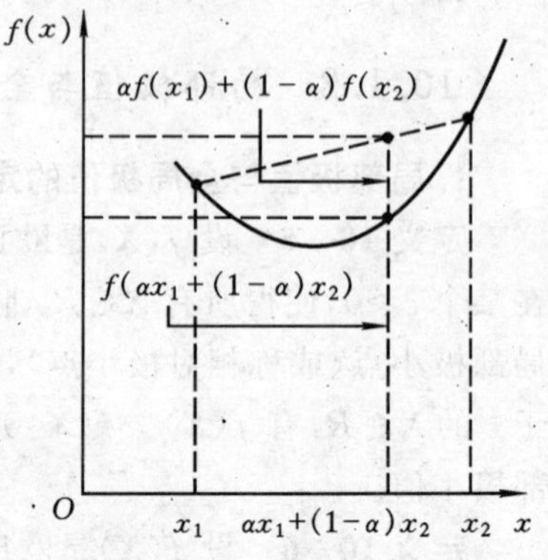

图 10-1 凸函数图示（一）

如图 10-1 所示，从几何上看，函数是凸的，是指函数图形上两点的联线，处处都不在这个函数图形的下方。对于二维空间中的函数，直观地看，如果它的图形是碗状的，则函数是凸的。

定义 10-8 若函数 $f=-g$ 在凸集 D 上是凸函数，则称函数 g 为 D 上的凹函数。若函数 $-g$ 是严格凸的，则称

函数 g 是严格凹的[凹函数的定义,也可仿定义 10－7 来定义,只要在式(10－4)及(10－5)不等号反向]。

按照凸(凹)函数的定义,可知线性函数既是凸函数也是凹函数。

2. 凸函数的性质

(1)设 $f(X)$是凸集 D 内的凸函数,$a>0$,则 $af(X)$也是 D 内的凸函数。

(2)设 $f_1(X)$,$f_2(X)$为凸集 D 内的凸函数,a 和 b 为任意正数,则 $af_1(X)+bf_2(X)$仍为 D 内的凸函数。

以上性质,证明是不困难的。并容易推出:凸函数的正组合 $a_1f_1+a_2f_2+\cdots+a_mf_m$ 仍然是凸函数,其中的 $a_1,a_2,\cdots,a_m$ 是任意正数。

3. 函数凸性的判定条件

定理 10－3　(函数凸性的一阶条件)　设 $f(X)$为凸集 $D\subset E^n$ 内的可微函数,则 $f(X)$为 D 内凸函数的充要条件是:对任意两点 $\boldsymbol{X}_1,\boldsymbol{X}_2\in D,\boldsymbol{X}_1\neq\boldsymbol{X}_2$,恒有

$$f(\boldsymbol{X}_2)\geqslant f(\boldsymbol{X}_1)+\nabla f(\boldsymbol{X}_1)^{\mathrm{T}}(\boldsymbol{X}_2-\boldsymbol{X}_1)\qquad(10-6)$$

这个定理可由凸函数的定义式(10－4)证明。需要注意的是定理的含义,按照凸函数的定义,实质上是表明凸函数上两点间的线段扦值不低于该函数,而此定理则是说,基于局部导数的线性近似不高于该函数(见图 10－2)。如果式(10－6)是严格不等式,它就是严格凸函数的充要条件。

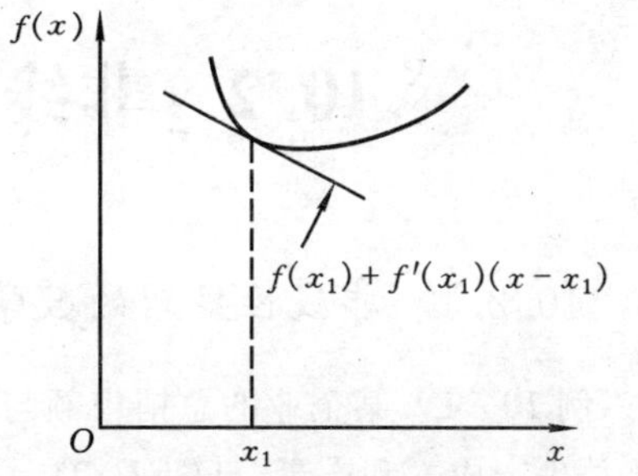

图 10－2　凸函数图示(二)

此定理在理论分析上是有用的,但是实际判定一个二次可微函数是否为凸函数,常用以下的二阶条件。

定理 10－4　(函数凸性的二阶条件)　设 $f(\boldsymbol{X})$是定义在凸集 $D\subset E^n$ 内的二次连续可微函数,则 $f(\boldsymbol{X})$为 D 内凸函数的充要条件是 $f(\boldsymbol{X})$的海赛矩阵在 D 上半正定;$f(\boldsymbol{X})$为 D 内严格凸函数的充要条件是海赛矩阵在 D 内每一点正定。

证明　先证充分性。由泰勒公式,对某一 α,$0<\alpha<1$,有

$$f(\boldsymbol{X})=f(\boldsymbol{X}_0)+\nabla f(\boldsymbol{X}_0)^{\mathrm{T}}(\boldsymbol{X}-\boldsymbol{X}_0)+\frac{1}{2}(\boldsymbol{X}-\boldsymbol{X}_0)^{\mathrm{T}}\boldsymbol{H}[\boldsymbol{X}_0+\alpha(\boldsymbol{X}-x_0)](\boldsymbol{X}-\boldsymbol{X}_0)$$

由于 $\boldsymbol{H}(\boldsymbol{X}_0)$对一切 $\boldsymbol{X}_0\in D$ 都是半正定的,故有

$$f(\boldsymbol{X})\geqslant f(\boldsymbol{X}_0)+\nabla f(\boldsymbol{x}_0)^{\mathrm{T}}(\boldsymbol{x}-\boldsymbol{x}_0)$$

由定理 10－3 可知,$f(\boldsymbol{X})$为 D 上的凸函数。

再证必要性。由于 $f(\boldsymbol{X})$是凸函数,故对任意的 $\boldsymbol{Z}\in E^n$,$\boldsymbol{X}+\alpha\boldsymbol{Z}\in D$(只要 $\alpha>0$ 充分小),有

$$f(\boldsymbol{X}+\alpha\boldsymbol{Z})\geqslant f(\boldsymbol{X})+\alpha\nabla f(\boldsymbol{X})^{\mathrm{T}}\boldsymbol{Z}$$

又由泰勒展开式,对充分小的正数 α,有

$$f(\boldsymbol{X}+\alpha\boldsymbol{Z})=f(\boldsymbol{X})+\alpha\nabla f(\boldsymbol{X})^{\mathrm{T}}\boldsymbol{Z}+\frac{\alpha^2}{2}\boldsymbol{Z}^{\mathrm{T}}\boldsymbol{H}(\boldsymbol{X})\boldsymbol{Z}+o(\alpha^2)$$

其中

$$\lim_{\alpha\to 0}\frac{o(\alpha^2)}{\alpha^2}=0$$

由上可见，$\frac{1}{2}\alpha^2 \boldsymbol{Z}^{\mathrm{T}} \boldsymbol{H}(\boldsymbol{x}) \boldsymbol{Z} + o(\alpha^2) \geqslant 0$

上式两端除以 α^2，并令 $\alpha \to 0$，便得到 $Z^{\mathrm{T}} H(X) Z \geqslant \boldsymbol{0}$。即 $\boldsymbol{H}(\boldsymbol{X})$ 是半正定的。

定理的后半部分，只要注意海赛矩阵正定即可。

例如，二次型 $f = \boldsymbol{X}^{\mathrm{T}} \boldsymbol{A} \boldsymbol{X}$，只要 $\boldsymbol{A}$ 为对称正定阵，则 $f(\boldsymbol{X})$ 就是定义在 E^n 上的严格凸函数，若 $\boldsymbol{A}$ 为对称半正定阵，$f(\boldsymbol{X})$ 就是凸函数。读者可以研究二次函数 $f(x_1, x_2) = -2x_1^2 - 3x_2^2 + 4x_1 x_2 + 2x_1 + 6x_2$ 的凸性。

4. 凸函数的极值

定理 10-5 若 $f(\boldsymbol{X})$ 是定义在凸集 D 上的凸函数，则它的任一极小点就是它在 D 上的全局极小点，而且它的极小点全体形成一个凸集。

定理 10-6 设 $f(\boldsymbol{X})$ 是定义在凸集 D 上的可微凸函数，若存在点 $\boldsymbol{X}^* \in D$，使得对于所有 $\boldsymbol{X} \in D$，有 $\nabla f(\boldsymbol{X}^*)^{\mathrm{T}} (\boldsymbol{X} - \boldsymbol{X}^*) \geqslant \boldsymbol{0}$，则 $\boldsymbol{X}^*$ 是 $f(\boldsymbol{X})$ 在 D 上的全局极小点；若 $f(\boldsymbol{X})$ 为可微严格凸函数，则 $\nabla f(\boldsymbol{X}^*) = \boldsymbol{0}$，即 $\boldsymbol{X}^*$ 为 $f(\boldsymbol{X})$ 的唯一全局极小点。

§10.2 非线性规划问题及其基本概念

10.2.1 非线性规划的数学模型

例 10-1 某企业的总销售额与生产成本均是产量的函数。令 I，C 和 Q 分别表示总销售额，总生产成本和产量，已知 $I(Q) = 100Q - 0.001Q^2$，$C(Q) = 200\ 000 + 0.005Q^2 + 4Q$，求最大利润时的产量（$I$，$C$ 的单位是元，Q 的单位是件）。

因为利润函数为 $P(Q) = I - C = 100Q - 0.001Q^2 - (200\ 000 + 0.005Q^2 + 4Q) = -0.006Q^2 + 96Q - 200\ 000$，问题是求满足 $\max P(Q)$ 之 Q，这里目标函数是单变量的非线性函数。这是一个无约束的极值问题，它的求解是很容易的，只需微积分的知识就可以解决。

例 10-2 某工厂准备 5 000 千元用于 A，B 两个项目技术改造的投资。令 $x_j (j=1,2)$ 表示分配到 A，B 两个项目的投资。根据历史资料分析，投资项目 A，B 的年收益分别预计为 20% 和 16%。同时，投资后总的风险损失为 $2x_1^2 + x_2^2 + (x_1 + x_2)^2$。问应如何分配资金，才能使期望收益最大，同时使风险损失为最小？

这个问题里有两个指标函数，一般来说不能同时满足。现在我们将期望收益和风险损失合并在一个目标函数中，从而得到该问题的数学模型为

$$\text{约束条件}\begin{cases} g_1(\boldsymbol{X}) = x_1 + x_2 \leqslant 5\ 000 \\ x_1 \geqslant 0,\ x_2 \geqslant 0 \end{cases}$$

目标函数 $f(\boldsymbol{X}) = 0.2x_1 + 0.16x_2 - \theta[2x_1^2 + x_2^2 + (x_1 + x_2)^2]$ 要求有最大值。其中 $\theta \geqslant 0$ 是权系数，它是事先根据风险损失和收益之间的权衡选择的。如果 $\theta = 0$，意味着不考虑风险损失；如果 $\theta = 1$，意味着风险损失和收益之间按同等程度考虑；而当 θ 很大时，意味着在目标函数中，主要考虑风险损失最小，对收益可以忽略而不予考虑。现在，取 $\theta = 1$，便得到目标函数是变量 x_1，x_2 的非线性函数，而约束条件是变量 x_1，x_2 的线性不等式的数学模型。即

$$
\text{(NLP)}\quad \begin{cases} \max f(\boldsymbol{X}) = 0.2x_1 + 0.16x_2 - [2x_1^2 + x_2^2 + (x_1 + x_2)^2] \\ \text{s.t.}\ \ g(\boldsymbol{X}) = x_1 + x_2 \leqslant 5\,000 \\ \qquad x_1 \geqslant 0,\ x_2 \geqslant 0 \end{cases}
$$

例 10-3　设有三台发电机组并联运行，功率分别为 x_1, x_2, x_3（单位：kW）。每台发电机的发电费用分别为：

$$
f_1(x_1) = 2x_1^2 + 3x_1 + 1, \qquad f_2(x_2) = x_2^2 + 4x_2 + 2
$$
$$
f_2(x_3) = x_3^2 + x_3 + 6
$$

要求三台发电机的总功率为 L。试求发电机组间最优负荷分配，使发电总费用为最小。

容易建立经济负荷分配问题的数学模型为

$$
\min f(\boldsymbol{X}) = \sum_{i=1}^{3} f_i(x_i)
$$
$$
\text{s.t.}\ \begin{cases} \sum_{i=1}^{3} x_i = L \\ x_i \geqslant 0\ (i = 1,2,3) \end{cases}
$$

其中目标函数是变量 x_1, x_2, x_3 的非线性函数，约束条件是变量的线性等式（除非负约束外）。

一般地，非线性规划问题的数学模型常表述为

$$
\min \quad f(\boldsymbol{X}) \tag{10-7}
$$
$$
\text{s.t.}\ \begin{cases} h_i(\boldsymbol{X}) = 0\ (i = 1,2,\cdots,m) & (10-8) \\ g_j(\boldsymbol{X}) \geqslant 0\ (j = 1,2,\cdots,l) & (10-9) \end{cases}
$$

其中，$\boldsymbol{X}=(x_1, x_2, \cdots, x_n)^{\mathrm{T}}$ 是欧氏空间 E^n 中的向量。

另外，由于求目标函数最大化很容易转化为求负目标函数最小化；等式约束 $h_i(X)=0$ 也容易转化为与其等价的两个不等式约束：

$$
\begin{cases} h_i(\boldsymbol{X}) \geqslant 0 \\ -h_i(\boldsymbol{X}) \geqslant 0 \end{cases}
$$

所以，非线性规划问题的数学模型的一般形式也可以写成

$$
\begin{cases} \min \quad f(\boldsymbol{X}) & (10-10) \\ \text{s.t.}\quad g_j(\boldsymbol{X}) \geqslant 0 \quad (j = 1,2,\cdots,l) & (10-11) \end{cases}
$$

10.2.2　非线性规划的基本概念

在讨论非线性规划的一些基本概念之前，先讨论一下它的几何表示。当非线性规划只有两个自变量时，也可以象线性规划那样在图形上加以表示。例如，NLP：

目标函数　$f(\boldsymbol{X})=(x_1-2)^2+(x_2-2)^2$　(10-12)

约束条件　$h(\boldsymbol{X})=x_1+x_2-6=0$　(10-13)

目标函数 $f(\boldsymbol{X})$是旋转抛物面，约束条件是一个平面，见图 10-3。虽然它们的图形都可以画出来，但使用并不方便，所以常将它们表示在某一个平面（例如 x_1ox_2 坐标平面）上。若令

$$
f(\boldsymbol{X}) = C(\text{常数}) \tag{10-14}
$$

表示相等目标函数值的集合。一般地它表示一条曲线或一张曲面，通常称为等值线或等值面。例如，令 $f(\boldsymbol{X})=2$ 或 4，便得到两条圆形等值线，见图 10-4。由图可见，等值线 $f(\boldsymbol{X})=2$ 和表

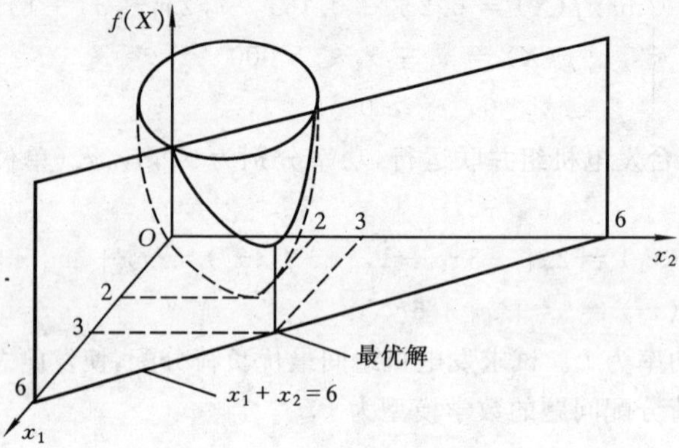

图 10-3 非线性规划图示

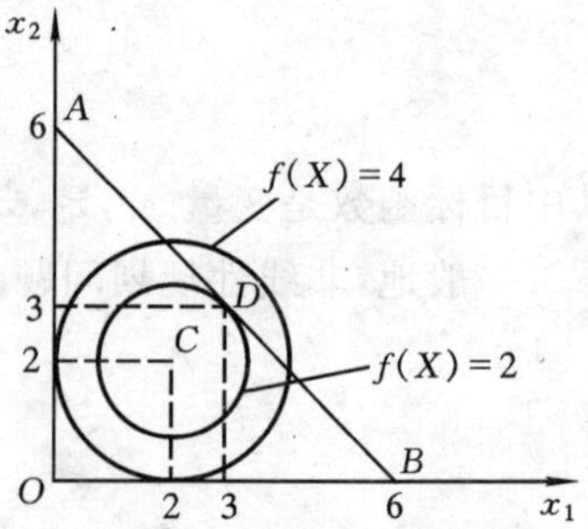

图 10-4 两条圆形等值线

示约束条件的直线 AB 相切于 D。$D(3,3)$ 即为此问题的最优解，即

$$x_1^* = 3,\ x_2^* = 3,\ f(X^*) = 2$$

在此例中，约束条件(10-13)自然对最优解是有影响的。若不考虑约束条件，便是无约束极值问题。它的最优解，显然是 $x_1^* = x_2^* = 2,\ f(\boldsymbol{X}^*) = 0$。

由此可见，非线性规划问题的最优解如果存在，它可以在可行域的任意一点处达到，这一点是与线性规划不同的。

对于 NLP 式(10-7)～(10-9)，称满足约束条件的点为**可行点(或可行解)**；所有可行点组成的集合，称为**可行域(可行解集)**；若某个可行解使目标函数式(10-7)取得最小值，则称此可行解为**最优解**。

考虑 NLP：

$$\min \quad f(\boldsymbol{X}) \tag{10-15}$$

这里，

$$\boldsymbol{X} \in R;\ R = \{\boldsymbol{X} \mid g_j(\boldsymbol{X}) \geqslant 0,\ j = 1,2,\cdots,l\}$$

定义 10-9 若 $f(\boldsymbol{X})$ 为凸函数，$g_j(\boldsymbol{X})\ (j=1,2,\cdots,l)$ 为凹函数[或说 $-g_j(\boldsymbol{X})$ 为凸函数]，则称非线性规划式(10-15)为**凸规划**。

凸规划是一类比较简单，而且具有一些很好性质的非线性规划。在前一节已经指出，凸规划的可行域为凸集，**其局部最优解就是全局最优解，而且最优解的集合形成一个凸集。当凸规划的目标函数 $f(X)$ 为严格凸函数时，其最优解必唯一。**

线性规划是一种特殊的凸规划。

至于目标函数和约束条件是凸函数还是凹函数，可根据已讲过的方法判断。由约束条件形成的可行域是否为凸集，一般是根据凸集的定义来判定的。例如：约束条件 $g_1(X) = 1 - x_1^2 - x_2^2 \geqslant 0$，$g_2(X) = x_2 \geqslant 0$ 和 $g_3(X) = x_1 \geqslant 0$，$g_1(X)$ 是凹函数，$g_2(X)$ 和 $g_3(X)$ 为线性函数，因而它们构成的可行域为凸集，见图 10-5(a)。但是如将 $g_1(X)$ 分别变为 $g_1(X) = 1 - x_1^2 - x_2^2 = 0$ 或 $g_1(X) = 1 - x_1^2 - x_2^2 \leqslant 0$，其它两个约束条件不变，则它们的可行域不再是凸集，见图 10-5(b)，(c)。

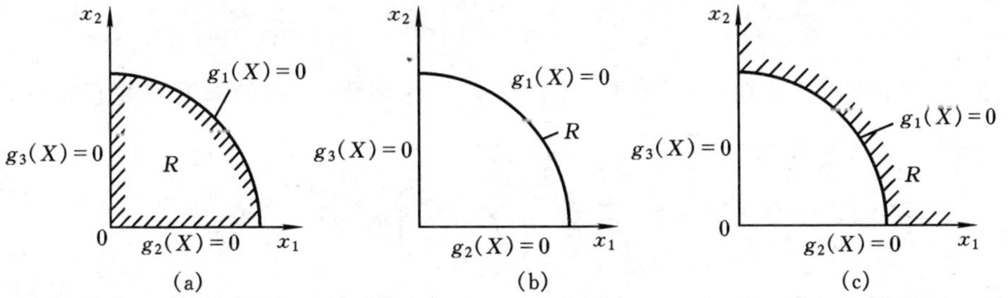

图 10－5　由约束条件形成的可行域

定义 10－10　若目标函数为自变量 X 的二次函数或二次型，约束条件又全是线性函数时的非线性规划，则称为**二次规划**。二次规划的数学模型可表述为：

$$\text{约束条件}\begin{cases}\sum_{j=1}^{n} a_{ij}x_j \leqslant b_i\,(i=1,2,\cdots,m) & (10-16)\\ x_j \geqslant 0\ (j=1,2,\cdots,n) & (10-17)\end{cases}$$

$$\text{目标函数 } f(\boldsymbol{X}) = \sum_{j=1}^{n} c_j x_j + \frac{1}{2}\sum_{j=1}^{n}\sum_{k=1}^{n} c_{jk}x_j x_k \text{要求有最小值}$$

$$c_{jk} = c_{kj}\quad (k=1,2,\cdots,n) \qquad (10-18)$$

式(10－18)右端第二项为二次型，前边的系数$\frac{1}{2}$是为了对称起见。如果该二次型为正定(或半正定)的，则目标函数必为严格凸函数(或凸函数)。此外，二次规划的可行域为凸集，从而上述二次规划亦属于凸规划。

二次规划是非线性规划中比较简单的一类，较容易求解，而且许多实际问题，可以归结为二次规划的模型。同时，它又和线性规划有着直接的联系。因此，应对这类问题有足够的认识。

例 10－4　讨论 NLP：

$$\text{s.t.}\begin{cases}g_1(\boldsymbol{X}) = x_1 - x_2 + 2 \geqslant 0\\ g_2(\boldsymbol{X}) = -x_1^2 + x_2 - 1 \geqslant 0\\ g_3(\boldsymbol{X}) = x_1 \geqslant 0\\ g_4(\boldsymbol{X}) = x_2 \geqslant 0\end{cases}$$

目标函数 $f(\boldsymbol{X}) = x_1^2 + x_2^2 - 4x_1 + 4$ 要求有最小值的最优解。

解　先来检验目标函数凸性及约束条件形成的可行域是否为凸集。目标函数的等值线及可行域的图形画在图 10－6 中。

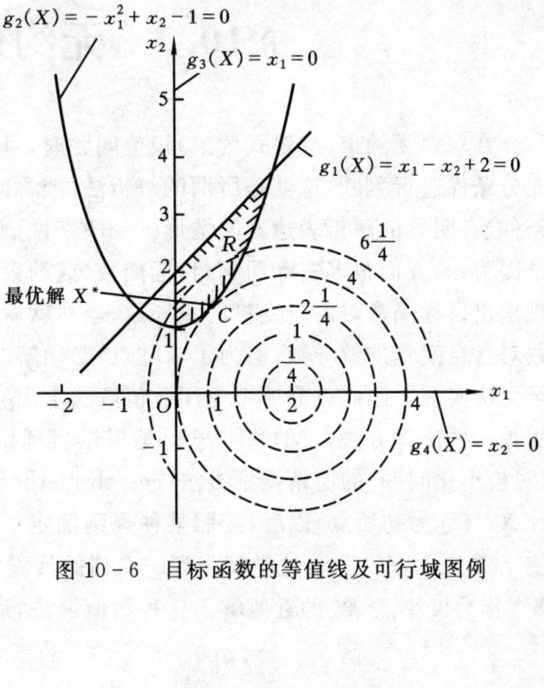

图 10－6　目标函数的等值线及可行域图例

因为约束 $g_1(\boldsymbol{X})$，$g_3(\boldsymbol{X})$和 $g_4(\boldsymbol{X})$是线性函数，而$-g_2(\boldsymbol{X})$的海赛阵是正定的，即

$$|-g_2(x)| = -\begin{vmatrix}\dfrac{\partial^2 g_2}{\partial x_1^2} & \dfrac{\partial^2 g_2}{\partial x_1 \partial x_2}\\ \dfrac{\partial^2 g_2}{\partial x_2 \partial x_1} & \dfrac{\partial^2 g_2}{\partial x_2^2}\end{vmatrix}$$

$$=-\begin{vmatrix}-2 & 0\\ 0 & 0\end{vmatrix}\geqslant 0$$

从而 $g_2(\boldsymbol{X})$是严格凹的，可知约束形成一个凸集。目标函数 $f(\boldsymbol{X})$的海赛阵是正定的，即

$$|\boldsymbol{H}|=\begin{vmatrix}\dfrac{\partial^2 f}{\partial x_1^2} & \dfrac{\partial^2 f}{\partial x_1\partial x_2}\\ \dfrac{\partial^2 f}{\partial x_2\partial x_1} & \dfrac{\partial^2 f}{\partial x_2^2}\end{vmatrix}=\begin{vmatrix}2 & 0\\ 0 & 2\end{vmatrix}=4>0$$

可知目标函数是严格凸的，这是一个凸规划问题，从而局部最优解亦是全局最优解。图 10－6 中的 C 点为最优点，最优解 $\boldsymbol{X}^*=(0.58,\ 1.34)^{\mathrm{T}}$，目标函数的最优值为 $f(\boldsymbol{X}^*)=3.8$。

在这节的最后，我们介绍一下关于自由度的概念。在考虑非线性规划的一般形式时：

$$\begin{cases}\min\quad f(x_1,\ x_2,\ \cdots,x_n)\\ h_i(x_1,\ x_2,\cdots,x_n)=0\quad (i=1,2,\cdots,m)\\ g_j(x_1,x_2,\cdots,x_n)\geqslant 0\quad (j=1,2,\cdots,l)\end{cases}$$

我们总假定等式约束的个数小于决策变量的个数，即 $m<n$，而 $n-m$ 通常称为**自由度**。

建立非线性规划的数学模型，不过是某种实际物理过程的一种描述或近似描述。在建立数学模型时，给出的等式约束必须是相互独立的，而且必须 $m<n$。只有这样，才可以通过调整$(n-m)$个变量，使目标函数取得极小值(或极大值)。否则，就不存在优化的问题。这时，只要直接从等式约束构成的方程组 $h_i(X)=0\ (i=1,2,\cdots,m)$联立求解，得到所有变量的值即可。如果将非线性等式代入目标函数，消去一些变量，这对于复杂的问题将是不适宜的(同时要注意用代入法消去目标函数中的变量时，不能改变原来的可行域)。顺便指出，如果独立等式约束的个数超过变量的个数，目标函数必须由统计判别函数组成(例如最小二乘法)时，优化的问题还是需要的，这里没有讨论这种情况。由此可见，在建立数学模型时，必须注意到等式约束的个数应小于变量的个数。

§10.3 无约束非线性规划

在求解无约束(或等式约束)极值问题时，可以根据经典的极值理论，先求出驻点，再利用充分条件进行判断，这就是所谓的解析法(或称间接法)。这种方法只适用于目标函数(及约束条件)有明显的解析表达式的情形。一般来说，非线性规划问题不能用解析法求得精确解。这是因为，一方面很多实际问题，目标函数(或约束条件)不能表示成变量的显函数形式，往往很难求出目标函数对各自变量的偏导数，当然就谈不上求驻点；另一方面，即使可以求出目标函数对各自变量的偏导数，但为了求驻点，必须解非线性方程组，而解非线性方程组非常困难，甚至无法实现。因此就需要考虑用数值解法求出它的近似最优解，以满足实际的需要。数值解法是一种迭代方法，它的基本思想是根据目标函数的特征，构造一类逐次使目标函数值下降(对极小化问题)的所谓搜索方法(search method)。在给出 $f(\boldsymbol{X})$的极小点位置的一个初始估计 $\boldsymbol{X}^{(0)}$(称为初始点)以后，按照某种规则确定一移动方向，在此方向上移动到下一点 $\boldsymbol{X}^{(k)}$，并使 $f(\boldsymbol{X}^{(k)})<f(\boldsymbol{X}^{(0)})$，这样就得到一系列的搜索方向和点列$\{\boldsymbol{X}^{(k)}\}$。如果达到精度要求，就把 $X^{(k)}$作为极小点 X^* 的近似解。这种数值解法，通常称为搜索法或直接法。另外，还有一类方

法，它是以上两种方法的结合，这类方法也是一种直接法，但它是以梯度法为基础的数值解法。

这一节我们来研究无约束最小化问题的几种基本搜索方法，先讨论一维搜索，然后讨论多维搜索。

10.3.1　不用导数的一维搜索

一维搜索也称**线搜索**(linear search)，它是沿某一已知直线方向寻求目标函数极小点的方法，实际上是求一元函数的极小点方法。而多维搜索问题是以一维搜索为基础的，它可以通过一系列逐次的线搜索来实现。

所谓不用导数的一维搜索，是指这类算法中仅用到目标函数值，而不用目标函数任何导数值。

10.3.1.1　斐波那契(Fibonacci)法(分数法)

设函数 $y=f(x)$ 是区间 $[a,b]$ 上的下单峰函数(图 10－7)，即在此区间内有唯一的极小点 x^*。

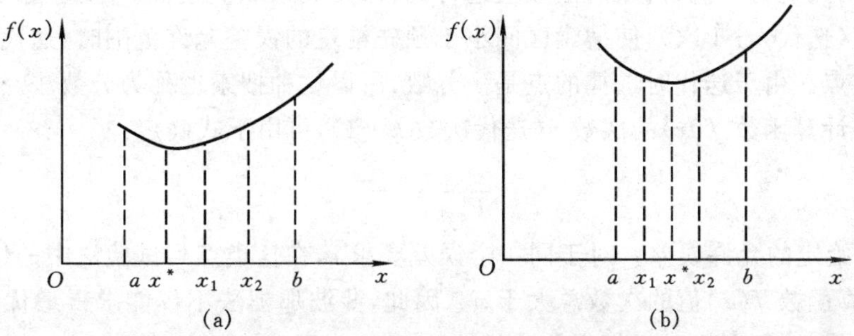

图 10－7　区间 $[a,b]$ 上的下单峰函数

若在此区间内任取两点 x_1 和 x_2，$x_1<x_2$，并计算函数值 $f(x_1)$ 和 $f(x_2)$。当 $f(x_1)<f(x_2)$(图 10－7(a))，极小点 x^* 必在区间 $[a,x_2]$ 内(这时丢掉区间 $[x_2,b]$)，x_1 是保留点，当 $f(x_1)\geqslant f(x_2)$ (图 10－7(b))，极小点 x^* 必在区间 $[x_1,b]$ 内(这里丢掉区间 $[a,x_1]$)，x_2 是保留点。这说明，只要在区间 $[a,b]$ 内取两个不同的点，并计算出它们的函数值加以比较，就可以把搜索区间 $[a,b]$ 缩短为 $[a,x_2]$(或 $[x_1,b]$)。断续缩短搜索区间 $[a,x_2]$(或 $[x_1,b]$)，只要在区间 $[a,x_2]$ 内再取一点，算出其函数值，并与保留点的函数值 $f(x_1)$(或 $f(x_2)$)加以比较。以下的步骤，同开始时一样。如此继续下去，最终总会求得满足给定误差要求的 x^* 的近似解。

现在的问题是如何通过 Fibonacci 法缩短搜索区间。为此，先介绍 Fibonacci 数列。

Fibonacci 数列 $\{F_k\}$，$k=0,1,2,\cdots$，是指满足关系

$$\begin{cases} F_{k+1}=F_k+F_{k-1},\ k>1 \\ F_0=1,\ F_1=1 \end{cases} \tag{10-19}$$

的整数序列。这个整数序列的前几项是 1,1,2,3,5,8,13,21,34,55,89,144,233,…。取前后两项之比的分数序列为 $\left\{\dfrac{F_k}{F_{k+1}}\right\}$，$k=0,1,2,\cdots$，此分数序列的前几项是 $1,\dfrac{1}{2},\dfrac{2}{3},\dfrac{3}{5},\dfrac{5}{8},\dfrac{8}{13},\dfrac{13}{21},\dfrac{21}{34},\cdots$。式(10－19)也可以写成：

$$\frac{F_k}{F_{k+1}}+\frac{F_{k-1}}{F_{k+1}}=1 \tag{10-20}$$

可以证明，分数序列$\left\{\frac{F_k}{F_{k+1}}\right\}$是收敛的。事实上，令

$$\lim_{k\to\infty}\frac{F_k}{F_{k+1}}=\lim_{k\to\infty}\frac{F_{k-1}}{F_k}=\tau$$

则有 $$\frac{1}{\tau}=1+\tau \quad 或 \quad \tau^2+\tau-1=0$$

从而 $$\tau=\frac{1}{2}(\sqrt{5}-1)\approx 0.618$$

现运用 Fibonacci 数列对一元函数 $f(x)$进行搜索。如取区间[0,1]中的对称点

$$x_1^{(1)}=\frac{F_{k-1}}{F_{k+1}},\ x_2^{(1)}=\frac{F_k}{F_{k+1}} \tag{10-21}$$

并比较 $f(x_1^{(1)})$及 $f(x_2^{(1)})$，消去一段区间。然后在缩短的区间内，按与保留点对称的原则选取一个点，计算函数值，并与保留点的函数值进行比较，完成第二次迭代。如此继续下去，经过 n 次计算函数值（迭代 $k+1$ 次），使搜索区间小于预先给定的误差允许范围时，迭代结束，从而得到近似的极小点。由于迭代时选择的点是一分数，所以这种搜索也称为分数法。

至于需要计算函数 $f(x)$的次数 n（迭代次数 $k+1$），可由下式确定：

$$\frac{1}{F_{k+1}}\leqslant\varepsilon \tag{10-22}$$

其中 ε 是预先给定的允许误差。对于同一个误差要求 ε，在这类点列试验法中的任何一个其它方法，所需计算函数 $f(x)$值的次数总大于 n。因此，斐波那契法不仅能求得最优解，而且还是这类方法中最优的，所以有时也把它称为优选法。

如果考虑要在区间$[a_0,b_0]$上，求函数 $f(x)$的最优解。设 n 表示要计算的函数值个数，$k=n-1$ 表示迭代次数。原区间长度 $L_0=b_0-a_0$，当迭代到 $n-1$ 次时，区间长度将缩减为 $L_{n-1}=b_{n-1}-a_{n-1}$，或 $L_k=\frac{1}{F_n}(b_0-a_0)=\frac{1}{F_{k+1}}(b_0-a_0)=\frac{L_0}{F_{k+1}}$。而计算函数值的个数 n 应由下式确定：

$$\frac{b_0-a_0}{F_n}\leqslant\varepsilon \tag{10-23}$$

ε 为预先给定的允许误差。迭代公式如下：

第一次迭代

$$\begin{cases} x_1^{(1)}=a_0+\dfrac{F_{n-2}}{F_n}(b_0-a_0)=b_0+\dfrac{F_{n-1}}{F_n}(a_0-b_0) \\ x_2^{(1)}=a_0+\dfrac{F_{n-1}}{F_n}(b_0-a_0)=b_0+\dfrac{F_{n-2}}{F_n}(a_0-b_0) \end{cases} \tag{10-24}$$

其中 $x_1^{(1)}+x_2^{(1)}=a_0+b_0$。

第 k 次迭代

$$\begin{cases} x_1^{(k)}=b_{k-1}+\dfrac{F_{n-k}}{F_{n-k+1}}(a_{k-1}-b_{k-1}) \\ x_2^{(k)}=a_{k-1}+\dfrac{F_{n-k}}{F_{n-k+1}}(b_{k-1}-a_{k-1}) \end{cases} \tag{10-25}$$

其中 $x_1^{(k)}+x_2^{(k)}=a_{k-1}+b_{k-1}$。

当进行到 $k=n-1$ 时

$$x_1^{(n-1)}=x_2^{(n-1)}=\frac{1}{2}(a_{n-2}+b_{n-2})$$

这就无法比较函数值 $f(x_1^{(n-1)})$ 和 $f(x_2^{(n-1)})$ 的大小，以确定最终区间。为此，通常取

$$\begin{cases} x_1^{(n-1)}=\dfrac{1}{2}(a_{n-2}+b_{n-2}) \\ x_2^{(n-1)}=a_{n-2}+(\dfrac{1}{2}+\delta)(b_{n-2}-a_{n-2}) \end{cases} \tag{10-26}$$

其中 δ 为任意小的正数。这样就可以得到最终区间 $[a_{n-1}, b_{n-1}]$。在 $x_1^{(n-1)}$ 和 $x_2^{(n-1)}$ 这两点中，以函数值较小者为近似极小点，相应的函数值为近似极小值。

例 10-5　用 Fibonacci 法求函数 $f(x)=x^2-x+2$ 在 $[-1, 3]$ 上的近似极小点和极小值，要求缩短后的区间长度不大于区间 $[-1,3]$ 长度的 0.08 倍。

解　容易验证，在区间 $[-1,3]$ 上函数 $f(x)=x^2-x+2$ 为凸函数。不难求出其精确解是：$x^*=0.5$，$f(x^*)=1.75$。

原区间长度为 $b_0-a_0=4$，缩短后区间长度与原区间长度之比为 0.08，故 $F_n\geqslant\frac{1}{0.08}=12.5$，可知 $n=6$，迭代次数 $k=5$。$a_0=-1, b_0=3$。于是

$$x_1^{(1)}=b_0+\frac{F_5}{F_6}(a_0-b_0)=3+\frac{8}{13}(-1-3)=0.538$$

$$x_2^{(1)}=a_0+\frac{F_5}{F_6}(b_0-a_0)=-1+\frac{8}{13}[3-(-1)]=1.462$$

$$f(x_1^{(1)})=0.538^2-0.538+2=1.751$$

$$f(x_2^{(1)})=1.462^2-1.462+2=2.675$$

由于 $f(x_1^{(1)})<f(x_2^{(1)})$，故取 $a_1=-1$，$b_1=1.462$，$x_1^{(1)}=0.538$

从而

$$x_1^{(2)}=b_1+\frac{F_4}{F_5}(a_1-b_1)=1.462+\frac{5}{8}(-1-1.462)=-0.077$$

$$f(x_1^{(2)})=(-0.077)^2-(0.077)+2=2.083$$

由于 $f(x_1^{(2)})>f(x_1^{(1)})=1.751$，故取 $a_2=-0.077$，$b_2=1.462$

$x_1^{(3)}=0.538$，从而

$$x_2^{(3)}=a_2+\frac{F_3}{F_4}(b_2-a_2)=-0.077+\frac{3}{5}(1.462+0.077)=0.846$$

$$f(x_2^{(3)})=0.846^2-0.846+2=1.870$$

由于 $f(x_2^{(3)})>f(x_1^{(3)})=1.751$，故取 $a_3=-0.077$，$b_3=0.846$

$x_2^{(4)}=0.538$，从而

$$x_1^{(4)}=b_3+\frac{F_2}{F_3}(a_3-b_3)=0.846+\frac{2}{3}(-0.077-0.846)=0.231$$

$$f(x_1^{(4)})=0.231^2-0.231+2=1.822$$

由于 $f(x_1^{(4)})>f(x_2^{(4)})=1.751$，故取 $a_4=0.231$，$b_4=0.846$

$x_1^{(5)}=0.538$。现令 $\delta=0.01$，由式(10-26)可得

$$x_2^{(5)} = a_4 + (\frac{1}{2} + \delta)(b_4 - a_4)$$

$$= 0.231 + (0.5 + 0.01)(0.846 - 0.231) = 0.545$$

$$f(x_2^{(5)}) = 0.545^2 - 0.545 + 2 = 1.752 > f(x_1^{(5)}) = 1.751$$

故取 $a_5=0.231$，$b_5=0.545$。最后的搜索区间为$[a_5, b_5]$。

由于 $f(x_1^{(5)})=1.751<f(x_2^{(5)})=1.752$，所以用 $x_1^{(5)}=0.538$ 作为 x^* 的近似极小点，近似极小值为 $f(x_1^{(5)})=1.751$。

缩短后的区间长度为 $0.545-0.231=0.314$，缩短后的区间长度与原区间长度之比为 $0.314/4=0.079<0.08$。

10.3.1.2　黄金分割法(0.618 法)

前面已经证明，当 $k\to\infty$ 时，Fibonacci 数列前后两项之比$\frac{F_k}{F_{k+1}}\to 0.618$。如此看来，所谓黄金分割法，就是以不变的区间缩短率 0.618，代替 Fibonacci 法中区间的每次缩短率随 k 而变的。0.618 法与 Fibonacci 法的差别只在于最初两个试验点的选取上。对于原区间长度为 b_0-a_0 时，0.618 法最初两个试验点选在区间$[a_0, b_0]$中的 0.382 与 0.618 处，即

$$x_1^{(1)} = a_0 + 0.382(b_0 - a_0)$$

$$x_2^{(1)} = a_0 + 0.618(b_0 - a_0)$$

以后各次迭代，都是按对称的原则选试验点的。

当用 0.618 法时，计算 n 个试验点，可以把区间$[a_0, b_0]$连续缩短 $n-1$ 次。由于每次的缩短率均为 $\mu=0.618$，故最后的区间长度为

$$(b_0 - a_0)\mu^{n-1}$$

因此，0.618 法可以看作是 Fibonacci 法的近似，它实现起来比较简单，易为人们所接受。

10.3.2　使用导数的一维搜索

以上介绍的两种线搜索的方法，虽然简单可行，但收敛速度较慢成为它们的重要缺点。现在，介绍一种使用导数性质的牛顿法(Newton method，亦称切线法)。

假设函数 $y=f(x)$ 是区间$[a,b]$上的下单峰函数，而且在所讨论的点 x_k 处，$f(x_k)$，$f'(x_k)$及 $f''(x_k)$存在。

众所周知，求 $f(x)$的最优解，按照极值存在的必要条件，需求解方程 $f'(x)=0$，从而得到驻点。为了求得 $f'(x)=0$ 的根，可以用牛顿迭代法这种数值解法，通过逐次迭代来实现。牛顿迭代法的几何直观是非常清楚的，为求曲线 $f(x)$的极小点 x^*，可以从 x_k 点处，作 $f(x)$的切线，其斜率为 $f'(x_k)$，切线与 x 轴的交点 x_{k+1}，作为下次考虑的点。如此继续，逐步求得 $f'(x)=0$的近似解，从而逐步逼近 $f(x)$的极小点 x^*(见图 10-8)。

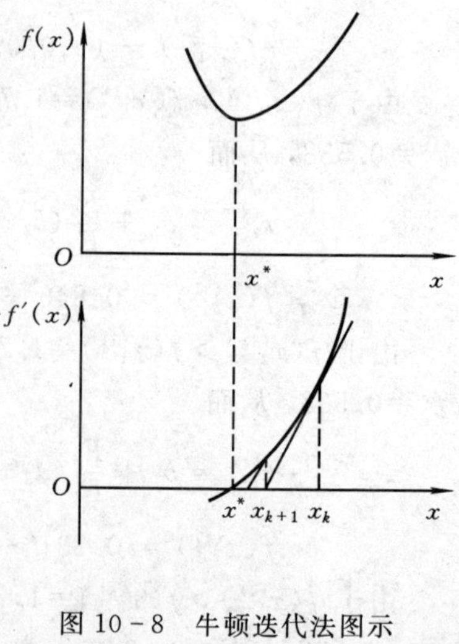

图 10-8　牛顿迭代法图示

为此，构造一个二次函数

$$\varphi(x) = f(x_k) + f'(x_k)(x - x_k) + \frac{1}{2}f''(x_k)(x - x_k)^2 \quad (10-27)$$

使它在 x_k 处的函数值，一阶导数与二阶导数，和原来函数在 x_k 处的数值相等。这样，就可以利用新函数 $\varphi(x)$ 的极小点 x_{k+1}，作为原来函数极小点的一个近似值；如果这个近似值不满足预先给定的精度要求，就在 x_{k+1} 处，用式(10－27)再构造一个二次函数，并求其极小点。如此逐步逼近原来函数 $f(x)$ 的极小点，直至达到某一精度要求为止。

设 $\varphi(x)$ 的极小点为 x_{k+1}，则必有

$$\varphi'(x_{k+1}) = f'(x_k) + f''(x_k)(x - x_k) = 0$$

由此得到

$$x_{k+1} = x_k - \frac{f'(x_k)}{f''(x_k)} \tag{10-28}$$

注意，新求出的点 x_{k+1} 与 $f(x_k)$ 的值无关。式(10－28)就是求方程 $f'(x)=0$ 解的牛顿迭代公式。

用牛顿法迭代，逼近 $f'(x)=0$ 的根，从而求出函数 $y=f(x)$ 的近似极小点，其思想与步骤如下：

(1) 预先指定一精度要求 $\varepsilon>0$，任取初始点 $x_0\,(a\leqslant x_0\leqslant b)$，若 $|f'(x_0)|\leqslant\varepsilon$，则 x_0 即为 $f'(x)=0$ 的近似解。

(2)若 $|f'(x_0)|>\varepsilon$，则计算

$$x_1 = x_0 - \frac{f'(x_0)}{f''(x_0)}$$

若 $|f'(x_1)|\leqslant\varepsilon$，则停止迭代，$x_1$ 即为 $f'(x)=0$ 的近似解。

(3)一般说来，若 x_k 已知，当 $|f'(x_k)|\leqslant\varepsilon$ 时，则 x_k 即为 $f'(x)=0$ 的近似解；当 $|f'(x_k)|>\varepsilon$，则按公式(10－28)计算 x_{k+1}。如此迭代，直至满足预定精度要求为止。

牛顿法的优点是收敛速度快。缺点是每次都要计算一阶导数与二阶导数值，增加了计算量；同时要求初始点选得不能离极小点太远，否则迭代次数会很大，甚至出现不收敛于极小点的情形。

除了以上介绍的一些一维搜索的方法外，在实用中常采用一些更有效的插值法(例如，二次插值或三次插值)，有兴趣的读者可参阅书末文献[30]。

例 10－6　求函数 $f(x)=\frac{1}{4}x^4-\frac{2}{3}x^3-2x^2-7x+8$ 的近似极小点，已知 $a=3, b=4, \varepsilon=0.05$。

此题的求解过程，留给读者完成。

10.3.3　不用导数的多维搜索

对于多元函数的寻优问题，一般采用所谓爬山法(或更形象地比喻为瞎子爬山法)。这是一种直接搜索的方法，它利用已有的信息，通过点的直接移动，逐步改善目标函数，以达到最优。因此，爬山法的搜索过程，实质上由两部分组成：一是选定搜索方向；二是在确定的方向上进行爬山搜索。由于选取搜索方向与爬山前进方式的不同，构成了各种不同的搜索方法。限于篇幅，这里只介绍一种直接搜索的经验方法，即模式搜索法(pattern search method)。

模式搜索法又称步长加速法，是由 Hooke 和 Jeeves 在 1961 年完成的。它的基本思想是先通过“探测性移动”，探求有利方向；然后通过“模式性移动”，沿着有利方向移动。例如，对于二元函数的极小化问题，这相当于寻找某个曲面的最低点，或形象地说，相当于从一座山上某

处出发，设法走到附近某一盆地的最低点，如何才能尽快地达到这一目标呢？当然，最好的办法是能找到一条山谷，沿着山谷前进，便可以到达谷底。“探测性移动”是为寻找“山谷”提供信息，“模式性移动”便是沿找到的“山谷”前进。

假设函数 $f(\boldsymbol{X})$ 的极小点 $\boldsymbol{X}^* \in E^n$，给定初始点 $\boldsymbol{X}^{(0)}$。

我们在基点 $\boldsymbol{X}^{(0)}$ 附近先构造一系列的探索移动。令 $\boldsymbol{S}^{(j)}$ 是一个 n 维向量，它的第 j 个分量 $d_j>0$，其余分量为零，即

$$S^{(j)} = (0, 0, \cdots, d_j, \cdots, 0)^T$$

现在对所有 n 个坐标方向进行探索活动。先对 $\boldsymbol{X}_1$ 方向探索，计算 $f(\boldsymbol{X}^{(0)})$ 及 $f(\boldsymbol{X}^{(0)}+\boldsymbol{S}^{(1)})$，其中 $\boldsymbol{S}^{(1)}=(d_1, 0, \cdots, 0)^T$。如果 $f(\boldsymbol{X}^{(0)})>f(\boldsymbol{X}^{(0)}+\boldsymbol{S}^{(1)})$，则探索移动成功，令 $\boldsymbol{t}_1^{(1)}=\boldsymbol{X}^{(0)}+\boldsymbol{S}^{(1)}$。否则，在 x_1 的相反方向探索，计算 $f(\boldsymbol{X}^{(0)}-\boldsymbol{S}^{(1)})$，如果 $f(\boldsymbol{X}^{(0)})>f(\boldsymbol{X}^{(0)}-\boldsymbol{S}^{(1)})$，则这一探索移动成功，就令 $\boldsymbol{t}_1^{(1)}=\boldsymbol{X}^{(0)}-\boldsymbol{S}^{(1)}$，如果又失败，即

$$f(\boldsymbol{X}^{(0)}) \leqslant f(\boldsymbol{X}^{(0)}-\boldsymbol{S}^{(1)})$$

则令 $\boldsymbol{t}_1^{(1)}=\boldsymbol{X}^{(0)}$

在完成 $\boldsymbol{X}_1$ 方向上的探索移动后，转向 $\boldsymbol{X}_2$ 方向，即取

$$\boldsymbol{S}^{(2)} = (0, d_2, 0, \cdots, 0)^T$$

在 $\boldsymbol{t}_1^{(1)}$ 点上进行探索。得到 $\boldsymbol{t}_2^{(1)}$ 后，继续应用这一方法，对所有 n 个坐标方向进行探索活动，最终达到 $\boldsymbol{t}_n^{(1)}$ 点。这一点称为新基点 $\boldsymbol{X}^{(1)}$。

在完成了探测移动后，我们在有“希望”的方向 $\boldsymbol{X}^{(1)}-\boldsymbol{X}^{(0)}$ 上进行模式移动(加速搜索)。令

$$\boldsymbol{t}_1^{(2)} = \boldsymbol{X}^{(1)} + (\boldsymbol{X}^{(1)} - \boldsymbol{X}^{(0)})$$

在 $\boldsymbol{t}_1^{(2)}$ 点进行类似于上述的探索移动，确定一新的基点 $\boldsymbol{X}^{(2)}$，计算 $f(\boldsymbol{X}^{(2)})$。如果 $f(\boldsymbol{X}^{(2)})<f(\boldsymbol{X}^{(1)})$，就可以作出下一次模式移动：

$$\boldsymbol{t}_1^{(3)} = \boldsymbol{X}^{(2)} + (\boldsymbol{X}^{(2)} - \boldsymbol{X}^{(1)})$$

并在 $\boldsymbol{t}_1^{(3)}$ 点附近重新探索移动。如果 $f(\boldsymbol{X}^{(2)})\geqslant f(\boldsymbol{X}^{(1)})$，表明模式移动失败，则回到 $\boldsymbol{X}^{(1)}$，令 $\boldsymbol{t}_1^{(2)}=\boldsymbol{X}^{(1)}$，并由此重新开始探索移动。如果探索移动成功，则交替进行模式移动和探索移动；否则，可缩小步长 d_j，在 $\boldsymbol{t}_1^{(2)}$ 附近另外进行探索移动。当 d_j 小于某一预定的值时，计算就告结束。

这一搜索方法要求计算大量的函数值，才能得到近似极小点，但它是容易实现和可靠的，计算机程序也易于编制。

10.3.4 使用导数的多维搜索

前面介绍的直接搜索的方法收敛速度较慢是其主要缺点。因此，对于自变量个数较多或目标函数解析形态较好时，我们通常采用利用解析性质的数值解法。限于篇幅，下面介绍梯度法(最速下降法)、共轭梯度法和变尺度法三种方法。

考虑 NLP

$$\min f(\boldsymbol{X}),\ \boldsymbol{X} \in E^n \tag{10-29}$$

10.3.4.1 梯度法

梯度法(gradient method)，亦称**最速下降法**(steepest descent method)，是最古老的但又

十分基本的一个下降算法(早在 1847 年就由著名数学家 Cauchy 提出来)。它虽然具有迭代过程简单、使用方便的优点,但由于它收敛速度慢,已经不大为人们所使用了。然而,有许多算法都是由它改进得来的,而且它又是理解某些其它算法的基础,因此我们还是先来介绍这一算法。

这种方法是应用目标函数的负梯度方向作为每步迭代的搜索方向,在每步迭代计算时,在负梯度方向上选取最优步长,从而使得目标函数在开始几步下降最快,而越接近极值点时,收敛越慢(这也正是它的缺点所在)。

假设式(10－29)中目标函数 $f(\boldsymbol{X})$ 二阶连续可微,以 $\boldsymbol{X}^{(k)}$ 表示极小点 $\boldsymbol{X}^*$ 的第 k 次近似。为了求出第 $k+1$ 次的近似点 $\boldsymbol{X}^{(k+1)}$,我们在 $\boldsymbol{X}^{(k)}$ 点沿方向 $\boldsymbol{P}^{(k)}$ 作射线:

$$\boldsymbol{X} = \boldsymbol{X}^{(k)} + \lambda \boldsymbol{P}^{(k)} (\lambda \geqslant 0) \tag{10-30}$$

将 $f(\boldsymbol{X})$ 在点 $\boldsymbol{X}^{(k)}$ 处展成一阶泰勒级数:

$$f(\boldsymbol{X}) = f(\boldsymbol{X}^{(k)} + \lambda \boldsymbol{P}^{(k)}) = f(\boldsymbol{X}^{(k)}) + \lambda \nabla f(\boldsymbol{X}^{(k)})^{\mathrm{T}} \boldsymbol{P}^{(k)} + o(\lambda)$$

其中 $o(\lambda)$ 是 λ 的高阶无穷小,即

$$\lim_{\lambda \to 0} \frac{o(\lambda)}{\lambda} = 0$$

对充分小的 λ,只要

$$\nabla f(\boldsymbol{X}^{(k)})^{\mathrm{T}} \boldsymbol{P}^{(k)} < \boldsymbol{0} \tag{10-31}$$

即可保证

$$f(\boldsymbol{X}^{(k)} + \lambda \boldsymbol{P}^{(k)}) < f(\boldsymbol{X}^{(k)})$$

这时,若取

$$\boldsymbol{X}^{(k+1)} = \boldsymbol{X}^{(k)} + \lambda \boldsymbol{P}^{(k)}$$

就能使目标函数值得到改善。

那么,$\boldsymbol{P}^{(k)}$ 究竟应该取什么方向作为搜索方向呢?由矢量代数知识,有

$$\nabla f(\boldsymbol{X}^{(k)})^{\mathrm{T}} \boldsymbol{P}^{(k)} = \| \nabla f(x^{(k)}) \| \cdot \| \boldsymbol{P}^{(k)} \| \cos\theta \tag{10-32}$$

式中 θ 为向量 $\nabla f(\boldsymbol{X}^{(k)})$ 与 $\boldsymbol{P}^{(k)}$ 的夹角。显然,当 $\theta=180°$ 时,即 $P^{(k)}$ 的方向取与 $\nabla f(\boldsymbol{X}^{(k)})$ 反向时,式(10－32)有最小值。称

$$\boldsymbol{P}^{(k)} = -\nabla f(\boldsymbol{X}^{(k)}) \tag{10-33}$$

为目标函数在 $X^{(k)}$ 点处的负梯度方向。它是目标函数值在 $X^{(k)}$ 点附近下降最快的方向,在极小化问题中寻找的正是这一方向(顺便指出,在极大化问题中,寻找的是正梯度方向)。$P^{(k)}$ 的方向也可以写成单位向量的形式,即

$$\boldsymbol{S}^{(k)} = -\frac{\nabla f(\boldsymbol{X}^{(k)})}{\| \nabla f(\boldsymbol{X}^{(k)}) \|}$$

为了由 $\boldsymbol{X}^{(k)}$ 点得到下一个近似点 $\boldsymbol{X}^{(k+1)}$,在选定了搜索方向之后,还要确定步长 λ。确定步长 λ 有很多方法,一种方法是选择固定的步长,而另一种方法则是选择可变的步长。选择固定步长的方法常出现:若步长选得小,则收敛慢,计算次数多;若步长选得大,则在极值点附近出现来回振荡的情况。所以,一般采取选择所谓最佳步长(属可变步长范畴)的方法。即通过在负梯度方向上的一维搜索,来确定使 $f(X)$ 最小的 λ_k,作为 $\boldsymbol{X}^{(k)}$ 点迭代的最佳步长,亦即要求满足:

$$\begin{aligned} \min_{\lambda \geqslant 0} f(\boldsymbol{X}^{(k)} - \lambda \nabla f(\boldsymbol{X}^{(k)})) &= f(\boldsymbol{X}^{(k)} - \lambda_k \nabla f(\boldsymbol{X}^{(k)})) \\ &= f\left(\boldsymbol{X}^{(k)} - \alpha_k \frac{\nabla f(\boldsymbol{X}^{(k)})}{\| \nabla f(\boldsymbol{X}^{(k)}) \|}\right) \end{aligned} \tag{10-34}$$

下面来导出最佳步长的表达式。将 $f(\boldsymbol{X}^{(k)}-\lambda\nabla f(\boldsymbol{X}^{(k)}))$ 展成二阶泰勒级数为：

$$f[\boldsymbol{X}^{(k)}-\lambda\nabla f(\boldsymbol{X}^{(k)})]\doteq f(\boldsymbol{X}^{(k)})-\nabla f(\boldsymbol{X}^{(k)})^{\mathrm{T}}\lambda\nabla f(\boldsymbol{X}^{(k)})+$$
$$+\frac{1}{2}\lambda\nabla f(\boldsymbol{X}^{(k)})^{\mathrm{T}}\cdot H(\boldsymbol{X}^{(k)})\lambda\nabla f(\boldsymbol{X}^{(k)})$$

上式对 λ 求导，并令其等于零：

$$\frac{\mathrm{d}f[\boldsymbol{X}^{(k)}-\lambda\nabla f(\boldsymbol{X}^{(k)})]}{\mathrm{d}\lambda}=-\nabla f(\boldsymbol{X}^{(k)})^{\mathrm{T}}\nabla f(\boldsymbol{X}^{(k)})$$
$$+\lambda\nabla f(\boldsymbol{X}^{(k)})^{\mathrm{T}}H(\boldsymbol{X}^{(k)})\nabla f(\boldsymbol{X}^{(k)})=\boldsymbol{0}$$

从而求得了(近似)最佳步长：

$$\lambda_k=\frac{\nabla f(\boldsymbol{X}^{(k)})^{\mathrm{T}}\nabla f(\boldsymbol{X}^{(k)})}{\nabla f(\boldsymbol{X}^{(k)})^{\mathrm{T}}H(\boldsymbol{X}^{(k)})\nabla f(\boldsymbol{X}^{(k)})}\tag{10-35}$$

式中 $H(\boldsymbol{X}^{(k)})$ 是海赛阵。可见，最佳步长不仅与梯度有关，而且与海赛阵有关。在实用中，也可以不用式(10-35)来确定最佳步长，而采用任一种一维搜索法。

用最速下降法解非线性规划问题的迭代步骤是：

(1) 给定初始近似点 $\boldsymbol{X}^{(0)}$ 及精度 $\varepsilon>0$，若 $\|\nabla f(\boldsymbol{X}^{(0)})\|^2\leqslant\varepsilon$，则 $\boldsymbol{X}^{(0)}$ 即为近似极小点。

(2) 若 $\|\nabla f(\boldsymbol{X}^{(0)})\|^2>\varepsilon$，求步长 λ_0，并计算

$$\boldsymbol{X}^{(1)}=X^{(0)}-\lambda_0\nabla f(\boldsymbol{X}^{(0)})$$

求步长可用一维搜索法、微分法；若求最佳步长，可用式(10-35)。

(3)一般地说，若 $\|\nabla f(\boldsymbol{X}^{(k)})\|^2\leqslant\varepsilon$，则 $\boldsymbol{X}^{(k)}$ 即为所求的近似解；若 $\|\nabla f(\boldsymbol{X}^{(k)})\|^2>\varepsilon$，则求步长 λ_k，并确定下一个近似点：

$$\boldsymbol{X}^{(k+1)}=\boldsymbol{X}^{(k)}-\lambda_k\nabla f(\boldsymbol{X}^{(k)})\tag{10-36}$$

直至达到精度要求为止。

例 10-7 求函数 $f(x_1,x_2)=x_1^2+2x_1x_2+3x_2^2$ 在 $\boldsymbol{X}^{(0)}=(2,1)^{\mathrm{T}}$ 处的负梯度方向(最速下降方向)。

解 在 $\boldsymbol{X}^{(0)}$ 点处的梯度向量为

$$\nabla f(\boldsymbol{X})\Big|_{\boldsymbol{X}^{(0)}}=\begin{pmatrix}2x_1+2x_2\\2x_1+6x_2\end{pmatrix}\Big|_{\boldsymbol{X}^{(0)}}=\begin{pmatrix}6\\10\end{pmatrix}$$

$$\|\nabla f(\boldsymbol{X}^{(0)})\|=\sqrt{136}$$

负梯度方向为

$$\boldsymbol{P}^{(0)}=-\nabla f(\boldsymbol{X}^{(0)})=\begin{pmatrix}-6\\-10\end{pmatrix}$$

负梯度方向的单位向量为：

$$\boldsymbol{S}^{(0)}=-\frac{\nabla f(\boldsymbol{X}^{(0)})}{\|\nabla f(\boldsymbol{X}^{(0)})\|}=\frac{1}{\sqrt{136}}\begin{pmatrix}-6\\-10\end{pmatrix}$$

负梯度方向的单位向量见图 10-9。

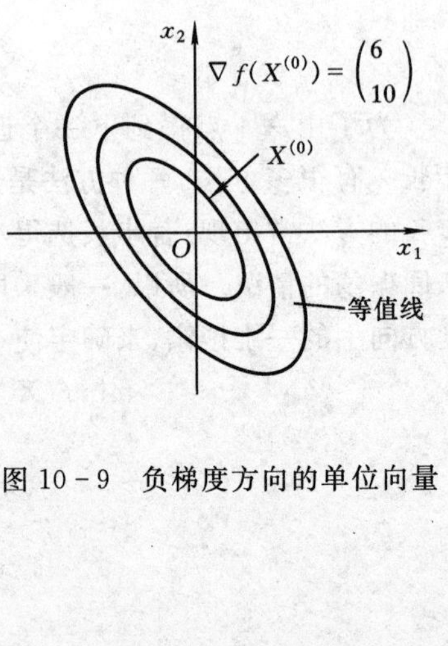

图 10-9 负梯度方向的单位向量

例 10-8 试求函数 $f(\boldsymbol{X})=x_1^2+25x_2^2$ 的极小点。

解 取初始点 $\boldsymbol{X}^{(0)}=(2,\ 2)^{\mathrm{T}}$ $\quad f(\boldsymbol{X}^{(0)})=104$

$$\nabla f(\boldsymbol{X})=(2x_1,\ 50x_2)^{\mathrm{T}}\qquad\nabla f(\boldsymbol{X}^{(0)})=(4,\ 100)^{\mathrm{T}}$$

$$\|\nabla f(\boldsymbol{X}^{(0)})\|=\sqrt{4^2+100^2}=\sqrt{10\,016}$$

按式(10－34)或最佳步长表达式(10－35)，取 $\alpha_0=2.003$，得 $\boldsymbol{X}^{(1)}=(1.92, -0.003)^{\mathrm{T}}$，$f(\boldsymbol{X}^{(1)})=3.69$。前三次迭代的过程如下：

迭代次数	点	λ_k	x_1	x_2	$\dfrac{\partial f(\boldsymbol{X}^{(k)})}{\partial x_1}$	$\dfrac{\partial f(\boldsymbol{X}^{(k)})}{\partial x_2}$	$f(\boldsymbol{X}^{(k)})$
0	$x^{(0)}$	2.003	2	2	4	100	104
1	$x^{(1)}$	1.850	1.92	−0.003	3.84	−0.15	3.69
2	$x^{(2)}$	0.070	0.070	0.070	0.14	3.50	0.13
3	$x^{(3)}$		0.070	−0.000			

迭代过程的几何表示如图 10－10。

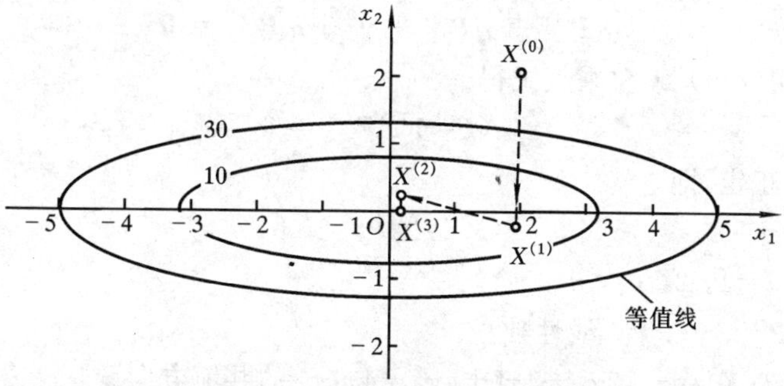

图 10－10　迭代过程的几何表示

最后说明，用最速下降法，相邻两步的搜索方向是互相垂直(正交)的；最速下降法是按线性收敛的。当 $f(\boldsymbol{X})$是具有一阶连续偏导数的凸函数时，如果由最速下降法得到的点列$\{\boldsymbol{X}^{(k)}\}$有界，则数列$\{f(\boldsymbol{X}^{(k)})\}$单调下降，序列$\{\boldsymbol{X}^{(k)}\}$的极限点 $\boldsymbol{X}^*$ 满足$\nabla f(\boldsymbol{X}^*)=\boldsymbol{0}$，$\boldsymbol{X}^*$ 为全局极小点。当目标函数的等值线为一族同心圆(或同心球面)时，则从任一初始点出发，沿最速下降方向，一步即可达到极小点；若目标函数的等值线为椭圆，尤其当长半径比短半径大得多时，则迭代次数与初始点选择有关。

10.3.4.2　*共轭梯度法*

共轭梯度法(conjugate gradient method)，是由弗莱彻(Fletcher)和瑞夫斯(Reeves)两人在 1964 年提出来的，所以此法亦称 FR **共轭梯度法**。

梯度法(最速下降法)收敛速度比较慢，为了克服这些缺点，就产生了共轭梯度法。

我们主要以二次函数为讨论对象，因为二次函数是一种比较简单的函数，而一般函数可用二次函数来近似，离极小点越近，越接近于二次函数。

首先介绍共轭方向与共轭方向法的一些概念，然后介绍共轭梯度法。

1. 共轭方向

定义 10－11　设 $\boldsymbol{X}$ 和 $\boldsymbol{Y}$ 是 n 维欧氏空间 E^n 中的两个向量，若有

$$\boldsymbol{X}^{\mathrm{T}}\boldsymbol{Y}=\boldsymbol{0}$$

则称 $\boldsymbol{X}$ 和 $\boldsymbol{Y}$ 相互正交。

定义 10-12 设 $\boldsymbol{A}$ 为 $n\times n$ 对称正定矩阵，若向量 $\boldsymbol{X}$ 与 $\boldsymbol{Y}$ 满足：

$$\boldsymbol{X}^{\mathrm{T}}\boldsymbol{A}\boldsymbol{Y}=\boldsymbol{0} \tag{10-37}$$

则称 $\boldsymbol{X}$ 和 $\boldsymbol{Y}$ 关于 $\boldsymbol{A}$ 共轭，或说 $\boldsymbol{X}$ 和 $\boldsymbol{Y}$ 为 $\boldsymbol{A}$ 共轭（$\boldsymbol{A}$ 为正交）。

一般，设 $\boldsymbol{A}$ 为 $n\times n$ 对称正定阵，若非零向量组 $\boldsymbol{P}^{(1)}, \boldsymbol{P}^{(2)}, \cdots, \boldsymbol{P}^{(n)}$ 满足：

$$(\boldsymbol{P}^{(i)})^{\mathrm{T}}\boldsymbol{A}\boldsymbol{P}^{(j)}=\boldsymbol{0}\ (i\neq j) \tag{10-38}$$

则称该向量组为 $\boldsymbol{A}$ 共轭。特别，$\boldsymbol{A}=\boldsymbol{I}$（单位阵），则式(10-38)即为通常的正交条件。因此，$\boldsymbol{A}$ 共轭概念是通常正交概念的推广。

若 $\boldsymbol{P}^{(1)}, \boldsymbol{P}^{(2)}, \cdots, \boldsymbol{P}^{(n)}$ 为 $\boldsymbol{A}$ 共轭的非零向量，下述定理指出了向量 $\boldsymbol{P}^{(1)}, \boldsymbol{P}^{(2)}, \cdots, \boldsymbol{P}^{(n)}$ 之间的关系。

定理 10-7 设 $\boldsymbol{A}$ 为 $n\times n$ 的对称正定阵，$\boldsymbol{P}^{(1)}, \boldsymbol{P}^{(2)}, \cdots, \boldsymbol{P}^{(n)}$ 为 $\boldsymbol{A}$ 共轭的非零向量，则这一组向量线性无关。

证明 设向量 $\boldsymbol{P}^{(1)}, \boldsymbol{P}^{(2)}, \cdots, \boldsymbol{P}^{(n)}$ 之间存在线性关系

$$\alpha_1\boldsymbol{P}^{(1)}+\alpha_2\boldsymbol{P}^{(2)}+\cdots+\alpha_n\boldsymbol{P}^{(n)}=\boldsymbol{0}$$

对 $i=1,2,\cdots,n$，用 $(\boldsymbol{P}^{(i)})^{\mathrm{T}}\boldsymbol{A}$ 左乘上式得

$$\alpha_i(\boldsymbol{P}^{(i)})^{\mathrm{T}}\boldsymbol{A}\boldsymbol{P}^{(i)}=\boldsymbol{0}$$

但因 $\boldsymbol{P}^{(i)}\neq\boldsymbol{0}$，$\boldsymbol{A}$ 为正定，即

$$(\boldsymbol{P}^{(i)})^{\mathrm{T}}\boldsymbol{A}\boldsymbol{P}^{(i)}>0$$

故必有 $\alpha_i=0,\ i=1,\ 2,\ \cdots,\ n$

从而证明了 $\boldsymbol{P}^{(1)}, \boldsymbol{P}^{(2)}, \cdots, \boldsymbol{P}^{(n)}$ 线性独立。

例 10-9 求 $f(\boldsymbol{X})=-12x_2+4x_1^2+4x_2^2-4x_1x_2$ 的共轭方向。

这里，海赛阵

$$\boldsymbol{H}=\begin{bmatrix}8 & -4\\ -4 & 8\end{bmatrix}$$

现在构造共轭方向。设 $\boldsymbol{P}^{(1)}=(1,\ 0)^{\mathrm{T}}$，$\boldsymbol{P}^{(2)}=(a,b)^{\mathrm{T}}$，则应有

$$(\boldsymbol{P}^{(1)})^{\mathrm{T}}H\boldsymbol{P}^{(2)}=8a-4b=0$$

可取 $a=1,\ b=2$，得 $\boldsymbol{P}^{(2)}=(1,2)^{\mathrm{T}}$。由此可见，共轭方向并不是唯一的。

2. 共轭方向法

设讨论的无约束极值问题是：

$$\min f(\boldsymbol{X})=\frac{1}{2}\boldsymbol{X}^{\mathrm{T}}\boldsymbol{A}\boldsymbol{X}+\boldsymbol{B}^{\mathrm{T}}\boldsymbol{X}+c \tag{10-39}$$

其中，$\boldsymbol{A}$ 是 $n\times n$ 对称正定阵；$\boldsymbol{X},\boldsymbol{B}\in E^n$ 的列向量；c 为常数。式(10-39)就是正定二次函数的极小化问题。

由式(10-39)：

$$\nabla f(\boldsymbol{X})=\boldsymbol{A}\boldsymbol{X}+\boldsymbol{B}$$

对于唯一极小点 $\boldsymbol{X}^*$（由于 $\boldsymbol{A}$ 为对称正定阵，故存在唯一极小点），有

$$\nabla f(\boldsymbol{X}^*)=\boldsymbol{A}\boldsymbol{X}^*+\boldsymbol{B}=\boldsymbol{0}$$

所以

$$\boldsymbol{X}^*=-\boldsymbol{A}^{-1}\boldsymbol{B} \tag{10-40}$$

如果已知某共轭向量组 $\boldsymbol{P}^{(0)}, \boldsymbol{P}^{(1)}, \cdots, \boldsymbol{P}^{(n-1)}$，我们可以证明式(10-39)的极小点 $\boldsymbol{X}^*$，可

以通过下列算法得到：

$$\begin{cases} \boldsymbol{X}^{(k+1)} = \boldsymbol{X}^{(k)} + \lambda_k \boldsymbol{P}^{(k)} \quad (k = 0,1,2,\cdots,n-1) \\ \lambda_k: \min\limits_{\lambda} \ f(\boldsymbol{X}^{(k)} + \lambda \boldsymbol{P}^{(k)}) \\ \boldsymbol{X}^{(n)} = \boldsymbol{X}^* \end{cases} \tag{10-41}$$

式(10-41)表明，从任一点 $\boldsymbol{X}^{(0)}$ 出发，相继以 $\boldsymbol{A}$ 共轭的 $\boldsymbol{P}^{(0)},\boldsymbol{P}^{(1)},\cdots \boldsymbol{P}^{(n-1)}$ 为搜索方向，经过 n 次一维搜索，收敛到极小点 $\boldsymbol{X}^*$ 。

现在我们就二维正定二次函数的情形加以说明。设 $\boldsymbol{X}^{(0)}$ 为初始点，$\boldsymbol{P}^{(0)}$ 为已知方向，令

$$\boldsymbol{X}^{(1)} = \boldsymbol{X}^{(0)} + \lambda_0 \boldsymbol{P}^{(0)}$$

为确定 λ_0，按式(10-41)的第二式，就 $f(\boldsymbol{X}^{(0)}+\lambda\boldsymbol{P}^{(0)})$ 对 λ 作一维搜索。

$f(\boldsymbol{X})$ 在 $\boldsymbol{X}^{(0)}$ 的泰勒展开为：

$$f(\boldsymbol{X}^{(0)} + \lambda\boldsymbol{P}^{(0)}) = f(\boldsymbol{X}^{(0)}) + \lambda\nabla f(\boldsymbol{X}^{(0)})^{\mathrm{T}}\boldsymbol{P}^{(0)} + \frac{1}{2}\lambda^2(\boldsymbol{P}^{(0)})^{\mathrm{T}}\boldsymbol{A}\boldsymbol{P}^{(0)}$$

于是令

$$\frac{\mathrm{d}}{\mathrm{d}\lambda}f(\boldsymbol{X}^{(0)} + \lambda\boldsymbol{P}^{(0)}) = \nabla f(\boldsymbol{X}^{(0)})^{\mathrm{T}}\boldsymbol{P}^{(0)} + \lambda(\boldsymbol{P}^{(0)})^{\mathrm{T}}\boldsymbol{A}\boldsymbol{P}^{(0)} = \boldsymbol{0}$$

解得 $\lambda=\lambda_0$ 为：

$$\lambda_0 = -\frac{\nabla f(\boldsymbol{X}^{(0)})^{\mathrm{T}}\boldsymbol{P}^{(0)}}{(\boldsymbol{P}^{(0)})^{\mathrm{T}}\boldsymbol{A}\boldsymbol{P}^{(0)}}$$

设 $\boldsymbol{X}^{(1)}$ 不是极小点，作第二次逼近，取方向为 $\boldsymbol{P}^{(1)}$，令

$$\boldsymbol{X}^{(2)} = \boldsymbol{X}^{(1)} + \lambda_1 \boldsymbol{P}^{(1)}$$

其中 λ_1 使

$$f(\boldsymbol{X}^{(1)} + \lambda_1\boldsymbol{P}^{(1)}) = \min_{\lambda_1} f(\boldsymbol{X}^{(1)} + \lambda\boldsymbol{P}^{(1)})$$

同理可得

$$\lambda_1 = -\frac{\nabla f(\boldsymbol{X}^{(1)})^{\mathrm{T}}\boldsymbol{P}^{(1)}}{(\boldsymbol{P}^{(1)})^{\mathrm{T}}\boldsymbol{A}\boldsymbol{P}^{(1)}}$$

如何选取方向 $\boldsymbol{P}^{(1)}$，使 $\boldsymbol{X}^{(2)}$ 恰为式(10-39)的极小点？假定 $X^{(2)}$ 为极小点，由式(10-40)有：

$$\nabla f(\boldsymbol{X}^{(2)}) = \boldsymbol{B} + \boldsymbol{A}\boldsymbol{X}^{(2)} = \boldsymbol{0}$$

又 $\boldsymbol{X}^{(2)}=\boldsymbol{X}^{(0)}+\lambda_0\boldsymbol{P}^{(0)}+\lambda_1\boldsymbol{P}^{(1)}$，所以

$$\boldsymbol{B} + \boldsymbol{A}\boldsymbol{X}^{(0)} + \lambda_0\boldsymbol{A}\boldsymbol{P}^{(0)} + \lambda_1\boldsymbol{A}\boldsymbol{P}^{(1)} = \boldsymbol{0}$$

即

$$\nabla f(\boldsymbol{X}^{(0)}) + \lambda_0\boldsymbol{A}\boldsymbol{P}^{(0)} + \lambda_1\boldsymbol{A}\boldsymbol{P}^{(1)} = \boldsymbol{0}$$

以 $(\boldsymbol{P}^{(0)})^{\mathrm{T}}$ 左乘上式，得

$$\nabla f(\boldsymbol{X}^{(0)})^{\mathrm{T}}\boldsymbol{P}^{(0)} + \lambda_0(\boldsymbol{P}^{(0)})^{\mathrm{T}}\boldsymbol{A}\boldsymbol{P}^{(0)} + \lambda_1(\boldsymbol{P}^{(0)})^{\mathrm{T}}\boldsymbol{A}\boldsymbol{P}^{(1)} = \boldsymbol{0}$$

由于 $\lambda_0 \neq 0$，$\lambda_1 \neq 0$，得出

$$(\boldsymbol{P}^{(0)})^{\mathrm{T}}\boldsymbol{A}\boldsymbol{P}^{(1)} = \boldsymbol{0}$$

反之，也可以证明，如果两个方向 $\boldsymbol{P}^{(0)}$ 与 $\boldsymbol{P}^{(1)}$ 是 $\boldsymbol{A}$ 共轭的，则沿向量 $\boldsymbol{P}^{(0)}$ 与 $\boldsymbol{P}^{(1)}$ 进行一维搜索所得到的点 $\boldsymbol{X}^{(2)}$ 即为式(10-39)的极小点。

3. 正定二次函数的共轭梯度法

前面已提到，共轭方向的选取有很大的任意性，对应于不同的一组共轭方向，就有不同的共轭方向法。我们自然希望共轭方向能在迭代过程中逐次产生，共轭梯度法就是这样一种共轭方向法。

此法迭代的第一步取负梯度方向，即 $\boldsymbol{P}^{(0)}=-\nabla f(\boldsymbol{X}^{(0)})$。以后各步以负梯度方向加上已产生的方向的线性组合作为搜索方向，即

$$\boldsymbol{P}^{(k+1)}=-\nabla f(\boldsymbol{X}^{(k+1)})+\sum_{i=1}^{k}\beta_i\boldsymbol{P}^{(i)}$$

现在来推导共轭梯度法的迭代公式。

由于$\nabla f(\boldsymbol{X})=\boldsymbol{AX}+\boldsymbol{B}$，故有

$$\nabla f(\boldsymbol{X}^{(k+1)})-\nabla f(\boldsymbol{X}^{(k)})=\boldsymbol{A}(\boldsymbol{X}^{(k+1)}-\boldsymbol{X}^{(k)})$$

但 $\boldsymbol{X}^{(k+1)}=\boldsymbol{X}^{(k)}+\lambda_k\boldsymbol{P}^{(k)}$，故

$$\nabla f(\boldsymbol{X}^{(k+1)})-\nabla f(\boldsymbol{X}^{(k)})=\lambda_k\boldsymbol{AP}^{(k)} \tag{10-42}$$

$$(k=0,1,2,\cdots,n-1)$$

任取初始近似点 $\boldsymbol{X}^{(0)}$，并取初始搜索方向为此点的负梯度方向，即

$$\boldsymbol{P}^{(0)}=-\nabla f(\boldsymbol{X}^{(0)})$$

沿射线 $\boldsymbol{X}^{(0)}+\lambda\boldsymbol{P}^{(0)}$ 进行一维搜索，得

$$\boldsymbol{X}^{(1)}=\boldsymbol{X}^{(0)}+\lambda_0\boldsymbol{P}^{(0)}$$

$$\lambda_0:\min_{\lambda}\ f(\boldsymbol{X}^{(0)}+\lambda\boldsymbol{P}^{(0)})$$

算出$\nabla f(\boldsymbol{X}^{(1)})$，由于$\nabla f(\boldsymbol{X}^{(1)})$和 $\boldsymbol{P}^{(0)}$ 正交，知

$$\nabla f(\boldsymbol{X}^{(1)})^{\mathrm{T}}\boldsymbol{P}^{(0)}=-\nabla f(\boldsymbol{X}^{(1)})^{\mathrm{T}}\nabla f(\boldsymbol{X}^{(0)})=\boldsymbol{0}$$

这里，假定$\nabla f(\boldsymbol{X}^{(1)})$和$\nabla f(\boldsymbol{X}^{(0)})$均不等于零（否则，就是极小点）。为此，令

$$\boldsymbol{P}^{(1)}=-\nabla f(\boldsymbol{X}^{(1)})+\alpha_0\nabla f(\boldsymbol{X}^{(0)})$$

式中 α_0 为待定常数。欲使 $\boldsymbol{P}^{(1)}$ 和 $\boldsymbol{P}^{(0)}$ 为 $\boldsymbol{A}$ 共轭，由式(10-42)必须

$$[-\nabla f(\boldsymbol{X}^{(1)})+\alpha_0\nabla f(\boldsymbol{X}^{(0)})]^{\mathrm{T}}[\nabla f(\boldsymbol{X}^{(1)})-\nabla f(\boldsymbol{X}^{(0)})]=\boldsymbol{0}$$

故

$$-\alpha_0=\frac{\nabla f(\boldsymbol{X}^{(1)})^{\mathrm{T}}\nabla f(\boldsymbol{X}^{(1)})}{\nabla f(\boldsymbol{X}^{(0)})^{\mathrm{T}}\nabla f(\boldsymbol{X}^{(0)})}$$

令

$$\beta_0=-\alpha_0=\frac{\nabla f(\boldsymbol{X}^{(1)})^{\mathrm{T}}\nabla f(\boldsymbol{X}^{(1)})}{\nabla f(\boldsymbol{X}^{(0)})^{\mathrm{T}}\nabla f(\boldsymbol{X}^{(0)})} \tag{10-43}$$

由此可得

$$\boldsymbol{P}^{(1)}=-\nabla f(\boldsymbol{X}^{(1)})+\beta_0\boldsymbol{P}^{(0)} \tag{10-44}$$

以 $\boldsymbol{P}^{(1)}$ 为搜索方向进行一维搜索，按照以上相同的推导，可得新的搜索方向 $\boldsymbol{P}^{(2)}$，其中

$$\boldsymbol{P}^{(2)}=-\nabla f(\boldsymbol{X}^{(2)})+\beta_1\boldsymbol{P}^{(1)},\quad \beta_1=\frac{\nabla f(\boldsymbol{X}^{(2)})^{\mathrm{T}}\nabla f(\boldsymbol{X}^{(2)})}{\nabla f(\boldsymbol{X}^{(1)})^{\mathrm{T}}\nabla f(\boldsymbol{X}^{(1)})}$$

依此类推，可得

$$\begin{cases}\boldsymbol{P}^{(k+1)}=-\nabla f(\boldsymbol{X}^{(k+1)})+\beta_k\boldsymbol{P}^{(k)}\\ \beta_k=\dfrac{\nabla f(\boldsymbol{X}^{(k+1)})^{\mathrm{T}}\nabla f(\boldsymbol{X}^{(k+1)})}{\nabla f(\boldsymbol{X}^{(k)})^{\mathrm{T}}\nabla f(\boldsymbol{X}^{(k)})}\end{cases}$$

对于正定二次函数，由式(10－42)：

$$\nabla f(\boldsymbol{X}^{(k+1)}) = \nabla f(\boldsymbol{X}^{(k)}) + \lambda_k \boldsymbol{A}\boldsymbol{P}^{(k)}$$

由于进行的是一维最优搜索，故有

$$\nabla f(\boldsymbol{X}^{(k+1)})^{\mathrm{T}}\boldsymbol{P}^{(k)} = \boldsymbol{0}$$

从而

$$\lambda_k = -\frac{\nabla f(\boldsymbol{X}^{(k)})^{\mathrm{T}}\boldsymbol{P}^{(k)}}{(\boldsymbol{P}^{(k)})^{\mathrm{T}}\boldsymbol{A}\boldsymbol{P}^{(k)}}$$

这样，便得到共轭梯度法的一组迭代计算公式如下：

$$\begin{cases} \boldsymbol{X}^{(k+1)} = \boldsymbol{X}^{(k)} + \lambda_k \boldsymbol{P}^{(k)} \\ \lambda_k = -\dfrac{\nabla f(\boldsymbol{X}^{(k)})^{\mathrm{T}}\boldsymbol{P}^{(k)}}{(\boldsymbol{P}^{(k)})^{\mathrm{T}}\boldsymbol{A}\boldsymbol{P}^{(k)}} \\ \boldsymbol{P}^{(k+1)} = -\nabla f(\boldsymbol{X}^{(k+1)}) + \beta_k \boldsymbol{P}^{(k)} \\ \beta_k = \dfrac{\nabla f(\boldsymbol{X}^{(k+1)})^{\mathrm{T}}\,\nabla f(\boldsymbol{X}^{(k+1)})}{\nabla f(\boldsymbol{X}^{(k)})^{\mathrm{T}}\,\nabla f(\boldsymbol{X}^{(k)})} \end{cases} \tag{10-45}$$

$$(k = 0, 1, 2, \cdots, n-1)$$

其中 $\boldsymbol{X}^{(0)}$ 为初始近似，$\boldsymbol{P}^{(0)} = -\nabla f(\boldsymbol{X}^{(0)})$。

由于 $\boldsymbol{P}^{(k)} = -\nabla f(\boldsymbol{X}^{(k)}) + \beta_{k-1}\boldsymbol{P}^{(k-1)}$，$\nabla f(\boldsymbol{X}^{(k)})^{\mathrm{T}}\boldsymbol{P}^{(k-1)} = \boldsymbol{0}$

故(10－45)式中的 λ_k 也可以写成：

$$\lambda_k = \frac{\nabla f(\boldsymbol{X}^{(k)})^{\mathrm{T}}\,\nabla f(\boldsymbol{X}^{(k)})}{(\boldsymbol{P}^{(k)})^{\mathrm{T}}\boldsymbol{A}\boldsymbol{P}^{(k)}} \tag{10-46}$$

借助于式(10－42)，β_k 还可以写成其它等价形式，如

$$\beta_k = \frac{\nabla f(\boldsymbol{X}^{(k+1)})^{\mathrm{T}}\boldsymbol{A}\boldsymbol{P}^{(k)}}{(\boldsymbol{P}^{(k)})^{\mathrm{T}}\boldsymbol{A}\boldsymbol{P}^{(k)}} \tag{10-47}$$

$$\beta_k = \frac{\|\nabla f(\boldsymbol{X}^{(k+1)})\|^2}{\|\nabla f(\boldsymbol{X}^{(k)})\|^2} \tag{10-48}$$

现将共轭梯度法的算法步骤总结如下：

(1)选择初始点 $\boldsymbol{X}^{(0)}$（靠近 $\boldsymbol{X}^*$），给出允许误差 $\varepsilon > 0$。

(2)计算 $\boldsymbol{P}^{(0)} = -\nabla f(\boldsymbol{X}^{(0)})$，并用式(10－45)的前两式算出 $\boldsymbol{X}^{(1)}$。计算 λ_0 也可以使用以前介绍的一维搜索法。

(3)假定已算出 $\boldsymbol{X}^{(k)}$，$\boldsymbol{P}^{(k)}$，则可计算其 $k+1$ 次近似点 $\boldsymbol{X}^{(k+1)}$

$$\begin{cases} \boldsymbol{X}^{(k+1)} = \boldsymbol{X}^{(k)} + \lambda_k \boldsymbol{P}^{(k)} \\ \lambda_k:\ \min\limits_{\lambda}\ f(\boldsymbol{X}^{(k)} + \lambda \boldsymbol{P}^{(k)}) \end{cases}$$

(4)若 $\|\nabla f(\boldsymbol{X}^{(k+1)})\|^2 \leqslant \varepsilon$，停止计算，$X^{(k+1)}$ 即为所求的近似解。否则，若 $k < n-1$，则用式(10－45)的后两式计算 β_k，$\boldsymbol{P}^{(k+1)}$，并转向第(3)步。

共轭梯度法的主要优点是不必计算二阶偏导数矩阵，省去了计算机存储，适合于大规模问题的求解；而且收敛速度比梯度法快。

以上讨论都限于对二次函数而言，对非二次函数 $f(\boldsymbol{X})$ 可用二次函数来逼近它。这时，矩阵 $\boldsymbol{A}$ 应被 $f(\boldsymbol{X})$ 的二阶偏导数矩阵 $\nabla^2 f(\boldsymbol{X})$ 所代替，便可得到非二次函数的共轭梯度法。但是出现二阶偏导数矩阵是我们不希望的，所以我们不用式(10－47)来计算 β_k，而用式(10－45)中的 β_k 或式(10－48)来计算。对于 λ_k，不用式(10－45)或(10－46)，而用 $\boldsymbol{P}^{(k)}$ 方向的一维搜索。

例 10-10 用FR共轭梯度法求函数 $f(X)=\frac{3}{2}x_1^2+\frac{1}{2}x_2^2-x_1x_2-2x_1$ 的极小点。

解 将 $f(\boldsymbol{X})$ 化成式(10-39)的形式,有

$$\boldsymbol{A}=\begin{bmatrix}3 & -1\\ -1 & 1\end{bmatrix}\qquad \boldsymbol{B}=\begin{bmatrix}-2\\ 0\end{bmatrix}.$$

为了便于比较,先求出最优解:

$$\boldsymbol{X}^*=-\boldsymbol{A}^{-1}\boldsymbol{B}=-\frac{1}{2}\begin{bmatrix}1 & 1\\ 1 & 3\end{bmatrix}\begin{bmatrix}-2\\ 0\end{bmatrix}=\begin{bmatrix}1\\ 1\end{bmatrix}$$

现从 $\boldsymbol{X}^{(0)}=(-2,\ 4)^{\mathrm{T}}$ 开始。由于

$$\nabla f(\boldsymbol{X})=\begin{pmatrix}3x_1-x_2-2\\ x_2-x_1\end{pmatrix}$$

故 $\nabla f(\boldsymbol{X}^{(0)})=(-12,6)^{\mathrm{T}}\qquad \boldsymbol{P}^{(0)}=-\nabla f(\boldsymbol{X}^{(0)})=(12,-6)^{\mathrm{T}}$

$$\lambda_0=-\frac{\nabla f(\boldsymbol{X}^{(0)})^{\mathrm{T}}\boldsymbol{P}^{(0)}}{(\boldsymbol{P}^{(0)})^{\mathrm{T}}\boldsymbol{A}\boldsymbol{P}^{(0)}}=-\frac{(-12,\ 6)\begin{bmatrix}12\\ -6\end{bmatrix}}{(12,\ -6)\begin{bmatrix}3 & -1\\ -1 & 1\end{bmatrix}\begin{bmatrix}12\\ -6\end{bmatrix}}=\frac{180}{612}=\frac{7}{15}$$

于是

$$\boldsymbol{X}^{(1)}=\boldsymbol{X}^{(0)}+\lambda_0\boldsymbol{P}^{(0)}=\begin{pmatrix}-2\\ 4\end{pmatrix}+\frac{7}{15}\begin{pmatrix}12\\ -6\end{pmatrix}=\begin{bmatrix}\frac{26}{17}\\ \frac{38}{17}\end{bmatrix}$$

$$\nabla f(\boldsymbol{X}^{(1)})=\left(\frac{6}{17},\ \frac{12}{17}\right)^{\mathrm{T}}$$

$$\beta_0=\frac{\nabla f(\boldsymbol{X}^{(1)})^{\mathrm{T}}\ \nabla f(\boldsymbol{X}^{(1)})}{\nabla f(\boldsymbol{X}^{(0)})^{\mathrm{T}}\ \nabla f(\boldsymbol{X}^{(0)})}=\frac{\left(\frac{6}{17},\ \frac{12}{17}\right)\begin{pmatrix}\frac{6}{17}\\ \frac{12}{17}\end{pmatrix}}{(-12,\ 6)\begin{pmatrix}-12\\ 6\end{pmatrix}}=\frac{1}{289}$$

$$\boldsymbol{P}^{(1)}=-\nabla f(\boldsymbol{X}^{(1)})+\beta_0\boldsymbol{P}^{(0)}=-\begin{pmatrix}\frac{6}{17}\\ \frac{12}{17}\end{pmatrix}+\frac{1}{289}\begin{pmatrix}12\\ -6\end{pmatrix}=\left(-\frac{90}{289},\ -\frac{210}{289}\right)^{\mathrm{T}}$$

$$\lambda_1=-\frac{\nabla f(\boldsymbol{X}^{(1)})^{\mathrm{T}}\boldsymbol{P}^{(1)}}{(\boldsymbol{P}^{(1)})^{\mathrm{T}}\boldsymbol{A}\boldsymbol{P}^{(1)}}=-\frac{\left(\frac{6}{17},\ \frac{12}{17}\right)\left(-\frac{90}{289},-\frac{210}{289}\right)^{\mathrm{T}}}{\left(-\frac{90}{289},-\frac{210}{289}\right)\begin{bmatrix}3 & -1\\ -1 & 1\end{bmatrix}\left(-\frac{90}{289},-\frac{210}{289}\right)^{\mathrm{T}}}$$

$$=\frac{17}{10}$$

故

$$X^{(2)} = X^{(1)} + \lambda_1 P^{(1)} = \begin{pmatrix} \frac{26}{17} \\ \frac{38}{17} \end{pmatrix} + \frac{17}{10}\begin{pmatrix} -\frac{90}{289} \\ -\frac{210}{289} \end{pmatrix} = \begin{pmatrix} 1 \\ 1 \end{pmatrix}$$

这就是 $f(\boldsymbol{X})$的极小点。图 10 - 11 表示了它的搜索过程。

10.3.4.3　变尺度法(change of scale method)

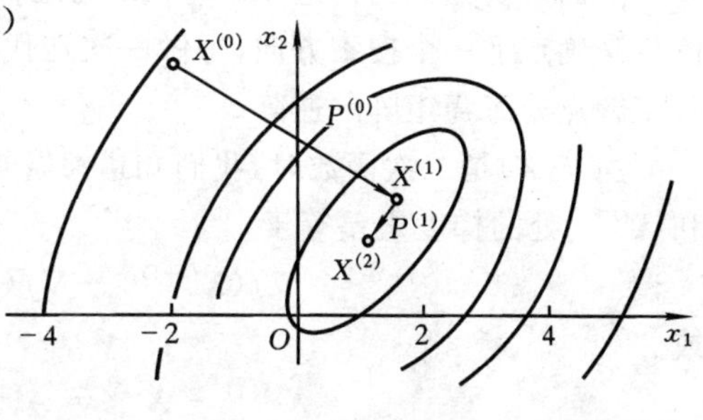

图 10 - 11　共轭梯度法的搜索过程图例

变尺度法是近二三十年来发展起来的、求解无约束极值问题的一种有效方法。由于这种方法既避免了计算二阶偏导数矩阵及其求逆过程，又有比梯度法收敛速度快的优点，对于高维问题具有显著的优越性，因而使变尺度法获得了很高的声誉，至今被公认为是求解无约束极值问题最有效的算法之一。这种方法首先由 Davidon 提出来，后又由 Fletcher 和 Powell 加以改进而形成的，故称 DFP 法，或称 **DFP 变尺度法。**

1. 变尺度法的基本原理和方法

假设无约束极值问题的目标函数 $f(\boldsymbol{X})$具有二阶连续偏导数，$\boldsymbol{X}^{(k)}$ 为其极小点的某一近似。在这个点附近取 $f(\boldsymbol{X})$的二阶泰勒多项式逼近，即

$$f(\boldsymbol{X}) \approx f(\boldsymbol{X}^{(k)}) + \nabla f(\boldsymbol{X}^{(k)})^{\mathrm{T}} \Delta \boldsymbol{X} + \frac{1}{2}(\Delta \boldsymbol{X})^{\mathrm{T}} \boldsymbol{H}(\boldsymbol{X}^{(k)}) \Delta \boldsymbol{X} \tag{10-49}$$

则其梯度为

$$\nabla f(\boldsymbol{X}) \approx \nabla f(\boldsymbol{X}^{(k)}) + \boldsymbol{H}(\boldsymbol{X}^{(k)}) \Delta \boldsymbol{X} \tag{10-50}$$

这个近似函数的极小点满足

$$\nabla f(\boldsymbol{X}^{(k)}) + \boldsymbol{H}(\boldsymbol{X}^{(k)}) \Delta \boldsymbol{X} = \boldsymbol{0}$$

从而

$$\boldsymbol{X} = \boldsymbol{X}^{(k)} - \boldsymbol{H}(\boldsymbol{X}^{(k)})^{-1} \nabla f(\boldsymbol{X}^{(k)}) \tag{10-51}$$

其中 $\boldsymbol{H}(\boldsymbol{X}^{(k)})$为 $f(\boldsymbol{X})$在 $\boldsymbol{X}^{(k)}$ 点的海赛矩阵。

如果 $f(\boldsymbol{X})$是二次函数，则 $\boldsymbol{H}(\boldsymbol{X})$为常数阵。这时，逼近式(10 - 49)是准确等式。在此情况下，从任一点 $\boldsymbol{X}^{(k)}$ 出发，用式(10 - 51)只要一步即可求出 $f(\boldsymbol{X})$的极小点(假定 $\boldsymbol{H}(\boldsymbol{X}^{(k)})$正定)。

当 $f(\boldsymbol{X})$不是二次函数时，式(10 - 49)仅是 $f(\boldsymbol{X})$在 $\boldsymbol{X}^{(k)}$ 点附近的近似表达式。这时，按式(10 - 51)求得的极小点，只是 $f(\boldsymbol{X})$极小点的近似。在这种情况下，常取 $-\boldsymbol{H}(\boldsymbol{X}^{(k)})^{-1}\nabla f(\boldsymbol{X}^{(k)})$ 为搜索方向，即

$$\begin{cases} \boldsymbol{P}^{(k)} = -\boldsymbol{H}(\boldsymbol{X}^{(k)})^{-1} \nabla f(\boldsymbol{X}^{(k)}) \\ \boldsymbol{X}^{(k+1)} = \boldsymbol{X}^{(k)} + \lambda_k \boldsymbol{P}^{(k)} \\ \lambda_k:\ \min\limits_{\lambda} f(\boldsymbol{X}^{(k)} + \lambda \boldsymbol{P}^{(k)}) \end{cases} \tag{10-52}$$

按照这种方式求函数 $f(\boldsymbol{X})$极小点的方法，称作**广义牛顿法。**式(10 - 52)确定的搜索方向，为 $f(\boldsymbol{X})$在点 $\boldsymbol{X}^{(k)}$ 的**牛顿方向。**牛顿法(限于篇幅，本章没有列入牛顿法)的收敛速度很快，当 $f(\boldsymbol{X})$的二阶导数及其海赛矩阵的逆阵便于计算时，使用这一方法非常有效。

但是，一般来说，实际问题中的目标函数往往相当复杂，计算二阶导数的工作量比较大，或者根本不可能。而且，当 $\boldsymbol{X}$ 的维数很高时，计算逆阵也很费事。为了不计算二阶导数阵 $\boldsymbol{H}(\boldsymbol{X}^{(k)})$ 及其逆阵 $\boldsymbol{H}(\boldsymbol{X}^{(k)})^{-1}$，需要设法构造另一个矩阵 $\overline{\boldsymbol{H}}^{(k)}$，用它来直接逼近二阶导数阵的逆阵 $\boldsymbol{H}(\boldsymbol{X}^{(k)})^{-1}$。这也就变尺度法产生的背景。

下面来研究如何构造 $\boldsymbol{H}(\boldsymbol{X}^{(k)})^{-1}$ 的近似矩阵 $\overline{\boldsymbol{H}}^{(k)}$。具体要求是：在每一步都能以现有的信息来确定下一个搜索方向；每做一次迭代，目标函数值均有所下降；这些近似矩阵最后应收敛于解点处海赛矩阵的逆阵。

当 $f(\boldsymbol{X})$ 是二次函数时，我们知道海赛矩阵为常数阵，由式(10-50)可知其在任两点 $\boldsymbol{X}^{(k)}$ 和 $\boldsymbol{X}^{(k+1)}$ 处的梯度之差等于

$$\nabla f(\boldsymbol{X}^{(k+1)}) - \nabla f(\boldsymbol{X}^{(k)}) = \boldsymbol{A}(\boldsymbol{X}^{(k+1)} - \boldsymbol{X}^{(k)})$$

或

$$\boldsymbol{X}^{(k+1)} - \boldsymbol{X}^{(k)} = \boldsymbol{A}^{-1}[\nabla f(\boldsymbol{X}^{(k+1)}) - \nabla f(\boldsymbol{X}^{(k)})] \tag{10-53}$$

对于非二次函数，仿照二次函数的情形，要求其海赛矩阵的逆阵的第 $k+1$ 次近似矩阵 $\overline{\boldsymbol{H}}^{(k+1)}$ 满足以下关系式

$$\boldsymbol{X}^{(k+1)} - \boldsymbol{X}^{(k)} = \overline{\boldsymbol{H}}^{(k+1)}[\nabla f(\boldsymbol{X}^{(k+1)}) - \nabla f(\boldsymbol{X}^{(k)})] \tag{10-54}$$

此式就是所谓的**拟牛顿条件**。

若令

$$\begin{cases}\Delta\boldsymbol{G}^{(k)} = \nabla f(\boldsymbol{X}^{(k+1)}) - \nabla f(\boldsymbol{X}^{(k)}) \\ \Delta\boldsymbol{X}^{(k)} = \boldsymbol{X}^{(k+1)} - \boldsymbol{X}^{(k)}\end{cases} \tag{10-55}$$

则式(10-54)变为

$$\Delta\boldsymbol{X}^{(k)} = \overline{\boldsymbol{H}}^{(k+1)}\Delta\boldsymbol{G}^{(k)}$$

现设 $\overline{\boldsymbol{H}}^{(k)}$ 已知，并用下式求 $\overline{\boldsymbol{H}}^{(k+1)}$（设 $\overline{\boldsymbol{H}}^{(k)}$ 和 $\overline{\boldsymbol{H}}^{(k+1)}$ 皆为对称正定阵）：

$$\overline{\boldsymbol{H}}^{(k+1)} = \overline{\boldsymbol{H}}^{(k)} + \Delta\overline{\boldsymbol{H}}^{(k)} \tag{10-56}$$

上式中的 $\Delta\overline{\boldsymbol{H}}^{(k)}$ 为第 k 次校正矩阵。$\overline{\boldsymbol{H}}^{(k+1)}$ 应满足拟牛顿条件，即要求

$$\Delta\boldsymbol{X}^{(k)} = (\overline{\boldsymbol{H}}^{(k)} + \Delta\overline{\boldsymbol{H}}^{(k)})\Delta\boldsymbol{G}^{(k)}$$

或

$$\Delta\overline{\boldsymbol{H}}^{(k)}\Delta\boldsymbol{G}^{(k)} = \Delta\boldsymbol{X}^{(k)} - \overline{\boldsymbol{H}}^{(k)}\Delta\boldsymbol{G}^{(k)} \tag{10-57}$$

由此设想**校正矩阵** $\Delta\overline{\boldsymbol{H}}^{(k)}$ 的一种较简单形式为

$$\Delta\overline{\boldsymbol{H}}^{(k)} = \Delta\boldsymbol{X}^{(k)}(\boldsymbol{Q}^{(k)})^{\mathrm{T}} - \overline{\boldsymbol{H}}^{(k)}\Delta\boldsymbol{G}^{(k)}(\boldsymbol{W}^{(k)})^{\mathrm{T}} \tag{10-58}$$

式中 $\boldsymbol{Q}^{(k)}$ 和 $\boldsymbol{W}^{(k)}$ 为两个**待定向量**。

将式(10-58)代入式(10-57)得

$$\Delta\boldsymbol{X}^{(k)}(\boldsymbol{Q}^{(k)})^{\mathrm{T}}\Delta\boldsymbol{G}^{(k)} - \overline{\boldsymbol{H}}^{(k)}\Delta\boldsymbol{G}^{(k)}(\boldsymbol{W}^{(k)})^{\mathrm{T}}\Delta\boldsymbol{G}^{(k)} = \Delta\boldsymbol{X}^{(k)} - \overline{\boldsymbol{H}}^{(k)}\Delta\boldsymbol{G}^{(k)}$$

这就是说，应使

$$(\boldsymbol{Q}^{(k)})^{\mathrm{T}}\Delta\boldsymbol{G}^{(k)} = (\boldsymbol{W}^{(k)})^{\mathrm{T}}\Delta\boldsymbol{G}^{(k)} = 1 \tag{10-59}$$

由于 $\Delta\overline{\boldsymbol{H}}^{(k)}$ 应为对称阵，最简单的办法就是取

$$\begin{cases}\boldsymbol{Q}^{(k)} = \eta_k\Delta\boldsymbol{X}^{(k)} \\ \boldsymbol{W}^{(k)} = \xi_k\overline{\boldsymbol{H}}^{(k)}\Delta\boldsymbol{G}^{(k)}\end{cases} \tag{10-60}$$

由式(10-59)

$$\eta_k(\Delta\boldsymbol{X}^{(k)})^{\mathrm{T}}\Delta\boldsymbol{G}^{(k)} = \xi_k(\Delta\boldsymbol{G}^{(k)})^{\mathrm{T}}\overline{\boldsymbol{H}}^{(k)}\Delta\boldsymbol{G}^{(k)} = 1$$

设$(\Delta \boldsymbol{X}^{(k)})^{\mathrm{T}}\Delta \boldsymbol{G}^{(k)}$及$(\Delta \boldsymbol{G}^{(k)})^{\mathrm{T}}\overline{\boldsymbol{H}}^{(k)}\Delta \boldsymbol{G}^{(k)}$皆不为零，则有

$$\begin{cases} \eta_k = \dfrac{1}{(\Delta \boldsymbol{X}^{(k)})^{\mathrm{T}}\Delta \boldsymbol{G}^{(k)}} = \dfrac{1}{(\Delta \boldsymbol{G}^{(k)})^{\mathrm{T}}\Delta \boldsymbol{X}^{(k)}} \\ \xi_k = \dfrac{1}{(\Delta \boldsymbol{G}^{(k)})^{\mathrm{T}}\overline{\boldsymbol{H}}^{(k)}\Delta \boldsymbol{G}^{(k)}} \end{cases} \tag{10-61}$$

这样就得到校正矩阵

$$\Delta \overline{\boldsymbol{H}}^{(k)} = \frac{\Delta \boldsymbol{X}^{(k)}(\Delta \boldsymbol{X}^{(k)})^{\mathrm{T}}}{(\Delta \boldsymbol{G}^{(k)})^{\mathrm{T}}\Delta \boldsymbol{X}^{(k)}} - \frac{\overline{\boldsymbol{H}}^{(k)}\Delta \boldsymbol{G}^{(k)}(\Delta \boldsymbol{G}^{(k)})^{\mathrm{T}}\overline{\boldsymbol{H}}^{(k)}}{(\Delta \boldsymbol{G}^{(k)})^{\mathrm{T}}\overline{\boldsymbol{H}}^{(k)}\Delta \boldsymbol{G}^{(k)}} \tag{10-62}$$

从而得到

$$\overline{\boldsymbol{H}}^{(k+1)} = \overline{\boldsymbol{H}}^{(k)} + \frac{\Delta \boldsymbol{X}^{(k)}(\Delta \boldsymbol{X}^{(k)})^{\mathrm{T}}}{(\Delta \boldsymbol{G}^{(k)})^{\mathrm{T}}\Delta \boldsymbol{X}^{(k)}} - \frac{\overline{\boldsymbol{H}}^{(k)}\Delta \boldsymbol{G}^{(k)}(\Delta \boldsymbol{G}^{(k)})^{\mathrm{T}}\overline{\boldsymbol{H}}^{(k)}}{(\Delta \boldsymbol{G}^{(k)})^{\mathrm{T}}\overline{\boldsymbol{H}}^{(k)}\Delta \boldsymbol{G}^{(k)}} \tag{10-63}$$

上述矩阵$\overline{\boldsymbol{H}}^{(k)}$（含$\overline{\boldsymbol{H}}^{(k+1)}$及$\Delta \overline{\boldsymbol{H}}^{(k)}$）称为**尺度矩阵**（matrix of scale），在整个迭代过程中它是在不断变化的。有了尺度矩阵，即可依据式（10-52）进行迭代计算。

2. 计算步骤

（1）给定初始$\boldsymbol{X}^{(0)}$及梯度允许误差$\varepsilon>0$。

（2）若　$\|\nabla f(\boldsymbol{X}^{(0)})\|^2 \leqslant \varepsilon$

则$X^{(0)}$即为近似极小点，停止迭代。否则，转向下一步。

（3）令　$\overline{\boldsymbol{H}}^{(0)} = \boldsymbol{I}$（单位阵）

$$\boldsymbol{P}^{(0)} = -\overline{\boldsymbol{H}}^{(0)}\nabla f(\boldsymbol{X}^{(0)})$$

在$\boldsymbol{P}^{(0)}$方向进行一维搜索，确定最佳步长λ_0：

$$\min_{\lambda}(f(\boldsymbol{X}^{(0)} + \lambda \boldsymbol{P}^{(0)}) = f(\boldsymbol{X}^{(0)} + \lambda_0 \boldsymbol{P}^{(0)})$$

这样可得下一个近似点

$$\boldsymbol{X}^{(1)} = \boldsymbol{X}^{(0)} + \lambda_0 \boldsymbol{P}^{(0)}$$

（4）一般地，设已得到近似点$\boldsymbol{X}^{(k)}$，算出$\nabla f(\boldsymbol{X}^{(k)})$，若

$$\|\nabla f(\boldsymbol{X}^{(k)})\|^2 \leqslant \varepsilon$$

则$\boldsymbol{X}^{(k)}$即为所求的近似解，停止迭代；否则，按式（10-63）计算$\overline{\boldsymbol{H}}^{(k)}$，并令

$$\boldsymbol{P}^{(k)} = -\overline{\boldsymbol{H}}^{(k)}\nabla f(\boldsymbol{X}^{(k)})$$

在$\boldsymbol{P}^{(k)}$方向上进行一维搜索，确定最佳步长λ_k：

$$\min_{\lambda} f(\boldsymbol{X}^{(k)} + \lambda \boldsymbol{P}^{(k)}) = f(\boldsymbol{X}^{(k)} + \lambda_k \boldsymbol{P}^{(k)})$$

下一个近似点为　$X^{(k+1)} = X^{(k)} + \lambda_k P^{(k)}$

（5）若$\boldsymbol{X}^{(k+1)}$点满足精度要求，则$\boldsymbol{X}^{(k+1)}$即为所求的近似解。否则，转回第 4 步，直到求出某点满足精度要求为止。

最后，需要说明，若迭代了n次仍不收敛，则以$\boldsymbol{X}^{(n)}$作为新的$\boldsymbol{X}^{(0)}$，以新的$\boldsymbol{X}^{(0)}$为起点，重新开始一轮新的迭代。这一点和共轭梯度法相类似。

在以上讨论中，我们取第一个尺度矩阵$\overline{\boldsymbol{H}}^{(0)}$为对称正定阵，以后的尺度矩阵由式（10-63）逐步形成。可以证明，这样构造的尺度矩阵均为对称正定阵。由此可知其搜索方向$\boldsymbol{P}^{(k)} = -\overline{\boldsymbol{H}}^{(k)}\nabla f(\boldsymbol{X}^{(k)})$为下降方向，从而可以保证每次迭代均能使目标函数值有所改善。

当把 DFP 法用于正定二次函数时，产生的搜索方向为共轭方向，因而也具有有限步收敛的性质。若将初始尺度矩阵取为单位阵，对这种函数而言，DFP 法就与共轭梯度法一样了。

例 10-11 用 DFP 法求

$$\min\ f(X) = 4(x_1-5)^2+(x_2-6)^2$$

解 取 $\overline{\boldsymbol{H}}^{(0)}=\begin{bmatrix}1 & 0\\ 0 & 1\end{bmatrix}$, $\boldsymbol{X}^{(0)}=\begin{bmatrix}8\\ 9\end{bmatrix}$

由于

$$\nabla f(\boldsymbol{X}^{(0)}) = (24,\ 6)^{\mathrm{T}}$$

故

$$\begin{aligned}\boldsymbol{X}^{(1)} &= \boldsymbol{X}^{(0)}+\lambda_0\boldsymbol{P}^{(0)} = \boldsymbol{X}^{(0)}+\lambda_0[-\overline{\boldsymbol{H}}^{(0)}\ \nabla f(\boldsymbol{X}^{(0)})]\\ &=\begin{bmatrix}8\\ 9\end{bmatrix}-\lambda_0\begin{bmatrix}1 & 0\\ 0 & 1\end{bmatrix}\begin{bmatrix}24\\ 6\end{bmatrix}=\begin{bmatrix}8\\ 9\end{bmatrix}-\lambda_0\begin{bmatrix}24\\ 6\end{bmatrix}\\ &=\begin{bmatrix}8-24\lambda_0\\ 9-6\lambda_0\end{bmatrix}\end{aligned}$$

$$f(\boldsymbol{X}^{(1)})=4[(8-24\lambda_0)-5]^2+[(9-6\lambda_0)-6]^2$$

令

$$\frac{\mathrm{d}f(\boldsymbol{X}^{(1)})}{\mathrm{d}\lambda_0}=0$$

可得

$$\lambda_0=\frac{17}{130}$$

$$\boldsymbol{X}^{(1)} = (4.862,\ 8.215)^{\mathrm{T}}$$

$$\Delta\boldsymbol{X}^{(0)} = \boldsymbol{X}^{(1)}-\boldsymbol{X}^{(0)} = (-3.138,\ -0.785)^{\mathrm{T}}$$

$$f(X^{(1)}) = 4.985$$

$$\nabla f(\boldsymbol{X}^{(1)}) = (-1.108,\ 4.431)^{\mathrm{T}}$$

$$\Delta\boldsymbol{G}^{(0)} = \nabla f(\boldsymbol{X}^{(1)})-\nabla f(\boldsymbol{X}^{(0)}) = (-25.108,\ -1.569)^{\mathrm{T}}$$

由此可得

$$\begin{aligned}\overline{\boldsymbol{H}}^{(1)}&=\overline{\boldsymbol{H}}^{(0)}+\frac{\Delta\boldsymbol{X}^{(0)}(\Delta\boldsymbol{X}^{(0)})^{\mathrm{T}}}{(\Delta\boldsymbol{G}^{(0)})^{\mathrm{T}}\Delta\boldsymbol{X}^{(0)}}-\frac{\overline{\boldsymbol{H}}^{(0)}\Delta\boldsymbol{G}^{(0)}(\Delta\boldsymbol{G}^{(0)})^{\mathrm{T}}\overline{\boldsymbol{H}}^{(0)}}{(\Delta\boldsymbol{G}^{(0)})^{\mathrm{T}}\overline{\boldsymbol{H}}^{(0)}\Delta\boldsymbol{G}^{(0)}}\\ &=\begin{bmatrix}1 & 0\\ 0 & 1\end{bmatrix}+\frac{(-3.138,\ -0.785)^{\mathrm{T}}(-3.138,\ 0.785)}{(-25.108,\ -1.569)\ (-3.138,\ -0.785)^{\mathrm{T}}}\\ &\quad-\frac{\begin{bmatrix}1 & 0\\ 0 & 1\end{bmatrix}(-25.108,\ -1.569)^{\mathrm{T}}(-25.108,\ -1.569)\begin{bmatrix}1 & 0\\ 0 & 1\end{bmatrix}}{(-25.108,\ -1.569)\begin{bmatrix}1 & 0\\ 0 & 1\end{bmatrix}(-25.108,\ -1.569)^{\mathrm{T}}}\\ &=\begin{bmatrix}1 & 0\\ 0 & 1\end{bmatrix}+\begin{bmatrix}0.1231 & 0.0308\\ 0.0308 & 0.0077\end{bmatrix}-\begin{bmatrix}0.9961 & 0.0622\\ 0.0622 & 0.0039\end{bmatrix}\\ &=\begin{bmatrix}0.1270 & -0.0315\\ -0.0315 & 1.0038\end{bmatrix}\end{aligned}$$

故

$$\begin{aligned}\boldsymbol{X}^{(2)}&=\boldsymbol{X}^{(1)}-\lambda_1\overline{\boldsymbol{H}}^{(1)}\ \nabla f(\boldsymbol{X}^{(1)})\\ &=\begin{bmatrix}4.862\\ 8.215\end{bmatrix}-\lambda_1\begin{bmatrix}0.1270 & -0.0315\\ -0.0315 & 1.0038\end{bmatrix}\begin{bmatrix}-1.108\\ 4.431\end{bmatrix}\end{aligned}$$

如上求最佳步长，可得

$$\lambda_1 = 0.4942$$

代入上式得

$$X^{(2)} = (5,\ 6)^{\mathrm{T}}$$

这就是极小点。

在结束本节时，请读者将本节介绍的梯度法、共轭梯度法和变尺度法，从计算所需的迭代次数、每次迭代所需的计算工作量两个方面进行一下小结和对比。

§ 10.4　约束非线性规划

在实际问题中遇到的大多数非线性规划问题，其变量的取值都有一定的限制，这种限制由约束条件体现出来。带有约束条件的非线性规划问题的一般形式是：

$$\begin{cases} \min\ f(\boldsymbol{X}) & (10-64) \\ h_i(\boldsymbol{X}) = 0 \quad (i = 1,\ 2,\ \cdots,\ m) & (10-65) \\ g_j(\boldsymbol{X}) \geqslant 0 \quad (j = 1,2,\cdots,l) & (10-66) \end{cases}$$

在(10-64)、(10-65)和(10-66)式中，至少有一个函数是非线性的。

关于约束非线性规划问题的求解方法，有许多人进行了研究，提供了不少方法。就其基本思想来说，大致可以分成以下几类。

第一类，将约束合并到目标函数中，间接地加以处理，即将一个约束规划问题变成一个或几个等价的无约束规划问题。

第二类，利用适当调整搜索方向和步长，把无约束方法推广到约束规划问题上，即以直接的方式处理约束。

第三类，将非线性规划问题，利用线性函数逼近的方法，归结为解一系列线性规划问题。

以上第一、二类方法是基于约束最优化的，第三类则是基于线性规划的。在仅有等式约束的情形下，通常可用消元法、拉格朗日(Lagrange)乘子法或罚函数法，将其化为无约束问题来求解，这自然属于第一类方法。下面要介绍的可行方向法，是属于第二、三类方法。非线性规划问题的线性逼近方法，属第三类方法，也将予以介绍。至于拉格朗日乘子法，在高等数学中已经学过，这里不再介绍。在同时含有等式约束和不等式约束的情形下，解起来比较复杂。求解这类问题时，一方面要使目标函数值不断下降，同时要时刻注意解的可行性，这样就给寻优工作带来了很大困难。为了解决这一困难，常采用的手段是：将不等式约束化为等式约束；将约束问题化为无约束问题；将非线性规划问题化为线性规划问题。本节将顺次研究：最优性条件；二次规划问题；可行方向法；线性逼近法；罚函数法。

10.4.1　最优性条件(库恩-塔克条件)

我们知道，无约束非线性规划问题的可行域是整个欧氏空间，约束非线性规划问题的可行域则是欧氏空间的一部分。

现在考虑由式(10-64)～(10-66)构成的 NLP。假定 $f(\boldsymbol{X})$，$h_i(\boldsymbol{X})$和 $g_j(\boldsymbol{X})$ $(i=1,2,\cdots,m;\ j=1,2,\cdots,l)$具有一阶连续偏导数，并用 R 表示它的可行域。

定义 10-13　设 $X^{(0)}$是一个可行点，即 $X^{(0)} \in R$。对于某一方向 $\boldsymbol{D}$ 而言，若存在实数 $\lambda_0 >$

0,使对任意的$\lambda(0\leqslant\lambda\leqslant\lambda_0)$,均满足

$$\boldsymbol{X}^{(0)}+\lambda\boldsymbol{D}\in R \tag{10-67}$$

则称方向$\boldsymbol{D}$是点$\boldsymbol{X}^{(0)}$处的一个**可行方向**。

当已知可行点$\boldsymbol{X}^{(0)}$不是极小点时,自然需要在$\boldsymbol{X}^{(0)}$点寻找能使目标函数值下降的可行方向。这样的方向,称为$f(\boldsymbol{X})$在点$\boldsymbol{X}^{(0)}$的**可行下降方向**。将目标函数$f(X)$在点$X^{(0)}$处作一阶泰勒展开

$$f(\boldsymbol{X})\approx f(\boldsymbol{X}^{(0)})+\lambda\nabla f(\boldsymbol{X}^{(0)})^{\mathrm{T}}\boldsymbol{D}$$

可知下降方向D应满足

$$\nabla f(\boldsymbol{X}^{(0)})^{\mathrm{T}}\boldsymbol{D}<\boldsymbol{0} \tag{10-68}$$

10.4.1.1 起作用约束和不起作用约束的概念

下面先介绍起作用约束和不起作用约束的概念。

对于非线性规划的某个可行点$\boldsymbol{X}^{(0)}$,满足不等式约束$g_j(\boldsymbol{X})\geqslant0$可以有两种情况:一是$g_j(\boldsymbol{X}^{(0)})>0$,这时对于式(10-66)所形成的可行域的边界,点$X^{(0)}$必处于可行域的内部,即这一约束对$X^{(0)}$是不起限制作用的,因而就说$g_j(\boldsymbol{X})>\boldsymbol{0}$在点$X^{(0)}$处是不起作用的约束。第二种情况是$g_j(\boldsymbol{X})=0$,这时点$\boldsymbol{X}^{(0)}$处于这个约束形成的可行域的边界上,这一约束起到了限制作用,于是称这一约束为$X^{(0)}$点处的起作用约束。由此可见,等式约束对所有可行点就是起约束作用的。在可行域内部的任一点,其可行方向不受限制,任何方向都为其可行方向;但在可行域边界上的点,其可行方向就要受到起作用约束的限制,它们只能在起作用约束在该点处的切平面以内。

设$g_j(\boldsymbol{X})\geqslant0$为$\boldsymbol{X}^{(0)}$点处起作用约束,它在该点的梯度$\nabla g_j(\boldsymbol{X}^{(0)})$指向$g_j(\boldsymbol{X})=0$在点$X^{(0)}$处的法线方向,沿这个方向约束函数$g_j(X)$的值增加最快,这一方向与$g_j(\boldsymbol{X})=0$在点$X^{(0)}$处的切平面相垂直。若$X^{(0)}$点不是极值点,则要继续进行搜索。设搜索方向为$\boldsymbol{D}$,则只要它与$\nabla g_j(\boldsymbol{X}^{(0)})$的交角小于90°,即

$$\nabla g_j(\boldsymbol{X}^{(0)})^{\mathrm{T}}\boldsymbol{D}>\boldsymbol{0} \tag{10-69}$$

就能保证方向$\boldsymbol{D}$为可行方向(见图10-12)。另一方面,搜索方向还应是目标函数值下降的方向,即应满足式(10-68)。这也就是说,若$\boldsymbol{X}^{(0)}$是非线性规划的一个可行解,但并不是极小点时,那么进一步搜索的方向应与目标函数负梯度方向的夹角为锐角,与起作用约束函数的梯度方向的夹角也应为锐角。

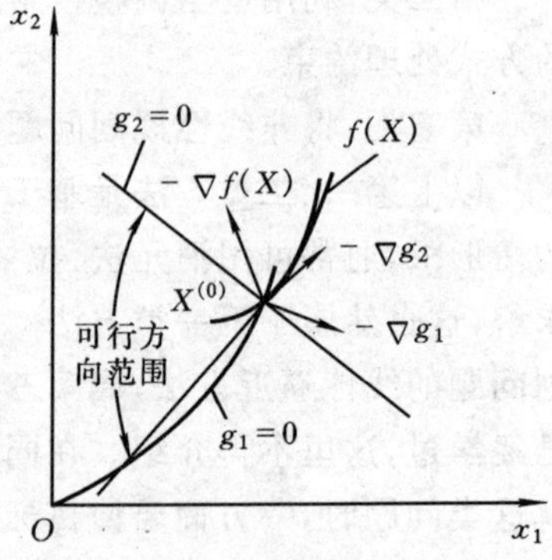

图10-12 起作用约束的搜索方向

10.4.1.2 库恩-塔克(Kuhn-Tucker)条件

库恩-塔克条件(1951年提出)是非线性规划领域中最重要的理论成果之一,它适用于含有等式约束和不等式约束的一般非线性规划,是确定某点为极值点的必要条件。一般来说,它不是充分条件,但对于凸规划而言,它就是充分必要条件。现在来叙述这个条件,并结合例子给以几何上的解释。

设$f(X)$,$h_i(X)$和$g_j(X)$在欧氏空间的某一开集(内点构成的集合)上一阶连续可微,X^*是

非线性规划式(10－64)～(10－66)的局部(或全局)极小点,而且进一步假设梯度向量$\nabla h_i(X^*)$,$\nabla g_j(X^*)$($1\leqslant i\leqslant m$; $1\leqslant j\leqslant l$)线性无关,则存在两组实数$\lambda_1, \lambda_2, \cdots, \lambda_m$及$\gamma_1, \gamma_2, \cdots, \gamma_l$,使

$$\begin{cases}\nabla f(\boldsymbol{X}^*) + \sum\limits_{i=1}^{m}\lambda_i^* \nabla h_i(\boldsymbol{X}^*) - \sum\limits_{j=1}^{l}\gamma_j^* \nabla g_j(\boldsymbol{X}^*) = \boldsymbol{0} & (10-70)\\ h_i(\boldsymbol{X}^*) = 0 & (10-71)\\ g_j(\boldsymbol{X}^*) \geqslant 0 & (10-72)\\ \gamma_j^* g_j(\boldsymbol{X}^*) = 0 & (10-73)\\ \lambda_i \geqslant 0(i=1, 2,\cdots,m) & \\ \gamma_i^* \geqslant 0\ (j=1,2,\cdots,l) & (10-74)\end{cases}$$

式(10－70)中的λ_i及γ_j就是库恩-塔克乘子。由式(10－73),若$\gamma_j^*\neq 0$, $g_j(X^*)=0$,说明最优解在起作用约束的边界上,最优解不满足$\nabla f(\boldsymbol{X}^*)=\boldsymbol{0}$;若$\gamma_j^*=0$, $g_j(X^*)=0$,说明最优解在约束$g_j(X)$的边界上,这时只有等式约束$h_i(X)=0$起作用,特别当λ_i^*也等于零时,约束边界经过无约束极值点;若$\gamma_j^*=0$, $g_j(\boldsymbol{X}^*)>0$,说明最优解在约束边界内,$g_j(\boldsymbol{X})$是不起作用约束。总之,式(10－73)表示,只有当某一约束$g_j(\boldsymbol{X})$在$\boldsymbol{X}^*$为起作用时,γ_j^*才不全为零,否则必有$\gamma_j^*=0$。

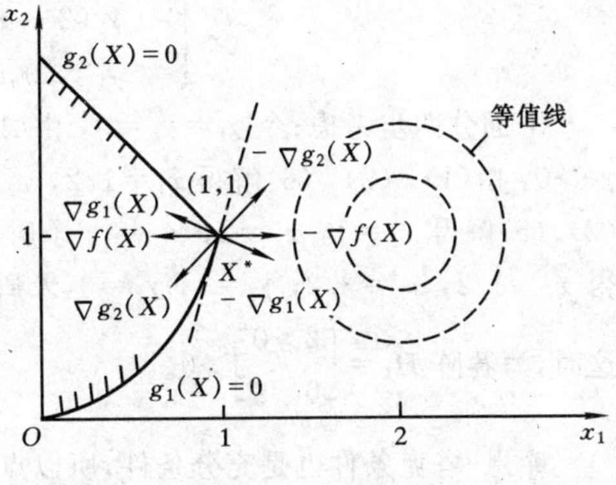

图 10－13　库恩-塔克条件例解

现用一个例子从几何上对库恩-塔克条件给以解释。

NLP

$$\begin{cases}\min\ \ f(\boldsymbol{X}) = (x_1-2)^2 + (x_2-1)^2\\ g_1(\boldsymbol{X}) = x_2 - x_1^2 \geqslant 0\\ g_2(\boldsymbol{X}) = 2 - x_1 - x_2 \geqslant 0\end{cases}$$

如图 10－13 所示,点$X^*(1,1)$为极小点。上面已谈到,目标函数在某点的负梯度方向$-\nabla f(X)$是指向$f(X)$在该点处的最速下降方向,如果继续搜索的方向与$-\nabla f(X)$方向的夹角是锐角,则$f(X)$还能下降。约束函数的梯度$\nabla g_j(X)$的方向,是约束函数$g_j(X)$的值增加最快的方向,它垂直于该约束函数的等值面(等值线)在相应点处的切平面(切线)。在点(1,1)处,由于$-\nabla f(\boldsymbol{X})$位于$-\nabla g_1(\boldsymbol{X})$和$-\nabla g_2(\boldsymbol{X})$的夹角范围内,故找不到使目标函数值进一步下降的可行方向,从而(1,1)点就是最优点。反之,如果某点的$-\nabla f(\boldsymbol{X})$处于其$-\nabla g_1(\boldsymbol{X})$与$-\nabla g_2(\boldsymbol{X})$的夹角之外,则还能在可行域内找到更好的点,因而该点就不是最优点。以上说明,当某点$\boldsymbol{X}^*$为极小点时,$-\nabla f(\boldsymbol{X}^*)$可用$-\nabla g_1(\boldsymbol{X}^*)$和$-\nabla g_2(\boldsymbol{X}^*)$的非负线性组合表示。

库恩-塔克条件不仅具有理论上的意义,而且也可以用来求解简单的约束非线性规划问题。

例 10－12　求解:$\min\ f(X)=(x_1-1)^2+(x_2-2)^2$

$$\text{s.t.}\begin{cases}g_1(\boldsymbol{X}) = x_1 - x_2 + 1 \geqslant 0\\ g_2(\boldsymbol{X}) = 2 - x_1 - x_2 \geqslant 0\\ g_3(\boldsymbol{X}) = x_1 \geqslant 0,\ g_4(\boldsymbol{X}) = x_2 \geqslant 0\end{cases}$$

解 定义函数

$$L(\boldsymbol{X},\gamma)=(x_1-1)^2+(x_2-2)^2-\gamma_1(x_1-x_2+1)-\gamma_2(2-x_1-x_2)$$

则库恩-塔克条件为

$$\begin{cases}\dfrac{\partial L}{\partial x_1}=2(x_1-1)-\gamma_1+\gamma_2=0 & (1)\\ \dfrac{\partial L}{\partial x_2}=2(x_2-2)+\gamma_1+\gamma_2=0 & (2)\\ x_1-x_2+1\geqslant 0 & (3)\\ 2-x_1-x_2\geqslant 0 & (4)\\ \gamma_1(x_1-x_2+1)=0 & (5)\\ \gamma_2(2-x_1-x_2)=0 & (6)\\ \gamma_1\geqslant 0,\ \gamma_2\geqslant 0 & (7)\end{cases}$$

下面分四步考虑；令 $\gamma_1=\gamma_2=0$，由(1)，(2)解得 $x_1=1$，$x_2=2$，但不满足(4)；令 $\gamma_1=0$，$\gamma_2>0$，由(1)，(2)，(6)解得 $x_1=1/2$，$x_2=3/2$，$\gamma_2=1$，且满足(3)；令 $\gamma_1>0$，$\gamma_2=0$，由(1)，(2)，(5)解得 $x_1=1$，$x_2=2$，$\gamma_1=0$，矛盾，故无解；令 $\gamma_1>0$，$\gamma_2>0$，由(1)，(2)，(5)，(6)解得 $x_1=1/2$，$x_2=3/2$，$\gamma_2=1$，$\gamma_1=0$，矛盾，故无解。于是，所求得的解为 $x_1=1/2$，$x_2=3/2$。这时，海赛阵 $\boldsymbol{H}_L=\begin{bmatrix}2&0\\0&2\end{bmatrix}>0$。

库恩-塔克条件也是充分条件，所以点$\left(\dfrac{1}{2},\dfrac{3}{2}\right)$是全局极小点，最小值为 $f=\dfrac{1}{2}$。

10.4.2 二次规划

§10.2 定义 10-10 中已给出二次规划的数学模型，为了书写简捷，也可以将二次规划的数学模型写成如下向量形式

$$\begin{cases}\min\ \ f(X)=\boldsymbol{C}^{\mathrm{T}}\boldsymbol{X}+\dfrac{1}{2}\boldsymbol{X}^{\mathrm{T}}\boldsymbol{Q}\boldsymbol{X}\\ \text{s.t.}\begin{cases}\boldsymbol{AX}\leqslant\boldsymbol{B}\\ \boldsymbol{X}\geqslant\boldsymbol{0}\end{cases}\end{cases}\tag{10-75}$$

其中，$\boldsymbol{C}=(c_1,c_2,\cdots,c_m)^{\mathrm{T}}$，$\boldsymbol{X}=(x_1,x_2,\cdots,x_n)^{\mathrm{T}}$，$\boldsymbol{Q}=(c_{jk})_{n\times n}$ 是严格正定的，$\boldsymbol{A}=(a_{ij})_{m\times n}$，$\boldsymbol{B}=(b_1,b_2,\cdots,b_m)^{\mathrm{T}}$，$\boldsymbol{0}$ 是 n 维列向量。

由式(10-70)～(10-74)，并假设 X^* 是(全局)极值点，则二次规划式(10-75)的库恩-塔克条件为

$$\begin{cases}\boldsymbol{C}+\boldsymbol{QX}^*+\boldsymbol{A}^{\mathrm{T}}\boldsymbol{\lambda}^*-\boldsymbol{\gamma}^*=\boldsymbol{0} & (10-76)\\ \boldsymbol{AX}^*+\boldsymbol{V}^*-\boldsymbol{B}=\boldsymbol{0} & (10-77)\\ \boldsymbol{\lambda}^{*\mathrm{T}}\boldsymbol{V}^*=\boldsymbol{0} & (10-78)\\ \boldsymbol{\gamma}^{*\mathrm{T}}\boldsymbol{X}^*=\boldsymbol{0} & (10-79)\\ \boldsymbol{\lambda}^*\geqslant\boldsymbol{0},\ \boldsymbol{\gamma}^*\geqslant\boldsymbol{0},\ \boldsymbol{X}^*\geqslant\boldsymbol{0},\ \boldsymbol{V}^*\geqslant\boldsymbol{0} & (10-80)\end{cases}$$

式中 $\boldsymbol{V}^*=(x_{n+1}^*,x_{n+2}^*,\cdots,x_{n+m}^*)^{\mathrm{T}}$ 是松弛向量，$\boldsymbol{\gamma}^*=(\gamma_1^*,\gamma_2^*,\cdots,\gamma_n^*)^{\mathrm{T}}$，$\boldsymbol{\lambda}^*=(\lambda_{n+1}^*,\lambda_{n+2}^*,\cdots,\lambda_{n+m}^*)^{\mathrm{T}}$。

将式(10-76)～式(10-80)写成分量形式，并用 Y 代替 $\boldsymbol{\gamma}$，便得

$$\begin{cases} -\sum_{k=1}^{n} c_{ik}x_k - \sum_{i=1}^{m} a_{ij}y_{n+i} + y_j = c_j \quad (j=1,2,\cdots,n) & (10-81) \\ -\sum_{i=1}^{n} a_{ij}x_j - x_{n+i} + b_i = 0 \quad (i=1,2,\cdots,m) & (10-82) \\ x_j y_j = 0 \quad (j=1,2,\cdots,n,\ n+1,\ \cdots,\ n+m) & (10-83) \\ x_j \geqslant 0,\ y_j \geqslant 0 \quad (j=1,\ 2,\ \cdots,\ n,\ n+1,\ \cdots,\ n+m) & (10-84) \end{cases}$$

联立求解式(10－81)和式(10－82),如果得到的解也满足式(10－83)和式(10－84),则这样的解即是原二次规划问题的解。为了便于求解,引入人工变量 z_j($z_j \geqslant 0$, 为了得到可行解,其前符号可取正或负)。于是式(10－81)就成为

$$-\sum_{i=1}^{m} a_{ij}y_{n+i} + y_j - \sum_{k=1}^{n} c_{jk}x_k + \mathrm{sgn}(c_j)z_j = c_j \quad (j=1,2,\cdots,n) \tag{10-85}$$

其中 $\mathrm{sgn}(c_j)$是符号函数,即

$$\mathrm{sgn}(c_j) = \begin{cases} 1, & c_j \geqslant 0 \\ -1, & c_j < 0 \end{cases}$$

这样,便得到初始基本可行解如下:

$$\begin{cases} z_j = \mathrm{sgn}(c_j)c_j \quad (j=1,2,\cdots,n) \\ x_{n+i} = b_i \quad (i=1,2,\cdots,m) \\ x_j = 0 \quad (j=1,2,\cdots,n) \\ y_j = 0 \quad (j=1,\ 2,\ \cdots,\ n,\ n+1,\ \cdots,\ n+m) \end{cases}$$

根据线性规划的讨论可知,只有当 $z_j=0$ 时才能得到原来问题的解,故经过修正,可以得到线性规划如下:

$$\begin{cases} \min \varphi(z) = \sum_{j=1}^{n} z_j \\ -\sum_{i=1}^{m} a_{ij}y_{n+i} + y_j - \sum_{k=1}^{n} c_{jk}x_k + \mathrm{sgn}(c_j)z_j = c_j \\ \qquad (j=1,2,\cdots,n) \\ -\sum_{j=1}^{n} a_{ij}x_j - x_{n+i} + b_i = 0 \ (i=1,2,\cdots,m) \\ x_j \geqslant 0 \ (j=1,\ 2,\ \cdots,\ n,\ n+1,\ \cdots,\ n+m) \\ y_j \geqslant 0 \ (j=1,\ 2,\ \cdots,\ n,\ n+1,\ \cdots,\ n+m) \\ z_j \geqslant 0 \ (j=1,2,\ \cdots,\ n) \end{cases} \tag{10-86}$$

该线性规划还应满足式(10－83)。应用单纯形法求解线性规划式(10－86),若得到最优解(x_1^*, x_2^*, $\cdots$, x_{n+m}^*, y_1^*, y_2^*, $\cdots$, y_{n+m}^*, $z_1^*=0$, $\cdots$, $z_n^*=0$),则(x_1^*, x_2^*, $\cdots$, x_n^*)就是原二次规划问题的最优解。

例 10－13　求解:$\min\ f(X)=\frac{1}{2}[(x_1-2)^2+(x_2-2)^2]$

$$\text{s.t.} \begin{cases} 0 \leqslant x_1 \leqslant 1 \\ 0 \leqslant x_2 \leqslant 1 \end{cases}$$

解　将上述二次规划改写为

$$\begin{cases}\min\ f(X)=\dfrac{1}{2}(x_1^2+x_2^2)-2(x_1+x_2)+4\\ \qquad\qquad =\dfrac{1}{2}X^{\mathrm T}QX+C^{\mathrm T}X+K\\ 1-x_1\geqslant 0,\ 1-x_2\geqslant 0\\ x_1\geqslant 0,\ x_2\geqslant 0\end{cases}$$

这里 $\boldsymbol{Q}=\begin{bmatrix}1&0\\0&1\end{bmatrix}$，即 $c_{11}=1,\ c_{22}=1,\ c_{12}=c_{21}=0$；$c^{\mathrm T}=(c_1,\ c_2)=(-2,\ -2)$；$K=4$；

$\boldsymbol{A}=\begin{bmatrix}1&0\\0&1\end{bmatrix}$；$\boldsymbol{B}=(b_1,\ b_2)^{\mathrm T}=(1,\ 1)^{\mathrm T}$。于是，由式(10－86)得线性规划如下

$$\begin{cases}\min\varphi(Z)=z_1+z_2\\ -y_3+y_1-x_1-z_1=-2\\ -y_4+y_2-x_2-z_2=-2\\ -x_1-x_3+1=0\\ -x_2-x_4+1=0\\ x_1,\ x_2,\ x_3,\ x_4,\ y_1,\ y_2,\ y_3,\ y_4,\ z_1,\ z_2\geqslant 0\end{cases}$$

同时满足 $x_jy_j=0\ (j=1,\ 2,\ 3,\ 4)$。并将上式改写为

$$\begin{cases}\min\varphi(Z)=z_1+z_2\\ x_1-y_1+y_3+z_1=2\\ x_2-y_2+y_4+z_2=2\\ x_1+x_3=1\\ x_2+x_4=1\\ x_1,\ x_2,\ x_3,\ x_4,\ y_1,\ y_2,\ y_3,\ y_4,\ z_1,\ z_2\geqslant 0\end{cases}$$

同时满足　$x_jy_j=0\ (j=1,2,3,4)$。

用单纯形法解得线性规划问题的最优解为：$x_1^*=1,\ x_2^*=1,\ x_3^*=0,\ x_4^*=0,\ y_1^*=0,\ y_2^*=0,\ y_3^*=1,\ y_4^*=1,\ z_1^*=0,\ z_2^*=0$。所以，原二次规划的最优解为：$x_1^*=1,\ x_2^*=1$，最小值为 $f=1$。

10.4.3　可行方向法

在用梯度解有约束极值问题的方法中，有代表性的是可行方向法和梯度投影法，这里只介绍可行方向法。可行方向法(method of feasible direction)的寻优过程只在可行域中进行，它适用于目标函数是非线性函数，而约束函数可以是线性函数或非线性函数。这里，我们只讨论目标函数及约束函数都是非线性的情况。在每一步将所有非线性函数线性化，因而每一步算法变成解线性规划问题，以决定可行方向。

考虑 NLP

$$\begin{cases}\min\ \ f(X),\ X\in R\subset E^n\\ R=\{X\mid g_j(X)\geqslant 0,\ j=1,2,\cdots,l\}\end{cases}\tag{10－87}$$

这里假定函数 $f(X)$ 和 $g_j(X)$ 具有连续的一阶偏导数。

设 $X^{(k)}$ 是某一个可行点。在 §10.4 中，我们已经讲过，为了寻找一个可行下降方向 $D^{(k)}$，方向 $D^{(k)}$ 必须同时满足式(10－68)和式(10－69)；当确定了一个可行下降方向 $D^{(k)}$ 后，还必须在此方向上确定移动步长 λ_k，然后才可以得到一个更好的可行点 $X^{(k+1)}$。

$$X^{(k+1)} = X^{(k)} + \lambda_k D^{(k)} \in R$$

如何对可行点 $X^{(k)}$ 寻找一个可行的改善方向呢？这有很多方法，这里我们只介绍一种 Zoutentijk 的可行方向法。这种方法能处理线性或非线性的不等式约束，而不允许等式约束。这种方法的基本思想是首先将目标函数及约束函数在可行点 $X^{(k)}$ 线性化，并考虑如下的修正问题：

$$\begin{cases}\min\ [f(X^{(k)}) + \nabla f(X^{(k)})^{\mathrm{T}}(X - X^{(k)})],\ X \in R \subset E^n \\ g_j(X^{(k)})^{\mathrm{T}}(X - X^{(k)}) \geqslant \mathbf{0},\ (j = 1,2,\cdots,l)\end{cases} \tag{10-88}$$

在式(10－88)中，用 $X^{(k+1)}$ 代替 X，用解下述问题来确定可行下降方向 $D^{(k)}$：

$$\begin{cases}\min\ [f(X^{(k)}) + \lambda_k \nabla f(X^{(k)})^{\mathrm{T}} D^{(k)}] \\ g_j(X^{(k)}) + \lambda_k \nabla g_j(X^{(k)})^{\mathrm{T}} D^{(k)} \geqslant \mathbf{0}\ (j = 1,2,\cdots,l)\end{cases} \tag{10-89}$$

这里的 $D^{(k)}$ 是满足式(10－68)及(10－69)的。

为了确定 $D^{(k)}$，Zoutentijk 方法是解下面的子问题：

$$\begin{cases}\min \xi \\ \nabla f(X^{(k)})^{\mathrm{T}} D - \xi \leqslant \mathbf{0} \\ \nabla(-g_j(X^{(k)}))^{\mathrm{T}} D - \boldsymbol{\xi} \leqslant \mathbf{0},\ j \in J \\ |\ d_i\ | \leqslant 1\ (i = 1,2,\cdots,n)\end{cases} \tag{10-90}$$

这里 d_i 为向量 $\boldsymbol{D}$ 的分量。取 $|d_i| \leqslant 1$ 的限制，是由于我们的目的是寻求方向 $\boldsymbol{D}$，只要能确定 d_i 的相对大小即可，而且这一限制还能保证式(10－90)有解。J 是由起作用约束构成的指标集 $J = \{i \mid g_j(X^{(k)}) = 0\ (1 \leqslant j \leqslant l)\}$。若 $\boldsymbol{\xi}^{(k)} = \mathbf{0}$，则停止迭代，得到库恩-塔克点 $X^{(k)}$；否则，必有 $\xi^{(k)} < \mathbf{0}$，得到 $X^{(k)}$ 点的可行下降方向 $D^{(k)} = D$。

得到可行下降方向 $D^{(k)}$ 后，通过一维搜索

$$\min_{0 \leqslant \lambda \leqslant \lambda_{\max}} f(X^{(k)} + \lambda D^{(k)}) = f(X^{(k)} + \lambda_k D^{(k)})$$

确定出步长 λ_k，从而得到改善的可行点 $\boldsymbol{X}^{(k+1)}$。而 $\lambda_{\max}$ 由下式确定：

$$\lambda_{\max} = \max\{\lambda \mid g_j(X^{(k)} + \lambda D^{(k)}) \geqslant 0,\ j = 1,2,\cdots,l\} \tag{10-91}$$

该算法的步骤如下：

(1) 选取初始点 $X^{(0)} \in R$，给定允许误差 $\varepsilon_1 > 0$，$\varepsilon_2 > 0$。令 $k := 0$。

(2)确定起作用约束的指标集：

$$J = \{j \mid g_j(X^{(k)}) = 0, 1 \leqslant j \leqslant l\}$$

(3) 检验是否有：

$$J(X^{(k)}) = \varnothing\ (\varnothing \text{ 是空集的记号})$$

若 $J = \varnothing$，而且 $\|\nabla f(\boldsymbol{X}^{(k)})\|^2 \leqslant \varepsilon_1$，停止迭代，得到近似的极小点(库恩-塔克点)$\boldsymbol{X}^{(k)}$。

若 $J = \varnothing$，但 $\|\nabla f(\boldsymbol{X}^{(k)})\|^2 > \varepsilon_1$，则令

$$D^{(k)} = -\nabla f(\boldsymbol{X}^{(k)})$$

并转向第 6 步。

若 $J \neq \varnothing$，则转向下一步。

(4) 求解线性规则：

$$\begin{cases}\min \xi \\ \nabla f(\boldsymbol{X}^{(k)})^{\mathrm{T}}D-\boldsymbol{\xi}\leqslant \boldsymbol{0}, \\ -\nabla g_j(\boldsymbol{X}^{(k)})^{\mathrm{T}}D-\boldsymbol{\xi}\leqslant \boldsymbol{0},\ j\in J \\ -1\leqslant d_i\leqslant 1 \quad (i=1,2,\cdots,n)\end{cases}$$

得最优解(D,ξ)。

(5) 检验是否满足收敛性判别条件。若$|\xi^{(k)}|\leqslant\varepsilon_2$，则停止迭代，得近似极小点$X^{(k)}$；否则，令$\boldsymbol{D}^{(k)}=\boldsymbol{D}$，转向下一步。

(6) 解一维搜索问题：

$$\min_{0\leqslant\lambda\leqslant\lambda_{\max}} f(\boldsymbol{X}^{(k)}+\lambda\boldsymbol{D}^{(k)})=f(\boldsymbol{X}^{(k)}+\lambda_k\boldsymbol{D}^{(k)})$$

满足$X^{(k)}+\lambda_k D^{(k)}\in R$，$\lambda_{\max}$由式(10-91)确定。

(7) 令$\boldsymbol{X}^{(k+1)}=\boldsymbol{X}^{(k)}+\lambda_k\boldsymbol{D}^{(k)}$

$$k:=k+1$$

转向第2步。

例 10-14 用Zoutentijh法求解：

$$\min\ f(X)=2x_1^2+2x_2^2-2x_1x_2-4x_1-6x_2$$

$$\text{s. t.}\ \begin{cases}g_1(X)=5-x_1-5x_2\geqslant 0 \\ g_2(X)=x_2-2x_1^2\geqslant 0 \\ g_3(X)=x_1\geqslant 0 \\ g_4(X)=x_2\geqslant 0\end{cases}$$

解 将目标函数改写成：

$$f(X)=\frac{1}{2}(x_1,x_2)\begin{bmatrix}4 & -2 \\ -2 & 4\end{bmatrix}\begin{pmatrix}x_1 \\ x_2\end{pmatrix}+(4,-6)\begin{pmatrix}x_1 \\ x_2\end{pmatrix}$$

$$=\frac{1}{2}\boldsymbol{X}^{\mathrm{T}}\boldsymbol{QX}+\boldsymbol{C}^{\mathrm{T}}\boldsymbol{X}$$

其中$\boldsymbol{X}=(x_1,\ x_2)^{\mathrm{T}}$ $\quad\boldsymbol{Q}=\begin{bmatrix}4 & -2 \\ -2 & 4\end{bmatrix}$ $\quad\boldsymbol{C}=(-4,\ -6)^{\mathrm{T}}$

取初始点$\boldsymbol{X}^{(0)}=(0.00,\ 0.75)^{\mathrm{T}}$，而$\nabla f(\boldsymbol{X})=(4x_1-2x_2-4,\ 4x_2-2x_1-6)^{\mathrm{T}}$。

$k=0$时，在$\boldsymbol{X}^{(0)}$处，$\nabla f(\boldsymbol{X}^{(0)})=(-5.50,\ -3.00)^{\mathrm{T}}$，起作用约束的指标集$J=\{3\}$，$\nabla g_3(\boldsymbol{X}^{(0)})=(1,0)^{\mathrm{T}}$。为了寻找可行下降方向$D$，求解

$$\begin{cases}\min \xi \\ -5.5d_1-3d_2-\xi\leqslant 0 \\ -d_1-\xi\leqslant 0 \\ -1\leqslant d_i\leqslant 1\ (i=1,2)\end{cases}$$

用单纯形法求得最优解：

$$\boldsymbol{D}^{(0)}=(1.00,-1.00)^{\mathrm{T}},\ \xi^{(0)}=-1.00$$

进行一维搜索(参见图10-14)：

$$\boldsymbol{X}^{(0)}+\lambda\boldsymbol{D}^{(0)}=(\lambda,\ 0.75-\lambda)^{\mathrm{T}}$$

$$f(\boldsymbol{X}^{(0)}+\lambda \boldsymbol{D}^{(0)}) = 6\lambda^2 - 2.5\lambda - 3.375$$

解 $\min\limits_{0\leqslant\lambda\leqslant\lambda_{\max}} (6\lambda^2-2.5\lambda-3.375)$，得 $\lambda_0=0.2083$，由式(10-91)求得 $\lambda_{\max}=\dfrac{-1+\sqrt{7}}{4}\doteq 0.4114$。因此，$\boldsymbol{X}^{(1)}=(0.2083, 0.5417)^{\mathrm{T}}$。

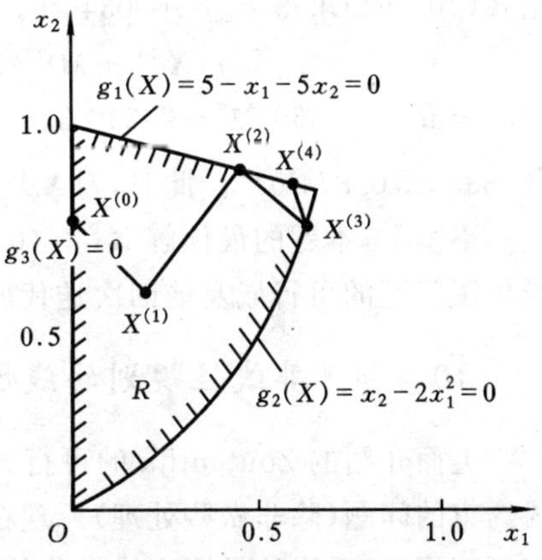

图 10-14　可行域及前次迭代所得到的点

$k=1$ 时，在 $X^{(1)}$ 处，$\nabla f(X^{(1)})=(-4.2500, -4.2500)^{\mathrm{T}}$，没有起作用的约束。令

$$D^{(1)} = -\nabla f(X^{(1)}) = (4.25, 4.25)^{\mathrm{T}}$$

$$X^{(1)}+\lambda D^{(1)} = (0.2083+4.25\lambda, 0.5417+4.25\lambda)^{\mathrm{T}}$$

$$f(X^{(1)}+\lambda D^{(1)}) = 36.126\lambda^2 - 33.126\lambda - 3.635$$

解 $\min\limits_{0\leqslant\lambda\leqslant\lambda_{\max}} (36.126\lambda^2-33.126\lambda-3.635)$，得 $\lambda=0.4585$，由式(10-91)得 $\lambda_{\max}=0.3472$；由 $X^{(1)}+\lambda_1 D^{(1)}\in R$，得 $\lambda_1=0.3472$。$X^{(2)}=X^{(1)}+\lambda_1 D^{(1)}=(0.5555, 0.8889)^{\mathrm{T}}$。

$k=2$ 时，在 $\boldsymbol{X}^{(2)}$ 处，$\nabla f(X^{(2)})=(-3.5558, -3.5554)^{\mathrm{T}}$，起作用约束指标集 $J=\{1\}$，$\nabla g_1(X^{(2)})=(-1, -5)^{\mathrm{T}}$。为了寻找方向 $D^{(2)}$，求解

$$\begin{cases}\min \xi \\ -3.5558d_1 - 3.5554d_2 - \xi \leqslant 0 \\ d_1 + 5d_2 - \xi \leqslant 0 \\ -1 \leqslant d_i \leqslant 1\ (i=1,2)\end{cases}$$

得最优解：$D^{(2)}=(1.0000, -0.5325)^{\mathrm{T}}$　$\xi^{(2)}=-1.6625$。进行一维搜索：

$X^{(2)}+\lambda D^{(2)}=(0.5555+\lambda, 0.8889-0.5325\lambda)^{\mathrm{T}}$ 起作用约束指标集 $J=\{2\}$。由式(10-91)

$$g_1(X^{(2)}+\lambda D^{(2)}) = -5.0000+1.6625\lambda \geqslant 5,\ \lambda\geqslant 0$$

$$g_2(X^{(2)}+\lambda D^{(2)}) = 2\lambda^2+2.7545\lambda-0.2717,\ \lambda = 0.09245$$

$$g_3(X^{(2)}+\lambda D^{(2)}) \geqslant 0,\ \lambda\geqslant 0$$

$$g_4(X^{(2)}+\lambda D^{(2)}) = 0.8889-0.5325\lambda = 0,\ \lambda = 1.6002$$

所以 $\lambda_{\max}=0.09245$。

$$f(X^{(2)}+\lambda D^{(2)}) = 1.5021\lambda^2 - 1.6625\lambda - 6.3455$$

解 $\min\limits_{0\leqslant\lambda\leqslant 0.09245} (1.5021\lambda^2-1.6625\lambda-6.3455)$，得 $\lambda_2=0.09245$。$X^{(3)}=X^{(2)}+\lambda_2 D^{(2)}=(0.6479, 0.8397)^{\mathrm{T}}$。

在 $k=3$ 时，在 $X^{(3)}$ 处，$\nabla f(\boldsymbol{X}^{(3)})=(-3.0878, -3.9370)^{\mathrm{T}}$，起作用约束指标集 $J=\{2\}$，$\nabla g_2(\boldsymbol{X}^{(3)})=(-2.5916, 1)^{\mathrm{T}}$。为了寻找可行下降方向 $\boldsymbol{D}^{(3)}$，求解：

$$\min\xi$$

$$-3.0878d_1 - 3.9370d_2 - \xi \leqslant 0$$

$$2.5916d_1 - d_2 - \xi \leqslant 0$$

$$-1 \leqslant d_i \leqslant 1 (i=1,2)$$

最优解：$D^{(3)}=(-0.5171, 1.0000)^{\mathrm{T}}$ $\xi^{(3)}=-2.340$。进行一维搜索：

$$X^{(3)}+\lambda D^{(3)} = (0.6479-0.5171\lambda, 0.8379+\lambda)^{\mathrm{T}}$$

由式(10-91)求得 $\lambda_{max}=0.034\ 26$。

$$f(\boldsymbol{X}^{(3)}+\lambda\boldsymbol{D}^{(3)})=3.569\ 0\lambda^2-2.340\ 3\lambda-6.468\ 1$$

解 $\min\limits_{0\leqslant\lambda\leqslant 0.034\ 26}(3.569\ 0\lambda^2-2.340\ 3\lambda-6.468\ 1)$，得最优解 $\lambda_3=0.034\ 26$。$\boldsymbol{X}^{(4)}=\boldsymbol{X}^{(3)}+\lambda_3\boldsymbol{D}^{(3)}=(0.630\ 2,\ 0.874\ 0)^{\mathrm{T}}$。此时，$f(\boldsymbol{X}^{(4)})=-6.544\ 3$。

事实上，本题的最优解 $X^*=(0.658\ 872,\ 0.868\ 226)^{\mathrm{T}}$，$f(X^*)=-6.559\ 0$。图 10-14 给出了问题的可行域及前四次迭代所得到的点。

10.4.4 非线性规划的线性逼近法

上面介绍的 Zoutentijk 的可行方向法，实际上也是一种线性逼近的方法，但它不能处理等式约束的问题(除非做些处理)。现在我们要介绍的非线性规划的线性逼近法是与可行方向法有所不同的，采取的是逐次线性化的方法。我们只介绍两个常见的方法，一个是解线性约束条件的弗兰克-沃尔夫(Frank-wolfe)法，一个是解非线性约束条件的近似规划法(MAP)。

10.4.4.1 弗兰克-沃尔夫法

考虑如下的问题

$$\begin{cases}\min\ \ f(X) & X\in R\subset E^n\\ R=\{X\mid AX\geqslant B,\ X\geqslant \boldsymbol{0}\}\end{cases}\tag{10-92}$$

其中 $\boldsymbol{A}=(a_{ij})_{m\times n}$，$\boldsymbol{B}=(b_1,\ b_2,\cdots,b_m)^{\mathrm{T}}$。假设 $f(X)$具有一阶连续偏导数。当 $f(X)$是二次函数时，就是前面介绍的二次规划。

由线性规划的理论可知，其可行域是一凸多面体(凸集)，它有有限个顶点。取任一顶点 $X^{(0)}\in R$，将 $f(X)$在 $X^{(0)}$ 展成一阶泰勒级数：

$$f(X)\approx f(X^{(0)})+\nabla f(X^{(0)})^{\mathrm{T}}(X-X^{(0)})$$

这样，式(10-92)就可近似表述成如下的线性规则：

$$\begin{cases}\min\limits_{X\in R}[f(X^{(0)})+\nabla f(X^{(0)})^{\mathrm{T}}(X-X^{(0)})]\\ R=\{\boldsymbol{X}\mid \boldsymbol{AX}\geqslant \boldsymbol{B},\ \boldsymbol{X}\geqslant\boldsymbol{0}\}\end{cases}\tag{10-93}$$

由于 $f(X^{(0)})$是常数或常向量，因此求式(10-93)的最优解等价于求线性规划

$$\begin{cases}\min\limits_{X\in R}[\nabla f(X^{(0)})^{\mathrm{T}}\boldsymbol{X}]\\ R=\{\boldsymbol{X}\mid \boldsymbol{AX}\geqslant \boldsymbol{B},\ \boldsymbol{X}\geqslant 0\}\end{cases}\tag{10-94}$$

的最优解。

令式(10-94)的最优解为 $\boldsymbol{Y}^{(0)}$，则有如下情况。

(1)若$\nabla f(X^{(0)})^{\mathrm{T}}(\boldsymbol{Y}^{(0)}-\boldsymbol{X}^{(0)})=\boldsymbol{0}$，停止迭代，$X^{(0)}$ 为线性规划式(10-93)的最优解，从而为原规划式(10-92)的最优解。

(2) 若$\nabla f(X^{(0)})^{\mathrm{T}}(\boldsymbol{Y}^{(0)}-\boldsymbol{X}^{(0)})<\boldsymbol{0}$，则要解一维极值问题：

$$\min_{0<\lambda\leqslant 1}[f(X^{(0)})+\lambda(\boldsymbol{Y}^{(0)}-\boldsymbol{X}^{(0)})]=f[\boldsymbol{X}^{(0)}+\lambda_0(\boldsymbol{Y}^{(0)}-\boldsymbol{X}^{(0)})]$$

令 $X^{(1)}=X^{(0)}+\lambda_0(\boldsymbol{Y}^{(0)}-\boldsymbol{X}^{(0)})$，而 $X^{(1)}$ 是 $X^{(0)}$ 与 R 的另一顶点 $\boldsymbol{Y}^{(0)}$ 联线上目标函数 $f(X)$的最优解，且 $X^{(1)}\in R$，$f(\boldsymbol{X}^{(1)})<f(\boldsymbol{X}^{(0)})$。得到 $\boldsymbol{X}^{(1)}$ 之后，再在 $\boldsymbol{X}^{(1)}$ 处对 $f(X)$进行线性逼近，重复上述步骤。可以证明，若在点 $X^{(k)}$ 处发生第一种情况，则原规划式(10-92)在 $X^{(k)}$ 满足库恩-塔克条件。若第一种情况总不发生，则得到有界点列$\{\boldsymbol{X}^{(k)}\}$，其极限点满足库恩-塔克条件；当 $f(X)$为凸函数时，$\{\boldsymbol{X}^{(k)}\}$的极限点就是式(10-92)的最优解。

Frank-wolfe 法的步骤如下：

(1)给定允许误差 $\varepsilon>0$，取可行域的某一顶点为初始点 $X^{(0)}\in R$。令 $k:=0$。

(2)求线性规划

$$\begin{cases}\min\limits_{X\in R}\nabla f(X^{(k)})^{\mathrm{T}}X\\ R=\{X\mid \boldsymbol{A}\boldsymbol{X}\geqslant B,\ X\geqslant \boldsymbol{0}\}\end{cases}$$

的最优解 $\boldsymbol{Y}^{(k)}\in R$。

(3) 检验是否满足收敛判别条件：

$$\|\ \nabla f(X^{(k)})^{\mathrm{T}}(Y^{(k)}-\boldsymbol{X}^{(k)})\ \|\leqslant\varepsilon$$

若满足，停止迭代，得到点 $X^{(k)}\in R$；否则，转至下一步。

(4)求一维极值问题

$$\min_{0<\lambda\leqslant 1}f[X^{(k)}+\lambda(Y^{(k)}-X^{(k)})]$$

的最优解 λ_k。

(5) 令

$$X^{(k+1)}=X^{(k)}+\lambda_k(Y^{(k)}-X^{(k)})$$
$$k:=k+1$$

并转向(2)。

值得指出的是，当可行域无界时，即使原非线性规划存在最优解，而逼近的线性规划却可以没有最优解，这种情况可以有些简单的处理办法，可参阅有关文献。

例 10-15　用弗兰克-沃尔夫法求解 §10.2 例 10-2 中提出的投资选择问题：

$$\begin{cases}\max g(X)=20x_1+16x_2-2x_1^2-x_2^2-(x_1+x_2)^2\\ \quad x_1+x_2\leqslant 5\\ \quad x_1\geqslant 0\\ \quad x_2\geqslant 0\end{cases}$$

解　将问题化为标准形式如下：

$$\min\ f(X)=2x_1^2+x_2^2+(x_1+x_2)^2-20x_1-16x_2$$
$$\begin{cases}x_1+x_2\leqslant 5\\ x_1\geqslant 0\\ x_2\geqslant 0\end{cases}$$

$$\nabla f(X)=(6x_1+2x_2-20,\ 2x_1+4x_2-16)^{\mathrm{T}}$$

选初始点 $X^{(0)}=(0,\ 0)^{\mathrm{T}}$，$\nabla f(X^{(0)})=(-20,\ -16)^{\mathrm{T}}$。解线性规划：

$$\begin{cases}\min(-20x_1-16x_2)\\ x_1+x_2\leqslant 5\\ x_1\geqslant 0\\ x_2\geqslant 0\end{cases}$$

得最优解 $Y^{(0)}=(5,0)$。在连接 $X^{(0)}$ 到 $Y^{(0)}$ 的线段上作一维优化(见图 10-15)：

$$\min_{0<\lambda\leqslant 1}f[X^{(0)}+\lambda(Y^{(0)}-X^{(0)})]=75\lambda^2-100\lambda$$

得 $\lambda=\dfrac{2}{3}$。所以有

$$X^{(1)}=X^{(0)}+\frac{2}{3}(Y^{(0)}-X^{(0)})=\left(\frac{10}{3},\,0\right)^{\mathrm{T}}$$

在 $X^{(1)}$ 处继续进行线性逼近，

$$\nabla f(X^{(1)})=\left(0,\,-\frac{28}{3}\right)^{\mathrm{T}}。$$

解线性规划

$$\begin{cases}\min\left(-\dfrac{28}{3}x_2\right)\\ x_1+x_2\leqslant 5\\ x_1\geqslant 0,\,x_2\geqslant 0\end{cases}$$

得最优解 $Y^{(1)}=(0,\,5)^{\mathrm{T}}$。在连接点 $X^{(1)}$ 和 $Y^{(1)}$ 的线段上作一维优化

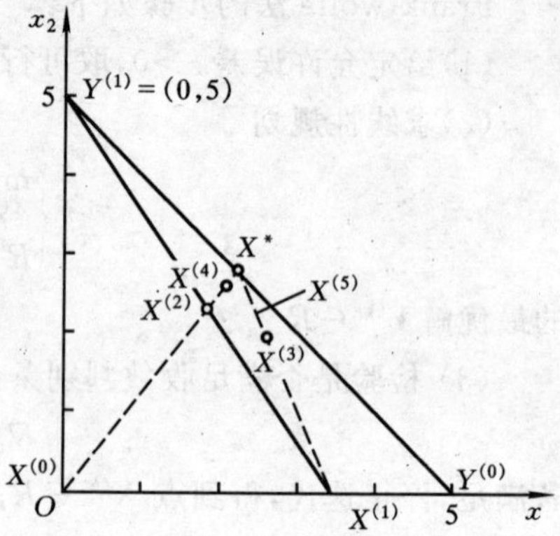

图 10-15 弗兰克-沃尔夫法举例

$$\min_{0<\lambda\leqslant 1} f[X^{(1)}+\lambda(Y^{(1)}-X^{(1)})]=50\lambda^2-\frac{140}{3}\lambda-\frac{100}{3}$$

得 $\lambda=\dfrac{7}{15}$

所以有

$$X^{(2)}=X^{(1)}+\frac{7}{15}(Y^{(1)}-X^{(1)})=\begin{bmatrix}\frac{10}{3}\\ 0\end{bmatrix}+\frac{7}{15}\begin{bmatrix}-\frac{10}{3}\\ 5\end{bmatrix}=\left(\frac{16}{9},\,\frac{7}{3}\right)^{\mathrm{T}}$$

重复以上步骤，得到 $X^{(3)}$，$X^{(4)}$，$X^{(5)}$ 和 $X^{(6)}$。不难发现，偶数点 $X^{(0)}$，$X^{(2)}$，$X^{(4)}$，$X^{(6)}$，…位于趋向最优解 X^* 的一条直线上，而奇数点 $X^{(1)}$，$X^{(3)}$，$X^{(5)}$，…位于另一条趋向最优解的直线上（见图 10-15）。最优解是 $X^*=\left(2\,\dfrac{1}{3},\,2\,\dfrac{2}{3}\right)^{\mathrm{T}}$。

10.4.4.2 近似规划法

当约束条件是高度非线性函数时，用 Frank-wolfe 法会使逼近问题的解变得远离原来规划问题的可行域，从而该法变得无意义。这里，我们介绍 Griffith 和 Stewart 的近似规划法。这种方法的基本思想是：将目标函数和约束函数进行完整的线性化，并对步长加以限制，使得逼近解不越出原来的可行域；然后通过逐次线性逼近的思想，求得原来规划问题的近似最优解。

考虑如下的问题：

$$\begin{aligned}&\min\ f(X),\ X\in R\subset E^n\\ &R=\{\boldsymbol{X}\mid h_i(X)=0,\ g_j(X)\geqslant 0,\ 1\leqslant i\leqslant m,\ 1\leqslant j\leqslant l\}\end{aligned}\tag{10-95}$$

若 $X^{(k)}$ 为式(10-95)的一个可行点，则原来规划在该点处的逼近规划为：

$$\begin{cases}\min\ f(X)=f(X^{(k)})+\nabla f(X^{(k)})^{\mathrm{T}}(X-X^{(k)}) & (10-96)\\ \tilde{h}_i(X)=h_i(X^{(k)})+\nabla h_i(X^{(k)})^{\mathrm{T}}(X-X^{(k)})=\mathbf{0}\quad i=1,2,\cdots,m & (10-97)\\ \tilde{g}_j(X)=g_j(X^{(k)})+\nabla g_j(X^{(k)})^{\mathrm{T}}(X-X^{(k)})\geqslant\mathbf{0}\quad j=1,2,\cdots,l & (10-98)\end{cases}$$

限制步长的附加约束条件是

$$\delta_i^{(k)}-|\,x_i-x_i^{(k)}\,|\geqslant 0,\ i=1,2,\cdots,n\tag{10-99}$$

其中 $\delta_i^{(k)}>0$。式(10-99)的作用是使新点 X 被限制在原来的可行域内。在约束条件(10-

97)～(10－99)的限制下，求式(10－96)的极小解，即可得到下一个近似点 $X^{(k+1)}$。然后用递减的 $\delta^{(k)}$ 重复解线性规划，直到满足收敛的判别条件为止。这一方法常称为小步长梯度法，而且这一方法不限于目标函数是凸函数。因为从一个近似点到另一个近似点，都需要对问题进行一次完整的线性化，所以计算量是很大的。

下面通过一个例子，说明这种方法的应用。

例 10－16　用近似规划法求解(图 10－16)

$$\begin{cases}\max\ \ f(X)=(x_1-1)^2+x_2^2\\ g_1(X)=36-x_1^2-6x_2\geqslant 0\\ g_2(X)=4x_1-x_2^2+2x_2\geqslant 0\\ g_3(X)=x_1\geqslant 0\\ g_4(X)=x_2\geqslant 0\end{cases}$$

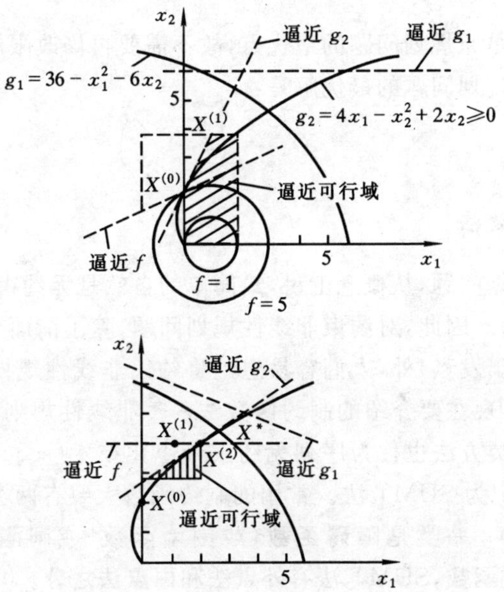

图 10－16　近似规划法图例

解　因为 $g_3(X)$，$g_4(X)$本身已是线性函数，它的线性逼近自然是它本身，所以不必计算线性约束条件的有关数据。

选初始可行点 $X^{(0)}=(0,2)^{\mathrm{T}}$，取 $\delta_1=\delta_2=2$，得到原规划问题的线性逼近规划如下

$$\begin{cases}\max\ \ \tilde{f}(X^{(0)})=-2x_1+4x_2-3\\ \tilde{g}_1(X^{(0)})=-12x_2+48\geqslant 0\\ \tilde{g}_2(X^{(0)})=4x_1-2x_2+4\geqslant 0\\ \tilde{g}_3(X^{(0)})=x_1\geqslant 0\\ \tilde{g}_4(X^{(0)})=x_2\geqslant 0\end{cases}$$

并且满足附加约束条件：$-2\leqslant x_1^{(1)}\leqslant 2$；$0\leqslant x_2^{(1)}\leqslant 4$。

不考虑附加约束条件，得上述线性规划的最优解是 $X^{(1)}=(1,4)^{\mathrm{T}}$，但它对原规划不可行，

故再考虑附加约束，应有：$x_1^{(1)} \leqslant x_1^{(0)} + \delta_1^{(0)}$；$x_2^{(1)} \leqslant x_2^{(0)} + \delta_2^{(0)}$。

当取 $\delta_{1,2}^{(0)} = 2$ 时，有

$$X^{(1)} = (x_1^{(1)},\ x_2^{(1)})^{\mathrm{T}} = (2,4)^{\mathrm{T}}$$

在点 $X^{(1)}$ 处作线性展开，得

$$\begin{cases} \max\ \ \tilde{f}(X^{(1)}) = 2x_1 + 8x_2 - 53 \\ \tilde{g}_1(X^{(1)}) = -4x_1 - 6x_2 + 40 \geqslant 0 \\ \tilde{g}_2(X^{(1)}) = 4x_1 - 6x_2 + 16 \geqslant 0 \\ \tilde{g}_3(X^{(1)}) = x_1 \geqslant 0 \\ \tilde{g}_4(X^{(1)}) = x_2 \geqslant 0 \end{cases}$$

不考虑限制步长的附加条件，得上述线性规划的最优解是 $X^{(2)} = \left(3,\ \dfrac{14}{3}\right)^{\mathrm{T}}$。此点对原规划是可行的，并且正好是原规划问题的最优点，故不需要再修改限制步长的附加约束。

最后，得到原非线性规划问题的最优解是：

$$X^* = X^{(2)} = \left(3,\ 4\,\frac{2}{3}\right)^{\mathrm{T}}$$

10.4.5 制约函数法

我们知道，非线性规划问题，从概念上讲，最简单的自然是无约束问题。对于这类问题，已研究出许多很有效的解法。因此，对约束非线性规划问题，除了前面介绍的线性规划逼近的方法（以线性规划的方法为出发点）外，人们容易想到将约束非线性规划问题化为一系列无约束非线性规划问题来求解。现在要介绍的制约函数法——非线性规划的无约束极值方法，就是这样一类方法。因此，这类方法也称为序列无约束最小化技术（sequential unconstraied minimization technique），简记为 SUMT 法。常用的制约函数大致有两类：一类是**惩罚函数**（或称罚函数，penalty function）；一类是**障碍函数**（或围墙函数，或闸函数，或碰壁函数，barrier function）。对应于这两类函数，SUMT 法有外点法和内点法之分。

10.4.5.1 惩罚函数法

设考虑的问题是

$$\begin{cases} \min\ \ f(X) \quad X \in R \subset E^n \\ R = \{X \mid h_i(X) = 0,\ i = 1,2,\cdots,m\} \end{cases}$$

图 10－17 表示的是只有一个等式约束的极值问题，它的可行域就是约束方程 $h(x)=0$。

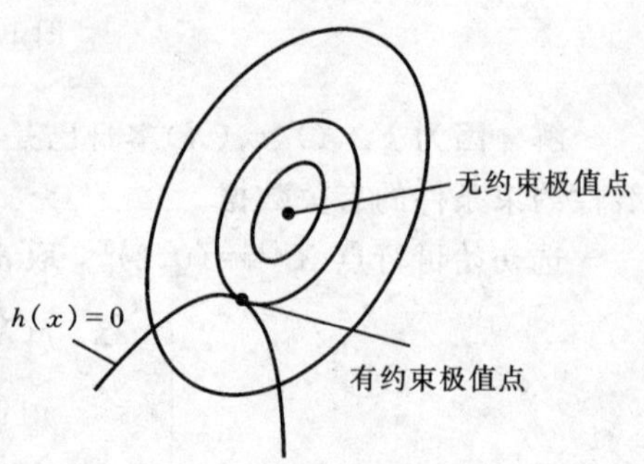

图 10－17 只有一个等式约束的极值问题

惩罚函数法就是将原目标函数 $f(X)$ 扩展为一个新的函数 P，称为惩罚函数。即

$$P(X,\ M_k) = f(X) + M_k \sum_{i=1}^{m} [h_i(X)]^2$$

M_k 是一个很大的正数，称为**惩罚因子或惩罚参数**。

当 $h_i(X) \neq 0$，即不满足等式约束条件时，惩罚函数的值 $P(X,M_k)$ 将很大；只有当 $h_i(X)=0$ 时，惩罚函数 P 才等于原目标函数 $f(X)$。这就是说，惩罚因子 M_k 的引入相当于对不遵守等

式约束的一种惩罚。$M_k\sum_{i=1}^{m}[h_i(X)]^2$ 称为**惩罚项**。$P(X,M_k)$ 的最优点与 M_k 有关，记作 $X_k^*=X^*(M_k)$。这样，每迭代一步，选择一个惩罚因子，M_k 表示第 k 步迭代时所选取的惩罚因子；而 X_k^* 表示 第 k 步迭代所得无约束极值问题 $P(X,M_k)$ 的最优解。

自然，M_{k+1} 应大于 M_k，即随着迭代过程的进展，惩罚因子越取越大，迫使 $h_i(X)$ 趋近于零，才能使 $P(X,M_k)$ 达极小。最后，X_k^* 收敛于 $f(X)$ 的最优解 X^*，这时一定满足 $h_i(X)=0$ 的约束条件。

例 10－17　求解：$\begin{cases}\min \quad f(X)=x_1^2+x_2^2,\ X\in E^2\\ \qquad h(X)=x_2-1=0\end{cases}$

解　构造惩罚函数

$$P(X,\ M_k)=x_1^2+x_2^2+M_k(x_2-1)^2$$

现用解析方法，求上式的极小值。

$$\frac{\partial P}{\partial x_1}=2x_1=0,\ x_1^*=0$$

$$\frac{\partial P}{\partial x_2}=2x_2+2M_k(x_2-1)=0,\ x_2^*(M_k)=\frac{M_k}{1+M_k}$$

下面列出对不同的 M_k 计算 $x_2^*(M_k)$ 的结果：

M_k	0	1	2	5	10	…,	∞
$x_2^*(M_k)$	0	0.5	2/3	0.833	0.91	…,	1

由上述结果及图 10－18 可见，当 M_k 增大时，最优解 x_2^* 以非线性形式向约束方程 $x_2-1=0$ 移动，即当 $M_k\to\infty$ 时，$x_2^*(M_k)\to 1$。

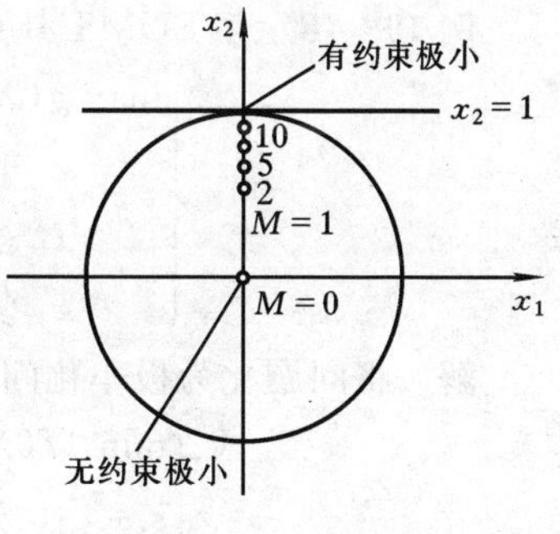

图 10－18　惩罚函数法举例

用数值解法时，先取一个初始惩罚因子 M_1，求第一个惩罚函数 $P(X,M_1)$ 的极小值，得第一步的无约束最优解 $X^{(1)*}$；增大惩罚因子，第二步迭代取 M_2，再求第二个惩罚函数 $P(X,M_2)$ 的极小值，得第二步的无约束最优解 $X^{(2)*}$，……直到满足等式约束，或满足预先给定的精度要求为止。

10.4.5.2　SUMT 外点法

设考虑的问题是

$$\begin{cases}\min \quad f(X) \quad X\in R\subset E^n\\ R=\{X\mid g_j(X)\geqslant 0,\ j=1,2,\cdots,l\}\end{cases} \tag{10-100}$$

假设函数 $f(X)$ 和 $g_j(X)$ 具有一阶连续偏导数。

外点法就是在构造了惩罚函数以后，在搜索无约束极值点的过程中，要求搜索点列 $\{X^{(k)}(M_k)\}$ 从可行域 R 的外部收敛于原问题式(10－100)的最优解。

外点法构造的惩罚函数是：

$$P(X,\ M_k)=f(X)+M_k\sum_{j=1}^{l}[g_j(X)]^2u_j(g_j) \tag{10-101}$$

式中 M_k 是第 k 步迭代时的惩罚因子，满足 $0<M_1<M_2<\cdots<M_k<M_{k+1}<\cdots$。$u_j(g_j)$ 为单位

阶跃函数。

$$u_j(g_j)=\begin{cases}0, & \text{当 } g_j(\boldsymbol{X})\geqslant 0\text{（即满足约束条件）}\\ 1, & \text{当 } g_j(\boldsymbol{X})<0\text{（即不满足约束条件）}\end{cases}$$

惩罚函数也可以采取其它形式，如

$$P(X,\,M_k)=f(X)+M_k\sum_{j=1}^{l}\{\min[0,\,g_j(X)]\}^2 \tag{10-102}$$

式(10-101)与(10-102)所起的作用是等价的，因为

$$\min[0,\,g_j(X)]=\begin{cases}0, & \text{若 } g_j(X)\geqslant 0\\ g_j(X), & \text{若 } g_j(X)<0\end{cases}$$

如果在式(10-100)中，不等式约束是用 $g_j(X)\leqslant 0$ 的形式给出，则只要将它变为 $-g_j(X)\geqslant 0$ 的形式即可。

外点法的迭代步骤是：

(1) 取 $M_1>0$（例如取 $M_1=1$），允许误差 $\varepsilon>0$。令 $k:=1$。

(2)求无约束极值问题的最优解：

$$\min_{X\in E^n} P(X,\,M_k)=P(X^{(k)},\,M_k)$$

其中 $P(X,\,M_k)$ 按式(10-101)或式(10-102)表达。

(3) 若对某一个 $j(\,1\leqslant j\leqslant l)$ 有

$$-g_j(X)\geqslant \varepsilon$$

则取 $M_{k+1}>M_k$（例如取 $M_{k+1}=CM_k$，C 取 5 或 10）. 令 $k:=k+1$，并转向(2)；否则，停止迭代，得 $X^*\doteq X^{(k)}$。

例 10-18 用 SUMT 外点法求解 §10.2 例 10-2 中提出的投资选择问题：

$$\begin{cases}\max\ g(X)=20x_1+16x_2-2x_1^2-x_2^2-(x_1+x_2)^2\\ x_1+x_2\leqslant 5\\ x_1\geqslant 0\\ x_2\geqslant 0\end{cases}$$

解 将问题化为极小化问题如下

$$\begin{cases}\min\quad f(X)=2x_1^2+x_2^2+(x_1+x_2)^2-20x_1-16x_2\\ \text{s.t.}\ \begin{cases}5-x_1-x_2\geqslant 0\\ x_1\geqslant 0,\ x_2\geqslant 0\end{cases}\end{cases}$$

构造惩罚函数

$$P(X,M)=2x_1^2+x_2^2+(x_1+x_2)^2-20x_1-16x_2+M[\min(0,\,5-x_1-x_2)]^2$$
$$+M[\min(0,\,x_1)]^2+M[\min(0,\,x_2)]^2$$

现在采用解析法求解。令

$$\frac{\partial P}{\partial x_1}=-20+6x_1+2x_2+2M\{\min[0,\,(5-x_1-x_2)(-1)]\}+2M[\min(0,\,x_1)]=0$$

$$\frac{\partial P}{\partial x_2}=-16+2x_1+4x_2+2M\{\min[0,\,(5-x_1-x_2)(-1)]\}+2M[\min(0,\,x_2)]$$
$$=0$$

不满足约束条件的点 $X=(x_1,x_2)^{\mathrm{T}}$ 是

$$x_1+x_2>5,\ x_1<0,\ x_2<0$$

解得 $x_1=\dfrac{7M^2+33M+36}{3M^2+14M+15}$，$x_2=\dfrac{8M+14}{3M+5}$

$M\to\infty$，得 $x_1^*=2\dfrac{1}{3}$，$x_2^*=2\dfrac{2}{3}$。

最后指出，外点法不仅适用于含有不等式约束的极值问题，而且适用于兼有等式约束和不等式约束的极值问题。在构造惩罚函数时，也可以对不同的约束条件选择不同的惩罚因子。

10.4.5.3 SUMT 内点法

内点法与外点法不同，它要求迭代过程始终在可行域内进行。为此，初始点必须取在可行域内，并在可行域的边界上设置一道“障碍”（或称“围墙”），使迭代点在靠近可行域的边界时，惩罚函数的值迅速增大，从而使迭代点始终留在可行域内。

为此，我们构造一个障碍函数，使得在可行域 R 的内部与边界较远的地方，障碍函数与原来的目标函数尽可能相近，而在接近边界处可以有任意大的值，这就保证了迭代点不会越过可行域的边界。因此，障碍函数的极小解自然不会在 R 的边界上达到。

于是，要解非线性规划式(10 - 100)，就转化为下列无约束极小化问题：

$$\min_{X\in R}\ P(X,r_k) \tag{10 - 103}$$

其中障碍函数

$$P(X,r_k)=f(X)+r_k\sum_{j=1}^{l}\frac{1}{g_j(X)},\ (r_k>0) \tag{10 - 104}$$

或取

$$P(X,r_k)=f(X)-r_k\sum_{j=1}^{l}\lg[g_j(X)],\ (r_k>0) \tag{10 - 105}$$

式(10 - 104)或式(10 - 105)中右端第二项称为障碍项。

如果从 R 内部的某一点 $X^{(0)}$ 出发，按无约束极小化方法对式(10 - 103)进行迭代，则随着障碍因子 r_k 的逐渐减小，即

$$r_1>r_2>\cdots>r_k\cdots>0$$

障碍项所起的作用也越来越小，因而求出的 $\min P(X,r_k)$ 的解 $X(r_k)$ 也逐步逼近原问题(10 - 100)式的极小解 X^*。若原来问题的极小解在可行域的边界上，则随着 r_k 的减小，障碍作用逐步降低，所求障碍函数的极小解不断靠近边界，直至满足某一精度要求为止。

内点法的迭代步骤是

(1)取 $r_1>0$(例如取 $r_1=1$)，允许误差 $\varepsilon>0$；

(2)找出一个可行点 $X^{(0)}\in R$，并令 $k:=1$；

(3)构造障碍函数，障碍项可采用倒数函数(10 - 104)式，或采用对数函数(常用对数或自然对数)(10 - 105)式；

(4)以 $X^{(k-1)}\in R$ 为初始点，对障碍函数进行无约束极小化

$$\begin{cases}\min\limits_{X\in R}\ P(X,r_k)=P(X^{(k)},\ r_k)\\ X^{(k)}=X(r_k)\in R\end{cases}$$

(5)检验是否满足收敛准则条件

$$r_k \sum_{j=1}^{l} \frac{1}{g_j(X^{(k)})} \leqslant \varepsilon$$

或

$$\left| r_k \sum_{j=1}^{l} \lg[g_j(X^{(k)})] \right| \leqslant \varepsilon$$

如满足，则有 $X^{(k)} \doteq X^*$；否则，取 $r_{k+1} < r_k$（例如取 $r_{k+1} = \frac{r_k}{10}$ 或 $r_k/5$），令 $k := k+1$，转向(3)，继续迭代。

顺便指出，收敛准则条件也可以采用其它不同的形式，例如

$$\| X^{(k)} - X^{(k-1)} \| < \varepsilon$$

或

$$| f(X^{(k)}) - f(X^{(k-1)}) | < \varepsilon$$

例 10-19 用 SUMT 内点法求解：

$$\begin{cases} \min \quad f(\boldsymbol{X}) = x_1 + 2x_2,\ \boldsymbol{X} \in E^2 \\ -x_1^2 + x_2 \geqslant 0 \\ x_1 \geqslant 0 \end{cases}$$

解 构造障碍函数为

$$P(X, r) = x_1 + 2x_2 - r\ln(-x_1^2 + x_2) - r\ln x_1$$

这里用解析方法来解。

$$\frac{\partial P}{\partial x_1} = 1 + \frac{2rx_1}{-x_1^2 + x_2} - \frac{r}{x_1} = 0$$

$$\frac{\partial P}{\partial x_2} = 2 - \frac{r}{-x_1^2 + x_2} = 0$$

解得

$$x_1(r) = \frac{1}{8}(-1 + \sqrt{1 + 16r})$$

$$x_2(r) = \frac{1}{64}(-1 + \sqrt{1 + 16r})^2 + \frac{1}{2}r$$

令 $r \to 0$，得 $X^* = (0, 0)^T$。

如用迭代算法，选取初始障碍因子 $r_1 = 4$，令 $\frac{r_{k+1}}{r_k} = 0.5$，共进行 11 次迭代，$\| X^{(11)} - X^{(10)} \| < 5.4 \times 10^{-3}$。迭代结果如表 10-1。

最后，我们对外点法和内点法作一简单比较。

(1)适用范围：内点法只适用于不等式约束，对等式约束的优化问题无法直接应用，要作些修正；外点法对等式约束、不等式约束或者二者兼有，均可应用。

(2)优缺点：内点法要求在可行域 R 内进行，所以必须事先求出初始内点，否则无法开始迭代；外点无此要求，可在整个 E^n 空间中进行，因此外点法的适用范围广。外点法的缺点是惩罚项虽存在一阶连续偏导数，但二阶偏导数在可行域 R 的边界上不存在，因此在选择无约束最优化方法时就要受到限制，而且只有到最后才能得到切合实际的可行解。内点法的障碍项在 R 内部可微的阶数与约束函数 $g_j(X)$ 的可微阶数相同，因此在选择无约束最优化方法时

不受对目标函数可微阶数要求的限制，而且迭代点列都是可行解，在实际应用时，可针对实际的要求，随时停止迭代，取中间过程的点作为近似最优解，这就是内点法的优点所在。所以在实际应用时，常常采取两种方法结合使用，即对等式约束和不被初始点 $X^{(0)}$ 满足的不等式约束应用外点法，而对为 $X^{(0)}$ 满足的不等式约束应用内点法，这就是所谓的混合惩罚函数法。

表 10－1

k	r_k	$x_1(r_k)$	$x_2(r_k)$	$f(x^{(k)})$
1	4	0.885	2.781	6.447
2	2	0.593	1.35	3.293
3	1	0.391	0.653	1.697
4	0.5	0.375	0.39	1.155
5	0.25	0.155	0.149	0.453
6	0.125	0.090	0.071	0.232
7	0.063	0.057	0.035	0.127
8	0.032	0.029	0.017	0.063
9	0.016	0.016	0.008	0.032
10	0.008	0.008	0.004	0.016
11	0.004	0.003	0.002	0.007

§10.5　应用举例分析

应用非线性规划的理论和方法解决实际问题，一般应包括以下几个步骤。

(1)分析实际问题。找出问题中包含哪些量，其中哪些是变量(通常也称决策变量)，哪些是常量。

(2)建立数学模型。分析问题中各量之间的相互关系，按照抓主要矛盾的思想方法，建立比较符合实际的恰当的数学模型(包括给出约束条件)。

(3)选择适当的解法，求得非线性规划问题的最优解(包括编制计算机程序，上机计算)。

(4)对所得的解，进行必要的讨论。

在以上几个步骤中，建立数学模型是关键的一步，通常也是比较困难的一步。它需要综合各方面的知识，善于抓主要矛盾。这一能力的培养需要一个过程，对初学者来说，不是一下子可以奏效的。当然，对非线性规划问题的求解，也常常是困难的。

下面我们举一个例题，借以说明用非线性规划解决实际问题的基本思想方法。

例 10－20　某制杯厂为了满足订货的需求，生产甲、乙两种不同的杯子。工厂只有一台相当陈旧的制杯和两副不同的模子。用第一副模子，能在 6 小时内生产甲种杯 100 箱；用第二副模子，能在 5 小时内生产乙种杯 100 箱。每周安排生产 60 小时。而把每周的产品存放在仓库里，其最大空间是 15 000m^3，一箱甲种杯要占空间 10m^3，一箱乙种杯要占空间 20m^3。每 100 箱甲种杯收益是 60 元，但该产品唯一顾主每周收购量不超过 800 箱；每 100 箱乙种杯的收益是 80 元,出售的数量没有限制。由于机器陈旧,当运转速度接近生产能力时,维修费用提高和停工时间增加,从而会造成每增产一个单位,每单位的收益反而降低。假定每箱甲种杯的降低额等于 0.05 元,每箱乙种杯的降低额是 0.04 元。问每周应生产两种杯子各若干箱,才能保证总收益额最大?

解 设 x_1、x_2 表示每周生产的甲、乙两种杯的箱数(以 100 箱计)。两种杯子每 100 箱的收益为

$$z_1(x_1)=60-5x_1$$
$$z_2(x_2)=80-4x_2$$

总收益额

$$\begin{aligned}f(X)&=(60-5x_1)x_1+(80-4x_2)x_2\\&=60x_1-5x_1^2+80x_2-4x_2^2\end{aligned}$$

而约束条件是 $6x_1+5x_2\leqslant 60$(生产小时)

$10x_1+20x_2\leqslant 150$(每 100 m^3 空间)

$x_1\leqslant 8$(甲种杯的销售限制)

$x_1\geqslant 0,\ x_2\geqslant 0$

所以,可以得到非线性规划问题的数学模型如下:

$$\begin{cases}\max\ \ f(X)=-5x_1^2-4x_2^2+60x_1+80x_2\\ \text{s.t.}\ \begin{cases}6x_1+\ \ \ 5x_2\leqslant 60\\ 10x_1+20x_2\leqslant 150\\ x_1\leqslant 8\\ x_1\geqslant 0,\ x_2\geqslant 0\end{cases}\end{cases}$$

这是一个二次规划问题,可以用二次规划的解法,也可以用弗兰克-沃尔夫的线性逼近法求解,这里我们用二次规划的解法求解。

先将原问题化为以下的形式:

$$\begin{cases}\min\ \ Z(X)=5x_1^2+4x_2^2-60x_1-80x_2\\ \qquad\qquad =\dfrac{1}{2}(x_1,\ x_2)\begin{bmatrix}10&0\\0&8\end{bmatrix}\begin{bmatrix}x_1\\x_2\end{bmatrix}+(-60,\ -80)\begin{pmatrix}x_1\\x_2\end{pmatrix}\\ \qquad\qquad =\dfrac{1}{2}X^{\mathrm{T}}QX+C^{\mathrm{T}}X\\ 60-6x_1-5x_2\geqslant 0\\ 150-10x_1-20x_2\geqslant 0\\ 8-x_1\geqslant 0\\ x_1\geqslant 0,\ x_2\geqslant 0\end{cases}$$

其中,$\boldsymbol{Q}=\begin{bmatrix}10&0\\0&8\end{bmatrix}$是正定阵;$\boldsymbol{C}=(-60,\ -80)^{\mathrm{T}}$;

$$\boldsymbol{A}=\begin{bmatrix}6&5\\10&20\\1&0\end{bmatrix},\ \boldsymbol{B}=\begin{bmatrix}60\\150\\8\end{bmatrix}$$

于是,由式(10-86)得线性规划如下

$$\begin{cases}\min\quad \varphi(Z)=z_1+z_2\\ \begin{cases}-6y_3-10y_4-y_5-y_1-10x_1-z_1 & =-60\\ -5y_3-20y_4\qquad -y_2\ -8x_2-z_2 & =-80\\ \qquad -6x_1-5x_2-x_3+60 & =0\\ \qquad -10x_1-20x_2-x_4+150 & =0\\ \qquad -x_1\qquad -x_5+8 & =0\end{cases}\\ x_1,\ x_2,\cdots,\ x_5\geqslant 0\\ y_1,y_2,\cdots,y_5\geqslant 0\\ z_1\geqslant 0,\ z_2\geqslant 0\end{cases}$$

同时满足 $x_jy_j=0\ (j=1,2,3,4,5)$。并将上式改写为

$$\begin{cases}\min\quad \varphi(Z)=z_1+z_2\\ \begin{cases}10x_1+\quad y_1+6y_3+10y_4+y_5+z_1=60\\ 8x_2+\quad y_2+5y_3+20y_4\qquad +z_2=80\\ 6x_1+\quad 5x_2+x_3 \qquad\qquad =60\\ 10x_1+20x_2\qquad +x_4 \qquad =150\\ \quad x_1\qquad\qquad +x_5 \qquad =8\end{cases}\\ x_1,\ \cdots,\ x_5\geqslant 0\\ y_1,\ \cdots,\ y_5\geqslant 0\\ z_1\geqslant 0,\ z_2\geqslant 0\end{cases}$$

同时满足 $x_jy_j=0\ (j=1,2,3,4,5)$。

用单纯形法解得线性规划问题的最优解为

$x_1^*=\dfrac{25}{6}$，$x_2^*=\dfrac{65}{12}$，$x_3^*=\dfrac{95}{12}$，$x_4^*=0$，$x_5^*=\dfrac{23}{6}$，$y_1^*=0$，$y_2^*=0$，$y_3^*=0$，$y_4^*=\dfrac{11}{6}$，$y_5^*=0$，$z_1^*=0$，$z_2^*=0$。所以，原二次规划问题的最优解为：$x_1^*=4\dfrac{1}{6}$，$x_2^*=5\dfrac{5}{12}$。但因 x_1,x_2 表示的是甲，乙两种杯子生产的 100 箱数，故可取 $x_1^*\doteq 4.17$(100 箱)，$x_2^*\doteq 5.41$(100 箱)，这时总收益额 $f=478.98$ 元。也可取 $x_1^*\doteq 4.16$ (100 箱)，$x_2^*\doteq 5.42$ (100 箱)，这时总收益额 $f=479.16$ 元。两种方案的总收益额相差不大，两种方案均可选用。例如，选取第二种方案，即每周生产甲种杯 416 箱，乙种杯 542 箱，可使总额最大。

§10.6　本章小结

本章研究和讨论了非线性规划的基本理论和求解方法。

我们已经看到，非线性规划的求解，一般要比线性规划的求解困难得多。从概念上讲，有约束的非线性规划的求解，较无约束的非线性规划的求解困难得多。但在实际问题中遇到的规划(最优化)问题，较为普遍的应该说是有约束的规划问题。然而有约束的非线性规划的许多求解方法，常常以无约束非线性规划和线性规划为基础。另外，一维搜索又是多维搜索的基础。所以，我们讨论的顺序是：先介绍一维搜索，然后推广引伸到多维搜索；先讨论无约束极值

问题，最后讨论约束极值问题。由于非线性规划问题的比较困难，尽管许多人都进行了不同程度的研究，也取得了一些可喜的成果，提供了许多解法，但是无论是理论研究和求解方法(算法)的研究都还远未终结。从这种意义上讲，非线性规划问题都有着广阔的研究前景。学习这一章时，务必注意各种解法的适用范围，切不可生搬硬套。

本章的基本要求是：(1)理解和掌握非线性规划的基本理论和基本概念。(2)掌握各种求解方法，注意各种解法提出的背景、适用范围、方法的要点和计算的步骤。(3)掌握将实际问题转化为非线性规划问题的基本思想方法。这里顺便指出，对于非线性规划的各种解法(算法)，我们只给出各种算法的计算步骤，没有给出算法的程序框图。这是考虑到计算机和计算技术高度发展的今天，我们每个人如果要解算一个复杂的问题，一般地都不是自己编制计算程序，而是借助于现成的、甚至商业化的软件在计算机上直接解算。如果实在不得已需要自己"编程"时，我们也可以根据算法的步骤，画出算法的程序框图，然后用自己熟悉的程序语言去完成"编程"。但不管怎么说，在现代社会里追求工作效率还是人们应该追求的目标。

非线性规划方法，我们可以将其分为解析法、数值计算法和以梯度法为基础的数值计算法。

最后需要指出的是，评价一种算法的优劣，通常是按收敛的快慢和计算机所用机时为标准来衡量的。总的来说，解析法(数值计算法和间接法)收敛速度快，准确性高，但需要目标函数的解析性质(一阶或二阶偏导数连续)，方法本身较复杂，适用范围不够宽；直接搜索法收敛速度慢，计算工作量大，但由于不需要应用解析性质，因此方法本身简单，适用范围广。本章我们虽然介绍了多种方法，但限于篇幅，我们仍只是介绍了非线性规划中最基本的一些概念和算法，今后读者倘若感到知识不足，可参阅书末所列的一些文献资料或其它有关文献资料。

习题 10

10.1 判别下列函数的凸性，即指出哪些是凸的，哪些是凹的，哪些是既非凸也非凹的？

(1) $f(x)=x^3,\ x>0$

(2) $f(x)=\log x,\ x>0$

(3) $f(x)=x_1^2+2x_1x_2-10x_1+5x_2$

(4) $f(x)=x_1e^{-(x_1+x_2)}$

(5) $f(x)=x_1x_2$

(6) $f(x)=-x_1^2-5x_2^2+2x_1x_2+10x_1-10x_2$

10.2 对下面的每一组约束，画出它的可行域

(1) $x_2-|x_1|\leqslant 0$

(2) $\begin{cases}x_1^2+(x_2-1)^2-1\leqslant 0\\ x_1^2+x_2^2-1\leqslant 0\ (x_1,x_2\geqslant 0)\end{cases}$

(3) $\begin{cases}5x_1+2x_2\geqslant 18\\ -2x_1+x_2^2=5\end{cases}$

(4) $\begin{cases}x_1^2+x_2^2-9=0\\ 1-x_1-x_2^2\geqslant 0\\ 1-x_1-x_2\geqslant 0\end{cases}$

10.3　计算下列函数在指定点处的梯度及海赛矩阵。

(1) $f(\boldsymbol{X})=3x_1^2-2x_1x_2+6x_2^2$　在 $\boldsymbol{X}=(0,0)^{\mathrm{T}}$ 处；在 $\boldsymbol{X}=(1,2)^{\mathrm{T}}$ 处。

(2) $f(\boldsymbol{X})=4x_1^2-2x_1x_2+x_2^2$　在 $\boldsymbol{X}=(-1,0)^{\mathrm{T}}$ 处；在 $\boldsymbol{X}=(-1,-1)^{\mathrm{T}}$ 处。

10.4　指出下列矩阵是正定、负定、半正定、半负定或不定：

(1) $\begin{bmatrix}2&1&2\\1&3&0\\2&0&5\end{bmatrix}$　　(2) $\begin{bmatrix}2&1&2\\1&-3&0\\2&0&-5\end{bmatrix}$

(3) $\begin{bmatrix}1&1&0\\1&1&0\\0&0&1\end{bmatrix}$

10.5　试判定下列非线性规划是否为凸规划：

(1) $\begin{cases}\min\ f(x)=2x_1^2+x_2^2+x_3^2\\ \begin{cases}x_1^2+x_2^2\leqslant 4\\ 5x_1+x_3=10\\ x_1,\ x_2,\ x_3\geqslant 0\end{cases}\end{cases}$

(2) $\begin{cases}\max\ f(x)=x_1+2x_2\\ x_1^2+x_2^2\leqslant 9\\ x_2\geqslant 0\end{cases}$

10.6　写出下述问题的数学模型。

(1) 将机床用来加工产品 A，6 小时可加工 100 箱。若用机床加工产品 B，5 小时可加工 100 箱。设产品 A 和 B 每箱占用生产场地分别是 10 和 20 个体积单位，而生产场地(包括仓库)允许 15 000 个体积单位的存储量。若机床每周加工时数不超过 60 小时，产品 A 生产 x_1(百箱)的收益为 $(60-5x_1)x_1$ 元，产品 B 生产 x_2(百箱)的收益为 $(80-4x_2)x_2$ 元，又由于收购部门的限制，产品 A 的生产量每周不超过 800 箱。试制订最优的周生产计划，使机床生产获得最大收益。

(2) 新机场的最优位置问题：某地区有六个机场，它们的坐标位置及其向新建场的货运量如下表：

10.6 题表

原有机场	直角坐标	货运量(万吨)
A	(40, 200)	40
B	(160, 210)	10
C	(250, 160)	20
D	(220, 80)	30
E	(100, 40)	20
F	(30, 100)	10

坐标符合 $x+y\geqslant 250$ 为沼泽地带；而约束

$$(x-100)^2+(y-100)^2 \leqslant 400$$

是一个湖，这些地区当然不能建立新机场。问新机场建立在何处才使总运输量最省。

10.7 用 Fibonacci 和 0.618 法求函数

$$f(t)=t^2-6t+2$$

在区间[0,10]上的极小点，要求缩短后的区间长度不大于原区间长度的 3%。并将两种算法计算结果进行比较。

10.8 用模式搜索(步长加速)法求 $f(\boldsymbol{X})=x_1^2+2x_2^2-4x_1-2x_1x_2$ 的极小点，选初始点 $\boldsymbol{X}^{(0)}=(3,1)^{\mathrm{T}}$，取用步长

$$\Delta_1=\begin{pmatrix}0.5\\0\end{pmatrix},\ \Delta_2=\begin{pmatrix}0\\0.5\end{pmatrix}。$$

10.9 用最速下降法求解

$$\min(4x_1+6x_2-2x_1^2-2x_1x_2-2x_2^2)$$

选初始点 $\boldsymbol{X}^{(0)}=(1,1)^{\mathrm{T}}$，要求迭代进行三轮。

10.10 用变尺度法(DFP 法)求解 $f(x_1,x_2)=x_1^2+4x_2^2$。选择初始点$(1,1)^{\mathrm{T}}$。

10.11 试用 Kuhn-Tucker 条件求解非线性规划

$$\begin{cases}\min\ \ f(\boldsymbol{X})=(x_1-3)^2+(x_2-3)^2\\ 4-x_1-x_2\geqslant 0\\ x_1,x_2\geqslant 0\end{cases}$$

10.12 写出下列 $K-T$ 条件，并求出它们的 $K-T$ 点。

$$\begin{cases}\min(x_1-3)^2+(x_2-2)^2\\ \text{s.t.}\ \ x_1^2+x_2^2-5\leqslant 0\\ \qquad x_1+2x_2-4=0\\ \qquad x_1\geqslant 0,\ x_2\geqslant 0\end{cases}$$

10.13 用线性逼近法求解：

$$\min\ \ f(x_1,x_2)=(x_1+4)^2+(x_2-4)^2$$

$$\text{s.t.}\ \begin{cases}x_1-x_2\leqslant 4\\ x_1+x_2\leqslant 8\\ x_1\geqslant 0,\ x_2\geqslant 0\end{cases}$$

10.14 用可行方向法求解非线性规划

$$\begin{cases}\min\ \ f(\boldsymbol{X})=x_1^2+x_2^2-4x_1-4x_2+8\\ x_1+2x_2-4\leqslant 0\end{cases}$$

从初始点 $\boldsymbol{X}^{(0)}=(0,0)^{\mathrm{T}}$ 出发，迭代两步。

10.15 试用外点法求解非线性规划

$$\begin{cases}\min\ \ f(x)=x_1^2+x_2^2\\ x_2=1\end{cases}$$

并求出当惩罚因子 $M=1$ 及 $M=10$ 时的近似解。

10.16　试用 SUMT 法求解非线性规划

$$\begin{cases}\min \quad f(x) = \log x_1 - x_2 \\ \quad x_1 - 1 \geqslant 0 \\ \quad x_1^2 + x_2^2 - 4 = 0\end{cases}$$

要求对第一个约束条件使用内点法，对第二个约束条件使用外点法。

附录　WinQSB 解题示例

1　WinQSB 简介

QSB 是 Quantitative System for Business 的缩写，是由 yih-long chang 开发的。早期的版本在 DOS 操作系统下运行，WinQSB 在 Windows 操作系统下运行，其操作界面与其它 Windows 应用软件大致相同，用户如果有 Windows 或 Office 的使用经验，那么建立新文件、打开、编辑和复制文件等操作已不成问题。

WinQSB 共提供了 19 类问题的计算程序系统：

(1) Acceptance Sampling Analysis (ASA，抽样分析)；

(2) Aggregate planning (AP，综合计划)；

(3) Decision Analysis (DA，决策分析)；

(4) Dynamic Programming (DP，动态规划)；

(5) Facility Location and Layout (FLL，设备场地布局)；

(6) Forecasting and Linear Regression (FR，预测与线性回归)；

(7) Goal Programming and Integer Linear Goal Programming (GP-IGP，目标规划与整数线性目标规划)；

(8) Inventory Theory and Systems (ITS，存储论与存储控制系统)；

(9) Job Scheduling (JOB，作业调度，编制工作进度表)；

(10) Linear Programming and Integer Linear Programming (LP-ILP，线性规划与整数线性规划)；

(11) Markov Process (MKP，马尔可夫过程)；

(12) Material Requirements Planning (MRP，物料需求计划)；

(13) Network Modeling (NET，网络模型)；

(14) Nonlinear Programming (NLP，非线性规划)；

(15) Project Scheduling (PERT-CPM，网络计划)；

(16) Quadratic Programming (QP，二次规划)；

(17) Queuing Analysis (QA，排队分析)；

(18) Queuing System Simulation (QSS，排队系统模拟)；

(19) Quality Contral Charts (QCC，质量管理控制图)。

上述程序，涵盖了运筹学几乎所有分支的算法，对于小规模的问题一般都能计算。限于篇幅，我们只介绍与本教材相关的程序，对于其它程序系统，读者可阅读软件中的帮助文件，打开演示例题，学习操作方法。

2　线性规划和整数线性规划

例 1　求解例 1-28 所述线性规划问题。

操作步骤如下。

(1) 启动程序并建立新问题文件。点击 WinQSB\Linear Porgramming and Integer Linear Programming，选择菜单命令 File\New Problem，或者点击快捷工具栏上的新建图标，屏幕出现名为 LP-ILP Problem Specification (问题描述)的工作界面，见附图 1。

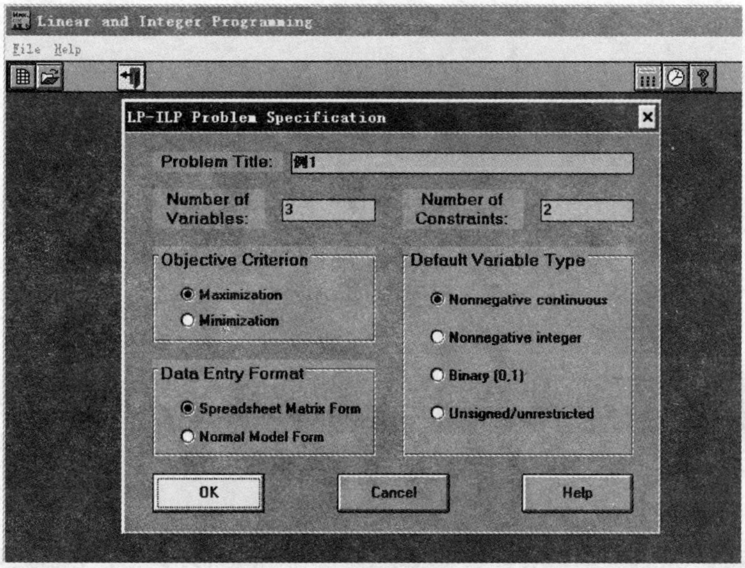

附图 1　建立新文件

如图所示填入 Problem Title(问题名称)，Number of Variables(变量个数)和 Number of Constraints (约束条件个数，这里不包括非负约束)，选择 Objective Criterion (目标函数的类型)，Data Entry Format (数据输入格式)及 Default Variable Type(系统默认的变量类型)，按 OK。

(2) 数据输入。上一步选择了 Spreadsheet Matrix Form(表格形式)，输入结果见附图 2。如果用 Normal Model Form(自由格式)输入，结果见附图 3。

输入前，模型不必化为标准型。变量为有限上界或下限为非零值时，可直接将数字填入 UpperBound 行和 LowerBound 行，取代相应变量的 0 和 M。不等式“≤”写成“<”或“<=”或“=<”都可以。

(3) 求解。选择菜单命令 Solve and Analyze\Solve the Problem，或者点击快捷栏印有小孩样的图标。瞬间便弹出一小框提示最优解已找到。按 OK 得到计算结果的汇总报告(Combined Report)，见附图 4。也可点击 Results\Solution Summary 和 Results\ Constriants Summary 分别得到最优解及变量取优时行约束的情况。

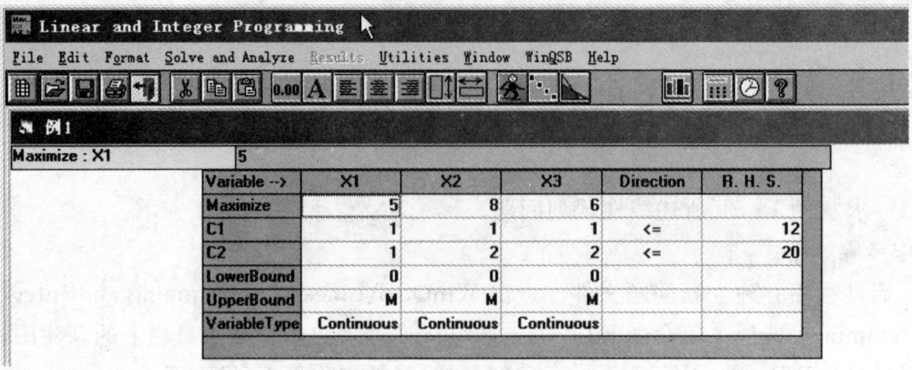

附图 2 表格输入格式

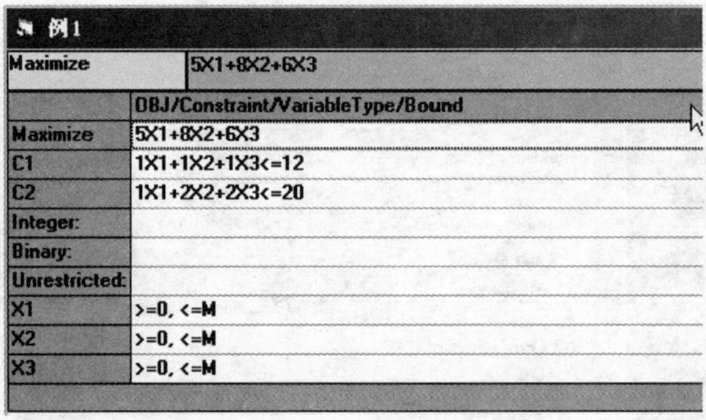

附图 3 自由输入格式

	16:47:29		2005-9-18	2005-9-18	2005-9-18	2005-9-18		
	Decision Variable	Solution Value	Unit Cost or Profit c(j)	Total Contribution	Reduced Cost	Basis Status	Allowable Min. c(j)	Allowable Max. c(j)
1	X1	4.0000	5.0000	20.0000	0	basic	4.0000	8.0000
2	X2	8.0000	8.0000	64.0000	0	basic	6.0000	10.0000
3	X3	0	6.0000	0	-2.0000	at bound	-M	8.0000
	Objective	Function	(Max.) =	84.0000				
	Constraint	Left Hand Side	Direction	Right Hand Side	Slack or Surplus	Shadow Price	Allowable Min. RHS	Allowable Max. RHS
1	C1	12.0000	<=	12.0000	0	2.0000	10.0000	20.0000
2	C2	20.0000	<=	20.0000	0	3.0000	12.0000	24.0000

附图 4 结果汇总报告

(4) 做灵敏度分析。在汇总报告可读到灵敏度分析的内容，也可点击 Results\Sensitivity Analysis for OBJ 和 Results \Sensitivity Analysis for RHS 分别做 c_j 和 b_j 的变化分析，见附图 5 和附图 6。

09-18-2005 17:27:39	Decision Variable	Solution Value	Reduced Cost	Unit Cost or Profit C(j)	Allowable Min. C(j)	Allowable Max. C(j)
1	C1	2.0000	0	12.0000	10.0000	20.0000
2	C2	3.0000	0	20.0000	12.0000	24.0000

附图 5　价值系数分析

09-18-2005 17:29:48	Constraint	Direction	Shadow Price	Right Hand Side	Allowable Min. RHS	Allowable Max. RHS
1	X1	>=	4.0000	5.0000	4.0000	8.0000
2	X2	>=	8.0000	8.0000	6.0000	10.0000
3	X3	>=	0	6.0000	-M	8.0000

附图 6　右端常数分析

须提醒读者注意，软件输出的是最优基保持不变时 c_j 和 b_j 允许变化的范围，而第 1 章 1.9 节给出的是增量 Δc_j，Δb_i 的范围，两者有区别。

如果是解整数线性规划，或 0－1 规划，则在问题描述框（见附图 1）的变量类型（Default Variable Type）中选择 Nonnegative Integer 或 Binary[0,1]。如果模型中既有取连续值的变量，又有整数变量或 0－1 变量或者还有无符号限制的变量（unrestricted），则在表格输入时，双击 Variable Type 行 Continuous 框（见附图 2）做选择，在自由输入格式时，将变量的名称填入相应的行（见附图 3）。

在数据输入窗口，菜单 File 提供了文件存盘（Save problem 或 Save Problem As）和打开已存盘文件（Load Problem）等功能。为了方便，建议读者存盘时采用系统推荐的文件扩展名。例如线性规划问题的扩展名为".LPP"。在菜单 Edit 中，可插入（Insert）新变量和新的约束条件，删除（Delete）变量和约束条件，也可修改变量名（Variable name）. 在菜单 Solve and Analysis 中，可选择像手工计算那样在单纯形表上一步一步的迭代解法（Solve and Display Steps）。如果是两个变量，还可选择图解法（Graphic Method）. 点击 Format\Switch to Normal Model Form，可实现表格和自由方式的相互转换，点击 Format\Switch to Dual Form，系统会给出对偶模型。另外，还可调整表格的高度和宽度。主要的菜单命令在工具栏中都相应的快捷图标。

3　运输问题、转运问题和指派问题

这三个问题同在网络模型程序系统

例 2　求解例 1－3 所述运输问题。

步骤如下。

(1) 启动程序并建立新文件。点击 WinQSB\Network Modeling \File\New Problem，出现 NET Problem Specification（网络问题描述）框。选择 Transportation Problem，填上 Number of Sounces（产地数）和 Number of Destinations（销地数），见附图 7，点 OK。

(2)输入数据。可选择 Graphic Model Form（图形模式）输入，这里选表格方式，见附图 8。产地和销地利用前述功能改过名称。

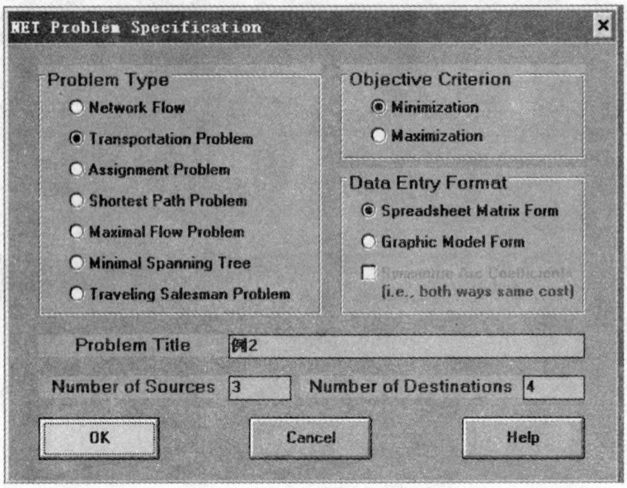

附图 7　网络问题描述框

From \ To	B1	B2	B3	B4	Supply
A1	3	7	6	4	5
A2	2	4	3	2	2
A3	4	3	8	5	3
Demand	3	2	3	2	

附图 8　运输问题输入格式

(3)求解。点击 Solve and Analyze\Solve the Problem 得最优解,见附图 9。

09-19-2005	From	To	Shipment	Unit Cost	Total Cost	Reduced Cost
1	A1	B1	2	3	6	0
2	A1	B3	1	6	6	0
3	A1	B4	2	4	8	0
4	A2	B3	2	3	6	0
5	A3	B1	1	4	4	0
6	A3	B2	2	3	6	0
	Total	Objective	Function	Value =	36	

附图 9　计算结果

上述第(3)步菜单栏 Solve and Analyze 共有三种解法,我们选了第一种。另外两种分别是 Solve the Display Steps-Network (网络图求解并显示迭代步骤)和 Solve the Display Steps-Tableau(表格求解并显示迭代步骤)。初始解求法共有 8 种,包括 Row Minimun (RM,逐行最小元素法)、Matrix Minimum (MM, 最小元素法)、Vogel's Approximation Method (VAM, Vogel 近似)等,可点击 Select Initial Solution Method 进行选择。对于非平衡运输问题,不必事先转化,系统会自动添上虚拟产地或销地。

运输问题也可在 Network Flow 窗口求解,在附图 7 中选择。

例 3　求例 1-33 所述转运问题。

求解转运问题(transshipment)需要附图 7 所示的问题描述框中选 Network Flow,输入 Number of nodes(结点个数,即产地数+中转站数+销地数)。数据输入见附图 10。注意供应量及需求量与表 1－50 不同。计算结果见附图 11。

From \ To	A1	A2	B1	B2	B3	Supply
A1	0	30	10	20	30	100
A2	30	0	20	50	40	200
B1	10	20	0	40	10	0
B2	20	50	40	0	20	0
B3	30	40	10	20	0	0
Demand	0	0	100	100	100	

附图 10　转运问题输入框

09-19-2005	From	To	Flow	Unit Cost	Total Cost	Reduced Cost
1	A1	B2	100	20	2000	0
2	A2	B1	200	20	4000	0
3	B1	B3	100	10	1000	0
	Total	Objective	Function	Value =	7000	

附图 11　转运问题计算结果

求解指派问题需在附图 7 所示框中选择 Assignment Problem，然后输入 Number of Objects (人数)与 Number of Assignment(任务数)，人数和任务数可以不相等。最大化指派问题在附图 7 的 Objective Criterion 中做选择。

4　目标规划

例 4　解目标规划问题

$$\min f=P_1(d_3^-+d_3^+)+P_2d_4^-+P_3(0.4d_1^++0.6d_2^+)$$

$$\text{s.t.}\begin{cases}2x_1+x_2+d_1^--d_1^+=20000\\2x_1+3x_2+d_2^--d_2^+=36000\\x_1+x_2+d_3^--d_3^+=16000\\15x_1+20x_2+d_4^--d_4^+=275000\\x_1,x_2,d_i^-,d_i^+\geqslant 0,\ i=1,2,3,4\end{cases}$$

启动程序和输入、求解过程与前述问题相似。点击 WinQSB\Goal Programming\File\New Problem，在 GP-IGP Problem Specification 框中输入 Number of Goals (目标数，即优先级个数)3，Number of Variable 10(包括偏差变量在内)，Number of Constraints 4 等。输入数据见附图 12，求解结果见附图 13。

Variable	X1	X2	d1-	d1+	d2-	d2+	d3-	d3+	d4-	d4+	Direction	R. H. S.
Min:G1							1	1				
Min:G2									1			
Min:G3				0.4		0.6						
C1	2	1	1	-1							=	20000
C2	2	3			1	-1					=	36000
C3	1	1					1	-1			=	16000
C4	15	20							1	-1	=	275000
LowerBou	0	0	0	0	0	0	0	0	0	0		
UpperBou	M	M	M	M	M	M	M	M	M	M		
VariableT	ontinuous	ontinuous	ontinuous	ontinuous	ontinuous	ontinuous	ontinuous	ontinuous	ontinuous	ontinuous		

附图 12　目标规划输入框

09-19-2005 16:01:31	Decision Variable	Solution Value	Basis Status	Reduced Cost Goal 1	Reduced Cost Goal 2	Reduced Cost Goal 3
1	X1	9,000.00	basic	0	0	0
2	X2	7,000.00	basic	0	0	0
3	d1-	0	at bound	0	0	0.40
4	d1+	5,000.00	basic	0	0	0
5	d2-	0	at bound	0	0	0.60
6	d2+	3,000.00	basic	0	0	0
7	d3-	0	at bound	1.00	0	-1.40
8	d3+	0	at bound	1.00	0	1.40
9	d4-	0	at bound	0	1.00	-0.04
10	d4+	0	at bound	0	0	0.04
	Goal 1:	Minimize	G1 =	0		
	Goal 2:	Minimize	G2 =	0		
	Goal 3:	Minimize	G3 =	3,800.00		

附图 13 目标规划问题计算结果

5 动态规划

WinQSB 提供了三个动态规划子程序:Stagecoach (Shortest Routes) Problem (最短路问题)、Knapsack Problem (背包问题)和 Production and Inventory Scheduling Problem(生产与存储问题)

例 5 求解例 4-1 所述最短路问题。

点击 WinQSB\Dynamic Programming,在 Problem Type 框中选 Stagecoach (Shortest Route) Problem,填写 Problem title 和 Number of Nodes 11,点 OK。数据及计算结果见附图 14 和附图 15。

From \	A	B1	B2	B3	C1	C2	C3	C4	D1	D2	E
A		4	3	5							
B1					5	4					
B2					7	6	5	3			
B3							2	2			
C1									2	5	
C2									6	3	
C3									2	1	
C4										7	
D1											3
D2											5
E											

附图 14 最短路问题输入框

例 6 求解例 4-5 所述生产与存储问题

在 Problem Type 框中选 Production and Intentory Scheduling 填写 Number of Periods (阶段个数)等信息,按 OK 输入数据,见附图 16。

表中最右边一栏 p+0.5H 中 p(实际上是 1×p)表示生产成本,H 表示库存量,最下面一

09-24-2005 Stage	From Input State	To Output State	Distance	Cumulative Distance	Distance to E
1	A	B3	5	5	12
2	B3	C3	2	7	7
3	C3	D1	2	9	5
4	D1	E	3	12	3
	From A	To E	Min. Distance	= 12	CPU = 0

附图 15 最短路问题计算结果

Period (Stage)	Period Identification	Demand	Production Capacity	Storage Capacity	Production Setup Cost	Variable Cost Function (P,H,B: Variables) (e.g., 5P+2H+10B, 3(P-5)^2+100H)
1	Period1	2	6	3	3	P+0.5H
2	Period2	3	4	3	3	P+0.5H
3	Period3	4	5	3	3	P+0.5H
4	Period4	2	4	3	3	P+0.5H
Initial	Inventory =	0				

附图 16 生产存储问题输入框

行 Intial Inventory (初始库存)为零,计算结果见附图 17。

09-24-2005 Stage	Period Description	Net Demand	Starting Inventory	Production Quantity	Ending Inventory	Setup Cost	Variable Cost Function (P,H,B)	Variable Cost	Total Cost
1	Period1	2	0	2	0	¥ 3.00	P+0.5H	¥ 2.00	¥ 5.00
2	Period2	3	0	4	1	¥ 3.00	P+0.5H	¥ 4.50	¥ 7.50
3	Period3	4	1	5	2	¥ 3.00	P+0.5H	¥ 6.00	¥ 9.00
4	Period4	2	2	0	0	0	P+0.5H	0	0
Total		11	3	11	3	¥ 9.00		¥ 12.50	¥ 21.50

附图 17 生产存储问题计算结果

例 7 求解例 4-10 所述背包问题

与例 6 操作类似,数据及计算结果见附图 18 和附图 19。

Item (Stage)	Item Identification	Units Available	Unit Capacity Required	Return Function (X: Item ID) (e.g., 50X, 3X+100, 2.15X^2+5)
1	Item1	M	3	4X
2	Item2	M	4	5X
3	Item3	M	5	6X
Knapsack	Capacity =	10		

附图 18 背包问题输入框

09-24-2005 Stage	Item Name	Decision Quantity (X)	Return Function	Total Item Return Value	Capacity Left
1	Item1	2	4X	8	4
2	Item2	1	5X	5	0
3	Item3	0	6X	0	0
	Total	Return	Value =	13	CPU = 0

附图 19 背包问题计算结果

6 图与网络分析

最短路问题(Shortest Path Problem)、最小树(Minimal Spanning Tree)、最大流问题(Maximal Flow Problem)均在子程序系统 Network Modeling 进行计算。软件没有最小费用最大流问题的直接计算程序,但可通过两个程序间接计算出来。

例 8 求解例 5-4 所述最小树问题。

进入附图 7 所示界面,选择 Minimal Spanning Tree,输入结点数 7。两点的权数只填一个,另一个自动填入,见附图 20。计算结果见附图 21。

From \ To	Node1	Node2	Node3	Node4	Node5	Node6	Node7
Node1		2				2	
Node2	2		3	4		2	3
Node3		3		5			
Node4		4	5		6	3	2
Node5				6		2	
Node6	2	2		3	2		
Node7		3		2			

附图 20 最小树

09-25-2005	From Node	Connect To	Distance/Cost		From Node	Connect To	Distance/Cost
1	Node1	Node2	2	4	Node6	Node5	2
2	Node2	Node3	3	5	Node1	Node6	2
3	Node7	Node4	2	6	Node2	Node7	3
	Total	Minimal	Connected	Distance	or Cost	=	14

附图 21 最小树计算结果

最短路的操作方法与例 5 相同。如果是无向图,则须将每一条边变为两条方向相反的弧,其权数输入两次。

例 9 求解例 5-12 所述最小费用最大流问题。

先选择 Maximal Flow Problem(见附图 7)求最大流的流值。各弧权数 w_{ij} 及最大流分别见附图 22 及附图 23。

From \ To	Node1	Node2	Node3	Node4	Node5
Node1		2	1		
Node2			3	6	
Node3				2	3
Node4					4
Node5					

附图 22 求最大流值

09-25-2005	From	To	Net Flow		From	To	Net Flow
1	Node1	Node2	2	3	Node2	Node3	2
2	Node1	Node3	1	4	Node3	Node5	3
Total	Net Flow	From	Node1	To	Node5	=	3

附图 23 最大流计算结果

再挑选 Network Flow (见附图 7)输入各弧单位流量费用 c_{ij} ，Nodel1 的 Supply 为 3(最大流的值流)，nodes 5 的 Demand 也为 3。数据表见附图 24。

From \ To	Node1	Node2	Node3	Node4	Node5	Supply
Node1		1	3			3
Node2			2	5		0
Node3				1	1	0
Node4					3	0
Node5						0
Demand	0	0	0	0	3	

附图 24 求最小费用最大流(输入费用)

使用菜单命令 Edit\Flow Bounds，输入各弧的容量 w_{ij} ，见附图 25，计算结果见附图 26。

Flow Bounds for liti9

0

Number	From Node	To Node	Lower Bound	Upper Bound
1	Node1	Node2	0	2
2	Node1	Node3	0	1
3	Node2	Node3	0	3
4	Node2	Node4	0	6
5	Node3	Node4	0	2
6	Node3	Node5	0	3
7	Node4	Node5	0	4

OK Cancel Help

附图 25 求最小费用最大流(输入容量)

09-25-2005	From	To	Flow	Unit Cost	Total Cost	Reduced Cost
1	Node1	Node2	2	1	2	0
2	Node1	Node3	1	3	3	0
3	Node2	Node3	2	2	4	0
4	Node3	Node5	3	1	3	0
	Total	Objective	Function	Value =	12	

附图 26 最小费用最大流计算结果

7 网络计划技术

网络计划技术须进入 WinQSB\PERT_CPM 子程序系统。该系统具有自动绘制结点网络图、时间的三点估计、网络参数计算、最低成本日程、项目完工期与成本之间的模拟运算、甘特图、项目施工进度等功能分析。

例 10 求解例 5－15 所述网络计划问题。

进入 PERT_CPM 子程序,建立新文件,输入标题(Title)、工序数(Number of Activities) 10,时间单位 week,其他选择如附图 27 所示。输入结果见表 5－7,关键线路见表 5－8。

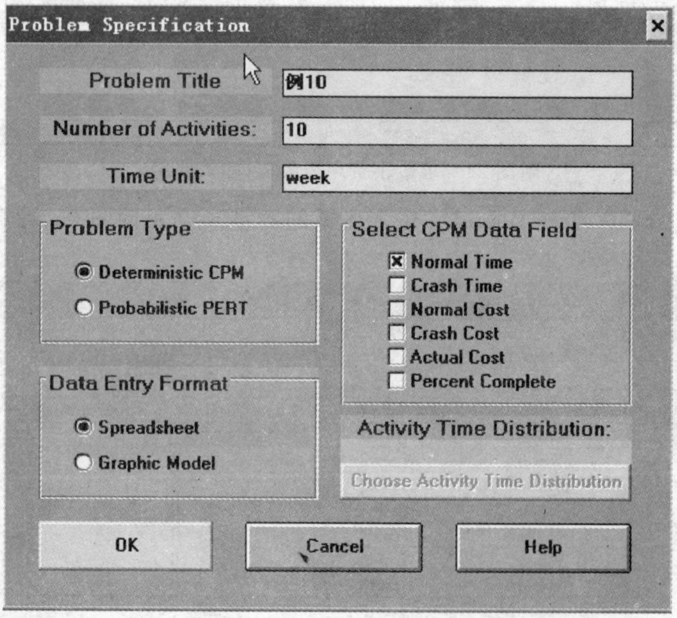

附图 27 求关键路线问题描述

例 11 求解 5－16 所述网络问题。

该例有三种时间估计,在附图 27 中选择 Probabilistic PERT。输入数据如附图 28 所示。估计结果见表 5－10。

Activity Number	Activity Name	Immediate Predecessor (list number/name, separated by ',')	Optimistic time (a)	Most likely time (m)	Pessimistic time (b)
1	A		7	8	9
2	B		5	7	8
3	C	A	6	9	12
4	D	B	4	4	4
5	E	B	7	8	10
6	F	B	10	13	19
7	G	D	3	4	6
8	H	E,G	4	5	7
9	I	E,G	7	9	11
10	J	C,F,H	3	4	8

附图 28 求关键路线输入框

例 12　求解例 5－17 的工期成本优化问题。

在附图 27 中选择 Deterministic CPM，在 Select CPM Data Fileld 栏中选择 Normal Time，Crash Time，Normal Cost，Crash Cost，输入数据如附图 29。

Activity Number	Activity Name	Immediate Predecessor (list number/name, separated by ',')	Normal Time	Crash Time	Normal Cost	Crash Cost
1	A		6	3	$4	$5
2	B		5	1	$3	$5
3	C	A	7	5	$4	$10
4	D	A	5	2	$3	$6
5	E	B	6	2	$4	$7
6	F	C,E	6	4	$3	$6
7	G	C,E	9	5	$6	$11
8	H	F	2	1	$2	$4
9	I	D,G	4	1	$2	$5

附图 29　工期成本优化数据

点击菜单命令 Solve and Analyze\Solve Critical Path Using Normal Time。附图 30 显示时间参数计算结果。

09-25-2005 10:16:24	Activity Name	On Critical Path	Activity Time	Earliest Start	Earliest Finish	Latest Start	Latest Finish	Slack (LS-ES)
1	A	Yes	6	0	6	0	6	0
2	B	no	5	0	5	2	7	2
3	C	Yes	7	6	13	6	13	0
4	D	no	5	6	11	17	22	11
5	E	no	6	5	11	7	13	2
6	F	no	6	13	19	18	24	5
7	G	Yes	9	13	22	13	22	0
8	H	no	2	19	21	24	26	5
9	I	Yes	4	22	26	22	26	0
	Project	Completion	Time	=	26	weeks		
	Total	Cost of	Project	=	$31	(Cost on	CP =	$16)
	Number of	Critical	Path(s)	=	1			

附图 30　按正常时间计算

点击菜单命令 Results\Perform Crashing Analysis，显示网络计划优化选择窗口，见附图 31。图中 Crashing Option 对话框中有三项：Meeting the desired completion time 是给定项目

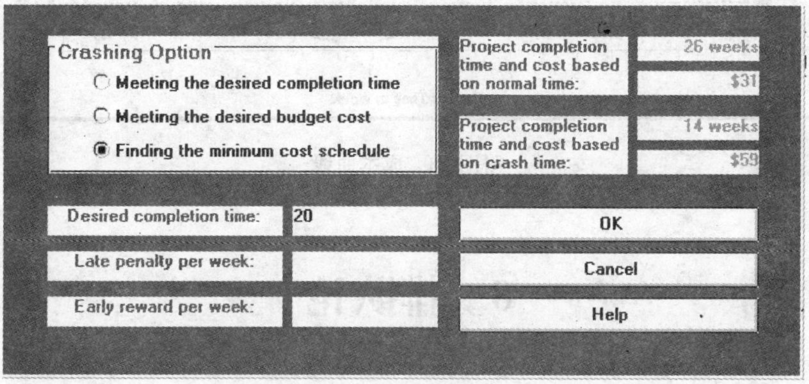

附图 31　设定 20 周

完工期求总成本，Meeting the desired budget cost 是给定预算成本求项目工期，Finding the minimum cost schedule 是给定一个完工期，求最低成本日程，图的左下方三项的含义分别是设定一个完工期 T，延迟一个单位时间(对 T 而言)的损失、缩短一个单位时间(对 T 而言)的收益。这里取 T=20，计算结果见附图 32。点击菜单命令 Results\PERT\Cost-Graphic。得成本曲线图(见附图 33)。

09-25-2005 10:18:10	Activity Name	Critical Path	Normal Time	Crash Time	Suggested Time	Additional Cost	Normal Cost	Suggested Cost
1	A	Yes	6	3	3	$1	$4	$5
2	B	Yes	5	1	4	¥0.50	$3	¥3.50
3	C	Yes	7	5	7	0	$4	$4
4	D	no	5	2	5	0	$3	$3
5	E	Yes	6	2	6	0	$4	$4
6	F	no	6	4	6	0	$3	$3
7	G	Yes	9	5	9	0	$6	$6
8	H	no	2	1	2	0	$2	$2
9	I	Yes	4	1	1	$3	$2	$5
	Overall	Project:			20	¥4.50	$31	¥35.50

附图 32　设定 20 周的计算结果

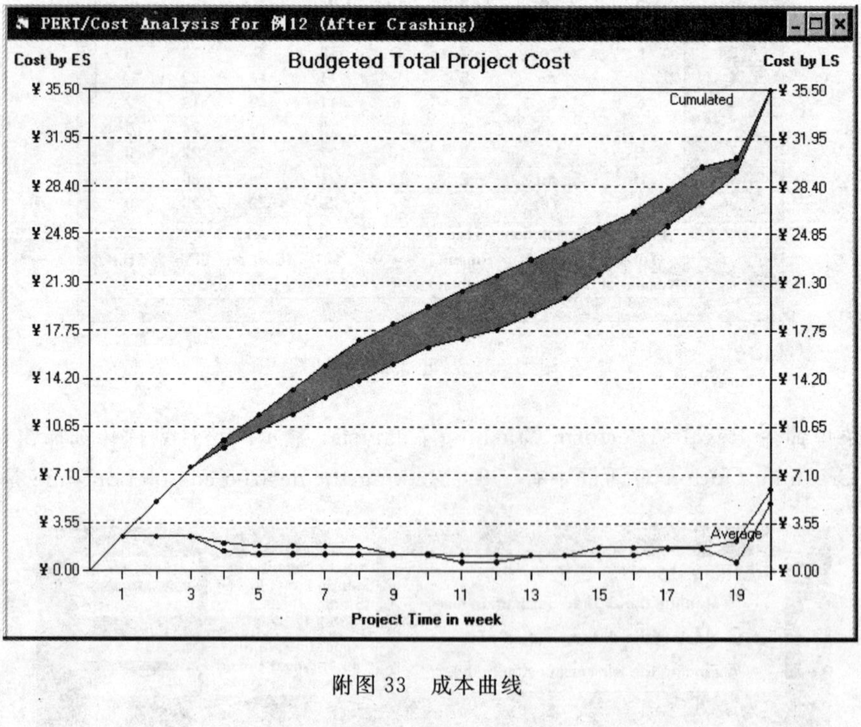

附图 33　成本曲线

8　排队论

例 13　某单人理发店内有 4 把椅子接待人们排队等待理发。当 4 把椅子都坐满顾客时，后来的顾客就不进店而离去，顾客平均到达速率为 4 人/h，理发时间平均 10 min/人。设到达过程为泊松流，服务时间服从负指数分布，求(1)顾客一到达就能理发的概率 P_0；(2) 队长 L 和 L_q；(3) 顾客在店内逗留时间的期望值 W；(4) 在可能到达的顾客中因客满而离开的概率 P_5。

进入子程序系统 WinQSB\Queuing Aualysis，在问题描述框选择 Simple M/M System，输入数据见附图 34，结果见附图 35。

Data Description	ENTRY
Number of servers	1
Service rate (per server per hour)	6
Customer arrival rate (per hour)	4
Queue capacity (maximum waiting space)	4
Customer population	M
Busy server cost per hour	
Idle server cost per hour	
Customer waiting cost per hour	
Customer being served cost per hour	
Cost of customer being balked	
Unit queue capacity cost	

附图 34 排队论问题输入

09-25-2005	Performance Measure	Result
1	System: M/M/1/5	From Formula
2	Customer arrival rate (lambda) per hour =	4.0000
3	Service rate per server (mu) per hour =	6.0000
4	Overall system effective arrival rate per hour =	3.8075
5	Overall system effective service rate per hour =	3.8075
6	Overall system utilization =	63.4587 %
7	Average number of customers in the system (L) =	1.4226
8	Average number of customers in the queue (Lq) =	0.7880
9	Average number of customers in the queue for a busy system (Lb) =	1.2417
10	Average time customer spends in the system (W) =	0.3736 hours
11	Average time customer spends in the queue (Wq) =	0.2070 hours
12	Average time customer spends in the queue for a busy system (Wb) =	0.3261 hours
13	The probability that all servers are idle (Po) =	36.5414 %
14	The probability an arriving customer waits (Pw) or system is busy (Pb) =	63.4586 %
15	Average number of customers being balked per hour =	0.1925
16	Total cost of busy server per hour =	$0
17	Total cost of idle server per hour =	$0
18	Total cost of customer waiting per hour =	$0
19	Total cost of customer being served per hour =	$0
20	Total cost of customer being balked per hour =	$0
21	Total queue space cost per hour =	$0
22	Total system cost per hour =	$0

附图 35 排队论问题计算结果

由附图 35 可知，(1)$P_0 = 0.365$；(2)$L = 1.423$，$L_q = 0.788$；(3)$W = 0.373\ 6$ (h)；(4) $P_5 = (\frac{2}{3})^5 \times 0.365 = 0.048$。

9 存贮论

点击 WinQSB\Inventory Theory and System 进入存贮论及存贮控制系统，可求解确定性经济订货批量问题(Deterministic Demand Economic Order Quantity (EOQ) problem)、确定性批量折扣分析问题(Deterministic Demand Quautity Discount Analysis Problem)和单时期随机需求(报童)问题(Single-period Stochastic Demand(Newsboy) problem) 等 8 个方面的存贮问题。

例 14 求解例 7-2 所述存贮问题

进入问题描述窗口，选择经济订货批量问题，输入数据，见附图 36，如果是不允许缺货模型，则 Unit shortage cost per year 栏填 M。求解结果见附图 37。

DATA ITEM	ENTRY
Demand per year	800
Order or setup cost per order	150
Unit holding cost per year	3
Unit shortage cost per year	20
Unit shortage cost independent of time	
Replenishment or production rate per year	M
Lead time for a new order in year	
Unit acquisition cost without discount	
Number of discount breaks (quantities)	
Order quantity if you known	

附图 36 确定性存储问题数据

09-25-2005	Input Data	Value	Economic Order Analysis	Value
1	Demand per year	800	Order quantity	303.315
2	Order (setup) cost	$150.0000	Maximum inventory	263.7522
3	Unit holding cost per year	$3.0000	Maximum backorder	39.5628
4	Unit shortage cost		Order interval in year	0.3791
5	per year	$20.0000	Reorder point	-39.5628
6	Unit shortage cost			
7	independent of time	0	Total setup or ordering cost	$395.6283
8	Replenishment/production		Total holding cost	$344.0246
9	rate per year	M	Total shortage cost	$51.6037
10	Lead time in year	0	Subtotal of above	$791.2566
11	Unit acquisition cost	0		
12			Total material cost	0
13				
14			Grand total cost	$791.2566

附图 37 确定性存储问题计算结果随机性存储问题

例 15 求解例 7-7 所述存贮问题

进入问题描述窗口后，选择单时期随机需求(报童)问题，附图 38 是数据输入表，可双击 Demand distribution 行右栏选择需求分布类型。附图 39 是计算结果。

DATA ITEM	ENTRY
Demand distribution (in year)	Discrete
Mean (u)	6
Standard deviation (s>0)	900/0.05,1000/0.15,1100/0.2,1200/0.4,
(Not used)	
Order or setup cost	
Unit acquisition cost	0.3
Unit selling price	0.5
Unit shortage (opportunity) cost	
Unit salvage value	0.2
Initial inventory	
Order quantity if you know	
Desired service level (%) if you know	

附图 38 随机性存储问题数据

09-25-2005	Input Data or Result	Value
1	Demand distribution (in year)	Discrete
2	Demand mean	1160
3	Demand standard deviation	120
4	Order or setup cost	0
5	Unit cost	$0.3000
6	Unit selling price	$0.5000
7	Unit shortage (opportunity) cost	0
8	Unit salvage value	$0.2000
9	Initial inventory	0
10		
11	Optimal order quantity	1200
12	Optimal inventory level	1200
13	Optimal service level	80%
14	Optimal expected profit	$220.5000

附图 39 随机性存储问题计算结果

10 决策论与对策论

点击 WinQSB\Decision Analysis (DA)进入决策分析子程序系统，可做贝叶斯分析、求解二人零和对策、决策树等。点击 WinQSB\Markov Process(MKP)子程序系统做马尔可夫分析。

例 16 求解例 8-10 所述决策树。

进入问题描述窗口，选择 Decision Tree Analysis，输入结点数 17 和标题。软件将结点分为决策结点(Decision node)和分枝结点(Chance node)两类，分别用 D 与 C 表示，本例中 1 和 6 为决策结点，其他为分枝结点，见附图 40。在 Immediate Following Node 列填写紧后结点，Node Payoff 列填写成本或效益。注意，表 8-9 的效益在这里要乘年数(3 或 7)。

Node/Event Number	Node Name or Description	Node Type (enter D or C)	Immediate Following Node (numbers separated by ',')	Node Payoff (+ profit, - cost)	Probability (if available)
1	Event1	D	2,3		
2	Event2	C	4,5	-300	
3	Event3	C	6,7	-120	
4	Event4	C	10,11	300	0.7
5	Event5	C	12	-60	0.3
6	Event6	D	8,9	120	0.7
7	Event7	C	17	90	0.3
8	Event8	C	13,14		
9	Event9	C	15,16	-200	
10	Event10	C		700	0.9
11	Event11	C		-140	0.1
12	Event12	C		-140	1.0
13	Event13	C		280	0.9
14	Event14	C		210	0.1
15	Event15	C		665	0.9
16	Event16	C		-140	0.1
17	Event17	C		210	1.0

附图 40 决策树数据

点击 Solve and Analyze\Solve the Problem，显示结果见附图 41，点击 Results\show Decision Tree Analysis，可显示决策树(图略)。

09-25-2005	Node/Event	Type	Expected value	Decision
1	Event1	Decision node	¥ 323.15	Event3
2	Event2	Chance node	¥ 281.20	
3	Event3	Chance node	¥ 323.15	
4	Event4	Chance node	$616	
5	Event5	Chance node	($140)	
6	Event6	Decision node	¥ 384.50	Event9
7	Event7	Chance node	$210	
8	Event8	Chance node	$273	
9	Event9	Chance node	¥ 384.50	
10	Event10	Chance node	0	
11	Event11	Chance node	0	
12	Event12	Chance node	0	
13	Event13	Chance node	0	
14	Event14	Chance node	0	
15	Event15	Chance node	0	
16	Event16	Chance node	0	
17	Event17	Chance node	0	
Overall	Expected	Value =	¥ 323.15	

附图 41. 决策树问题计算结果

例 17 做例 8－12 所述贝叶斯分析。

WinQSB 只能计算后验概率，收益期望值须手工计算，在问题描述窗口选 Bayesian Analysis，输入标题、状态数 3 和试验指标数 3。数据见附图 42。点击 Solve the Problem 得附图 43。

至于对策论问题，可在问题描述窗口选择 Two-player，zero-sum Game。输入简单，不再举例了。

Outcome \ State	State1	State2	State3
Prior Probability	0.5	0.3	0.2
Indicator1	0.6	0.3	0.1
Indicator2	0.3	0.4	0.4
Indicator3	0.1	0.3	0.5

附图 42 Bayes决策先验概率

Indicator\State	State1	State2	State3
Indicator1	0.7317	0.2195	0.0488
Indicator2	0.4286	0.3429	0.2286
Indicator3	0.2083	0.375	0.4167

附图 43 决策后验概率

From \ To	State1	State2	State3
State1	0.7	0.1	0.2
State2	0.1	0.8	0.1
State3	0.05	0.05	0.9
Initial Prob.	0.5	0.3	0.2
State Cost			

附图 44 马尔科夫决策数据

例 18 求解例 8-14 所述马尔科夫决策问题

进入 Markov Process (MKP)后，在问题描述窗口填上相应数据，在如附图 44 所示表格中输入一步转移概率矩阵和状态的初始概率。

点击 Solve and Analysis\Markov Process Step，填上转移步数 2，可得如附图 45 所示结果，点击 Solve and Analysis\Solve Steady State，可得稳态概率，见附图 46。

State	Initial State Probability	Resulted State Probability
State1	0.500000	0.318500
State2	0.300000	0.294500
State3	0.200000	0.387000

The number of time periods from initial: 2

Expected cost or return: 0

附图 45 二步状态概率

09-25-2005	State Name	State Probability	Recurrence Time
1	State1	0.1765	5.6667
2	State2	0.2353	4.2500
3	State3	0.5882	1.7000
	Expected	Cost/Return =	0

附图 46 稳态概率

主要参考文献

1. 钱颂迪主编.运筹学(修订版)[M].北京:清华大学出版社,1990.
2. 徐光辉.运筹学基础手册[M].北京:科学出版社,1999.
3. 张建中,许绍吉.线性规划.北京:科学出版社,1997.
4. 刁在筠,郑汉鼎,刘家壮等.运筹学(第二版).北京:高等教育出版社,2000.
5. 蔡溥主编.运筹学(上下册).北京:纺织工业出版社,1986.
6. James P. Ignizio. 单目标和多目标系统线性规划.闵仲求等译.上海:同济大学出版社,1986.
7. 赵可培.目标规划及其应用.上海:同济大学出版社,1987.
8. 徐光辉.随机服务系统.北京:科学出版社,1980.
9. 董泽清.排队论及其应用.西安:西安系统工程学会,1983.
10. Cooper B. Introduction to Queueing Theory. New York: Academic Press, 1983.
11. L. Cooper and M. W. Cooper. 动态规划导论.张有为,译.北京:国防工业出版社,1985.
12. 吴沧浦.动态规划的发展与新动向.北京:应用数学与计算数学,1983,№5
13. 田丰,马仲蕃.图与网络流理论.北京:科学出版社,1987.
14. Bondy, J A Murty, U. S. R. Graph Theory with Applications. The Macmillan Press, 1976; (中译本).北京:科学出版社,1987.
15. 赵焕臣等.层次分析法.北京:科学出版社,1986.
16. 许树柏.层次分析法原理.天津:天津大学出版社,1988.
17. 真锅龙太郎(まなぺりゆろたろう).意思决定の新手法 AHP. vol 26. 1985.1
18. A. Charnes, W. W. Cooper and E. Rhodes. Measuring the Efficiency of Decision Making Units, European Journal of Operational Research, 2 (1978) 429-444
19. A. Charnes, W. W. Cooper, B. Golany, L. Seiford and J. Stutz. Foundations of Data Envelopment Analysis for Pareto-Koopmans efficient empircal production functions, Journal of Econometrics 30 (1985).
20. 魏权龄.数据包络分析[M].北京:科学出版社,2004.8.
21. 刀根.薰.企业体の效益性分析手法.オペしーシヨンで,1987.
22. 牛映武,郭鹏,张成现.DEA 方法应用的几个推广.陕西师范大学学报,1992,vol.20
23. J·奈特,W·瓦萨尔曼,G A 惠特莫尔.应用统计学.于九如,牛映武等编译.天津:天津科技翻译出版公司,1991.
24. 张盛开.对策论及其应用.武汉:华中工学院出版社,1985.
25. 胡毓达.实用多目标最优化.上海:上海科学技术出版社,1990.
26. 董泽清.马尔科夫决策规划.北京:中科院应用数学研究所,1983.
27. D. M. Himmelbau. Applied nonlinear programming. 1972; 张义燊等译.北京:科学出版社,1981
28. S·P·勃雷达兰,A·C·哈克斯,T·L·曼内蒂.应用数学规划.翟立林等,译.北京:机械工业出版社,1983

29. M·阿佛里耳.非线性规划——分析与方法.李元熹等,译.上海:上海科学技术出版社,1979.
30. D·G·鲁恩伯杰.线性与非线性规划引论.夏尊铨等,译.北京:科学出版社,1980.
31. 席少霖,非线性最优化方法.北京:高等教育出版社,1992.
32. 胡运权.运筹学习题集.北京:清华大学出版社,2002.
33. 牛映武.加速转换企业经营机制　真正搞活大中型企业.北京:中国经济文库,1996.
34. 郭鹏,曹朝喜.再论运输问题的多重最优解.工业工程与管理,2006(1):41-45.
35. 郭鹏,曹朝喜.关于运输问题的最优解得进一步讨论.数学的实践与认识,2006(5):140-145.
36. 郭鹏,郑唯唯.AHP应用的一些改进.系统工程,1995(1)
37. 安会刚,郭鹏,杨娅芳.带偏好的区间DEA模型及其应用.工业工程,2007(2).

习题答案

习题 1

1.1　设 x_1, x_2, x_3 为产品甲、乙、丙的数量

$$\max z = 1\,450x_1 + 1\,650x_2 + 1\,300x_3$$

$$\text{s.t.}\begin{cases} x_1/12 + x_2/18 + x_3/16 \leqslant 20 \\ 13x_1 + 8x_2 + 10x_3 \leqslant 350 \\ 10.5x_1 + 12.5x_2 + 8x_3 \leqslant 3\,000 \\ x_1, x_2, x_3 \geqslant 0 \end{cases}$$

1.2　有三种下料方法：(1) 截成 3 米的 3 根，余下残料为 1 米；(2) 截成 3 米的 2 根，4 米的 1 根，无残料；(3) 截成 4 米的 2 根，余下残料 2 米。

设按第(1)、(2)、(3) 种方法下料的根数分别为 x_1、x_2、x_3，s_1 和 s_2 分别是满足 90 根和 60 根的多余根数，z 为残料的总长度，则此问题的线性规划模型为：

$$\min z = x_1 + 2x_3 + 3s_1 + 4s_2$$

$$\text{s.t.}\begin{cases} 3x_1 + 2x_2 - s_1 = 90 \\ x_2 + 2x_3 - s_2 = 60 \\ x_1, x_2, x_3 \geqslant 0, s_1, s_2 \geqslant 0 \end{cases}$$

1.3　设 x_i 是第 i 个月的进货件数，y_i 是第 i 个月的销货件数($i = 1,2,3$)，z 是总利润，于是这个问题可表达为：

$$\max z = 9y_1 + 8y_2 + 10y_3 - 8x_1 - 6x_2 - 9x_3$$

$$\text{s.t.}\begin{cases} x_1 \leqslant 500 - 200 \\ x_1 - y_1 + x_2 \leqslant 500 - 200 \\ x_1 - y_1 + x_2 - y_2 + x_3 \leqslant 500 - 200 \\ -x_1 + y_1 \leqslant 200 \\ -x_1 + y_1 - x_2 + y_2 \leqslant 200 \\ -x_1 + y_1 - x_2 + y_2 - x_3 + y_3 \leqslant 500 - 200 \\ x_1, x_2, x_3, y_1, y_2, y_3 \geqslant 0 \end{cases}$$

1.4　(1) 得到标准形式的线性规划问题：

$$\max z = 3x_1 - 5x_2' + 5x_2'' - 8x_3 + 7x_4$$

$$\text{s.t.}\begin{cases} 2x_1 - 3x_2 + 3x_2'' + 5x_3 + 6x_4 + x_5 = 28 \\ 4x_1 + 2x_2' - 2x_2'' + 3x_3 - 9x_4 - x_6 = 39 \\ -6x_2' + 6x_2'' - 2x_3 - 3x_4 - x_7 = 58 \\ x_1, x_2', x_2'', x_3, x_4, x_5, x_6, x_7 \geqslant 0 \end{cases}$$

(2) ～ (4) 解答略。

1.5 设变量 x_i 为第 i 种(甲、乙)产品的生产件数($i=1,2$)

$$\max z = 1\,500x_1 + 2\,500x_2$$

$$\text{s.t.}\begin{cases} 3x_1 + 2x_2 \leqslant 65 & \text{(A)} \\ 2x_1 + x_2 \leqslant 40 & \text{(B)} \\ 3x_2 \leqslant 75 & \text{(C)} \\ x_1, x_2 \geqslant 0 & \text{(D,E)} \end{cases}$$

按照图解法的步骤在以决策变量 x_1, x_2 为坐标向量的平面直角坐标系上对每个约束(包括非负约束)条件作直线,可行域如图阴影所示。

平移目标函数的等值线,使其达到既与可行域有交点又不可能使值再增加的位置,得到交点$(5,25)^T$,此目标函数的值为 70 000。于是,我们得到这个线性规划的最优解 $x_1=5$、$x_2=25$,最优值 $z=70\,000$。即最优方案为生产甲产品 5 件、乙产品 25 件,可获得最大利润为 70 000 元。

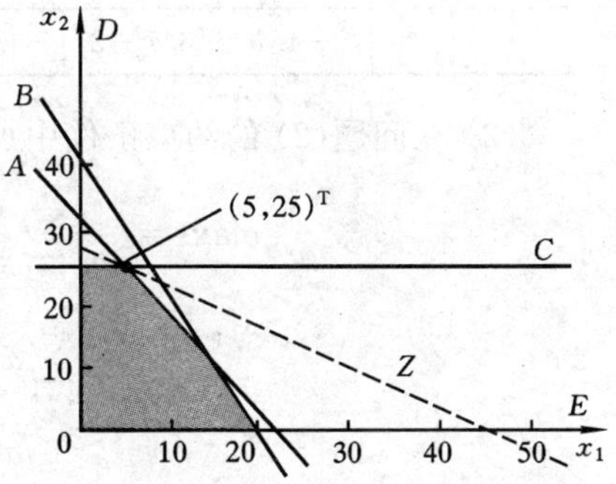

1.5 解图

1.6 (1) $X^* = (2,8)^T, z^* = 26$;

(2) $X^* = (0,5)^T, z^* = -15$;

(3) 线性规划存在无界解,即无最优解;

(4) 此线性规划问题无可行解。

1.7 (略)

1.8

(1) 为唯一最优解时,必有 $d>0, c_1<0, c_2<0$。

(2) 存在无穷多最优解时,必有 $d>0, c_1<0, c_2=0$ 或 $d>0, c_1=0, c_2<0$。

(3) 具有无界解时,必有 $d>0, c_2>0, c_2>c_1, a_1<0$。

(4) 解非最优,为对解进行改进,换入变量为 x_1,换出变量为 x_6,必有 $d>0, c_1>0, c_1>c_2, d/4>3/a_3, a_3>0$。

1.9 (1) 在约束条件(1) 式两边同时乘以 -1,得

$-4x_1 + x_2 - 2x_3 + x_4 = 2 \qquad (4)$

令 $x_4 = x_4' - x_4''$,且 $x_4', x_4'' \geqslant 0$。

在(4) 式中加入人工变量 x_5,在(2) 式中加入松弛变量 x_6,在(3) 式中减去松弛变量 x_7 同时加上人工变量 x_8。线性规划问题的标准形为

$$\max z' = 3x_1 - 4x_2 + 2x_3 - 5(x_4' - x_4'') - Mx_5 + 0x_6 + 0x_7 - Mx_8$$

$$\text{s.t.}\begin{cases} -4x_1 + x_2 - 2x_3 + x_4' - x_4'' + x_5 = 2, \\ x_1 + x_2 + 3x_3 - x_4' + x_4'' + x_6 = 14, \\ -2x_1 + 3x_2 - x_3 + 2(x_4' - x_4'') - x_7 + x_8 = 2, \\ x_1, x_2, x_3, x_4', x_4'', x_5, x_6, x_7 \geqslant 0. \end{cases}$$

初始单纯形表为下表(其中 M 为充分大的正数):

1.9 解表(1)

c_j			3	-4	2	-5	5	$-M$	0	0	$-M$
C_B	X_B	b	x_1	x_2	x_3	x_4'	x_4''	x_5	x_6	x_7	x_8
$-M$	x_5	2	-4	1	-2	1	-1	1	0	0	0
0	x_6	14	1	1	3	-1	1	0	1	0	0
$-M$	x_8	2	-2	3	-1	2	-2	0	0	-1	1
z		$-4M$	$6M+3$	$-4M-4$	$3M+2$	$-3M-5$	$3M+5$	0	0	M	0

(2) 在问题(2)的约束条件中加入人工变量 $x_1,x_2,\cdots,x_n$ 得：

$$\max s=\frac{1}{p_k}\sum_{i=1}^{n}\sum_{k=1}^{m}a_{ik}x_{ik}-mx_1-\cdots-mx_n,$$

$$\text{s. t.}\begin{cases}x_i+\sum\limits_{k=1}^{m}x_{ik}=1\ (i=1,2,\cdots,n)\\ x_{ik}\geqslant 0,x_i\geqslant 0\ (i=1,2,\cdots,n;k=1,2,\cdots,m)\end{cases}$$

初始单纯形表如下表所示：

1.9 解表(2)

c_j			$-m$	$-m$	$\cdots$	$-m$	$\frac{a_{11}}{p_k}$			$\frac{a_{n,m-1}}{p_k}$	$\frac{a_{n,m}}{p_k}$
C_B	X_B	b	x_1	x_2	$\cdots$	x_n	x_{11}	$\cdots$	$\cdots$	$x_{n,m-1}$	$x_{n,m}$
$-m$	x_1	1	1	0	1	0	1			1	1
$-m$	x_2	1	0	1	0	0	1			1	1
$\vdots$	$\vdots$	$\vdots$	$\vdots$	$\vdots$	$\vdots$	$\vdots$	$\vdots$			$\vdots$	$\vdots$
$-m$	x_n	1	0	0	0	1	1			1	1
$-s$		0	0	0	$\cdots$	0	$\frac{a_{11}}{p_k}+nm$	$\cdots$	$\cdots$	$\frac{a_{n,m-1}}{p_k}+nm$	$\frac{a_{n,m}}{p_k}+nm$

1.10 (1) $X^*=(0,0,12,0,18,9)^{\mathrm{T}},z^*=12$；或 $X^*=(6,0,6,0,0,15)^{\mathrm{T}},z^*=12$。

(2) $X^*=(0,8/3,0,4,14/3,0,0)^{\mathrm{T}},z^*=-68/3$

1.11 第一法：$B^{-1}b=(2,6,2)^{\mathrm{T}}$，解出 $b=(4,6,8)^{\mathrm{T}}$，$z^*=34$；

第二法：$C_BB^{-1}=(0,3,2)$，求出 $C_B=(0,5,2)$，$z^*=34$；

第三法：$\begin{bmatrix}1&1&-1\\0&1&0\\0&-1&1\end{bmatrix}\begin{bmatrix}a_{11}&a_{12}\\a_{21}&a_{22}\\a_{31}&a_{32}\end{bmatrix}=\begin{bmatrix}0&0\\0&1\\1&0\end{bmatrix}$，可求得 $A=\begin{bmatrix}1&0\\0&1\\1&1\end{bmatrix}$，再由$(0,3,2)\begin{bmatrix}1&0\\0&1\\1&1\end{bmatrix}=(2,5)$，$z^*=2x_1+5x_1=34$

1.12 (1) 最优解：$X^*=(3,2,5)^{\mathrm{T}},z^*=29$

(2) 最优解：$X^*=(0,3,5,15,0,0)^{\mathrm{T}},z^*=2$。

1.13 (1) 大 M 法

在上述约束条件中分别减去松弛变量 x_4, x_5，再分别加上人工变量 x_6, x_7 得：

$$\min z = 2x_1 + 3x_2 + x_3 + 0x_4 + 0x_5 + Mx_6 + Mx_7$$

$$\text{s. t.} \begin{cases} x_1 + 4x_2 + 2x_3 - x_4 + x_6 = 8 \\ 3x_1 + 2x_2 - x_5 + x_7 = 6 \\ x_1, x_2, x_3, x_4, x_5, x_6, x_7 \geqslant 0 \end{cases}$$

$\boldsymbol{X}^* = (\frac{4}{5}, \frac{9}{5}, 0,0,0,0,0)^{\mathrm{T}}$，且标函数的值为 7，且存在非基变量检验数 $\sigma_3 = 0$，故线性规划问题有无穷多最优解。

(2) 两阶段法

第二阶段单纯形表为

1.13(2) 解表

c_j			2	3	1	0	0	θ
$\boldsymbol{C_B}$	$\boldsymbol{X_B}$	$\boldsymbol{b}$	x_1	x_2	x_3	x_4	x_5	
3	x_2	9/5	0	1	3/5	−3/10	1/10	
2	x_1	4/5	1	0	−2/5	1/5	−2/5	
$-z$	−7		0	0	0	1/2	1/2	

原线性规划问题的最优解为 $\boldsymbol{X}^* = (\frac{4}{5}, \frac{9}{5}, 0,0,0,0,0)^{\mathrm{T}}$，标函数的值为 7，且存在非基变量检验数 $\sigma_3 = 0$，故线性规划问题有无穷多最优解。

1.14 设五种饲料分别选取 x_1, x_2, x_3, x_4, x_5 公斤，则得下面的数学模型

$$\min z = 0.2x_1 + 0.7x_2 + 0.4x_3 + 0.3x_4 + 0.8x_5$$

$$\text{s. t.} \begin{cases} 3x_1 + 2x_2 + x_3 + 6x_4 + 12x_5 \geqslant 700 \\ x_1 + 0.5x_2 + 0.2x_3 + 2x_4 + 0.5x_5 \geqslant 30 \\ 0.5x_1 + x_2 + 0.2x_3 + 2x_4 + 0.8x_5 \geqslant 100 \\ x_j \geqslant 0 \ (j = 1,2,3,4,5) \end{cases}$$

1.15 设 $x_j (j = 1,2,3,4)$ 为第 j 种产品的生产数量，则有

$$\max z = 49x_1 + 55x_2 + 38x_3 + 52x_4 - 27.5x_1 - 32.5x_2 - 29.6x_3 - 25x_4$$

1.16 (1) $\max y = 2w_1 + 3w_2$

$$\text{s. t.} \begin{cases} w_1 + 2w_2 \leqslant 2 \\ 2w_1 + w_2 \leqslant 3 \\ 3w_1 + w_2 \leqslant 5 \\ w_1 - 3w_2 \leqslant 6 \\ w_1 \geqslant 0 \quad w_2 \geqslant 0 \end{cases}$$

(2) $\max y = 5w_1 - 4w_2 + 6w_3$

$$\text{s. t.} \begin{cases} w_1 - 2w_2 \geqslant 2 \\ w_1 + w_3 \leqslant 3 \\ -w_1 - w_2 + w_3 \leqslant -5 \\ w_1 + w_3 = 0 \\ w_1 \geqslant 0 \quad w_2 \geqslant 0 \quad w_3 \text{ 无符号限制} \end{cases}$$

(3) $\max y = 2w_1 - 3w_2 - 5w_3$

$$\text{s.t.}\begin{cases}2w_1 - 3w_2 - w_3 \leqslant 2 \\ 3w_1 - w_2 - 4w_3 \leqslant 2 \\ 5w_1 - 7w_2 - 6w_3 \leqslant 4 \\ w_1 + w_3 = 0 \\ w_1 \geqslant 0 \quad w_2 \geqslant 0 \quad w_3 \geqslant 0\end{cases}$$

1.17 (1) 原问题的最优解 $\boldsymbol{X}^* = (5/2, 0, 5/2)^{\mathrm{T}}$，最优值 $z^* = 40$，最优基 $\boldsymbol{B} = \begin{bmatrix}2 & 0\\1 & 3\end{bmatrix}$及其逆 $\boldsymbol{B}^{-1} = \begin{bmatrix}1/2 & 0\\-1/6 & 1/3\end{bmatrix}$

(2) 对偶问题为

$$\min y = 5w_1 + 10w_2$$

$$\text{s.t.}\begin{cases} +2w_2 \leqslant 6 \\ w_1 - w_2 \leqslant -2 \\ 2w_1 + w_2 \leqslant 10 \\ w_1, w_2 \geqslant 0\end{cases}$$

最优解为:$\boldsymbol{W}^* = (4,2)^{\mathrm{T}}$，$y^* = 40$。

1.18

(1) $\max g(y) = 30y_1 + 75y_2$

$$\text{s.t.}\begin{cases}-3y_1 + 6y_2 \geqslant 2 \\ 6y_1 + 12y_2 \geqslant 5 \\ 3y_2 \geqslant 3 \\ y_1 \geqslant 0, y_2 \text{ 无限制}\end{cases}$$

(2) $\max g(y) = -10y_1 + 40y_2 + 10y_3 + 20y_4 + 20y_5$

$$\text{s.t.}\begin{cases}-y_1 + y_2 - y_3 + 2y_4 + y_5 = -2 \\ -y_1 + y_2 + y_4 + 2y_5 \geqslant 1 \\ -3y_1 + 3y_2 + y_3 + y_5 \geqslant -4 \\ 2y_1 - y_2 + 2y_5 \geqslant 3 \\ y_1, y_2, y_3, y_5 \geqslant 0, y_4 \text{ 无限制}\end{cases}$$

1.19 (1) 最优解:$\boldsymbol{X}^* = (0,3,1)^{\mathrm{T}}, z^* = 36$

(2) 最优解:$\boldsymbol{X}^* = (3,0)^{\mathrm{T}}, z^* = 30$

1.20 (1) 原问题的对偶问题为

$$\min g(y) = y_1$$

$$\text{s.t.}\begin{cases}y_1 \geqslant 2 \\ -y_2 \geqslant -4 \\ y_1 \geqslant 0, y_2 \geqslant 0\end{cases}$$

由观察法可知此对偶问题的最优解为：

$$y_1 = 2,\ \min g(y) = 2$$

（2）由观察法可知原问题有可行解，并且已知对偶问题的最优解，因此根据主对偶原理可知，原问题一定存在最优解，且最优解的目标函数值与对偶问题相等，即

$$\max f(x) = \min g(y) = 2$$

（3）由 a）中可知当 $y_1 > 4$ 时，即无解，所以当 $y_1 > 4$ 的任何值时，对偶问题无可行解。而此时原问题有可行解，根据弱对偶定理推论可知，原问题的可行解为无界解。

1.21 （1）$\boldsymbol{X}^* = (0,20,0,0,10)^{\mathrm{T}}$，$z^* = 100$，$\boldsymbol{B} = \begin{bmatrix} 1 & 0 \\ 4 & 1 \end{bmatrix}$ $\boldsymbol{B}^{-1} = \begin{bmatrix} 1 & 0 \\ -4 & 1 \end{bmatrix}$

（2）$\boldsymbol{Y}^* = (5,0)^{\mathrm{T}}$

（3）$-2/3 \leqslant \Delta c_2 \leqslant 0 \quad 13/3 \leqslant c_2 \leqslant 5$

（4）$-20 \leqslant \Delta b_1 \leqslant 5/2$。超出范围，用对偶单纯形法解，得 $\boldsymbol{X}^* = (0,0,9,18,0)^{\mathrm{T}}$，$z^* = 117$

1.22

（1）使最优基保持不变的 $c_2 = 1$ 的变化范围：$3-\delta \geqslant 0$，$\delta \leqslant 3$，即 $c_2 \leqslant 4$。当 $c_2 = 5$，即 $\delta = 4$，新的最优解为 $\boldsymbol{X}^* = (0,4,0)^{\mathrm{T}}$，$z^* = 20$；

（2）对于 $c_1 = 2$，当 $\delta \geqslant -3/2$ 时，即 $c_1 \geqslant 1/2$ 时，最优基保持不变。当 $c_1 = 4$ 时，$\delta = 4 - 2 = 2$，最优基保持不变，最优解的目标函数值为 $z = 16 + 8\delta = 32$。

（3）右端项 $b_2 = 4$，当 $\Delta b_2 \geqslant -12$，即 $b_2 \geqslant -8$ 时，最优基不变。因此，b_2 从 4 变为 1 时，最优基不变，而新的最优解也不变。

（4）新的最优基为 (p_1, p_6)，新的最优解为 $\boldsymbol{X}^* = (4,0,0,0,0,4)^{\mathrm{T}}$，$z^* = 24$；

（5）新的最优基为 (p_1, p_2)，新的最优解为 $\boldsymbol{X}^* (4,2,0,0,6,0)^{\mathrm{T}}$，$z^* = 10$。

1.23

（1）利润最大化的线性规划模型为：

$$\max z = 25x_1 + 12x_2 + 14x_3 + 15x_4$$

$$\text{s.t.} \begin{cases} 3x_1 + 2x_2 + x_3 + 4x_4 \leqslant 2\,400 \\ 2x_1 + 2x_3 + 3x_4 \leqslant 3\,200 \\ x_1 + 3x_2 + 2x_4 \leqslant 1\,800 \\ x_1, x_2, x_3, x_4 \geqslant 0 \end{cases}$$

最优解为：$\boldsymbol{X}^* = (0,400,1\,600,0,0,0,600)^{\mathrm{T}}$，$z^* = 27\,200$。即最优生产计划为：产品 A 不生产；产品 B 生产 400 万件；产品 C 生产 1 600 万件；产品 D 不生产，最大利润 27 200 万元。

这里，原料甲耗用 2 400 吨没有剩余；原料乙耗用 3 200 吨没有剩余；原料丙耗用了 1 200 吨剩余 600 吨。

（2）产品 A 利润变化范围：$-1-\delta \leqslant 0$，$\delta \geqslant -1$，$-c_1' = -c_1 + \delta \geqslant -25 - 1 = -26$，即 $c_1' \leqslant 26$（万元 / 万件）；

产品 B 利润变化范围：

$$\begin{cases} -1-\delta \leqslant 0 \\ -21 + 5/4\delta \leqslant 0 \\ -6 + 1/2\delta \leqslant 0 \\ -4 - 1/4\delta \leqslant 0 \end{cases}, \begin{cases} \delta \geqslant -1 \\ \delta \leqslant 84/5 \\ \delta \leqslant 12 \\ \delta \geqslant -16 \end{cases},$$

故 $-1 \leqslant \delta \leqslant 12$，$-13 \leqslant -c_2' \leqslant 0$，即：$0 \leqslant c_2' \leqslant 13$；

产品 C 利润的变化范围：

$$\begin{cases}-1-\delta\leqslant 0\\ -21+3/2\delta\leqslant 0,\\ -4+1/2\delta\leqslant 0\end{cases}\begin{cases}\delta\geqslant -1\\ \delta\leqslant 14,\\ \delta\leqslant 8\end{cases}$$

故 $-1\leqslant\delta\leqslant 8$，$-15\leqslant -c_3'\leqslant -6$，即：$6\leqslant c_3'\leqslant 15$；

产品D的变化范围：$-21-\delta\leqslant 0$，$\delta\geqslant -21$，$-15+\delta\geqslant -36$，$-c_4'\geqslant -36$，即 $c_4'\leqslant 36$。

(3) 原料甲、乙、丙的影子价格分别为：6万元/吨、4万元/吨、0万元/吨。紧缺。如果原料A增加120吨，最优单纯形表的右边常数成为：

$$\boldsymbol{B}^{-1}\boldsymbol{b}'=\begin{bmatrix}1/2 & -1/4 & 0\\ 0 & 1/2 & 0\\ -3/2 & 3/4 & 1\end{bmatrix}\begin{bmatrix}2\,400+120\\ 3\,200\\ 1\,800\end{bmatrix}=\begin{bmatrix}400\\ 1\,600\\ 600\end{bmatrix}+\begin{bmatrix}600\\ 0\\ -180\end{bmatrix}=\begin{bmatrix}1\,000\\ 1\,600\\ 420\end{bmatrix}\geqslant 0$$

因此最优基保持不变，影子价格不变，原料的紧缺程度不变。

1.24 (1) 应扩大第一个约束条件右端 b_1，最多扩大12，目标函数值增大到8。

(2) 保持现行基最优性不变，必须满足 $4/3\leqslant c_1/c_2\leqslant 4$。

1.25 (1) 初始方案为：

1.25(1) 解表

产地 \ 销地	甲	乙	丙	丁	产量
1				25	25
2		20		5	25
3	15		30	5	50
销量	15	20	30	35	100

(2) 最小费用535，最优方案：

1.25(2) 解表

产地 \ 销地	甲	乙	丙	丁	产量
1				25	25
2		15		10	25
3	15	5	30		50
销量	15	20	30	35	100

1.26 (1) 最小费用226，最优方案：

1.26(1) 解表

产地 \ 销地	甲	乙	丙	丁	产量
1			15	2	17
2	10		5		15
3		15		8	23
销量	10	15	20	10	55

(2) 最小费用 248，最优方案：(有多解)。

1.26(2) 解表

销地＼产地	甲	乙	丙	丁	戊	销量
1		8	12			20
2	10				10	20
3		7			3	10
4				10	5	15
产量	10	15	12	10	18	65

1.27 这是一个产大于销的问题。虚设销地 B_4，$b_4=4$，化成平衡模型。用最小元素法确定其初始方案，用位势法计算其检验数，结果如表。

1.27 解表 1

		6	4	8	0	
		B_1	B_2	B_3	B_4	a_i
−6	A_1	5 5	9 11	2 15	0 6	15
−3	A_2	3 ⑥	1 12	7 2	0 3	18
0	A_3	6 12	2 −2	8 ①	0 ④	17
	b_j	18	12	16	4	50

再用闭回路法进行调整，又得到一个新方案，经检验该方案即为最优。

1.27 解表 2

	4	2	8	0	a_i
−6	5 7	9 13	2 15	0 6	15
−1	3 18	1 ⓪	7 0	0 1	18
0	6 2	2 12	8 ①	0 ④	17
b_j	18	12	16	4	50

最少总运费为：$z^*=2\times15+3\times18+2\times12+8\times1=116$

1.28 (1) 最优方案：最小费用 980。

1.28(1) 解表

销地＼产地	甲	乙	丙	丁	戊	销量
1		40		20	20	80
2			30	10		40
3	30			30		60
4	20					20
产量	50	40	30	60	20	

(2) 最优方案：最小费用 330。

1.28(2) 解表

销地＼产地	甲	乙	丙	丁	戊	己	销量
1	2	18				10	30
2	3		21				24
3	7			14	15		36
产量	12	18	21	14	15	10	

1.29 最高总产量 180 900 kg，最优方案：

1.29 解表

作物种类＼土地块别	甲	乙	丙	丁	戊	计划播种面积
1			44	32	10	86
2		34			36	70
3	36	14				50
土地亩数	36	48	44	32	46	

1.30 (1) 最优解为：$A_1 \to B_1$ 35；$A_1 \to B_2$ 15；$A_2 \to B_2$ 25；$A_2 \to B_3$ 20；$A_2 \to B_4$ 15；$A_3 \to B_1$ 25；

(2) 增加一个销售点，最优解：$A_1 \to B_4$ 10；$A_1 \to$ 虚售点 90；$A_2 \to B_1$ 50；$A_2 \to B_3$ 50；$A_3 \to B_2$ 70；$A_3 \to B_3$ 10；$A_3 \to B_4$ 70；

(3) 增加一个产地，最优解：$A_1 \to B_1$ 5；$A_1 \to B_2$ 15；$A_1 \to B_3$ 5；$A_1 \to B_4$ 15；$A_2 \to B_4$ 30；$A_3 \to B_3$ 30；虚产地 $\to B_4$ 5；

(4) 最优解：$(x_{13}, x_{14}, x_{21}, x_{24}, x_{32}, x_{34}) = (5,2,3,1,6,3)$

1.31 总运费为 $5 \times 3 + 10 \times 2 + 5 \times 1 + 10 \times 3 = 80$。

1.32

1.32 解表

	B_1	B_2	B_3	B_4	B_5
A_1	4			3	
A_2			3	0	
A_3		4		0	2

$z^* = 59$

1.33

1.33 解表

	1	2	$3'$	$3''$	4
1					3
2	1	3	1	0	
3	3				1
虚				4	

$z^* = 775$ 千元。

1.34 $x_{12} = 16, x_{13} = 6, x_{14} = 15, x_{21} = 23, x_{24} = 11, x_{33} = 29$,其它 $x_{ij} = 0$

$f^* = 1\ 432$

习题 2

2.1 $x_1 = 10, x_2 = 0$;P_1 级目标得到满足,P_2,P_3 级目标均未达到

2.2 $x_1 = 20, x_2 = 10, x_3 = 30, x_4 = 0, d_4^+ = 10, d_5^- = 270, d_1^- = d_1^+ = d_2^- = d_2^+ = d_3^- = d_3^+ = d_4^- = d_5^+ = 0$

2.3 $x_1 = 70, x_2 = 30, d_1^- = 10, d_3^- = 20, d_1^+ = d_2^- = d_2^+ = d_3^+ = d_4^- = d_4^+ = 0$

2.4 最优解不变

2.5 略

2.6

2.6 解表

调运量 销地 / 产地 Ⅰ	B_1	B_2	B_3	实际调出数量
A_1	0	0	10	10
A_2	0	4	0	4
A_3	1	3	0	4
A_4	11	0	1	12
实际得到的数量	12	7	11	30

习题 3

3.1 设在 A_j 处建住宅 x_j 幢($j=1,2,\cdots,n$)。数学模型为

$$\max z=\sum_{j=1}^{n}x_j$$

$$\text{s.t.}\begin{cases}\sum_{j=1}^{n}d_jx_j\leqslant D\\ 0\leqslant x_j\leqslant a_j\quad j=1,2,\cdots,n\\ x_j\text{ 是整数}\quad j=1,2,\cdots,n\end{cases}$$

3.2 设截取长为 a_j 的毛坯 x_j 根($j=1,2,\cdots,n$),使圆钢残料最少的数学模型为

$$\min z=l-\sum_{j=1}^{n}a_jx_j$$

$$\text{s.t.}\begin{cases}\sum_{j=1}^{n}a_jx_j\leqslant l\\ x_j\geqslant 0,\ j=1,2,\cdots,n\\ x_j\text{ 是整数},\ j=1,2,\cdots,n\end{cases}$$

如果要求毛坯总根数最多,可将目标函数改为

$$\max z=\sum_{j=1}^{n}x_j$$

3.3 设 $x_j(j=1,2,\cdots,5)$ 为装船的五种货物数量。数学模型为

$$\max z=4x_1+7x_2+6x_3+5x_4+4x_5$$

$$\text{s.t.}\begin{cases}5x_1+8x_2+3x_3+2x_4+7x_5\leqslant 112\\ x_1+8x_2+6x_3+5x_4+4x_5\leqslant 109\\ x_j\geqslant 0\text{ 为整数},j=1,2,\cdots,5\end{cases}$$

3.4 设 0－1 变量为

$$x_j=\begin{cases}1, & \text{选工程 } j\\ 0, & \text{不选工程 } j\end{cases}\quad (j=1,2,\cdots,5)$$

则数学模型为

$$\max z=20x_1+40x_2+20x_3+15x_4+30x_5$$

$$\text{s.t.}\begin{cases}5x_1+4x_2+3x_3+7x_4+8x_5\leqslant 25\\ x_1+7x_2+9x_3+4x_4+6x_5\leqslant 25\\ 8x_1+10x_2+2x_3+x_4+10x_5\leqslant 25\\ x_j=0\text{ 或 }1,j=1,2,\cdots,5\end{cases}$$

3.5 设决策变量

$$x_j=\begin{cases}1, & \text{选井位 } s_j\\ 0, & \text{不选 } s_j\end{cases}\quad (j=1,2,\cdots,10)$$

数学模型如下:

$$\min z = \sum_{j=1}^{10} c_j x_j$$

$$\text{s. t.} \begin{cases} \sum_{j=1}^{10} x_j = 5 \\ x_1 + x_8 = 1 \\ x_3 + x_5 \leqslant 1 \\ x_7 + x_8 = 1 \\ x_4 + x_5 \leqslant 1 \\ x_5 + x_6 + x_7 + x_8 \leqslant 2 \\ x_j = 1 \text{ 或 } 0, j = 1,2,\cdots,10 \end{cases}$$

3.6 (1) $\boldsymbol{X}^* = (2,2)^{\mathrm{T}}, z^* = 4$

(2) $\boldsymbol{X}^* = (2,1)^{\mathrm{T}}, z^* = 13$

3.7 (1) $\boldsymbol{X}^* = (3,1)^{\mathrm{T}}, z^* = 4$

(2) $\boldsymbol{X}^* = (3,5)^{\mathrm{T}}, z^* = 21$

(3) $\boldsymbol{X}^* = (2,2)^{\mathrm{T}}, z^* = 10$

3.8 (1)

$$\begin{cases} x_1 + x_2 \leqslant 2 + M(1 - y) \\ 2x_1 + 3x_2 \geqslant 8 - My \\ y = 0 \text{ 或 } 1, M \text{ 为任意大正数} \end{cases}$$

(2)

$$\begin{cases} x_3 = 5y_1 + 9y_2 + 12y_3 \\ y_1 + y_2 + y_3 \leqslant 1 \\ y_j = 0 \text{ 或 } 1, j = 1,2,3 \end{cases}$$

(3)

$$\begin{cases} x_2 \leqslant 4 + My \\ x_2 > 4 - M(1 - y) \\ x_5 \leqslant 3 + M(1 - y) \\ x_5 \geqslant -My \\ y = 0 \text{ 或 } 1, M \text{ 为任意大正数} \end{cases}$$

(4)

$$\begin{cases} x_6 + x_7 \leqslant 2 + My_1 \\ x_6 \leqslant 1 + My_2 \\ x_7 \leqslant 5 + My_3 \\ -x_6 - x_7 \leqslant -3 + My_4 \\ y_1 + y_2 + y_3 + y_4 \leqslant 2 \\ y_j = 0 \text{ 或 } 1, j = 1,2,3,4 \end{cases}$$

3.9 设 x_j 为产品 $j\,(j = 1,2,3)$ 的产量，y_j 为 0-1 变量

$$y_j = \begin{cases} 1, & \text{生产产品 } j \\ 0, & \text{不生产产品 } j \end{cases} \quad (j = 1,2,3)$$

数学模型为

$$\max z = 4x_1 + 5x_2 + 6x_3 - 100x_1 - 150x_2 - 200x_3$$

$$\text{s.t.} \begin{cases} 2x_1 + 4x_2 + 8x_3 \leqslant 500 \\ 2x_1 + 3x_2 + 4x_3 \leqslant 300 \\ x_1 + 2x_2 + 3x_3 \leqslant 100 \\ x_j \leqslant My_j, j = 1,2,3 \\ x_j \geqslant 0 \text{ 为整数}, j = 1,2,3 \\ y_j = 0 \text{ 或 } 1, M \text{ 为任意大正数} \end{cases}$$

$\boldsymbol{X}^* = (100,0,0)^{\mathrm{T}}, \boldsymbol{Y}^* = (1,0,0)^{\mathrm{T}}, z^* = 300$。

3.10 (1) $\boldsymbol{X}^* = (1,0,1)^{\mathrm{T}}, z^* = 8$

无可行解。

3.11

(1) $x^* = \begin{pmatrix} 0 & 0 & 0 & 0 & 1 \\ 1 & 0 & 0 & 0 & 0 \\ 0 & 0 & 0 & 1 & 0 \\ 0 & 0 & 1 & 0 & 0 \\ 0 & 1 & 0 & 0 & 0 \end{pmatrix}$ (2) $x^* = \begin{pmatrix} 0 & 0 & 0 & 1 & 0 \\ 1 & 0 & 0 & 0 & 0 \\ 0 & 1 & 0 & 0 & 0 \\ 0 & 0 & 0 & 0 & 1 \end{pmatrix}$

3.12

$x^* = \begin{pmatrix} 1 & 0 & 0 & 0 \\ 0 & 0 & 0 & 1 \\ 0 & 1 & 0 & 0 \\ 0 & 0 & 1 & 0 \end{pmatrix}$ $z^* = 22$

习题 4

4.1 最短航程 19 百里

4.2 运费最低的路线有三条：

(1) $A—B_2—C_1—D_1—E$；(2) $A—B_3—C_1—D_1—E$；(3) $A—B_3—C_2—D_2—E$

4.3 最优解为装 A,B,E 各一件，重 6.5 kg，最大价值为 13.5 元

4.4 (1) 最优解共 6 个：(2,3,3,2)，(3,2,3,2)，(3,3,2,2)，(2,2,3,3)，(2,3,2,3) 和(3,2,2,3) $z_{\min} = 26$

(2) 最优解有 3 个：(1,1,4,1)，(2,1,2,1)，(1,1,2,2) $z_{\max} = 4$

4.5 两种最优决策方案，均可使成品的合格率达到 0.648

4.6 最优方案是：建造甲、乙、丙三类住宅楼分别为 2,1,3 栋，最大的售房收入为 720 万元。

4.7 两种最优分配方案，总收益均为 21 千元。

4.8 最优解为 $x_1^* = 1, y_1^* = 0; x_2^* = 2, y_2^* = 0; x_3^* = 0, y_3^* = 3$；其中 x_i, y_i 分别表示分配给 i 部门的第一种和第二种资源的数量。最大利润为 $f_1(3,3) = 16$。

4.9 两种最优方案，最小总费用均为 400 元。

4.10 5 月份销售 200 套，进货 600 套；6 月份销售 600 套，进货 600 套；7 月份销售和进货均为 0；8 月份销售 600 套，不进货。总利润为 13 800 元。

4.11 四年中分配在高负荷下工作的机器台数分别为 0，900，630 和 441；四年最高产量为207 187。

4.12

4.12 解表

新产品	A	B	C
补拨研制费	1	0	1

最小概率是 0.06。

4.13 总分数为 250 分。

4.14 可靠性为 0.432

4.15 两种方案，五年的总费用均为 53 000 元。

习题 5

5.1 (a) 权为 11；(b) 权为 20。

5.2 最短链为 $P = v_1 v_3 v_4 v_6 v_8$，$w(P) = 14$

5.3 (a) 最短路 $P = v_1 v_3 v_5 v_p$，$w(P) = 8$；(b) 最短路 $P = v_1 v_3 v_2 v_p$，$w(P) = 4$

5.4 (a) $f(X) = 20$，(b) $f(X) = 14$

5.5 (a) $f(X) = 10, c(X) = 30$，(b) $f(X) = 5, c(X) = 37$

5.6 9 次

5.7 1 ～ 4 阶段研究方案依次为 C，A，A，B。需用 10 个月时间。

5.8 最大运输量为 46

5.9 20，40，20，10(t)

5.10 (略)

5.11 见图

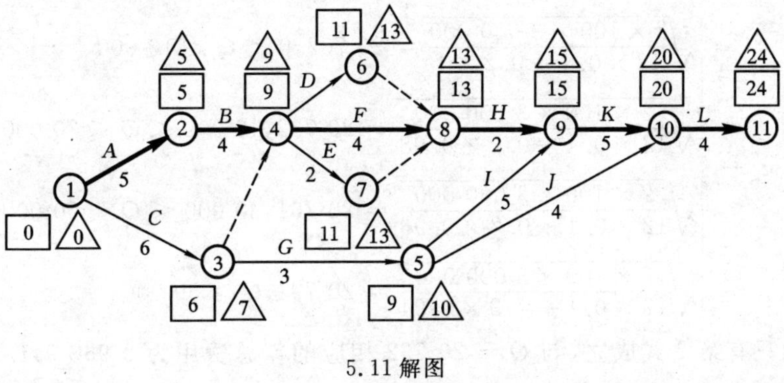

5.11 解图

5.12 (1) 59 天，(2) 0.587

5.13 A 压缩 2 天，B 压缩 3 天，C 压缩 2 天，D 压缩 3 天，完工时间 5 天，成本 92.5 元。

5.14 工序D(2,4)推迟在第6天开始,F(3,5)推迟在第8天开始,工期不变,每天需要量不超过9人。

习题 6

6.1 (1)√ (2)√ (3)× (4)× (5)× (6)√ (7)√

6.2 略 **6.3** 略 **6.4** 略 **6.5** 略

6.6 均可接受。

6.7 (1)该系统属于[M/M/1]:[∞/∞/FCFS]模型;(2)0.6;(3)0.038 4;(4)0.4;(5)0.67;(6)0.267;(7)10分;(8)4分。

6.8 原收费口平均等待车辆 $L_q = 6.12$,采用新装置后利用率可达75%,故应采用。

6.9 公司应该配备6个装卸组。

6.10 不要。

6.11 (a)的状态转移图

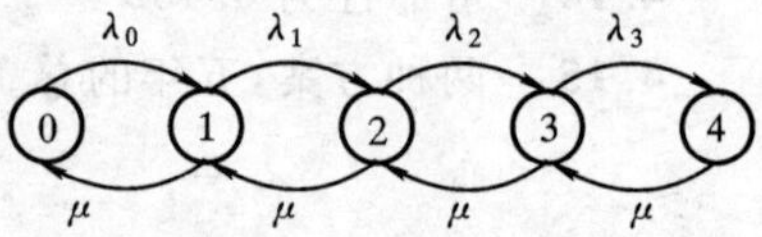

6.11(a)解图

(c) $P_0 = 0.311, P_1 = 0.311, P_2 = 0.233,$

$P_3 = 0.117, P_4 = 0.028$

(d) 0.088小时。

6.12 $K = 17\,550$ 元, $\mu = 17.65$

6.13 A—1 170元/天,B—552.5元/天,C—592.75元/天,故选C方案。

习题 7

7.1 $Q^* = 1\,000$(个),$t^* = 10$(天),$C^* = 20$(元/天)

7.2 $Q^* = 1\,118$(个),$q^* = 224$(个),$t^* = 11.2$(天),$C^* = 17.9$(元/天)

7.3 $Q^* = 1\,414$(个),$t^* = 14.1$(天),$C^* = 14.1$(元/天)

7.4 $Q^* = 1\,581$(个),$q^* = 158$(个),$t^* = 15.8$(天),$C^* = 12.7$(元/天)

7.5 先求经济批量 Q'

$$Q' = \begin{cases} \sqrt{\dfrac{2\times 100\times 3\,000\,000}{12\times 0.1+0.2\times 1}} = 20\,702, 0 < Q < 10\,000 \\ \sqrt{\dfrac{2\times 100\times 3\,000\,000}{12\times 0.1+0.2\times 0.98}} = 20\,732, 10\,000 \leqslant Q \leqslant 30\,000 \\ \sqrt{\dfrac{2\times 100\times 3\,000\,000}{12\times 0.1+0.2\times 0.96}} = 20\,761, 30\,000 \leqslant Q < 50\,000 \\ \sqrt{\dfrac{2\times 100\times 3\,000\,000}{12\times 0.1+0.2\times 0.94}} = 20\,791, Q \geqslant 50\,000 \end{cases}$$

上式右边只有第2式成立,与 $Q = 20\,732$ 相应的年总费用为2 968 941.32元;批量为30 000个的年总费用为2 908 000元;批量为50 000个的年总费用为2 856 000元。因此 $Q^* = 50\,000$。

7.6 $Q_1^* = 8, Q_2^* = 9, Q_3^* = 13$

7.7 160 件

7.8 $N = 0.4, Q^* = 100$(件)，$S^* = 100$(件)，$s^* = 80$(件)。

习题 8

8.1 (1)

8.1(1) 解表

进货量 \ 需求量	1	2	3	4	5	6
1	24	24	24	24	24	24
2	12	48	48	48	48	48
3	0	36	72	72	72	72
4	−12	24	60	96	96	96
5	−24	12	48	84	120	120
6	−36	0	36	72	108	144

(2) $\max\limits_i \min\limits_j \{r_{ij}\} = 24$，最优日进货量是 1 筐。

$\min\limits_i \max\limits_j \{\max\limits_i r_{ij} - r_{ij}\} = 48$，最优日进货量是 4 或 5 筐。

8.2 A_2, A_3。

8.3 最优决策是中批量生产，期望利润为 14.8 万元。

8.4 最优决策是订购一台备用件，最优期望费用是 1 500 元。

8.5 (1) 最低存储量为 $I = 3$。

(2) 当 $I = 2$ 或 3 时满足要求。

(3) 当 $I = 4$ 或 5 时满足要求。

8.6 最优决策是建大厂，最优期望收益为 360 万元。

8.7 (1) 最优决策是：第一年和第二年都投资 B；第二年末如果手里仍然只有 1 000 元，则第三年投资 A；否则，第三年仍然投资 B。

(2) 最优决策是：第一年投资 A。若年末取回 2 000 元，则第二年再投资 A，不论第二年末结果如何，第三年继续投资 A。三年后的最优期望金额是 1 440 元。

8.8 多余资金用于开发事业成功时可获利 6 000 元，如存入银行可获利 3 000 元。结论：(1) 该公司应求助于咨询服务；(3) 如咨询意见可投资开发，可投资于开发事业；如咨询意见不宜投资开发，应将多余资金存入银行。

8.9 (1) 不进行试生产时，期望收益是 795 万元；进行小批量生产时，期望收益是 798 万元。信息价值为 3 万元。

(2) 不值得。

8.10 (2) 最优决策是建小厂，建小厂的期望效用值约为 0.775。

8.11 (1) 转移概率矩阵为

8.11(1) 解表

状态	0	1	2
0	0.6	0.2	0.2
1	0.1	0.8	0.1
2	0.3	0.2	0.5

其中 $x_i = 0,1,2$ 分别表示顾客在第 t 周期购买 A,B,C 公司的产品。

(2) 在第一周期,A,B,C 三个公司各占有 33%,38% 和 29% 的销售份额;在第二个周期,它们的销售份额分别为 32.3%,42.8% 和 24.9%。

(3) A,B,C 三个公司最终占有的市场份额分别为 28.5%,50% 和 21.5%。

8.12 在"保留策略"下,A,B,C 三个公司最终将各有市场的 26.3%,42.1% 和 31.6% 份额;在"争取策略"下,三个公司最终占有的市场份额为 29.2%,33.3% 和 37.5%。因此 C 公司应采用"争取策略"。

8.13 (2) 最优解为 x_1(防雨布产量) = 70 km,x_2(纯棉布产量) = 20 km,总利润为 20.5 万元。而且第一、第二目标均已实现,第三、第四目标未实现。

(3) 加班时间增加为 25 h,纯棉布销售量可以达到最大。

8.14 (参考答案)五种措施的优先次序为:P_3— 开办职工业余学校,提高职工素质;P_5— 引进新技术设备,进行技术改造;P_2— 扩建职工住宅、食堂、托儿所等集体福利事业;P_1— 作为奖金发给职工;P_5— 建立图书馆、职工俱乐部。

习题 9

9.1

9.1 解表

乙 \ 甲	老虎	棒子	虫子
老虎	0	−1	1
棒子	1	0	−1
虫子	−1	1	0

9.2 A 的策略有掷硬币和让 B 猜两种,B 的策略也有猜红和猜黑两种。

$$
\text{A 的赢得矩阵}\quad
\begin{array}{c}
\\ \text{掷硬币} \\ \\ \text{让 B 猜}
\end{array}
\begin{array}{cc}
\text{猜红} & \text{猜黑} \\
\end{array}
\begin{pmatrix}
\frac{1}{4}(p-q+2t) & \frac{1}{4}(p-q-2u) \\
\frac{1}{2}(t-r) & \frac{1}{2}(s-u)
\end{pmatrix}
$$

9.3

$$\begin{array}{c} \\ \alpha_1 \\ \alpha_2 \end{array}\begin{array}{c} \begin{array}{cc} \beta_1 & \beta_2 \end{array} \\ \begin{pmatrix} 1 & \frac{1}{2} \\ \frac{1}{2} & \frac{3}{4} \end{pmatrix} \end{array}$$

α_1— 甲方用两个师各攻一条公路　α_2— 甲方用两个师同攻一条公路

β_1— 乙方用三个师防守一条公路　β_2— 乙方用两个师防守一条,用一个师防守另一条

9.4　选择第二方案。

9.5　甲公司在东、南两区或东、西两区各建一个冰场,可占有 70%;乙公司在东区建一个冰场,可占有 30%。

9.6　我方在战斗中,以 38% 使用 α_1 武器,以 62% 使用 α_3 武器,至少击毁敌方武器的 62.4%,总体来看,对我方是有利的。

9.7　杀虫剂 $\alpha_1,\alpha_2,\alpha_3,\alpha_4$ 分别以 26%、39%、16%、19% 配制,每个单位杀虫剂至少杀伤 83 万 4 千个害虫。

9.8　公司的交付矩阵为

$$\begin{array}{c} \\ \alpha_1 \\ \alpha_2 \\ \alpha_3 \end{array}\begin{array}{c} \begin{array}{cc} \beta_1 & \beta_2 \end{array} \\ \begin{pmatrix} -1 & -10 \\ -6 & -6 \\ -10 & 0 \end{pmatrix} \end{array}$$

α_1— 购买第一家的　α_2— 购买第二家的　α_3— 购买第三家的

β_1— 产品为正品　　β_2— 产品为次品

公司的最优混合策略为(0,1,0),即公司购买第二家的。

9.9　(1) 提示:设对策者 Ⅰ 和对策者 Ⅱ 的最优策略为 X^*,Y^*

则有　$E(X,Y^*) \leqslant E(X^*,Y^*) \leqslant E(X^*,Y)$　(1)

根据 $A'=-A$,即 $a_{ji}=-a_{ij}$ 得

$$E(X,Y)=\sum_{i=1}^{m}\sum_{j=1}^{m}a_{ij}x_iy_j=\sum_{j=1}^{m}\sum_{i=1}^{m}a_{ji}x_jy_i=\sum_{j=1}^{m}\sum_{i=1}^{m}(-a_{ij})x_iy_j=-E(Y,X) \quad (2)$$

将(1) 乘以 -1 得 $-E(X^*,Y)\leqslant -E(X^*,Y^*)\leqslant -E(X,Y^*)$

利用(2) 得　$E(Y,X^*)\leqslant E(Y^*,X^*)\leqslant E(Y^*,X)$

即 Y^* 成了对策者 Ⅰ 的最优策略,X^* 成了对策者 Ⅱ 的最优策略。

又由于　$E(X^*,Y^*)=-E(Y^*,X^*)=V$

所以　$V=0$

(2)　① β_2

② α_2 或 α_3

③ x^0 不是局中人 Ⅰ 的最优策略,y^0 是局中人 Ⅱ 的最优策略,那么,局中人 Ⅰ 的最优策略 $x^*=\left(0,\frac{2}{7},\frac{5}{7}\right),V_G=\frac{11}{7}$

习题 10

10.7 用Fibonacci法，函数求值次数 $n=8$，最终区间为 $[a_7,b_7]=[2.942,3.236]$，近似极小点为 $t=2.947$，近似极小值为 $f(2.947)=-6.997$。精确解是 $t^*=3.0, f(t^*)=-7.0$。用0.618法，函数求值次数 $n=9$，最终区间为 $[a_8,b_8]=[2.918,3.131]$，近似极小点为 $t=3.05$，近似极小值为 $f(3.05)=-6.998$。

10.8 极小点为 $\boldsymbol{X}^*=(4,2)^{\mathrm{T}}, f(\boldsymbol{X}^*)=-8.0$

10.9 $\boldsymbol{X}^*=\left(\frac{3}{8},\frac{5}{4}\right)^{\mathrm{T}}$

10.10 $(0,0)^{\mathrm{T}}$

10.11 $x_1^*=2, x_2^*=2, \gamma_1^*=2, \gamma_2^*=\gamma_3^*=0, f(\boldsymbol{X}^*)=2$

10.12 $K-T$ 点：$X^*=(2,1)^{\mathrm{T}}, \lambda^*=\left(\frac{1}{3},0,0\right)^{\mathrm{T}}, \gamma=\frac{2}{3}$

10.13 设 $X^{(0)}=(6,2)^{\mathrm{T}}, X^*=(0,4)^{\mathrm{T}}, f(X^*)=16$

10.14 第一次迭代用梯度法，第二次迭代借助于线性规划求可行下降方向。前两次迭代结果是 $X^{(0)}=(0,0)^{\mathrm{T}}, P^{(0)}=(1,1)^{\mathrm{T}}, \lambda_0=\frac{4}{3}, X^{(1)}=\left(\frac{4}{3},\frac{4}{3}\right)^{\mathrm{T}}, P^{(1)}=(1.0,-0.7)^{\mathrm{T}}, \lambda_1=0.134, X^{(2)}=(1.467,1.239)^{\mathrm{T}}, f(X^{(2)})=0.863$；该问题的最优解是 $X^*=(1.6,1.2)^{\mathrm{T}}$，$f(X^*)=0.8$。

10.15 最优解 $X^*=(0,1)^{\mathrm{T}}$，当 $M=1$ 时，$X=\left(0,\frac{1}{2}\right)^{\mathrm{T}}$，当 $M=10$ 时，$X=\left(0,\frac{10}{11}\right)^{\mathrm{T}}$

10.16 最优解 $X^*=(1,\sqrt{3})^{\mathrm{T}}$。